생애 가장 소중한 보물이 찾아왔어요

Dear.

NEW 임신 출산 육아 대백과

제일병원 지음

비타북스

임신

출산

육아

아빠 임신 출산 육아

Step 1

임신 시기별 예비 아빠 수칙

Step 2

아빠와 함께하는 출산 & 산후조리

Step 3

초보 아빠의 365일 아기 돌보기

Step 4

친구 같은 아빠의 즐거운 육아

제일병원

1963년 국내 최초 여성전문병원으로 개원한 제일병원은 지난 50여 년간 산부인과 전문 영역은 물론 세부 전공 분야까지 특화 발전시켜오며 명실공히 국내 최고의 여성종합병원으로 인정받고 있다. 또한 산부인과와 내과 · 외과 · 소아청소년과의 연계를 무엇보다 강화하여 임신, 출산에서부터 신생아 · 소아 진료, 난임 등 모든 여성 관련 질환을 아우르는 최고의 진료 역량을 갖추고 있다.

최근 10년 연속 소비자가 뽑은 여성종합병원 올해의 브랜드 대상을 받았으며, 임신부 · 영유아의 건강 증진 등 사회에 기여한 공로를 인정받아 2007년 대통령 표창을 수상하였다.

이 책은 54년 역사의 제일병원이 축적한 경험과 노하우를 바탕으로 임신과 출산, 육아 분야에서 가장 중요한 필수 정보들을 담고 있다. 이를 통해 임신을 준비하는 부부와 태어날 아기를 기다리는 이들에게 행복의 길잡이가 되길 기대한다.

- 2007. 10 제2회 임산부의 날 대통령 표창 수상
- 2016. 1 여성병원 최초 보건복지부 의료기관 2주기 인증 획득
- 2014. 4 한중 언론3사 주최 글로벌 의료 서비스 대상 수상
- 2016. 9 여성종합병원 올해의 브랜드 대상 10년 연속 수상

주산기과

곽동욱 교수

김문영 교수

김민형 교수

류현미 교수

안현경 교수

이시원 교수

정진훈 교수

최준식 교수

한유정 교수

한정열 교수

소아청소년과

고선영 교수

박성원 교수

신손문 교수

윤소영 교수

이연경 교수

이희철 교수

정고운 교수

정신건강의학과

이수영 교수

생애 가장 소중한 보물이 찾아왔습니다.

앞으로 40주라는 기나긴 시간을 기다려야 하지만

뱃속 아기를 만날 생각에 가슴이 벅차오릅니다.

예쁜 아기를 만나기 위해서는 힘든 과정을 거쳐야 해요.

극심한 입덧으로 먹지 못하고, 조금만 움직여도 숨차고,

아랫배가 당기는 느낌 때문에 임신 전처럼 편하게 활동하기 어려우니까요.

하지만 조금만 기다려보세요. 어느새 뱃속에서 아이가 딸꾹질하고,

움직이면서 "엄마! 저 잘 자라고 있어요."라는 신호를 보낼 테니까요.

임신 기간 중 엄마와 아기는 한 몸입니다.

엄마가 행복해야 아기가 행복하다는 사실, 알고 계시지요?

처음 맞은 임신이 떨리고 두렵겠지만,

소중한 아기를 떠올리며 임신 기간을 행복하고 건강하게 즐겨보세요.

임신

임신 기간 중
엄마와 아기는 한 몸입니다.
엄마가 행복해야
아기가 행복하다는 사실,
아시죠?

임신 기초 상식

건강한 임신과 안전한 출산에는 꼼꼼한 준비가 필요하다.

임신을 계획하기 전 엄마, 아빠 모두 임신에 대한 기초 상식을 익혀야 하는 것은 필수.

임신의 신비한 과정과 다양한 변화, 예비 엄마 아빠를 위한 계획 임신 노하우 등

현명한 임신에 필요한 모든 것을 알아보자.

01 임신의 과정

가임기 여성의 몸에서 평생 배란되는 난자의 개수는 400개 정도. 배란된 난자와 정자의 결합으로
만들어진 수정란이 자궁에 착상해 태아로 발육하는 과정이 바로 임신이다. 난자와 정자가 만나
안전하게 착상되어 임신이 이뤄지는 과정에 대해 자세히 알아보자.

임신이 이뤄지는 단계

배란

가임기 여성의 난소에서 한 달에 한 번 성숙한 난자가 배출되는 것을 배란이라고 한다. 배란된 난자는 나팔관을 통해 자궁 쪽으로 이동한다. 난소 안에는 수많은 난포들이 있는데 이 난포들은 돌아가며 매달 15~20개의 난자를 만들어낸다. 그중에서 가장 크고 튼튼한 난자 한 개만 배출되는 것이다. 난소 밖으로 나온 난자는 나팔관을 따라 자궁 쪽으로 흘러가고 이 과정에서 정자와 만나 수정하게 된다. 난자는 배란 후 약 24시간 동안 수정이 가능하다.

수정

사정된 정자와 배란된 난자가 만나서 수정핵을 지닌 수정란이 되는 과정을 말한다. 난소에서 나온 난자는 스스로 움직일 수 없기 때문에 나팔관에서 분비되는 점액을 따라 자궁 쪽으로 흘러간다. 이때 가장 먼저 만나는 정자와 결합하게 된다. 정자와 난자가 만나기까지 걸리는 시간은 4~6시간 정도. 정자와 난자가 만나 결합되어 형성된 수정란은 지속적으로 분할하며, 나팔관을 통해 서서히 자궁으로 이동한다.

착상

수정란이 분할하며 만들어진 배아 세포가 자궁벽(자궁내막)에 자리를 잡고 안착하는 것을 착상이라고 한다. 이때부터 태아는 모체로부터 산소와 영양분을 공급받으며 무럭무럭 자란다. 수정란이 자궁에 도착하면 자궁벽의 혈관이 두꺼워지며 착상에 필요한 준비를 한다. 수정란은 착상 준비를 마친 자궁벽의 표면을 녹이고 그곳에 들어가 서서히 파묻히는데, 완벽히 착상하기까지 대략 일주일 정도 걸린다. 착상을 알 수 있는 특별한 몸의 변화는 없지만 드물게 배란 일주일 뒤에 일시적으로 적은 양의 착상혈이 보일 수도 있다. 또한 이 시기에 배가 당기거나, 배를 쥐어짜는 느낌의 복통이 일시적으로 발생할 수 있으며 이를 착상통이라고 한다.

배란을 알려주는 신호

점액량이 증가한다

배란이 가까워지면 자궁경부의 점액량이 많아져 바깥으로 흘러나오면서 축축한 느낌을 자주 느끼게 된다. 배란일이 가까워질수록 점액이 맑아지고 양도 많아지며 달걀흰자처럼 미끈거리고 탄력이 생긴다. 점액이 투명하고 미끈하며 탄력이 좋을 때 임신 가능성도 높아진다. 이러한 점액은 정자가 자궁을 거쳐 나팔관으로 들어가 난자를 만날 때까지 정자를 보호하는 역할을 하며, 영양을 제공한다.

기초 체온이 높아진다

난자가 배출되면 몸의 기초 체온이 조금 높아진다. 배란과 동시에 체온을 상승시키는 호르몬인 프로게스테론이 분비되기 때문이다. 체온이 상승하기 전과 후의 경계되는 날이 바로 배란일이다. 이때 체온이 상승하기 전 3일과 상승 후 3일을 가임기간으로 볼 수 있다. 체온 상승 전(배란일 전) 2~3일이 임

신 확률이 높은 기간이다. 난소에서 3~5일 정도 생존할 수 있는 정자와 만날 확률이 높기 때문이다.

아랫배가 불편하다

일반적으로 배란을 할 때 아랫배가 가볍게 아프거나 뒤틀리는 통증을 느끼며 일부 여성은 난자가 배출되는 순간 통증을 경험하기도 한다. 이런 통증을 배란통이라고 하며 가임기 여성의 20% 정도가 배란통을 느낀다. 이처럼 배란통을 느꼈다면 배란이 되었다는 신호이므로 그날을 기준으로 자신의 배란일을 계산한다.

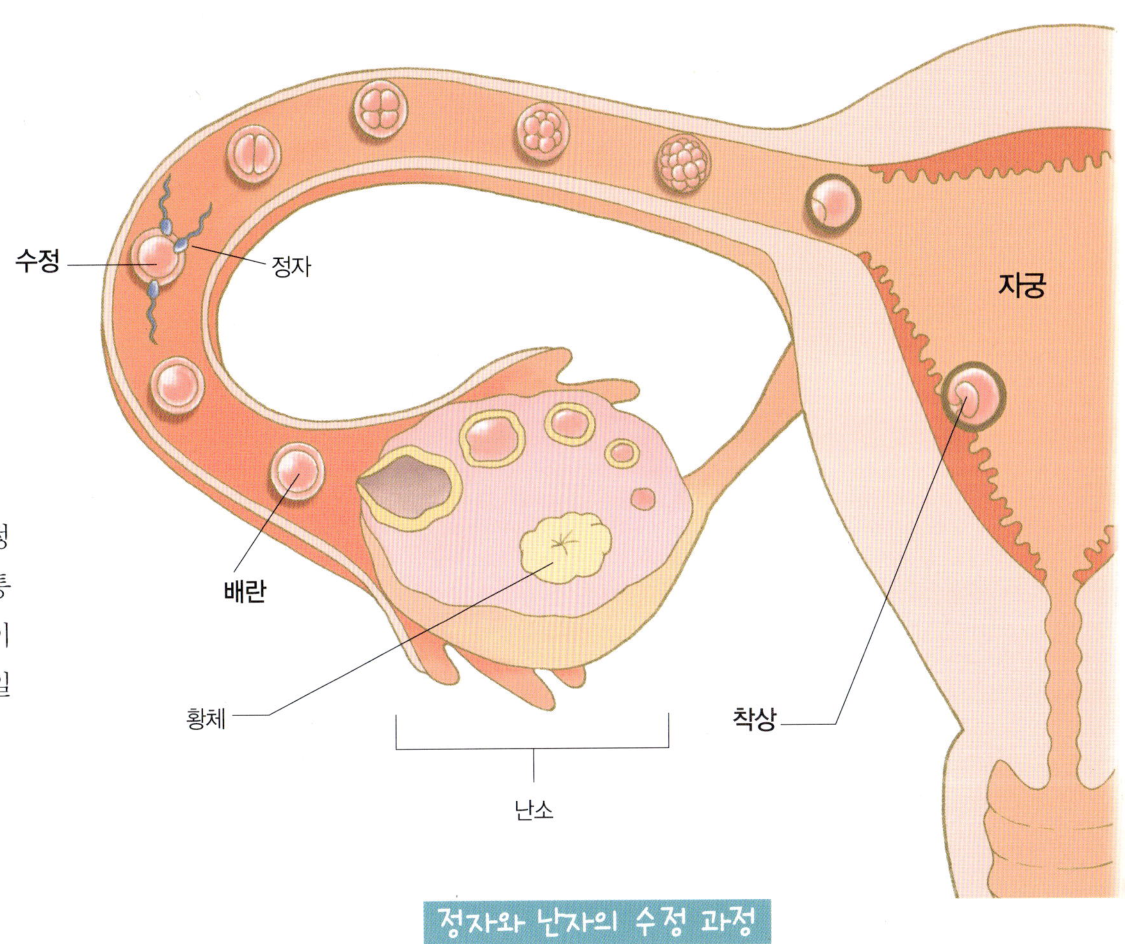

배란일 계산법

생리 주기법

비교적 생리 주기가 규칙적인 경우에 활용할 수 있는 방법으로, 생리 시작일로부터 14일 전이 배란일이다. 생리 주기는 개인마다 차이가 있기 때문에 모두 다르지만 배란된 난자가 자궁에 머물다가 배출되는 황체기는 모든 여성이 14일로 똑같다. 즉 모든 여성은 배란일로부터 14일 후에 생리를 시작하게 된다. 즉 다음 생리 예정일의 14일 전날을 배란일로 예상할 수 있는 것이다. 생리 주기가 28일이라면 다음 생리 예정일로부터 14일 전을 배란일로 예측할 수 있고, 생리 주기가 31일이라면 이번 생리 시작일로부터 17일 후에 배란되고, 배란 14일 후에 다음 생리가 시작되는 것이다. 임신을 시도할 경우 예상 배란일 전후로 각각 3일이 가임기이며 2~3일 간격으로 부부관계를 하는 것이 좋다.

기초 체온 측정법

배란 이후 프로게스테론의 작용에 의해 기초 체온이 0.5~1℃ 상승한다. 매일 아침잠에서 깬 뒤 몸을 움직이지 않은 상태에서 바로 체온을 측정한다. 36.7℃를 기준선으로 하여 위쪽과 아래쪽이 구분되도록 체온표를 만든 뒤 매일 측정한 체온을 기입하여 확인한다. 일반적으로 기초 체온은 배란이 되기 하루 전이나 배란되는 날 가장 낮게 측정된다. 4개월 이상 기초 체온을 기록해야 정확한 배란일을 예측할 수 있다. 임신이 가장 잘 되는 기간은 체온이 상승하기 직전부터 7일 후까지이며 그 기간 동안은 격일로 부부관계를 한다.

배란 진단 시약

약국에서 판매하는 배란 진단 시약을 이용하여 배란일을 체크하는 방법이다. 소변으로 체크하여 양성이 나오면 곧 배란이 된다는 의미로 이 기간에 부부관계를 하면 된다. 검사는 오후 4시에서 10시 사이에 하는 것이 좋고, 검사 전 물을 너무 많이 마시면 정확도가 떨어진다.

02 임신을 알리는 신호

임신을 알리는 신호는 개인에 따라 다르기 때문에, 몸에서 보내는 다양한 신호에
항상 주의를 기울여야 한다. 임신 한 줄 모르고 임신 초기 약물을 복용하거나 술을 마시면
태아에게 좋지 않은 영향을 미칠 수 있으니 평소 몸이 알려주는 신호를 잘 살펴보자.

임신하면 나타나는 증상

생리가 일주일 이상 늦어진다

생리가 규칙적인 경우라면 생리 날짜가 늦어지는 것을 세심하
게 관찰해야 한다. 생리 예정일이 일주일 이상 지났다면 임신
을 의심해본다. 하지만 평소 스트레스, 피로, 갑작스러운 체중
감소 혹은 증가 등으로도 생리 주기가 바뀔 수 있으므로 다른
임신 징후가 나타나는지도 체크한다. 착상 과정에서 2~3일 정
도 팬티에 약간의 착상혈이 묻어 나올 수 있으니 이를 생리혈
로 착각하지 않도록 한다.

유방이 커지면서 아프다

임신을 하면 프로게스테론이 분비되면서 유선이 발달한다. 유
방이 커지고 탱탱해져, 심한 경우 스치기만 해도 통증을 느낀
다. 또한 멜라닌 색소가 증가해 유두 부분이 붉은색에서 갈색
으로 짙게 변하기도 한다.

입덧이 시작된다

입덧은 보통 임신 2개월부터 시작되는데 메스꺼움과 함께 가
벼운 구토 증상이 나타난다. 후각이 예민해져 평소에는 아무
렇지도 않던 음식 냄새와 화장품 냄새, 세제 냄새에 심한 거
부감을 보이기도 한다. 위산 분비가 감소하기 때문에 신 음식
이 당기기도 한다. 이런 입덧 증상은 보통 임신 3~4개월이면
가라앉는다.

질 분비물이 늘어난다

수정란이 자궁에 착상되면 혈액순환이 원활해지며 외음부와 질
이 부드러워지고 분비물도 늘어난다. 이때 분비되는 분비물은
끈적끈적한 유백색으로 냄새와 가려움증이 없다. 만약 분비물
이 누런 빛깔을 띠고 냄새와 가려움증을 동반한다면 염증이 의
심되므로 바로 병원에서 치료를 받아야 한다.

소변을 자주 보고 변비가 생긴다

착상이 되면 평소보다 소변이 자주 마려운데, 이는 프로게
스테론 수치가 높아지고 융모성 성선자극 호르몬(human
chorionic gonadotropin, HCG)이 분비되면서 혈액이 골반 주
위로 몰려 방광을 자극하기 때문이다.

이런 증상은 임신 11~15주에 나타났다가 임신 중기가 되면 사라진다. 또한 프로게스테론 분비가 많아지면서 장운동에도 변화가 생기기 때문에 변비가 생기기도 한다. 변비 증상이 임신 기간 내내 지속되면 치질로 발전될 수 있으므로 임신 초기부터 확실히 관리해야 한다. 2~3일에 한 번씩 변을 보는 것은 괜찮지만 일주일 이상 변을 볼 수 없다면 유산균 제제나 식이섬유가 풍부한 키위, 토마토, 푸룬 등을 먹어 변비를 막는다. 그래도 변비가 너무 심하다면 산부인과에서 변비약을 처방받는다.

열이 나고 으슬으슬 춥다

임신이 되면 기초 체온이 올라가 있기 때문에 미열이 발생해, 몸이 나른하고 으슬으슬 춥다. 이때 감기에 걸린 것으로 착각하여 감기약을 복용하기도 하는데, 임신 초기에 약을 잘못 먹으면 태아의 기형을 유발할 수 있으니 주의해야 한다. 특히 종합감기약 안에 들어 있는 성분 중 한약 성분은 자궁 수축을 유발할 수 있으며, 감기약 성분 중 비스테로이드성 소염진통제는 자연유산을 유발할 수 있다. 생리 예정일이 지난 가임기 여성이라면 몸에 열이 나고 으슬으슬 추운 감기 증세가 보일 때 임신 여부를 먼저 체크한 후 감기약을 처방받는 것이 좋다.

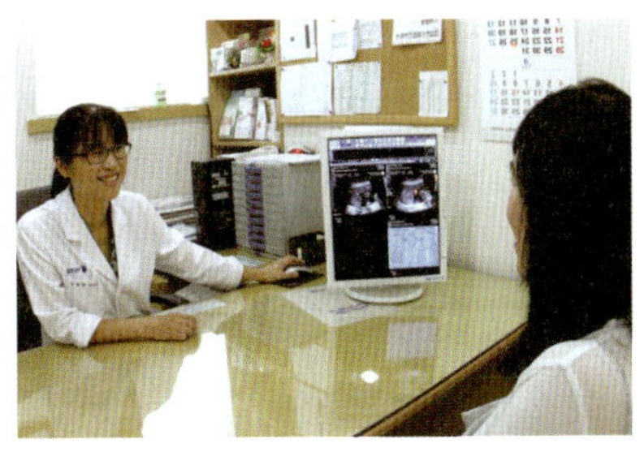

혈액 검사

융모성 성선자극 호르몬은 소변은 물론 혈액 속으로도 흡수되기 때문에 혈액 검사를 통해서도 융모성 성선자극 호르몬 검출 여부를 판단할 수 있다. 혈액 검사는 소변 검사보다 결과가 더욱 정확하며, 수정된 지 2주 후부터 임신 여부를 확인할 수 있다.

초음파 검사

소변 검사, 혈액 검사 등으로 임신임을 확인하면 초음파 검사를 통해 '아기집'이라고 하는 태낭이 보이는지를 확인한다. 초음파 검사는 마지막 생리 시작일로부터 5주가 지난 후에 받는다. 그 전에는 태낭이 초음파에 잡히지 않아 정확한 결과를 알 수 없기 때문이다. 태낭이 자궁 내에 착상하면 정상 임신으로 판단한다.

임신 확인 진단법

임신 진단 시약 테스트

약국에서 판매하는 임신 진단 시약을 활용해 임신 여부를 집에서 간편하게 알아볼 수 있다. 임신을 하면 임신 호르몬인 융모성 성선자극 호르몬이 소변으로 배출되는데 임신 시약이 이 호르몬에 반응한다. 수정된 지 14일 이후부터 확인할 수 있다. 다만 임신 진단 시약이 음성으로 나왔음에도 불구하고 생리가 계속 없다면 일주일 후에 다시 테스트해본다.

소변 검사

병원에서 처음 하는 진단법으로 소변 속에 있는 융모성 성선자극 호르몬을 검출해 임신을 확인하는 방법이다. 이는 시판되는 임신 진단 시약 테스트와 측정 방법이 똑같은 것으로 수정 후 4주가 지나면 100% 정확하게 알 수 있다.

03 계획 임신

계획 임신은 부부의 몸과 마음을 최상의 상태로 만들어 원하는 시기에 임신하고 건강하게 출산하기 위한 첫걸음이다.
그럼에도 불구하고 우리나라는 선진국에 비해 유난히 계획 임신율이 낮다. 건강한 아이를 안전하게
출산하기를 바라는 모든 예비 엄마 아빠라면 임신 전 미리미리 계획하고 준비하는 과정이 꼭 필요하다.

계획 임신, 이런 점이 좋아요!

조기에 불임 요인을 발견, 임신 성공률을 높인다

난임이란 가임기 여성이 피임을 하지 않았는데도 1년 동안 아이가 생기지 않는 경우를 말한다. 건강한 부부가 1년 안에 자연 임신으로 출산에 이를 확률은 겨우 30%. 최근 전체 가임 부부의 약 10% 정도가 난임일 정도로 그 빈도가 높기 때문에 미리 임신을 계획하고 준비하는 것이 필요하다. 계획 임신을 하면 난임의 원인을 빠르게 찾아내 인공수정, 시험관 아기 등 알맞은 해결책으로 임신 성공률을 높일 수 있다.

건강한 임신, 출산, 육아로 이어질 수 있다

임신과 출산에 대해 미리 계획하고 꼼꼼히 준비하면 임신 기간을 더욱 여유롭게 즐길 수 있다. 이는 행복한 출산과 육아로도 이어져 엄마와 아이의 정서적 안정에도 큰 도움이 된다.

기형아 출산을 줄일 수 있다

계획 임신을 하면 그렇지 않은 경우보다 임신 초기 기형 유발 물질에 노출될 확률이 절반 이상 크게 줄어든다. 임신 사실을 모르고 약을 복용하거나 알코올, 담배, X-선 촬영을 하는 경우가 생기기 때문이다. 당뇨병이나 간질 등 경련성 질환이 있는 여성이라면 반드시 계획 임신을 해야 한다. 당뇨병이 있다면 미리 혈당을 조절하는 것이 중요하다. 혈당을 잘 조절하지 못한 경우에는 기형아 발생 위험률이 8~9% 정도 되지만 계획 임신으로 혈당을 잘 조절하면 기형아 발생률을 1%로 낮출 수 있다. 또한 간질 등 경련성 질환이 있어 항경련제를 복용한 경우에도 기형 발생 확률이 증가하기 때문에 임신하기 전 미리 조절해야 한다.

남편의 적극적인 관심과 배려를 유도할 수 있다

계획 임신을 하려면 부부가 함께 노력해야 하므로 남편도 흡연이나 음주를 줄이는 노력을 하는 등 임신에 적극적인 관심을 갖게 된다. 또한 예비 임신부가 심리적인 안정을 찾을 수 있도록 배려하는 등 아빠로서 책임감도 갖게 된다.

임신과 관련한 경제적인 계획을 세울 수 있다

임신과 출산, 육아에는 생각보다 많은 금액이 지출된다. 계획 임신을 통해 미리 재정 상태를 체크하고 시기에 따라 필요한 금액을 책정해두면 가정 경제에 큰 도움이 된다.

성공적인 계획 임신을 위한 엄마의 생활 습관

엽산제는 임신 3개월 전부터 복용한다

엽산은 태아의 성장 발육을 돕는 필수적인 성분이다. 특히 태아의 뇌와 신경관 형성에 중요한 작용을 하기 때문에 임신 3개월 전부터 엽산을 섭취하는 것이 좋다. 엽산이 많이 들어 있는 음식은 달걀, 시금치, 바나나, 땅콩, 멜론 등이다.

임신 계획 3개월 전에는 피임을 중단한다

콘돔 등 기구를 이용한 피임 방법은 상관없지만, 경구피임약이나 자궁 내 피임 기구를 사용한 경우라면 임신 전 준비 과정이 필요하다. 임신을 계획하기 3개월 전에는 피임 기구나 피임약 복용을 중단하고 정상적인 월경을 거친다. 가능하면 몸의 밸런스가 충분히 회복된 다음 임신을 하는 것이 좋다.

꼼꼼 check! 피임약을 복용한 상태에서 임신을 알았다면 피임약 중에 다량 함유된 프로게스테론으로 인해 임신 초기 태아의 성장이 방해받을 위험이 있으니 바로 의사와 상담해야 한다.

몸의 컨디션을 최상으로 만든다

규칙적인 식사, 충분한 휴식, 적당한 운동, 정해진 시간에 자고 일어나는 등 몸의 컨디션을 최상의 상태로 만든 후 임신을 하는 것이 좋다. 과체중이라면 임신중독증, 당뇨병, 저체중아가 될 확률이 높아지기 때문에 본인의 적정 체중으로 만드는 것이 중요하다.

건강한 식습관을 갖는다

건강한 아기의 기본은 건강한 난자와 정자의 만남이다. 때문에 임신 전부터 하루 3번 균형 잡힌 식사를 하는 것이 좋다. 단, 기름진 육류, 백설탕, 고지방식품, 가공식품, 인스턴트 음식을 많이 섭취할 경우 임신성 당뇨병이 생기거나 거대 체중아를 출산할 수 있으니 단백질과 채소 위주의 식사를 한다. 임신 기간 중 철분, 칼슘 등의 영양소가 부족할 수 있으니 임신부 전용 영양제를 섭취해 보충한다. 커피, 녹차 등 카페인이 들어간 음식은 하루 1잔 정도로 줄이고 3개월 전부터 금주를 해야 한다.

스트레스를 최소화한다

임신에서 무엇보다 중요한 것은 정서적인 안정이다. 임신부가 스트레스를 받으면 호르몬 균형이 깨지면서 습관성 유산 증상이나 불임 등이 유발될 수 있기 때문에 스트레스를 받지 않도록 한다. 매일 30분씩 명상의 시간을 갖거나, 음악 감상, 가벼운 운동을 하는 것이 스트레스 해소에 도움이 된다.

계획 임신이 꼭 필요한 경우

- 만 35세 이상 고령임신인 경우
- 당뇨, 혈압, 자궁근종 등 지병이 있는 경우
- 생리 불순인 경우
- 과체중 혹은 저체중인 경우
- 과거에 기형아 출산력이 있는 경우
- 내과적 질병에 대한 가족력이 있는 경우

04 고령임신

고령임신의 경우 엄마는 물론 아기의 건강에도 특별한 주의를 기울여야 한다.
태아도 엄마도 모두 건강한 고령임신을 위한 솔루션을 알아보자.

고령임신이란?

고령임신은 만 35세 이후 출산하는 경우로 임신부의 나이가 많아질수록 고혈압, 임신중독증, 자궁근종, 태아 위치 이상, 난산, 조산 등의 발생 빈도가 높아지기 때문에 위험 임신군으로 분류된다. 제일병원의 최근 통계에 따르면 전체 산모 중 고령임신부가 35.6%를 차지했다. 그중 초산인 고령임신부는 27%를 차지했다. 35세는 인체의 노화가 시작되는 나이로 임신 성공률도 30~39세에는 20대보다 낮고, 유전적 결함을 가진 아이를 낳을 확률도 높기 때문에 특히 주의해야 한다. 하지만 건강한 여성이라면 고령임신이라 하더라도 철저한 계획과 임신 중 건강한 생활 습관으로 순산할 수 있다.

성공적인 고령임신을 위한 계획

임신 계획을 최대한 빨리 세운다

고령임신의 경우 출산을 미루지 말고 임신 계획을 최대한 빨리 세워야 한다. 나이가 들수록 엄마 몸속 환경은 아이에게 좋지 않은 영향을 준다는 것을 명심하자. 아이를 낳을 계획이라면 한시라도 빨리 엄마와 아빠 몸 상태를 점검하고 계획 임신을 시도한다.

미리 체중 조절을 한다

과체중인 경우에는 생리 불순이나 무생리증이 생겨 임신이 잘 되지 않으므로 미리 체중을 조절하는 것이 좋다. 살이 많이 찌면 자궁에 지방이 과다하게 축적되어 혈액순환이 안 되고 자궁 기능에도 영향을 줄 수 있다. 평소 튀기거나 기름기 많은 음식은 피하고 하루 30분 정도 규칙적인 운동을 통해 체중을 조절한다.

만성병이 있는 경우 치료 후 혹은 조절하면서 임신을 계획한다

평소 혈압이 높거나 빈혈, 당뇨병이 있으면 출산 시 조산이나 유산으로 이어질 수 있기 때문에 주의해야 한다. 지병이 있다면 임신 전 치료를 받거나, 약물로 조절하면서 임신을 해도 괜찮다는 전문의의 진단을 받은 후 임신을 계획한다. 고혈압인 경우에는 임신 중 혈압 조절이 중요하므로 임신부에게 안전한 약을 따로 처방받아야 한다. 당뇨병이 있는 경우라면 현재 시판되는 약 중 임신부에게 안전한 약물이 없기 때문에 인슐린 주사를 맞아야 한다.

몸에 좋은 음식을 잘 챙겨 먹는다

임신을 계획했다면 최소 3개월 전부터 몸에 좋은 음식을 잘 챙겨 먹는다. 튀긴 음식이나 육류 등 고열량 음식을 피하고, 과일, 채소 위주의 음식을 섭취하는 것이 좋다. 패스트푸드나 인스턴트식품, 커피, 콜라 등 고카페인 음식도 멀리한다.

요가, 수영 등 운동을 통해 체력을 기른다

건강한 엄마가 건강한 아이를 낳는다는 것은 당연한 사실. 고령임신이라면 엄마의 건강에 더욱 신경 써야 한다. 요가, 수영 등의 운동을 꾸준히 한다면 임신 기간은 물론 출산에도 많은 도움이 된다.

종합 검진을 통해 몸 상태를 체크한다

임신 전 산전 검사를 하는 것은 건강한 아이를 낳기 위한 첫걸음이다. 고령임신부라면 산전 검사 외에 종합 검진을 통해 자신의 몸이 건강한지 먼저 체크한다.

건강한 출산을 위한 임신 중 생활 수칙

장시간 서 있지 않는다

장시간 서 있으면 허리나 다리에 무리가 오기 쉽다. 고령임신부는 1~2시간 이상 서 있지 않는다. 임신 중 허리나 다리를 다치면 산후 회복도 느리고 아이 낳은 후에도 회복되지 않는 경우가 많으니 특히 주의한다.

찬물로 샤워하는 것은 금물!

임신 중에는 호르몬의 영향으로 기초 체온이 올라가는데 찬물로 샤워하면 자궁 수축이 일어날 수 있다. 고령임신의 경우 자궁 수축이 일어나면 조산할 확률이 높아지므로 찬물 샤워는 피한다.

규칙적인 생활을 한다

잠을 충분히 자고 규칙적인 식사를 하는 것은 건강한 태아를 위한 기본 생활 습관이다. 태아 건강에 더욱 신경 써야 하는 고령임신이라면 잠을 충분히 자고 규칙적인 식사를 하도록 노력한다.

고령임신 주의사항

제왕절개 분만의 빈도가 증가한다

최근 제일병원 출산 통계를 보면 고령산모의 제왕절개 분만율이 31.8%이고, 35세 미만인 산모의 제왕절개 분만율은 24%로 고령산모의 경우 일반 산모에 비해 제왕절개 분만율이 높다. 태아가 산도를 쉽게 잘 통과하려면 질이나 자궁구가 부드러워야 하는데 나이가 들수록 딱딱하게 굳어있는 경우가 많아 자연분만이 어려운 것. 하지만 고령 임신부라고 해도 의사가 유도하는 대로 잘 따라한다면 충분히 자연분만이 가능하므로 너무 걱정하지 않아도 된다.

염색체 이상 발생이 상대적으로 높다

기형에 밀접한 관계가 있는 염색체에 이상이 생길 확률이 높아진다. 20대 임신부보다 고령임신부에게 다운증후군과 같은 염색체 이상 기형아가 태어날 확률이 나이가 많아짐에 따라 3배가 증가한다는 연구결과도 있다. 임신 기간 중 융모막 융모 검사 혹은 양수 검사를 통해 염색체 이상 유무를 반드시 확인하도록 한다.

체중이 더 늘어난다

고령임신부의 경우 일반 임신부에 비해 기초대사량이 줄었기 때문에 체중이 더 느는 경우가 많다. 체중이 과도하게 늘어나면 임신성 당뇨는 물론 임신중독증 등 합병증이 생길 수 있기 때문에 체중이 10kg 이상 증가하지 않도록 임신 기간 동안 관리한다. 귀찮더라도 하루 30분 이상 꾸준히 운동하고, 생선과 채소류를 섭취하는 것이 도움이 된다.

05 시험관 임신

시험관 임신은 난자와 정자를 채취해 시험관 내에서 인위적으로 수정시킨 뒤
그 수정란을 자궁에 이식하는 방법이다. 시험관 임신의 성공률은 평균적으로 30% 정도이며
비용이 비싼 것이 단점이다.

시험관 임신이란?

시험관 임신은 난자와 정자를 채취한 후 시험관 내에서 인위적으로 수정시킨 뒤 그 수정란을 자궁에 이식하는 방법이다. 엄마의 몸에서 채취한 성숙한 난자와 아빠의 정액에서 채취한 정자를 체외에서 인공적으로 수정시킨 후, 시험관에서 2~3일 동안 배양해 다시 엄마의 자궁에 이식하는 것. 시험관 임신은 남성 불임, 나팔관 이상에 의한 불임, 자궁내막증, 면역학적 불임, 자궁 기형으로 인한 불임, 조기 폐경, 원인 불명의 불임인 경우에 시도한다. 최근에는 착상 전 유전진단(수정란 단계에서 유전 질환이나 염색체 이상이 있는지를 진단하여 병이 없는 수정란을 자궁에 이식함으로써 정상아를 임신할 수 있도록 하는 검사)이 필요한 경우에도 시험관 임신을 시도한다.

시험관 시술은 횟수 제한이 없으며 일반적으로 난소가 배란유도제에 반응하지 않는 폐경 상태가 아니면 시도할 수 있다. 시험관 시술을 하면 폐경이 빨리 온다고 오해하는 경우가 있는데 이는 근거 없는 속설이다. 또한 시험관 시술을 많이 하면 몸이 상하게 되지 않을까 걱정하는데, 시술이 끝나고 2~3개월 정도 휴식을 취한 후 다시 시술을 받으면 큰 무리가 되지 않는다. 시험관 임신에 성공하기 위해서는 고단백 음식과 과일, 채소, 곡류, 유제품 등을 섭취하는 것이 좋고, 과체중인 경우 체중을 줄이는 것이 유리하다. 또 엽산이 함유된 임신부용 종합비타민제를 복용하는 것도 도움이 된다.

꼼꼼 check! 시험관 임신을 시도할 경우 정부에서 시행하는 '불임부부 시술비 지원사업'을 통해 총 4회까지 지원금을 받을 수 있으니 꼭 확인하고 지원받자.

시험관 임신의 과정

① 시술 전 검사

시험관 시술 전에 엄마, 아빠의 몸 상태를 살피는 다양한 검사를 시행한다. 자궁의 건강 상태와 배란 상태, 정자의 유무와 건강 상태 등을 확인한다. 또한 시험관 시술이 진행되면 질식 초음파를 이용해 난자를 채취하는데 채취 과정에서 난소, 자궁, 혈관 손상으로 인한 복강 내 출혈이나 난소 출혈이 나타날 수 있기 때문에 출혈성 소인이 있는지도 미리 검사한다. 그 외에 일반적인 간 기능 검사, 소변 검사, 혈액 검사 등을 시행한다.

② 채란 시기 결정

시험관 임신의 성공을 위해서는 성숙한 난자를 알맞은 시기에 채란하는 것이 가장 중요하다. 대개 생리를 시작한 지 3일째 되는 날부터 7~10일간 배란유도제를 투여하고, 난포의 성장 정도를 알기 위해 초음파 검사와 혈액 검사를 하여 난자의 채취 날짜를 정한다. 채란 시기가 정해지면 남편은 채란 3~4일 전부터 금욕하고 시술 당일 아침에 정액을 받는다. 금욕을 하지 않을 경우 정액의 양과 정자 밀도가 줄어들어 수정 결과에 영향을 줄 수 있다.

③ 난자와 정자의 채취

난포가 성숙되면 정맥 마취 후 난자 채취용 주사침이 부착된 질식 초음파를 통해 난자를 채취한다. 보통 질식 초음파로 난자를 채취하지만 난포가 너무 깊은 곳에 있어서 질식 초음파로 채취가 안 될 경우에는 드물게 복부 초음파 또는 복강경을 통

해 난자를 채취하기도 한다. 난자 채취 후에는 바로 정자를 채취한다. 사정된 정액에는 미성숙 정자, 운동성이 떨어지는 정자, 수정을 방해하는 물질 등이 섞여 있으므로 운동성이 양호한 정자만 골라내기 위해 정자 처리 과정을 거친다. 간혹 정관이 선천적으로 생성되지 않았거나, 정관이 폐쇄된 경우와 정관 복원술이 실패한 경우에는 사전에 비뇨기과에서 수술을 통해 정자를 채취해야 한다.

④ 체외 수정과 배양

배란 전에 채취한 난자는 밖에서 인공적으로 성숙시켜야 한다. 채취한 난자를 성숙한 정도에 따라 분류한 후 배양액에 넣어서 6~8시간 배양한 후 준비된 정자와 혼합해 수정시킨다.

⑤ 배아 자궁 이식

난자 채취 다음 날 정상적인 수정이 이루어졌는지 확인하고 수정된 난자는 2~3일 동안 배양 과정을 거쳐 수정란이 4~8세포기에 이르면 자궁 속에 이식한다. 일반적으로 복부 초음파를 보면서 자궁경관을 통해 부드러운 관을 삽입해 이식하는데 자궁경관이 막혔거나 굴곡이 심해 이식이 어려운 경우에는 질식 초음파를 이용해 주사침으로 직접 자궁 내에 이식하기도 한다.

⑥ 착상 결과 기다리기

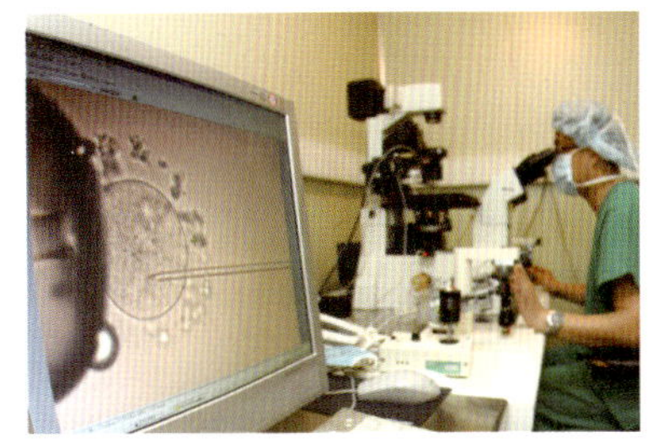

배아 이식이 끝난 후에는 집에서 안정된 생활을 하면서 착상이 되길 기다린다. 난자를 채취한 지 12일경에 채혈을 해서 혈청 검사를 통해 융모성 성선자극 호르몬이 검출되는지 확인한다. 이 호르몬이 검출되면 수정란이 착상했다는 것을 의미하지만, 정확한 임신 여부는 난자 채취 후 3~4주경에 초음파를 통해 임신낭(태낭)과 태아의 심장박동으로 확인한다.

인공 수정이란?

여성의 배란 시기에 맞춰서 정액 내의 불순물, 백혈구, 죽은 정자 등을 제거하고 활동성을 더욱 강화시킨 정자를 가느다란 튜브를 이용해 자궁 안에 주입해 수정되도록 유도하는 방법이다. 비교적 간단하고 매번 생리 주기마다 실시할 수 있으며, 시험관 임신에 비해 비용 부담이 적다는 것이 장점이다. 다만 난관이 막히지 않은 정상 상태여야 하고 난관 주변의 상태도 난관이 정상 기능을 하기에 지장이 없을 정도로 양호한 경우에만 시행할 수 있다.

인공수정의 특징

입원 없이 시술 가능 | 인공수정을 시도하는 경우는 보통 나팔관은 정상이지만 성교 후 검사에서 정자의 운동성이 떨어지는 경우, 자궁경관점액의 질이 나쁜 경우, 남편의 정자에 대한 항체를 가진 경우, 원인 없이 임신이 되지 않는 경우 등이다. 자연 배란 주기를 맞추어 시행하기도 하고 배란이 불순한 경우라면 배란유도제를 복용하면서 3~4개월간 실시한다. 인공수정 임신을 위해 입원은 하지 않아도 되지만 시술 후 약 30분 정도 안정을 취하는 것이 좋다. 인공수정을 하기 전 2~3일 동안은 부부관계를 피해야 한다.

다태 임신 가능성 | 인공수정을 시도했다고 하여 유산이나 자궁 외 임신, 기형아 발생 확률이 자연 임신보다 높아지는 것은 아니다. 다만 배란유도제를 복용하여 과배란을 시도한 경우 약 20~25%의 다태 임신 가능성과 난소 과자극 증후군의 위험성이 있다. 그러므로 인공수정을 3~6회 정도 실시한 후에도 임신이 되지 않는다면, 시험관 임신을 고려해보는 것이 좋다.

난소 과자극 증후군 | 난소 과자극 증후군은 난소가 배란유도제에 대해 과도한 반응을 보여 난소가 커지고, 통증이 생기며 복수가 차는 현상이다. 이는 배란 후 난자를 채취한 즉시 나타날 수 있고, 임신을 하면 더욱 심해질 수도 있다. 난소 과자극 증후군이 생기면 초기에는 복부 팽만감과 오심, 피로감, 두통, 구역질 등이 나타나고, 심한 경우는 복수가 차거나 호흡곤란 등으로 입원 치료를 하기도 한다. 하지만 증상 발생 후 휴식과 안정을 취하고 수액 치료를 받으면서 7일 정도 지나면 대부분 증상이 사라진다. 배란유도제를 사용하면 두통, 전신무력감, 피부 발진 등이 생길 수 있지만, 적당한 용량을 투여하면 심각한 부작용은 나타나지 않는다.

06 태아의 보금자리 자궁

자궁과 탯줄, 태반은 태아의 생명을 유지하는 데 가장 중요한 역할을 한다.
임신 기간 내내 자궁과 탯줄, 태반에 문제가 생기지 않았는지 지속적으로 관찰해야
건강한 아기를 출산할 수 있다.

임신한 자궁의 구조

임신한 엄마 뱃속은 어떤 모습일까?

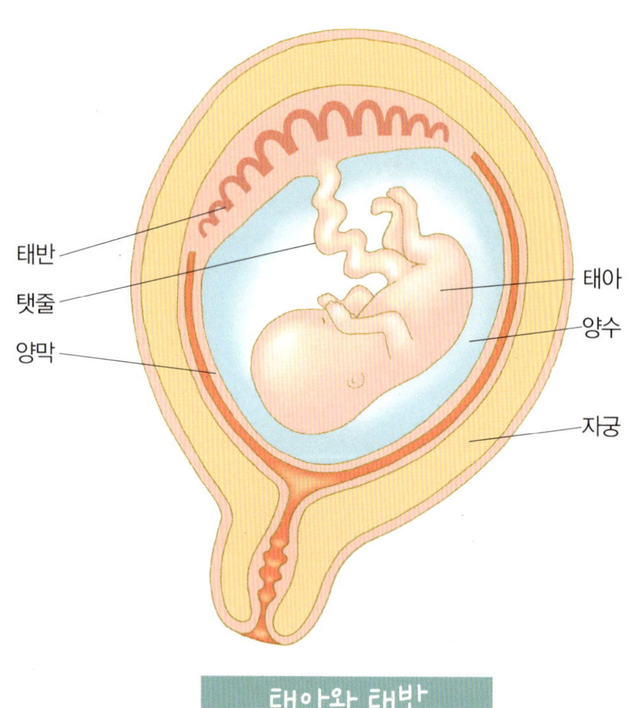

자궁

자궁은 여성의 건강과 직결된 장기 중 하나로, 선천적인 자궁 기형은 불임이나 유산의 원인이 되기도 한다. 수정란이 착상하고 태반이 부착되어 태아가 생기고, 성장하는 동안 머무르는 장소. 자궁은 골반 안쪽에 위치하며 앞쪽에는 방광, 뒤쪽에는 직장이 있다. 위로는 양쪽 난관, 아래로는 질이 연결되어 있다.

태반과 탯줄

태반은 태아를 감싸고 있는 장막의 일부가 자궁 내벽에 붙으면서 형성된다. 수정 후 약 5주째부터 만들어지기 시작해 13주경 완성되며, 처음에는 지름이 0.1㎜ 정도밖에 안 되지만, 10개월 후에는 태반 지름이 15~20㎝, 두께 약 2㎝, 무게 약 500g 정도로 커진다. 태반을 통해 산소와 영양을 공급받고, 이산화탄소와 노폐물을 배출한다. 태아를 유해물질로부터 지켜주고, 임신에 필요한 호르몬을 직접 생산하고 분비하는 역할도 한다. 태반은 태아와 탯줄로 연결되어 있으며, 자궁 앞, 뒤 등 자궁 내 어느 곳에나 위치할 수 있다.

탯줄은 태반에서 태아의 배꼽으로 연결되어 물질 교환의 통로 역할을 한다. 임신 초기 태아는 자궁 내벽에 밀착되어 있다가 태반의 생성으로 떨어져 나오면서 탯줄로 연결되는 구조가 된다. 성숙된 태아의 탯줄은 지름이 약 1㎝, 길이는 약 50㎝ 정도. 표면은 매끈한 막으로 덮여 있고, 2개의 동맥과 1개의 정맥으로 이루어진다. 태아에게 필요한 산소와 영양을 공급하고, 노폐물과 이산화탄소를 배출한다.

태아를 지켜주는 양수

자궁 속의 태아를 감싸고 있는 양막에는 물이 가득 차 있는데 이 액체가 바로 양수다. 태아는 양수 속에서 자라나기 때문에 자유롭게 움직일 수 있고 안전하다. 양수가 일종의 쿠션 같은 역할을 해주기 때문에 외부의 충격을 완충시켜 태아에게 영향을 주지 않고 엄마의 고통도 줄여준다. 양수의 성분은 바닷물

과 비슷하며 태아의 성장에 필요한 알부민, 레시틴, 빌리루빈이 녹아 있고, 색이나 냄새가 거의 없는 것이 특징이다. 임신 초기에는 무색이지만 분만할 때쯤 되면 태아의 몸에서 나온 물질들과 섞여서 탁해진다.

임신 기간에 맞춰 점점 늘어나는 양수

임신 기간이 늘어나면서 양수의 양도 점점 늘어나는데 임신 10주에 10~20㎖이었던 것이 임신 중기에 접어들면 100㎖까지 늘어난다. 임신 중기부터 하루 10㎖씩 증가해 임신 36~38주 무렵에는 1,000㎖까지 늘어나며 출산이 가까워오면 다시 줄어들어 임신 말기에는 800㎖ 정도가 된다. 양수는 임신부의 몸을 통해 계속 순환하여 새롭게 교체되며 임신 기간이 늘어날수록 교체 시기도 빨라진다.

양수의 역할

태아를 보호한다

임신 기간 동안 태아는 양수 속에 둥둥 떠서 지낸다. 따라서 임신부의 배가 세게 눌리거나 부딪히는 충격을 받아도 양수로 인해 태아가 직접적인 충격을 받지 않는다.

호흡운동과 발달을 돕는다

태아는 12주 정도면 양수를 삼키기 시작해 자궁 속에서 공기 대신 양수로 호흡운동을 한다. 양수 속에서 폐를 성장시켜 태어났을 때 스스로 호흡할 수 있다. 또한 양수 속에서 떠다니며 팔다리를 자유롭게 움직이고 몸의 방향을 바꾸는 과정에서 태아의 근육과 골격이 발달한다.

태아의 건강 상태를 알려준다

양수에는 태아의 세포 중 일부가 섞여 있어 양수 검사를 하면 태아의 발육 상태와 건강 상태를 파악할 수 있다. 특히 기형이 의심될 때 염색체 이상이나 선천성 이상, 기형 여부를 판단할 수 있다. 고위험 임신부나 고령 임신부는 양수 검사를 통해 태아의 상태를 살필 것을 권장한다. 보통 양수 검사 시 양수 속에 떠다니는 태아의 표피 세포를 채취해 염색체 검사를 실시한다.

항균 작용 및 체온 유지를 돕는다

양수에서는 박테리아가 살 수 없기 때문에 양수는 세균 감염을 막아주는 항균 작용을 한다. 양수의 온도는 엄마의 체온과 비슷해, 체온 조절 능력이 없는 태아는 양수를 통해 일정한 체온을 유지한다.

분만을 돕는다

출산이 임박하면 태아가 나오기 전 양수가 먼저 파수된다. 양막 파수는 자궁구가 열리면서 태아를 감싸고 있던 양막이 찢어지고 양수가 흘러나오는 것을 말한다. 양수는 분만 시 산도를 촉촉하게 해 윤활유 역할을 한다. 보통 진통이 시작되고 자궁구가 열려야 양막이 파수되는데, 본격적인 진통 없이 파수가 먼저 되기도 한다. 진통이 오기 전에 자궁이 과도한 힘을 받거나 양수 과다증 등의 이유로 양막이 터지면 양수가 나오는데, 다리 사이로 갑자기 따뜻한 물이 줄줄 흐르는 것 같은 느낌이 들고 양도 상당히 많다. 양수가 파수되면 감염 위험이 높아지니 즉시 병원에 간다.

미지근한 물을 많이 마신다

임신 전보다 하루 2~3ℓ 정도 더 마시는 것이 좋다. 식사 전이나 도중에 물을 마시면 위의 소화효소나 위산이 희석되어 소화가 잘 되지 않으므로 공복일 때나 식사하기 30분 전에 물을 마신다. 찬물보다는 살짝 데워 체온과 비슷한 미지근한 상태로 마시는 것이 좋다. 보리차나 둥굴레차를 미지근하게 만들어 수시로 마신다.

탄산음료는 가급적 피한다

탄산음료는 온갖 색소와 카페인 등 몸에 해로운 성분이 들어있기 때문에 마시지 않는 것이 좋다. 엄마가 탄산음료를 마시면 그 성분이 고스란히 양수와 태아의 몸에 흡수되기 때문이다.

07 임신부 시기별 산전 검사

임신을 확인하면 산부인과에서 임신 주수에 따라 여러 가지 산전 검사를 받게 된다.
임신부와 태아의 건강을 위해 받아야 하는 임신 전·후 시기별 산전 검사를 알아보자.

임신 전

빈혈 검사

임신 전 빈혈이 없던 여성도 임신 후 태아에게 철분을 빼앗기면 빈혈이 생길 수 있다. 빈혈이 생기면 조산을 하거나 저체중아를 출산할 위험이 있으므로 미리 철분제를 복용해야 한다. 임신 전 정상 철분 수치는 12~13g/dL. 철분 수치가 부족하다면 철분제를 복용해 정상 수치로 만드는 것이 중요하다.

간염 검사

임신부가 간염을 앓은 경험이 있거나 간염 보균자이면 태아가 태어날 때 수직 감염될 수 있다. 만약 아이가 태어나면서 수직 감염이 된다면 평생 보균자로 살아야 한다. 엄마가 보균자인 경우 미리 체크하고 아이가 태어나자마자 면역글로불린과 예방 백신을 접종해 간염을 예방해야 한다. 또한 B형 간염 항체가 없는 경우라면 임신 전 미리 백신을 접종해야 한다. B형 간염 백신은 사백신이므로 접종 후 언제든지 임신을 해도 괜찮다.

풍진 항체 검사

임신 초기에 풍진에 감염되면 태아의 시력, 청력, 심장 등에 기형이 발생할 수 있다. 임신 전 검사를 통해 항체가 없다는 결과가 나오면 풍진 예방 주사를 맞아야 한다. 풍진 예방 주사는 접종 후 3개월이 지나야 항체가 생기기 때문에 그 기간 동안에는 반드시 피임을 한다.

매독 혈청 검사

임신 전이나 임신 14주 이내에 의무적으로 매독 검사를 받는다. 임신 중에 매독에 걸리면 태아에게 선천성 매독 증후군이 생길 수 있고, 유산이나 사산, 기형아 출산의 위험이 있다. 임신 기간 중 매독이 발견되었다면 곧바로 치료를 받는다.

자궁경부암 검사 및 인유두종 바이러스 검사

임신부가 자궁경부암에 걸렸거나 혹은 인유두종 바이러스에 감염된 경우라면 출산 시 태아의 후두 등이 인유두종 바이러스에 감염될 수 있으므로 미리 체크해야 한다. 임신 기간 중 1기 이상의 침윤암이 발견되면 암의 발전 가능성과 임신 주수를 고려해 임신 초기에 아기를 포기해야 하는 경우도 있다. 인유두종 바이러스에 감염되지 않았다면 인유두종 바이러스 백신을 미리 접종하면 좋다. 인유두종 바이러스 백신은 접종 후 바로 임신을 해도 된다.

혈액형 검사(Rh 인자 확인)

임신 중 혈액을 채취해 Rh+ 인자인지 Rh- 인자인지를 검사한다. 태아와 임신부가 같은 인자면 상관없지만, 서로 다를 경우 태아가 뱃속에서 사망하거나 태어난 후에 황달에 걸려 뇌성마비가 될 수 있다. 엄마와 태아의 Rh 인자를 확인하고 미리 합병증을 예방해야 한다. 만약 엄마가 Rh-라면 첫 아이는 상관없지만 둘째 아이부터는 태아 수종(태아 몸에 물이 차는 병)이 생길 수 있으니, 임신 중 태아 수종을 방지하기 위해 예방주사를 맞아야 한다.

자궁, 난소 상태 검사

임신 전 초음파를 통해 자궁과 난소의 건강 상태를 체크한다. 자궁내막증은 습관적인 자연유산의 원인이 될 수 있고, 상태가 심각해질 경우 불임으로 이어지기도 한다. 자궁근종이 있는 여성이 임신할 경우 임신 중 근종이 커지거나 괴사성 반응을 일으켜 통증을 유발하기도 하고, 조기 분만의 위험이 있다. 근종이 있는 부위에 태반이 착상하는 경우 태반조기박리의 위험성도 있다. 난소종양은 크기가 작을 때는 증상이 없지만, 종양의 크기가 커지면 주변 장기를 압박하며 소화불량이나 아랫배 통증이 나타날 수 있다. 양성종양이라도 크기가 8㎝ 이상으로 큰 경우, 종양이 꼬이거나 파열된 경우는 수술로 종양을 제거한다.

질염 검사

여성에게 많이 발병하는 질염을 치료하기 위해서는 항생제나 곰팡이균을 없애는 약을 처방해야 하기 때문에 임신 중에는 치료가 어렵다. 따라서 임신을 계획한다면 미리 질염 검사를 받는 것이 좋다.

취약 X 증후군 검사

임신 전 유전 질환에 관한 가족력을 검사하는 것도 건강한 출산에 많은 도움이 된다. 취약 X 증후군은 다운증후군과 함께 정신지체를 일으키는 가장 흔한 유전성 질환. 엄마가 취약 X 증후군 보인자라면 출산한 남자아이 중 50%에게 지능 저하가 생길 수 있다. 가능성이 높은 보인자라면 시험관 임신을 시도해본다. 또한 임신 중에는 양수 검사를 통해 기형아 여부를 체크한다.

임신 초기

문진

임신 확인 후 처음 받는 진료로 임신부에 대한 자세한 정보를 체크한다. 보통 마지막 생리 시작일, 생리 주기, 초경 나이, 약물 복용 여부, 유산이나 조산 경험 여부, 선천성 질환이나 지병 유무, 부부 양쪽 집안에 유전되는 병이나 쌍둥이 유무, 알레르기 등을 꼼꼼히 체크해 임신 중 문제가 되는 요인을 파악하기 때문에 의사에게 최대한 자세히 알려준다.

몸무게와 혈압 체크

체중과 혈압의 변화는 임신부의 건강 상태를 파악하는 중요한 수치. 병원을 방문할 때마다 몸무게와 혈압을 측정한다. 임신을 하면 혈관 기능의 변화로 혈압이 상승할 수 있고, 체중이 과도하게 증가하면 임신중독증이 생길 수 있다. 임신 초기 몸무게와 혈압을 기준으로 변화 상태를 꾸준히 체크한다.

검사 전 주의사항

외음부를 청결히 한다

병원에 가기 전 외음부를 청결히 해야 한다. 분비물 검사를 할 수 있으니 질 안쪽까지는 씻지 말고 검사에 방해가 될 수 있으니 검사 전날에는 부부관계를 하지 않는다.

입고 벗기 편한 옷을 입는다

내진할 때는 속옷까지 벗어야 하므로 상의와 하의가 분리된 옷이 좋다. 몸에 꽉 끼는 거들은 피하고, 보정용 속옷보다는 입고 벗기 편한 속옷으로 입는다. 소매도 꽉 끼지 않아야 혈압 측정이나 채혈 시 편하다.

진한 화장은 하지 않는다

얼굴색과 손톱 색깔을 보는 것은 임신부 검진의 기본. 색조화장은 되도록 하지 않는 것이 좋다. 매니큐어도 바르지 않는 것이 좋은데, 꼭 하고 싶다면 원래의 손톱색이 최대한 드러나는 투명 매니큐어를 바른다.

소변 검사

임신을 하면 융모성 성선자극 호르몬이 분비되는데 이는 소변을 통해 배출된다. 임신 초기 소변 검사를 통해 임신 확인은 물론 당뇨와 단백뇨, 신장, 방광, 요도의 감염 여부를 알아본다.

혈액 검사

혈액 검사를 통해 Rh 인자에 대해 알아보고 풍진 항체와 간염 항체 여부를 체크한다. 엄마와 태아의 Rh 인자가 서로 다르면 태아가 태내에서 사망하거나 태어난 직후 황달이 심해져 뇌성마비를 앓을 수 있다. 미리 검사를 한 후 엄마가 Rh-이면 임신 28주에 면역글로불린을 투여해 산모와 태아의 합병증을 예방해야 한다. 또한 엄마에게 풍진 항체가 없다면 태아가 감염될 확률이 높으므로 임신 15주까지 혈액 검사를 통해 태아의 감염 여부를 체크한다. B형 간염 보균자거나 현재 앓고 있다면 출산 과정에서 신생아에게 수직 감염될 수 있으므로 태어난 직후 아이에게 간염 예방접종을 해야 한다.

자궁경부암 검사

질식 초음파를 할 때 작은 솔을 이용해 자궁경부의 세포를 떼어내어 현미경으로 자궁경부의 건강 상태를 알아보는 검사. 임신 중 자궁경부암이 발생하는 경우도 있고 출산 후 상당히 진행된 상태로 발견되는 경우도 있다. 초기 자궁경부암 여부를 체크해 발병 사실을 확인했다면, 임신 기간 동안 지속적으로 관리해야 한다.

촉진 & 내진

의사가 손으로 배를 만져서 자궁의 상태를 진찰하는 것을 촉진이라고 한다. 배 위에 손을 올려 자궁의 크기나 단단한 정도, 위치 등에 이상이 없는지 체크한다. 내진은 한 손을 질 속에 집어넣어 자궁의 위치와 난소의 위치, 크기, 단단한 정도를 조사하고 자궁 이외의 난소나 난관의 이상 유무를 진단하는 방법이다. 최근에는 임신 초기에 출혈이 생길 수 있기 때문에 내진을 생략하는 경우도 많다.

질식 초음파 검사

임신 초기에는 태아의 크기가 너무 작기 때문에 복식 초음파로는 태낭의 위치나 크기를 정확하게 확인할 수 없다. 질식 초음파를 이용해 태낭의 위치와 심장박동을 확인하고 태아의 머리 끝부터 엉덩이까지 길이를 재 임신 주수를 판단한다.

태아 목덜미 투명대 검사

임신 10~12주 사이에 초음파로 태아의 목덜미 투명대 두께를 측정하는 검사. 다운증후군이 있으면 태아 목덜미의 임파선이 막혀 정상보다 두꺼워진다. 투명대의 두께가 3㎜ 이상이면 다

보건소에서 받을 수 있는 무료 산전 검사

풍진 항체 검사
임신 전 풍진 항체가 있는지 알아보는 검사로, 임신 전 또는 임신 10~12주 이내에 받을 수 있다.

소변 검사
임신 12주 이전에 임신 여부를 확인하고, 당뇨나 단백뇨 등 임신부의 건강 상태를 알아보기 위한 목적으로 실시한다. 임신 24~28주에도 임신성 당뇨병 여부를 알아보기 위해 소변 검사를 실시한다. 임신성 당뇨병 검사 시에는 검사 전 3시간 금식해야 한다.

혈액 검사
임신 6~10주 사이에 하는 혈액 검사로 B형 간염, 매독, AIDS, 혈액형, 빈혈 등을 체크한다. 혈액 체크만 해주고 치료는 지원하지 않는다.

초음파 검사
지역마다 조금씩 다르지만 보통 임신 10~32주 사이의 초음파 검사를 지원하며, 모체의 자궁 상태와 태아의 발육 상태를 체크할 수 있다. 일반 병원에서 시행하는 정밀, 입체 초음파 검사는 지원하지 않는다.

쿼드 검사
임신 15~20주 사이에 받는 쿼드 검사는 태아에서 분비되어 임신부의 혈관 속으로 전해지는 네 가지 호르몬 수치를 측정하는 혈액 검사로 다운증후군, 신경관 결손, 에드워드 증후군 등 태아의 기형을 확인할 수 있다. 이 검사에서 이상 징후가 발견되면 전문병원에서 양수 검사를 받는 것이 좋다.

운증후군이나 심장 기형의 가능성이 증가하므로 정확한 진단을 위해 임신 중기에 양수 검사나 정밀 초음파 검사로 염색체와 심장의 이상 유무를 반드시 체크한다.

임신 중기

기형아 선별 검사(쿼드 검사, 통합선별검사)
임신 15~20주 사이에 기형아 선별 검사를 시행하여 이상이 발견되면 양수 검사를 추가로 한다. 기형아 선별 검사는 다운증후군, 신경관 결손, 에드워드 증후군 등의 가능성을 선별하는 검사다.

임신성 당뇨병 선별 검사
임신 24~28주 사이에 하는 검사로 50g의 포도당을 복용하고 1시간 후 혈액을 측정해 임신성 당뇨병 여부를 알아본다. 임신성 당뇨병은 감염, 양수 과다증, 신생아 기형 등 임신부와 태아에게 합병증을 일으킬 수 있기 때문에, 검사 후 이상이 발견되면 바로 치료해야 한다.

몸무게와 혈압
정기검진 때마다 임신부의 몸무게와 혈압을 체크한다. 임신 중기에는 일주일에 0.5kg 정도 체중이 느는 것이 바람직하다. 갑자기 체중이 많이 늘거나 몸이 지나치게 부으면 문제가 생겼다는 신호이므로 주의해야 한다. 혈압도 주기적으로 측정해 고혈압이나 저혈압 여부를 체크한다. 최고 혈압 140mmHg, 최저 혈압 90mmHg을 넘는다면 임신중독증을 의심해볼 수 있다.

소변 검사
소변 검사를 통해 당뇨나 단백뇨를 확인한다. 소변 검사에서 이상 소견이 나오면 임신중독증이나 임신성 당뇨병과 연관이 있는지 추가 검사를 한다.

빈혈 검사
임신 중기에 빈혈이 생기는 경우가 많기 때문에 빈혈이 생겼는지 다시 한 번 확인한다. 빈혈이 있는 경우라면 조혈제를 복용해야 한다. 만약 가벼운 빈혈이라면 2주 정도, 증상이 심한 경우는 2~3개월 동안 꾸준히 철분제를 복용한다. 철분이 많이 함유된 시금치, 가지, 견과류, 육류, 생선 등을 골고루 섭취하는 것이 좋다.

정밀 초음파 검사
임신 20~24주 사이에 초음파를 통해 태아의 손가락과 발가락, 얼굴 모양 등의 외형적 기형 및 태아의 모든 기관을 확인하는 검사다.

임신 후기

태아 안녕 검사
태아 안녕 검사는 태아의 안녕 상태와 자궁 수축을 확인하는 검사로 임신성 당뇨병이나 임신중독증 등 합병증이 동반된 임신과 조기 진통이 의심될 경우 실시한다.

혈액 및 심전도, 가슴 X-ray 검사
분만 준비에 앞서 임신부가 자연분만을 해도 무리가 없는지를 체크하기 위해 빈혈, 간기능 검사, 심전도, 가슴 X-ray 등의 검사를 시행한다.

정밀 검사가 필요한 경우

- 모체 혈액 검사 또는 초음파상의 이상 소견이 보일 때
- 임신부의 나이가 35세 이상일 때
- 염색체 이상이 있는 아이를 분만한 경험이 있는 경우
- 선천적 기형이 있는 아이를 분만한 경험이 있는 경우
- 선천적 기형의 가족력이 있는 경우
- 염색체 이상의 가족력이 있는 경우
- 부모 중 한쪽이 선천적 기형이 있거나 염색체 이상이 있는 경우
- 두 번 이상의 반복 자연유산을 경험한 경우
- 원인 모르게 사산아를 분만한 경험이 있는 경우
- 임신부가 방사선에 노출된 경우
- 임신부가 약물을 복용한 경우

08 초음파검사

임신 중 정기적으로 받게 되는 초음파 검사는 임신부와 태아의 건강을 알 수 있는 중요한 척도.
초음파 검사를 통해 태아의 크기와 위치, 얼굴과 손발 등을 자세히 확인할 수 있고,
태아 기형도 조기에 진단할 수 있다.

초음파 검사의 종류

기본 초음파

정기검진 때마다 시행하는 가장 기본적인 초음파로 임신부의
배에 초음파 기구를 대고 문지르며 진단하는 복식 초음파와 기
구를 질 속에 넣어 검사하는 질식 초음파가 있다. 태아의 위치
와 태아의 크기, 다태 임신, 양수 과다증 등 임신 주수별로 반
드시 체크해야 할 모체와 태아의 상태를 확인한다. 임신 초기
에는 태아의 크기가 너무 작아 복식 초음파로 확인할 수 없기
때문에 질식 초음파로 임신낭 여부를 확인하는데, 태아의 머리
에서 엉덩이까지의 길이를 재서 정확한 임신 주수를 파악한다.
또한 태아의 크기와 위치를 체크해 임신 주수에 맞게 성장하고
있는지 확인하고 태아의 손발 기형, 언청이 등 외형적인 기형
도 판단한다. 임신 말기에는 태반의 위치, 자궁의 상태, 태아
의 머리 크기를 진단해 자연분만이 가능한지 여부도 체크한다.
양수의 양, 전치태반, 역아인지를 확인해 순산 여부와 분만 방
법도 결정한다.

정밀 초음파

임신 20~24주 정도에 태아의 기형 여부를 확인할 수 있는 검
사. 20~24주는 태아의 장기 대부분이 완성되는 시기로, 특히
이 시기에 심장 이상 여부를 정확하게 판단할 수 있다. 또 머
리의 뇌실 크기, 심장 및 내장 기관을 자세히 볼 수 있어 일반
초음파에서 찾기 힘든 태아의 이상을 발견할 수 있다. 구개열,
구순열의 기형과 신장, 위, 폐, 방광 등의 정상 유무를 확인한
다. 양수의 양과 태반의 두께를 측정해 태아가 자궁 안에서 안
전한지도 확인한다.

입체 초음파

3차원으로 재조합한 태아의 모습을 보는 초음파로 임신
24~32주 사이에 시행한다. 태아의 얼굴을 원하는 각도에서

볼 수 있으며 눈, 코, 입 등을 좀 더 입체적으로 볼 수 있다. 손
가락 기형 등도 확인할 수 있다.

개월별 초음파 사진 보는 법

임신 1개월

자궁 내에는 태낭이라고 하는 태아를 감싸는 주머니가 있는데,
초음파를 통해 태아의 모습은 볼 수 없고 태낭만 확인할 수 있
다. 태낭이 자궁 내벽에 잘 착상했는지를 확인한다. 자궁내막
은 점점 부드럽고 두꺼워져 두께가 10㎜ 이상 된다.

임신 2개월

심장이 뛰기 시작하고 신체 기관들도 불규칙하게 움직인다. 눈
이나 귀의 시신경, 청신경, 뇌가 급속하게 발달하고, 심장, 간
장, 신장, 위 등의 기관 분화도 시작된다. 초음파를 통해 태낭
에 태아가 안전하게 들어 있는지를 확인할 수 있다. 임신 6~7
주에는 태아 심장박동 소리도 들을 수 있다.

임신 3개월

태아의 손가락, 발가락이 나타나는 시기. 초음파로 태아의 배
부분에 길쭉하게 연결된 탯줄도 볼 수 있다. 임신 8주 정도에
는 태아의 머리에서 엉덩이까지의 길이를 측정하고 그 수치로
임신 주수와 분만 예정일을 확인한다.

임신 4개월

사람다운 모습을 갖추는 시기다. 눈은 완전한 형태를 갖추게
되고, 입은 벌리거나 다물 수 있다. 태아의 옆모습, 머리와 배,
다리 등이 선명하게 보이는데 어느 정도 사람의 형태를 갖추고
있다. 태아의 크기는 10~15㎝ 정도. 이 시기까지만 초음파 화
면에 태아의 전신을 담을 수 있다.

임신 5개월

태아의 생식기가 외부로 드러나기 시작해 아들인지, 딸인지 구
별이 가능하다. 태아가 손가락을 빠는 모습도 종종 보이는데
이는 엄마 젖을 빨기 위한 연습 과정이다. 또한 태아의 심장이
끊임없이 움직이는 모습도 볼 수 있다.

임신 6개월

태아의 두개골, 척추, 갈비뼈, 팔다리뼈를 모두 구분할 수 있
다. 관절이 발달하고 눈썹이나 속눈썹, 손톱도 자란다. 이 시
기에는 정밀 초음파로 태아 심장을 포함해 태아의 기형 유무를
판별한다.

임신 7개월

태아의 우심방과 우심실, 좌심방과 좌심실 등 심장 부분이 선명
하게 보이고, 심장의 움직임이 활발해져 복벽을 통해 청진기로
심박동 소리를 들을 수 있다. 태아의 팔다리 길이와 머리둘레를
재서 평균치에 맞게 자랐는지 살피고 머리나 심장으로 흐르는
혈류의 세기를 보고 성장이 제대로 되었는지도 체크한다.

임신 8개월

양수의 양이 더 이상 늘어나지 않는 시기로 태아도 많이 자란
상태이기 때문에 움직임이 활발하지 않는다. 남아는 복부에 있
던 고환이 제 위치를 잡아서 내려가는 시기로 태아 고환 수종
이 있는 경우 이 시기에 초음파 사진으로 발견할 수 있다.

임신 9개월

피부도 살색을 띠고, 지방이 쌓이면서 피부 주름도 점차 펴진
다. 폐 기능도 거의 완성된다. 태아가 많이 자라서 초음파로
전체 모습을 보기 힘들기 때문에 손가락, 발가락 등 신체 부분
별로 초음파 사진을 찍어 확인한다.

임신 10개월

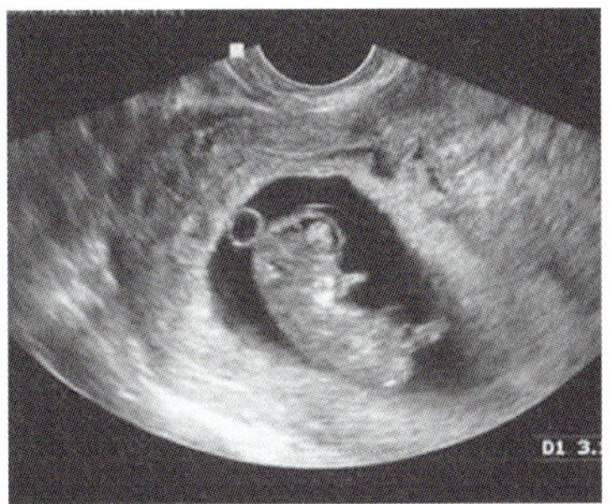

태아는 자궁에 꽉 찰 만
큼 자라서 등을 둥글게
구부리고, 손발은 앞으
로 모은 모습이다. 초음
파를 통해 심장, 담낭,
방광 및 소화기관이나
장기가 제대로 형성되
었는지를 살핀다. 또 태반의 위치와 탯줄이 태아에게 감겨 있
지 않은지를 체크하고, 양수의 양이 적당한지, 분만 시기나 조
산의 위험이 없는지도 체크한다.

09 임신부의 질환

임신을 하면 호르몬 변화로 임신부에게 여러 가지 질환이 생길 수 있다.
임신 기간 동안 어떤 호르몬이 분비되고, 그로 인해 어떤 질환이 유발되는지 알아보자. 임신 중
몸에 이상이 생겼다면 즉시 병원을 방문해 정확한 원인을 찾는 것이 중요하다.

호르몬 변화에 의한 질환

갑상선 질환

임신을 하면 에스트로겐 농도가 상승하면서 간에서 갑상선 호르몬 결합 글로불린의 생산이 증가되고 그 결과 혈중 갑상선 호르몬 농도가 증가한다. 특히 임신 초기에는 임신부의 갑상선 크기가 증가한다. 임신 3개월까지 증가하다가 그 이후에 호전되지만 분만 후 다시 재발하기도 한다. 갑상선 질환은 신체적으로 나타나는 특이한 증상이 없기 때문에 자각하기 어렵다. 임신 중 갑상선 질환이 생기면 기형 유발 가능성이 적은 약물 치료를 받을 수 있다. 하지만 방사선 요오드 치료 등 적극적인 치료가 어렵기 때문에, 갑상선 질환에 대한 가족력이 있다면 임신 전 미리 진단을 받아보는 것이 좋다.

유방 질환

섬유선종은 20대와 30대 초반의 여성에게 나타나는 종양으로 그 원인은 정확하지 않지만 여성호르몬의 자극으로 발생한다고 알려져 있다. 암으로 발전될 가능성은 적지만 섬유선종을 가진 상태에서 임신을 하면 여성호르몬의 자극에 의해 섬유선종이 급격히 성장하는 경우가 있기 때문에 임신 전 수술로 제거하는 것이 좋다. 또한 드물게 임신 중 유방암이 생기기도 하는데 임신으로 인해 유방이 단단해지고 크기가 커지면서 종양이 더욱 깊숙이 위치하게 되어 유방암을 진단하기가 어려워진다. 때문에 임신 초기에 유방 검진을 철저하게 하는 것이 무엇보다 중요하고 종양이 발견되었다면 적극적인 치료를 받아야 한다.

 임신 중 유방 초음파 검사를 해도 될까?

유방 초음파 검사는 태아에게 나쁜 영향을 주지 않기 때문에 가능하다. 유방암 진단을 받은 경우에는 임신 주수에 따라 태아에게 큰 위험 없이 수술과 항암 치료를 할 수 있다. 단 임신 중에는 방사선 치료나 호르몬 치료를 하지 않도록 권한다.

혈관 질환

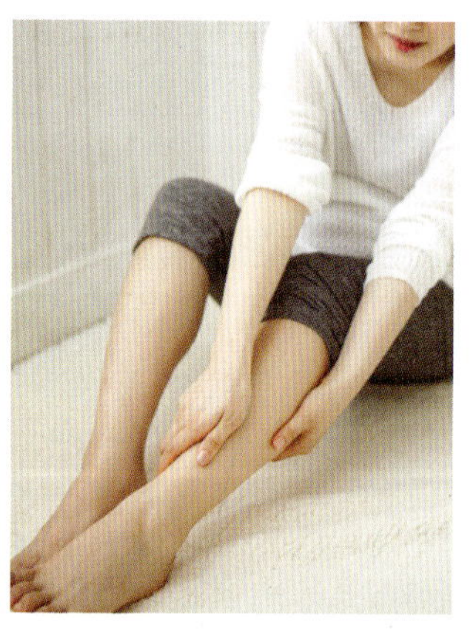

임신 중 발생하는 대표적인 혈관 질환은 바로 하지정맥류. 에스트로겐과 프로게스테론 등 여성호르몬의 영향과 체내 혈액량 증가로 정맥이 확장되고 자궁이 커지면서 정맥을 압박하기 때문에 발생한다. 임신 초기에 시작되어 임신 후기로 갈수록 증상이 심해지고 초산보다는 두 번째 임신 등 임신 횟수가 거듭될수록 발병 빈도가 높아지는 것이 특징이다.

하지정맥류의 증상은 발이 무겁고, 다리가 쉽게 피곤해지며 때로는 아리거나 아픈 느낌이 들기도 한다. 오래 서 있거나 의자에 앉아 있으면 증상이 더 심해질 수 있고, 특히 새벽에 종아리가 저리거나 아파서 잠이 깨기도 한다. 외관상 피부에 거미줄 모양의 가는 실핏줄이 나타나기도 하고, 좀 더 진행되면 늘어난 정맥이 피부 밖으로 돌출되어 뭉쳐 보인다. 하지정맥류는 한번 발생하면 자연적으로 치유되지 않기 때문에 발병한 즉시 병원에서 적절한 치료를 받아야 한다.

항문 질환

임신 초기에는 입덧으로 인해 식사량과 수분 섭취가 줄고 에스트로겐의 분비로 장운동이 잘되지 않아 변비가 생기기 쉽다. 심한 경우 치핵으로 발전하기도 한다. 치핵은 항문 안쪽 혈관과 점막이 늘어나면서 항문 밖으로 혈관이나 근육 덩어리가 빠져나온 것을 말한다. 치핵은 성인 여성의 40~50%가 앓을 정도로 흔하게 발생하고, 출산을 많이 할수록 생길 확률도 높아진다. 치핵이 생겨도 임신 중에는 약물치료를 할 수 없으므로 좌욕을 하도록 권한다. 임신 중기가 되면 증상을 완화하는 연고를 처방하기도 한다.

평소 식이섬유를 많이 섭취하고 가벼운 운동을 지속적으로 해 변비를 예방하는 것이 무엇보다 중요하다. 또한 35~40℃의 온수를 이용해 좌욕을 하면 항문 주위의 혈액순환을 원활하게 해 도움이 된다. 임신 후기에는 복부의 압력이 상승하여 기존의 치핵이 부어서 빠져나오거나 없던 치핵도 생길 수 있으므로 장시간 서 있거나 오래 걷지 않도록 하고, 항문 부위가 불편하면 누운 자세로 휴식을 취하는 것이 좋다.

임신부의 만성질환

심장병

심각한 심장병이 있는 여성이 임신을 하면 조산이나 사산이 되기도 하고 심할 경우 산모가 사망할 수도 있다. 임신 중 태아의 성장 발달을 위해 모체의 혈액량이 50% 정도 증가하는데, 늘어난 혈액량만큼 심장에 부담이 가기 때문이다. 심장병이 있는 여성은 임신 전에 미리 전문의와 상의하고, 만약 임신을 했다면 충분한 휴식과 수면으로 안정을 취하고, 임신 기간 내내 세심한 검진을 받아야 한다.

고혈압

고혈압인 여성이 임신을 하면 임신중독증에 걸리기 쉽고 이로 인해 혈압이 올라가 출산 후에도 위험해질 수 있다. 태아에게는 저체중증, 조산, 자궁 내 사망을 유발할 수 있다. 임신 초기부터 충분한 휴식을 취하고 영양을 균형 있게 섭취하며 적당한 운동을 하는 것이 좋다. 또 임신 중에도 일반적인 고혈압 치료와 동일하게 식이요법과 치료제를 복용해야 한다.

당뇨병

당뇨병이 있어서 혈당 조절이 잘 되지 않는 경우 심장 기형, 척추이분증, 골격계 기형 등 기형아 발생률이 10% 정도 증가한다. 또한 당뇨병이 있는 여성은 임신 중 임신중독증에 걸릴 확률이 4배 정도 높고, 태아가 과도하게 성장해 분만이 어렵거나, 산도가 손상되기 쉬워 제왕절개 수술을 해야 하는 등 많은 문제점이 따른다. 뿐만 아니라 당뇨병은 산후 출혈과 양수 과다증을 일으킬 수 있고, 유산과 사산 위험도를 높이기 때문에 당뇨병이 있다면 임신 기간 내내 각별한 주의가 필요하다. 임신하기 전부터 혈당을 조절하면서 반드시 엽산을 하루에 5mg 이상, 임신 3개월 전부터 임신 후 3개월까지 복용하도록 한다.

만성 신장염

만성 신장염이 있는 여성이 임신을 하면 임신중독증이 생길 수 있다. 현재 만성 신장염을 앓고 있다면 피임을 하는 것이 원칙. 질병이 나았다 하더라도 일정 기간을 두고 혈압과 소변 검사를 통해 완치 판정을 받은 후 임신 계획을 세운다.

간염

간에 문제가 있을 경우 입덧이나 임신중독증이 생길 가능성이 높기 때문에 간염에 걸린 상태라면 치료를 끝낸 후 임신을 하는 것이 바람직하다. B형 간염 보균자의 경우 임신 중에 영향을 주는 일은 거의 없다. 하지만 분만이나 수유 시 신생아가 감염될 수 있으므로 출산하자마자 면역글로불린과 백신을 아기에게 접종해야 한다.

10 임신과 약물 복용

임신 사실을 알기 전에 약을 먹고 임신 기간 내내 불안에 떠는 엄마들이 적지 않다.
임신 중에도 엄마가 먹은 약이 태아에 나쁜 영향을 줄까 걱정돼 아파도 무조건 참는 경우가 많다.
임신을 준비하는 예비 엄마와 임신부를 위한 올바른 약 복용법을 알아보자.

약물이 태아에게 미치는 영향

가임기 여성들은 감기, 소화불량, 다이어트, 여드름 치료, 평소 앓는 지병 등으로 일상생활 속에서 다양한 약물에 노출될 수밖에 없다. 그런데 약물이 태아에게 좋지 않은 영향을 줄 수 있으므로 임신 가능성이 있는 가임기 여성과 임신부는 약물 복용에 신중해야 한다. 일례로 임신 시 여드름약인 이소트레티노인을 복용하면 기형 발생률이 30%나 되고 정신지체가 발생할 수도 있다. 엄마가 복용한 약물은 탯줄을 통해 고스란히 태아에게 전달된다. 태아는 아직 간이나 위의 기능이 미숙한 상태이기 때문에 약물의 대사나 배설이 되지 않아 약 성분이 그대로 몸에 축적된다. 엄마의 약물이 태아에게 크게 영향을 주는 시기는 임신 3개월까지므로, 임신 초기 약물 복용은 더욱 신중하게 결정해야 한다. 임신 1~2주에 약물 복용으로 태아의 기형이 유발되면 임신이 더 이상 유지되지 않고 자연유산이 될 수 있다. 임신 3~8주에 복용한 약물은 태아의 심장, 중추신경계, 눈과 귀, 팔다리 완성에 영향을 미친다. 임신 8~15주에 약을 복용하면 태아의 입과 성기 발달에도 영향을 주기 때문에 임신 초기 약물 복용은 태아의 건강에 치명적이다.

임신 전 약물 복용

임신이 되어 태아나 임신부에게 큰 문제없이 임신 기간이 유지되고 있다면 임신 전에 먹은 약에 대해 크게 걱정하지 않아도 된다. 만약 난자가 약의 영향을 받았다면 수정 능력이 없어지거나 수정이 되어도 착상이 안 된다. 또 착상이 되더라도 바로 유산이 된다. 하지만 피부병 치료에 사용되는 차가손이나 통풍 치료에 쓰이는 코르친, 항암제 등은 일정 시간이 지난 후 태아에게 좋지 않은 영향을 주므로 임신 사실이 확인되면 전문의와 복용량과 기간에 대해 상의해야 한다.

임신 중 약, 먹어도 될까?

임신 중이라도 지병이 있거나 문제가 생겼다면 약을 복용해야 하는데 이때 반드시 산부인과 전문의와 상담해 태아는 물론 임신부에게도 안전한 약을 처방받아야 한다. 의사가 처방한 약은 안심하고 먹어도 되지만, 대신 복용법과 용량은 꼭 지켜야 한다. 임의로 판단해 복용을 중단하거나 중복 복용할 경우 치료가 어렵고 태아에게도 좋지 않은 영향을 미친다.

약물 안전하게 복용하기

임신부에게 절대 안전한 약의 성분과 용량에 대해 정확하게 알려줄 수 있는 전문가는 아쉽게도 없다. 대신 FDA(미국식품의약청)가 제시하는 '임신부 투여 안전성 분류'를 참고하면 도움이 된다. FDA는 임신부 투여 안전성을 A군, B군, C군, D군, X군으로 분류했는데 A군은 태아에게 해가 없는 것으로 알려진 약물이고, B군은 동물시험에서는 해가 없는 것으로 확인되었지만 인체 대상 시험 결과에서는 증명되지 않은 경우다. 우리나라에서 시판되는 약물 중 타이레놀, 복합 우루사, 겔포스엠, 훼스탈 플러스 등이 B군에 속한다. C군은 동물시험에서 유해한 영향을 미치는 것으로 나타났지만 인체 시험 결과가 없는 약물이고 D군은 태아에게 위험하다는 증거는 있으나, 약물 사용이 가져다주는 이익이 더 크다고 판단되기 때문에 임신부의 생명이 위급하거나, 다른 약으로는 효과를 볼 수 없는 부득이한 경우에 사용할 수 있다. 화이투벤, 물파스 에프, 박카스 디, 레모나 산, 게보린 등은 C군에 속하는 약물이다. 마지막으로 아래에 설명한 X군은 절대 복용해서는 안 되는 약물이다.

임신 중 절대 복용하면 안 되는 약물

여드름 약물
비타민 A 유도체(이소트레티노인과 에트레티네이트 등)와 같은 약물은 주요 기형 유발 원인이므로 믿을 만한 피임이 보증되지 않는 한 가임기 여성은 복용하면 안 된다.

알코올
적은 양이라도 알코올은 유산이나 태아의 발육, 성장 후 행동장애와 연관되어 있으므로 임신 기간 중에는 먹지 않도록 한다.

안드로젠
테스토스테론 같은 남성호르몬으로, 임신 동안에 복용한 테스토스테론은 여자 태아의 외부 생식기의 남성화를 초래할 수도 있다.

항생제
테트라사이클린, 독시사이클린은 임신 중기 이후에 사용하는 경우, 태아의 치아에 착색을 일으킬 수 있다. 뼈에도 침착된다. 스트렙토마이신은 귀 신경에 영향을 준다. 단 방광염 등의 질병 치료에 사용하는 페니실린계 항생제는 임신 중 사용해도 괜찮다.

항응고제
임신 초기 항응고제인 와파린을 복용하면 여러 가지 기형을 유발할 수 있다. 그중 코의 형성 부전과 성장판의 이상이 가장 대표적인 기형 증상. 단 헤파린은 태반을 통과하지 않기 때문에 안전하게 사용할 수 있다.

항경련제
항경련제인 카바마제핀과 페니토인은 두개안면 이상과 손톱 형성 부전, 성장 지연(태아 하이단토인 증후군)과 연관이 있다. 수정 후 1달 내에 발프로익 산에 노출되면 1~2%에서 신경관 개존증이 유발하는 것으로 알려져 있다.

항고혈압제
'안지오텐신 전환효소 억제제'라 불리는 항고혈압제는 태아와 신생아의 사망, 특히 신경 손상과 같은 질병을 유발할 수 있다.

항암제
항암제는 기형 유발의 위험이 높은데, 아미노프테린, 부설판, 사이클로포스파마이드, 메토트렉세이트는 선천성 기형을 유발할 수 있다.

디에틸스틸베스트롤(DES)
DES는 여자아이에게는 질암, 질선종, 자궁과 자궁경부 기형을, 남자아이에게는 생식기 기형을 유발한다.

리튬
임신 초기에 복용하면 심혈관계의 이상으로 선천성 결손 발생률이 증가할 수 있다.

방사선
암 치료 등을 위해 방사선에 자주 노출되면 태아 기형이 유발되거나 태아 성장에 영향을 받을 수 있다. 하지만 진단용 X-ray(흉부 X-ray, 뼈 X-ray, 신장, 장 촬영 등)는 태아에게 영향을 줄 정도로 많은 양이 아니기 때문에 거의 상관이 없다.

11 병원 선택하기

임신 10개월 동안 임신부와 태아의 건강 상태를 꼼꼼히 체크하고 안전하게 분만할 수 있는
병원을 선택할 때는 여러 가지 사항을 신중히 고려해야 한다. 장단점을 따져보고 임신부의 몸 상태에 따라
선택하되 반드시 직접 병원을 방문해 진료를 받아본 후 결정하는 것이 좋다.
다양한 혜택이 있는 보건소 활용법도 함께 알아보자.

병원을 선택하는 기준

집과의 거리

임신 중에는 한 달에 한 번씩 정기검진을 받아야 하고 막달이
가까워지면 1~2주에 한 번씩 병원에 가야 한다. 임신부터 출
산 시까지 병원에 가는 횟수는 약 15회 이상. 정기검진이 아니
더라도 이상 증상이 보일 때는 병원에 바로 가야 한다. 집에서
차로 20~30분 이내에 갈 수 있는 거리나 걸어서 갈 수 있는
거리가 부담이 없다.

경험이 풍부한 의료진

임신을 하면 태아의 건강에 대한 걱정과 염려로 초조하고 불안
할 때가 많다. 경험이 풍부한 의료진과의 상담은 임신 10개월
동안 계속되는 진료와 검사로 불안해하는 임신부에게 안정을
줄 수 있다. 병원 의료진의 전공 분야를 미리 확인해, 경험이
풍부하고 신뢰할 수 있는 담당의를 선택한다.

임신부의 건강 상태

심장 질환이나 고혈압, 당뇨병 등 특정 질환이 있거나 고령임
신, 임신중독증, 전치태반 등 고위험군 임신부라면 내과나 소
아과와 협진이 이루어지고 응급 상황 시 수술이 가능한 병원에
서 진료를 받아야 하므로 종합병원이나 산부인과 전문병원을
선택하는 것이 좋다.

병원 시설

임신과 출산 과정에서 응급 상황은 모체나 태아의 건강과 직결
되기 때문에 중요한 사항이다. 응급 상황에 빠르고 적절하게
대처할 수 있는지를 반드시 확인한다. 또한 분만할 때 가족분
만실이 있는지, 출산 후 산모와 아기가 같은 방을 쓰는 모자동
실이 가능한지 등도 체크한다. 산후조리원을 함께 운영하는 병
원이라면 산후조리원 시설도 미리 살펴본다.

분만 방법

가족분만, 수중분만 등 자신이 원하는 분만법이 가능한 병원을
찾는다. 부득이한 사정으로 병원을 옮겨야 한다면 되도록 임신
7개월 이전에 결정하는 것이 좋다.

나에게 맞는 병원은?

종합병원 & 대학병원

다태 임신부나 35세 이상 고령임신부 등 응급 상황이 발생할
확률이 높은 고위험군 임신부라면 산부인과 외에도 임신 중에
발생하는 임신성 당뇨병, 임신 중 갑상선질환, 임신성 고혈압
등 내과적 질병을 상담하고 관리 받을 수 있는 내과와 출생 후
아기에게 응급상황이 발생할 때 대처할 수 있는 소아청소년과
등 관련 진료과의 경험 많은 의료진이 있는 종합병원이나 산부
인과를 선택하는 것이 바람직하다. 임신부나 태아에게 위급한
상황이 닥쳐도 치료가 가능하며 대처가 빠르다. 일반 병원보다
사람이 많아 대기 시간이 길고 진료비 등 출산 비용이 비싼 것
이 단점이다.

산부인과 전문병원

산부인과를 전문적으로 하는 병원. 산전·산후 프로그램, 분만 시설과 환경 등이 임신부 중심으로 체계적으로 이뤄져 많은 임신부들이 선호하는 추세. 최근에는 산부인과 전문병원도 소아청소년과 등 임신부와 신생아에게 꼭 필요한 진료 분야를 갖춘 곳이 늘고 있다. 출산, 모유수유, 태교 등 다양한 프로그램을 진행해 임신 출산에 관한 유용한 정보도 얻을 수 있다. 산후조리원 시설도 함께 운영하는 곳이 많아 산후조리원과 연계한 다양한 산후 프로그램들이 운영되고 있는 것도 장점. 마취 전문의가 상시 대기하고 있는지, 소아과 진료를 담당하는 전문의가 있는지 확인한다.

꼼꼼 check! 제일병원 '제일맘 스쿨'

제일맘 스쿨은 제일병원에서 실시하는 임신부 교육으로 매달 선착순 70명 정도의 산모를 대상으로 하며 교육비는 무료. 임신 중 영양과 분만 정보, 신생아 키우는 노하우 등 임신출산육아 전반에 관한 알찬 정보를 총 3주에 걸쳐 배운다. 제일병원에서 진료받지 않는 임신부도 수강 가능하다.

개인 산부인과

집에서 가까운 곳에 위치한 개인 산부인과는 환자가 붐비지 않아 대기 시간이 길지 않고 여유로운 분위기에서 진찰받을 수 있다. 단 개인 산부인과는 분만 시설이 갖춰져 있지 않은 곳도 있으니, 임신 후기에는 분만할 수 있는 산부인과 전문병원이나 종합병원으로 옮겨야 한다.

조산원 & 가정분만

집처럼 편안한 분위기에서 자연분만을 원하는 임신부라면 조산사가 직접 아이를 받아주는 조산원을 선택한다. 집으로 조산사를 부르면 가정분만도 가능하다. 간호사 자격증과 조산사 자격증을 소지한 분만 경험이 많은 조산사를 선택한다. 2012년부터 산부인과뿐 아니라 조산원에서 출산해도 고운맘카드를 이용할 수 있다. 조산원이나 집에서 아이를 낳을 때 가장 큰 단점은 응급 상황에서 신속히 대처할 수 없다는 것. 가까운 거리에 응급 상황에 대처할 수 있는 산부인과 전문병원이나 종합병원이 있는지를 미리 확인한다. 산모의 골반이 작은 경우, 역아인 경우, 당뇨병·심장 질환·고혈압 환자 등 모체나 태아 건강에 이상이 있을 때는 병원에서 분만하는 것이 안전하다.

임신 중 보건소 활용법

보건소 이용 방법

각 지역마다 있는 보건소를 이용하면 병원 못지않은 혜택을 받을 수 있다. 임신 초기부터 보건소를 이용할 경우 임신 기간에 드는 비용을 크게 절약할 수 있다. 최근에는 시설이 고급화되고 산부인과와 소아과 전문의가 상주하는 보건소도 크게 늘었다. 지역마다 제공하는 혜택이 다르므로 해당 지역 보건소 홈페이지를 확인하고 전화로 문의한 뒤 산모수첩과 신분증을 챙겨 방문한다. 임신 초기에 등록하면 기초 혈액 검사나 엽산제를 받을 수 있다. 임신 16주 이후에는 철분제를 지급받고, 임신 24~28주에는 임신성 당뇨병 선별 검사를 받을 수 있다. 임신부를 위한 산전 검사 이외에도 신생아의 장애 발생을 사전에 예방하고 지원하는 사업, 난임부부 의료비 지원 사업 등 임신 출산 관련 다양한 혜택을 제공하고 있다.

보건소 이용 시 주의사항

풍진이나 기형아 검사는 지역구 내에 거주하는 임신부에게만 실시하므로 실제 거주지와 임신 주수를 확인할 수 있는 주민등록증과 산모수첩을 반드시 지참한다. 보건소에서는 복부 초음파 검사만 할 수 있으므로, 임신 9~10주 이후부터 이용 가능하다. 만 35세 이상인 임신부, 기형아를 분만한 경험이 있거나 유전 질환 가족력이 있는 경우라면 보건소 이용과 함께 산부인과 전문병원 혹은 종합병원 진료를 함께 받아야 한다.

임신 출산 의료비 지원하는 '국민행복카드'

임신 출산의 경제적 부담을 줄이고자 건강보험 가입자 또는 피부양자, 의료급여수급권자를 포함한 모든 임신부를 대상으로 1인당 50만 원씩 전자바우처 형태(국민행복카드)의 임신 출산 의료비를 지원한다. 둘 이상의 다태아를 임신한 경우에는 추가로 20만 원을 더 지원한다. 병원에서 임신을 확인하면 병원에 구비된 '임신 출산 진료비 신청서 및 임신 확인서'를 발급받아 가까운 농협, 우리은행, 기업은행, 우체국 또는 롯데카드, 삼성카드에 신청하면 된다. 단 의료급여수급권자는 시군구 또는 읍면동 주민센터에 신청해야 한다. 초음파 검사 등 산부인과에서 진료를 받은 뒤 국민행복카드로 결제하면 된다. 지원금은 분만 예정일 이후 60일까지 사용할 수 있다.

12 출산 예정일 계산하기

출산 예정일은 임신 기간 중 태아가 주수에 맞게 잘 크고 있는지를 알 수 있는 중요한 기준이 된다.
출산 예정일을 기준으로 태아의 크고 작음, 조산 여부를 설명할 수 있기 때문이다. 생리 주기가 28일로
규칙적인 경우, 출산 예정일은 마지막 월경의 첫날부터 계산해 280일째 되는 날이다.

마지막 생리일 계산법

정자와 난자가 수정한 후 출산하기까지의 기간은 평균 267일이다. 하지만 생리가 시작된 지 2주 정도가 지나 수정이 이루어지기 때문에 마지막 생리가 시작된 날로부터 280일 후를 출산 예정일로 본다. 마지막 생리 달수에서 3일을 빼거나 뺄 수 없을 때는 9를 더하고, 마지막 생리의 첫날에 7일을 더한 날짜가 출산 예정일이다. 예를 들면 마지막 생리 시작일이 2월 10일이었다면 2+9=11이므로 11월, 10+7=17이므로 17일이 된다. 즉 출산 예정일은 11월 17일이다.

초음파 계산법

마지막 생리가 있었던 날짜를 정확히 알 수 없다면 병원에서 초음파 검사를 통해 예정일을 확인할 수 있다. 초음파로 태아의 머리에서 엉덩이까지의 길이를 재서 개월 수를 산출하면 된다. 다른 방법에 비해 비교적 정확한 예정일을 알 수 있다. 초음파로 출산 예정일을 예측하는 방법은 보통 7주 전에는 태낭의 크기, 7~12주 정도까지는 태아의 크기, 그 이후에는 태아 머리 크기로 예측한다.

기초 체온 계산법

기초 체온이란 3시간 이상 숙면을 취하고 잠에서 깬 후 바로 측정한 체온을 말한다. 일반적으로 배란 전에는 체온이 36.1~36.3℃를 유지하다가 배란 후에는 36.4~37℃로 올라간다. 3~4개월 이상 지속적으로 재야 자신의 배란일을 정확히 알 수 있다. 경구 피임약을 복용했을 때는 정확한 결과를 알 수 없으니 주의한다. 체온이 저온을 나타내는 기간 중 마지막 날을 배란일로 생각해 여기에 38주, 즉 266일을 더하면 출산 예정일을 산출할 수 있다.

자궁저부 표준 높이 계산법

자궁저부의 높이란 골반 앞쪽 아래에 있는 치골부터 자궁의 가장 높은 곳까지의 길이로, 태아가 있는 자궁의 크기를 측정해 출산 예정일을 계산할 수 있다. 임신 20~31주의 경우 비만이거나 저체중인 임신부를 제외하면 자궁저부의 높이를 통해 임신 주수를 거의 정확히 알 수 있다. 표준 자궁저부는 임신 6개월 말에 20㎝, 7개월 말에 24㎝, 8개월 말에는 28㎝ 정도.

정상 출산 범위는?

출산 예정일은 추측으로 잡은 날짜이므로 반드시 예정일에 아기가 태어나는 것은 아니다. 일반적으로 초산부는 예정일보다 늦게 출산하는 경우가 많고, 경산부는 예정일보다 일찍 출산하는 경우가 많다. 출산 예정일인 40주 0일을 기준으로 3주 전인 37주 0일에서 2주 후인 41주 6일까지 모두 정상 출산 범위에 속한다. 예정일이 2주 이상 지나면 태반의 기능이 떨어져 태아의 건강이 위험할 수 있다. 예정일이 지나도 출산의 징후가 보이지 않는다면 유도 분만을 하거나, 제왕절개로 출산을 하기도 한다.

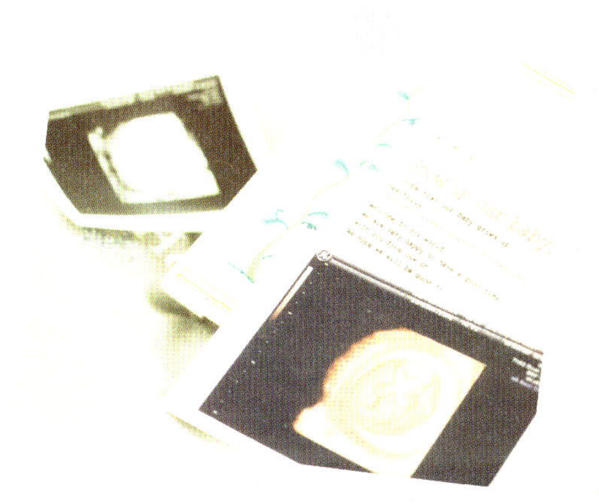

출산 예정일 환산표

흰색 라인에서 마지막 생리일을 찾은 다음 그 바로 아래 칸에 기재된 날짜를 보면 된다. 예를 들어 3월 24일이 마지막 생리일이라면 분만 예정일은 12월 29일이 된다. 단 분만 예정일 환산표는 생리 주기가 규칙적일 경우에 사용한다.

1월	1	2	3	4	5	6	7	8	9	10	11	12	13	14	15	16	17	18	19	20	21	22	23	24	25	26	27	28	29	30	31	1월
10월	8	9	10	11	12	13	14	15	16	17	18	19	20	21	22	23	24	25	26	27	28	29	30	31	1	2	3	4	5	6	7	11월
2월	1	2	3	4	5	6	7	8	9	10	11	12	13	14	15	16	17	18	19	20	21	22	23	24	25	26	27	28	29			2월
11월	8	9	10	11	12	13	14	15	16	17	18	19	20	21	22	23	24	25	26	27	28	29	30	1	2	3	4	5				12월
3월	1	2	3	4	5	6	7	8	9	10	11	12	13	14	15	16	17	18	19	20	21	22	23	24	25	26	27	28	29	30	31	3월
12월	6	7	8	9	10	11	12	13	14	15	16	17	18	19	20	21	22	23	24	25	26	27	28	29	30	1	2	3	4	5	6	1월
4월	1	2	3	4	5	6	7	8	9	10	11	12	13	14	15	16	17	18	19	20	21	22	23	24	25	26	27	28	29	30		4월
1월	6	7	8	9	10	11	12	13	14	15	16	17	18	19	20	21	22	23	24	25	26	27	28	29	30	31	1	2	3	4		2월
5월	1	2	3	4	5	6	7	8	9	10	11	12	13	14	15	16	17	18	19	20	21	22	23	24	25	26	27	28	29	30	31	5월
2월	5	6	7	8	9	10	11	12	13	14	15	16	17	18	19	20	21	22	23	24	25	26	27	28	1	2	3	4	5	6	7	3월
6월	1	2	3	4	5	6	7	8	9	10	11	12	13	14	15	16	17	18	19	20	21	22	23	24	25	26	27	28	29	30		6월
3월	8	9	10	11	12	13	14	15	16	17	18	19	20	21	22	23	24	25	26	27	28	29	30	31	1	2	3	4	5	6		4월
7월	1	2	3	4	5	6	7	8	9	10	11	12	13	14	15	16	17	18	19	20	21	22	23	24	25	26	27	28	29	30	31	7월
4월	7	8	9	10	11	12	13	14	15	16	17	18	19	20	21	22	23	24	25	26	27	28	29	30	1	2	3	4	5	6	7	5월
8월	1	2	3	4	5	6	7	8	9	10	11	12	13	14	15	16	17	18	19	20	21	22	23	24	25	26	27	28	29	30	31	8월
5월	8	9	10	11	12	13	14	15	16	17	18	19	20	21	22	23	24	25	26	27	28	29	30	31	1	2	3	4	5	6	7	6월
9월	1	2	3	4	5	6	7	8	9	10	11	12	13	14	15	16	17	18	19	20	21	22	23	24	25	26	27	28	29	30		9월
6월	8	9	10	11	12	13	14	15	16	17	18	19	20	21	22	23	24	25	26	27	28	29	30	1	2	3	4	5	6	7		7월
10월	1	2	3	4	5	6	7	8	9	10	11	12	13	14	15	16	17	18	19	20	21	22	23	24	25	26	27	28	29	30	31	10월
7월	8	9	10	11	12	13	14	15	16	17	18	19	20	21	22	23	24	25	26	27	28	29	30	31	1	2	3	4	5	6	7	8월
11월	1	2	3	4	5	6	7	8	9	10	11	12	13	14	15	16	17	18	19	20	21	22	23	24	25	26	27	28	29	30		11월
8월	8	9	10	11	12	13	14	15	16	17	18	19	20	21	22	23	24	25	26	27	28	29	30	31	1	2	3	4	5	6		9월
12월	1	2	3	4	5	6	7	8	9	10	11	12	13	14	15	16	17	18	19	20	21	22	23	24	25	26	27	28	29	30	31	12월
9월	7	8	9	10	11	12	13	14	15	16	17	18	19	20	21	22	23	24	25	26	27	28	29	30	1	2	3	4	5	6	7	10월

임신에 관한 엄마들의 시시콜콜 궁금증 Q&A

Q 질식 초음파는 태아에게 안전한가요?

질식 초음파 검사는 복식 초음파 검사보다 초음파 기구가 자궁에 더 가까이 위치해 배 위로 보는 것보다 선명한 영상을 얻을 수 있습니다. 질식 초음파 검사 시 초음파 기구는 엄마의 질 내에 위치하며, 자궁 내부까지 삽입되지 않으므로 검사로 인한 유산 등의 위험성은 없습니다. 검사 전 방광이 차 있으면 초음파 영상의 질이 떨어지므로 화장실을 다녀온 후 검사합니다.

Q 모유수유 중에는 임신이 되지 않나요?

사람에 따라 모유수유 중 배란되는 시기가 다르지만, 완전 모유수유를 하고 생리를 하지 않더라도 출산 후 10주가 지나면 임신이 되는 경우가 있습니다. 또 정상적인 생리를 하기 전에 배란이 되는 경우도 있으므로 모유수유 중이라도 임신을 원치 않으면 피임을 해야 합니다.

Q 태아의 성별 구별은 언제부터 가능한가요?

태아의 성별은 임신 16~20주 정도에 구별이 가능합니다. 하지만 현행법상 임신 32주 이전에는 태아 성별을 알려줄 수 없습니다.

Q 초음파 검사를 자주 받는 것은 태아에게 위험하지 않나요?

물론 미국 FDA가 2002년에 "초음파는 일종의 에너지이므로 태아의 움직임을 제한하고 자궁 내 온도를 상승시키는 등 신체 조직에 물리적 영향을 미칠 수 있다. 따라서 산전 초음파 촬영이 전혀 무해하다고 볼 수는 없다."고 경고한 바 있지만 초음파로 인한 온도 상승 폭은 최대 1℃ 이하인데, 이는 임신부가 태교를 위해 배에 손을 갖다 대는 것과 다를 바 없습니다.

Q 임신 중 애완견을 키워도 되나요?

임신 중 애완견을 키운다고 해서 태아에게 영향을 주지는 않지만, 고양이의 분변을 통해 톡소플라스마에 감염될 우려가 있습니다. 톡소플라스마는 동물끼리 감염되는 것으로, 극히 드물지만 사람에게 옮는 경우도 있습니다. 임신부가 톡소플라스마에 감염되면 탯줄을 타고 태아에게 옮아 유산할 가능성이 크고, 저체중, 빈혈, 수두증, 정신지체 등의 증상이 나타날 수 있습니다. 또한 개나 고양이의 털에 대한 알레르기도 유발할 수 있으므로 주의하도록 합니다.

Q 풍진은 유독 임신부들에게만 많이 생기나요?

풍진은 유독 임신부들에게만 생기는 질환이 아닙니다. 임신부에게 풍진이 중요한 이유는 임신 중 풍진에 감염되면 아기에게 선천성 풍진 증후군이 나타나기 때문입니다. 선천성 풍진 증후군은 눈의 기형, 심장 기형, 신경계 이상, 간 비장종대, 황달 등이 나타날 수 있는 질환으로, 임신부가 임신 12주 이내에 풍진에 감염되면 태아의 80%가 걸리게 됩니다. 임신 전에 미리 항체 여부를 검사하고 예방접종을 하는 것이 좋습니다.

Q 임신 중 여성 청결제를 사용해도 되나요?

최근 캐나다에서 발표한 논문에 따르면 임신 전 질 세정제를 사용했던 여성이 임신 후 34주 이전 조산과 연관이 있다는 결과가 발표되었습니다. 미국에서도 이와 비슷한 이유로 임신 전이나 임신 중에는 과도한 질 세정을 피하라고 경고합니다. 그 이유에 대해서는 아직 정확하게 밝혀지지 않았지만 역학조사 결과 질 세정제를 사용한 경우 세균성 질염과 연관성이 높았으며, 이것이 조산의 원인으로 작용한 것으로 보고 있습니다.

Q 임신 중 향수를 사용해도 괜찮은가요?

천연 제품이라면 사용해도 크게 문제되지 않습니다. 천연 향수로 쓰이는 것 중 대표적인 것은 라벤더와 로즈마리입니다. 라벤더는 진통, 진정, 살균 등의 효과가 있고 로즈마리는 머리를 맑게 해주는 효과가 있어 감정 기복이 심한 임신부가 사용하면 도움이 됩니다. 하지만 인공 향수에 함유된 프탈레이트는 태아 기형을 유발하거나 남아의 생식기 발달에 좋지 않은 영향을 줄 수 있으므로 사용하지 않는 것이 좋습니다.

Q 임신 후 새벽 3시만 되면 잠이 깨어, 그 후에 잠이 오지 않아요. 왜 그런가요?

임신 초기와 후기에는 방광이 자극을 받아 요의를 느껴 잠에서 깨는 경우가 종종 있습니다. 이는 자연스러운 증상으로 크게 걱정하지 않아도 됩니다. 초산인 경우 출산에 대한 두려움에 스트레스를 받아 밤잠을 설치는 경우도 있는데 낮 시간 동안 산책을 하거나 가벼운 운동을 통해 임신에 대한 스트레스를 줄이는 것이 좋습니다.

Q 임신 후 잇몸에 염증이 생겼는데, 치과 치료는 언제부터 받을 수 있나요?

임신 중 치과 치료를 받을 수 있는 시기가 정해져 있지는 않습니다. 임신 중 치아에 문제가 생겼다면 바로 치과를 방문해 치료를 받는 것이 좋습니다. 임신 초기에는 약물을 복용하거나, X-ray에 노출되는 것을 주의해야 하기 때문에 반드시 의사에게 임신 중임을 알려야 합니다.

Q 임신 중 병원을 옮기려면 최소 몇 주 전까지 옮겨야 하나요? 또 어떤 서류를 가져가야 하나요?

병원을 옮기는 기간이 정해져 있지는 않지만 가능한 임신 초기에 옮겨 분만할 병원에서 산전 검사를 꼼꼼하게 받는 것이 좋습니다. 되도록 이전 병원에서 검사했던 모든 결과를 챙겨 가져가도록 합니다.

Q 임신 중 입술에 물집이 잡혔는데, 치료가 가능한가요?

원인에 따라 치료가 달라지기 때문에 먼저 바이러스에 의한 것인지, 세균에 의한 것인지 등 물집이 생긴 원인을 찾아 그에 맞는 치료를 받으면 됩니다. 하지만 임신 초기에는 가능한 약물에 노출되는 것을 피하는 것이 좋으니 전문의와 상의한 후 치료 방법을 결정하도록 합니다.

Q A형 간염 주사를 맞으려고 하는데, 바로 임신이 돼도 상관없나요?

어떤 종류의 예방접종이든 최소 3개월 정도는 임신을 피하거나 주의하라고 권하기 때문에, A형 간염 주사로 접종한 시기(개월)이 지난 후에 임신을 시도하는 것이 좋습니다.

Q 유산 후 언제부터 임신이 가능한가요?

유산을 한 후 몸 상태가 정상적으로 돌아오는 시기는 개인에 따라 차이가 있습니다. 일반적으로 자궁내막이 회복되는 약 3개월 이후 다음 임신을 시도하도록 권하고 있습니다.

고령임신 특강

조금 늦어도 괜찮아요!
⇨ 고령임신과 출산

세계보건기구와 국제산부인과학회에서는 초산 여부와 상관없이 만 35세가 넘어 임신한 여성을 '고령임신부'라고 정의하고 있다. 우리나라도 현재 고령임신부의 비율이 점차 증가해 제일병원의 자료에 의하면 임신부 10명 중 1명 이상이 고령임신부다. 고령임신이 늘어나는 이유는 여성의 사회 진출로 초혼 시기가 늦어지고 덩달아 첫 임신이 늦어지는 것이 대표적인 원인. 첫째 아이의 출산이 늦어지니 자연스럽게 둘째나 셋째 임신도 30대 후반, 또는 40대로 넘어가기도 한다. 제일병원 주산기센터 연구팀의 2012년 통계를 보면, 제일병원에서 출산한 35세 이상 고령산모의 비율은 전체 37.2%로 10년 전 12.3%보다 무려 3배 가까이 증가했다.

고령임신부는 20대나 30대 초반에 출산하는 여성보다 임신과 관련된 질환에 대한 위험이 높아 고위험 임신의 하나로 분류된다. 우선 고령일수록 생식 능력이 감소하고 유산율이 증가해 임신에 성공하기가 어렵다. 20대에 10%이던 자연 유산율이 45세에는 90%에 이르게 돼, 만 40세를 넘기면 자연 임신 가능성은 약 5%로 급감한다. 따라서 보조 생식술이나 배란 유도를 이용하여 임신을 하게 되는 경우가 많아진다. 보조 생식술이나 배란 유도에 의한 임신은 난소과자극증후군과 다태 임신의 빈도가 자연 임신에 비해 많아지게 된다.

하지만 미리부터 겁먹을 필요는 없다. 최근에는 고령임신부라도 영양과 건강 상태가 좋은 편이라 고령 임신에 대한 정보만 제대로 숙지한다면 건강한 출산을 할 수 있다. 고령임신의 가장 중요한 점은 바로 계획 임신. 35세 이후에 임신을 계획하고 있다면 먼저 부부의 몸 상태를 살핀다. '계획 임신'이란 '여성의 배란일에 맞춰 계획적으로 임신하는 것'을 뜻한다. 여기에는 임신 전 검사와 예방접종, 약물 복용 관리, 산모 질환 관리 등 임신은 물론 출산과 육아에 대한 계획까지 포함된다고 할 수 있다. 특히 심장병이나 갑상선 질환, 당뇨병 등의 내분비 질환이 있는 고령 여성이라면 임신을 시도하기 전에 반드시 전문의와 상담한다.

한정열 교수는…
제일병원 교수, 한국마더세이프전문상담센터 센터장을 역임하고 있다. 국제모유수유전문가이며, 토론토대학에서 마더리스크 프로그램을 연수하기도 했다. 특히 고령임신 등 고위험 임신부들이 건강하게 임신·출산 기간을 보낼 수 있도록 진료를 담당하고 있다. 또한 한국마더세이프전문상담센터 센터장으로서 임신 중 약물 상담, 모유수유 중 약물 상담 분야의 전문가로 활동하고 있다.

이런 점이 좋아요!
↳ 고령임신의 장점

준비된 임신으로 안정적인 육아를 할 수 있다

고령임신부는 계획 임신을 하는 경우가 많다. 임신과 출산 과정에 대해 많은 공부와 준비가 되어 있는 만큼 안정된 육아를 하는 데 도움이 된다. 또한 오랜 기간 사회 경험을 쌓았기 때문에 여유로움을 가질 수 있고, 기대한 만큼의 긍정적인 마인드로 임신, 출산, 육아를 할 수 있다.

사회생활과 육아의 병행이 가능하다

사회 초년생인 경우 임신과 동시에 회사를 그만두는 경우가 많지만, 직장에서 어느 정도 직위가 있는 경우라면 임신으로 인해 회사를 그만두는 경우가 드물다. 본인이 원한다면 일을 하면서 육아를 병행하는 것이 가능하다.

산후 우울증을 슬기롭게 극복할 수 있다

오랜 기다림 끝에 아이를 낳은 만큼 출산으로 인한 엄마의 기쁨과 만족감이 크다. 또한 오랜 사회 경험으로 출산 후 우울한 기분을 긍정적으로 컨트롤할 수 있다.

지인들의 육아법을 토대로 시행착오를 줄일 수 있다

초보엄마라면 누구나 아이를 키우면서 크고 작은 시행착오를 겪는다. 고령임신부는 늦게 낳은 만큼 주변에 미리 육아를 경험한 친지나 친구들이 많다. 아이를 키우면서 직접 터득한 지인들의 다양한 육아법을 통해 시행착오를 줄일 수 있다.

아빠의 육아 참여가 적극적이다

아빠도 오랜 기간 아이를 기다린 만큼 애정 표현은 물론 육아 참여에도 적극적이 된다. 아빠의 육아 참여가 높은 경우 당연히 엄마는 육아로 인한 피로를 덜 느끼게 된다.

미리 준비하면 문제없어요!
↳ 고령 임신 계획

임신 6개월 전

여성의 임신 능력은 30대부터 줄어들어 30대 후반에는 급속도로 떨어지며 40대 후반에 이르면 거의 사라지게 된다. 남성도 마찬가지다. 남성도 나이가 들수록 임신 능력이 급속히

일반적으로 신생아를 분만한 시기의 전후 기간을 주산기라고 한다. 임신 29주에서 생후 1주까지의 기간. 한국표준질병분류표의 주산기 질환에는 임신, 진통 및 분만 과정에서 생긴 합병증, 태아 발육과 관련된 장애, 출산 외상, 주산기에 특이한 호흡기 및 심혈관 장애, 태아 또는 신생아의 출혈성 및 혈액적 장애, 태아 및 신생아의 소화기계 장애 등이 있다.
만삭아의 경우 대부분 주산기에 큰 문제가 없지만 드물게 신생아 호흡 곤란 증후군, 패혈증, 폐렴, 태변 흡입 증후군, 출혈성 질환 등이 발생할 수 있다. 조산아의 경우에는 신생아 호흡 곤란 증후군, 미숙아 망막증, 괴사성 장염, 뇌성마비 등이 나타날 수 있다.

고령임신부라면 반드시 염색체 검사를 해야 한다. 특히 다운증후군에 대해 좀 더 세심한 관찰이 필요하다. 다운증후군은 염색체 이상 가운데 임신부의 연령과 가장 관계가 깊은데 다운증후군이 고령임신부에게 많이 생기는 것은 난자의 노화로 염색체의 비분리 현상이 나타나기 때문이다. 800~1,000명당 1명꼴로 발생하는 흔한 질환으로 21번 염색체가 하나 더 많아 지능 저하, 선천성 심장병 등의 질환을 보인다.

다운증후군 발생률은 30대 중반부터 증가해 40대가 지나면 그 위험도가 급속히 증가한다. 임신부 연령과 다운증후군의 발생 빈도를 보면 25~34세는 약 500명에 1명꼴로 다운증후군이 발생한다. 하지만 30대 중반부터 발생 위험도가 높아져 35~44세 임신부는 250명 가운데 1명, 45세가 넘으면 임신부 80명에 한 명꼴로 확률이 높아진다. 따라서 35세 이상의 고령임신부라면 반드시 염색체 검사를 받아야 한다.

만 35세가 넘으면 다운증후군 외에도 기형아 출산 확률이 높아진다. 염색체 결함이나 돌연변이 같은 유전적 원인, 임신부의 질병 등 환경적 요인, 비만이나 호르몬 불균형, 음주나 흡연 등이 기형 확률을 높이는 원인이다. 따라서 임신부의 연령이 35세 이상인 경우 기형아 검사와 양수 검사를 필수적으로 권유한다.

떨어진다. 때문에 고령임신을 계획하는 부부라면 남녀 모두 임신 전에 병원을 방문해 임신에 장애가 되는 위험 요인이 있는지 충분한 검사와 상담을 받을 필요가 있다. 상담 뒤에 배란일을 맞추어서 임신을 시도하였고, 만약 4~5개월의 노력에도 임신이 되지 않는다면 다시 병원을 방문해 전문적인 치료 방법에 대해 상담받는다.

고령임신부일수록 더욱 신경 써야 하는 부분 중 하나는 바로 체중 관리다. 비만이나 과체중은 여성호르몬의 균형을 깨뜨려 배란 장애의 원인이 되고 임신 가능성을 저하할 수 있다. 적정 체중을 유지해 난소의 건강에 이상이 없도록 노력해야 한다.

임신 3개월 전

임신 3개월 전부터 산전 검사를 통해 건강 상태를 미리 체크한다. B형 간염, 성병, 유방암, 풍진, 자궁경부암, 빈혈 등에 대해 검사한다. 고령 임신의 경우에는 남편의 건강관리도 매우 중요하다. 남성도 35세부터 정자 수가 감소하고 정자의 운동성도 떨어져 난자가 있는 곳까지 도달하지 못할 확률이 높아진다. 따라서 엄마뿐 아니라 아빠의 건강도 미리 챙긴다. 정자는 수정되기 약 3개월 전부터 만들어지므로 임신을 계획한다면 최소 3개월 이전부터 건강한 정자를 위해 준비해야 한다. 부부 모두 흡연, 음주, 스트레스를 피하고 아연이나 엽산, 비타민 C 등이 함유된 종합비타민제를 복용한다.

고령임신일수록 기형아 출산의 위험이 높으므로 임신 3개월 전부터 예방적 차원으로 엽산을 충분히 섭취한다. 엽산의 용량은 하루 0.4mg으로 임신 전 3개월부터 임신 후 3개월까지 복용한다. 이전에 기형아를 출산한 경험이 있다면 예방 용량의 10배인 4mg을 복용하는 것이 바람직하다.

임신 중

임신이 확인된 고령임신부는 빈혈, 소변, 간염, 매독, AIDS, 혈액형, 풍진, 자궁경부암 등의 검사를 받는다. 아울러 병원에 갈 때마다 혈압과 몸무게를 측정하고, 초음파로 태아 크기 및 심장박동을 확인한다. 초기 착상이 불완전한 12주 이내는 1~2주 간격으로 진료를 받고 이후 7개월 동안은 4주마다, 8~9개월은 2주마다, 마지막 달은 1주마다 진찰을 받아야 한다. 10~12주가 되면 태아 목둘레를 측정하고, 16~18주에는 기형아 여부를 판단하는 쿼드 검사를 받는다. 16~20주 사이에 양수 검사를 시행하는데 이를 통해 다운증후군 등의 염색체 이상 진단이 가능하다. 20주경에는 정밀 초음파로 태아의 기형 여부와 성장, 태반 이상 등을 확인한다. 24~28주에 이르면 임신성 당뇨병 선별 검사를 받아야 한다. 임신 30주 이후에는 태아의 골격계 기형과 성장 지연아를 진단하는 말기 초음파, 임신 36주에는 빈혈 및 심전도 등의 임신 말기 검사 등을 시행한다. 임신 중 체중 증가량은 약 13kg를 권장한다. 일주일에 3~4회 하루 30~40분 정도 걷기 운동을 한다. 수영이나 요가, 아쿠아로빅 등도 꾸준히 하면 도움이 된다. 하지만 임신성 고혈압, 심한 심장 질환 같은 합병증이 있는 경우에는 전문의와 상의 후 운동을 한다.

출산 준비

나이가 들면서 골반 관절의 유연성이 떨어지고 자궁경부가 굳어져 진통 시간이 길어지고 난산할 위험이 높다. 산모의 연령이 높을수록 임신에 대한 걱정과 스트레스도 많아 분만 자체에 대한 걱정이 많아지는 것이 사실. 특히 고령에 초산인 경우 자연분만율이 떨어지게 된다. 그렇다고 자연분만이 불가능한 것은 아니다. 제왕절개술을 시행해야 하는 합병증이나 증상이 없는 이상 자연분만을 시도하는 것이 원칙이다.

조금 더 신경 써주세요
고령임신의 주의점

제왕절개 분만의 빈도가 증가한다

2010년 제일병원 출산 통계를 보면 고령산모의 제왕절개 분만율이 31.8%이고, 35세 미만인 산모의 제왕절개 분만율은 24%로 고령산모의 경우 일반 산모에 비해 제왕절개 분만율이 높다. 태아가 산도를 쉽게 잘 통과하려면 질이나 자궁구가 부드러워야 하는데 나이가 들수록 딱딱하게 굳어 있는 경우가 많아 자연분만이 어려운 것. 하지만 고령임신부라 해도 평소 자연분만에 좋은 운동과 식이요법, 건강관리에 신경 쓰고, 출산 시에 의사가 유도하는 대로 잘 따라 한다면 충분히 자연분만할 수 있으므로 미리 걱정하지 않아도 된다.

염색체 이상이 될 확률이 높다

기형에 밀접한 관계가 있는 난자의 염색체 이상이 생길 확률이 높아진다. 20대 임신부보다 고령임신부에게 다운증후군과 같은 염색체 이상 기형아가 태어날 확률이 높다. 나이가 많아짐에 따라 3배가 증가한다는 연구 결과도 있다. 임신 기간 중 융모막 융모 검사 혹은 양수 검사를 통해 염색체 이상 유무를 반드시 확인하자.

체중이 더 늘어난다

고령임신부는 일반 임신부에 비해 기초대사량이 낮기 때문에 체중이 더 많이 느는 경우가 많다. 체중이 과도하게 늘면 임신성 당뇨병은 물론 임신중독증 등 합병증이 생길 수 있다. 체중이 10kg 이상 증가하지 않도록 임신 기간 동안 꾸준한 관리가 필요하다. 귀찮더라도 하루 30분 이상 운동하고, 생선과 채소류를 섭취하는 것이 도움이 된다.

산후 회복이 느리다

산후 회복이 더디기 때문에 조리 기간을 8주 정도 잡는 것이 적당하다. 산욕기 기간에는 체력이 급속도로 떨어지고 면역력이 약해져 합병증이 생길 수 있으니 충분한 휴식과 영양 보충으로 산후 관리를 잘 해야 한다. 더불어 산후 검진을 철저히 받는 것도 중요하다.

나이가 들면서 산도가 단단해지고, 골반 관절의 유연성과 골격근의 질량이 감소해 자연분만이 힘든 것이 사실. 또한 고혈압성 질환과 당뇨병, 조기 진통, 태반 병변 등의 위험성이 증가해 제왕절개 수술로 출산할 확률이 높다. 하지만 과거에 비해 체력과 건강 상태가 좋아서 고령 초산이라 해도 산모와 태아의 건강 상태에 따라 얼마든지 자연분만이 가능하다.

임신 전 기간에 산전 검사를 철저히 하고, 무리하지 않는 범위 내에서 순산을 위한 운동을 해서 체력을 기른다. 임신 후기에는 조산의 위험이 높으므로 장거리 외출은 삼가고 안정을 취하도록 한다. 고령임신이라는 이유만으로 지나치게 걱정하거나 자연분만을 기피할 필요는 없다. 출산에 대한 두려움이 강할 경우 난산의 확률이 높아질 수 있다. 지나치게 염려하기보다는 생명의 탄생에 대해 긍정적인 마음을 갖는 것이 순산에 도움이 된다. 심리적으로 불안함이 클 때는 복식호흡을 하면 혈압이 안정되고 마음을 가라앉힐 수 있다. 10개월 동안 임신부 스스로 스트레스를 줄이고 정서적인 안정을 취하는 것이 중요하다.

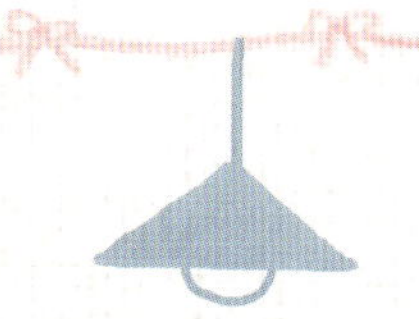

한정열 교수의
生生 상담실

Q 결혼 후 임신이 되지 않아, 인공수정이나 체외수정을 빨리 시도해보고 싶습니다. 하지만 남편은 좀 더 기다려보자고 합니다. 어떻게 해야 할까요?

35세 이상이 되면 수정이 잘 되지 않습니다. 정상적인 부부관계에도 불구하고 1년 이상 임신이 되지 않을 경우 난임이라 판단해 인공수정이나 시험관 아기 시술을 시도합니다. 이러한 적극적인 임신 시도를 하는 동안 여성들은 시술과 결과에 대한 부담감으로 평소보다 예민해지고 호르몬의 영향으로 피곤함이나 우울감 등을 느끼게 됩니다. 인공수정이나 체외수정의 임신율은 부부가 서로 협력하고, 남편의 정서적 지지를 받는 경우에 더 높습니다. 따라서 남편의 긍정적인 동의 없이 부인의 일방적인 생각으로 진행하는 것은 좋지 않습니다.

고령 여성은 상대적으로 낮은 임신율을 보이고, 인공수정이나 체외수정에 적지 않은 비용이 들며, 임신이 안 되거나 합병증이 나타났을 때 위로받지 못하면서 부부 갈등으로 연결되기도 합니다. 빨리 임신하고 싶은 마음에 한두 달도 무척 길게 느껴지겠지만, 남편의 동의를 얻기 위해서 충분히 상의해야 합니다. 한두 달 늦는다고 임신율에 치명적인 영향을 주지는 않으니, 너무 조급해하지 않도록 합니다.

Q 둘째를 계획 중인데 제 나이가 많아 걱정입니다. 기형아를 예방하려면 어떻게 해야 할까요?

고령임신의 가장 큰 걱정 중 하나는 바로 기형아 출산입니다. 특히 고령임신부는 다운증후군 아기를 출산할 확률이 높습니다. 다운증후군은 선천성 기형 중 임신부의 연령과 가장 관련이 깊고 흔한 질환입니다. 21번 염색체가 하나 더 많아 지능 저하, 선천성 심장병 같은 질환이 나타나며, 40세 임신부가 다운증후군을 분만할 위험이 30세 임신부보다 8~9배쯤 높습니다. 다운증후군 아기가 40세 이상의 고령 초산부에게 많이 생기는 것은 난자가 너무 많이 성숙해 염색체의 비분리 현상이 나타나기 때문입니다.

기형아를 예방하려면 철저한 계획 임신을 해야 합니다. 건전한 성생활에 의한 계획된 임신을 하고, 임신 초기에 약물 복용이나 방사선 노출에 주의합니다. 흡연과 음주도 삼가야 합니다. 풍진 및 수두, 에이즈 바이러스 감염에 조심하고 애완동물과 접촉을 피합니다. 임신 전에 풍진 예방접종을 반드시 실시하고, 접종 후 3개월간 임신은 피해야 합니다. 언청이나 신경관 결손의 기형을 예방하려면 임신 전부터 임신 3개월까지 엽산을 복용합니다. 임신 중 복용한 약물에 의해서도 기형이 생길 수 있습니다. 임신 4~10주까지는 태아의 장기가 형성되는 시기이므로, 이 시기에 약물을 복용하는 것은 되도록 삼가는 것이 좋습니다. 임신 중에는 혈청 검사는 물론 양수 검사를 통해 기형아 여부를 미리 판단할 수 있습니다.

Q 고령임신부는 양수 검사를 반드시 받는 것이 좋다고 하는데, 사실 양수 검사를 받다가 부작용이 생길 수 있다고 들었어요. 정말 꼭 받아야 하나요?

고령임신부 또는 임신 초기 혈액 검사나 초음파 검사에서 다운증후군 위험이 높게 나온 경우 임신부들은 양수 검사를 권유받게 됩니다. 양수 검사는 초음파로 태아 위치를 확인하면서 가는 바늘을 이용해 복부와 자궁벽을 통해 태아를 피하여 양막강에서 양수를 채취하여 검사합니다. 대부분의 임신부들은 양수 검사가 위험하다는 생각 때문에 심한 두려움을 느낍니다. 무조건 양수 검사를 거부하는 경우도 있고 양수 검사를 권유받은 것 자체가 태아에 이상이 있다는 의미로 잘못 오해해 그릇된 선택을 하는 경우도 있습니다.

양수 천자에 따른 위험도는 1% 미만으로 다른 염색체 검사와 비교해서 양수 천자는 비교적 안전한 검사법입니다. 출혈, 감염, 유산, 조산, 양수의 누출, 태아와 태아 부속물의 손상, 태아 사망 등이 발생할 수 있으나, 초음파를 보면서 시행해 이러한 위험이 많이 줄어들었습니다.

Q 고령임신부라면 균형 잡힌 영양 섭취가 중요하다고 하는데, 바쁜 직장 생활로 식사를 제대로 챙겨 먹기가 쉽지 않습니다. 어쩔 수 없이 인스턴트식품도 자주 섭취하게 됩니다. 어떻게 해야 할까요?

임신을 하면 임신부 자신뿐 아니라 주위 사람들도 잘 먹어야 아기가 튼튼하다고 생각합니다. 사실 임신 중에는 양적인 식사보다는 질적으로 영양이 고루 잡힌 식사를 하는 것이 좋습니다. 일반적으로 임신부는 하루에 100~300kcal가 더 요구됩니다. 이는 수프 한 접시 또는 바나나 한 개 정도의 열량입니다. 인스턴트식품 섭취는 줄이고 우유, 채소, 과일 등을 챙겨 먹도록 합니다. 임신 초기 입덧이나 직장생활 등으로 규칙적인 식생활이 어렵다면 종합비타민제를 복용하는 것도 좋습니다. 단, 일반 성인용 비타민제는 허용 함량을 초과하는 경우가 있으므로 임신부를 위한 적정

용량이 들어 있는 임신부 전용 비타민제를 복용하도록 합니다.

Q 임신 후기로 갈수록 살이 많이 찔까봐 걱정입니다. 임신 중 운동은 어떻게 해야 할까요?

임신 중 운동은 체중 관리는 물론 태아의 건강에도 좋습니다. 임신 중에는 일반적으로 걷기를 추천합니다. 일주일에 3~4회, 한 번에 30~40분 정도 시행합니다. 숨이 약간 찰 정도로 빠른 걸음으로 걷습니다. 이때 운동이 힘들다면 10분 간격으로 2회 나누어 걷는 것이 좋습니다. 단, 조산이나 조기 진통 경험, 임신성 고혈압, 태아 성장 지연, 지속적인 자궁 출혈, 쌍둥이 임신인 경우에는 운동을 했을 때 위험을 초래할 수도 있어서 조심해야 합니다. 운동 중 아랫배가 딱딱해지면 자궁 수축을 의미하므로 운동을 멈춥니다. 안전한 운동을 위해서는 담당 의사와 상담 후 결정하는 것이 좋습니다.

임신 10개월, 시기별 변화와 준비

뱃속 아기와 함께하는 10개월의 시간이 행복하면서도 조금 험난하게
느껴질지 모른다. 길고 긴 여정을 조금 더 수월하고 즐겁게 보낼 수 있도록
임신 시기별 엄마와 태아의 변화를 살펴보자. 미리 알고 준비하면
걱정 없이 임신 기간을 보낼 수 있다.

한눈에 보는 임신 월별 캘린더

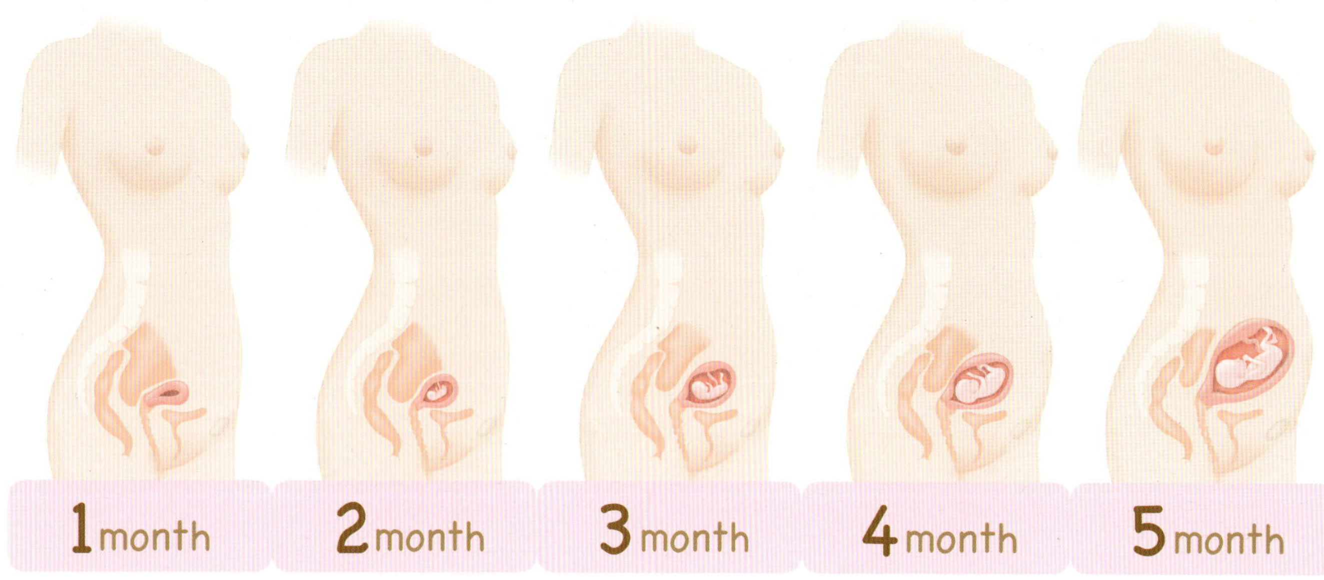

1~4주	5~8주	9~12주	13~16주	17~20주
● 태아의 키와 체중 측정 불가	● 태아의 키와 체중 약 0.2~1.6㎝ 약 1g	● 태아의 키와 체중 약 1.6~5.4㎝ 약 14g	● 태아의 키와 체중 약 5.4~11.6㎝ 약 100g	● 태아의 키와 체중 약 11.6~16.4㎝ 약 300g
● 자궁의 크기 달걀 크기	● 자궁의 크기 거위알 크기	● 자궁의 크기 주먹만한 크기	● 자궁의 크기 어린아이 머리만한 크기	● 자궁의 크기 어른 머리만한 크기

* 태아의 키는 머리부터 엉덩이까지의 길이를 측정한 것임

엄마의 몸은?

● 크게 눈에 띄는 자각증상은 없다. ● 감기에 걸린 듯 미열이 있다. ● 몸이 나른하고 수시로 잠이 온다. ● 속이 부대끼고 가벼운 입덧이 나타나기도 한다.	● 생리가 없다. ● 감기몸살처럼 몸이 나른하다. ● 속이 메스껍고 입덧이 시작된다. ● 소변이 자주 마렵고 변비에 걸린다. ● 유방이 커지고 유두 색깔이 진해진다. ● 기미, 주근깨 등 피부 트러블이 생긴다.	● 유방이 눈에 띄게 커진다. ● 대부분 입덧을 느끼나 점차 나아진다. ● 혈액순환 장애로 다리가 저리고 현기증이 생긴다. ● 질 분비물이 많아진다. ● 기미, 주근깨, 갈색 반점 등 피부 트러블이 지속된다. ● 감정 기복이 심해지고 우울증이 생긴다.	● 아랫배가 점차 불러온다. ● 배, 가슴, 엉덩이에 튼살이 생기기 시작한다. ● 입덧이 사라지고 식욕이 좋아진다. ● 혈압 조절을 위해 손발이 따뜻해진다. ● 기초 체온이 내려간다. ● 임신에 적응하면서 점차 심리적으로 안정된다.	● 첫 태동을 느낀다. ● 커진 자궁으로 인해 소화불량, 치질 등이 생긴다. ● 유방이 커지고 유두에서 유즙이 나오기도 한다. ● 질 분비물이 증가한다. ● 배가 점차 불러오면서 아랫배나 허리에 통증을 느낀다.

태아와 함께하는 임신 10개월의 여정. 아기는
엄마 뱃속에서 어떤 과정을 거쳐 성장해가는지. 또 엄마의 몸은
어떻게 변화하는지 한눈에 살펴보고 준비해보자.

6 month	**7** month	**8** month	**9** month	**10** month
21~24주	25~28주	29~32주	33~36주	37~40주
태아의 키와 체중 약 16.4~30cm 약 600g	태아의 키와 체중 약 30~37.6cm 약 1kg	태아의 키와 체중 약 37.6~42.4cm 약 1.5~1.8kg	태아의 키와 체중 약 42.4~47.4cm 약 2~2.6kg	태아의 키와 체중 약 47.4~51.2cm 약 3~3.4kg
자궁저부의 높이 약 18~20cm	자궁저부의 높이 약 21~24cm	자궁저부의 높이 약 25~28cm	자궁저부의 높이 약 30cm	자궁저부의 높이 약 35cm

갑상선 기능이 활발해져 땀을 많이 흘린다. 조금만 움직여도 숨이 차다. 다리가 자주 붓고 쥐가 난다. 허벅지, 종아리 등에 정맥류가 생긴다. 배, 가슴, 허벅지 부위가 트고 가렵다. 빈혈이 생긴다.	보라색 임신선이 생긴다. 커진 자궁의 압박으로 갈비뼈가 아프다. 소화불량, 변비, 치질이 심해진다. 팔다리가 자주 붓는다.	자궁 수축으로 배가 단단해지고 뭉친다. 태동이 강해지고 횟수가 잦아진다. 가슴이 답답하고 속이 메스껍다. 부기, 요통, 치질, 튼살, 정맥류가 심해진다. 질 분비물이 많아진다.	화장실에 자주 가고 잔뇨감이 든다. 자다가 다리에 쥐가 나서 깨는 일이 많다. 잠을 푹 자기 힘들어진다. 자궁저부가 명치끝까지 올라와 신체 장기의 압박감이 심해진다. 불규칙한 배뭉침이 잦아진다. 출산 예정일이 다가오면서 감정이 예민해진다.	태아가 골반 안으로 들어가 숨쉬기가 편안해진다. 태아가 아래로 빠질 것 같은 느낌이 든다. 질 입구가 부드러워지고 분비물이 늘어난다. 불규칙한 가진통을 느낀다. 출산이 임박하면 규칙적인 진진통이 온다. 이슬이 비치고 양수가 파수될 수 있다.

임신 1개월

난자와 정자의 결합이 이루어지는 첫 달이다. 임신 초기에는
엄마 몸에 큰 변화가 없지만, 태아는 엄마 뱃속에서 하루가 다르게 성장한다.
하루라도 빨리 임신을 확인해 엄마가 될 준비를 시작한다.

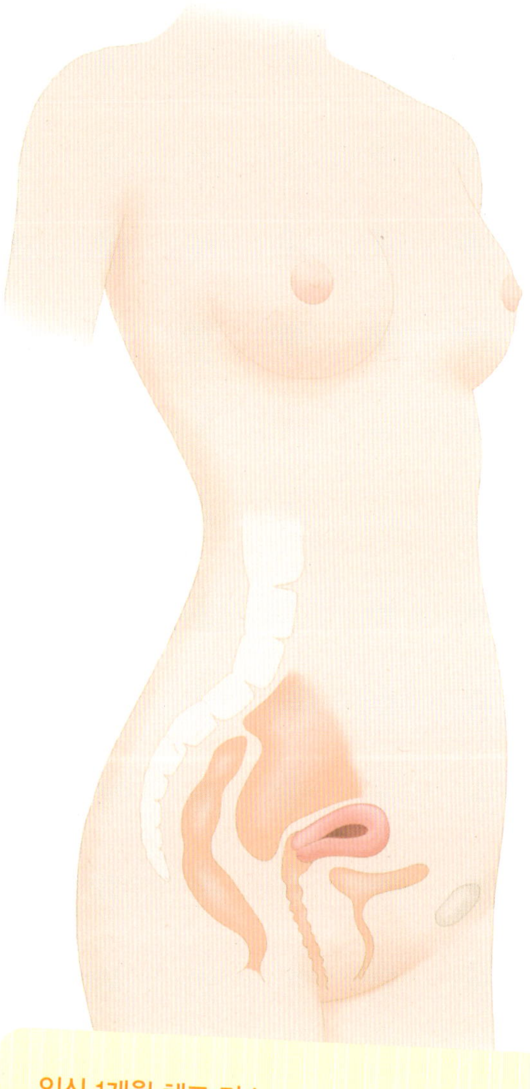

임신 1개월 체크 리스트

- ☐ 병원에서 임신 여부를 정확히 진단받았나요?
- ☐ 약물 복용과 X-선 촬영에 주의했나요?
- ☐ 술, 담배, 커피를 자제했나요?
- ☐ 엽산제를 복용하고 있나요?
- ☐ 식사를 거르지 않고 잘 먹나요?
- ☐ 과로와 스트레스에 시달리지 않기 위해 주의했나요?

이달의 증상은?

몸이 나른하고 잠이 많아진다. 감기에 걸린 것처럼 미열과 오한이 나고 무기력함, 나른함 등을 느낄 수 있다. 기초 체온이 상승한다. 엄마의 몸에 외형상 큰 변화는 없다.

이달의 건강 수칙

주변 환경을 쾌적하게 만든다 | 태아와 엄마에게 깨끗한 환경은 건강을 위한 필수 요건! 집 안이나 사무실 등 생활하는 주변 환경을 쾌적하게 관리한다. 온도와 습도를 적절하게 조절하고, 환기와 청소를 자주 하는 것이 기본이다. 이러한 쾌적한 환경을 위해서는 아빠의 역할이 중요하다.

과로하지 않는다 | 과로와 스트레스는 만병의 근원으로, 임신 초기 유산의 원인이 되기도 한다. 특히 직장에 다니는 엄마라면 충분한 휴식과 수면을 통해 컨디션 유지에 신경 쓴다.

엽산 섭취로 태아의 신경관 결손을 예방한다 | 엽산은 세포 생성을 촉진하고, 뇌의 기능을 발달시키는 데 도움이 된다. 따라서 임신 초기에 충분히 섭취하도록 각별히 신경 쓴다. 특히 신경관 결손, 심장병, 언청이 등 선천성 기형 예방을 위해 임신하기 한 달 전부터 임신 후 3개월까지 하루 0.4~1mg 정도 복용한다. 이외에도 임신 전에 이미 당뇨병이 진단되었거나 비만이 심한 경우, 간질약을 복용하는 경우, 혈액 투석 중인 임신부는 고용량의 엽산을 섭취해야 한다.

사람이 많은 곳은 피한다 | 임신 초기는 유산의 위험성이 높은 만큼 사람이 많이 모이는 곳은 가능한 피한다. 특히 유행성 감기, 풍진, 간염 등 사람에게 전파되는 바이러스성 질병에 노출되지 않도록 주의한다. 또한 활동량이 많은 운동, 무리한 집안일, 무거운 짐 들기, 격렬한 성관계, 장거리 여행은 자제한다.

이달의 태교

뱃속의 아이와 함께 보낼 앞으로의 열 달을 미리 계획하고 준비하자. 평소 생각했

된 태교 방법들에 대해 차근히 알아보고 내게 맞는 스타일을 골라보자. 엄마의 뱃속 환경은 엄마의 감정에 큰 영향을 주니 알맞은 태교로 마음의 평화와 즐거운 생활을 유지하자.

이달의 검사

소변 검사　임신 진단 시약 테스트로 임신을 체크했다면 병원에서 정확한 확인을 받는다. 병원에서는 소변 검사로 임신을 확인한다. 임신을 하면 융모성 성선자극 호르몬이 분비되는데 이는 소변으로 배출되고, 이 성분을 통해 임신을 확인한다. 수정된 지 2주 정도만 지나도 90% 이상의 정확한 결과가 나타난다.

꼼꼼 check!　병원에서 임신 확인서를 발급받은 후 가까운 국민건강보험공단 지사나 은행에 방문해 정부 지원금을 받을 수 있는 고운맘카드를 발급받는다. 모든 임신부를 대상으로 1인당 50만 원씩 전자바우처 형태(고운맘카드)로 임신 출산 의료비를 지원한다. 둘 이상의 다태아를 임신한 경우에는 고운맘카드 지원에 추가로 20만 원을 더 지원한다. 지원금은 분만 예정일 이후 60일까지 사용할 수 있다. 지원 금액은 매년 정책에 따라 달라질 수 있다.

임신과 동시에 엄마는 엽산제나 엽산이 함유된 종합비타민제를 먹어야 해요. 엽산은 적혈구의 생산을 도와 빈혈을 막고, 세포가 성장하는 데 중요한 역할을 해요. 엽산이 부족하면 태아의 기형을 유발하니 엽산을 꼭 챙겨주세요.
임신을 하면 엄마는 감정 기복이 심해져, 사소한 일에도 서운해지거나 상처를 받게 된답니다. 이는 호르몬의 영향으로 일어나는 당연한 변화이므로 아빠의 세심한 배려가 필요해요. 아내에게 편지나 작은 선물로 임신에 대한 고마움을 전해주세요.

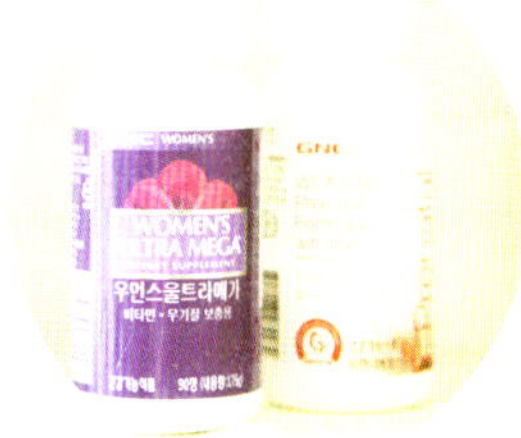

주수별로 확인되는 태아와 엄마의 변화

1

태아　아직 수정 전 단계. 난소에서는 새로운 난자가 성숙되고 있다.

엄마　임신 주수는 마지막 생리가 시작된 첫째 날을 기준으로 계산한다. 생리를 1일에 시작했다면 그날을 기점으로 1주가 시작되는 것. 하지만 실제 이 시기는 배란이 되기 전으로 임신이 되지 않은 상태. 정확히 말하면 생리가 끝나가는 기간이다.

2

태아　생리 주기를 28일로 봤을 때 14일째. 즉 배란일이 되면 성숙한 난자가 난소에서 나오고, 나팔관으로 이동해 12~24시간 동안 정자를 기다린다.

엄마　생리가 끝나면 자궁내막이 두꺼워지면서 배란을 준비한다. 난소 안에는 수많은 난포가 있는데, 난포 안에서 난자가 성숙되고 14일째에 배란된다.

3

태아　난자는 수억 개의 정자 중 단 1개의 정자와 수정을 이룬다. 나팔관에서 수정해 세포분열을 하며 자궁으로 이동한다. 7~10일 정도 지나면 자궁내막에 착상하는데, 수정란이 온전히 착상을 마치면 임신 성공이다.

엄마　아직 뚜렷한 신체 변화는 없다. 프로게스테론의 영향으로 기초체온이 올라가 미열을 느끼는 정도다.

태아　아직 초음파로 태아가 확인되지 않는다. 여전히 세포분열을 하는 시기로 뇌와 척추의 기초가 되는 신경관을 시작으로, 혈관계, 순환계가 만들어진다. 또 세포분열을 통해 생성된 융모는 태아가 영양분을 흡수하도록 도와준다. 융모는 차후 성숙한 태반조직으로 발달되며, 이 시기에 탯줄도 생겨 태아에게 영양과 산소를 공급하는 역할을 한다.

엄마　아직 크게 자각증상은 없지만, 고온기가 14일간 지속돼 미열을 여전히 느낀다. 감기몸살에 걸린 것처럼 한기를 느끼고, 몸이 나른하며, 잠이 쏟아진다. 개인에 따라서는 속이 쓰리고, 구토를 하거나 아랫배에 통증을 느끼기도 한다.

임신 2개월

자궁 안에 착상한 배아는 뇌와 신장, 심장과 같은 주요 장기들이 발달하고 있는 상태.
태아를 위해 엽산과 질 좋은 단백질을 섭취하는 등 영양에 신경 쓰고,
유산의 위험이 높은 시기이므로 무리하지 않도록 한다.

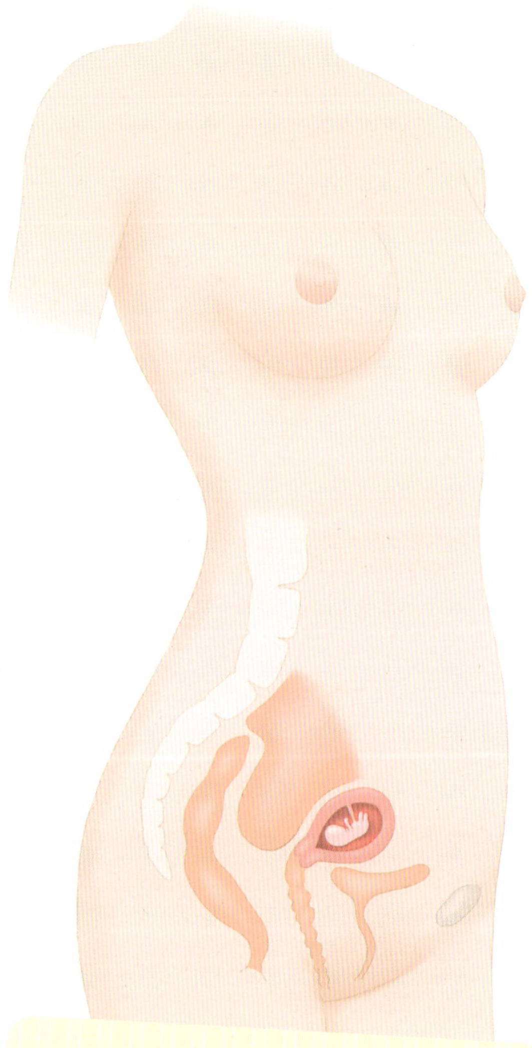

이달의 증상은?

유백색의 질 분비물이 많아진다. 소변이 자주 마렵고 방광염이 생기기도 한다. 속이 메스껍고 입덧이 나타난다. 가슴이 답답하고 소화가 잘 안 된다.

이달의 건강 수칙

엽산을 충분히 섭취한다 | 태아의 뇌 발달에 도움이 되는 엽산은 시금치 등 녹색 채소, 곡류, 우유, 달걀, 김 등의 식품에 다량 함유되어 있다. 하지만 음식만으로는 충분한 양을 섭취하기 어려우므로, 엽산제 등 임신부 전용 영양제를 복용하는 것이 좋다. 하루 권장량 0.4~1mg을 매일 복용한다.

칼슘 섭취에 신경 쓴다 | 칼슘은 태아의 뼈와 치아를 형성하는 데 중요한 영양소. 태아의 골격, 유치, 턱뼈 등이 형성되는 임신 2개월에는 평소보다 칼슘 섭취에 더 신경 쓴다. 칼슘이 부족하면 태아의 뼈 형성이 저해되고, 부족한 칼슘을 엄마의 뼈에서 충당하다 보니 자칫하면 골다공증이 생길 수 있다. 하루 칼슘 권장량은 1,000mg 정도. 칼슘은 시금치, 우유, 치즈, 요구르트, 멸치 등에 많이 함유되어 있다.

채소와 과일을 충분히 먹는다 | 임신을 하면 장 기능이 떨어져 변비에 쉽게 걸리는데, 채소와 과일에 풍부한 섬유소가 변비 해소에 도움이 된다. 채소와 과일은 입덧으로 잃은 입맛도 돋워준다. 특유의 청량감과 신맛이 임신부의 식욕을 증진시키는 것. 차게 해서 먹으면 더욱 효과적이며, 오이, 수박, 배 등 수분이 많은 채소와 과일을 추천한다.

이달의 태교

임신 초기에는 임신했다는 기쁨과 함께 입덧이나 피로감, 몸의 변화 등으로 인해 감정의 기복이 생기기 쉽다. 임신부의 기분이 우울하면 태아도 엄마의 기분을 고스란히 느낀다. 몸과 마음을 평온하게 가지려고 노력하는 것이 태교의 기본. 또한 태아의 뇌 발달이 활발한 시기이므로 음악을 듣거나 좋은 시와 글, 그림을 감상하는 등 몸에 무리를 주지 않고 편안한 기분을 만들어주는 방식으로 태교를 한다.

임신 2개월 체크 리스트

☐ 엽산제를 꾸준히 복용하고 있나요?
☐ 단백질, 칼슘이 함유된 음식을 챙겨 먹고 있나요?
☐ 채소와 과일을 잘 챙겨 먹고 있나요?
☐ 약물 복용은 의사와 상의했나요?
☐ 격렬한 운동이나 부부관계를 자제했나요?
☐ 무리한 집안일이나 무거운 짐 들기를 자제했나요?
☐ 사람 많은 장소는 되도록 피했나요?
☐ 애완동물과의 접촉을 피했나요?
☐ 하루 8잔 이상의 물을 충분히 섭취하고 있나요?

이달의 검사

내진 의사가 질 속에 손을 넣어 자궁의 상태와 임신 여부를 검사하는 것을 말한다. 임신을 하면 자궁이 공 모양으로 부풀어 오르고 조직이 물러진다. 또 자궁과 질 점막이 유연해지고 진한 보라색으로 변한다. 의사는 일반적으로 골반 내진으로 자궁의 전반적인 상태를 체크하지만, 임신한 경우에는 손가락을 통한 실제 내진보다는 경질 초음파를 통해 질 벽 및 자궁의 상태를 파악한다.

경질 초음파 검사 초음파가 달린 둥근 봉을 질 안에 넣어 검사하는 방법. 대부분 임신 초기에만 시행한다. 자궁 안에 아기집인 태낭이 있는지 확인한다. 일반적으로 태낭이 확인된 후 2주 정도 지나면 태아를 확인할 수 있다. 이 검사로 태아의 심장박동을 체크하는데 심장박동이 잡히지 않으면 일주일 후 다시 검사한다.

이제부터는 집안일을 내 일이라 생각하는 자세가 필요해요. 입덧이 심한 아내를 위해 장보기, 식품 다듬기, 요리하기, 설거지 등을 나눠 해준다면 임신부는 수월하게 입덧 기간을 보낼 수 있을 거예요. 특히 화장실 청소, 걸레질, 이불 개기, 장바구니 들기 등 힘든 집안일은 도맡아서 해주세요. 처음엔 조금 서투르겠지만, 금세 익숙해지고 보람도 느끼게 될 거예요.

임신 초기는 유산 위험이 높은 시기라 아내가 갑작스런 출혈이나 복부 통증을 호소한다면 지체하지 말고 병원에 데려가세요. 과도한 성관계나 장거리 여행도 초기에는 피하는 것이 좋아요.

주수별로 확인하는 태아와 엄마의 변화

5 weeks / 6 weeks / 7 weeks / 8 weeks

태아

5 태반과 탯줄이 발달하기 시작해 태아에게 영양과 산소를 공급하고, 심장이 뛰기 시작해 초음파로 확인할 수 있다. 이후 5주간은 장기 기관이 형성되는 중요한 기간이니 엄마가 특히 주의한다.

6 점점 태아의 모습을 갖추기 시작한다. 팔다리로 발달할 돌기가 보이며, 얼굴은 두 눈을 시작으로 입, 코, 귀가 생겨날 자리를 잡는다. 태아의 척추를 따라 신경관이 닫히고, 심관이 융합되어 심장 수축이 시작된다.

7 눈, 코, 입이 커지면서 얼굴 형태가 점차 명확해진다. 간, 위, 폐, 창자 등 내부 기관이 급속도로 만들어지고, 심장도 좌심실과 우심실로 나뉘어 완전히 발달한다.

8 태아는 척추가 곧아져 몸을 세우고 머리를 들 수 있다. 팔다리는 확실히 구분되고, 손가락과 발가락이 만들어지기 시작한다. 코, 입, 귀가 보이고, 눈에 눈꺼풀이 생길 정도로 얼굴이 더욱 정교해진다. 시신경과 청각 기능도 생기기 시작한다. 태아가 조금씩 움직인다.

엄마

5 황체호르몬이 많이 분비되면서 속이 메스껍고 입덧이 나타난다. 체중 변화는 없지만 입덧이 심해 음식을 잘 먹지 못하면 체중이 줄기도 한다. 감기몸살에 걸린 것처럼 몸이 나른하고 한기를 느끼기도 한다. 임신 전보다 커진 자궁이 방광을 압박해 소변이 자주 마렵고 변비에 걸리기도 한다.

6 자궁이 커져 위를 누르게 되는데, 위와 십이지장의 내용물이 식도로 역류해 가슴이 답답하고 소화가 잘 안 된다. 여기에 입덧까지 겹치면 밥 먹는 자체가 곤혹스런 일이 되니 주의가 필요. 또 호르몬의 영향을 받으면서 변비 증상을 겪고, 두통이 심해지는 경우도 많다.

7 5주째가 지나면서 낭포가 제대로 착상할 수 있도록 자궁벽이 부드러워진다. 반면 자궁경부는 외부로부터 태아를 안전하게 보호하기 위해 두터워진다. 소변이 자주 마렵고 방광염이 생기기도 한다. 자궁 앞부분에 있는 방광이 압박을 받으면서 나타나는 증상. 4개월 이후 자궁이 방광 위로 자리 잡으면서 자연스럽게 없어진다.

8 임신 초 달걀만 하던 자궁이 어른 주먹 크기만큼 커진다. 입덧은 더욱 심해져 음식 냄새만 맡아도 구토하기도 한다. 외음부에도 변화가 생겨 색깔이 짙어지고, 호르몬 영향으로 질 분비물이 늘어난다. 얼굴에는 기미와 주근깨, 여드름, 뾰루지도 생긴다. 임신 중에는 신진대사가 활발해져 땀이나 분비물 양이 많아지기 때문.

임신 3개월

본격적으로 시작한 입덧으로 몸도 마음도 힘들지만,
초음파를 통해 만난 태아의 모습에 기쁘고 설레는 마음이 더 큰 시기다.

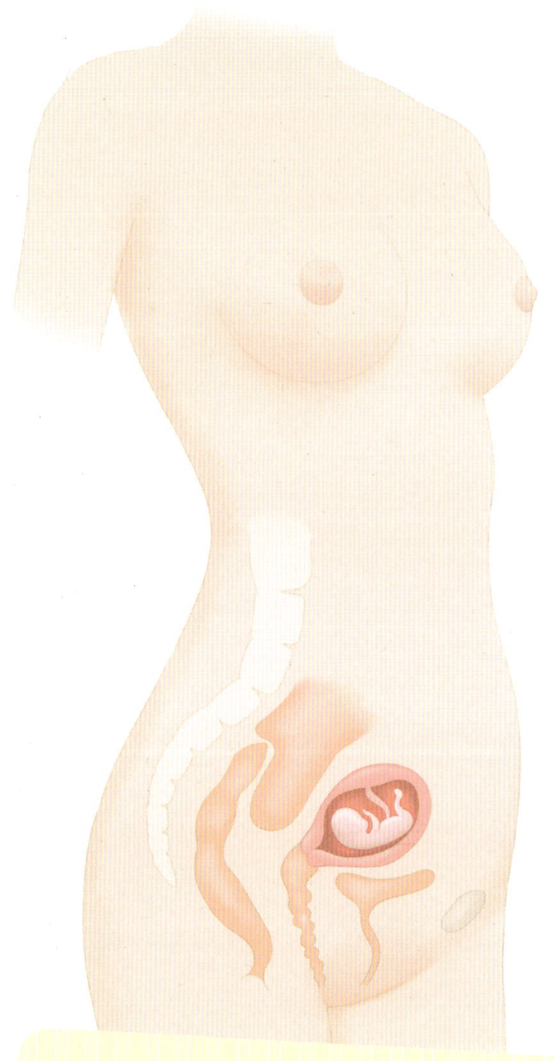

이달의 증상은?

다리가 저리다. 소변이 자주 마렵고 변비가 생기기 쉽다. 기미 등 색소성 피부 트러블이 생기기 시작한다. 유방이 눈에 띄게 커지고, 만지면 통증이 느껴지기도 한다. 많은 임신부가 입덧을 느낀다.

이달의 건강 수칙

입덧이 생기면 조금씩 자주 먹는다 | 입덧은 빠르면 5주에 시작해서 14~16주 정도면 대부분 사라지지만, 임신 중기까지 지속되는 경우도 있다. 입덧이 생기면 평소에 잘 먹던 음식도 냄새가 싫어서 먹기를 꺼리게 되고 소화가 잘 되지 않아 더부룩한 증상이 나타난다. 음식을 차게 먹거나 조금씩 자주 먹으면 입덧을 완화하는 효과가 있다.

비타민과 섬유질이 풍부한 음식을 먹는다 | 임신으로 부족해지기 쉬운 영양을 보충하는 것이 중요하지만, 육류 위주로만 음식을 섭취하는 것은 바람직하지 않다. 비타민과 섬유질이 풍부한 음식을 섭취하면 모체와 태아의 건강을 동시에 챙길 수 있다. 비타민은 녹황색 채소, 해조류, 콩류, 달걀, 간 등 다양한 음식에 함유되어 있으므로, 여러 가지 음식을 골고루 섭취하는 것이 좋다. 채소나 과일, 주스, 요구르트 등은 임신 초기 변비에 도움이 된다.

알코올, 카페인, 약물은 피한다 | 임신 3개월까지는 태아가 급속히 발달하는 시기로, 유산의 위험도 높다. 이 시기에 알코올, 카페인, 약물 등을 복용하면 기형이나 유산의 원인이 되므로 세심한 주의가 필요하다. 술과 담배는 삼가고, 약물은 반드시 의사와 상의한 후 복용한다. 카페인이 함유된 커피도 많이 마시지 않는 것이 좋다. 마셔야 한다면 연하게 타서 하루에 한 잔 정도가 적당하다.

꼼꼼 check! 카페인은 혈관을 수축시키고, 교감신경을 흥분시켜 임신부의 숙면을 방해한다. 카페인이 함유되어 있는 녹차, 홍차를 마실 때는 보리차처럼 연하게 우려서 하루 한 잔 정도 마신다.

유산하기 쉬운 시기로 일상 활동도 주의한다 | 유산의 위험이 높은 시기인 만큼 일상적인 활동을 하는 데도 주의가 필요하다. 걸레질, 장바구니 들기, 높은 곳에 있

는 물건 꺼내기, 오래 걷기, 오래 서 있기 등의 행동은 삼간다. 또 굽 높은 신발은 걷다가 넘어질 수 있으니 운동화처럼 굽이 낮고 편안한 신발을 신는다.

이달의 태교

태아의 청각이 발달해 자궁 밖에서 나는 소리를 들을 수 있는 시기다. 뱃속 아기와 이야기를 주고받는 태담 태교를 시작하면 좋다. 일상생활, 자연, 날씨의 변화 등 아이에게 하고 싶은 이야기를 한다. 매일 뱃속의 아이와 꾸준히 이야기를 나누는 것이 포인트. 엄마의 좋은 기분이 목소리에 그대로 전달되어 태아에게도 긍정적인 효과를 준다.

이달의 검사

초기 정밀 초음파 검사　임신 초기 초음파 검사로 자궁 내 임신 여부 및 태아의 분만 예정일 측정. 쌍둥이 임신의 경우 일란성과 이란성의 유무를 판단한다. 임신 11주 이후에 시행하는 정밀 초음파 검사에서는 태아의 일부 장기를 확인하고, 태아의 형태를 통해 기형 여부를 체크한다. 고해상도 초음파 검사를 통해 태아의 후두경부를 촬영한 목덜미 투명대 두께가 정상 범위를 넘을 때는 다운증후군 등의 기형 가능성이 있으므로 정밀 초음파를 통해 확인한다.

아빠가 챙겨주세요

- 입덧이 심해진 아내를 위해 먹고 싶어 하는 음식을 챙겨주세요. 고단백 음식도 좋지만, 변비 예방과 비타민 보충을 위해 밀가루 음식은 피하고 다양한 채소와 과일을 섭취하는 것이 좋습니다.
- 임신 초기에는 유산 위험이 있어 장거리 여행은 피해야 하지만, 공원을 산책하는 정도의 운동은 괜찮아요. 산책을 하며 임신에 대한 고마움과 태어날 아기에 관한 이야기를 나누면 우울하고 불안한 감정을 해소할 수 있어요. 임신 중 우울증 예방에 도움이 됩니다.

주수별로 확인하는 태아와 엄마의 변화

	9week	10week	11week	12week
태아	팔이 자라고, 팔꿈치가 생겨 구부릴 수 있다. 다리도 허벅지, 종아리, 발로 확연히 구분된다. 손가락, 발가락도 분리되면서 팔다리가 제 모습을 갖춘다. 얼굴에는 안면골격과 근육이 발달하고, 몇 주 전부터 생성된 눈꺼풀과 귀가 뚜렷해진다.	배아기를 지나 10주부터 본격적인 태아기에 접어든다. 태아기가 되면 기형 위험성이 적어지며 완전하지는 않지만 사람의 모습을 갖추기 시작한다. 태아는 탯줄로 양분을 흡수하고, 입술, 턱, 뺨 등이 발달해 얼굴 윤곽도 선명해진다. 생식기도 형성되기 시작하며, 아직 성별을 구분하기는 어렵다.	머리는 몸길이의 절반을 차지할 만큼 성장한다. 척수에서 뻗어 나온 척추신경이 발달해 등뼈 윤곽이 선명히 드러나고, 가슴 부위에 있던 턱이 위로 올라가 목이 생겨난다. 뇌, 폐, 신장 등 주요 기관이 완전히 형성되고, 손톱, 머리카락 등 미세한 부분도 보이고, 외부 생식기도 발달한다.	태아는 임신 3개월에 접어들면서 급속도로 성장해 몸이 2배 정도 커진다. 근육, 뼈, 손가락이 발달하면서 양수 속에서 자유롭게 움직이며, 손가락, 발가락이 5개씩 모두 분리되고, 손톱, 발톱도 생긴다. 태아 몸에 모근이 생겨나고, 내부 생식기가 발달해 남아의 경우 음경으로 성별을 구분할 수도 있다.
엄마	유방의 변화는 임신 기간 내내 진행된다. 특히 3개월부터는 유방이 눈에 띄게 커지고, 만지면 통증도 느껴진다. 하복부, 허리, 옆구리가 아프기도 하고, 다리가 저리기도 한다. 이런 증상들은 호르몬에 의해 나타나는 것으로, 특별히 걱정하지 않아도 된다. 만약 통증과 함께 출혈이 동반되면 즉시 의사에게 알린다.	호르몬 영향으로 자궁과 질이 부드러워지고, 신진대사가 활발해지면서 질 분비물이 많아진다. 이때의 분비물은 투명하고 옅은 크림색이며, 외음부가 가렵지 않다. 임신에 대한 부담감으로 감정 기복이 심해지고 우울증을 호소한다. 엄마의 이러한 감정 변화는 태아에게 좋지 않은 영향을 끼치므로, 가족 특히 남편의 도움이 반드시 필요하다.	임신 전보다 많은 열량을 소비하기 때문에 기초대사량이 25% 정도 증가한다. 충분한 양의 열량을 보충할 수 있도록 음식 섭취에 신경 쓴다. 개인차가 있지만 혈액량도 임신 전보다 증가한다. 평소보다 땀 배출도 많아지니 평소에 물을 충분히 마신다.	치골 위를 만져보면 손으로 느껴질 만큼 자궁이 커져 복부로 올라간다. 입덧은 차츰 줄어들어 식욕이 는다. 유산의 위험도 어느 정도 낮아져 마음의 여유를 갖는다. 임신 후 혈액 분포가 변화하면서 늘어난 혈액이 다리나 발에 정체되고, 뇌에 공급이 일시적으로 감소하면서 현기증이 나타날 수 있다.

13 임신 초기 생활 수칙

임신 초기는 호르몬의 급격한 변화로 몸이 예민하게 반응하는 시기.
유산의 위험이 있으니 항상 몸가짐을 조심한다. 또한 태아가 자리 잡는 시기인 만큼
카페인이나 알코올, 담배 등에 노출되지 않도록 주의한다.

식습관

단백질과 칼슘 섭취에 신경 쓴다

임신을 하면 무조건 많이 먹어야 한다고 생각하기 쉬운데 이는 잘못된 것이다. 사실 임신 초기에는 따로 추가 열량이 필요하지 않고 임신 후기부터 300kcal 정도의 열량을 더 섭취하면 된다. 임신 초기에 필요 이상으로 열량을 많이 섭취하거나 고열량 음식을 자주 먹어 영양 불균형이 생기면 오히려 임신중독증, 당뇨병, 비만 등이 생길 수 있다. 따라서 많은 양의 음식이나 좋아하는 특정 음식을 먹기보다는 질 좋은 음식을 챙겨 먹는 것이 더욱 중요하다. 양질의 단백질이 함유되어 있는 육류, 콩류, 생선, 우유 등을 비롯해 엽산, 칼슘, 철분, 비타민, 섬유질이 함유된 각종 채소와 과일을 골고루 섭취하자. 탄수화물이나 지방은 필요 이상으로 먹지 않도록 주의하고, 열량을 더 보충해야 할 때는 탄수화물보다 단백질 위주로 섭취한다. 임신부가 섭취하는 단백질의 50%는 태아가 자라는 데 쓰이고 칼슘은 태아 골격 형성에 중요하므로 신경 써서 섭취한다.

입덧이 심해도 조금씩은 챙겨 먹는다

입덧이 심하다고 음식을 먹지 않는 것은 모체나 태아 모두에게 좋지 않다. 오랫동안 먹지 않으면 탈수증상이 나타날 수 있다. 일단 입덧이 생기면 조금씩 자주 먹어 공복감을 느끼지 않게 한다. 먹는 즉시 토하거나 아예 먹지 못할 때는 달지 않은 크래커나 식빵, 떡으로 대체해본다. 수분과 영양이 부족하면 몸의 기능이 저하돼 입덧이 더 심해질 수 있기 때문에, 힘들더라도 신선한 과일이나 음료를 챙겨 먹어 영양을 보충한다.

카페인 섭취를 줄인다

카페인은 중추신경을 자극하는 물질로 임신 중 과량 섭취하면 저체중아를 출산할 가능성이 높아지고, 태아의 중추신경 및 내장 기관 발달에 나쁜 영향을 줄 수 있다. 또 안정과 숙면을 취해야 할 엄마에게 불면증이 생길 수도 있다. 하지만 커피, 녹차, 초콜릿 등 음식을 비롯해 약에도 카페인이 함유되어 있는 만큼 무조건 섭취를 피하기는 어렵다. 가급적 카페인 섭취를 줄이도록 노력하는 것이 관건. 대표적으로 가장 많이 섭취하는 커피는 하루에 1~2잔 정도 연하게 타서 마시고, 녹차는 하루

2잔 이하로 카페인이 적게 우러나도록 미지근한 물에 우려 마신다. 초콜릿은 보통 판초콜릿 한 개(35g) 정도가 적당하다.

빈혈에 좋은 음식을 섭취한다

임신 중 가장 많이 경험하는 증상인 빈혈. 태아의 혈액을 만들기 위해 모체에서 철분을 받아들이는데, 이때 엄마가 충분한 철분을 섭취하지 못하면 빈혈이 생긴다. 임신 중 철분 권장 섭취량은 30㎎으로, 음식만으로는 철분 공급이 부족해 철분제를 복용해야 한다. 그러나 임신 초기에는 철분제가 입덧을 하는 임신부에게 위장 장애나 메스꺼움, 구토를 유발하기도 한다. 대체적으로 임신 4개월부터 본격적으로 복용하는데, 임신 3개월까지는 음식으로 철분을 충분히 섭취하도록 신경 써야 한다. 철분이 많이 함유된 음식으로는 돼지고기, 닭고기, 소고기의 간, 살코기 등 육류와 고등어, 정어리, 바지락, 굴, 미역, 시금치, 호박, 두부, 된장 등이 있다.

생활 습관

속옷은 흰색의 면 소재가 좋다

임신부는 면 소재의 흰색 속옷을 입는 것이 좋다. 통기성이 높은 면 소재는 위생상 깨끗하며, 흰색을 입어야 질 분비물이나 출혈이 있을 때 바로 식별할 수 있다. 속옷은 배를 누르지 않고, 배꼽 위까지 따뜻하게 덮어주는 넉넉한 사이즈를 입는다.

몸을 조이는 옷은 피한다

몸에 달라붙거나 몸을 조이는 옷은 임신부에게 좋지 않다. 특히 밴드 처리된 속옷이나 코르셋, 스키니 청바지는 배를 압박한다. 몸이 따뜻해야 할 임신부에게 노출이 심한 옷도 좋지 않다. 임부복을 선택할 때는 배와 하체를 누르지 않는 편안하고 넉넉한 사이즈를 고른다.

소변을 참지 않는다

임신 중에는 커진 자궁이 방광을 누르기 때문에 소변이 자주 마렵다. 소변을 참으면 방광염이나 신우염으로 발전할 수 있으니 주의할 것. 소변이 마려우면 참지 말고 곧바로 화장실에 가고, 외출하기 전 화장실에 가는 습관을 들이는 것이 도움이 된다.

부부관계는 자제한다

임신 초기 부부관계를 해도 크게 무리는 없지만, 임신 12주 정도까지는 태아가 안전하게 착상될 수 있도록 자제하는 것이 좋다. 수정란이 자궁 안에 자리를 잡아야 하는 불안정한 상태여서 과도한 부부관계는 유산의 원인이 될 수 있고, 엄마가 느끼는 오르가슴은 자궁 수축 현상을 일으켜 태아의 심박동을 저하시킬 수 있다. 따라서 임신 초기에는 음경을 삽입하는 부부관계보다는 대화나 애무 위주로 간단히 하고, 삽입을 하더라도 깊이 삽입되지 않도록 한다. 또 손가락을 질 안에 넣거나 복부를 압박하는 체위는 반드시 삼간다.

집안일은 무리해서 하지 않는다

매일 해야 하는 집안일이지만 무리해서 하지 않는다. 임신 초기는 유산의 위험이 높은 시기인 만큼 장시간 일하거나 오랫동안 서서 일하기, 허리 굽히기, 쭈그리고 일하기를 삼간다.

운동은 가볍게 한다

임신했다고 계속 누워 지내면 스트레스나 우울증을 겪기 쉽다. 가볍게 운동하면 몸에 활력을 불어넣을 수 있고 기분 전환도 할 수 있다. 설거지나 청소기 돌리기 등 간단한 집안일을 하거나 임신부 체조, 산책 등 가벼운 운동이 좋다. 반면 헬스, 에어로빅, 등산 등 활동량이 큰 운동은 유산의 위험이 있으니 피한다.

사람이 붐비는 곳은 가지 않는다

몸이 금세 피로해지는 임신 초기. 사람이 많이 붐비는 장소에는 되도록 가지 않는다. 특히 버스나 전철 등 대중교통 이용 시 사람들과 부딪히면 배에 충격이 가해지고, 스트레스를 받을 수 있다. 백화점, 마트, 쇼핑몰, 영화관도 마찬가지. 되도록 사람이 붐비는 장소는 피하고, 피할 수 없으면 가급적 한산한 시간에 이용한다.

대중목욕탕 이용을 삼간다

임신 초기는 감염의 위험이 높은 시기로 다른 사람과 함께 사용하는 대중목욕탕은 피하는 것이 좋다. 고온다습한 환경에 피로감도 금세 쌓이고 뜨거운 탕에서 장시간 목욕을 하면 체온이 급격히 올라가 태아의 신경계에 영향을 미칠 수도 있다.

14 임신 초기 대표 트러블

임신 초기에는 입덧, 두통 등 다양한 트러블을 겪으며
임신 과정이 힘들다는 사실을 몸소 느낀다. 어떤 트러블이 생기는지 미리 알고
현명하게 대처하면 큰 문제없이 임신 초기를 지낼 수 있다.

변비

변비는 임신 기간 내내 엄마를 괴롭히는 트러블 중 하나로, 프로게스테론이라는 호르몬이 대장 기능을 약화시키면서 생긴다. 대장 근육의 수축력이 약해지면 음식물을 항문으로 밀어내는 힘이 줄어들고, 수분이 변에서 대장 내벽으로 빠져나가면서 변이 딱딱해진다. 변비가 심하면 치질로 발전할 수 있기 때문에, 증상이 심하다면 의사에게 적절한 치료를 받는다.

대처법
① 평소 물을 많이 마신다.
② 섬유질이 함유된 채소와 과일을 먹는다.
③ 요구르트 등 유산균이 함유된 식품을 먹는다.
④ 운동량이 부족하면 변비에 걸리기 쉬우니 가볍게 운동한다.

냉

임신을 하면 호르몬의 영향으로 질 분비물인 냉이 많아진다. 냉의 양이 많을 경우 대하증이라고 한다. 냉이 있더라도 외음부가 가렵지 않고, 색깔이 투명하거나 크림색이라면 크게 걱정하지 않아도 된다. 다만 냉을 방치하면 세균 감염이 될 수 있고, 심하면 태아에게 감염되어 유산이나 조산으로 이어지기도 한다. 따라서 냉의 양이 너무 많고, 냄새가 나고, 색깔이 짙으면 의사에게 진료받는다.

대처법
① 땀 흡수가 잘 되는 면 소재의 속옷을 매일 갈아입는다.
② 외음부를 씻은 후에는 수건이나 드라이어로 말려 건조한 상태를 유지한다.
③ 항문을 닦을 때는 앞에서 뒤로 닦아 변에 의한 세균 감염을 예방한다.

방광염

소변을 자주 보고, 본 후에도 개운하지 않다면 방광염을 의심해본다. 임신을 하면 커진 자궁이 방광을 누르면서 방광염에 걸릴 수 있다. 방광염은 초기에 치료하면 태아에게 해를 주지 않으면서 증상이 크게 개선된다. 방치하면 방광에 있던 세균이 신장의 신우로 올라가 염증을 일으키는 신우신염에 걸릴 수 있다.

대처법
① 소변이 마려우면 참지 않는다.
② 외출하기 전 화장실에 미리 가는 습관을 들인다.
③ 물을 많이 마시면 몸속 세균을 소변으로 배출시키는 데 도움이 된다.
④ 청결한 외음부 관리로 세균 감염을 예방한다.

자궁근종

자궁근종은 자궁 근육에 생기는 양성종양으로, 임신 전에는 모
르고 지내다가 임신 후 초음파 검사를 받으면서 발견되는 경우
가 많다. 근종이 있다고 해서 출산에 큰 영향을 미치는 것은 아
니지만, 위치나 크기에 따라 태아 성장에 영향을 주고, 조산을
유발할 수 있다.

대 처 법

① 임신을 지속하는 데 영향을 주지 않는 위치에 생긴 크지 않은 자궁근
　종은 크게 걱정하지 않아도 된다. 그러나 시간이 지나면서 크기가 커
　질 수 있으니 지속적인 관찰이 필요하다.
② 자궁근종이 크면 산도를 막아 자연분만이 어려워지고 제왕절개를 할
　가능성이 높아진다. 또 산후 출혈이 심할 수 있으니 응급 상황 시 혈
　액 공급이 가능한 병원에서 출산한다.

자궁경부 폴립

자궁경부 폴립은 자궁경부에 조그만 점막이 튀어나온 것을 말
한다. 대개 양성으로 임신에 영향을 미치지 않아 크게 걱정하
지 않아도 된다. 분만할 때 저절로 떨어져 나가기도 한다. 출
혈이 가끔 보이지만 그 양이 적을 때는 그대로 두고 관찰하는
경우가 대부분이다.

대 처 법

① 임신 초기 유산으로 오인될 수 있어, 폴립 여부를 정확히 진단받는다.
② 폴립의 크기가 작고 줄기가 가늘며 출혈이 약간 동반될 때는 수술로
　떼어낸다.
③ 의사의 진단에 따라 필요한 경우 조직 검사를 하기도 한다.

두통

임신 초기 두통은 대개 시간이 지나면서 없어지니 너무 걱정하
지 않아도 된다. 그러나 두통이 너무 심해 일상생활이 힘들 정
도라면 의사에게 진단받는 것이 좋다. 특히 두통이 장기간 지
속되면서 어지럼증을 동반한다면 빈혈을 의심하거나 혈압에
이상이 없는지 체크해본다.

대 처 법

① 임신으로 마음이 불안하고 예민해지기 쉬운 만큼, 기분 좋은 생각을
　하며 마음을 느긋하게 갖는다.
② 스트레스는 두통을 더 심하게 만든다. 스트레스 받지 않는 환경을 조
　성하도록 노력한다.
③ 답답한 공간에 있으면 머리가 더 아프기 마련, 집 안 공기를 자주 환
　기시키고 가볍게 산책하며 바깥 공기를 마신다.

현기증

임신 중 가벼운 현기증은 매우 흔한 증상이다. 임신 초기에는
태아에게 혈액을 공급하기 위해 혈류량이 증가하는데 이로 인
해 일시적으로 임신부의 두뇌로 공급되는 혈류량이 감소되어
현기증이 생긴다. 특히 앉았다 일어설 때 현기증을 느끼거나
끼니를 제때 챙기지 않으면 혈당이 떨어지면서 어지럼증을 느
끼게 된다.

대 처 법

① 현기증이 나면 앉거나 누워서 휴식을 취한다. 무리해서 움직이다 크게
　넘어지면 태아가 위험해진다.
② 혈당이 떨어지지 않게 음식을 조금씩 자주 챙겨 먹는다.

아랫배 당기는 증상

아랫배가 당기는 느낌이나 생리통 같은 느낌, 콕콕 쑤시는 증
상 등 임신 초기에는 아랫배의 불편한 증상이 다양하게 나타난
다. 이는 자궁이 커지면서 주변 장기인 난소, 난관 등과 관련
되어 나타나는 증상으로 대부분 큰 문제가 없다. 하지만 참을
수 없는 고통이 따른다면 자궁 외 임신, 난소의 염증 등을 의심
할 수 있으므로 반드시 병원을 찾는다.

대 처 법

임신 전에 자신이 겪은 생리통 이상의 강도로 배가 아프거나 식은땀이
나면서 참을 수 없는 통증이 있다면 바로 병원을 찾는다.

출혈

출혈은 몸에 이상이 있음을 나타내는 대표적인 증상. 따라서
출혈을 보이면 곧바로 의사에게 빠른 진단을 받는 것이 중요하
다. 임신 초기 출혈을 보이는 원인에는 자궁 외 임신, 유산, 포
상기태, 착상 출혈 등이 있다.

대 처 법

임신 초기 질 출혈이 보이면 양과 상관없이 무조건 병원을 방문해 출혈
에 대해 어떻게 대처해야 하는지 확인한다.

15 입덧

임신 초기에 가장 대표적인 트러블은 바로 입덧. 열 달 내내 속이 울렁거리기도 하고,
입덧이 아예 없거나 가볍게 넘어가는 임신부도 있다. 대부분은 임신 초기 내내 임신부를 괴롭히다가
4개월 이후 점차 누그러진다.

입덧의 원인

호르몬의 변화

입덧의 정확한 원인은 아직 밝혀지지 않았지만, 호르몬 영향을
원인으로 보는 견해가 일반적이다. 태반에서 분비되는 융모성
성선자극 호르몬이 구토 중추를 자극하기 때문. 임신 5~6주
이후 호르몬 수치가 증가하기 시작해 10주 정도에 분비가 가장
많아지고, 임신 12주 이후부터 점차 줄어든다.

심리적 원인

입덧은 심리적인 영향도 있어 스트레스를 받거나 걱정이 많은
임신부들에게 심하게 나타나기도 한다. 입덧은 임신부라면 누
구나 자연스럽게 겪는 증상이라는 고정관념에 특별한 증상이
없어도 임신부 스스로 속이 좋지 않다고 느끼는 경우도 많다.

입덧의 증상

음식 냄새나 비린내 등 비위가 상하는 환경을 만나면 속이 메
스꺼워지면서 구토를 하고, 식욕이 사라지는 것이 입덧의 일
반적 증상이다. 가슴이 답답하거나 숨이 가빠지기도 하고, 두
통을 호소하는 경우도 있다. 반대로 식욕이 왕성해져 폭식을
하는 양상으로 나타나기도 하고, 신 음식, 매운 음식 등 자극
적인 음식을 찾기도 한다. 전에는 전혀 먹지 않던 특정 음식
을 찾고, 갑자기 먹고 싶은 음식이 생각나는 것도 입덧의 한 증
상이다. 입덧은 개인에 따라 정도가 다르다. 입덧이 아예 없거
나 가볍게 넘어가는 경우도 있지만, 입원이 필요한 정도의 심
한 입덧도 있다. 물만 마셔도 구토를 하거나 입덧으로 임신 전
보다 체중이 줄고 탈수증상을 보인다면 입원 치료가 필요하다.
임신 중 심각한 구토를 임신오조라 하는데, 임신오조를 겪을
경우 저체중아를 출산할 가능성이 있다.

입덧 줄이는 방법

조금씩 자주 먹는다

음식을 아예 먹지 않거나 반대로 한꺼번에 많은 양을 먹으면 입덧이 심해질 수 있다. 하루 세 번 식사를 기본으로 하는 것이 좋지만, 입덧이 심할 때는 식욕이 생길 때마다 조금씩 나눠 먹는다. 또 언제든지 가볍게 먹을 수 있도록 비스킷이나 빵, 과일 등 간식을 가까이 둔다.

입에 당기는 음식을 먹는다

임신부는 몸이 필요로 하는 영양소를 골고루 먹는 것이 중요하다. 하지만 입덧이 심할 때는 영양소에 구애받지 말고 입덧을 조금이라도 해소할 수 있는 음식을 찾아 먹는다. 임신 초기 태아는 엄마 몸에 축적된 영양만으로 충분히 성장할 수 있기 때문에 영양에 너무 집착하지 않아도 된다. 대개 과일, 주스, 샐러드 등 신맛 나는 신선한 음식이 입덧 해소에 도움이 된다.

수분을 자주 섭취한다

입덧이 심해져 구토를 자주 하면 몸 밖으로 수분이 많이 배출된다. 이럴 때는 물, 우유, 주스, 과일, 채소 등으로 수분을 충분히 보충해준다.

찬 음식을 먹는다

가스레인지를 사용해 음식을 조리하는 과정에서 나는 냄새 때문에 입덧을 호소하는 경우가 많다. 음식을 차갑게 먹으면 냄새가 덜 나 구토나 메스꺼움이 줄어든다. 하지만 찬 음식을 너무 많이 먹으면 배탈이 날 수 있으니 주의한다.

변비를 해소한다

변비로 배가 답답하고 꽉 찬 느낌이 들면 음식을 먹고 싶은 욕구가 없어지면서 입덧이 심해질 수 있다. 변비는 임신 기간 내내 임신부를 힘들게 하는 대표적인 트러블로, 방치하면 치질로 발전할 수 있는 만큼 예방하고 개선하도록 노력한다. 평소 물을 많이 마시고, 섬유질이 함유된 채소와 과일, 유산균 제품도 많이 먹는다. 너무 움직이지 않으면 변비가 심해질 수 있으니 가벼운 운동을 꾸준히 한다.

스트레스를 해소한다

스트레스는 입덧의 심리적인 원인이므로 스트레스를 받지 않는 것이 중요하다. 입덧 자체를 예민하게 생각하지 말고, 임신 중 힘든 과정은 누구나 겪는 일이라 생각하며 마음을 편히 갖는다. 또 식사 준비나 집안일로 스트레스를 받을 때는 억지로 하지 말고, 남편을 비롯한 가족에게 도움을 요청한다.

바깥바람을 쐬며 기분을 전환한다

입덧으로 컨디션이 좋지 않다고 집에만 있으면 오히려 증상이 심해질 수 있다. 남편이나 친구와 함께 가까운 공원을 산책하거나 즐거운 기분으로 외식을 해보자. 잠시라도 바깥바람을 쐬면 기분 전환이 되면서 속이 편안해지고 증상이 완화된다.

취미 생활로 입덧 생각을 떨친다

종일 입덧만 생각하고 있으면 음식 냄새만 맡아도 토할 것 같고, 먹고 싶은 생각도 없어진다. 십자수, 뜨개질, 퍼즐, 독서, 음악 감상, 영화 감상 등 본인이 즐거우면서 신경을 다른 데로 돌릴 수 있는 취미 생활을 추천한다.

사람 붐비는 곳에는 가지 않는다

사람이 붐비는 장소에 오래 있다 보면 가슴이 답답하고 울렁거리면서 입덧이 심해질 수 있다. 버스, 지하철, 쇼핑몰 등 되도록 사람 많은 장소에 가지 않는다. 부득이하게 사람 많은 장소에 가야 한다면 오래 머물지 않는다. 혹시 입덧 증상이 심해진다면 그 장소에서 벗어나 잠시 안정을 취한다. 구토가 심한 입덧이라면 비닐봉지나 물티슈 등 준비물을 챙기는 것도 잊지 말 것.

손바닥 발바닥을 마사지한다

손바닥 발바닥 전체를 10분 정도 손가락 끝을 사용해 골고루 마사지한다. 입덧이 줄어들고, 내장 기능이 좋아지는 효과를 볼 수 있다. 또 엄지와 검지 사이의 움푹 들어간 부분을 눌러주거나 손목 안쪽을 눌러주는 것도 입덧을 완화하는 효과적인 방법.

16 유산의 원인과 예방

임신 초기에는 태아의 건강에 대한 걱정으로 많은 예비 엄마 아빠들이 불안에 떤다.
사실 임신 12주 전에는 유산 가능성이 높아 더욱 조심해야 한다. 임신 초기에는 태아가 안정적으로
자리 잡을 수 있도록 무리한 움직임을 줄이고 최대한 편안한 마음을 가지도록 노력한다.

유산의 대표적인 원인

염색체 이상

염색체 이상은 비정상적인 염색체로 인해 발생하는 이상 증후군을 말한다. 자연유산의 80% 이상이 임신 12주 이내에 발생하는데, 그중 약 50%가 태아의 염색체 이상을 원인으로 본다. 태아에게 염색체 이상이 있으면 임신 3개월 이내에 자연스럽게 유산될 수 있으며 간혹 임신 기간을 채워 출산하기도 한다. 염색체 이상으로 인한 유산은 현재까지 예방하는 방법이 없다.

자궁 이상

자궁에 크고 작은 질환이 생겨도 유산될 가능성이 있다. 자궁근종, 자궁 기형, 자궁내막증, 자궁경관무력증, 자궁 외 임신 등의 질환은 유산 위험을 높이며 임신율을 떨어뜨리기도 한다.

골반염, 질염

골반염과 질염은 여성에게 흔하게 생기는 질환으로 방치하면 유산으로 이어질 수 있다. 여성의 골반 내에 있는 자궁, 난관, 난소에 염증이 생겨 자궁내막에까지 염증이 퍼지면 유산될 가능성이 높아진다. 평소 탁한 색깔과 심한 악취가 동반된 질 분비물이 나온다면 병원에서 진찰받는다.

정신적, 물리적 충격

스트레스는 만병의 근원으로, 유산도 예외일 수 없다. 과도하게 스트레스를 받는 등 정신적으로 피곤하면 유산의 위험이 높아진다. 걷다가 심하게 넘어지거나 둔탁한 모서리에 부딪히는 등 물리적인 충격을 받아도 유산될 가능성이 있는 만큼 임신 초기라면 항상 행동을 조심한다.

유산의 징후

출혈

출혈은 유산을 알리는 대표적인 징후. 사람에 따라 정도의 차이는 있으나, 대개 적은 양으로 시작해 점차 많아진다. 출혈량이 많을수록, 색이 선홍색일수록, 출혈 시간이 길수록 위험하다. 생리예정일에 피가 비치는 경우는 정상적인 착상혈일 가능성도 있으나 유산이나 자궁외임신의 초기 증상일 수 있으므로 바로 병원을 찾는다.

유산 예방 생활법

- 충분히 자고 규칙적으로 생활한다.
- 스트레스 받지 않고 안정을 취한다.
- 무리한 활동은 피한다.
- 오래 서 있지 않는다.
- 무거운 물건을 들지 않는다.
- 지나친 부부관계는 자제한다.
- 기초 체온이 내려가는지 체크한다.

복통

복통은 유산이 어느 정도 진행된 상태에서 나타나고, 통증이 심할수록 유산 가능성이 크다. 통증 정도는 임신 개월 수에 따라 차이가 있는데, 임신 초기에는 아랫배 가운데가 아프고, 개월 수가 늘수록 자궁이 커져 통증 부위가 넓어진다. 또 허리 통증과 골반 압박감이 함께 나타나기도 한다. 유산이 된 경우 질 출혈과 함께 자궁 수축이 시작돼 산통과 유사한 심한 통증을 느끼기도 한다.

유산의 형태

절박유산

임신 20주 전에 혈성 분비물이나 질 출혈이 나타나는 유산을 말한다. 임신 유지가 가능하다는 점에서 다른 유산과 구별된다. 대개 증상은 출혈을 보이다 복통이 뒤따르며, 통증은 복부 앞면이나 허리, 명치 부근에서 느껴진다. 절박 유산이 의심되면 우선 질초음파 검사로 태아가 잘 성장하고 있는지 확인한다. 검사 후 수일이 지났어도 자궁 크기가 그대로이거나 오히려 줄어들면 태아가 사망했을 가능성이 높다. 출혈이 심하거나 감염으로 인해 엄마의 건강이 우려될 경우 소파수술로 유산으로 인한 합병증을 방지해야 한다.

계류유산

계류유산은 사망한 태아가 자궁 안에 그대로 있는 상태를 말한다. 특별한 증상이 없어 엄마가 유산 사실을 모르고 지내기 쉽다. 사망한 태아가 태반과 함께 자궁 안에 계속 남아 있는데도 출혈이나 통증 등 징후가 없는 것이 특징. 초음파로는 확인이 가능해 정기검진 시 유산 사실을 알게 되는 경우가 대부분이다.

불가피유산

자궁 입구가 열리고 양막이 파열되어 유산을 방지할 수 없는 상태를 말한다. 불가피유산의 증상은 선명한 피가 나오면서 진통을 하는 것처럼 복통이 지속되는데, 증상 정도는 개인 차이가 있다.

완전유산

자궁 안에 있던 태아와 태반조직이 전부 자궁 밖으로 배출된 상태를 말한다. 유산이 진행될 때는 출혈량이 많고 복통이 있지만, 유산 후에는 자궁이 수축하면서 통증이 사라지고 출혈도 줄어든다.

불완전유산

태아와 태반이 대부분 배출됐지만, 일부 조직이 자궁 안에 남아 출혈을 일으키는 상태를 불완전유산이라 한다. 불완전유산의 가능성이 있다면 완전유산을 했더라도 병원에서 확실한 진료를 받아 자궁 상태를 확인한다.

- 유산 후 몸조리는 산후조리와 동일하게 한다.
- 우울증으로 발전하지 않도록 감정을 잘 추스른다.
- 샤워는 상관없으나 탕 목욕은 출혈이 완전히 멎은 후 한다.
- 회복될 때까지 격한 운동이나 장거리 여행은 피한다.
- 음식은 고단백 저열량으로 먹고, 철분이 함유된 음식을 챙겨 먹는다.
- 부부관계는 적어도 15일 이후에 가진다.
- 임신 계획은 유산 후 최소 3개월 이후로 잡는다.

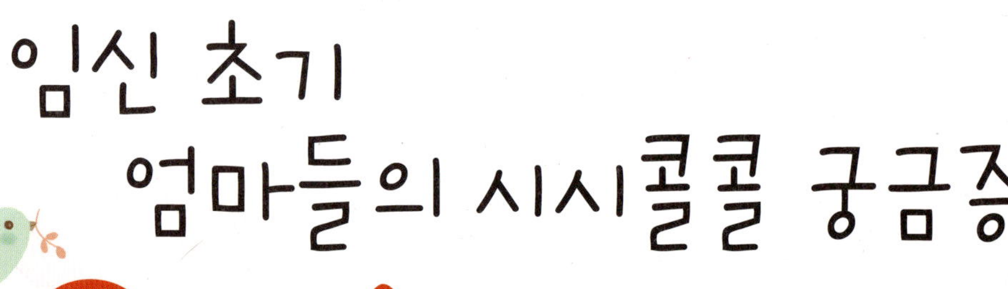

Q 임신 초기 고온 사우나를 하면 안 되나요?

임신 중 고온의 사우나 혹은 고온의 탕 목욕은 임신부의 중심 체온을 증가시킬 수 있습니다. 동물시험에 의하면 모체의 중심 체온이 증가하는 경우 유산이나 신경관 결손 등의 기형을 유발할 수 있고, 특히 임신 초기는 태아의 장기가 형성되는 시기로 더욱 위험할 수 있으니 임신 중 사우나와 고온의 탕 목욕은 삼가는 것이 좋습니다.

Q 임신 초기 해외여행을 해도 안전한가요?

임신 중 비행기를 타는 것 자체가 태아에게 해를 주지는 않습니다. 하지만 임신 초기는 유산 가능성이 큰 시기이므로 유산의 경험이 있거나, 유산 가능성이 있는 임신부라면 해외여행을 삼가는 것이 좋습니다. 참고로 임신부가 해외여행을 가기에 가장 적당한 시기는 임신 14주부터 28주 사이입니다.

Q 당뇨병으로 먹던 약이 있는데, 임신 후 계속 복용해도 되나요?

당뇨병 약을 복용하면 약제가 태반을 통과해 태아에게 전달되기 때문에, 미국산부인과학회(ACOG)에서는 임신 중에는 경구 당뇨병 약제를 복용하지 말라고 권고합니다. 임신이 진단된 경우에는 주사제로 바꾸는 것이 원칙입니다. 당뇨병이 진단된 가임기 여성의 경우 임신 가능성에 대비해야 합니다. 내과 의사나 산부인과 의사와 충분히 상의한 후 당뇨병 약의 종류 및 투여 방법을 결정하는 것이 필요

합니다. 반드시 하루 4㎎ 이상 고용량 엽산을 임신 3개월 전부터 임신 후 3개월까지 복용하고, 만약 경구 당뇨병 약제를 복용하던 중 임신이 확인되면 바로 약 복용을 중단하고 내과나 산부인과에서 상담받도록 합니다.

Q 임신 초기 공항에서 금속 탐지기를 통과했는데, 태아에게 해로운가요?

인체 검색을 위한 금속 탐지기는 태아에게 영향을 주지 않습니다. 짐 탐색을 위한 검색대는 X-선이 사용되지만, 매우 소량으로 태아에게 영향을 주지 않는 것으로 알려져 있으니 안심해도 됩니다.

Q 임신 초기 감기약을 6일 정도 복용했습니다. 태아에게 문제가 될까요?

일반적으로 처방하는 감기약의 성분은 태아에게 심각한 부작용을 초래하지 않습니다. 따라서 임신 사실을 모른 채 감기약을 복용하였다 하더라도 태아에게는 크게 문제되지 않을 가능성이 높습니다. 하지만 일부 약물의 경우 태아의 기형과 연관성이 보고되어 있으므로 처방받았던 병원이나 약국에 문의하여 정확한 약의 성분을 확인하고 이를 산부인과 주치의와 상담하도록 합니다.

Q 임신 여부를 알기 전에 맥주 500cc를 마셨습니다. 태아에게 이상이 생기지 않을까 걱정되네요.

술은 임신 중 태아에게 영향을 미치는 대표적인 기형 유발

물질입니다. 임신 중 지속적으로 과다 음주를 할 경우, 태아의 여러 장기에 나쁜 영향을 미치는 태아 알코올 증후군이 발생할 수 있습니다. 하지만 유전이나 환경적인 조건이 다르기 때문에 어느 정도 알코올 용량에서 이러한 현상이 발생하는지에 대해서는 아직까지 정확하게 밝혀지지 않았습니다. 술의 종류를 따지기도 한 잔 정도의 음주로 태아에게 문제가 생기는 경우는 거의 없으니 크게 걱정하지 않아도 됩니다. 하지만 가임기 여성이라면 항상 임신 가능성에 대비해 과량의 술을 마시지 않도록 합니다.

Q 초기 임신부에게 좋은 영양제나 비타민제가 궁금해요.

기형 예방 및 조산 방지에 효과가 있는 엽산제를 제외하면 임신 초기 임신부가 반드시 복용해야 하는 영양제는 없습니다. 임신부 전용 영양제에는 엽산과 다양한 비타민 등이 포함되어 있기 때문에 임신 초기의 임신부가 복용할 수 있습니다. 대부분의 비타민제는 태아에게 큰 영향을 미치지 않지만, 비타민 A 성분에 과량 노출되면 비뇨생식기계와 중추신경계에 기형을 유발할 수 있으므로 비타민 복용 전 반드시 주치의와 상담하는 것이 좋습니다.

Q 부득이한 사정으로 병원을 옮기고 싶은데 어떻게 해야 하나요?

그동안 받았던 진료 기록과 검사 결과 자료만 있으면 가까이의 질환했던 검사를 중복해서 받지 않을 수 있습니다. 병원에 요구하면 모든 자료를 챙길 수 있습니다. 만약 대학병원 등 3차 병원으로 옮기는 경우라면 위의 서류 외에 진료 의뢰서가 있어야 의료보험 혜택을 받을 수 있습니다.

Q 기초 체온이 올라가서인지 항상 후덥지근하게 느껴지는데 대처법은 없나요?

임신을 하면 후덥지근한 느낌을 자주 느낍니다. 임신으로 호르몬 변화 및 피부 혈류량이 증가하기 때문입니다. 임신부의 70% 정도가 식은땀 내지는 화끈거리는 느낌을 경험하는데 아직까지 근본적인 치료법은 없습니다. 옷에 땀 날 타입들이 길어 몸에서 더 나는 것 소매의 옷을 입으면 도움이 됩니다. 스프레이 통해 물을 넣어 수급씩 피부에 뿌려주거나 시원한 물로 족욕을 하는 것도 좋은 방법입니다.

Q 임신 4주 때 심한 충격을 받아 경기 비슷한 증상을 겪었습니다. 태아에게 영향을 미칠까요?

경기 비슷한 증상을 겪었다면 실제 경기인지 반드시 확인해야 합니다. 임신 초기 간혹 실신하는 임신부가 있긴 하지만, 실제 경기라면 간질일 가능성이 있습니다. 간질로 인해 경기가 일어나면 대부분의 경우 항문경이나 경우에 따라 태아의 성장에 영향을 줄 수 있으므로 가급적 신경과의 의사와 지식에 따라 항경련제를 복용합니다. 하지만 단순한 실신이었고 실신 이후 확인한 태아의 상태가 괜찮다면, 추후 태아에게 큰 영향을 미치지는 않으니 걱정하지 않아도 됩니다.

Q 임신 4주차인데 초음파상 아직 아기집이 보이지 않습니다. 임신이 아닌가요?

마지막 생리 시작일을 기점으로 5주가 되었을 때를 임신 5주라고 합니다. 일반적으로 임신 4주경이면 초음파상 몸에 착상 내지 아기집을 확인할 수 있지만, 생리가 불규칙한 경우 실제 임신이 되었더라도 아기집이 확인되지 않을 수 있습니다. 또한 생리가 규칙적이라 하더라도 수정되는 시기가 사람마다 다르기 때문에 정상적으로 임신이 되었더라도 초음파로 아기집이 확인되지 않을 수 있습니다. 혹시 유산이나 자궁 외 임신 등 비정상적인 임신 가능성이 있으니 피검사를 통해 임신 수치(B-HCG)를 확인하거나, 일주일 정도 지난 후 다시 한 번 초음파 검사를 통해 아기집을 확인합니다.

Q 엄마가 입덧이 심하면 뱃속 태아는 건강한 거라고 하는데 사실인가요?

입덧의 원인은 정확히 밝혀지지 않았지만 융모성 성선자극 호르몬의 증가가 중요한 원인 중 하나로 꼽힙니다. 정상 임신의 경우 임신 초기에 융모성 성선자극 호르몬이 지속적으로 증가하므로 임신 상태가 잘 유지되고 있는 경우 입덧이 심할 가능성이 높습니다. 입덧이 심한 임신부가 그렇지 않은 임신부에 비해 유산할 확률이 적다는 연구 보고도 있습니다. 하지만 입덧의 원인은 다양하고 자연스럽게 입덧이 좋아지는 경우도 있으므로 단순히 입덧 증상으로 뱃속 아기의 건강 상태를 예측하는 것은 어려합니다.

임신 4개월

유산 위험이 크게 줄어드는 임신 안정기에 접어든다. 엄마를 내내 괴롭히던 입덧도 사라져
식욕이 좋아지고, 점점 배가 나와 임신부 체형으로 변해간다.

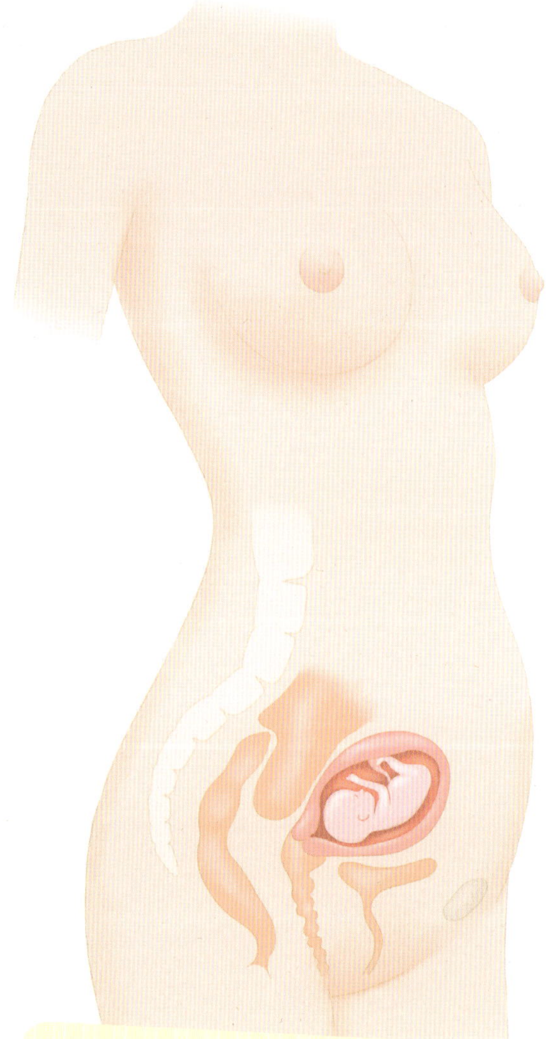

이달의 증상은?

아랫배가 나오고 엉덩이, 허벅지 등에 살이 붙는다. 입덧이 사라지고 식욕이 좋아진다. 유선이 발달해 유방이 커지고 유두 색깔이 짙어진다. 유즙이 분비되기도 한다. 자궁을 받치는 인대가 늘어나 복부와 허리에 통증이 생긴다.

이달의 건강 수칙

체중 관리에 신경 쓴다 | 임신 중기에는 입덧이 사라지고 식욕이 늘면서 체중이 조금씩 늘기 시작한다. 임신 20주까지는 주당 0.32kg 이상 늘지 않는 것이 좋다. 체중이 급격하게 늘면 움직임이 둔해져 피로감이 쉽게 쌓이고, 고혈압, 당뇨병, 임신중독증 등 합병증이 생길 수 있다.

운동을 규칙적으로 한다 | 체력 관리 및 체중 조절 차원에서 꾸준히 할 수 있는 운동을 시작하는 것이 좋다. 가볍게 걷는 것도 좋고, 임신부 요가, 체조, 수영 등이 추천된다. 오래 누워서 하는 운동은 자궁이 혈관을 눌러 혈액 공급이 원활해지지 않으니 자제한다. 관절을 심하게 사용하는 운동도 임신부에게 좋지 않으니 피한다.

바른 자세로 생활한다 | 자궁이 커지면서 자궁을 받치는 인대가 늘어나 배와 허리에 통증이 생길 수 있다. 평소 자세를 바르게 하지 않으면 통증이 지속돼 임신 기간 내내 고생하게 된다. 앉거나 서 있을 때 허리를 펴고 바른 자세를 유지한다. 같은 자세를 오래 취하면 복부나 허리에 부담이 가니 자세를 자주 바꿔주는 것이 좋다.

튼살을 예방한다 | 빠른 경우 임신 4개월에 접어들면서 배, 가슴, 엉덩이, 허벅지에 튼살이 생긴다. 튼살은 한번 생기면 없어지지 않고 흉터처럼 평생 몸에 남기 때문에 초기 관리가 중요하다. 체중이 갑자기 늘고, 피부가 건조할 경우 생기기 쉽다. 체중 관리를 꾸준히 하고, 피부가 건조해지지 않도록 수분 보충에 신경 쓴다. 튼살 예방 크림을 아침저녁으로 바르면 도움이 된다.

이달의 태교

입덧이 점차 사라지며 안정기에 접어들어 본격적으로 다양한 태교를 시도해볼 수

임신 4개월 체크 리스트

- [ ] 균형 잡힌 식단으로 음식을 골고루 먹고 있나요?
- [ ] 과식하지 않기 위해 노력하나요?
- [ ] 인스턴트, 패스트푸드 섭취를 자제하고 있나요?
- [ ] 하루 30분 이내로 충분히 걷고 있나요?
- [ ] 운동 후 충분한 휴식 시간을 가졌나요?
- [ ] 앉을 때나 서 있을 때 허리를 펴고 있나요?
- [ ] 앉아 있을 때는 자세를 자주 바꿔주나요?
- [ ] 배, 가슴, 엉덩이에 튼살 예방 크림을 바르나요?

있는 시기. 이 시기에 부부가 손쉽게 할 수 있는 태교는 바로 산책이다. 공원에서 맑은 공기를 마시며 자주 산책하면 기분 전환과 혈액순환에 좋다. 엄마가 들이마신 공기는 탯줄을 통해 아기에게 전해져 뇌세포를 활성화하고 태아의 두뇌 발달을 활발하게 한다. 평소 무심히 지나쳤던 나무, 꽃, 돌, 풀을 만지며 자연을 있는 그대로 느껴본다.

이달의 검사

초음파 검사 태아가 머리와 몸통으로 구분된다. 정둔장, 즉 태아의 머리에서 엉덩이까지의 길이를 재서 태아의 성장 상태를 체크한다. 얼굴, 팔다리 등 주로 외형적인 기형에서부터 뇌와 두개골이 발달하지 않은 무뇌증을 진단한다. 초음파 도플러 장치를 이용하면 태아의 심장 뛰는 소리도 들을 수 있다.

소변 검사 소변 검사를 통해 소변에서 단백이나 당이 나오는지 체크한다. 단백이 검출되면 신장 기능에 이상이 있다는 신호이며, 임신 후기에는 임신중독증이 걸릴 확률이 높아진다. 당이 나오는 경우에는 당뇨병이나 신장 기능 이상을 의심할 수 있다.

집 안 공기는 자주 환기해서 늘 신선하게 유지해주세요. 입덧, 잠, 무거운 몸 때문에 임신부는 조금만 움직여도 피로감이 금방 쌓입니다. 아내는 이 시기부터 배가 나오면서 튼살이 생기지 않을까 걱정하기 시작해요. 잠들기 전 아내의 배와 허벅지에 튼살 예방 크림을 발라주세요.

태아는 엄마의 목소리보다 저음인 아빠의 목소리에 더 귀를 기울인다고 해요. 아내의 배를 쓰다듬으며 그림책을 읽어주거나 하고 싶은 이야기를 해주세요. 아빠의 태담 태교는 태아는 물론 아내의 심리적 안정에도 큰 효과가 있습니다.

주수별로 확인하는 태아와 엄마의 변화

태아

13 귀, 눈 등 얼굴 형태가 제대로 자리 잡힌다. 신체 기관도 더욱 성숙해져 작지만 사람의 거의 모든 형태를 갖추게 된다. 탯줄 속에 부푼 형태로 있던 장기는 태아의 복부로 이동해 제자리를 찾는다.

14 생식기가 발달해 남녀 구별이 확실해진다. 뺨과 콧날이 나타나 얼굴이 뚜렷해지고, 피부를 따라 소용돌이 형태의 솜털이 나기 시작한다. 앞으로 굽었던 자세에서 등을 펴게 되면서 내장 기능이 좋아지고, 뼈조직과 갈비뼈가 나타난다.

15 눈썹, 머리카락이 자라기 시작하고, 피부 전체는 솜털로 덮인다. 태아를 보호하고 영양과 산소를 공급해주는 태반이 완성된다. 양수도 늘어나 태아는 양수 속에서 자유롭게 몸을 움직일 수 있다.

16 전체적으로 3등신에 가까워지고, 피부에는 피하지방이 생기기 시작한다. 근육과 골격의 움직임이 활발해져 손발을 구부렸다 폈다 하고, 몸의 위치를 바꿀 수도 있다. 빛에 반응을 보이는 민감성을 갖게 되며, 호흡의 전 단계인 딸꾹질을 하기도 한다.

엄마

13 아랫배부터 조금씩 커져 옆구리, 엉덩이, 허벅지에 살이 붙는다. 유선이 발달해 유방이 커지고 덩어리가 만져지기도 하며, 유두 색깔이 짙어진다. 사람에 따라 배, 가슴, 엉덩이 등에 튼살이 생기기도 한다. 튼살은 체중이 갑자기 늘어나는 경우 생기고, 출산 후 옅어지지만 완전히 사라지지는 않는다.

14 입덧이 사라지고 식욕이 좋아진다. 먹고 싶은 음식이 많아지는 시기이므로 살찌지 않도록 주의한다. 태아의 성장에 필요한 영양분과 산소가 늘어나면서 임신부 심장에 가해지는 부담이 최대치가 된다. 심장 부담과 높아진 혈압을 낮추기 위해 손발의 정맥과 동맥이 이완되며, 그로 인해 임신 기간 내내 몸이 따뜻하다.

15 임신과 함께 고온을 유지하던 기초 체온이 저온으로 내려가 출산 때까지 지속된다. 또 몸도 임신에 적응되어 안정을 되찾고, 초기보다 유산의 위험도 크게 줄어든다. 하지만 자궁이 점차 커지면서 자궁을 받치는 인대가 늘어나 복부와 허리, 사타구니에도 통증을 느낀다. 유방에서는 초유가 만들어져 유즙이 분비되기도 한다.

16 첫 태동을 느낄 수 있다. 대개 태동은 임신 16~20주부터 느끼기 시작하는데, 사람마다 시기에는 차이가 있으니 아직 못 느끼더라도 걱정하지 말 것. 식욕이 증가하면서 체중이 급격히 늘고 몸매는 점점 임신부 체형으로 변해간다.

임신 5개월

엄마가 태아의 움직임을 확실하게 느낄 수 있는 시기로, 엄마가 되었다는 사실을 또 다시 실감하게 된다.
또한 초음파를 통해 태아가 웅크리는 모습, 손가락을 빠는 모습 등을 확인할 수 있다.
태아의 변화만큼 모체에도 변화가 생긴다. 허리선이 사라지고 배가 불러와
이제는 누가 봐도 임신한 사실을 알 수 있다.

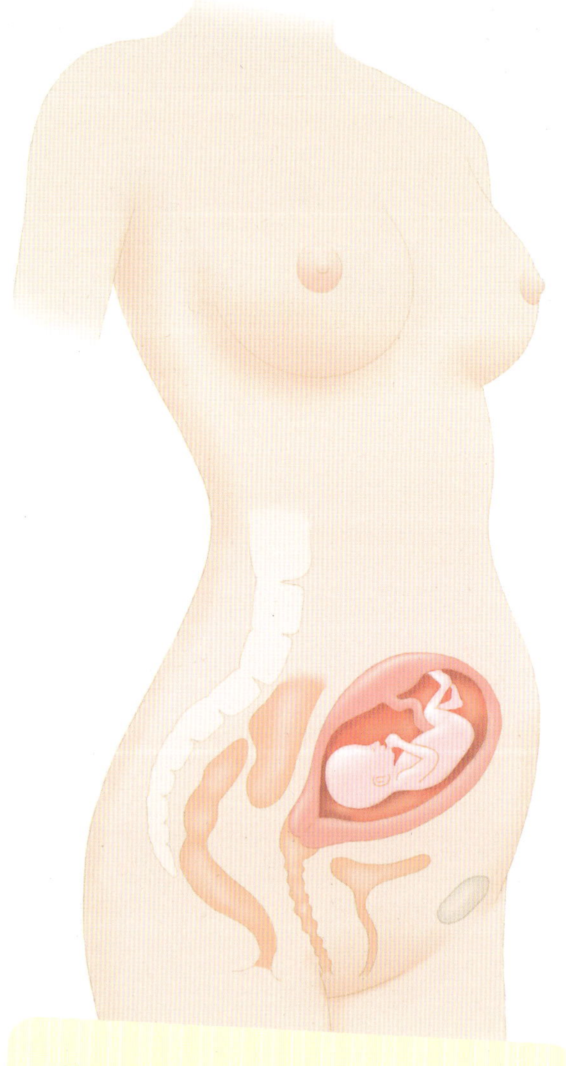

이달의 증상은?

소변을 자주 본다. 임신선이 선명해지고 질 분비물이 늘어난다. 커진 자궁이 위와 장을 밀어 올려 식사 후 소화가 안 되는 것처럼 답답하다. 태아가 움직이거나 엄마 배를 발로 차는 태동을 느낀다.

이달의 건강 수칙

철분제를 복용한다 | 임신 중기에는 하루 30㎎의 철분이 필요하다. 식품에 포함된 철분의 장관 흡수율은 5~10%에 지나지 않아 임신부와 태아에게 충분한 철분을 공급하기 위해서는 철분제를 따로 복용해야 한다. 철분제는 캡슐, 액상 등 다양한 형태로 출시돼 있는데, 의사와 상의한 후 자신에게 적합한 철분제를 복용한다. 아침 공복에 복용하면 위장 장애를 일으킬 수 있으니 식사 후 바로 먹는다.

유방 마사지를 한다 | 출산 후 모유수유에 대비한 유방 관리를 시작한다. 유방 마사지를 하면 유선을 자극해 모유가 잘 나오게 되며, 출산 후 울혈을 예방할 수 있다. 그러나 임신 중 유두를 심하게 자극하면 자궁이 수축될 수 있다. 마사지 중 배가 당기고 아프다면 즉시 중단한다.

치아를 관리한다 | 임신 중기에는 혈액량이 늘고 혈압이 높아져 잇몸이 붓고 피가 나기 쉽다. 부은 잇몸 사이에 음식물이 끼면 염증이 생길 수 있으니 음식을 먹고 난 뒤에는 꼬박꼬박 양치질을 한다. 임신 안정기인 임신 중기가 치과 치료의 적기. 잇몸 염증이나 충치로 인해 통증이 있다면 참지 말고 치과 진료를 받는다.

이달의 태교

임신 중 태아는 모체로부터 산소와 혈액을 공급받아 성장한다. 몸에 무리를 주지 않는 가벼운 운동은 산소와 혈액을 원활하게 공급해 태아의 성장을 돕는 좋은 태교 중의 하나. 임신부 요가나 체조 등 호흡운동을 통해 긴장된 몸을 풀어주고, 정서적으로 편안한 상태를 만들어준다. 임신 중기부터 개월 수에 맞춰 하루 30분씩 요가를 하면 골반과 복근이 바로 잡혀 분만도 수월하게 할 수 있다.

임신 5개월 체크 리스트

- ☐ 철분제를 복용하고 있나요?
- ☐ 튼살 예방 크림을 꾸준히 바르고 있나요?
- ☐ 걷기 등 가벼운 운동을 꾸준히 하고 있나요?
- ☐ 운동 후 충분한 휴식 시간을 가졌나요?
- ☐ 모유수유를 위해 유방 마사지를 하나요?
- ☐ 임부복, 임부용 속옷을 준비했나요?
- ☐ 식후 양치질을 꼬박꼬박 하고 있나요?

이달의 검사

쿼드 검사 임신 15~22주에 받는 기형아 검사. 태아에게서 분비되어 임신부의 혈관 속으로 전해지는 네 가지 호르몬인 알파 태아 단백질, 융모성 성선자극 호르몬, 에스트리올, 인히빈 A의 수치를 혈액을 통해 검사한다. 알파 태아 단백질 수치가 낮고 나머지 세 개의 수치가 비정상으로 확인되면 다운증후군과 같은 염색체 이상을 의심할 수 있다. 쿼드 검사에서 이상 소견이 있으면 양수 검사 등 추가 기형아 검사를 실시한다. 고령임신부는 일반 임신부에 비해 기형아를 출산할 확률이 높아 양수 검사를 필수적으로 실시하는 경우가 많다. 양수로 태아의 염색체를 검사하면, 99% 이상 염색체 이상을 확인할 수 있다.

양수 검사 염색체 검사라고도 불리며, 자궁 내에 있는 양수를 뽑아서 검사한다. 대개 임신 15주에서 20주 사이에 실시하며, 혈액 검사에서 이상 소견이 있거나 35세 이상 고령임신에서 고위험 임신부에게 선별해 검사한다. 이 검사로 다운증후군, 에드워드 증후군, 신경관 결손 등을 정확하게 알아낼 수 있다. 그러나 검사한 임신부 중 0.2~0.3%에서 세균 감염, 양수 누출, 질 출혈 등으로 인한 태아 소실이 생길 수도 있다.

아빠가 챙겨주세요

· 임신 중 유방 마사지는 산후 모유수유를 원활하게 할 수 있게 돕는 효과가 있습니다. 남편이 아내의 등 뒤쪽에 앉아 유륜을 중심으로 둥글고 부드럽게 모아주듯 마사지해주세요.
· 임신 5개월이면 태아의 태동을 느낄 수 있는 시기에요. 태동을 함께 느끼면서 아빠가 애정을 듬뿍 담아 이야기해주세요.

주수별로 확인하는 태아와 엄마의 변화

	17week	18week	19week	20week
태아	청각이 크게 발달해 엄마 목소리, 심장 뛰는 소리, 자궁 밖 소리를 들을 수 있으며, 신경 발달로 미각도 생기기 시작한다. 몸에 필요한 산소는 태반을 통해 공급받고, 양수를 마셨다 뱉었다 하면서 출생 후 호흡을 위해 폐를 단련시킨다.	두개골을 포함한 태아의 뼈는 대부분 연골이었지만 이 시기부터 점점 단단해진다. 심장의 발달로 청진기로 심장 뛰는 소리를 들을 수 있고, 대부분의 임신부들이 첫 태동을 감지할 수 있을 만큼 태아의 움직임이 활발해진다.	머리가 몸 전체의 1/3을 차지한다. 초음파로 태아의 발길질 모습, 웅크리는 모습이나 손가락 빠는 모습을 볼 수 있다. 임신 4주차부터 발달하기 시작한 뇌와 척수가 가장 크게 발달하는 시기.	피부는 붉고 주름이 쭈글쭈글하며, 피지선에서는 태지가 분비되기 시작한다. 태지는 흰색 크림 상태의 지방 성분으로, 피부를 보호하고 출산 시 윤활유 역할을 한다. 또 시각, 청각, 미각 등 감각이 크게 발달해 쓴맛, 단맛을 구별할 정도. 여자아이는 약 250만 개의 원시 난자를 갖게 된다.
엄마	임신부 몸 전체에 피하지방이 붙기 시작해 체중이 급격히 늘어난다. 커진 자궁이 위와 장을 밀어 올려 식사 후 소화가 안 되는 것처럼 답답하고, 숨쉬기도 편하지 않다. 임신부 심장에서 공급하는 혈액이 전보다 2배 정도 증가하는데, 모세혈관의 압력을 높여 코피, 잇몸 출혈도 나타난다.	대부분의 임신부가 첫 태동을 감지한다. 그러나 사람마다 태동을 느끼는 시기에 차이가 있어 경산부는 초산부보다 더 빨리 느끼고, 체중이 많이 나가면 태동을 느끼는 시기도 늦은 편. 태아가 자라면서 직장을 압박해 정맥이 부풀어 오르면서 항문이 밖으로 튀어나오는 치질이 생길 수 있다.	유방이 커지고 유선이 발달해 임신 전 사용한 브래지어를 착용하기 힘들어진다. 유두에서 유즙이 나오고, 피부 색소 변화로 유두 색깔도 짙어진다. 질 분비물인 백대하가 증가하는데, 분비물이 희거나 누르스름하면 괜찮지만, 색이 진하고 냄새가 심하면 감염을 의심한다.	자궁이 일주일에 1㎝ 정도 커지는 시기. 복부 근육이 갑자기 늘어나 아랫배와 허리 통증을 느낄 수 있고, 배의 압력으로 배꼽이 튀어나오고 생식기를 따라 임신선이 선명해진다. 점점 커지는 자궁이 위, 폐, 신장을 압박해 소화가 잘 안 되고, 소변을 자주 본다.

임신 6개월

태동이 활발해져 태아와 본격적으로 교감할 수 있다.
다리가 붓고 쥐가 나고, 호르몬 영향으로 피부는 트고 가려운 증상이 나타나기도 한다.

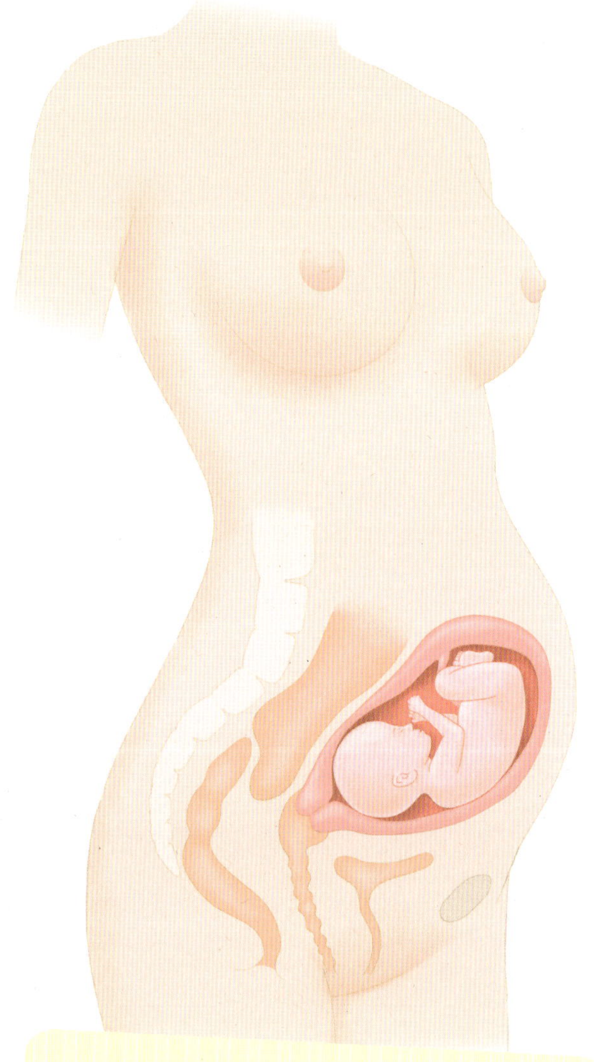

이달의 증상은?

조금만 움직여도 숨이 차다. 부종이나 정맥류가 생기고, 다리가 저리고 쥐가 난다. 배, 가슴, 허벅지 등 피부가 트고 몹시 가려워진다. 자궁이 직장을 압박해 치질이 생길 수 있다.

이달의 건강 수칙

태동에 주의를 기울인다 | 태동은 태아가 뱃속에서 건강하게 자라고 있다는 신호다. 평소 태동에 주의를 기울여 태아 상태를 체크한다. 태동이 잘 느껴지다 어느 순간부터 태동이 느껴지지 않는다면 태아에게 이상이 있을 수 있다. 즉시 의사에게 진찰받는다.

적당한 운동으로 변비를 예방한다 | 자궁이 점점 커지면서 장이 압박을 받아 변비가 생긴다. 변비를 대수롭지 않은 증상으로 여겨 장기간 방치하면 식욕이 떨어지고, 태아에게 영양 공급이 원활하지 않을 뿐 아니라 치질이 생겨 임신 기간 내내 고생할 수 있다. 적당한 유산소운동이 변비 해소에 도움이 되니 힘들더라도 하루 30분 정도 산책한다.

다리를 마사지한다 | 자궁이 커지면서 혈액순환을 방해해 다리 부종이 쉽게 생긴다. 다리가 저리고 쥐가 날 때는 아픈 쪽 다리를 쭉 펴서 발을 부드럽게 주무르고, 천천히 걷는다. 움직이는 것이 아프고 불편하지만 증상이 나아지는 데 도움이 된다. 오래 서 있거나 같은 자세로 오래 앉아 있지 않으며, 굽이 낮고 발이 편안한 신발을 신는다. 잠들기 전에는 종아리를 주무르고, 베개나 쿠션에 다리를 높이 올리고 쉬는 것도 좋다.

이달의 태교

임신 중기는 태아의 청각이 예민한 시기. 실제 태아의 뇌 발달에 청각이 차지하는 비율이 90%에 달한다. 임신 중기 청각에 자극을 주면 두뇌 발달이 활발해진다. 임신 6개월이면 태아는 모든 소리를 들을 수 있으며, 소리를 구별하는 능력도 갖게

임신 6개월 체크 리스트

- ☐ 태동을 잘 체크하고 있나요?
- ☐ 다리 마사지를 자주 하고 있나요?
- ☐ 샤워로 몸을 청결히 관리하고 있나요?
- ☐ 속옷을 자주 갈아입나요?
- ☐ 세안 후 피부 보습에 신경 쓰고 있나요?
- ☐ 식후 양치질을 잘 하고 있나요?
- ☐ 앉았다 일어날 때 몸을 천천히 움직이나요?
- ☐ 미끄러지지 않는 굽 낮은 신발을 신고 있나요?

된다. 사람의 목소리를 기억할 수 있는 6개월에는 엄마 아빠가 밝은 느낌의 동요를 불러주거나 동시, 동화를 읽어주면 좋다. 동요나 동시는 순수한 내용이라 엄마의 마음도 안정되고, 리듬감과 운율이 있어 아기의 우뇌와 좌뇌를 자극할 수 있다.

이달의 검사

임신성 당뇨병 선별 검사 임신 24~28주 사이에 임신성 당뇨병 선별 검사를 한다. 포도당 50g을 마신 뒤 피를 뽑아 당뇨병 여부를 확인한다. 당뇨병이 확인되면 식사를 거른 상태에서 포도당 100g을 마신 뒤 재검사를 받는다.

중기 정밀 초음파 검사 임신 20~24주에 정밀 초음파 검사를 실시한다. 이 시기에는 태아의 장기가 거의 모든 부분 완성되어 잘 보이므로 정밀 초음파 검사로 기형 여부를 확인할 수 있다. 임신 중기가 지나면 태아가 너무 성장해 관찰하기 힘들어지니 예정된 검진일에 반드시 검사받는다.

소변 검사 소변에서 단백이 나오면 임신중독증을 의심할 수 있다. 2회 이상 검사해서 이상 소견이 나오면 태아 크기, 혈압 등을 자세하게 검사한다.

태아 심장 초음파 검사 태아 심장 초음파 검사는 정밀 초음파 검사 시 태아의 심장 소리가 이상하고 기형이 의심되는 경우 실시한다. 병원에 따라서는 정밀 초음파 검사와 함께 시행하는 곳도 있으며 정확도는 약 70% 정도다.

아빠가 챙겨주세요

- 임신 중기에 들어서면 잠잘 때 다리 통증을 호소하는 임신부들이 많아집니다. 아파하는 아내를 위해 다리 사이에 베개나 쿠션을 끼워주세요. 다리가 붓거나 경련이 일어난다면 마사지로 혈액순환을 돕는 것이 좋습니다. 아내가 잠들기 전 허벅지나 종아리를 쓸어내리며 마사지해주는 것이 좋습니다. 발 마사지는 강하게 자극하기보다는 부드럽게 만져주세요.
- 임신 중기에 하는 정밀 초음파 검사에는 꼭 함께 가세요. 정밀 초음파 검사로 태아의 외형뿐 아니라 심장이나 장기의 발달을 꼼꼼히 확인할 수 있으니까요. 아이의 눈, 코, 입 등 궁금했던 얼굴을 볼 수 있는 순간을 놓치지 마세요.

주수별로 확인하는 태아와 엄마의 변화

21 weeks

태아

소화기관이 발달해 양수에서 물과 당분을 흡수하고, 나머지는 대장으로 보낸다. 태지는 점점 많이 분비돼 태아의 몸은 미끈거리는 상태가 된다.

엄마

자궁이 커지면서 폐를 압박해 조금만 움직여도 숨이 찬다. 커진 자궁이 혈액순환을 방해하고 정맥을 압박해 부종, 정맥류가 생긴다. 밤이 되면 종아리에 경련이 나기도 한다.

22 weeks

태아

태아의 골격이 완전히 자리 잡힌다. 두개골, 척추, 갈비뼈, 팔다리뼈를 모두 구분할 수 있고, 관절도 크게 발달한다. 눈꺼풀, 눈썹, 손톱도 완전히 자라고, 청각도 자궁 밖 외부의 소리에 반응할 만큼 발달한다.

엄마

혈액량의 증가로 빈혈이 생긴다. 갑자기 늘어난 체중으로 몸매가 흐트러지고, 몸 가누기가 점차 힘들어진다. 항문 부근의 정맥이 울혈되어 치질이 생길 수 있다.

23 weeks

태아

얼굴에서 입술 구분이 뚜렷해지고, 눈꺼풀, 눈썹도 제자리를 잡는다. 잇몸 아래에 치아도 자라기 시작해 신생아와 비슷한 모습이 된다.

엄마

배, 가슴, 허벅지 등 피부가 트고 몹시 가려워진다. 가려움증은 태반에서 나오는 호르몬이 간에 영향을 미치기 때문에 발생한다. 심하면 수포가 생기고 습진으로 발전하기도 한다.

24 weeks

태아

호흡을 위한 준비 단계로 폐 속의 혈관이 발달한다. 태아는 손가락이 입 근처에 있으면 반사적으로 얼굴을 돌리는 과정을 통해, 태어나서 엄마 젖꼭지를 찾게 된다. 외부에서 들리는 소리에 더욱 민감하게 반응하고, 자주 듣는 웬만한 소리에는 익숙해진다.

엄마

체중이 늘어나면서 하반신에 무리가 가기 때문에 자주 다리가 저리고 쥐가 난다. 특히 자다가 갑자기 다리 통증을 호소하며 깨는 경우가 많다. 호르몬 분비로 잇몸이 부어올라 양치할 때 피가 자주 나기도 한다.

임신 7개월

태아의 성장 속도는 점점 빨라지고, 임신 트러블은 더욱 심해지는 시기.
특히 임신 후기를 건강하게 보내려면 임신중독증 예방에 힘써야 한다.
본격적으로 체중을 관리하고 음식도 골라 먹는다.

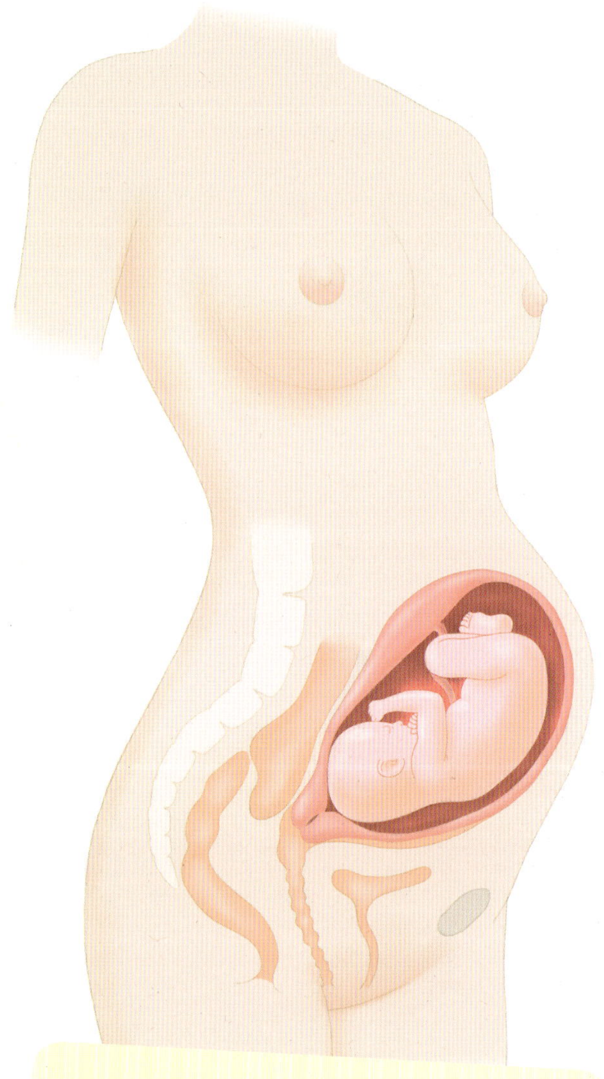

임신 7개월 체크 리스트

- ☐ 섬유질이 함유된 음식을 챙겨 먹고 있나요?
- ☐ 짠 음식, 단 음식은 가급적 자제하고 있나요?
- ☐ 체중이 일주일에 0.5㎏ 이상 늘지 않게 관리하고 있나요?
- ☐ 걷기 등 가벼운 운동을 꾸준히 하고 있나요?
- ☐ 운동 후나 피곤할 때 충분히 휴식 시간을 가졌나요?
- ☐ 다리 마사지를 꾸준히 하고 있나요?
- ☐ 오래 서 있거나 걷지 않도록 주의하고 있나요?

이달의 증상은?

배, 가슴, 엉덩이에 임신선이 나타난다. 변비 증상이 더욱 심해진다. 배가 두드러지게 불러 몸의 균형을 잡기 어렵다. 넘어지지 않도록 주의한다. 자궁이 가슴까지 올라와 호흡이 가빠지고 잠잘 때도 불편하다.

이달의 건강 수칙

체중 관리에 신경 쓴다 | 임신 후기에 주로 발생하는 임신중독증을 예방하려면 체중 관리에 신경 써야 한다. 임신 중 총 체중 증가량은 9~12㎏이 바람직하며, 임신 5개월부터 일주일에 500g 정도 증가하는 것이 이상적이다.

섬유질을 충분히 섭취한다 | 임신 중기에는 커진 자궁이 장을 압박해 변비가 더욱 심해진다. 섬유질이 많은 음식을 먹으면 변비 해소에 효과가 있다. 대변의 양과 대장 운동을 증가시켜 대장 통과시간을 빠르게 하기 때문. 현미, 콩, 채소류, 해조류, 과일에 섬유질이 많이 함유되어 있다. 유산균이 함유된 유제품도 효과가 있고, 아침 공복에 물을 한 잔 마시는 것도 도움이 된다.

무리한 활동은 삼간다 | 임신 안정기에 돌입하면서 유산 위험은 줄었지만, 조산 위험이 있으니 주의해야 한다. 초기에 비해 컨디션이 좋다고 너무 무리하지 않는다. 잦은 외출은 삼가고, 오래 서 있지 않고, 앉아 있을 때는 자세를 자주 바꿔준다. 또 무거워진 몸 때문에 행동이 둔해진 만큼 걸을 때 넘어지지 않도록 주의한다. 임신 전에 운동을 즐기지 않던 임신부라면 가볍게 산책하는 것을 권한다. 혈액순환이 좋아져 다리와 허리의 통증이 사라진다. 식사 직후나 햇빛이 강할 때는 운동을 피한다.

이달의 태교

이 시기의 태아는 엄마의 목소리에 발차기 등을 통해 반응을 보인다. 아기에게 끊임없이 말을 걸고 교감을 나누도록 한다. 배 쓰다듬기, 토닥거리기, 피아노 치듯 손가락으로 두드리기, 아빠가 배를 감싸주기 등 자극을 주어 아이에게 신호를 보내

자. 배에 적절한 자극을 주면, 아이는 뱃속에서 엄마의 이야기에 더 귀를 기울인다. 또한 단순한 말투보다 감정을 담아 억양을 사용하면 태아에게 더 잘 전달된다.

이달의 검사

빈혈 검사 임신 중기에는 혈액량의 증가로 빈혈이 생기기 쉽다. 빈혈은 증상이 심해지기 전까지 자각증상이 없고, 빈혈이 생기면 분만 진행이 늦어져 산모와 태아가 위험할 수 있기 때문에 검사로 미리 발견하는 것이 중요하다. 빈혈일 경우에는 의사의 처방을 받아 하루 두 번 또는 세 번 철분제를 복용해야 한다.

아빠가 챙겨주세요

튼살은 임신 초기보다 배가 나오는 임신 6~7개월에 생기기 시작해 막달에 가까울수록 심해집니다. 배가 나오기 전부터 꾸준히 관리하는 것이 관건. 손이 닿지 않는 아랫배나 허벅지 뒷부분은 남편이 발라주세요.
임신 중기에 생긴 우울증은 아이를 낳은 후에도 계속돼 산후 우울증으로 발전할 수 있습니다. 아내가 유난히 감정의 기복이 심해지고 사소한 일에도 예민해진다면 우울증을 의심해볼 수 있습니다. 우울증을 예방하고 완화하는 가장 기본적인 방법은 남편의 애정 표현. 대화와 스킨십으로 애정을 표현해주세요.

주수별로 확인하는 태아와 엄마의 변화

25 week

태아 혈관이 비칠 정도로 투명했던 피부가 점차 불투명하게 불그스름해진다. 태아의 몸은 지방으로 덮이고, 피부에 나 있는 배내털은 모근의 방향을 따라 비스듬하게 자란다.

엄마 배. 가슴. 엉덩이에 보라색 임신선이 나타난다. 임신이 진행될수록 피부가 늘어나면서 피하지방이 이를 따라가지 못해 모세혈관이 파열되기 때문에 나타나는 것. 임신 중 나타나는 대표 증상으로 출산 후 사라지니 크게 걱정하지 않아도 된다.

26 week

태아 폐 속 폐포가 발달하기 시작해 조금씩 호흡을 시작한다. 하지만 아직 폐에 공기가 없어 실제로는 폐로 숨을 쉬지 못한다. 시신경이 발달하기 시작해 빛을 비추면 태아가 머리 방향을 바꾸기도 한다.

엄마 자궁 근육이 늘어나 아랫배가 따끔거리는 통증을 느낀다. 커진 자궁이 갈비뼈를 위로 밀면서 통증이 생기기도 한다. 자궁은 위장. 대장도 압박해 소화가 잘 안 되고, 변비가 더욱 심해진다. 또 눈이 빛에 민감해지고, 먼지가 들어간 것처럼 껄끄럽고 건조한 느낌이 들기도 한다.

27 week

태아 태아의 눈꺼풀이 완전히 형성되는 시기로 눈동자가 만들어져 눈을 뜨기 시작한다. 하지만 동공은 출생 후 몇 달이 지나야 색깔을 띠게 된다. 청각도 임신 7개월에 접어들면서 완전히 발달해 바깥에서 들리는 낯선 소리에 긴장하고 놀라기도 한다.

엄마 일반적으로 혈압이 높아지는 시기지만 크게 걱정하지 않아도 된다. 그러나 갑자기 체중이 늘거나 사물이 흐릿하게 보이고, 손발이 자주 붓는다면 임신중독증을 의심해본다.

28 week

태아 뇌 조직이 크게 발달하는 시기로, 태아의 뇌가 전보다 훨씬 커지고 뇌 조직 수도 증가한다. 뇌세포와 신경순환계가 완벽히 연결되어 활동하기 시작한다. 머리카락이 점점 길어져 초음파로 보이기도 하고, 피하지방이 증가해 몸에 살이 오른다.

엄마 팔다리가 자주 붓는데, 가벼운 부종은 누구에게나 나타날 수 있으니 신경 쓰지 않아도 된다. 만약 종일 부기가 빠지지 않고, 손가락으로 살을 눌렀을 때 제자리로 돌아오는 시간이 오래 걸리면 임신중독증일 가능성이 있으니 의사와 상의한다.

17 임신 중기 생활 수칙

임신 4개월이 되면 임신 안정기에 접어든다. 유산의 위험이 크게 줄어들어
여행이나 운동을 무리하지 않는 선에서 즐길 수 있다. 운동이나 여행은 스트레스 해소와
기쁘고 행복한 마음을 갖는 데 도움이 된다.

식습관

철분 섭취량을 늘린다

임신 5개월부터는 철분제를 복용한다. 임신부와 태아가 필요로 하는 철분의 양이 많아지면서 충분한 철분 공급이 이뤄져야 한다. 철분 공급이 원활하지 않아 빈혈이 생기면 기억력 감퇴, 현기증, 두통 등이 생기고, 출산 시 다량의 출혈로 쇼크를 일으킬 수 있다. 게다가 출산 뒤에는 악성빈혈로 발전할 수 있다. 하루 30㎎의 철분을 복용한다. 철분이 많이 함유된 음식으로는 간, 살코기 등 육류와 고등어, 정어리, 바지락, 미역, 시금치, 호박, 두부 등이 있다. 철분제는 모유수유 중 생길 수 있는 빈혈을 예방하기 위해 출산 후 3개월까지 꾸준히 복용한다.

칼슘 섭취량을 늘린다

칼슘은 태아의 뼈를 튼튼하게 하는 중요한 영양소로 임신 중 손발 저림을 예방하는 역할도 한다. 임신 중 태아가 필요로 하는 칼슘은 하루 1,000㎎. 모체 칼슘양의 2.5% 정도여서 음식만으로도 충분히 보충할 수 있다. 칼슘은 우유, 치즈, 멸치, 시금치, 참깨 등에 많이 함유되어 있다.

섬유질을 충분히 섭취한다

하루가 다르게 커지는 자궁의 압박으로 변비가 생기기 쉽다. 증상이 심한 경우 의사와 상의한 후 약을 복용해도 되지만, 변비는 음식으로 충분히 예방 가능하다. 섬유질이 풍부하게 함유된 현미, 콩, 배추, 고구마, 감자, 사과, 바나나, 미역 등을 골고루 먹는다. 또 평소 물을 충분히 마시고, 변의가 느껴질 때는 참지 말고 규칙적으로 배변하면 변비 예방에 도움이 된다.

살찌는 음식은 줄인다

중기에는 태아가 가파른 성장세를 보이면서 체중이 급격하게 늘어난다. 입덧이 사라지고 식욕이 느는 것도 체중 증가의 원인 중 하나. 체중이 지나치게 늘면 임신부는 몸의 움직임이 둔해지고, 고혈압, 당뇨병, 임신중독증 등 합병증이 생길 수 있다. 따라서 살찌는 음식, 즉 동물성 지방이 다량 함유된 음식과 열량은 높으면서 영양가는 적은 인스턴트, 패스트푸드 섭취를 자제해야 한다. 또 당분이 많은 음식도 비만의 원인이 되니 주의한다.

과식하지 않는다

커진 자궁이 위와 장을 눌러 소화 기능이 약해진다. 음식을 과식하면 소화가 잘 안 되고, 급체하는 등 소화기 계통에 문제가 생긴다. 특히 임신 초기 입덧으로 잘 먹지 못한 경우, 중기에 접어들면서 식욕이 생겨 과식하는 경우가 많으니 주의한다. 음식을 먹을 때는 과식하지 않도록 그릇에 덜어 먹고, 입에서 여러 번 씹은 후 삼킨다. 빨리 먹는 습관도 좋지 않으니 일정한 시간을 정해두고 식사하는 것이 좋다.

생활 습관

몸을 자주 씻는다

질 분비물이 늘고 땀을 많이 흘리게 되므로 몸을 자주 씻는다.

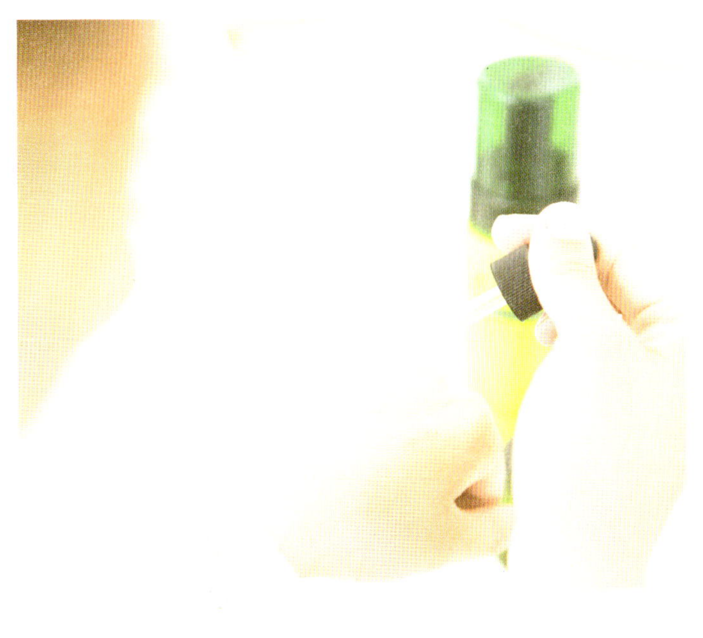

너무 뜨거운 물로 씻으면 혈관이 과도하게 팽창되고, 오히려 피곤해질 수 있다. 샤워는 미지근한 물로 가볍게 하며 세정제는 적당량만 사용한다. 속옷은 피부 자극이 적은 순면 제품을 자주 갈아입는다.

피부 보습에 신경 쓴다

임신 중기는 피부에 많은 변화가 생기는 때다. 배가 불러오면서 살이 트고, 가려움증으로 긁다보면 두드러기가 생기고 습진으로 이어지기도 한다. 또 호르몬 영향으로 얼굴에는 기미, 주근깨, 여드름이 생기기 쉽다. 임신 중 피부를 건강하게 가꾸려면 우선 깨끗하게 씻고, 보습에 신경 써야 한다. 튼살과 가려움증은 피부가 건조하면 심해지기 때문에 샤워한 후 튼살 예방 크림이나 전용 오일을 꼼꼼히 바른다. 얼굴도 깨끗이 세안한 후 건조하지 않게 보습하고 팩을 하는 것도 좋다. 기름진 음식을 많이 먹으면 피부 트러블이 심해질 수 있다. 채소, 과일, 해조류 등 비타민과 무기질이 풍부한 음식은 피부를 매끈하게 가꾸어준다.

복대를 착용한다

배가 본격적으로 불러오는 중기에 복대를 착용하면 요통을 완화하는 데 효과적이다. 복대를 착용할 때는 아랫배는 단단히, 윗배는 약간 느슨하게 한다. 너무 세게 조이면 혈액순환이 방해된다.

임부복을 입는다

배를 압박하지 않는 편안한 임부복을 입는다. 옷이 배를 꽉 조이면 자궁 및 내장 기관을 압박해 혈액순환과 태아 성장에 좋지 않다. 배를 감싸줄 수 있는 적당한 길이의 옷이 좋으며, 타이트한 옷, 입고 벗기 불편한 옷, 너무 무거운 옷은 피한다. 브래지어, 팬티, 거들 등 속옷류도 임신부 전용 제품으로 바꾼다.

규칙적으로 생활한다

임신을 하면 밤에 숙면을 취하기 힘들어 낮과 밤이 바뀌거나 불규칙한 생활을 하기 쉽다. 아침에 일어나는 시간, 잠자리에 드는 시간, 식사하는 시간은 매일 일정한 시간대에 하는 것이 좋다. 불규칙한 생활은 피로와 스트레스가 쌓이고, 생활 리듬이 깨져 비만의 원인이 된다. 낮에 간단한 집안일이나 운동을 하며 몸을 움직이면 불면증과 비만을 예방할 수 있다. 베란다 청소, 무릎 꿇기나 허리 구부려 하는 일, 무거운 짐을 드는 일을 제외하고는 틈틈이 몸을 움직인다.

바른 자세로 생활한다

자궁이 커지면서 생기는 요통은 평소 바른 자세를 유지하면 도움이 된다. 걸을 때 허리를 꼿꼿하게 펴고, 의자에 앉을 때는 등받이에 허리를 붙이고 깊숙이 앉는다. 앉아있을 때는 자세를 자주 바꿔주는 게 중요하다. 같은 자세로 오래 앉아있으면 요통은 물론 치질이 생길 수 있다.

쉴 때는 누운 자세가 좋다

커진 자궁으로 복부와 허리에 부담이 더해지면서 오래 앉아 있기 힘들다. 쉴 때는 옆으로 누운 자세가 좋은데, 다리 사이에 쿠션이나 베개를 끼고 왼쪽 방향으로 누우면 더욱 편안하다. 다리가 붓고 저리며, 정맥류가 있을 때는 쿠션에 다리를 올려놓고 누워서 쉰다. 혈액순환이 잘 돼 증상이 완화된다.

모유수유를 위해 유방을 관리한다

성공적인 모유수유를 위해 임신 중기부터 유방 마사지를 시작한다. 마사지는 목욕 후나 잠들기 전에 하는 것이 좋고, 샤워 후 튼살 예방 크림이나 오일을 바르고 한다. 유방 마사지는 유선을 자극해 출산 후 모유가 잘 나오고, 유방의 혈액순환을 좋게 하는 효과가 있다. 함몰유두나 편평유두의 경우에는 유두의 모양을 수유하기 좋게 만든다. 하지만 유두를 지나치게 자극하면 옥시토신이 분비돼 자궁이 수축될 수 있다. 마사지 중 배가 당기고 아프다면 즉시 중단한다.

있기 때문에 틈틈이 휴게소에 들른다. 1박 2일 이상 자고 오는 여행이라면 떠나기 전 의사에게 진찰을 받는다. 혹시 모를 응급 상황을 대비해 산모수첩을 챙긴다.

미뤄두었던 여행을 가도 좋다

몸과 마음이 편안한 시기이므로 미뤄두었던 여행을 가도 된다. 그러나 오래 걷는 산책로, 가파른 산행, 장시간 대중교통 이용은 자제한다. 차량으로 이동 시 오래 앉아 있는 자세는 힘들 수

임신 중 유방 마사지법

1 한 손으로 가슴 위쪽을 감싸 잡아준 다음 반대편 손바닥을 가슴 옆에 대고 안쪽으로 밀고 풀기를 반복한다. 이때 동작은 천천히 힘을 주어 실시한다.

2 한 손으로 가슴 아래쪽을 전체적으로 감싸 잡아준 다음 반대편 손바닥을 가슴 바깥쪽 아래에 대고 안쪽으로 밀고 풀기를 반복한다. 천천히 힘을 주어 실시한다.

3 한 손으로 가슴 전체를 받치고 반대편 손바닥을 가슴 아래쪽에 댄다. 손바닥으로 가슴을 위로 올렸다 풀기를 반복한다. 천천히 힘을 주어 실시한다.

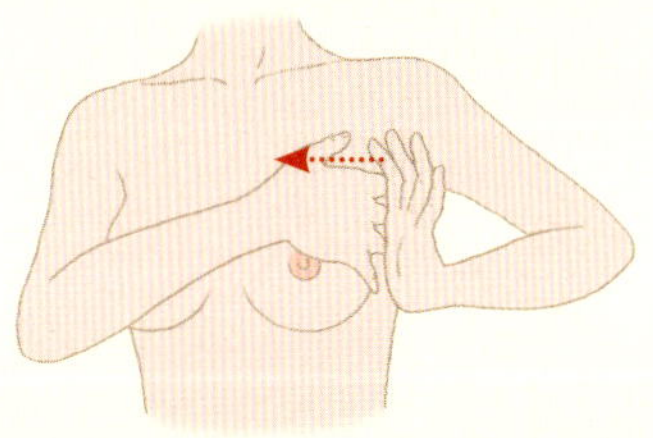
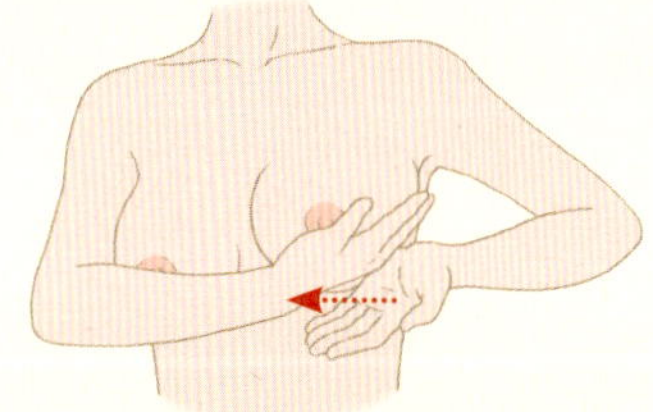
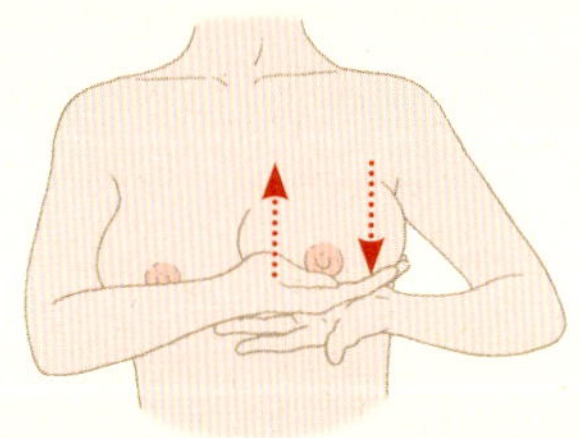

함몰유두 마사지법

1 한 손으로 유방 전체를 받치고 다른 손으로 유륜 전체를 잡아준다. 엄지손가락과 집게손가락을 유두와 유륜 경계에 갖다 댄다.

2 손가락에 가볍게 힘을 주어 누르면서 동시에 상하좌우로 당겼다 놓는 동작을 5~6회 반복한다.

3 유두를 가볍게 잡고 밖으로 빼주며 좌우로 돌려가면서 마사지를 해준다.

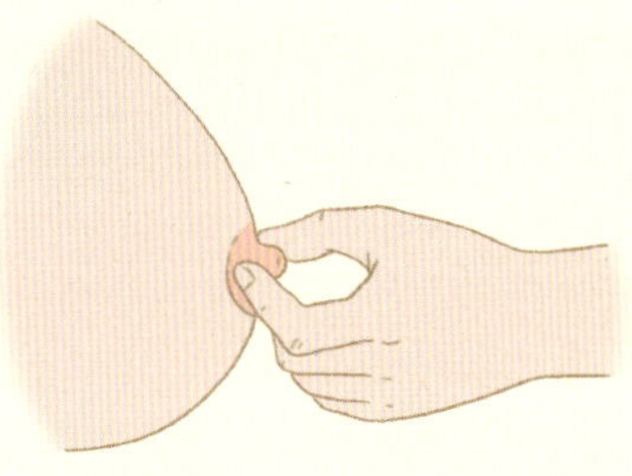
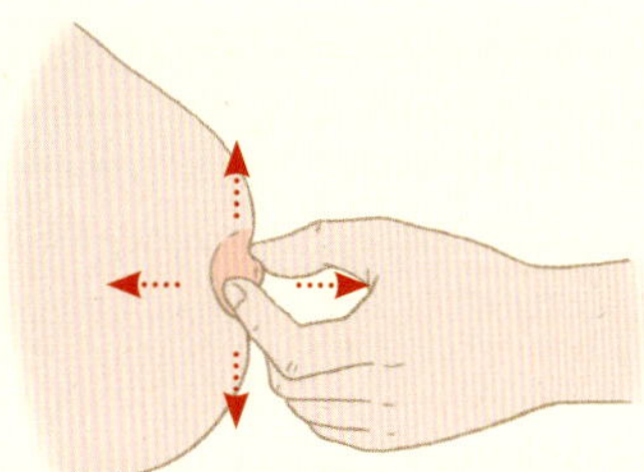
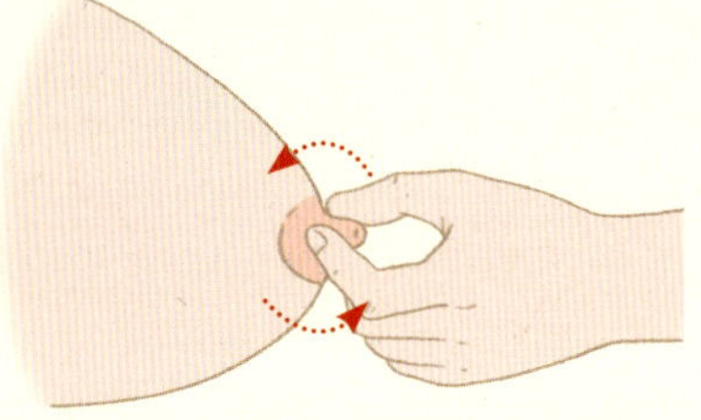

18 임신 중기 대표 트러블

본격적으로 배가 불러와 임신부 체형으로 변하는 임신 중기에는
튼살, 요통 등 각종 임신성 트러블이 더욱 심해진다.
이 시기에 몸 관리에 소홀하면 출산 후까지 고생할 수 있으니 대처법을 숙지한다.

요통

요통은 태아가 성장하면서 자궁이 커짐에 따라 허리와 등에 부담을 주는 것이 원인. 또 태반에서 분비되는 호르몬이 뼈와 인대, 골반 관절을 느슨하게 해 요통이 생긴다. 배가 나오면서 몸을 뒤로 젖히는 자세를 하게 되면 증상이 더 심해진다.

대처법
① 굽이 낮은 신발을 신는다.
② 허리를 꼿꼿하게 펴고 걷는다.
③ 의자에 앉을 때 등받이에 허리를 붙이고 깊숙이 앉는다.
④ 푹신한 침대보다 딱딱한 매트에서 옆으로 누운 자세로 잔다.
⑤ 통증이 심할 때는 뜨거운 물을 적신 수건으로 찜질한다.
⑥ 임신부 복대나 거들을 입으면 허리를 받쳐줘 요통이 완화된다.
⑦ 임신부 체조나 수영을 배워 허리 근육을 단련시킨다.

정맥류

정맥에 혈액이 뭉쳐 혹처럼 튀어나오거나 힘줄이 가늘고 길게 부풀어 오르는 증상을 말한다. 커진 자궁이 하반신을 압박해 혈액순환을 방해해 나타난다. 주로 무릎 안쪽, 허벅지에 잘 생기고, 외음부, 항문에도 종종 생긴다. 특별한 치료법은 없으며, 출산 후에 자연스럽게 완화된다.

대처법
① 오랫동안 서 있거나 걷지 않는다.
② 원활한 혈액순환을 위해 소파에 앉거나 누울 때는 다리 아래에 쿠션을 놓는다.
③ 정맥류 방지 압박 스타킹을 신으면 혈액순환에 도움이 된다.

치질

변비가 심하면 치질로 이어질 수 있다. 치질은 항문 주변 정맥에 혈액이 뭉쳐서 생기는데, 배변 시 힘을 주면 항문 정맥의 울혈이 더 단단해질 수 있다. 항문이 아프고 간지럽고, 휴지로 닦았을 때 피가 묻으면 치질을 의심한다.

대처법
① 배변 시 무리하게 힘을 주지 않는다.
② 매일 따뜻한 물로 좌욕을 한다.
③ 오랫동안 앉아 있지 않는다. 자세를 자주 바꿔주어 혈액순환을 좋게 한다.

튼살과 임신선

임신을 하면 배, 가슴, 엉덩이가 커지면서 피부가 늘어난다. 이때 피하조직이 피부를 따라가지 못해 피부에 자국이 생기는데 이를 '살이 튼다'라고 표현한다. 튼살은 한번 생기면 없어지지 않기 때문에 예방이 중요하다. 튼살은 배, 가슴, 엉덩이, 허벅지 등 피하지방이 많은 부위에 잘 생기고, 보라색 임신선은 하복부에 잘 생긴다.

대처법
① 급격하게 체중이 늘지 않도록 관리한다.
② 의사가 추천해주는 튼살 예방 크림이나 오일로 마사지한다.

임신성 치은염

잇몸이 붓고 피가 나는 증상. 임신성 치은염은 호르몬 영향과 입덧으로 인한 구강 관리 소홀로 생긴다.

대처법
① 식후나 간식을 먹은 뒤 반드시 양치질을 한다.
② 입덧으로 양치질이 힘들 때는 구강청결제를 사용한다.
③ 치과 치료를 받아야 한다면 임신 안정기인 중기 때 받는다.

19 임신중독증

임신 10개월의 최종 목표는 건강한 태아를 안전하게 출산하는 것이다.
하지만 임신 중 생기는 합병증의 위험은 태아와 엄마의 건강을 위협한다. 임신 20주 이후
흔하게 생기는 임신중독증의 원인부터 대처법까지 바로 알고 준비하자.

임신중독증이란?

정확한 원인을 알 수 없다

임신중독증이란 임신 중 특별한 원인 없이 혈압이 높아지고 단백뇨와 부종 등의 증세가 나타나는 경우를 말한다. 건강한 임신 생활 중에도 임신 20주 이후에 갑자기 생기는 경우도 많으며, 임신부 100명 중 5명 정도가 임신중독증에 걸린다. 가벼운 임신중독증은 큰 문제가 없지만, 심각한 경우 합병증과 함께 유산될 수도 있다.

혈액의 흐름에 이상이 생긴다

임신중독증의 가장 대표적인 합병증은 혈관이 수축되어서 혈류가 감소하며 나타나는 합병증으로 콩팥, 간 기능 장애와 태아 발육 부전 등이다. 또한 혈소판 감소 등으로 임신부와 태아의 혈관이 손상을 입어 혈압 상승, 부종, 두통 등 여러 가지 증상이 나타난다. 심하면 콩팥, 간, 뇌 등에 출혈이 나타날 수도 있다.

심하면 엄마와 태아의 생명을 위협한다

초기에는 단순히 혈압이 오르다가 질환이 진행될수록 부종, 단백뇨가 복합적으로 나타난다. 나아가 중증으로 발전하면 두통, 상복통, 시각 장애, 소변의 양 감소, 경련, 뇌출혈, 폐부종 등이 일어나며 더욱 심해지면 태아가 악영향을 받는다. 혈류 공급에 장애가 생기고 태반 기능이 저하되면 발육 지연으로 저체중아가 태어나게 되고 또 태아의 심장, 신장, 뇌혈관에 장애가 생겨 태아가 자궁 내에서 사망하기도 한다.

출산해야 치료된다

임신중독증은 태아를 출산해야 근본적으로 치료된다. 임신 34주 이후의 임신중독증의 경우 분만하는 것이 원칙으로, 분만하지 않으면 증상이 더욱 나빠진다. 임신 34주 전이라면 조산의 위험 때문에 분만 여부를 신중히 결정해야 한다. 하지만 발작을 일으키는 경우에는 조산과 상관없이 무조건 분만해야 한다.

대표적인 증상

고혈압

최고 혈압이 140mmHg, 최저 혈압이 90mmHg 이상이면 임신중독증일 가능성이 있다. 임신 전 고혈압이었다고 반드시 임신중독증에 걸리는 것은 아니지만, 평소 고혈압이었다면 정상 임신부보다 임신중독증에 걸릴 확률이 높다.

임신중독증 증상 체크

- 체중이 일주일 사이에 0.5kg 이상 증가한다.
- 얼굴, 손, 발이 심하게 붓는 등 부종이 심해진다.
- 부은 부위를 손가락으로 눌렀을 때 회복 속도가 느리다.
- 눈이 흐릿하게 보이는 등 시력 장애가 나타난다.
- 두통이 잦아진다.
- 복부 윗부분에 통증이 있다.
- 소변량이 감소한다.

부종

부종은 임신부에게 흔히 나타나는 증상이지만 손, 발, 얼굴의 부기가 하루가 지나도 가라앉지 않고, 손가락으로 눌렀을 때 원 상태로 빨리 돌아오지 않으면 임신중독증을 의심한다. 평소 부기가 생겼다가 금방 가라앉고, 고혈압, 단백뇨가 동반되지 않으면 단순 부종으로 보면 된다.

단백뇨

단백질은 신장에서 흡수되는데, 신장 기능 저하로 모체에 단백질이 흡수되지 못하면 소변으로 나오게 된다. 단백뇨는 자각 증상이 없으며, 임신중독증 초기에는 거의 나타나지 않아 단백뇨가 검출되면 중증으로 본다. 하루 동안 본 소변 속에 단백질이 300mg 이상 검출되거나 6시간 간격을 두고 검사한 결과 100mg 이상일 때 단백뇨를 의심한다.

임신중독증 예방하기

규칙적으로 생활하기

불규칙한 생활 패턴이 반복되면 컨디션 난조에 빠져 혈압을 높일 수 있다. 또한 식사량은 느는데 운동량이 부족하면 비만의 원인이 된다. 고혈압과 비만은 임신중독증을 일으킬 수 있는 주된 원인이니, 기상, 취침, 식사 등 기본적인 생활을 규칙적으로 한다.

스트레스 받지 않기

스트레스는 모체의 혈압을 높이고 원활한 혈액순환을 방해한다. 항상 마음을 편안히 갖도록 노력한다. 스트레스를 받았을 때는 휴식을 취하고 자신만의 스트레스 해소법으로 떨쳐내도록 한다.

염분 섭취 줄이기

임신중독증이 경증일 때는 식이요법으로 관리하면 만삭까지 임신을 유지할 수 있다. 고단백 저열량 식단을 섭취하며, 음식을 짜게 먹지 않아야 한다. 염분을 과다하게 섭취하면 고혈압과 부종을 일으켜 임신중독증이 악화될 수 있다.

체중 관리하기

급격한 체중 증가로 비만에 이르면 고혈압, 임신중독증 등 합병증이 생길 수 있다. 인스턴트, 패스트푸드, 당분이 많은 음식 등 살찌기 쉬운 음식 섭취는 자제한다. 틈틈이 간단한 집안일을 하거나 산책, 임신부 체조, 수영 등 몸에 무리 없는 운동을 해 체중 관리에 힘쓴다.

정기검진으로 조기 발견하기

임신중독증은 조기에 발견하면 큰 걱정 없이 출산에 이를 수 있다. 하지만 초기에 특별한 자각증상이 없어 지나치기 쉽다는 게 문제. 따라서 임신중독증이 될 가능성이 있는 임신부라면 조기 발견하도록 각별히 신경 쓴다. 개인적으로 체중계와 혈압계를 구입해 매일 체크하고, 정기검진도 빠짐없이 받는다. 또 고혈압, 부종, 두통, 시력 장애 등 이상 증상이 나타나면 즉시 의사와 상의한다.

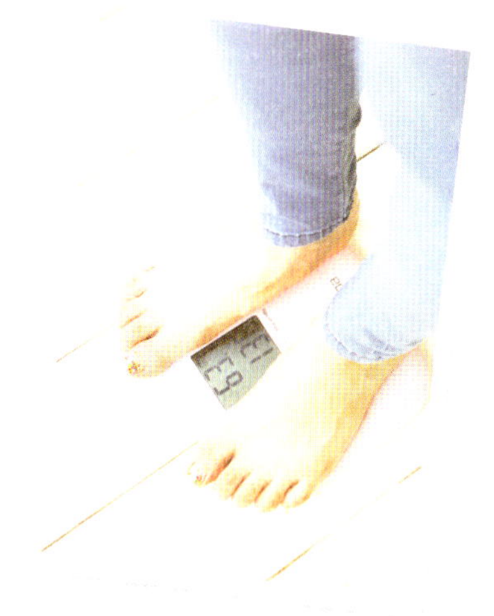

Q 갑자기 물 같은 질 분비물이 나오는데요. 혹시 양수가 흐르는 건 아닌지 걱정되네요.

질 분비물은 임신 후 양이 많아질 수 있습니다. 그러나 양수인지 구분이 잘 안 되는 경우도 있으니 이러한 경우는 병원에 내원해 확인해야 합니다.

Q 큰 아이가 수두를 앓고 있는데, 임신부가 수두에 감염되면 어떻게 되나요?

임신 중 수두는 주로 폐렴으로 발생하며, 그 증상이 심하여 소아기 수두보다 사망률이 23배 높습니다. 또한 임신 20주 이전 임신부가 수두에 감염되면 태아에게 선천성 수두 증후군이 일어날 수 있습니다. 따라서 임신부가 수두에 대한 면역력이 없는 상태에서 수두 환자와 접촉한 경우에는 가능한 빨리 내원하여 면역글로불린 치료에 대한 상담을 받아야 합니다.

Q 걸을 때 엉덩이와 다리 연결 부분이 자꾸 어긋나는 것 같은 느낌이 드는데, 왜 그런가요?

임신으로 인해 골반이 변한 것이 원인입니다. 임신 중기에는 골반통과 허리 통증이 시작됩니다. 임신 호르몬 중 릴랙신이 골반을 지지하는 여러 인대들을 느슨하게 하기 때문입니다. 임신 중에 분비되는 릴랙신은 출산할 때 골반 인대를 이완시켜 자궁경부가 열리게 하는 역할을 합니다. 하지만 골반 인대의 탄력을 저하시켜 골반과 허리의 통증을 유발하기도 합니다. 이런 통증들은 태아의 건강과는 무

관하니 걱정하지 않아도 됩니다. 또한 대부분 중기 이후에는 차츰 좋아집니다. 허리 통증은 배가 불러오면서 점점 더 심해질 수 있는데, 굽이 낮은 신발을 신고, 눕거나 앉아 있을 때 무릎 아래에 베개나 쿠션을 받치는 것이 좋습니다.

Q 임신 16주에 전치태반 진단을 받았습니다. 태반과 태아의 위치가 정상적으로 되기 위한 치료 방법이 있나요?

전치태반은 태아의 위치가 비정상적인 것이 아니라 태반이 자궁경부 근처에 자리 잡고 있는 것입니다. 자궁이 커지면서 태반은 위로 올라갈 수 있으므로 따로 치료 방법은 없고, 기다리는 수밖에 없습니다.

Q 감기에 걸려 기침이 심한데 치료받아도 괜찮을까요? 또 기침할 때마다 배가 흔들리고 당기는 느낌인데 괜찮나요?

임신 중에도 내과적 질환은 치료할 수 있습니다. 감기에 심하게 걸린 경우 내과에 가서 임신 중임을 알리면 그에 맞는 적절한 치료를 받을 수 있습니다. 기침할 때 배가 불편한 것은 크게 개의치 않아도 됩니다.

Q 임신 중기까지 입덧이 심하면 간 기능이 좋지 않은 것이라는 말을 들었습니다. 사실인가요?

임신 중기까지 입덧처럼 속이 계속 불편하면 다른 기저 질

환에 의한 증상은 아닌지 확인할 필요는 있습니다. 간 기능 및 갑상선 검사 등의 체크를 받게 됩니다.

Q 기형아 검사 결과 재검을 권했는데, 어떤 경우 기형아 재검을 권하나요?

태아 신경관 결손의 위험도를 측정하는 태아 당단백 호르몬이 증가되어 있는 경우에는 수치에 따라 재검하게 됩니다. 다운증후군에 대한 위험도가 높게 나온 경우는 재검을 하지 않으며 양수 검사 같은 염색체 검사를 합니다.

Q 임신 중 감기로 열이 39도 가까이 올랐는데 태아에게 영향을 주지 않나요? 열이 심할 때는 약을 먹는 게 나을까요?

고열에 장시간 노출되는 경우, 태아 기관 형성 특히 신경관 형성에 영향을 줄 수 있습니다. 따라서 고열이 날 때는 아세트아미노펜 계통의 약을 우선 먹고 병원에 내원해 적절한 치료를 받아야 합니다.

Q 임신 중 자궁근종이 생기면 위험한가요?

임신 중 자궁근종은 임신 중기에 근종 변성이 오면서 통증이 유발될 수 있습니다. 크게 위험하지는 않으나 약물로 통증 조절이 필요하므로 내원해 담당의사와 상담합니다.

Q 철분제 복용 후 변을 보기가 매우 힘들어요. 철분제를 반드시 복용해야 하나요?

임신 중기부터 철분제를 복용하지 않으면 빈혈이 생깁니다. 변비를 조절하면서 철분제를 먹는 것이 좋습니다. 과일이나 채소 섭취량을 늘리고, 물을 하루에 1.5~2ℓ 정도 마시는 것이 변비를 완화하는 데 효과적입니다.

Q 임신 후 요통이 너무 심한데 약물이나 치료 방법은 없나요?

임신 중 허리에 통증을 느끼는 빈도는 70%에 이를 정도로 흔합니다. 임신 후반으로 갈수록 통증을 더 많이 느끼며, 이전에 허리 통증이 있었거나 체중 과다, 스트레스가 있는 경우 더 심해집니다. 특히 임산부에게 나타나는 수근관 증후군의 통증입니다. 허리 통증을 위해 사용되는 소염진통제는 태아 동맥관 조기 폐쇄를 일으킬 수 있고 지나치게 뜨거운 찜질은 태아의 신경 손상과 관련될 수 있습니다. 심한 허리 통증의 경우 허리 디스크, 골반절염 등과 관련될 수 있으니 정형외과 진료를 받는 것이 좋습니다.

Q 음식을 먹고 체했을 때 어떻게 해야 하나요? 소화제를 먹어도 되나요?

임신 주수가 진행되면 소화가 잘 안 되어 체하는 경우가 자주 생깁니다. 소화제를 먹기보다는 가볍게 움직여 소화를 시키는 것이 좋습니다. 임신 말기가 되면 자궁이 많이 커져서 위장관 기능이 떨어질 수 있습니다. 자극적인 음식은 피하고 소화가 잘 되는 음식으로 조금씩 자주 먹도록 합니다.

Q 임신 18주인데 체중이 하나도 늘지 않아 고민이에요. 정상적인 건가요?

임신 20주까지는 체중이 많이 느는 시기가 아니므로 크게 고민하지 않아도 될 것 같습니다. 특히 임신 초기에 입덧으로 체중 감소가 많았던 경우라면 임신 20주까지 임신 전 몸무게로 유지되는 임신부도 있습니다.

Q 새벽 3시 정도에 잠들어 낮 12시에 일어나는 낮밤이 바뀐 생활을 하고 있습니다. 태아 건강에 영향이 없을까요?

낮과 밤이 생리에 직접적으로 미치는 영향은 의학적으로 명확하게 밝혀진 것은 없습니다. 임신 상태는 한쪽 몸 상태로 생각하기에 미혼 시나 신혼적인 생활이 되지 않습니다. 본인 생활 패턴을 유지했더라도 밤에 잠들고 낮에 깨어나는 생활 패턴이 반대로 뒤집어 있을 수 있습니다. 살이 갑자기 많이 찌면 다양한 임신 합병증에 노출될 확률이 높아지므로, 아침에 일어나고 밤에 잠드는 시간, 식사하는 시간은 매일 일정한 시간에 규칙적으로 할 것을 권장합니다. 낮에 운동을 하거나 집안일을 하면서 몸을 자주 움직이고, 낮잠 시간을 줄이면 불면증을 어느 정도 예방할 수 있습니다.

임신 8개월

임신 후기는 자궁저부의 높이가 최고에 이르는 힘든 시기. 호흡이 가빠지고
소화불량이 나타나거나 식욕이 떨어질 수 있다. 소화가 잘 되는 음식을 조금씩 여러 번 나누어 먹는다.
조산 위험에도 대비해야 한다. 배에 압박이 가해지지 않도록 하고,
아랫배가 뭉치거나 땅기면 무리하지 말고 무조건 쉬어야 한다.

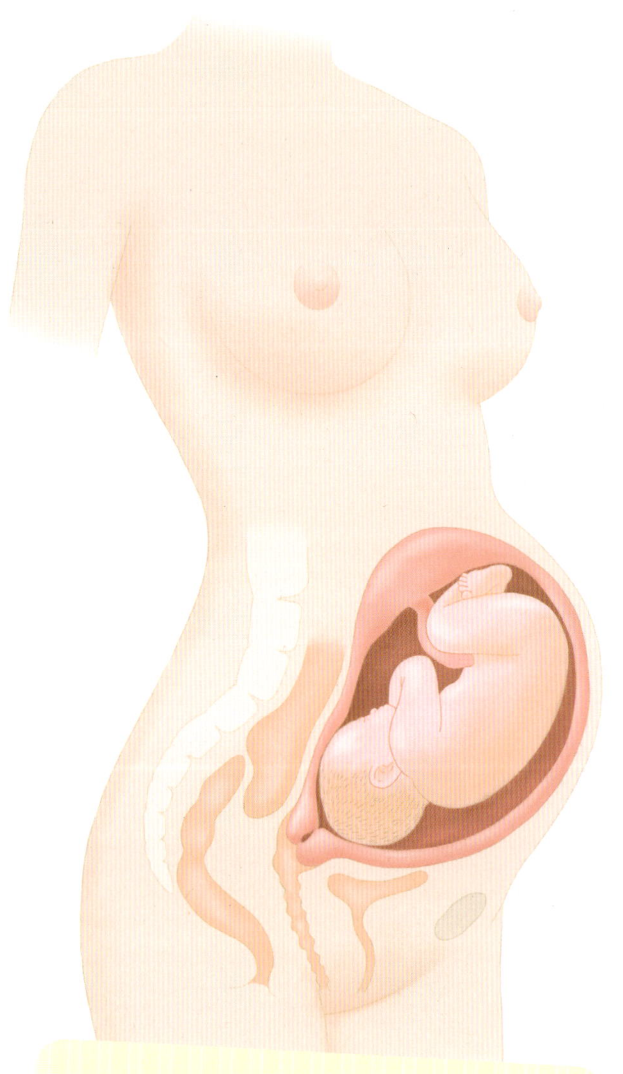

이달의 증상은?

자궁이 갈비뼈 아래까지 커져 가슴이 답답하고 속이 쓰리기도 한다. 피곤하면 배가 난난해지고 뭉치는 느낌이 든다. 얼굴이나 팔다리가 잘 붓고 다리에 쥐가 나기도 한다. 유방이 커지고 젖꼭지나 외음부의 색이 점점 짙어진다.

이달의 건강 수칙

조금씩 여러 번 나누어 먹는다 | 커진 자궁이 위를 압박하면서 위의 운동 능력이 떨어진다. 과식하면 속이 거북하고 체한 느낌이 들면서 소화가 잘 안 되니, 음식을 먹을 때는 소량을 여러 번 나누어 먹는다.

망간과 크롬을 섭취한다 | 태아의 골격과 근육 발달에 좋은 망간과 크롬을 섭취한다. 망간은 골격 구조를 만들고 유지시켜주는 영양소로, 녹색 채소와 호밀빵에 많이 들어 있다. 크롬은 성장을 촉진시켜주는 영양소로, 현미, 소간, 대합, 모시조개, 닭고기에 함유되어 있다.

조산에 대비한다 | 임신 후기에 들어서면 조산을 걱정해야 한다. 자칫 무리를 하거나 배에 자극이 잘못 가해지면 언제라도 조산할 수 있기 때문이다. 힘들다 싶으면 곧바로 휴식을 취하고, 쉴 때는 되도록 편안하게 누워서 쉰다. 또 배에 힘이 가해지는 행동이나 격렬한 운동, 몸을 피로하게 하는 집안일 등은 자제한다. 조산을 고려해 아기의 옷과 육아용품, 출산 준비물을 미리 준비한다.

이달의 태교

임신 후기가 되면 뱃속 아기는 감정이 풍부해지고 외부의 소리에 귀를 기울인다. 엄마가 우울해지거나 큰 소리를 내면 금세 불안해하기도 한다. 스트레스를 받지 않도록 노력하는 것도 이 시기의 중요한 태교. 엄마가 스트레스를 받으면 아드레날린, 엔도르핀, 스테로이드 등 스트레스 호르몬이 분비된다. 이것은 태반을 통해 전달돼 태아에게도 스트레스가 된다. 몸과 마음이 힘들 때는 무조건 휴식을 취하고, 우울한 기분에 빠지지 않도록 노력한다.

임신 8개월 체크 리스트

- ☐ 정기검진을 2주에 한 번씩 받고 있나요?
- ☐ 출산에 대비해 입원 시 필요한 물건을 챙겨두었나요?
- ☐ 출산 과정을 미리 공부하고 있나요?
- ☐ 육아용품을 준비하고 있나요?
- ☐ 배가 뭉칠 때는 충분한 휴식 시간을 가졌나요?
- ☐ 균형 잡힌 식단으로 영양을 골고루 섭취하고 있나요?
- ☐ 과식하지 않고 음식을 조금씩 자주 먹고 있나요?

이달의 검사

단백뇨 검사 임신중독증 등 합병증이 우려되는 시기로 소변검사로 단백뇨를 체크한다. 단백뇨가 검출되고, 고혈압, 부종 증상이 동반된다면 임신중독증일 가능성이 높다.

초음파 검사 초음파 검사를 통해 태아와 임신부의 상태를 전반적으로 체크한다. 태아의 크기, 위치, 심장박동, 양수의 양, 자궁경부의 상태 등을 체크해 태아가 잘 자라고 있는지, 차후 자연분만이 가능한지 확인한다.

출산에 대한 불안감을 줄이려면 부부가 함께 출산 준비 교실을 나가거나 호흡법을 꾸준히 연습하도록 합니다. 남편도 분만의 보조 동작과 호흡법을 반드시 습득해두세요. 장거리 외출은 삼가고 안정을 취하는 것이 좋고, 평일 저녁이나 주말에 아내와 함께 집 앞 공원을 함께 산책해주세요.

임신 후기에는 성생활을 할 때 강한 자극을 주면 조기파수가 될 수 있습니다. 또한 작은 자극으로도 질이 상처받기 쉬우며 자궁 수축이 일어나기도 하므로 조심해야 합니다.

임신 후기에 들어서면 한 달에 한 번씩 하던 정기검진을 2주에 한 번씩 받아야 합니다. 임신 말기로 갈수록 조기 진통, 조기 양막 파수, 임신중독증 등 여러 가지 위험이 생길 가능성이 높기 때문입니다. 아내의 건강에 관심을 갖고, 힘든 집안일은 아빠가 최대한 도와주세요.

주수별로 확인하는 태아와 엄마의 변화

태아

눈동자가 완성되어 초점을 맞출 수 있고, 완전히 눈을 뜬다. 빛을 볼 수 있기 때문에 빛을 비추면 고개를 돌린다. 몸에 난 배내털은 점차 줄어들어 어깨와 등에 약간 남는다. 머리카락과 손톱은 점점 길게 자란다.

뇌의 크기가 빠르게 성장하면서 자연히 머리 크기도 커진다. 뇌 표면의 주름도 만들어져 태아의 학습 및 운동 능력이 발달한다. 생식기 구분이 뚜렷해져 남아는 고환이 신장 근처에서 음낭으로 이동한다. 여아는 음핵이 소음순 밖으로 돌출된 것을 확인할 수 있다.

폐와 소화기관이 거의 완성된다. 특히 양수 속에서 폐를 부풀리며 호흡을 위한 연습을 한다. 신체 기관이 대부분 완성되고 기능도 갖췄기 때문에 이 시기에 조산하더라도 생존할 확률이 높다. 두 눈을 뜨고 감을 수 있으며, 어둠과 밝음도 미세하게 구별할 수 있다.

32주에 들어서면 태아의 움직임이 둔해지기 시작한다. 태아가 커가면서 자궁이 좁아 움직임이 줄어드는 것. 머리 크기뿐만 아니라 팔다리도 자라면서 신생아의 모습을 완벽하게 갖춘다.

엄마

자궁 수축으로 인해 하루 4~5회 정도 배가 단단해지거나 뭉치는 느낌이 든다. 이전보다 격렬해진 태동으로 깜짝 놀라기도 하고, 갈비뼈를 차 통증을 느끼기도 한다. 출산을 앞두고 원활한 분만을 위해 자궁 입구나 질이 부드러워지고 분비물이 늘어난다.

자궁이 점점 커지면서 자궁저부의 높이가 배꼽과 명치 중간까지 올라온다. 위와 심장을 압박해 가슴이 갑갑하고 속이 쓰린 느낌이 든다. 횡경막을 누르면서 숨이 가쁜 증상도 나타난다. 뱃속 아기가 아래로 내려가는 37주 이후가 되면 증상이 나아진다.

임신 후기에도 요통은 지속되며, 불러온 배와 유방을 지탱하기 위해 몸을 뒤로 젖히면서 어깨 결림이 생긴다. 커진 자궁이 방광을 압박해 자신도 모르게 소변이 새는 요실금이 생기기도 하고, 치질, 튼살, 정맥류 등 트러블도 더욱 심해진다.

엄마의 체중이 급격하게 늘기 시작한다. 태아가 빠르게 성장하고 있다는 증거로, 일주일에 0.5kg 정도 늘게 된다. 태아가 꽉 찰 정도로 뱃속이 비좁아져 엄마는 숨 쉬는 게 힘들고 가슴 통증도 심해진다. 소화도 안 돼 입덧할 때처럼 속이 메스껍고 울렁거린다.

임신 9개월

임신 후기는 체형의 변화로 잠자는 자세가 불편해서 편안하게 숙면하기 힘든 시기. 출산과 육아에 대한 불안에 불면증까지 겹쳐 예민해질 수 있다. 자주 휴식을 취하고 아이 방을 꾸미는 등 출산 준비를 하며 기분 전환을 한다.

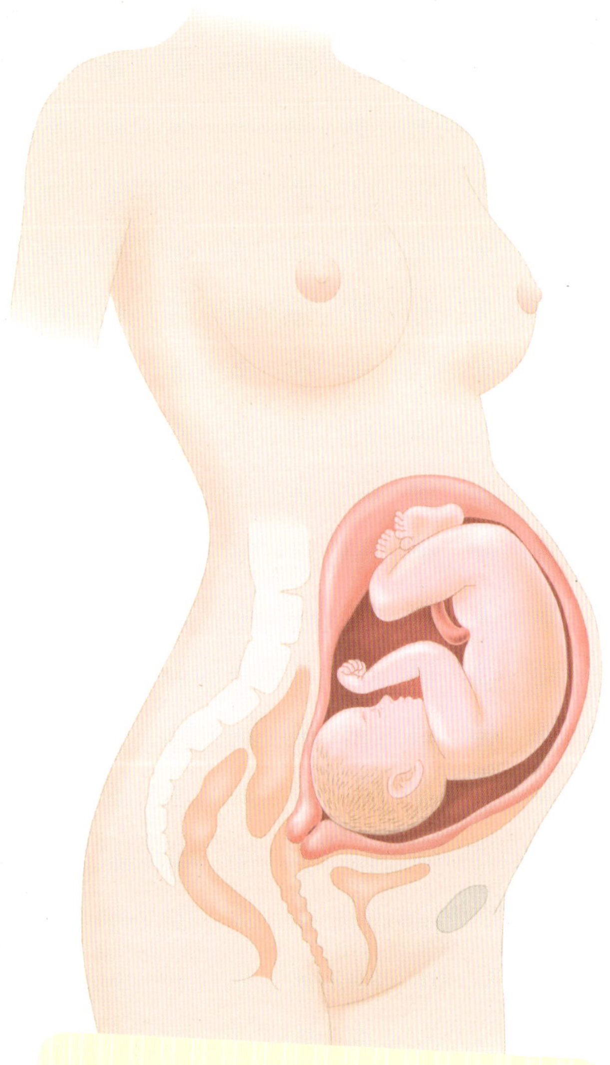

이달의 증상은?

모유가 나온다. 화장실에 자주 가고, 요실금 증상이 나타난다. 배가 많이 나오면서 엉덩이와 골반이 뻐근하고 불편하다. 두통, 어지럼증, 현기증 등이 생기고 불면증이 올 수 있다. 출산 예정일이 다가오면서 불안과 걱정으로 심리적으로 예민해진다.

이달의 건강 수칙

염분과 수분 섭취를 줄인다 | 짜고 매운 음식에 들어 있는 염분은 손발의 부종을 심화하고, 임신중독증을 불러올 수 있다. 음식은 담백하게 먹고, 물도 너무 마시면 부기가 가라앉지 않으니 부종이 있을 때는 수분 섭취를 줄인다.

출산 호흡법을 익힌다 | 효율적인 분만을 위해 출산 호흡법을 미리 익혀둔다. 갑자기 진통이 와도 당황하지 않고 호흡할 수 있고, 힘을 효율적으로 줄 수 있어 짧은 시간에 분만을 마칠 수 있다. 태아에게는 원활한 산소 공급이 이루어져 태아를 건강하게 출산할 수 있다. 여러 가지 분만법 중 자신이 할 분만법을 이해하고 숙지한다. 분만 후에 필요한 준비물도 체크해 입원 시 병원에 가져갈 가방을 미리 챙겨놓는다.

숙면에 신경 쓴다 | 임신 후반기로 갈수록 태아의 무게 때문에 편한 자세로 잠을 자기 어려워 자꾸 뒤척이게 되고 방광이 눌려 화장실에 가는 횟수가 늘면서 불면증을 호소한다. 출산에 대한 두려움, 육아에 대한 부담감도 쉽사리 잠을 청하지 못하는 원인이다. 가벼운 운동을 꾸준히 하고, 숙면을 취할 수 있게 방을 어둡게 만드는 등 불면증을 해소하도록 노력한다.

이달의 태교

임신 후기에 들어서면 태아의 시각이 빛을 감지할 수 있을 정도로 발달한다. 동공이 확대되거나 축소되며 빛에 반응해 꿈틀거리기도 한다. 태아의 시신경이 발달하는 임신 후기에는 시각을 통한 자극으로 태교를 할 수 있다. 아름다운 것을 보

임신 9개월 체크 리스트

- ☐ 과식, 열량 과잉 섭취에 주의하고 있나요?
- ☐ 부기가 심할 때 염분과 수분 섭취에 주의하나요?
- ☐ 장시간 외출, 여행은 자제하고 있나요?
- ☐ 외출 시 건강보험증, 산모수첩을 휴대하나요?
- ☐ 배가 뭉칠 때 충분한 휴식 시간을 가졌나요?
- ☐ 다리 마사지를 꾸준히 하고 있나요?
- ☐ 잘 때 옆으로 누워 허리를 구부리고 자나요?
- ☐ 부부관계를 자제하고 있나요?

며 마음을 평온하게 만드는 것이 바로 시각 태교. 시각 태교라고 해서 반드시 명화를 감상해야 하는 것은 아니다. 물론 평소 그림을 좋아하는 임신부라면 좋아하는 그림을 보거나 직접 그림을 그려보는 것도 좋다. 하지만 반드시 명화가 아니더라도 가까운 공원에서 꽃이나 하늘의 구름 등 일상에서 가장 밀접한 아름다운 사물들을 바라보는 것도 시각 태교다. 즉 엄마가 즐거운 상태에서 좋은 시각적 자극을 받아야 아기에게도 좋은 영향을 미칠 수 있다.

이달의 검사

빈혈 검사 출산을 앞두고 빈혈 여부를 다시 검사한다. 임신 중기 이후 빈혈 증세가 나타날 수 있고, 후기에 빈혈이 심하면 출산 시 수혈이 필요할 수도 있다.

후기 정밀 초음파 검사 임신부의 전반적인 상태를 최종 확인하는 검사로 출산할 시기를 체크한다. 검사 전 물 500㎖를 마셔 방광을 최대한 부풀려야 태아의 모습을 선명하게 볼 수 있다.

질 분비물 도말 검사 질 분비물 도말 검사로 분만 방식을 결정한다. 칸디다 질염, 트리코모나스 질염이 있으면 제왕절개를 하기도 한다.

아빠가 챙겨주세요

순산을 위해 식이요법과 운동을 병행하는 것이 좋습니다. 몸이 무거워 움직이기 힘든 시기이므로 남편의 도움이 더욱 절실하답니다. 집에서 간단한 스트레칭을 함께 해주거나 손을 잡고 산책을 해주세요.

막달에는 몸무게가 급격히 늘지 않도록 조심해야 합니다. 아내를 위해 체중 관리를 위한 건강 간식을 만들어주는 건 어떨까요. 레몬즙이나 오렌지즙을 넣은 탄산수, 호두 등 견과류를 얹은 플레인 요구르트 등 손쉽고 간편하게 만들 수 있는 홈메이드 간식을 만들어주세요.

짧은 외출이라 하더라도 응급 상황을 대비해 항상 건강보험증과 산모수첩을 휴대하도록 합니다.

주수별로 확인하는 태아와 엄마의 변화

33 week

태아
폐를 제외한 다른 기관의 발달이 거의 완성된 시기. 태아는 폐를 단련시키기 위해 양수를 들이마시면서 호흡 연습을 꾸준히 한다. 방광에서는 하루 0.5ℓ 정도의 소변을 배출하고, 태아의 소변으로 양수의 양이 꾸준히 늘어난다.

엄마
커진 자궁이 방광을 눌러 배뇨 횟수가 늘고, 소변을 본 후에는 잔뇨감이 든다. 갑자기 크게 웃거나 기침을 하면 자신도 모르게 소변이 새는 요실금 증상이 나타난다. 임신부는 출산을 앞두고 성욕이 크게 줄어들어 부부관계를 피하게 된다.

34 week

태아
태아의 머리가 엄마 골반 쪽으로 향한다. 스스로 움직여 위치를 조절함으로써 세상에 태어날 준비를 한다. 머리뼈는 아직 물렁물렁해 출산 시 산도를 부드럽게 빠져나올 수 있다. 머리뼈 외에 다른 골격들은 단단하다.

엄마
신체적 변화로 인해 잠을 편히 자지 못할 정도로 불편함을 느낀다. 다리가 자주 붓고 저리며, 배가 단단하게 뭉치는 횟수도 잦아진다. 질 분비물은 더욱 많아지고, 출산 예정일이 다가오면서 불안, 걱정, 기대감 등 심리적으로 예민해진다.

35 week

태아
태아의 피부에 백색 지방이 쌓이는데, 이 지방은 체온 조절 및 에너지를 발산하는 역할을 한다. 붉게 보였던 피부는 살색을 띠고, 지방이 쌓으면서 피부 주름이 점차 펴진다. 손톱, 발톱이 끝까지 다 자라고, 외성기도 완성된다.

엄마
35주가 되면 자궁저부가 명치끝까지 가장 높아진다. 위, 폐, 심장을 누르는 압박감이 더욱 강해져 숨이 차고 속이 쓰린 증상이 갈수록 심해진다. 속 쓰림으로 인한 식욕 저하로 변비, 치질도 심해진다.

36 week

태아
골반 쪽으로 향하던 머리를 골반 안으로 집어넣는다. 태아의 모든 내장 기관은 완전히 성숙해 당장 태어나도 충분히 생존할 수 있다. 피부에는 태지가 남아 있어 산도를 부드럽게 빠져나올 수 있고, 배내털은 거의 다 빠져 일부에만 남아 있다.

엄마
태아의 머리가 골반 안으로 들어오면서 상복부 압박감이 줄어든다. 전보다 숨쉬기가 나아지고 속이 편안해지며, 반면 하복부 압박감은 심해져 태아가 아래로 빠질 것 같은 느낌이 든다. 또 태아는 커지면서 공간이 좁다보니 태동이 크게 줄어든다.

임신 10개월

드디어 열 달 동안 기다리던 태아와 만날 날이 눈앞으로 다가왔다.
모체와 태아는 언제든지 출산할 수 있는 상태. 분만 예정일보다 빨리, 혹은 늦게 출산한다고 해도
걱정하지 않아도 된다. 마음을 편안히 하고, 인내심 있게 아기가 나올 신호를 기다린다.

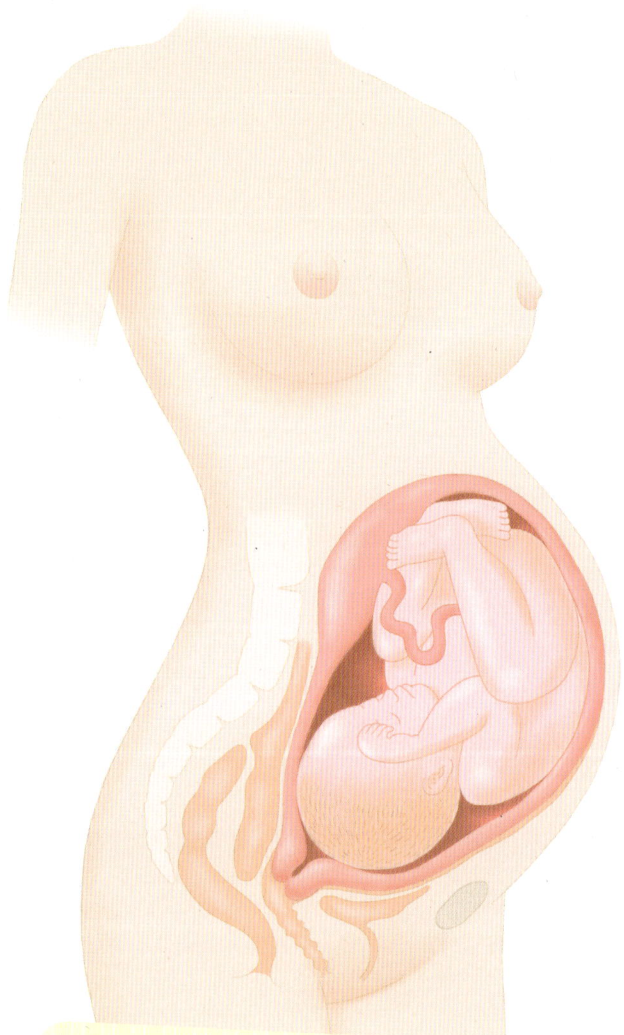

임신 10개월 체크 리스트

- ☐ 정기검진을 일주일에 한 번씩 받고 있나요?
- ☐ 출산 준비물을 잘 챙겼는지 확인했나요?
- ☐ 외출 시 건강보험증, 산모수첩을 항상 휴대하나요?
- ☐ 출산 과정을 숙지하고 호흡법을 연습하고 있나요?
- ☐ 과식하지 않고 음식을 조절해 먹고 있나요?
- ☐ 걷기 등 규칙적인 운동을 하고 있나요?
- ☐ 매일 몸을 청결히 관리하고 있나요?
- ☐ 잠들기 전 다리 마사지를 하고 있나요?
- ☐ 몸에 출산 신호는 없는지 주의를 기울이고 있나요?

이달의 증상은?

위의 압박감이 줄고, 숨쉬기가 한결 편해진다. 자궁 입구와 질이 부드러워지고 분비물이 늘어난다. 분만이 가까워지면서 태동이 약해진다. 가진통이 느껴진다. 분만 진통, 양막 파수, 이슬이 나타난다.

이달의 건강 수칙

과식하지 않는다 | 출산이 가까워지면 태아가 골반 안으로 들어가 위를 누르던 압박감이 줄면서 전보다 속이 편안해져 과식하기 쉽다. 이때 체중이 급격히 늘면 난산할 수 있으니 주의한다. 출산이 임박해서는 소화가 잘 되는 음식을 골라 먹는다.

순산 운동을 한다 | 막달의 운동은 순산할 수 있도록 건강한 상태를 유지하는 것이 목적. 조금만 움직여도 숨이 가빠 운동하기 쉽지 않지만 식이요법과 운동을 하지 않으면 체중이 늘어날 수밖에 없다. 앉거나 누워 있는 자세의 요가나 스트레칭 운동을 규칙적으로 한다.

잠들기 전 다리 마사지를 한다 | 임신 막달이 되면 다리 저림과 부기가 더욱 심해진다. 갑자기 다리에 쥐가 나 한밤중에 깨는 일이 다반사. 잠들기 전 오일을 바르고 다리 마사지를 충분히 하면 긴장이 풀어져 숙면에 도움이 된다.

출산 신호를 잘 살핀다 | 출산이 임박한 만큼 몸의 변화를 세세히 체크해 병원 갈 시기를 놓치지 않는다. 진통이 시작됐다면 시간 간격을 꼼꼼하게 잰다. 가진통은 불규칙한 통증이 아랫배나 허리에 오고, 편히 쉬면 금세 사라진다. 진진통은 규칙적인 통증으로 아랫배와 함께 허리가 조이며, 30초 정도 자궁 수축이 지속적으로 온다. 또 자세를 바꾸고 누워 있어도 사라지지 않는다. 초산은 진통 시간이 길기 때문에 진통이 10분 간격, 경산은 20분 간격으로 올 때 병원 갈 준비를 한다.

이달의 태교

앞으로 다가올 출산과 육아에 대한 걱정과 두려움이 가장 커지는 시기이므로, 호흡법이나 명상을 통해 마음을 안정시키도록 노력한다. 미뤄두었던 육아 서적을

정독하는 것도 좋다. 신생아 돌보기, 월령별 아이들의 발달 과정과 특징을 자세히 설명해둔 육아 서적을 남편과 함께 읽으며 출산과 육아에 대한 정보를 익혀둔다. 아이 방을 정리하고 아이가 사용할 물건을 준비하며 즐거움과 설레는 기분을 느끼거나, 지금까지의 태교를 되돌아보며 마음의 안정을 찾고 아기 맞을 준비를 한다.

시 장치를 임신부 배 위에 올리고, 태동이나 자궁 수축이 있을 때 버튼을 눌러 태아의 심박 수를 체크한다. 태동이 있을 때 태아의 심박 수가 증가하는 것이 정상으로, 심박 수 변화가 없거나 약하면 자연분만을 하기 힘든 것으로 본다.

이달의 검사

내진 임신 36주 이후부터는 일주일에 한 번 정기검진을 실시하는데, 이때 의사가 직접 내진을 한다. 내진을 통해 자궁경부의 상태, 골반 모양, 태아가 얼마나 내려앉았는지 확인한다.

초음파 검사, 비수축 검사 임신 마지막 달에도 태아 상태를 점검하기 위해 초음파 검사를 받는다. 출산 예정일이 지났는데 출산 기미가 보이지 않을 때는 태아가 분만을 견딜 수 있는지 알아보는 비수축 검사를 한다. 진통계와 심박계로 이루어진 감

아빠가 챙겨주세요

- 출산은 아내 혼자서 하는 것이 아니라, 남편이 함께하는 과정입니다. 특히 막달에는 아내가 출산에 대한 두려움으로 예민해질 수 있으니, 아내 혼자 진통과 출산을 감당하는 것이 아니라 남편이 함께할 거란 사실을 알려주고 격려의 말을 해주는 것이 좋습니다. 아내에게는 남편의 진심 어린 한마디가 가장 큰 힘이 된다는 것을 잊지 마세요.
- 아내 혼자 외출은 되도록 삼가고, 장거리 여행도 피합니다. 설거지나 청소, 빨래 등 간단한 집안일은 남편이 도맡아서 하도록 합니다.

주수별로 확인하는 태아와 엄마의 변화

	37 weeks	38 weeks	39 weeks	40 weeks
태아	스스로 항체를 만들지 못하는 태아는 태반을 통해 모체로부터 항체를 전달받는다. 이 면역력을 통해 외부 세균으로부터 자신의 몸을 보호하고 생명을 지켜낸다. 덕분에 태어나서 일정 기간은 감기, 풍진, 볼거리 등 질병에 잘 걸리지 않는다.	태아는 자궁에 빈 공간이 없을 정도로 크게 자라서 거의 움직이지 않고 지낸다. 태어나기 위해 골반 안쪽으로 머리를 향하고 있고, 태반에서 분비되는 호르몬 영향으로 성별에 관계없이 가슴이 부풀어 오른다. 하지만 태어난 후 금세 가라앉는다.	출산 전 일주일 동안 태아의 몸에서는 코르티솔이라는 호르몬이 분비되는데, 태어나서 첫 호흡을 도와주는 역할을 한다. 태아의 장 속에는 검은색에 가까운 태변이 가득 차 있다. 태변은 분만 시 배설되거나 출산 후 며칠 동안 배설된다.	세상에 나오기 위한 준비가 끝났다. 태아는 태어나자마자 세상에 적응한다. 산도를 빠져나오면 폐로 숨쉬기 시작하고, 엄마 젖을 물리면 본능적으로 빤다.
엄마	출산 예정일이 다가올수록 아랫배가 불규칙하게 뭉치고 아픈 느낌이 든다. 통증은 시간이 갈수록 잦아진다. 출산 시 태아가 쉽게 나올 수 있도록 분비물 양이 늘고 질 입구가 부드러워진다.	이전에 느꼈던 배뭉침과는 다른 강한 수축의 가진통을 느끼게 된다. 출산이 더욱 가까워졌음을 알리는 신호지만 진진통과는 다르다. 진진통은 출산이 임박해 일정한 간격을 두고 규칙적으로 오지만, 가진통은 불규칙적이고 몸을 움직이면 진통이 사라진다.	엄마의 몸은 언제든지 출산할 수 있는 상태다. 조금만 걸어도 태아가 나올 것 같은 느낌이 들고, 진통 횟수도 더욱 잦아진다. 규칙적으로 진통이 오고 진통 간격이 시간이 지날수록 짧아지면 병원에 간다.	규칙적인 진통이 30분~1시간 간격으로 지속되면 출산이 임박한 상태. 진통이 10분 이하 간격으로 규칙적으로 오면 병원에 간다. 진통 외 이슬이 비치거나 양수가 나오는 것도 출산을 알리는 신호로 빨리 병원에 가야 한다.

20 임신 후기 생활 수칙

본격적으로 출산 준비를 시작한다. 2주마다 산전 진찰을 받으며, 모유수유 강의를 듣거나
진통 · 출산 과정, 분만법 등에 대해서 알아본다. 태아와의 만남을 기다리며 출산 준비를 마치고,
언제 찾아올지 모르는 출산 신호에 대비해 마음의 준비를 한다.

산도에 지방이 쌓여 순산을 방해하고, 임신중독증 등 합병증이 유발된다. 저열량 음식을 먹고 살찌기 쉬운 탄수화물, 지방의 섭취는 줄인다.

짜지 않게 먹는다

임신 후기에 접어들면 손발을 비롯한 온몸이 자주 붓는다. 음식을 짜게 먹으면 물을 많이 마시게 돼 부기 증상이 더욱 심해지니 주의할 것. 염분 함량이 높은 염장류, 찌개류, 인스턴트 식품은 가급적 피하고, 담백하게 먹는다.

조금씩 자주 먹는다

임신 후기에 접어들면 자궁이 명치끝까지 올라올 정도로 배가 부른다. 위의 운동 능력은 갈수록 떨어져 쉽게 소화불량 증세가 나타난다. 체중 관리 차원에서도 좋지 않으니, 과식하지 않도록 신경 쓰고 음식은 조금씩 여러 번 나눠 먹는다.

식습관

고열량 음식은 피한다

임신 초중기보다 움직임이 줄기 때문에 식습관 조절이 더욱 중요한 시기. 인스턴트식품이나 간식, 야식 등 고열량 음식을 많이 먹으면 체중이 증가할 수밖에 없다. 체중이 지나치게 늘면

생활 습관

혼자 외출하지 않는다

임신 막달이 되면 진통이 불시에 찾아올 수 있으니 혼자 외출하지 않는다. 혼자 외출해야 한다면 가족에게 외출 여부를 알리고, 산모수첩, 신분증, 의료보험증, 비상 연락처, 비상금 등을 반드시 챙겨 만일의 상황에 대비한다. 되도록 멀지 않은 곳을 가고, 짧은 시간에 볼일을 마친다.

걷기 운동을 한다

임신 후기 운동량이 적으면 순산하는 데 문제가 생길 수 있다. 걷기는 임신부가 실천하기 손쉬운 운동으로, 몸에 무리를 주지 않으면서 체중 조절 효과도 얻을 수 있다. 또 걷기 운동을 하면 운동하지 않을 때보다 산소 호흡량이 2~3배 증가해 기분이 상쾌해지고, 태아에게 원활한 산소 공급이 이루어져 뇌세포 활성화에도 좋다.

누워서 지내지 않는다

임신 후기에는 몸이 무겁고 금세 피로해지다 보니 누워 지내기 쉽다. 하지만 지나치게 누워만 있으면 운동량 부족으로 태아가 커져 난산할 수 있고, 엄마도 컨디션 난조에 빠질 수 있다. 눕고 싶다면 30분 내로 쉬는 것이 좋고, 바로 눕기보다 옆으로 눕는 것이 좋다.

샤워를 자주 한다

임신 막달이 되면 산도를 부드럽게 하기 위해 분비물 양이 늘어난다. 또 양수 파수 등 갑자기 출산 신호가 오면 씻지 못하고 병원에 가야 할 수도 있다. 출산 대비 차원에서도 매일 샤워하는 습관을 들인다. 미지근한 물로 10분 안에 가볍게 샤워하고, 분비물이 많을 때는 속옷을 자주 갈아입는다.

배를 압박하지 않는다

배에 압박이 가해지면 진통을 유발해 조산할 가능성이 있다. 의자, 책상 등 둔탁한 물건에 부딪치지 않도록, 서랍이나 문을 열고 닫을 때는 배에 닿지 않도록 주의한다. 또 엎드려 눕거나 허리를 구부리는 자세도 배를 압박한다. 허리를 구부려야 할 때는 배에 힘이 가해지지 않도록 무릎을 구부린다.

호흡법을 배운다

호흡법을 미리 배워두면 갑작스런 통증에도 당황하지 않고 출산할 수 있다. 호흡이 진통 자체를 줄여주는 것은 아니지만, 갑작스런 통증으로 불안하고 당황한 마음을 다스려준다. 많은 양의 숨을 들이마시게 돼 산소 공급이 원활해져 태아를 건강하게 출산할 수 있게 되고, 임신부는 힘을 효과적으로 주게 돼 출산 시간을 단축할 수 있다.

몸의 변화에 주의를 기울인다

출산을 앞둔 시기인 만큼 평소와는 다른 몸의 변화가 있는지 잘 살핀다. 진통이 생겼다면 시간 간격을 체크한다. 불규칙적인 가진통은 시간이 지나면 사라지지만, 규칙적인 진진통이 시작됐다면 병원에 갈 준비를 한다. 양수 파수나 출혈이 있다면 지켜보지 말고 바로 병원을 찾는다.

입원 용품을 준비한다

임신 후기에는 갑작스런 출산에 대비해 입원 용품을 미리 준비해놓는다. 입원 시 사용할 물건은 가방에 담아 언제든지 가져갈 수 있게 눈에 잘 띄는 곳에 둔다. 퇴원 후 아기가 사용할 물건도 깨끗이 세탁해 미리 정리해둔다.

구체적인 출산 계획을 세운다

의사와의 충분한 상담을 통해 태아와 임신부의 상태에 맞는 분만 방법을 선택한다. 제왕절개나 유도 분만이 필요하다면 구체적인 수술 날짜와 입원 기간 등을 정한다. 임신 후기에 부득이하게 병원을 옮겨야 한다면 다니던 병원에서 소견서를 받아 옮기는 병원에 제출한다

21 임신 후기 대표 트러블

임신 후기에는 초중기부터 지속된 트러블이 더욱 심해지고, 이러한 트러블은
조산과 연결될 위험이 있다. 각종 트러블에 대한 세심한 주의와 적절한 대처가 필요하다.

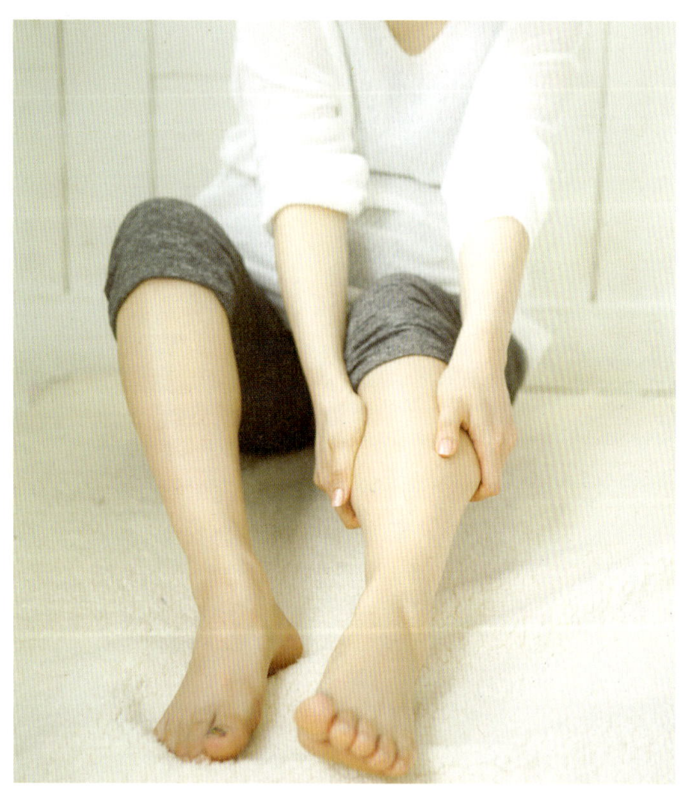

손, 발 부종

몸이 비정상적으로 붓는 증상. 체중이 증가하면서 생기므로 대개 임신 후기에 자주 겪는다. 얼굴, 손, 몸이 붓기도 하고 다리 부종도 흔하게 생긴다. 다리 부종의 경우 체액이 하반신으로 몰려서 생긴다. 가벼운 부종은 임신부라면 누구나 겪는 증상으로 괜찮지만, 증상이 심한 경우에는 임신중독증이 우려되니 반드시 의사와 상의한다.

대 처 법
① 부은 다리를 베개나 쿠션 위에 올려놓고 휴식을 취한다.
② 다리 마사지를 한다.
③ 짠 음식은 피하고, 부종이 심할 땐 수분 섭취도 줄인다.

아랫배 묵직, 배뭉침

배가 단단해지고 뭉치는 증상은 출산이 가까워질수록 횟수가 증가해 가진통으로 발전한다. 가진통은 생리통 같은 통증이 생기다 사라지고, 한참 뒤 다시 통증이 생기는 등 불규칙한 것이 특징이다. 그러다 통증이 규칙적인 시간을 두고 생긴다면 출산이 임박했다는 신호이므로 병원에 간다. 이외에도 배에 갑자기 극심한 통증이 생길 수도 있는데 조산 가능성이 있으니, 출혈이나 파수 등 다른 증상은 없는지 살핀다.

대 처 법
① 배가 뭉치고 당긴다면 하던 일을 즉시 멈추고 편히 쉰다.
② 생리통 같은 통증이 온다면 우선 시간 간격을 체크한다.
③ 일정한 시간 간격을 두고 통증이 온다면 병원 갈 준비를 한다.
④ 평소와는 다른 극심한 통증을 느낀다면 곧바로 병원에 간다.

소화불량, 속 쓰림

소화불량과 속 쓰림은 임신 후기에 접어들어 더욱 심해진다. 커진 자궁이 위를 압박하고, 위액의 역류를 막는 근육이 이완되어 소화불량 증세를 자주 경험한다. 위산의 역류로 흉골 밑에 타는 듯한 작열감을 느끼기도 하는데, 누워 있거나 기침을 할 때 주로 나타난다.

대 처 법
① 위가 꽉 차거나 비지 않게 식사량을 조절한다.
② 속이 자주 쓰릴 때는 자기 전 우유 한 잔을 마신다.
③ 높은 베개를 베고 잔다.

질 분비물 증가

임신 후기에 접어들면 자궁과 질이 부드러워지면서 질 분비물이 많아진다. 분비물 색이 투명하고 냄새가 없고, 외음부가 가렵지 않다면 크게 걱정하지 않아도 된다. 그러나 악취가 나면서 가렵다면 칸디다균이나 트리코모나스균에 감염되었을 가능성이 있다. 이를 방치하면 조기파수되거나 출산 시 산도가 감염될 수 있다.

① 항상 외음부를 청결히 하고, 속옷을 자주 갈아입는다.
② 분비물 색이 탁하고, 덩어리가 나오고, 냄새가 심하다면 병원 치료를 받는다.

빈뇨

출산이 가까워질수록 소변을 보기 위해 화장실에 가는 횟수가 늘어난다. 골반으로 내려온 태아의 머리가 방광을 압박하면서 빈뇨 증상이 나타나기 때문. 특별한 치료는 없다. 소변볼 때 통증이 있다면 방광염일 가능성이 있으니 의사에게 진찰받는다.

① 소변을 보고 싶을 때는 참지 말고 화장실에 간다.
② 소변을 봐도 시원한 느낌이 없고, 소변볼 때 통증이 있다면 병원 치료를 받는다.

근육 경련

임신 후기에는 다리에 쥐가 나고 경련이 생기기 일쑤다. 특히 자다가 다리에 쥐가 나는 경우가 많아 임신부를 당황케 하는데, 체중이 증가하면서 몸의 중심이 변해 생기는 증상. 흔치는 않지만 칼슘이 부족해도 생길 수 있다. 경련 증상은 특별한 치료가 없으며, 출산 후 자연스럽게 없어진다.

① 발, 발목, 종아리 등 쥐가 나기 쉬운 다리 부위를 자주 마사지한다.
② 원활한 혈액순환을 위해 경련이 나거나 아픈 부위를 따뜻하게 한다.
③ 의사와 충분한 상담을 통해 칼슘이 부족하지 않게 영양제를 복용한다.

가슴 답답함

태아가 커지면서 횡격막과 폐를 압박해 답답함을 느끼고 숨이 찰 수 있다. 간혹 임신으로 인한 변화와 출산, 양육에 대한 걱정 등 심적 불안감으로 답답함을 느끼기도 한다.

① 답답함을 느낄 때마다 맑은 공기를 많이 마시고 크게 심호흡을 한다.
② 근육을 이완시켜주는 임신부 체조도 도움이 된다.

출혈

임신 후기 출혈이 있다면 유심히 관찰해야 한다. 내진 후 통증 없이 소량의 출혈이 있다면 크게 걱정하지 않아도 된다. 점액 섞인 소량의 출혈이 있다면 이슬일 가능성이 있으니 이때는 진통을 기다려본다. 배에 통증은 없는데 갑자기 출혈이 시작돼 멈추지 않는다면 태반이 자궁 아래에 있는 전치태반을 의심한다. 반면 심한 통증과 함께 출혈이 있다면 태반이 갑자기 자궁에서 분리되는 태반조기박리일 수 있다.

① 내진 후 약간 피가 비친다면 생리대를 착용하고 상태를 지켜본다.
② 점액 섞인 소량의 피가 비친다면 진통 시간을 체크한다. 진통이 규칙적이라면 병원 갈 준비를 한다.
③ 생리보다 많은 피가 비치고, 출혈이 멈추지 않는다면 바로 병원에 간다.

임신 우울증

임신부는 출산이 가까워지면서 더욱 민감해지고 심하면 우울증을 겪는다. 부른 배 때문에 몸을 마음대로 움직이기 힘들어 쉽게 피로감이 쌓이고, 분만 시 통증이나 태아 건강에 대한 염려 때문에 스트레스를 받기도 한다. 임신부가 우울하면 태아에게 영향을 미칠 수 있고, 산후 우울증으로까지 발전할 수 있으니 주의가 필요하다.

① 남편에게 SOS를 청한다. 혼자서 우울한 마음을 이겨내려 하지 말고, 남편에게 적극적으로 기분을 표현하고 도움을 요청한다.
② 출산에 대한 막연한 두려움을 떨쳐야 한다. 출산 경험이 있는 지인에게 조언을 구하거나 관련 책을 읽어 육아 정보를 습득한다.
③ 형제, 자매, 가까운 이웃, 친한 친구와 만나 대화를 나누면서 스트레스를 푼다.
④ 집에만 있으면 우울한 기분의 정도가 심해진다. 취미 생활이나 가까운 공원을 산책하는 등 하루를 바쁘게 지낸다.

22 순산을 위한 준비

출산이 가까워질수록 임신부는 '무사히 순산할 수 있을까'란 불안과 걱정에 휩싸인다.
모든 임신부가 꿈꾸는 순산. 아무 탈 없이 순조롭게 아이를 낳으려면 어떻게 해야 할까?

순산이란?

자연분만으로 출산

자연분만은 태아가 모체의 질을 통해 정상적으로 분만되는 것으로, 순산의 가장 기본적인 조건이다. 골반 크기가 너무 작거나 태아의 머리가 너무 클 경우, 태아의 위치가 거꾸로 있는 둔위, 전치태반, 태반조기박리, 세쌍둥이 이상 다태 임신, 거대아, 성병 감염, 임신부가 고령으로 초산일 경우에는 대부분 자연분만이 어렵다.

임신 37~41주에 출산

태아가 출산하기 좋은 적정한 시기에 나와야 순산이라 할 수 있다. 대개 출산 예정일은 40주 0일로 잡는데, 37주 0일~41주 6일에 아기를 낳으면 순산이라 한다. 37주 전에 출산하면 조산, 42주 후에 출산하면 만산이다. 조산으로 태어난 아기는 체중이 2.5kg 미만의 미숙아인 경우가 많다. 조산의 경우 태아의 폐 기능이 불완전하거나 뇌 손상을 입을 수 있어 사망할 가능성도 있다. 만산은 태아가 자궁 속에서 과도하게 커버리기 때문에 자연분만이 어렵다.

분만 시간은 12~15시간

순산에 해당되는 분만 시간은 초산이 12~15시간, 경산이 6~8시간 정도다. 분만 시간이 길어지면 고통을 느끼는 시간이 길어지다 보니 엄마와 태아가 지치기 쉽다. 그렇다고 해서 진통 시간이 짧다고 좋은 것은 아니다. 분만 시간이 너무 짧으면 자궁구가 한 번에 열려 과다 출혈이 일어날 수 있다. 단 태아의 머리 크기, 자궁구가 열리는 속도, 촉진제 사용 여부에 따라 분만 시간이 달라질 수 있으니, 분만 시간을 순산의 절대적인 기준이라 할 수는 없다.

출산 후 엄마와 아기가 모두 건강

임신 37~41주 사이에 자연분만으로 출산했다 하더라도 엄마와 아기의 건강이 좋지 않다면 순산이라 단정 짓기 어렵다. 신생아는 인큐베이터에 들어가거나 특별한 검사가 필요치 않을 정도로 건강해야 한다. 산모도 출산 후 과다 출혈이나 임신중독증 등의 합병증 없이, 정상적으로 회복하고 퇴원해야 순산이라 한다.

순산을 위한 생활 습관

정기검진을 빠짐없이 받는다

임신 기간 중 시행하는 정기검진은 태아와 모체 건강의 이상 여부를 확인하는 중요한 과정이다. 기본적인 검사로 체중과 혈압 측정, 소변 검사를 통한 단백뇨, 당뇨 검사, 자궁저부 측정, 태아심음 관찰 등을 실시한다. 임신 후기가 되면 기존 한 달에 한 번에서 1~2주에 한 번으로 검진 횟수가 늘어난다. 정기검진을 통해서 전치태반, 태반조기박리, 태아의 위치 이상, 양수 이상, 임신중독증 등 이상 증상을 확인할 수 있다. 이상 증상을 조금이라도 빨리 발견해야 그에 대한 대처를 하고, 모체나 태아에 대한 위험을 최소화하여 출산할 수 있다.

몸의 변화를 꼼꼼히 체크한다

출산을 앞둔 시기인 만큼 몸에 나타난 변화에 더욱 주의를 기울인다. 출혈, 규칙적인 복부 통증 등 몸의 이상 증세가 출산으로 이어지고, 조산이나 난산을 예고하는 신호일 수 있기 때문이다. 규칙적인 복부 통증, 양수 파수, 출혈은 출산이 임박함을 알리는 증상으로, 지켜보지 말고 곧바로 병원에 간다. 평소 태동의 양상, 몸의 부기, 체중 증가 상태도 체크해 혹시 이상이 있으면 의사에게 알리고 미리 대처해야 순산할 수 있다.

규칙적인 운동을 한다

임신부는 몸에 무리가 갈 정도로 운동을 하면 절대 안 된다. 반면 안정을 취한다고 해서 누워 있기만 해서도 안 된다. 운동을 꾸준히 하면 체중 관리에 도움이 되고, 태반으로의 혈액 흐름이 원활해져 태아의 성장 발달에도 좋은 효과를 준다. 또 출산 시간을 견디며 수월하게 순산할 수 있는 체력이 길러진다. 임신부 운동에서 중요한 포인트는 무리하지 않고 가볍게 하는 것. 일반인처럼 운동하거나 자신에게 맞지 않는 운동을 하면 몸에 무리가 생겨 조기 진통이나 파수가 유발된다. 30분 정도 가볍게 걷는 운동을 꾸준히 실천하며, 임신부 요가나 체조, 수영 등을 배운다.

호흡법을 미리 배운다

호흡법을 익혀두면 순산하는 데 도움이 된다. 진통이 시작되면 대부분의 임신부가 당황하고 불안해하는데, 미리 배워둔 호흡을 하면 마음이 다스려지고 진통이 감소되는 느낌을 받는다. 분만 시 태아에게는 원활한 산소 공급이 이루어지고, 임신부는 효과적으로 힘을 주게 돼 출산 시간을 당기는 효과도 있다.

조산을 예방하는 생활 수칙

배를 압박하지 않는다

임신 후기에는 배를 부딪치거나 걷다 넘어져서 조산을 하기도 한다. 겉으로 보기에는 다친 곳이 없어도 배에 압박이 가해져 진통, 조기파수가 생기고 조산으로 이어질 수 있다. 출산을 앞두고는 사람이 붐비는 곳에 가지 않고, 걸을 때는 발밑이나 주변에 위험한 물건이 없는지 세심히 보고 다닌다.

체중을 조절한다

임신 중 급격한 체중 증가는 임신중독증을 유발할 수 있다. 임신중독증에 걸린 임신부가 정상 임신부보다 조산할 확률이 2~3배 높은데, 이는 치료 차원에서 조산이 많이 이루어지기 때문이다. 또 임신부가 살이 찌면 조기파수로 조산할 가능성도 높아지므로 평소 체중 관리에 힘써야 한다.

스트레스를 줄인다

임신부가 극심한 스트레스를 받으면 원치 않게 조산을 하게 될 수 있다. 스트레스를 받으면 스트레스 호르몬인 코르티솔과 부신피질자극호르몬의 분비가 증가되어 자궁 수축에 영향을 주기 때문. 따라서 항상 마음을 편안히 갖고 스트레스를 떨쳐내도록 노력해야 한다. 짜증 나고 피곤할 때는 무조건 쉬고, 음악을 듣거나 명상을 하면 정서적으로 편안해진다.

23 역아 되돌리기

태아가 거꾸로 있는 역아는 고위험 임신의 한 유형으로 순산을 방해하는 요인이다.
출산이 다가오면 자궁 안 태아의 자세와 위치도 중요하다. 분만 때까지도 머리가 위로 향한 채 남아 있으면
이를 역아라고 한다. 역아의 원인과 출산 방법 등을 알아보자.

역아란?

태아는 출산이 가까워지면 머리를 골반 쪽으로 향해 출산 전까지 고정된 자세를 취한다. 이것을 두위라 한다. 반대로 역아 또는 둔위는 태아의 머리가 골반을 향하지 않고 자궁 위쪽으로 자리 잡고 있는 상태를 말한다. 대개 임신 30주 이후 초음파로 진단 가능하다. 대부분 태아는 역아 자세로 있다가도 출산 예정일이 가까워지면 대부분 머리를 골반 쪽으로 향한다. 하지만 분만 때까지 역아로 남아 있는 경우도 전체의 3~4% 정도 된다. 마지막까지 태아가 역아로 있으면 제왕절개로 분만하는 것이 일반적이다.

역아 출산하기

태아의 다리나 엉덩이가 자궁 쪽을 향해 있는 둔위는 난산의 위험이 있어 대부분 제왕절개를 한다. 역아를 자연분만할 경우 태아의 다리나 엉덩이가 먼저 나오고 가장 큰 머리가 나중에 나오다가 탯줄이 산도에 끼면 일시적으로 산소 공급이 중단되어 아이가 질식하게 될 위험성이 있다. 또는 태아의 머리가 산도에 끼어 뇌 손상을 입을 가능성도 있어 자연분만을 지양한다. 출산 예정일보다 1~2주 정도 앞당겨 수술한다. 단 태아가 작거나 양수량이 충분한 경우, 엉덩이가 먼저 나오는 전위일 경우에는 자연분만을 시도하기도 한다.

역아 되돌리기

자연분만을 원하는 임신부가 임신 후기에 역아 판정을 받았다고 해서 반드시 제왕절개를 해야 하는 것은 아니다. 역아의 자연분만을 위해 가장 바람직한 방법은 엄마의 노력으로 자궁 속 태아의 자세를 바꾸는 것. 역아 체조를 해서 아기가 제 위치를 잡아갈 수 있도록 유도한다. 평소에 태아가 회전하기 쉽도록 몸을 많이 움직이고, 바닥에 누워 허리에 쿠션을 대고 다리나 엉덩이를 높이 들어 올리는 자세도 좋다.

임신 후기 엄마들의 시시콜콜 궁금증 Q&A

Q 임신 35주인데 병원에서 조산기가 있다고 합니다. 어떤 증상일 때 조산기가 있다고 말하는지 궁금합니다.

조산기가 있다고 얘기하는 것은 실제로 자궁 수축이 오지 않아야 하는 주수에 자궁 수축이 있거나, 자궁경부의 길이가 짧아져 임신 주수를 다 채우지 못할 위험이 있는 경우를 말합니다. 이전에 조산을 했던 임신부라면 다시 조산할 가능성이 높고 쌍둥이를 임신한 경우에도 위험이 높습니다.

Q 엄마들에 따라서는 양수와 소변이 구별하기 힘들다고 하는데 어떻게 구별하나요?

간혹 속옷이 살짝 젖는 정도로 적은 양의 양수가 지속적으로 나오는 경우도 있습니다. 이때는 바로 병원을 찾아 질 분비물인지 양수인지를 확인해야 합니다.

Q 임신 초기부터 36주인 현재까지 질염으로 연고 처방을 받아 치료해왔습니다. 너무 오랫동안 치료해온 터라 태아에게 영향이 없을지 걱정됩니다.

질염은 경우가 따라 조기 양막 파수나 유산, 조산 등의 원인으로 작용할 수 있습니다. 질염에 사용하는 항생제는 태아에게 큰 영향을 주지 않기 때문에 적극적으로 치료받는 것이 좋습니다.

Q 임신 40주로 아기가 하루빨리 태어나길 기다리고 있습니다. 하지만 아직도 배 안에서 잘 놀면서 나올 기미가 없어요. 어떻게 해야 하죠?

하지만 분만 예정일이 지난 이후에는 태아 상태가 갑자기 나빠지는 위급 상황이 생길 수 있습니다. 시간당 3~4회 정도 규칙적으로 태동을 잘 하는지 체크하고, 주치의와 상의한 후 유도 분만을 고려해보는 것이 좋습니다.

Q 친정엄마가 아이 셋을 모두 난산으로 낳았습니다. 딸인 저도 난산으로 낳게 될까요?

친정엄마의 분만 패턴이 딸에게도 똑같이 적용된다는 속설이 있습니다. 하지만 실제 분만 패턴은 태아의 몸무게, 위치, 산모의 나이, 골반 상태 등 여러 가지 원인이 복합적으로 작용하기 때문에 친정엄마가 난산했다고 해서 딸도 꼭 난산한다고 말할 수 없습니다.

임신 중
Health & Beauty

임신 기간 동안 엄마 몸에는 급격한 변화가 찾아오는데,

예상치 못한 변화라고 해서 당황하고 있을 수만은 없다. 임신 중 생긴 합병증이나

트러블을 무심코 방치하면 출산 이후에도 몸 상태가 회복되지 않을 수 있다.

건강하고 아름다운 임신 생활을 즐기기 위한 노하우를 모았다.

24 열 달의 가르침, 태교

조선 시대 태교 연구서인 〈태교신기〉에 따르면 '스승 십 년의 가르침이 어미 열 달 배 안의 가르침만 못하다'고 한다.
건강하고 똑똑한 아기를 낳기 위해서는 태교가 중요하다. 태교를 통해 임신부는 엄마가 되기 위한
마음의 준비를 할 뿐 아니라 태아와 함께 정서적, 심리적으로 안정된다.
임신 10개월 동안 태아와 교감하는 태교의 모든 것.

태교가 반드시 필요한 이유

태아는 독립된 하나의 생명체다

태교의 기본은 태아를 하나의 생명체로 존중하는 것에서 출발한다. 예부터 동양에서는 아기가 태어나자마자 한 살 나이를 먹는다. 태아가 엄마 뱃속에서 지낸 열 달을 삶으로 인정해주는 것. 실제로 태아는 엄마 뱃속에서 이미 보고 듣고 만지는 오감이 발달하며, 스트레스를 받으면 얼굴을 찡그리는 등 감정을 느낄 줄 안다. 따라서 엄마는 뱃속에 태아가 자리 잡는 순간부터 독립된 하나의 생명체로 인식하고, 태아에게 이로운 태교를 함으로써 뱃속 생명체를 존중해야 한다.

태아와 정서적인 교감이 필요하다

임신한 순간부터 태아와 엄마는 하나의 몸이 된다. 엄마의 피가 태아의 몸을 만들고, 엄마가 먹는 음식이 태아의 몸을 건강하게 한다. 감정적으로도 교류를 하게 돼 엄마가 편안하면 태아도 편안하고, 엄마가 스트레스를 받으면 태아도 힘들어한다. 각각 다른 인격체이지만 하나의 몸처럼 묶여 있는 태아와 엄마는 열 달이라는 짧지 않은 시간을 함께 지내기에 정서적으로 교감이 이루어져야 한다. 태교는 '너와 나는 사랑으로 묶인 단단한 존재'라는 유대감 형성과 정서적 교감을 돕는다. 태교를 통해 태아와 친밀감이 높아질 뿐만 아니라 아이를 맞을 마음의 준비를 하게 된다.

태아의 두뇌 발달에 영향을 미친다

미국 피츠버그 대학 합동 연구팀의 보고에 따르면, 인간의 지능은 유전적 요소보다 자궁 내 환경에 의해 좌우된다고 한다. 태아 두뇌 발달에 유전적인 요소 못지않게 태내 환경과 적절한 외부 자극이 중요하다는 것. 엄마가 태아에게 좋은 영향을 주기 위해 말과 행동, 마음가짐을 조심해야 한다는 태교의 기본 의미를 되새겨볼 때, 엄마는 태아의 두뇌 발달을 위해 태교에 힘써야 한다.

성공적인 태교 솔루션

태교 정보를 수집한다

태교를 잘 하려면 정보가 있어야 한다. 책이나 잡지, 인터넷 사이트를 통해 태교의 종류와 방법, 효과 등을 구체적으로 알아본다. 태담 태교, 음악 태교 등 수많은 태교법 중 평소 관심이 있고, 실천하기 좋은 태교법을 선택한다.

태교 플랜을 세운다

태교에 관한 정보를 수집하고 남편과 상의하여 알맞은 태교법을 선택했다면 언제부터 시작할지, 어떤 시기에 어떤 태교를 중점적으로 할지 계획을 세운다. 태교 플랜은 아내의 건강 상태, 맞벌이 여부 등 부부의 상황에 따라 달라질 수 있다. 예를 들어 맞벌이 부부라면 퇴근 후 중점적으로 태교하거나, 남편이 평일에 퇴근이 늦다면 주말에 시간을 내어 태교에 전념한다.

태교법은 두 가지 이상 실천한다

수많은 태교법을 모두 실천할 수는 없다. 좋아하는 태교 외에 두 가지 이상의 부수적인 태교법을 함께 실천한다. 엄마가 즐겨 읽는 책을 읽어주는 태교법을 선택했다면, 저녁에는 남편과 음악을 함께 듣거나 주말에는 가까운 수목원으로 여행을 떠나는 등 다양한 방식으로 태아에게 자극을 주는 것이 좋다. 이렇게 여러 태교법을 병행하면 태아에게 다양한 자극을 줄 수 있고, 엄마도 지루하지 않게 실천할 수 있다.

태교 일기를 쓴다

자기 전 하루 종일 태아와 함께 했던 태교 과정을 글로 쓰는 것도 도움이 된다. 일기를 쓰거나 편지를 쓰듯 엄마가 느낀 감정들을 솔직하게 쓰면 된다. 태교 일기는 부모가 아이에게 줄 수 있는 세상에 하나밖에 없는 멋진 선물이 될 수 있다.

가족 모두가 태교에 참여한다

태교는 온 가족이 참여할 때 더욱 의미가 크다. 또 다른 가족 구성원을 맞이하는 준비 과정이라는 차원에서 언니, 오빠, 할아버지, 할머니도 태교에 적극 참여해 태아의 존재를 함께 느껴보는 것이 좋다. 태담이나 노래, 동화책을 읽어주는 태교를 추천한다.

수시로 뱃속 아이와 대화를 나눈다

태아와 대화를 나누는 태담은 태교의 가장 기본이다. 태담 태교는 특별한 방법이 있는 것은 아니다. 밥 먹을 때, 옷 입을 때, 청소할 때 등 수시로 태아에게 말을 걸면 된다. 때와 장소에 구애받지 않고 수시로 대화를 나눌 수 있으니 실천하기 쉬운 것이 장점. 또한 자궁 밖에서 들리는 엄마 목소리는 태아에게 안정감을 준다.

건강한 엄마가 되기 위해 노력한다

건강한 엄마의 뱃속에서 건강한 아기가 태어날 확률이 높다. 태교는 몸과 마음이 모두 건강할 때 효과적이므로 엄마는 자신의 건강관리에 각별히 신경 쓴다. 임신 기간 동안 좋은 음식을 먹고, 평소 규칙적인 생활과 운동을 통해 좋은 태내 환경을 마련해준다.

배를 자주 쓰다듬고 자연에서 산책한다

엄마가 배를 쓰다듬을 때 태아는 손가락을 빨며 안정을 취한다고 한다. 태아가 자궁벽을 통해 느껴지는 엄마의 부드러운 손길을 좋아한다는 것. 하지만 너무 세게 문지르면 오히려 자궁에 자극을 줄 수 있으니 주의한다. 더불어 자연을 보며 산책하는 것도 좋은 태교다. 자연에서 들려오는 소리가 태아에게 좋은 자극을 주며, 자연 속에서 걸으면 스트레스 호르몬이 줄어 태아와 엄마가 편안함을 느낀다.

스트레스 없는 생활을 한다

임신부의 평균 심장박동은 60~70회 정도, 태아는 약 140회 정도로 엄마가 스트레스를 받으면 태아의 심장박동이 더욱 빨라진다. 부부싸움을 하는 등 시끄럽고 날카로운 소리를 듣고 자란 태아는 스트레스로 정신적, 육체적 장애를 겪을 수 있다.

다양한 태교 방법

태담 태교

태담은 태아와 도란도란 이야기를 주고받는 것으로, 엄마, 아빠의 사랑을 전하는 가장 기본적인 태교법이다. 방법이 간단해 바쁜 워킹맘이나 회사일로 지친 아빠들도 쉽게 할 수 있다. 태아는 오감 중 청각이 가장 먼저 발달하는데, 엄마 아빠의 목소리를 들려줌으로써 태아의 뇌를 자극해 지능 발달에 도움을 줄 수 있다. 엄마 아빠와의 적극적인 교류가 정서 발달과 사회성 발달에도 좋은 영향을 미친다. 태아와 이야기를 나누면 엄마의 마음이 편안해진다는 것도 장점이다.

How to 태담으로 반드시 특별한 이야기를 해야 하는 것은 아니다. 일상생활, 날씨의 변화, 음식, 외출 이야기 혹은 현재 엄마, 아빠의 기분이 어떤지 등 일상적인 이야기를 하면 된다. 긍정적이고 따뜻한 단어를 많이 사용하고 밝은 목소리로 또박또박 이야기한다. 태명을 정해서 부르면 더욱 좋고, 배를 부드럽게 쓰다듬으면서 말하면 효과를 높일 수 있다.

음악 태교

청각은 태아의 감각 중 가장 먼저 발달한다. 임신 8주 무렵 청각이 생기기 시작해 임신 후기에는 성인 수준으로 완성된다. 이처럼 임신 기간 크게 발달하는 청각 기능에 음악 태교는 좋은 자극이 된다. 음악은 태아와 엄마의 마음을 안정시켜 정서적으로 편안하게 하고 감성을 풍부하게 만든다. 또한 태아의 뇌 발달에도 도움이 된다. 음악을 들으면 태아의 뇌파가 알파파 상태로 변하고, 호르몬 분비가 촉진되어 두뇌 성장이 활발해진다.

How to 음악 태교에 좋은 음악으로 클래식을 추천한다. 클래식은 엄마의 심장박동 수와 비슷하고, 뇌에서 알파파를 형성해 태아의 정서를 안정시켜준다. 특히 모차르트, 바흐, 비발디 등 바로크 음악이 좋다. 새소리, 물소리, 파도소리 등 자연음도 알파파를 형성하고, 국악, 가곡, 동요도 태아에게 다양한 자극을 줄 수 있어 권장된다. 하지만 아무리 좋은 음악이어도 엄마가 듣기 싫다면 억지로 듣지 않는다. 또 클래식보다 가요가 좋다면 가요를 들어도 좋다. 단 너무 우울하거나, 헤비메탈처럼 강렬한 사운드의 음악은 피한다.

음식 태교

수많은 태교법 중 태아의 성장 발달에 가장 직접적인 영향을 주는 것이 바로 음식 태교다. 엄마 뱃속에 있는 열 달 동안 태아는 빠르게 성장하는데 엄마가 먹는 모든 음식이 태아에게 고스란히 전달된다. 특히 뇌세포가 급격히 발달하는 태아기에 필요한 영양을 골고루 섭취하면 지능 발달에 도움이 된다. 신체적으로 건강하고 똑똑한 아이를 낳기 위해 음식 태교를 임신 10개월 동안 꾸준히 실천한다.

How to 임신 초기에는 입덧이 심하므로 소화가 잘 되고 입맛 당기는 음식을 먹는다. 또 태아의 뇌세포가 급속히 발달하니 단백질과 칼슘 섭취에 신경 쓴다. 임신 중기에는 입덧이 사라지고 식욕이 생긴다. 단백질, 칼슘, 철분 등 다양한 영양을 골고루 섭취하되 급격하게 체중이 늘지 않도록 주의한다. 임신 후기는 태아의 두뇌 형성이 마무리되는 시기로, 두뇌 발달에 좋은 단백질과 함께 비타민 섭취에 신경 쓴다. 더불어 음식 태교 시 기본적으로 지켜야 할 사항이 몇 가지 있다. 임신중독증 등 합병증 예방을 위해 고단백, 저열량식으로 먹는다. 또한 염분과 기름기를 적게 해서 담백하게 먹는 것이 좋고, 인스턴트나 패스트푸드는 가급적 먹지 않는다.

동화 태교

평소 말수가 적거나 감정 표현이 서툰 엄마 아빠라면 동화 태교를 추천한다. 좋은 이야기를 들려줌으로써 태아와 교감의 시간을 가질 수 있다. 동화를 읽어주는 엄마 아빠의 목소리는 태아의 뇌 발달을 비롯해 정서, 사회성 발달에 도움을 주며, 역할을 분담하여 다르게 표현되는 목소리는 태아에게 신선한 자극을 줄 수 있다.

How to 하루 30분이라도 매일 꾸준히 책을 읽어준다. 책을 읽을 때는 구연동화를 하듯 생동감 있는 목소리로 읽는 것이 포인트. 임신 개월 수에 따라 단계적으로 책을 읽어주면 좋다. 초기에는 상상력을 키울 수 있는 그림책, 임신 주수가 진행될수록 구체적인 스토리가 있는 책을 읽어준다. 책 내용은 밝고, 희망차고, 교훈적이고, 상상력이 넘치는 내용이 좋다. 따뜻한 감성이 담겼다면 시나 수필, 소설 등 엄마 취향에 맞는 책을 읽어줘도 좋다.

미술 태교

미술 태교는 태아의 감성을 길러주는 좋은 태교법이다. 아름다운 미술 작품을 감상하면 보는 엄마의 마음이 편안해지며, 시각을 통한 자극이 태아의 정서와 감성 발달에 큰 영향을 미친다. 그림을 그리거나 찰흙을 만지는 등 미술 활동을 직접 해보는 것도 좋다. 촉각적인 경험이 태아의 오감을 골고루 자극하고, 이러한 감각 자극이 태아의 뇌 발달에 도움이 된다. 단 엄마가 미술 활동을 진정으로 좋아해야 태아에게 좋은 영향을 줄 수 있다. 억지로 하는 미술 태교는 태아나 엄마 모두 스트레스를 받을 수 있다.

미술 태교는 좋은 그림을 자주 보는 것에서 시작한다. 태아에게 좋은 그림이란 긍정적인 그림이다. 밝고 아름다운 색채가 담기거나, 사람과 자연을 아름답게 표현한 그림이 좋다. 색채가 어둡고 탁하며, 사람과 자연을 무섭고 기괴하게 표현한 그림은 피한다. 미술관이나 박물관에 직접 가도 좋고, 화집이나 엽서를 통한 그림 감상도 괜찮다. 색연필, 크레파스, 물감 등 쉽게 구할 수 있는 미술 도구로 직접 그림을 그려보는 것도 좋은 방법. 그림을 잘 그리지 못해도 상관없다. 뱃속 태아를 상상하며 아기 얼굴을 그려도 좋고, 귀여운 캐릭터나 자연을 그려도 좋다. 임신 중 미술 활동을 전문적으로 해보고 싶다면 문화센터 등 기관에서 미술, 공예, 서예 등을 배운다.

운동 태교

태아와 엄마의 건강을 챙기면서 태교 효과를 볼 수 있다. 자신에게 맞는 운동을 꾸준히 하면 순산하는 데 필요한 근육과 체력을 단련할 수 있고, 체중 관리뿐만 아니라 부종, 임신중독증 등 임신 트러블을 예방할 수 있다. 또 운동을 하면 스트레스가 해소돼 긍정적인 사고를 하고 정서적으로 안정을 찾게 된다. 이렇게 엄마의 몸과 마음이 건강한 상태로 유지되면 태아도 덩달아 건강하게 자랄 수 있다. 특히 운동을 하면 혈액순환이 원활해지면서 태아에게 산소와 영양이 충분히 공급돼 태아 성장 발달에 좋은 영향을 미친다.

임신부에게 가장 추천되는 운동 태교는 걷기. 걷기는 누구나 쉽게 하는 운동으로 골반과 허리 등 근육이 단련돼 순산할 수 있고, 체내 산소량이 높아져 태아에게 충분한 산소를 공급할 수 있다. 단 걸을 때는 가볍게 걷는 것이 중요하다. 30분 이내로 짧게 걷고, 가까운 공원을 산책하는 정도가 적당하다. 걷기 외에 수영, 요가도 추천된다. 수영은 전신운동으로 신진대사가 활발해지고, 폐활량이 늘어나 엄마 건강에 좋다. 요가는 호흡과 명상 활동을 통해 마음을 안정시키는 데 좋고, 몸의 근육을 단련시켜 순산에 도움이 된다. 또 모체의 틀어진 자세를 교정해주기 때문에 요통 등 각종 통증 예방에도 효과적이다. 이처럼 운동 태교는 체력을 단련시키면서 태아와 엄마에게 무리를 주지 않는 선에서 진행한다. 등산, 조깅, 자전거 타기, 윗몸 일으키기 등 복부를 자극하고 임신부가 넘어지는 등 위험한 상황에 처할 수 있는 운동은 삼간다.

워킹맘 태교 플랜

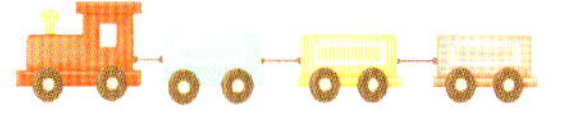

① 아침저녁으로 30분 정도 일찍 출퇴근한다. 복잡한 시간을 피해 출퇴근하면 스트레스를 덜 받을 수 있다.

② 하이힐은 벗고 굽이 낮은 편한 신발을 신는다. 태아를 위해 편하고 안전한 신발이 좋다.

③ 가방은 양쪽 어깨에 메는 배낭형 가방이 좋다. 한쪽 어깨에 메는 가방은 비대칭적으로 힘이 가해져 어깨에 무리를 준다.

④ 짧지 않은 출퇴근 시간을 이용해 음악 태교나 동화 태교를 한다. 단, 동화 태교의 경우 책을 손에 들어야 하니 안전을 위해 자리에 앉았을 경우만 한다.

⑤ 일을 피할 수 없다면 즐겨야 한다. 직장에서 하고 있는 업무를 즐겁게 할 수 있도록 마인드를 바꾸자.

⑥ 장시간 자리에 앉아서 일하면 태아에게 무리를 줄 수 있다. 1시간마다 5~10분 정도 휴식 시간을 갖는다. 간단한 스트레칭을 하거나 복도를 천천히 걷는다.

⑦ 따로 운동할 시간을 내기 힘들다면, 점심 식사 후 직장 근처에 있는 공원을 20분 정도 걸으면서 운동 태교를 한다.

⑧ 퇴근 후에는 태아와 이야기를 나누는 태담 시간을 반드시 갖는다. 태명을 불러주고 하고 싶은 이야기를 다정한 목소리로 이야기한다.

⑨ 자기 전 30분 정도 가벼운 스트레칭으로 회사 업무로 뭉친 근육을 풀어준다. 스트레칭을 꾸준히 하면 근육이 단련돼 순산에도 도움이 된다.

25 바른 자세

골반이나 어깨, 허리 통증은 임신 중 대표적인 트러블로, 자세만 바로잡아도 통증을 완화할 수 있다.
의식적으로 허리를 펴고 바른 자세를 유지하도록 노력한다.
임신 트러블을 예방하고 태아 성장에 도움이 되는 바른 자세를 알아본다.

바른 자세가 중요한 이유

근육과 관절 건강에 좋다

임신을 하면 적게는 10kg, 많게는 15kg 이상 체중이 증가하다 보니 근육과 관절에 무리가 되어 통증이 오기 쉽다. 하지만 평소 바른 자세를 유지하면 근육, 관절, 인대 등에 무리를 주지 않아 관절통, 근육통 등을 예방할 수 있다.

유산 혹은 조산을 예방한다

누운 자세를 잘못 취하면 오히려 배가 뭉치기도 하고, 무거운 물건을 잘못 들면 배에 힘이 가해지기도 한다. 이는 자칫 조기 진통이나 출혈을 유발해 유산이나 조산으로 이어질 수 있다. 앉거나 누울 때, 설거지를 하거나 빨래를 할 때 등 일상생활 속에서 항상 바른 자세를 취하도록 노력한다.

임신 트러블을 예방한다

점차 배가 불러오면서 허리 · 골반 · 갈비뼈 통증, 가슴 압박감, 배뭉침 등 각종 트러블을 겪게 된다. 하지만 바른 자세를 유지하면 임신 트러블을 완화할 수 있다.

태아 성장에 좋다

임신부가 불편한 자세를 취하면 태아에게 전해지는 혈류 공급이 줄어든다. 반대로 평소 바른 자세를 취하면 모체와 태아 사이의 혈류 공급이 원활해져 태아 성장 발달에 도움이 된다. 특히 커진 자궁이 혈관을 누르지 않도록 누운 자세나 앉는 자세를 바르게 취해야 한다.

상황별 임신부의 바른 자세

1 자리에 누울 때

침대나 바닥에 누울 때는 자리에 앉은 뒤 한쪽 팔로 몸을 지지하면서 상체를 옆으로 기울여 천천히 눕는다. 왼쪽 가슴을 바닥에 대고 누우면 심장의 부담을 줄일 수 있다. 다리 사이에 쿠션을 끼고 누우면 발과 종아리의 혈액순환을 돕고, 요통을 줄이는 데도 효과적이다.

⚠️**주의** 천장을 보고 똑바로 누우면 커진 자궁이 내장 기관을 누를 뿐 아니라, 심장으로 들어가는 대정맥을 눌러 임신부가 호흡하기 힘들 수 있다.

2 자리에서 일어날 때

침대에서 누웠다 일어날 때는 한쪽 팔로 몸을 지지하면서 상체를 일으킨 후, 다리를 침대 모서리에 내리며 최대한 천천히 몸을 일으킨다.

⚠️**주의** 손으로 바닥을 짚고 일어나면 손목에 체중이 실리면서 무리가 갈 수 있으니 주의한다. 급하게 일어나면 어지럼증을 느끼거나 허리 및 골반 통증이 심해질 수 있으므로 최대한 천천히 일어난다.

3 앉아 있을 때

의자에 앉을 때는 허리를 받칠 수 있는 등받이 의자에 앉는 것이 좋다. 엉덩이를 깊숙이 밀어 넣고, 허리는 곧게 펴며 등은 등받이에 붙이고 앉는다. 바닥에 앉을 때는 책상다리를 하고 앉는 것이 좋다. 혈액순환을 위해 발을 뻗어 스트레칭을 하거나 쿠션 위에 다리를 자주 올려놓는다.

⚠️**주의** 다리를 꼬고 앉거나 양 다리를 한쪽으로 모아 앉는 자세는 척추에 무리를 주어 허리 통증을 유발할 수 있다.

4 씻을 때

세수할 때나 이를 닦을 때는 허리를 바로 펴는 것이 좋다. 머리를 감을 때는 머리를 앞으로 숙이는 자세보다는 바로 선 자세에서 머리를 뒤로 젖혀 샤워기로 감는다. 발을 씻을 때는 변기 위에 앉아 씻으면 편하다.

⚠️**주의** 세수할 때 허리를 과도하게 숙이면 허리가 아프고 배에 힘이 가해질 수 있다.

세탁물이 든 바구니를 들 때는 허리를 펴고 다리만 굽혀 허리에 무리가
가지 않도록 한다. 무릎은 편 상태로 허리만 숙여 물건을 들면 허리와
골반에 통증이 생길 수 있다. 빨래를 널 때는 건조대 위치를 낮게 하는
것이 좋다. 팔을 높이 들어 빨래를 널면 배에 무리가 갈 수 있다.

⚠️주의 세탁기에 빨랫감을 넣을 때 몸을 무리하게 구부리면 허리에 통증이 생
길 수 있다. 쭈그려 앉아 손빨래하는 동작도 배와 관절에 무리가 가니 되도록
삼간다.

6 부엌일 할 때

요리하거나 설거지할 때 틈틈이 앉아서 쉴 수 있도록 의자를 준비한다.
허리가 아프거나 배가 당길 때 수시로 앉아서 쉰다. 싱크대 앞에 서서
일할 때는 우선 바닥에 발 매트를 깐 다음, 다리 폭을 어깨 폭보다 약간
좁게 벌리고 선다.

⚠️주의 30분 이상 서 있으면 좋지 않으니 틈틈이 휴식을 취한다. 배를 앞으로
내밀거나 허리를 오랫동안 숙이는 자세는 피하는 것이 좋다.

7 식사할 때

엉덩이는 의자 깊숙이 밀어 넣고, 허리는 세우며, 등은 등받이에 붙인다.
무릎은 직각이 되도록 하고. 쿠션이나 욕실용 의자를 발아래 두어 두 발
을 올려놓아도 좋다.

⚠️주의 바닥에 앉아 식사하면 허리를 구부리면서 배를 압박할 수 있다. 임신
기간에는 가능하면 허리와 등을 받쳐줄 수 있는 식탁에 앉아 식사를 한다.

26 임신부 운동

임신 중 운동은 선택이 아닌 필수. 가벼운 운동을 꾸준히 하면 임신 중 비만을 방지하고,
합병증의 위험에서 벗어날 수 있다. 기초적인 체력이 길러져 순산하는 데도 도움이 된다.
임신 중에는 신체에 무리하게 힘을 가하지 않는 안전한 운동을 하는 것이 좋다.

임신부에게 운동이 필요한 이유

태아에게 산소 공급이 원활해진다

임신부가 운동을 하면 혈액순환이 원활해지면서 태아에게 많은 양의 산소와 영양을 공급할 수 있다. 특히 유산소운동은 체내의 산소량을 증가시키는데, 이는 태아의 뇌 발달에 좋은 영향을 미친다.

호흡량이 좋아진다

배가 점점 불러올수록 몸에 필요한 산소량이 많아져 호흡량이 늘어난다. 하지만 임신부의 몸은 커진 자궁이 횡격막을 밀어 올리면서 오히려 숨이 차는 현상이 나타난다. 운동을 꾸준히 하면 폐활량이 늘어나 충분한 양의 산소가 공급될 수 있다. 자궁이 폐를 압박해도 편하게 호흡할 수 있다.

체중 관리에 도움이 된다

규칙적으로 운동을 하면 열량이 효율적으로 소비되면서 지나친 체중 증가를 막을 수 있다. 적정 체중을 유지하면 임신중독증, 당뇨병 등 합병증을 예방하는 데도 효과적이다. 또 임신 중 꾸준히 운동을 한 임신부는 출산 후 자궁 수축이 잘 돼 산후 회복이 빠르고, 몸매도 임신 전 상태로 쉽게 되돌아가 산후 비만을 예방할 수 있다.

스트레스를 없애준다

임신을 하면 몸매가 달라지고, 부른 배 때문에 활동이 불편해져 스트레스를 받는다. 출산이 가까워지면 출산과 육아에 대한 걱정과 불안도 스트레스. 운동은 임신 스트레스를 날려버리는 데 효과적일 뿐만 아니라 긍정적인 사고에도 도움이 된다.

근육을 단련시켜 순산에 좋다

오랜 시간 진통을 겪으며 아기를 낳으려면 엄청난 체력이 필요하다. 평소 스트레칭이나 요가, 수영 등 골반과 허리, 관절을 유연하게 풀어주는 운동을 꾸준히 하면 분만 시 사용하는 근육을 단련시켜주어 분만이 쉬워진다.

효과적인 임신부 운동

가볍게 걷기

걷기를 꾸준히 하면 골반과 허리 근육이 단련되고 유연해져 진통 시간을 줄일 수 있다. 심폐기능도 좋아져 평소보다 체내 산소량이 2~3배 정도 늘어나 태아에게 충분한 산소를 공급해줄 수 있다. 출산을 앞두고 호흡법을 자연스럽게 익힐 수도 있다. 또한 임신을 하면 혈액순환이 좋지 않아 다리가 붓고 자주 쥐가 나는데, 걷기로 다리 근육을 단련시키면 혈액순환이 원활해져 트러블을 예방할 수 있다.

How to 일주일에 3~4회, 1회에 30분 이내로 걷는다. 가벼운 운동이라고 해서 처음부터 무리하지 않는다. 차츰 시간을 늘려도 좋지만, 최대 1시간을 넘지 않도록 한다. 땀 흡수가 잘 되는 면 소재로 몸에 달라붙지 않는 넉넉한 옷을 입고, 배에 충격을 주지 않는 편안한 운동화를 신는다. 계단이나 언덕, 사람 많은 곳은 피한다.

수영

수영을 하면 물의 부력으로 평소 무겁게 느껴졌던 배의 무게를 느끼지 않으면서 몸을 자유롭게 움직일 수 있다. 물속에 있으면 온몸이 물의 입력을 받게 되는데, 이는 마사지 효과가 있어 부기가 빠지고, 요통, 어깨 결림, 다리 저림, 정맥류 등 임신 트러블도 줄어든다. 또한 수영은 대표적인 전신운동으로, 온몸을 움직이면서 신진대사가 활발해지고, 근육이 단련되며, 폐활량도 늘어난다. 다만 임신 16주 전에는 유산 위험이 있고, 임신 9개월 후에는 조산과 감염 위험이 있으니 수영을 삼간다.

How to 임신 16주 이후부터 가능하다. 일주일에 2~3회, 1회에 30분~1시간 정도 한다. 임신부에게 가장 적당한 영법은 자유형과 배영. 자유형은 팔다리를 움직이면서 혈액순환을 좋게 하고, 출산 시 필요한 근육 단련에 효과적이다. 배영은 배가 물에 뜨는 부낭 역할을 해서 편안하게 자세를 취할 수 있다. 반면 접영은 임신부가 하기에 과격한 동작이어서 자궁에 무리를 줄 수 있으니 자제한다.

요가

임신부 요가는 눕거나 앉아서 하는 자세가 많아 부담 없이 따라 할 수 있다. 편안한 호흡과 명상 활동도 많아 스트레스를 없애고 마음을 안정시키며 정신을 맑게 해 태교에도 좋다. 특히 분만에 필요한 호흡법을 연습할 수 있는 것도 장점. 복부, 허리, 골반 등 다양한 근육을 단련시켜 순산에 도움이 되고, 자세도 교정해 허리 통증, 골반 통증, 어깨 결림 등이 예방된다.

How to 태아가 완전히 자리 잡는 5개월 이후부터 시작한다. 일주일에 3회 정도, 1회에 30~40분 정도 한다. 아침에 일어났을 때, 식후 1시간 이상 지났을 때, 자기 전 배뇨나 배변을 마친 후 하는 것이 좋다. 요가를 할 때는 얇은 요나 매트를 깔고 하고, 운동 시 통증이 있으면 즉시 멈추고 쉰다. 쉬운 동작부터 시작하고, 어려운 동작은 억지로 하지 않는다.

*이 책 맨 뒷장의 요가 운동법을 참고하자.

임신 중 피해야 하는 운동

등산

임신을 하면 호르몬의 영향으로 인대가 이완되는데, 등산을 하면 인대에 무리가 가니 주의할 것. 또 배낭을 메고 경사진 산을 올라야 하기 때문에 미끄러지거나 넘어질 위험이 높다.

조깅

조깅은 척추, 등, 허리, 골반, 엉덩이, 무릎 등 온몸에 부담을 주는 운동이다. 또 임신을 하면 유선이 발달하면서 가슴이 커지는데, 조깅을 하면 가슴이 흔들리면서 통증이 심해진다.

자전거 타기

실내에서 타는 자전거는 괜찮지만 야외에서는 길이 울퉁불퉁할 경우 균형을 잘못 잡아 넘어지면 큰 사고로 이어질 수 있으니 삼간다.

윗몸 일으키기

임신 중에는 복근을 사용하는 윗몸 일으키기는 삼간다. 자궁이 커지면 복부 세로근의 가운데가 갈라져 분리되는데, 누운 자세에서 윗몸 일으키기를 하면 갈라진 근육 폭이 넓어진다. 이는 출산 후 복부 근육이 더디게 회복하는 원인이 될 수 있다.

구기 종목

테니스, 농구, 탁구 등 공을 가지고 하는 구기 종목도 임신 중에는 삼간다. 공이 오는 방향에 따라 몸을 상하좌우로 격하게 움직이다 넘어질 수 있고, 공이 복부에 맞으면 조기 진통이 올 수도 있다.

27 숙면 노하우

임신 하고부터 쉽게 잠을 이루지 못하거나 새벽에 자주 깨 괴롭다고 호소하는 임신부들이 많다.
임신 초기에는 호르몬의 영향으로, 중기 이후에는 체형의 변화로 잠자는 자세가 불편해서 수면을 방해받는다.
엄마와 태아의 건강을 위해서는 잘 자기 위한 노력이 필수.

임신부 숙면의 기본 원칙

일반인의 하루 적정 수면 시간은 7~8시간이다. 임신부는 이보다 1시간 많은 8~9시간을 자는 것이 좋다. 숙면을 취하기 위해서는 취침 시간과 기상 시간을 규칙적으로 지키도록 노력한다. 또한 밤에 충분히 자지 못했을 때는 피로 회복 차원에서 낮잠을 자는 것이 도움이 된다. 낮잠은 15~30분 정도로 짧게 잔다. 1시간 넘게 낮잠을 자면 오히려 컨디션이 흐트러지고 밤에 길게 자기 어렵다. 오후 4시 이후의 늦은 낮잠도 밤잠을 방해하는 요인이니 주의한다.

임신부 숙면이 중요한 이유

태아의 성장을 돕는다

엄마가 숙면을 취하면 심신이 편안해지면서 태아가 자라는 태내 환경이 안정된다. 이렇게 태내 환경이 안정되면 태아의 뇌하수체에서 성장호르몬이 활발히 분비된다. 반대로 엄마가 불면증에 시달리면 스트레스를 받게 되는데, 태아 또한 불안과 스트레스에 시달린다. 이는 태아의 성장호르몬 분비에 영향을 미쳐 저체중아 출산으로 이어지는 등 성장 발육에 지장을 줄 수 있다.

임신 트러블을 줄여준다

임신을 하면 입덧, 소화불량, 허리 통증, 다리 저림, 부종 등 각종 트러블에 시달리게 되는데, 잠을 충분히 자면 심신이 편안해지면서 트러블이 완화되는 효과가 있다. 반면 잠이 부족하면 컨디션이 흐트러지면서 임신 트러블이 악화되기 쉽다.

임신 시기별 숙면 자세

임신 초기

임신 초기에는 호르몬의 영향으로 숙면을 취하기 어려운 경우가 많다. 프로게스테론 분비가 증가하면서 입덧, 소화불량 등 소화 기능에 장애가 생겨 숙면하지 못하는 것. 또한 임신을 하면 정서적으로 불안감이 생기는데, 예전과 달리 불편해진 신체적, 정신적 변화 때문에 잠을 잘 못 이루게 된다.

How to 임신 초기에는 아직 자궁이 크지 않기 때문에 자세에 신경 쓰지 않고 편히 자도 된다. 단 엎드려 자는 자세는 배가 나오는 임신 중기까지 이어지면 좋지 않으니 평소 다른 자세로 자는 습관을 들인다. 임신 중기 이후를 고려해 옆으로 누워 자는 자세를 몸에 익히는 것이 좋다.

임신 중기

임신 중기에는 몸이 변화한 호르몬에 적응하고 심리적으로 안정을 찾는 반면, 신체적인 변화는 더욱 심해져 숙면이 어려워진다. 본격적으로 배가 나오기 시작하면 잠자는 자세에 제약을 받고, 허리 통증, 갈비뼈 통증, 다리 저림, 부종 등 신체적인 불편함으로 자다 깨는 일이 잦아진다.

How to 임신 4개월부터 불러오는 배 때문에 마음대로 자는 것이 불편해진다. 특히 위를 보고 똑바로 눕는 자세는 커진 자궁이 심장으로 들어가는 대정맥을 눌러 가슴이 답답해지니 자제하고, 옆으로 누워 자는 자세를 취한다. 어느 방향에 관계없이 옆으로 누워도 좋지만, 왼쪽 가슴을 바닥에 대고 눕는 것이 혈액순환에 좋다.

임신 후기

임신 후기에 접어들면 잠을 깊이 자기 더욱 어렵다. 태동, 소화불량, 자궁으로 인한 압박감 등이 원인인데, 특히 다리에 쥐가 나면서 잠에서 깨는 일이 빈번해진다. 커진 자궁이 방광을 눌러 잔뇨감이 들면서 화장실에 가느라 깨기도 하고, 횡격막을 눌러 폐활량이 감소해 깊이 자는 것이 어려워진다. 또한 출산 예정일이 임박하면서 분만에 대한 걱정과 두려운 마음에 불면증이 생기기도 한다.

How to 임신 후기에는 반드시 옆으로 누워 잔다. 똑바로 누워 자면 커진 자궁이 내장 기관을 누르고, 심장으로 들어가는 대정맥을 누를 수 있기 때문이다. 왼쪽 팔을 바닥에 대고 누운 후 한쪽 다리를 구부리는 심즈 체위를 취한다. 다리 사이에 쿠션을 끼고 자면 편하다.

임부복과 임부 속옷 고르기

임부복

사계절 조절할 수 있는 상의로 선택한다 배를 압박하지 않는 편안한 옷을 입는다. 바지나 치마를 고를 때 개월 수에 맞게 허리를 조절할 수 있는 옷을 고르면 편리하다

면 또는 천연 소재로 고른다 임신부는 체온이 높아 열이 나기 때문에 통풍이 잘 되는 면 소재나 천연 소재의 옷을 고른다.

임부복 쇼핑 감비맛 쇼핑몰을 활용한다 배가 부르면 오랜 시간 쇼핑하기 힘들다. 인터넷 쇼핑몰을 활용하면 발품 팔지 않고도 합리적인 가격에 다양한 디자인의 임부복을 고를 수 있다.

임부용 레깅스를 활용한다 임부용 레깅스는 일반 레깅스에 비해 배 부분이 길게 제작돼 배를 충분히 감싸 편안하다.

임부 속옷

기능성 임부 속옷으로 준비한다 임부 속옷에는 브래지어와 팬티, 거들, 내의 등이 있다. 일반 속옷보다 신축성이 뛰어나 몸을 조이지 않으면서 신체 부분별로 잘 받쳐주는 기능이 있는 것이 특징.

브래지어 고르기 가슴이 커지기 시작하는 임신 4개월 전후로 임부용 브래지어를 착용한다. 가슴을 넓게 감싸 유선 발달을 방해하지 않고 옆 날개와 어깨끈이 일반 속옷보다 넓어 유방을 아래에서 옆 부위까지 확실히 받쳐줘 편하다.

팬티 고르기 자궁저부를 충분히 덮어 보온 효과와 안정감을 주고, 복부를 압박하지 않는 것이 좋다. 피부에 직접 닿기 때문에 땀과 분비물 흡수가 잘 되는 소재를 선택한다.

거들 활용하기 임신 중기부터 배가 불러오면 움직임이 불편해지는데, 거들이나 복대를 착용하면 무거운 배를 받쳐줘 안정감을 준다. 또한 복부 처짐을 방지하고, 몸을 따뜻하게 하며 요통을 예방하는 효과가 있다.

28 피부 관리

임신 중에는 호르몬 변화와 신체 변화로 기미, 주근깨, 튼살 등 불청객이 찾아온다.
임신 중 생긴 피부 트러블은 대부분 출산하면 좋아지지만, 관리가 소홀하면 출산 후에도
흉터나 자국이 남기도 하니 신경 쓰자.

임신 중 생기는 피부 트러블과 관리법

건조한 피부

임신을 한 후 피부가 거칠어졌다고 호소하는 임신부들이 많다. 임신으로 피부가 푸석푸석하고 건조해지는 증상은 대개 출산하면 없어진다. 하지만 건조한 피부를 방치하면 가려움증과 튼살이 심해질 수 있으니 피부 보습에 신경 쓴다.

물을 충분히 마신다 | 피부 관리에서 가장 중요한 것은 수분 공급이다. 피부에 충분한 수분을 공급하기 위해 물을 자주 마신다. 하루 1.5ℓ 이상 마시면 좋다.

각질을 제거한다 | 피부가 건조하면 각질이 쉽게 생긴다. 일주일에 한 번 정도 스팀 타월과 팩을 이용해 각질을 제거한다. 스팀 타월로 얼굴을 감싸 모공을 열어준 후 흑설탕, 우유, 달걀, 쌀뜨물 등 자연 재료로 만든 각질 팩을 해주면 모공 속의 묵은 때와 각질을 효과적으로 제거할 수 있다.

세안 후 보습제를 충분히 바른다 | 미지근한 물로 깨끗이 세안한 후에는 수분이 날아가지 않게 보습제를 빠른 시간 안에 충분히 바른다. 피부가 건조한 경우 보습제는 수분 위주 제품만으로는 부족하다. 유분이 함유된 제품 중 자신의 피부 타입에 맞는 제품을 선택한다.

기미와 주근깨

임신을 하면 호르몬 영향으로 멜라닌 색소가 증가하면서 기미, 주근깨가 늘어난다. 임신 초기에 나타나 증상이 갈수록 심해지는데, 신진대사가 원활하지 않거나 스트레스를 받고, 강한 자외선에 노출되면 증가할 수 있다. 출산 후 깨끗하고 윤기 나는 피부로 돌아가고 싶다면 세심한 피부 관리가 필요하다.

자외선 차단제를 바른다 | 강한 자외선은 기미, 주근깨를 더욱 짙게 만든다. 외출할 때는 계절에 관계없이 자외선 차단제를 바르고, 모자나 양산을 써 햇볕에 노출되지 않도록 한다.

피로와 스트레스를 쌓지 않는다 | 스트레스는 멜라닌 세포를 자극해 기미, 주근깨를 더욱 증가시킨다. 평소 스트레스를 받지 않도록 노력하고, 쌓인 스트레스는 그때그때 풀어준다. 항상 충분한 수면과 휴식을 취한다.

자연 팩으로 피부를 관리한다 | 기미, 주근깨를 예방하기 위해 일주일에 1~2회 정도 팩을 한다. 당근, 오이, 양파, 요구르트 등 자연 재료를 이용해 팩을 하면 피부 트러블 없이 기미, 주근깨를 예방할 수 있다. 임신 중에 기미 치료를 위해 약을 사용하는 것은 금물이다.

여드름

체중이 증가하고 신진대사가 활발해지면서 땀도 많아지는데, 노폐물이 모공을 막으면서 여드름이 생긴다. 여드름을 잘못 관리하면 흉터가 생길 수 있으니 더욱 신경 쓰자. 여드름 치료제는 절대 사용해서는 안 된다. 이소트레티노인 성분의 여드름 치료제를 임신 중 사용할 경우, 뇌 손상, 정신지체 등 심각한 태아 기형을 유발할 수 있다.

세안을 자주 한다 | 피부에 노폐물이 남지 않도록 세안을 자주 한다. 클렌징크림이나 폼 클렌저 등 저자극성 세안제를 이용한 꼼꼼한 이중 세안은 필수.

가벼운 수분 크림을 사용한다 | 유분이 포함되지 않은 가벼운 수분 크림을 사용한다. 유분이 많은 기능성 제품이나 영양 크

림은 어드름을 더 악화시킬 수 있다.

소양증

임신 중 시도 때도 없이 피부가 가려운 소양증이 나타나기도 한다. 임신으로 인해 간에 담즙이 차면서 발생하는 소양증은 주로 배와 다리에 1~2㎜ 정도의 빨간 반점이 생기면서 가려워지다 큰 두드러기로 발전한다. 대개 출산 후 괜찮아지니 크게 걱정하지 않아도 된다.

매일 몸을 깨끗이 씻는다　소양증은 피부가 건조하고 청결하지 못하면 증상이 심해진다. 미지근한 물로 매일 샤워해 몸을 청결히 유지한다. 강한 비누나 세정제는 피부에 자극을 줄 수 있으니, 깨끗한 물로 여러 번 씻는 것이 좋다. 샤워 후에는 보습제를 충분히 발라 피부가 건조해지는 것을 막아준다.

의사와 상의 하에 약을 처방받는다　소양증으로 인해 극심한 스트레스를 받으면 태아에게 좋지 않으므로, 증상이 심할 때는 의사와 상의 하에 약을 처방받는다.

튼살

임신을 하면 배, 가슴, 엉덩이가 커지면서 피부가 늘어난다. 이때 피하조직이 피부를 따라가지 못하면 피부에 튼살이 생긴다. 튼살은 한번 생기면 없어지지 않기 때문에 예방이 중요하다. 튼살은 초기에 붉은색이나 보라색을 띠므로 이 시기에 집중적으로 관리해야 한다.

튼살 예방 크림을 바른다　튼살은 피부가 건조하면 더 심해진다. 튼살 예방 크림이나 오일을 아침저녁으로 꼼꼼히 발라 피부가 건조해지지 않도록 관리한다.

임신부 전용 거들을 입는다　임신부 전용 거들은 입으면 배가 갑자기 커지는 것을 막아 튼살을 어느 정도 예방할 수 있다. 임신 후기에는 배를 지나치게 압박할 수 있으니 착용하지 않는다.

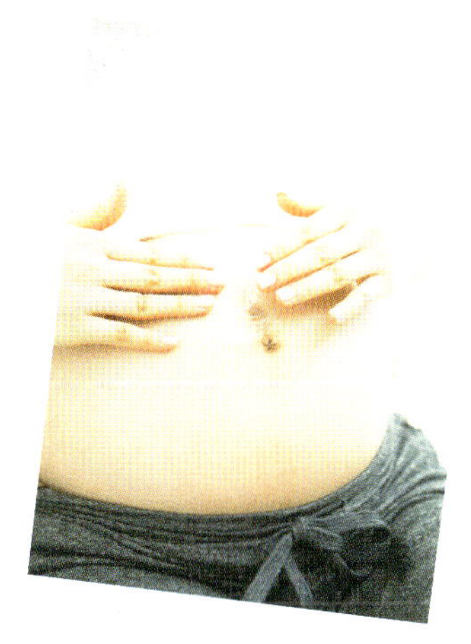

임신 중 치아 관리법

입덧이 있을 때는 치실로 관리한다

입덧이 심해 칫솔질이 어려울 경우에는 치실을 사용한다. 구역질을 유발하지 않기 때문에 특히 임신 초기에 추천된다. 단 과도하게 마찰하면 잇몸 사이에서 출혈이 생길 수 있으니 주의한다.

입덧 직후에는 물로 가글을 한다

입덧을 자주 하면 위산이 역류하면서 입속 산도가 올라가 세균이 번식하기 쉬운 환경이 된다. 양치를 하면 좋지만 입덧이 심하면 칫솔질 자체가 어려운 경우가 많으니 이럴 때는 가글을 하는 것을 권장한다.

단맛 나는 음식은 멀리한다

단맛 나는 음식은 잇몸 질환의 원인이 되므로 되도록 섭취를 자제한다. 특히 초콜릿, 캐러멜 등 치아 사이에 끼기 쉬운 음식은 금물이며, 섭취 후에는 곧바로 양치한다.

치과 치료는 임신 4~6개월 사이에 한다

임신 중기, 즉 임신 4~6개월은 치과 치료를 받기 가장 안전한 시기. 유산 위험이 크게 줄어들어 치료를 받기에 적당하다. 그래도 임신 기간 중인 만큼 항생제나 마취 등은 반드시 의사와 충분히 상의하고, 스트레스를 받을 만한 치료는 하지 않는다.

29 임신 중 부부관계

일반적으로 건강한 임신부는 임신 초기와 말기를 포함해 전 기간 동안 부부관계가
태아에게 해를 주지 않는다. 태아에게 좋지 않을까 봐 부부관계를 피하면 임신 중 부부 애정 전선에
문제가 생길 수 있다. 하지만 유산기가 있거나 조산의 위험이 있는 경우는 피해야 한다.

임신 중 부부관계에서 꼭 알아야 할 점

유두를 자극하면 안 된다

유두를 자극하면 옥시토신이라는 호르몬이 분비되는데, 이 호르몬은 자궁 수축을 일으킬 수 있다. 조산이나 유산 위험이 있는 임신부라면 유두를 자극하는 애무 행위는 삼간다.

전희를 충분히 즐긴다

임신을 하면 질과 자궁점막이 충혈되어 상처를 입기 쉽다. 부부관계 시 전희 시간을 충분히 가져 질 상태를 촉촉하게 만들면 상처가 나지 않으며 삽입이 잘 된다. 단 감염의 위험이 있으니 남편이 질에 손가락을 넣는 애무 행위는 절대 금물.

격렬한 성행위는 피한다

과도하고 격렬한 성행위는 임신 기간만큼은 가급적 삼간다. 배를 압박하거나 임신부의 움직임이 많은 체위는 자궁 수축을 유발할 수 있다. 너무 깊게 삽입하는 것도 자궁에 자극을 줄 수 있으니 주의한다.

콘돔을 사용하는 것이 좋다

남성의 정액 속에는 프로스타글란딘이라는 호르몬이 들어 있다. 임신부의 몸에 들어가면 자궁 수축을 일으킬 수 있으니 부부관계 시 콘돔을 사용한다. 또 정액 자체가 강한 산성이어서 자궁을 수축시킬 수 있는데, 콘돔을 사용하면 정액으로부터 자궁을 보호할 수 있다.

오르가슴을 느껴도 된다

임신 중 오르가슴을 느껴도 태아에게 나쁜 영향을 미치지 않는다. 오히려 오르가슴이 태아의 두뇌 발달에 좋은 영향을 준다는 보고도 있다. 느껴지려는 오르가슴을 무조건 참느라 스트레스를 받는 것이 더 좋지 않으니, 안전하게 부부관계를 하며 오르가슴을 느껴도 무방하다.

관계 전후 깨끗이 씻는다

임신을 하면 질 점막이 민감해지기 때문에 각종 세균으로부터 감염되기 쉽다. 특히 남성의 성기가 청결하지 않을 경우 부부관계가 세균 감염의 통로가 된다. 따라서 부부관계 전후에는 임신부, 남편 모두 외음부를 깨끗이 씻도록 유의한다.

쌍둥이 임신부의 부부관계

최근 난임 부부가 늘면서 시험관 시술이나 인공수정 시술의 영향으로 쌍둥이 임신이 늘고 있다. 쌍둥이 임신의 경우 유산이나 조산 위험이 일반 임신에 비해 높기 때문에 부부관계에서도 주의가 필요하다. 태반이 불안정해 유산 위험이 있는 임신 초기와 조산의 위험이 높은 임신 8개월부터는 부부관계를 하지 않는 것이 좋다. 하지만 이 외의 기간에는 의사의 진단으로 특별한 이상이 없다면 일반 임신부들처럼 부부관계를 해도 괜찮다.

임신 초기

임신 초기에는 부부관계를 조심히 해야 한다. 이 시기에는 수정란이 자궁에 착상한 지 얼마 되지 않았고, 태반도 아직 완성되지 않았기 때문에 유산 위험이 높다. 부부관계 횟수는 줄이고, 시간은 짧게 한다. 배를 압박하지 않고, 삽입이 깊지 않은 체위로 한다. 또한 외음부를 만지거나 손가락을 질 안에 삽입하는 것은 세균 감염의 위험을 높이므로 하지 않는다.

아직 배가 부르지 않았기 때문에 임신 초기에는 가능하다. 배를 압박하지 않으면서 삽입이 깊지 않다. 하지만 아내가 다리를 크게 벌리면 삽입이 깊어질 수 있으니 주의.

정상위의 변형으로, 아내의 다리 사이에 남편이 한쪽 다리를 넣고 삽입하는 체위다. 남편이 몸을 약간 비틀면 아내의 배를 압박하지 않고, 삽입 깊이도 조절할 수 있다.

아내가 다리를 붙인 채 똑바로 누워 있으면 남편이 팔로 몸을 지탱하며 삽입하는 체위. 깊이 삽입되지 않으면서 외성기 자극이 커 만족감이 좋다.

임신 중기

임신 기간 중 부부관계를 갖기에 가장 안정된 시기다. 정기검진 시 특별한 이상이 없다면 평소처럼 부부관계를 시도한다. 그래도 임신한 상태이므로 배를 압박하지 않는 것은 기본이며, 배가 당기거나 아프면 부부관계를 중단한다. 또 부부관계 시 태동이 감소하는 경향이 있는데, 오히려 태동이 심해진다면 태아가 힘들다는 뜻. 이때는 가벼운 체위로 바꾸거나 부부관계를 중단하고 쉰다.

아내와 남편이 옆으로 마주보고 누워서 삽입한다. 이때 아내가 다리를 붙인 채 뻗고 있으면 배를 압박하지 않고 삽입도 깊지 않다.

부부가 한 방향을 보고 누운 후 남편이 뒤에서 삽입한다. 남편의 체중이 실리지 않아 배에 부담이 없으며, 삽입 깊이도 자유롭게 조절 가능하다.

남편이 다리를 벌리고 앉은 상태에서 아내가 의자에 앉듯 위에서 결합하는 체위다. 배를 압박할 염려가 없으며, 아내가 삽입 깊이를 조절할 수 있어 안전하다.

임신 후기

임신 8개월이 되면 자궁 입구나 질이 부드러워지고 배가 자주 당기는 현상이 일어난다. 이 시기 부부관계에 의해 자궁 수축이 일어나면 조산으로 이어질 수 있다. 또 질 주변이 충혈되어 미세한 자극에도 상처가 나고 세균 감염이 되기 쉬운데, 태아를 싸고 있는 양막이 파열되어 조기파수가 일어날 위험도 있다. 막달에는 부부관계를 갖지 않도록 한다. 조산 위험이 있는 경우, 전치태반, 출혈, 하복통이 있는 경우라면 더욱 주의한다.

커진 자궁이 혈관을 누르지 않도록 옆으로 누운 자세가 좋다. 남편이 아내 뒤에서 감싸는 후측위는 배를 압박하지 않고 부부관계를 편안하게 할 수 있다.

남편이 앉은 자세에서 아내가 그 위에 등을 돌리고 앉은 후 삽입한다. 삽입을 깊게 하지 않고, 속도를 느리게 하도록 주의한다.

30 임신 중 여행하기

여행은 첫 임신의 설렘과 불안함을 어느 정도 달래주고, 태교에도 좋다.
여행하는 시기는 유산의 위험이 있는 임신 초기와 조산이 염려되는 임신 후기를 피해 엄마와 태아가 모두
안정된 임신 중기가 가장 좋다. 장거리 여행이라면 여행을 떠나기 전 반드시 담당의에게 상담한다.

안전한 여행 준비 노하우

여행 시기

임신 초기는 건강한 임신부도 유산의 우려가 있는 시기이므로 되도록 여행을 피한다. 임신 후기 또한 조산과 조기 진통의 위험이 있으므로 가급적 여행을 자제한다. 임신 중 가장 안전한 여행 시기는 임신 중기. 이 시기는 임신부와 태아 모두 비교적 안정된 시기이므로 참았던 여행을 준비해도 좋다.

여행 일정

건강한 임신부라도 장시간 이동하는 여행이나 장기 여행을 지속하면 무리가 될 수 있다. 여행 일정은 당일이나 1박 2일~2박 3일 정도의 단기간으로 계획하는 것이 적절하다. 관광지를 여기저기 둘러보며 오래 걷는 등 여행 일정을 빡빡하게 잡아 무리하게 다니는 것도 금물이다. 여행을 가더라도 산책하듯 쉬엄쉬엄 다니는 스케줄로 짠다.

복장

활동하기에 편하고 몸에 달라붙지 않는 넉넉한 옷을 입는다. 갑작스런 날씨 변화나 실내외 온도 차에 대비해 카디건 등 여벌의 옷을 준비한다. 신발은 바닥이 미끄럽지 않고 신고 벗기 편한 운동화가 좋다.

준비물

여행 중 갑자기 생길지도 모르는 응급 상황에 대비해 산모수첩과 건강보험증은 반드시 챙겨 간다. 복용하고 있던 엽산제나 철분제 등의 약은 휴대 용기에 담아 가 거르지 말고 복용한다. 물을 마실 때는 설사, 배탈 예방을 위해 되도록 생수를 구입해 마신다. 강한 자외선을 쐬지 않도록 자외선 차단제와 모자, 선글라스, 양산을 챙긴다.

여행지 정보

여행 시 응급 상황에 대비해 여행지 주변에 있는 병원 위치와 전화번호를 미리 확인한다. 임신부에게 가장 적당한 교통수단은 무엇인지, 가장 빠르고 안전한 길은 어떤 경로인지 미리 알아두는 것도 좋다.

임신 시기별 여행 노하우

임신 초기

임신 초기에는 자칫 무리하면 유산될 가능성이 높다. 또 입덧이 심한 경우 교통수단을 이용하는 것이 힘들고, 여행지 음식이 입에 맞지 않을 수 있으므로 가급적 여행을 자제한다. 그래도 여행을 가야 한다면 당일 코스로 가까운 미술관이나 박물관, 수목원 등을 가볍게 산책하는 정도가 좋다. 가까운 여행지가 추천되는 만큼 교통수단은 자가용이 좋고, 차를 이용할 때는 이동 시간이 짧게, 최대 4시간이 넘지 않도록 한다. 참고로

입덧이 심한 경우 배로 이동하는 여행은 삼간다. 뱃멀미가 두통, 어지럼증을 더욱 유발한다.

임신 중기

임신 기간 중 가장 안정된 시기인 만큼 2박 3일 정도 숙박하는 여행을 계획해도 좋다. 단 중기에는 커진 자궁으로 허리 통증이 심해지니 휴식 없이 장시간 차를 이용하는 것은 좋지 않다. 이동 시 1시간마다 10분 정도 휴식을 취한다. 차 안에 오래 앉아 있으면 부종, 정맥류도 심해지니 다리 아래에 쿠션을 두고 다리를 올려놓으면 도움이 된다. 일시적으로 배뭉침이 있을 때는 무조건 휴식을 취한다. 교통수단은 자가용, 기차, 비행기 등 다양하게 이용해도 크게 무리가 없다. 해외여행은 임신 중 되도록 삼가는 것이 좋지만, 임신부가 아프지 않고, 장거리나 너무 긴 일정이 아니라면 계획해도 무방하다.

임신 후기

임신 후기에는 조산의 위험이 있고, 출산 예정일을 앞두고 언제 진통이 올지 모르므로 되도록 여행을 자제하는 것이 좋다. 하지만 체력 관리 차원에서 당일 코스로 다녀오는 가벼운 나들이는 괜찮다. 단 출혈, 복통 등 출산 징후가 불시에 생길 수 있으니 여행지 주변의 병원 정보를 파악한다. 부종, 다리 저림 등 트러블도 수시로 나타나고, 빈뇨 증상으로 화장실도 빈번히 가게 되니 이동 시 자주 휴식을 취한다. 가깝고 짧은 여행이 추천되는 만큼 자가용으로 이동하는 것이 가장 좋다.

임신부를 위한 교통수단 활용법

자가용

임신부는 오래 앉아 있으면 허리가 아프고, 다리가 붓고 저릴 수 있다. 적어도 1시간마다 10~20분 정도 휴식을 갖는다. 휴게소에 들러 천천히 걸으며 뭉친 근육을 풀어준다. 커진 자궁이 방광을 누르면서 잔뇨감도 느끼니 화장실에도 자주 들른다. 자가용 이용 시 원할 때 쉴 수 있다는 장점이 있지만, 입덧이 심한 경우 차의 진동이 구토를 유발할 수 있다. 교통 체증으로 도로가 막히면 차 안에서 장시간 앉아 있어야 하는 경우가 있으니 이에 대비해 비닐봉지와 물티슈 등을 준비하자.

버스

버스는 차체 진동이 심하고 좌석 간격이 좁으며 여러 사람이 함께 이용해 불편함을 느끼기 쉽다. 부득이하게 버스를 타야 한다면 비용을 더 지불해 넓은 좌석에 앉고 되도록 가까운 거리를 이동할 때만 이용한다. 화장실에 가고 싶거나 쉬고 싶을 때 마음대로 쉴 수 없는 것이 가장 큰 단점. 버스로 여행할 때는 미리 간식거리를 준비하고, 여름이나 겨울철에는 에어컨이나 히터를 마음대로 조절하기 어려우니 여벌 옷도 준비한다.

기차

기차는 흔들림이 적고 교통 체증의 부담도 없다. 또 기차 안에 먹을거리와 화장실이 구비되어 있어 이용하기 편하고, 움직이고 싶을 때는 기차 안을 돌아다닐 수 있어 편리하다. 장거리 여행 때 기차를 이용하자.

배

배로 여행할 때는 안전한 시설을 갖춘 유람선을 이용하는 것이 좋다. 유람선에는 다양한 편의시설이 있어 이용하기 편리하다. 하지만 입덧이 심한 경우 뱃멀미로 고생할 수 있다. 멀미를 예방하기 위해 작은 배보다 큰 규모의 배를 이용한다. 또 임신 전부터 뱃멀미가 심했거나 배를 타고 여행한 경험이 없는 임신부라면 되도록 배를 이용하지 않는 것이 좋다.

비행기

비행기 탑승은 임신 36주까지 가능하다. 하지만 항공사마다 임신부 탑승 제약이 다르니 미리 확인한다. 여행하기 전에는 반드시 의사에게 진찰받아 진단서를 준비해놓는다. 진통이나 출혈 등 응급 상황에 대비해 항공사에서 진단서를 요구하기 때문. 이코노미석의 경우 자리 간격이 좁아 임신부에게 힘들 수 있으니 가능하면 넓은 자리로 예약한다. 해외 등 장거리 여행은 오래 앉아 있어야 하므로 가급적 삼간다.

임신 중 엄마들의 시시콜콜 궁금증 Q&A

Q 매년 구충제를 먹어왔는데 임신 중 구충제를 먹어도 될까요?

구충제가 태아의 기형을 유발한다고 증명된 바는 없지만 임신 중에는 먹지 않을 것을 권합니다. 구충제의 반감기는 8~12시간으로 착상 전에 복용하는 것은 괜찮지만 임신을 시도하려고 한다면 구충제를 먹기 전에 신중히 결정해야 합니다.

Q 얼굴에 옅은 갈색의 반점이 생겼는데, 출산하면 자연스럽게 없어질까요?

임신에 의한 여성호르몬의 증가로 임신 4~5개월경부터 기미가 발생해 임신부 스트레스의 원인이 되기도 합니다. 임신 중 생긴 옅은 갈색의 반점은 출산 후 대부분 없어집니다. 하지만 출산 후 1년 이상 지나도 없어지지 않는 경우도 종종 있습니다.

Q 임신 34주인데 엄마 체중은 평균보다 4kg 많은데, 태아는 평균보다 체중이 적다고 합니다. 태아의 건강은 괜찮은가요?

태아 저체중은 유전적 이유, 감염, 임신성 고혈압 등으로 인해 나타날 수 있습니다. 태아의 체중이 증가하지 않는다면 진찰을 받아 원인을 파악해야 합니다. 만약 원인이 발견되지 않으면 태아의 상태를 관찰하기 위해 일반 임신부보다 병원 검진을 자주 받을 필요가 있습니다.

Q 의자에 앉을 때 습관적으로 다리를 꼬고 앉는데, 태아나 모체 건강에 영향이 없을까요?

다리를 꼬고 앉는 자세는 굳이 임신 중이 아니더라도 척추에 좋지 않은 영향을 미칩니다. 다리를 꼬고 앉으면 한쪽 골반에 체중이 실리고 반대쪽 골반의 근육이 당겨지기 때문에 골반과 허리 통증, 골반 변위 등이 유발될 수 있습니다. 의자에 앉을 때는 엉덩이를 깊숙이 밀어 넣고 허리는 세우며 등은 등받이에 붙이고 앉도록 합니다.

Q 임신 30주 된 임신부인데 임신 후 성욕이 늘어 고민입니다. 태아가 걱정된다며 남편이 오히려 저를 피하는데 제가 비정상적인가요?

임신 후 질이 부드러워져 임신 전보다 성관계 시 더 많은 쾌감을 느끼기도 하므로 비정상이라고 볼 수는 없습니다. 단, 임신 중임을 감안해 올바른 체위로 안전한 부부관계를 갖도록 합니다.

Q 임신 중 노래방에 가도 되나요? 큰 노랫소리가 태아에게 영향을 줄까요?

듣기 싫을 정도의 큰 소음이 아니고 신체 활동이 과하지 않다면 태아에게 큰 영향을 주지 않을 것으로 판단됩니다. 하지만 실제 일본 오사카 공항 주변에 거주하는 임신부의 경우 소음에 의해 임신중독증 발생 빈도가 정상보다 높았다는 연구 결과가 있는 만큼 큰 소음에 자주 노출되는 것은 삼가는 것이 좋습니다.

Q 임신 기간 부부관계를 하면 남성 성기가 태아를 건
드려 좋지 않다고 하는데 사실인가요?

임신 시 [illegible]

Q 임신 중 과자를 많이 먹으면 아이에게 아토피가 생
기나요?

임신부가 아이스크림이나 과자. 인스턴트식품 등을 많이
섭취할 경우 [illegible]

Q 임신 중 율무, 녹두, 팥 등을 먹으면 해롭다는데 사
실인가요?

임신 중 [illegible]. 아직까지 율무. 녹두. 팥 등이 임신
에 미치는 영향에 대해 확실히 보고된 바는 없습니다.

Q 임신 중 피부과에서 전문적인 피부 관리를 받아도
되나요?

피부 관리를 받는 것은 크게 문제 되지 않지만 [illegible].

Q 평소 엎드려 자야 잠이 잘 오는데, 배가 나오기 전까
지는 엎드려 자도 괜찮은지요?

임신 중 [illegible] 힘들
더라도 자는 습관을 고쳐 천장을 바라보고 똑바로 누워 자
도록 합니다.

Q 임신 중에 하이힐을 신으면 태아에게 영향을 줄까
요?

하이힐을 신는다고 태아에게 영향을 미치는 것은 아닙니
다. 하지만 임신 후기로 갈수록 몸의 균형이 앞으로 쏠리
게 되므로 하이힐을 신으면 중심 잡기가 더욱 힘들어집니
다. 또한

Q 집에 있던 로션의 성분을 보니 레티놀 성분이 함유되
어 있네요. 임신 후 두 달 정도 발랐는데 괜찮을까요?

화상품에 함유된 레티놀은 그 함량이 미세하기 때문에 두
달 동안 사용한 로션이 태아에게 큰 영향을 주지는 않습니
다. 하지만

Q 임신 28주된 임신부인데, 운전하다 급정거를 한 후
진정이 되지 않을 정도로 심장이 두근거렸어요. 태
아에게 영향이 없었을까요?

하지만 임신
중 가벼운 접촉 사고나 급정거를 한 경우라면 배에 직접적
인 충격이 없었더라도 진찰을 받아보는 것이 좋습니다.

Q 임신 후 낮잠이 많아진 반면, 밤잠이 없어져 걱정이
에요. 밤에 3~4시간 정도 자는데 괜찮을까요?

낮잠 시간이 길어지면 밤에 불면증이 오는 건 당연한 증상
입니다. 낮과 밤이 바뀌지 않는 규칙적인 생활을 하는 것
이 몸 건강에 좋습니다.

Q 임신 후 직접 음식을 요리하는 과정이 귀찮고 힘듭
니다. 하루 세끼 매번 외식을 하는데 괜찮을까요?

외식 메뉴는 대개 염분과
열량이 높고 성분도 정확하지 않기 때문에 가급적 집에서
안전하게 만들어 먹을 것을 권장합니다.

태교 특강

엄마 아빠가 함께해요
⇨ 태교의 시작

미국 피츠버그대학의 합동 연구팀이 발표한 논문에 따르면 "유전자는 사람의 IQ를 결정하는 데에 48%의 역할밖에 없다. 인간의 지능지수는 유전적인 요소보다는 자궁 내 환경, 즉 태내 환경이 결정적이다"라며 임신 기간의 중요성에 대해 강조했다. 피츠버그대학의 연구팀이 자궁 내 환경으로 중요시 여긴 것은 충분한 영양 공급, 편안한 마음, 유해 물질의 차단 등이다. 이는 오래전부터 우리 선조들이 임신부들에게 꾸준히 권장해왔던 개념인 태교와 흡사하다. 태아가 자궁 내에 있을 때, 임신부가 얼마나 충분한 영양을 공급받았는지, 얼마나 스트레스 없는 환경에서 생활했는지, 태아에게 해로운 환경을 얼마나 멀리했는지가 장차 태어날 태아의 건강은 물론 IQ도 좌우한다는 사실은, 태교의 중요성을 그만큼 뒷받침하고 있다.

1803년, 사주당 이씨가 저술한 조선 시대의 태교 지침서 〈태교신기〉는 임신부들을 가르치기 위해 쓴 글로, 임신 전부터 출산 전까지 부부가 지켜야 할 행실에 대해 소개하고 있다. 특히 "스승의 십 년 가르침이 어머니가 열 달 길러주심만 못하고, 어머니가 열 달 길러주심은 아버지가 하루 낳아주심만 못하다"라는 문장에서 알 수 있듯이, 임신부는 물론 예비 아빠의 몸가짐에 대해서도 강조한다. 여기서 중요한 것은 태교가 임신 전부터 시작되어야 하고, 엄마만의 전유물이 아니라는 것. 특히 임신 전에는 아빠의 역할이 중요하다. 한 달에 한 번 배출되는 난자와 달리, 정자가 만들어지기까지는 약 석 달이 걸린다. 건강한 정자를 만들려면 약 100일 전에 이미 건강한 몸이 되도록 계획을 세워야 하는 것. 임신을 계획한다면 약 3개월 전부터 부부가 함께 나쁜 것을 먹지 않고 나쁜 환경에 노출되지 않도록 몸가짐을 바르게 가지는 것이 태교의 시작이 아닐까.

태아의 두뇌를 발달시키는 청각 태교

아기가 태어나자마자 한 살을 매긴 우리의 조상은 참으로 현명했다. 엄마 뱃속에서의 열 달

김문영 교수는…
이화여자대학교 의과대학 졸업. 의학박사 취득. 제일병원 진료협력센터장을 역임하고 있다. 태아 기형 진단, 태아 치료, 산전 태아 초음파 진단, 융모막 융모 검사, 양수천자 검사 등 태아 초음파를 전문으로 진료하고 있다.

은 아기 일생의 가장 중요한 첫 1년이기 때문이다. 아기들은 1년 동안 엄마 뱃속에서 청각, 촉각, 미각, 후각, 시각 등 모든 오감을 발달시키면서 성장한다. 특히 아기가 뱃속에 있을 때, 오감 중 가장 중요한 감각은 바로 청각이다.

청각은 태아의 발달, 특히 뇌 발달과 밀접한 연관이 있다. 실제로 쥐를 대상으로 한 실험에서 뱃 속에 있을 때 소리 자극을 받은 쥐가 뇌세포가 더 잘 발달되어 있고, 미로를 더 잘 통과하며 지적 능력을 보인 것이 관찰됐다. 태아는 임신 중기에 들어서면서 듣기 시작하고, 24주가 되면 듣는 능력이 향상되어 거의 모든 소리를 듣는다고 알려져 있다. 여러 가지 동물시험에서도 청각 자극을 준 동물에서 태어난 새끼들이 훨씬 좋은 지적 능력을 보이고, 뇌 주름을 잘 만든다고 알려져 있다. 또한 핀란드 헬싱키대학의 한 연구팀은 자궁 속에서 들은 소리가 출생 후 아기의 언어 학습 능력과 관련한 신경 발달에 영향을 미친다는 보고를 하여 태아에게 소리는 정말 중요하다는 것을 상기시켰다.

태아는 실제로 엄마의 심장 소리, 목소리, 장 움직이는 소리, 양수 흐르는 소리, 태반에서 생기는 소리 등 태내 소음을 듣고 자란다. 24주쯤 되면 외부로부터 들려오는 소리도 잘 듣게 된다. 자동차 소리나 사람의 말소리, 영화관 음향 소리, 자연의 소리, 음악 소리, 아빠 목소리 등 이 세상의 무수한 소리를 듣고 감정을 발달시키기도 하고, 언어 능력을 발달시키기도 한다. 결국 세상에 나와서 아기가 성장하는 데 필요한 기초 단계를 소리를 들으면서 발달시키는 것이다.

아기가 좋아하는 소리는 엄마의 심장과 비슷한 박자를 가지고 있고, 아빠의 목소리와 비슷한 저음인 80~90dB 정도의 소리라고 알려져 있다. 이런 조건을 충족하기에 가장 좋은 소리가 바로 음악이다. 편안하고 듣기 좋은 음악을 매일 일정 시간 들려주는 것이 아기를 위해 엄마 아빠가 할 수 있는 가장 좋은 방법이다. 국악, 클래식, 가요 등 엄마가 좋아하는 장르의 음악을 선택하면 된다. 더불어 엄마가 노래를 불러주든지, 아빠가 말이나 시, 노래를 통해 소리를 들려주는 것도 좋은 방법이다.

태아의 성장을 돕는 음식 태교

임신한 여성들은 뱃속 아기를 위해 평소보다 더 많이, 더 자주 챙겨 먹는다. 태아가 자라면서 태아에게 필요한 양수와 혈액의 양도 늘어나기 때문에 임신 기간 내내 체중이 느는 것은 당연한 일. 출산 전까지 약 12kg 정도의 체중 증가는 적당하다고 본다. 하지만 임신 중에도 입덧 등의 이유로 잘 먹지 못하거나, 너무 많이 살이 찔 것을 염려하는 일부 임신부들은 식단을 제한하기도 한다. 엄마 뱃속에 있는 동안 충분한 영양 공급을 받지 못하면 태아의 성장 발육에 문제가 생길 수 있다. 태내의 영양소 결핍으로 인해 저체중아로 태어나거나, 태어난 이후의 비만 가능성을 높이는 등 출생 후 건강에 영향을 끼친다.

임신한 여성이라면 임신 사실을 안 이후부터 충분히 골고루 잘 먹는 것이 무엇보다 중요하다. 임신부가 지켜야 할 음식 섭취의 기본은 균형 잡힌 영양. 탄수화물, 단백질, 무기질 등이 골고루 함유된 식단을 짜서 챙겨 먹는다. 아이의 뇌가 발달하는 임신 중기부터는 오메가3를 섭취해주는 것도 좋다. 오메가3는 뇌세포 성장을 돕는 역할을 한다. 생선, 호두 등 견

① 편안하고 듣기 좋은 음악을 매일 일정 시간 들려준다. 모차르트, 비발디, 베토벤 등 클래식 음악은 뇌신경 세포를 자극해 잠재능력과 두뇌 개발 등에 영향을 준다고 알려져 있다.

② 엄마아빠가 태아에게 말을 걸어주고 노래를 불러주거나, 시, 동화 등을 읽어준다. 뱃속 아기와 이야기를 나누는 태담을 할 때는 밝은 목소리로 또박또박 이야기를 하는 것이 좋다.

③ 음악을 들을 때 이어폰을 통해 듣는 것이 아니라, 스피커를 통해 외부로부터 소리를 들려준다.

④ 너무 큰 소리로 자극하지 않는다. 큰 소리에 계속 노출된 아기들은 자라지 않는다고 한다. 비트가 강한 음악, 쾅쾅 시끄럽게 울리는 소리는 태아를 불안하게 만든다.

⑤ 태아는 저음인 아빠의 목소리를 좋아한다. 열 달 동안 꾸준히 아빠의 목소리를 들려준다.

⑥ 태아는 소리를 들려주면 기억하고 학습을 한다. 태아가 엄마의 목소리를 기억한다거나, 뱃속의 아기에게 꾸준히 소리를 들려주면 그 소리를 기억한다는 연구 결과가 있다.

과류에 들어 있으며, 음식으로 섭취하기 힘들다면 영양제로 섭취하는 것도 방법.

개월별 실전 태교

2개월(4~8주) 임신 사실을 확인하는 시기로, 임신을 확인하면 태교를 위한 좋은 환경 만들기를 시작한다. 임신 초기 3개월 동안은 사람 많은 곳에는 되도록 가지 않는 것이 좋다. 약은 함부로 먹지 않고 일상생활을 규칙적으로 하도록 노력한다.

추천 태교 균형 있는 식단으로 음식 태교

3개월(8~12주) 임신 초기는 아기가 생겼다는 기쁨 외에 불안감, 공포감, 입덧으로 인한 불쾌감 등이 나타나는 시기다. 심하면 우울증이 올 수도 있다. 의자에 편하게 앉아 눈을 감고 편안한 마음으로 휴식을 취한다. 입덧이 심하다면 탄수화물 위주로 먹는다. 이 시기에는 탄수화물 위주의 영양소로 충분하다. 과일이나 떡, 빵, 비스킷 등을 추천한다.

추천 태교 명상, 다도 등

4개월(12~16주) 임신 중기에는 엄마의 몸도 안정기에 접어든다. 음악을 듣거나 책을 읽는 등 자신만의 취미 생활을 만들면 좋다. 16~18주 사이에는 입덧도 줄어들고 태동도 아직 없어 임신한 사실을 잊을 정도로 편안해지는 시기이다. 아기와 하나라는 사실을 자주 인식하도록 한다.

추천 태교 태담 태교, 악기 연주나 만들기 등 취미 생활

5개월(16~20주) 임신 중 태아는 모체로부터 산소와 혈액을 공급받아 성장한다. 몸에 무리를 주지 않는 가벼운 운동은 산소와 혈액을 공급해 태아의 성장을 돕는다. 요가나 체조 등 호흡운동을 통해 긴장된 몸을 풀어주고, 정서적으로 편안한 상태를 유지한다. 임신 16주부터 하루 30분씩 요가를 하면 골반과 복근도 바로잡고, 분만도 수월하게 할 수 있다.

추천 태교 임신부 요가나 체조

6개월(20~24주) 배가 점점 불러오면서 신체의 변화에 우울해지기도 한다. 기분이 우울하고 힘든 날에는 맑은 공기를 마시며 산책을 한다. 20주가 되면 태동이 느껴진다. 태동을 통해 엄마는 임신했다는 사실을 피부로 실감한다. 자연의 소리를 들려주면서 아기에게 말을 걸어본다. 소리에도 어느 정도 반응하므로 태담 태교를 시작한다. 아직 청각이 완전하게 발달하지는 않았지만, 엄마의 목소리를 계속 들려주면 그 목소리를 기억한다. 벤치에 앉아 명상을 즐기는 것도 좋다. 복식호흡을 하면 태아에게 산소가 잘 전달되고, 정서적인 안정을 찾는 데 도움이 된다.

추천 태교 다양한 소리나 음악 들려주기

7개월(24~28주) 태아는 24~26주 사이부터 외부의 소리를 잘 들을 수 있게 된다. 아빠와 엄마의 목소리를 구별할 수도 있다. 따라서 아빠의 목소리를 자주 들려주고 노래를 들려주거나 책을 읽어주면 좋다. 배를 쓰다듬으며 다정다감한 목소리로 아이 이름을 불러주고 이야기를 해주면 아기는 정서적으로 안정되며 감정이 풍부한 아기로 자란다.

추천 태교 동화나 동시 들려주기

8개월(28~32주) 태아는 뇌의 구조가 복잡해지는 등 뇌가 발달하는 시기. 뇌 발달에 도움

을 줄 수 있는 자극을 꾸준히 해주는 것이 중요하다. 태아의 뇌 발달에 중요한 것이 바로 신선하고 맑은 공기다. 주말을 이용해 부부가 함께 가까운 공원이나 숲으로 여행을 떠나보자. 공기 좋은 자연 속에서 함께 걷는 것만으로도 태아와 임신부 모두 행복해질 것이다.

추천 태교 숲 태교

8개월(32~36주) 임신 후기에는 몸이 무거워지고 움직이는 것이 힘든데, 이 시기에 스트레스를 받지 않도록 노력한다. 엄마가 스트레스를 받으면 아드레날린, 엔도르핀, 스테로이드 등 스트레스 호르몬이 분비된다. 이는 태반을 통해 전달돼 태아에게도 스트레스가 된다. 몸과 마음이 힘들 때는 무조건 휴식을 취하거나, 친한 친구들과 수다를 떠는 등 우울한 기분에 빠지지 않도록 노력한다. 이 시기에는 급격히 살이 찌기 쉬우므로, 탄수화물보다는 단백질 위주로 식단을 구성한다.

추천 태교 가벼운 산책, 음악 감상

10개월(37~40주) 임신 기간을 마무리하는 시기. 태아도 감정이 풍부해지고 바깥 세계의 소리에 귀 기울이기도 한다. 따라서 엄마가 우울해지거나 큰 소리를 내면 금세 불안해한다. 지난 임신 기간을 돌아보며 마음의 안정을 찾고, 태어날 아기를 맞을 준비를 한다.

추천 태교 요가, 산책 등 호흡법과 명상

엄마의 정서적 안정이 최고예요
태교의 완성

〈태교신기〉에서는 "뱃속의 자식과 어머니는 혈맥이 이어져 있어서 호흡을 따라서 움직인다. 기뻐하며 성내는 것이 자식의 성품이 되며, 보고 듣는 것이 자식의 기운이 되며, 마시며 먹는 것이 자식의 살이 되나니, 어머니 된 자가 어찌 삼가지 않으리오"라고 이야기한다. 엄마의 기분, 보고 듣는 것 등 모든 것이 태아와 직접적으로 연관되어 있음을 강조하는 것. 태아의 청각을 자극하는 태담 태교 외에도 시각, 후각, 미각 등 태아의 오감을 자극한다는 다양한 태교 방법들이 쏟아지고 있다. 그림 태교, 수학 태교, 여행 태교 등 종류도 다양하다. 하지만 현재까지 태아에게 효과가 있다고 과학적으로 입증된 태교는 청각을 자극하는 청각 태교밖에 없다. 그 외의 태교 방법들은 태아에게 직접적으로 영향을 준다기보다, 엄마의 정서를 안정시켜주는 태교 방법이라고 할 수 있다. 태아에게 직접적인 영향을 주는 청각 태교도 중요하지만, 첫 임신으로 불안해하는 임신부의 정서를 안정시켜주는 태교법도 그에 못지않게 중요하다.

많은 엄마들이 태교를 어떻게 해야 할지 모른다고 걱정하거나, 약간 큰 소리에도 아이가 크게 놀라지는 않을지, 음식은 무엇을 먹어야 할지 많은 고민을 한다. 태교의 근본은 사실 거창한 것이 아니다. 태교의 근본은 즐거운 마음으로 아기를 사랑하는 것이다.

그림을 감상하거나 여행을 떠나는 등 정서를 안정시켜주는 다양한 태교법 중 자신에게 맞는 태교를 실천하면 된다. 엄마가 좋아하는 일을 하면서 행복한 감정을 느끼는 것, 그것이 바로 태교다.

뱃속 아기를 만나기까지 열 달의 시간을 기다렸습니다.

아기가 뱃속에서 자라는 동안 엄마 몸에는 큰 변화가 찾아왔습니다.

부른 배 때문에 걸으면 숨이 차고, 혼자서 앉고 일어서는 것도 버거웠습니다.

똑바로 누워 자는 건 꿈도 못 꿀 일이고, 온몸은 퉁퉁 부어버렸죠.

하지만 아기를 만날 그날만 생각하면 모든 고통이 눈 녹듯 사라졌습니다.

이제 임신 과정의 끝이 보입니다.

그러나 출산은 또 다른 시작을 의미합니다.

아기와 함께 살아가는 삶, 어떤 일들이 펼쳐질까 설레고 기대됩니다.

한편으로는 한 생명을 책임져야 한다는 책임감에 어깨가 무겁습니다.

하지만 임신 기간을 무사히 보냈듯 잘 해낼 자신이 있습니다.

나는 엄마이기 때문입니다.

출산

출산은 또 다른
시작을 의미합니다.
아기와 함께 살아가는 삶,
어떤 일들이 펼쳐질까
설레고 기대됩니다.

Step 1

출산 준비

아기를 만날 날이 얼마 남지 않았다. 출산을 앞두면 진통과 출산 과정에 대한
막연한 두려움이 생기게 마련이다. 출산 과정에 대한 올바른 정보를 알아둔다면 긴장이 덜해지고
마음이 조금은 여유로워질 것이다. 또한 임신 막달에 출산 전, 후 필요한 준비 사항을
꼼꼼히 체크해둔다면 아기와의 만남이 더욱 기다려질 것이다.

출산 D-30일 체크 리스트

D-30

몸조리할 곳을 정했나요?

친정이나 시댁에서 산후조리를 계획했다면, 한 달 전에 산후조리에 필요한 용품과 각종 육아용품을 미리 옮겨놓는다. 각종 시설과 서비스 등을 비교해 산후조리원을 선택하고, 출산 3~4달 전에는 예약을 마치는 것이 좋다.

D-29

입원 준비물을 챙겼나요?

임신 막달은 언제라도 출산이 가능한 시기인 만큼 입원 준비물을 미리 챙겨놓는다. 기저귀 가방이나 작은 여행 가방에 담아 언제든 들고 갈 수 있게 찾기 쉬운 곳에 둔다.

D-28

출산 준비물을 준비했나요?

아직 출산 준비물을 구입하지 못했다면 막달 초기까지는 마무리한다. 배냇저고리, 젖병 등 생후 3개월까지 필요한 용품을 우선 구입하고, 이후 사용하는 용품은 출산 후 천천히 구입해도 된다.

D-27

분만법을 결정했나요?

제왕절개로 분만해야 한다면 담당 의사와 상의 후 수술 날짜를 잡는다. 가족분만을 할지, 무통분만을 할지 여부도 담당 의사와 상의 후 결정한다.

D-26

호흡법을 연습하고 있나요?

호흡법을 익혀두면 순산하는 데 도움이 된다. 분만 시 진통이 감소되는 효과가 있고, 태아에게 원활한 산소 공급이 이뤄지니 매일 꾸준히 연습한다.

D-25

출산 신호를 인지하고 있나요?

출산이 임박했을 때 나타나는 몸의 변화를 충분히 인지하지 않으면, 임신부와 태아 모두 응급 상황에 처할 수 있다. 조기 양막 파수나 출혈 등 응급 상황이 발생하면 시간을 지체하지 말고 병원에 가야 한다. 스스로 판단하기 어렵다면 병원에 문의한다.

D-24

외출 시 산모수첩을 지참하나요?

임신 막달에는 언제 어떻게 출산 신호가 나타날지 모르는 일. 갑자기 병원에 갈 상황에 대비해 외출 시에는 산모수첩을 항상 지참한다.

D-23

부부관계를 자제하고 있나요?

임신 막달에는 부부관계를 되도록 갖지 않는 것이 좋다. 조산 위험이 있는 경우나 전치태반, 출혈, 하복통이 있는 경우에는 부부관계를 절대 하지 않는다.

D-22

1주차 정기검진을 받았나요?

임신 막달에 접어들면 일주일에 한 번씩 정기검진을 받는다. 몸에 나타난 변화를 메모해두어 진료 시 담당 의사에게 문의한다.

D-21

아기 돌보는 연습을 하고 있나요?

남편과 함께 아기 돌보는 연습을 해본다. 아기 안기, 목욕시키기 등 신생아 돌보는 방법을 인형으로 대체해 연습하면 도움이 된다.

D-20

아기용품은 세탁했나요?

아기용품은 바로 사용 가능하도록 세탁해두는 것이 좋다. 배냇저고리, 가제 수건 등 의류는 깨끗하게 세탁해 개켜두고, 젖병 등 수유용품도 세척해 먼지가 쌓이지 않도록 수납함에 보관한다.

D-19

아기가 머물 방을 정리했나요?

아기가 머물 방을 미리 정리한다. 잠자리는 엄마 가까이 배치하고, 앞으로 사용할 아기용품도 엄마 손이 닿기 편한 곳에 배치한다. 가구를 옮기는 등 힘이 드는 일인 만큼 남편에게 도움을 요청한다.

D-18

남편이 입을 옷을 정리했나요?

출산으로 집을 비운 사이, 남편이 출근하는 데 지장이 없도록 입을 옷을 미리 정리한다. 옷을 찾기 쉽도록 눈에 잘 띄는 곳에 정리해둔다.

D-17

남편 혼자 집안일을 할 수 있게 일러두었나요?

장시간 집을 비우는 만큼 남편 혼자 간단한 집안일을 할 수 있게 알려준다. 밥 짓기, 세탁기 작동하기, 음식물 쓰레기 버리기 등 기본적인 집안일과 주요 생필품 위치를 메모해 냉장고 문에 붙여둔다.

D-16

출산 준비물을 준비했나요?

아직 출산 준비물을 구입하지 못했다면 막달 초기에는 마무리한다. 배냇저고리, 젖병 등 생후 3개월까지 필요한 용품을 우선 구입하고, 이후 사용하는 용품은 출산 후 천천히 구입해도 된다.

D-15

분만법을 결정했나요?

제왕절개로 분만해야 한다면 담당 의사와 상의 후 수술 날짜를 잡는다. 가족분만을 할지, 무통분만을 할지 여부도 담당 의사와 상의 후 결정한다.

임신 사실을 알게 된 순간에는 설렘과 기쁨이 가득하지만, 출산이 다가오면
아이를 만난다는 기대감과 함께 두려움도 커진다. 40주의 임신 기간을 보내고
순산이라는 마침표를 찍기 위해 임신 막달 해야 할 일을 정리해보자.

D-14

출산 후 연락할 명단을 정리했나요?

가족, 친구 등 출산 후 소식을 전할 사람들의 연락처를 정리한다. 특히 친정이나 시댁 식구들 중 연락처가 빠진 사람이 없는지 확인한다.

D-13

소화가 잘 되는 고단백 음식을 먹고 있나요?

분만 시 힘을 많이 주어야 하기 때문에 평소 체력을 길러두어야 한다. 달걀, 우유, 흰살 생선 등 고단백 저지방 음식이 도움이 되며, 부드럽게 넘어가는 소화 잘 되는 음식을 먹는다.

D-12

매일 꾸준히 걷고 있나요?

순산을 위해서는 적당한 운동을 하는 것이 좋다. 가볍게 걷는 운동을 매일 꾸준히 한다. 단 조산 경험이 있거나 임신중독증, 다태 임신인 경우는 의사와 먼저 상의한다.

D-11

다리 마사지를 하고 있나요?

출산 예정일이 다가올수록 다리 부기와 경련이 심해진다. 특히 자다가 쥐가 많이 나는데, 남편에게 다리 마사지를 부탁한다. 평소 앉거나 누울 때 다리를 쿠션 위에 올려놓으면 증상 완화에 도움이 된다.

D-10

자주 샤워하고 있나요?

출산이 임박하면 산도를 부드럽게 하기 위해 분비물이 늘어난다. 또 양수 파수 등으로 갑자기 출산 신호가 오면 씻는 것이 힘들어지니 평상시 몸을 청결히 관리한다.

D-9

가진통이 잦아지고 있나요?

출산이 가까워지면 불규칙적으로 오던 가진통의 횟수가 더 잦아진다. 규칙적인 시간 간격을 두고 진통이 오는 진진통으로 발전하지 않는지 체크한다.

D-8

3주차 정기검진을 받았나요?

태아가 얼마나 내려왔는지, 자궁이 열리거나 이슬 등 특별한 출산 신호는 없는지 확인한다.

D-7

입원 준비물과 출산 준비물 중 빠진 건 없나요?

입원 준비물과 출산 준비물을 최종 점검한다. 혹시 빠진 용품이 있다면 무리해서 준비하지 말고, 남편이나 가족에게 부탁한다.

D-6

자주 샤워하고 있나요?

출산이 임박하면 산도를 부드럽게 하기 위해 분비물이 늘어난다. 또 양수 파수 등으로 갑자기 출산 신호가 오면 씻는 것이 힘들어지니 평상시 몸을 청결히 관리한다.

D-5

가진통이 잦아지고 있나요?

출산이 가까워지면 불규칙적으로 오던 가진통의 횟수가 더 잦아진다. 규칙적인 시간 간격을 두고 진통이 오는 진진통으로 발전하지 않는지 체크한다.

D-4

3주차 정기검진을 받았나요?

태아가 얼마나 내려왔는지, 자궁이 열리거나 이슬 등 특별한 출산 신호는 없는지 확인한다.

D-3

입원 준비물과 출산 준비물 중 빠진 건 없나요?

입원 준비물과 출산 준비물을 최종 점검한다. 혹시 빠진 용품이 있다면 무리해서 준비하지 말고, 남편이나 가족에게 부탁한다.

D-2

양수가 파수됐나요?

분만이 임박하면 자궁구가 열리면서 양수가 흘러나온다. 양수가 파수되면 지켜보지 말고 바로 병원에 간다. 세균에 감염될 위험이 있으니 씻지 말고 갈 것.

D-1

출산 예정일인데 진통이 없나요?

출산 예정일이 되었는데 특별한 징후가 없다면, 담당 의사와 상의한다. 42주가 넘어가면 자궁 내 태아의 성장 지연이 일어날 수 있고 양수 감소로 태아 심박동 수가 저하되는 등 응급 상황이 발생할 수 있다. 41주 이후까지 분만하지 못하거나 자연 진통이 오지 않으면 유도 분만을 진행한다.

01 출산 전 준비사항

분만 예정일이 가까워지면 병원 입원에 대비해 입원 준비물을 꼼꼼히 챙기고,
입원과 산후조리 기간 동안 혼자 생활할 남편을 위해 집 안 정리도 해둔다.

산모를 위한 준비

산후조리할 곳을 정한다

출산 후 아기를 돌보면서 몸조리할 장소를 미리 정한다. 친정이나 시댁에서 조리할 경우에는 출산 예정일 한 달 전에 미리 출산용품을 옮겨놓고, 친정이나 시댁 근처 가까운 병원에서 검진을 받는 것이 좋다. 산후조리원에서 산후조리를 할 계획이라면 분만 예정일 서너 달 전에 미리 예약해야 원하는 산후조리실이나 층수를 선택할 수 있다.

입원 용품을 챙긴다

임신 막달 갑작스런 출산 신호에 당황하지 않으려면 입원 용품을 준비해 가방에 미리 정리해둔다. 언제든지 가져갈 수 있게 찾기 쉬운 곳에 두는 것이 포인트. 꼭 필요한 입원 용품으로는 수유 브래지어, 임부용 팬티, 내의, (수면) 양말, 기초 화장품, 카디건, 물티슈, 수건, 세면도구 등이고 수유 패드, 회음부 방석, 수유 쿠션 등은 필요에 따라 준비한다.

이상 징후는 메모해 진료 시 문의한다

평소와는 다른 이상 징후가 있다면 증상을 메모해두어 진료 시 문의한다. 진통이 있다면 시간 간격을 체크하고, 이슬이나 태동의 양상도 메모한다.

가볍게 운동한다

임신 막달에 운동량이 적으면 순산하기 어려울 수 있다. 걷기는 임신부에게 적합한 최적의 운동으로, 몸에 무리를 주지 않으면서 순산하는 데 도움이 된다.

고단백 음식으로 체력을 키운다

분만 시 장시간 진통하면서 힘을 잘 주어야 하기 때문에 미리 체력을 길러놓는다. 달걀, 우유, 흰살 생선 등 고단백 저지방 음식을 먹으면 좋다.

아기를 위한 준비

아기용품을 미리 세탁한다

배냇저고리, 내의, 가제 수건, 속싸개, 천 기저귀, 이불 등은 미리 깨끗이 세탁한다. 출산 전 준비해두어야 집에 돌아왔을 때 할 일을 덜 수 있다.

아기가 있을 방을 정돈해둔다

아기와 엄마가 함께 생활할 방을 미리 정리한다. 햇볕이 잘 들고 환기가 잘 되는 곳으로 선택하며, 직사광선과 외부의 시끄러운 소리를 차단할 수 있도록 커튼이나 블라인드를 달아준다.

남편과 함께 신생아 돌보기를 연습한다

출산 후 아기를 어떻게 돌볼지 남편과 이야기를 나누며 신생아 돌보는 연습을 한다. 아기 안기, 수유하기, 기저귀 갈기, 목욕시키기 등 기초적인 자세를 인형으로 대체해 연습하면 도움이 된다. 산부인과나 보건소 출산교실에 등록해 신생아를 돌보는 방법에 대해 미리 배워두는 것도 좋다.

엄마 준비물도 미리 챙기세요

팬티

출산 후에는 오로가 많이 나오므로 팬티를 넉넉히 준비한다. 출산했다고 해서 배가 단번에 들어가지 않으므로 임신 기간에 입었던 임부용 팬티를 입는 것이 좋다

내의

출산 후에는 오한을 많이 느낀다. 입원복 안에 내의를 입으면 찬바람을 막는 데 효과적이니 2~3벌 정도 준비한다.

양말

출산 후에는 발목까지 올라오는 긴 양말을 3~4켤레 정도 준비해 신는다. 두꺼운 수면 양말을 신는 것도 좋다.

카디건

신생아실에 가거나 좌욕을 하는 등 병실 밖으로 나갈 때를 대비해 카디건을 한 벌 준비한다. 입고 벗기 편한 디자인의 따뜻한 니트 소재가 좋다.

수유 브래지어

모유수유 시 편리한 수유 전용 브래지어를 2~3벌 정도 준비한다. 가슴 부분을 쉽게 열고 닫을 수 있고, 가슴둘레에 맞게 사이즈를 조절할 수 있는 제품을 선택한다.

수유 패드

수유 패드는 모유가 흐르는 것을 방지해주고, 유두를 쾌적한 상태로 유지해주는 기능을 한다.

거즈 손수건

아기에게 모유를 먹일 때 턱에 받치거나, 땀을 많이 흘리는 아기의 머리를 받칠 때 사용한다. 모유수유 시 흐르는 젖을 닦는 등 수유 패드 대용으로 사용하거나, 산모의 땀을 닦을 때도 유용하다.

손목보호대

출산 후 모유수유를 하기 위해 아기를 자주 안다 보면 손목에 통증이 생길 수 있다. 손목보호대를 하면 통증 완화에 도움이 된다.

필기도구

입원 기간 동안 병원에서는 신생아 돌보는 방법이나 예방접종, 약 복용 등과 관련해 일러주는 일이 많다. 일일이 기억하기 힘드니 간단한 필기도구를 챙겨 메모한다.

병원에 있는지 확인 후 챙기세요

회음부 방석

출산 후 회음부 절개로 인한 통증으로 의자나 바닥에 앉는 것이 힘들어진다. 도넛처럼 가운데가 움푹 패인 회음부 방석이 있으면 편하게 앉을 수 있으니 병원에 구비되어 있는지 확인한다.

간단한 침구

짧게는 2~3일, 길게는 일주일 정도 입원하는 동안 남편 등 보호자도 함께 병실에 머문다. 보호자를 위한 간단한 침구가 필요하니 병원에 비치되어 있는지 확인한다.

배냇저고리·속싸개·겉싸개

퇴원 시 아기에게 입힐 배냇저고리, 속싸개, 겉싸개를 준비한다. 병원에서 제공하는 경우도 있으니 확인 후 챙긴다.

물컵

생각보다 물컵을 구비하지 않은 병원이 많다. 위생상 개인 물컵을 따로 준비하는 것이 좋다.

슬리퍼

병원에 슬리퍼가 없는 경우가 많으므로 산모와 보호자용으로 2개 정도 준비한다.

02 출산 준비물과 구입 요령

곧 태어날 아기의 탄생을 기다리며 출산 준비물을 준비하다 보면
분만에 대한 불안과 스트레스도 줄일 수 있다. 배냇저고리, 기저귀 등 출산 전 반드시 구입해야 할
출산 준비물과 알뜰하게 준비하는 구입 요령을 소개한다.

출산 준비물 체크 리스트

분류	용품	필요 시기	개수
의류	배냇저고리	생후 2개월까지	3벌 이하
	내의	생후 2개월부터 항상	3~4벌
	우주복	생후 5~6개월까지 외출 시	2벌
	양말	항상	2~3개
	모자	병원 등 외출 시	1~2개
	손싸개&발싸개	생후 1~2개월까지	각 2개
	턱받이	침 흘릴 때	2~3개
	가제 수건	항상	20장
	천 기저귀	기저귀 뗄 때까지	20~30장
	기저귀 커버&밴드	천 기저귀 사용 시	2개
수유 용품	젖병 대	분유수유 시	4개
	젖병 소	분유수유나 물 먹일 때	2~3개
	젖병 세정제	젖병 세척 시	1개
	젖병·젖꼭지 세척솔	젖병 세척 시	1개
	보온병	분유수유 시	1개
	분유 케이스	분유수유 시	3~5단짜리 1개
	젖병 소독기	분유수유 시	1개
	수유 쿠션	수유 시	1개
침구	요&이불	아기를 눕힐 때	1개
	속싸개	생후 2개월까지	2~3개

분류	용품	필요 시기	개수
침구	겉싸개	생후 2개월까지	1개
	방수요	요 위에 깔거나 목욕 시 깔개로	1개
	아기 침대	생후 5~6개월까지	1개
	베개	아기를 눕히거나 재울 때	1개
목욕 위생 용품	목욕 타월	목욕 시	1~2개
	비누&바스	목욕 시	1개
	로션	목욕 시	1개
	오일	목욕 시	1개
	물티슈	항상	4~5개
	면봉	귀나 코 청소 시	1통
	욕조	목욕 시	1개
	거품 타월	목욕 시	1개
	샴푸	목욕 시	1개
	손톱 가위	손톱 자를 때	1개
	섬유세제&유연제	아기용품을 세탁할 때	각 1개
기타	흑백 모빌	생후 3개월까지	1개
	체온계	항상	1개
외출 용품	아기띠	신생아부터 두 돌 전후까지	1개
	카시트	신생아부터	1개
	유모차	신생아부터	1개

출산 준비물 알뜰 구입 요령

꼭 리스트를 작성해 체크한다

출산 전 출산 준비물 리스트에 목록과 수량을 꼼꼼히 작성해야 필요한 용품을 빠뜨리지 않을 수 있고, 또 불필요한 물건을 살 일이 없다. 책을 참고해서 직접 리스트를 작성해도 좋고, 육아 용품점이나 육아 관련 인터넷 사이트에서 다운받아서 사용할 수도 있다.

필요한 물품 선물로 받기

지인에게 선물로 받았거나 받을 예정인 용품은 리스트에 체크해 구입하지 않는다. 가족이나 지인에게는 필요한 물건을 미리 이야기하면, 중복되거나 불필요한 용품을 선물받는 일을 방지할 수 있다. 만약 선물받은 육아용품이 불필요하다면, 상품의 태그를 제거하지 말고 인근 대리점에 교환 여부를 확인한다. 백화점이나 마트라면 구입한 곳이 아니더라도 교환 가능하다.

가족과 친구들에게 물려받기

출산용품 구매 비용을 줄이는 가장 좋은 방법은 주변 지인에게 최대한 물려받는 것. 전부 새것으로 구입하기보다 물건을 구입하기 전 친척이나 친구들로부터 물려받을 수 있는지 체크한다. 중고 육아용품 사이트에서 저렴하게 구입하는 것도 좋다. 단 가제 수건 등 아기 위생과 직결된 용품은 새 제품을 구입한다. 집에 있는 생활용품으로 대체 가능한 출산용품은 반드시 구입하지 않아도 된다. 수유 쿠션은 쿠션이나 베개로, 아기 이불은 얇은 담요나 큰 타월로, 아기 욕조는 집에 있는 큰 세숫대야로 대체 가능하다.

세일 기간을 활용하기

아기용품은 크게 유행을 타지 않는 만큼 굳이 가격이 비싼 신상품을 고집하지 않아도 된다. 되도록 저렴하게 구입 할 수 있는 방법을 이용하자. 백화점 세일 기간이나 아울렛, 육아용품 상설 할인매장을 이용하면 정상 가격보다 20~30% 정도 저렴하게 구입 가능하다.

육아용품 대여 업체를 활용한다

유축기, 아기 침대 등 사용 기간이 짧으면서 가격이 비싼 용품이라면 대여 서비스를 이용하는 것도 좋은 방법. 침대는 아기가 뒤집고 기어 다니기 시작하면 활용도가 떨어지고, 부피가 커 공간을 많이 차지하니 대여하는 것이 좋다. 유축기도 전동식은 고가의 제품이 많아 원하는 기간만큼 대여하는 것이 경제적. 각종 온오프라인 육아용품 대여 업체를 이용하면 아기 침대, 카시트, 유모차, 유축기 등 다양한 용품을 원하는 기간에 해당하는 금액만 지불한 후 대여할 수 있다. 침대는 3개월에 5~6만 원, 신생아용 카시트는 1개월에 3~4만 원 정도의 비용이 든다. 오프라인 매장이 있다면 제품을 직접 보고 파손 여부, 제품 관리나 위생 시스템 등을 꼼꼼히 확인한 후 대여한다. 또한 대여 시 작성하는 계약서를 잘 살펴 부당한 조건은 없는지, A/S 처리, 반품이나 환불, 대여 기간 연장 등의 과정이 편리한지도 반드시 체크한다.

아기용품 선택의 기준

아기가 사용할 물건을 고를 때 엄마는 더욱 신중해진다. 특히 아기의 건강이나 안전과 직결되는 제품은 더욱 그렇다. 민감한 아기 피부에 직접 닿는 스킨케어 제품이나 유모차 등 아기 키울 때 필요한 육아용품 구입 시 알아두어야 할 체크 포인트를 소개한다.

우유병 구매 시 체크 포인트

환경호르몬에 안전한 것을 고른다

우유병은 매번 열탕소독을 해야 하기 때문에 열에 의해 변형되거나 환경호르몬 등 유해물질이 검출되는 재질(폴리카보네이트)은 피해야 한다. 플라스틱 특유의 냄새가 나지 않는 것으로 고른다.

투명하고 세척이 편한 것을 고른다

맑고 투명해서 안의 내용물이 잘 보여야 하며, 눈금이 선명하게 보여야 한다. 우유병 입구가 넓어 구석구석 꼼꼼하게 세척할 수 있는 구조의 우유병을 고른다.

아이가 쥐기 편해야 한다

아이가 혼자서 잡기 쉬운 모양인지, 너무 크고 무겁진 않은지 따져본다. 대부분의 우유병은 아이가 혼자 쥐어도 미끄러지지 않도록 우유병 가운데 부분이 움푹 들어간 형태를 띠고 있다.

외출 시에도 휴대가 간편하려면 가볍고 견고한 제품을 골라야
한다.

스킨케어 제품 구매 시 체크 포인트

저자극성 제품을 고른다
민감한 아기 피부에 사용할 제품이므로 무향, 무색소, 무방부
제의 저자극성 제품을 고른다. 유기농 제품을 굳이 고집할 필
요는 없다. 스킨케어 제품을 생산하는 회사 홈페이지 등에서
샘플을 받아 먼저 사용해보고 내 아기 피부에 잘 맞는 제품을
찾도록 한다.

성분표시를 꼼꼼히 확인한다
베이비 샴푸&바스, 로션이나 크림 등 스킨케어 제품은 구입
전 어떤 성분을 함유했는지를 면밀히 체크해야 한다. 접촉성
피부염, 노화, 유방암 등의 원인으로 지목되는 파라벤 성분을
포함하지 않아야 하며, 에탄올, 벤조페논 등의 성분도 피하는
것이 좋다. 신생아는 피부가 연약하므로 천연 성분의 제품을
고른다.

계절과 아이 피부 상태에 따라 선택한다
여름에는 사용감이 가벼운 로션이 좋으며, 환절기나 겨울철에
는 보습력이 뛰어난 크림 형태를 사용하는 것이 좋다. 한여름
이라 하더라도 아기 피부가 건조한 편이라면 보습력이 뛰어난
제품을 선택한다. 아토피피부염의 경우 세라마이드나 감마리
놀렌산 등 피부 장벽을 건강하게 해주는 성분이 포함된 아토피
피부염 전용 제품을 사용하면 효과적이다.

눈이 따갑지 않고 헹굼성이 좋아야 한다
물비누의 경우 눈에 들어가도 따갑거나 맵지 않고 향이 너무
강하지 않은 저자극성 제품을 고른다. 거품이 많이 나지 않아
헹구기 쉬운 제품이 좋다.

제조일이 1년 이상 지난 제품은 피한다
제품에 제조일과 사용 기한이 동시에 기재된 제품도 있고, 사
용 기한만 적힌 경우도 있다. 일반적으로 화장품의 사용 기한
은 미개봉 상태에선 3년, 개봉 후에는 1년이다. 하지만 유아를
위한 저자극성 스킨케어의 경우 방부제가 없거나 천연 방부제
를 사용하는 제품이 많으므로 제조일이 1년 미만의 제품을 선
택하는 것이 안전하다.

유모차 구매 시 체크 포인트

용도에 맞는 제품을 선택한다
목을 가눌 수 없는 신생아부터 사용 가능한 디럭스 유모차는
아기의 안전과 안락함을 최우선으로 하기 때문에 덩치가 크고
무거운 것이 대부분. 편의성이 떨어진다는 단점 때문에 사용
기간이 짧은 편이다. 반면 휴대용 유모차는 작고 가벼워 실용
성이 뛰어나다. 엄마와 아기 둘만의 외출이 잦은 경우, 엘리베
이터가 없는 단독주택이나 다가구주택의 경우, 대중교통을 자
주 이용하는 경우 엄마 혼자서도 쉽게 접었다 폈다 할 수 있어
편리하다. 단, 휴대용 유모차는 아기가 목과 허리를 가눌 수
있는 돌 무렵부터 사용할 수 있다. 또한 등받이 각도를 다양하
게 조절할 수 없거나 충격 흡수 기능이 떨어지는 것이 단점. 디
럭스형과 휴대용을 절충한 형태의 유모차는 무게가 디럭스보
다 가볍고 크기가 작으며 튼튼한 바퀴와 등받이 각도 조절 기
능을 갖췄다.

핸들링이 부드러워야 한다
유모차는 엄마가 자주 사용하는 만큼 핸들링이 부드럽고, 한
손으로도 원하는 방향, 원하는 각도로 원활히 돌아가는지가 중
요하다. 아기를 앉히고 밀어보면서 안정감 있게 주행되는지 확
인한다.

차양이 조절 가능해야 한다
차양이 조절 가능하면 낮에 외출 시 아기를 자외선으로부터 보
호할 수 있다. 차양이 지나치게 짧은 제품이라면 보조 차양을
구입해서 장착하는 것이 좋다.

접었을 때 사이즈를 확인한다
유모차를 자동차 트렁크에 싣거나 실내에 보관해야 하는 경우
가 생기므로 유모차를 접었을 때 사이즈를 반드시 확인한다.

출산을 알리는 신호

임신 막달이 되면 태아가 세상 밖으로 나오기 위해 엄마에게 신호를 보낸다.
본격적인 진통이 시작되기 전, 엄마 몸에서는 어떤 일들이 일어날까?
반드시 알아두어야 할 출산이 시작되는 신호.

출산이 임박했다는 신호

태아가 골반 쪽으로 내려간다

출산이 가까워오면 태아의 머리가 골반 쪽으로 내려간다. 엄마는 마치 자궁이 내려앉은 듯한 묵직한 느낌을 받게 된다. 태아의 머리가 아래로 내려갔기 때문에 임신부의 배도 아래로 축 처진 모습이다. 태아가 골반 쪽으로 내려가면서 위를 누르던 압박감이 줄어들어 소화가 잘 되고, 숨쉬기도 편안해진다.

태동이 줄어든다

태아가 골반 안으로 자리를 잡으면 그동안 활발했던 태동이 점차 줄어들 수도 있다. 하지만 태동이 전혀 느껴지지 않으면 위험 신호일 수 있다. 또한 격렬히 움직이다 갑자기 태동이 멈추는 느낌이 든다면 태아에게 이상이 있을 수 있으니 바로 병원에 간다.

가진통이 느껴진다

출산이 가까워지면 불규칙하게 느껴지던 복부 통증이 이전보다 자주 오는데, 이를 가진통이라 한다. 생리통처럼 아랫배가 조이는 느낌이 들기도 하고, 요통처럼 허리가 아프기도 한다. 가진통은 불규칙적으로 오며 걷거나 몸을 움직이면 줄어든다.

질 분비물이 증가한다

출산을 앞두고는 산도와 질 입구를 부드럽게 하기 위해 질 분비물이 증가한다. 분비물이 증가한다면 냄새와 색깔을 잘 살펴 이상이 없는지 확인한다. 색깔이 탁하거나 노랗고, 악취가 나면 질염일 가능성이 있다. 특히 세균이나 바이러스 감염에 의한 질염이라면 조기파수나 태아 감염을 일으킬 수 있다. 또한 질 분비물이 갑자기 많아지는 경우에도 조기파수의 위험이 있을 수 있으니 병원을 방문해 확인한다.

소변이 자주 마렵다

임신 후기가 되면 커진 자궁이 방광을 압박하면서 소변이 자주 마려운데, 출산이 임박해서는 증상이 심해진다. 골반 쪽으로 내려온 태아의 머리가 방광을 더욱 압박하기 때문. 또한 태아로 인해 장도 자극을 받아 대변을 자주 보기도 한다.

출산이 임박한 신호

이슬이 비친다

태아가 나오기 위해 자궁구가 열리면 혈액이 섞인 점액 상태의 분비물이 나오는데, 이를 이슬이라 한다. 태아를 감싸고 있는 양막이 벗겨지면서 약간 출혈이 생기고, 자궁경관의 점액성 대하와 섞이면서 이슬이 되는 것이다. 이슬은 '비친다'고 표현할 정도로 양이 적어서 모르고 지나치는 경우가 많다. 이슬 후에는 대개 진통이 이어지는데, 간혹 진통 후에 이슬이 비치기도 하고, 이슬 없이 출산하는 경우도 있다.

이럴 땐 병원으로!
이슬이 비칠 경우 빠르면 1~2일, 길면 1~2주일 지나 분만하게 된다. 따라서 이슬이 비쳤다고 해서 바로 분만하는 것은 아니니 당황하지 말고 경과를 지켜본다. 이슬 후 10~20분 간격으로 규칙적인 진통이 올 때 병원에 간다.

이슬 알아보는 법

이슬의 색은 핑크빛이나 갈색을 띠며, 소량의 혈액이 끈적이는 분비물에 섞여 나온다. 대개 양이 적으므로 출혈이 있다 곧 멈춘다. 이러한 분비물이 비친 후 진통이 이어진다면 이슬일 가능성이 높다.

진통이 시작된다

출산이 가까워지면 태아를 모체 밖으로 내보내기 위해 자궁 수축이 일어나 통증을 느끼게 된다. 이를 진통이라 하는데, 가진통과 진진통으로 나눌 수 있다. 처음에는 생리통이나 요통과 비슷한 통증이 불규칙하게 온다. 이러한 가진통은 참을 수 있을 정도로 강도가 그리 심하지 않으며, 증상도 금세 멈춘다. 그러다 시간이 지나면서 통증이 규칙적인 시간 간격을 두고 점점 강해지면 진진통이 시작된 것. 진진통은 아랫배와 함께 허리까지 조이며, 자세를 바꾸어도 통증이 사라지지 않는다.

 이럴 땐 병원으로!

초산부인 경우에는 10분 이내 간격, 경산부인 경우에는 15~20분 간격으로 진통이 올 때 병원에 간다. 규칙적인 진통이 온다고 너무 서둘러 병원에 가면 본격적인 진통이 올 때까지 병원에서 대기해야 한다.

진진통 알아보는 법

통증과 통증 사이의 시간 간격이 얼마나 지속되는지 재어 알아본다. 20~30분 간격으로 10~20초 정도 규칙적인 진통이 찾아오다 시간 간격이 점점 좁아져 5~10분 간격으로 진통이 찾아오면 진진통이 시작된 것으로 본다. 아기가 태어날 무렵에는 2~3분 간격으로, 분만 시에는 1분 간격으로 본격적인 진통이 찾아온다.

양수가 파수된다

분만이 임박하면 자궁구가 열리면서 태아를 감싸고 있던 양막이 찢어지고 양수가 흘러나온다. 미지근한 물이 다리를 타고 흘러나오기 때문에 질 분비물이나 소변과는 구별된다. 파수는 진통이 심해지고 자궁구가 완전히 열려야 일어나지만, 본격적인 진통 없이 파수가 먼저 일어나기도 한다. 파수가 되면 반드시 출산으로 이어지므로 입원해야 하며, 임신부 10명 중 2~3명은 진통 전 파수가 되는 조기파수를 겪는다.

이럴 땐 병원으로!

파수 후 24시간 이상 지나면 자궁 안에 있는 태아나 양수가 세균에 감염될 가능성이 높다. 따라서 파수가 되면 곧바로 병원에 간다. 파수 시 목욕이나 외음부 세척은 절대 해서는 안 되며, 생리대나 깨끗한 거즈, 수건을 대고 비스듬히 누운 자세로 차를 타고 이동한다.

양수 터졌을 때 증상

미지근한 물이 다리를 타고 흐르기도 하고, 풍선이 터진 것 같은 느낌이 들면서 물이 쏟아지기도 한다. 양이 적을 때는 비릿한 냄새가 나면서 속옷을 적시기도 한다. 한편 소변을 파수로 혼돈하는 경우가 있다. 태아가 골반 쪽으로 내려오면서 방광을 압박해 소변이 새기도 하는데, 파수와 구별이 안 될 때에는 병원에 가서 진단을 받는다.

출산 당일, 병원 가기 전 해야 할 일

진통 주기를 체크한다

초산일 경우 5~10분 간격으로 진통이 오면 병원에 간다. 두 번째 출산부터는 자궁문이 초산부보다 빨리 열릴 수 있기 때문에 규칙적인 진진통이 오기 시작하면 바로 병원에 가는 것이 좋다.

금식한다

진통이 시작된 초기에 너무 많은 식사를 하면 본격적인 진통을 할 때 토할 수 있으므로 금식한다.

남편과 가족에게 연락한다

산기를 느끼면 바로 남편과 친정, 시댁 등에 연락한다. 특히 초산인 경우 예정일보다 1~2주 빨리 진통이 올 수 있으므로 남편은 항시 대기하도록 한다.

출산 가방을 확인한다

병원과 산후조리원에서 필요한 내복, 수면 양말, 속옷, 수건, 비누 등 산모용 물품과 배냇저고리, 속싸개, 겉싸개, 가제 수건 등 아기용품 중 빠진 용품이 없는지 다시 한 번 확인한다.

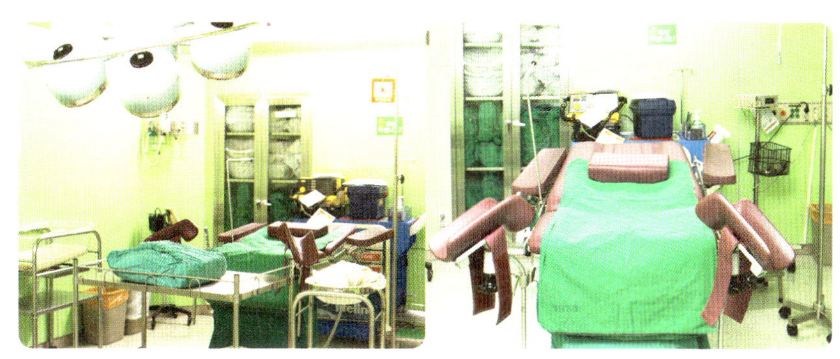

분만대
산모가 진료, 분만, 수술을 받는 곳.

각종 의료용품과 소독기구들
분만장 한쪽 벽에는 출산 과정에 필요한 소독포, 각종 의료기구 등이 정리되어 있다.

전자태아감시장치
산모의 자궁 수축과 태아 심장박동을 관찰할 수 있는 전자태아감시장치.

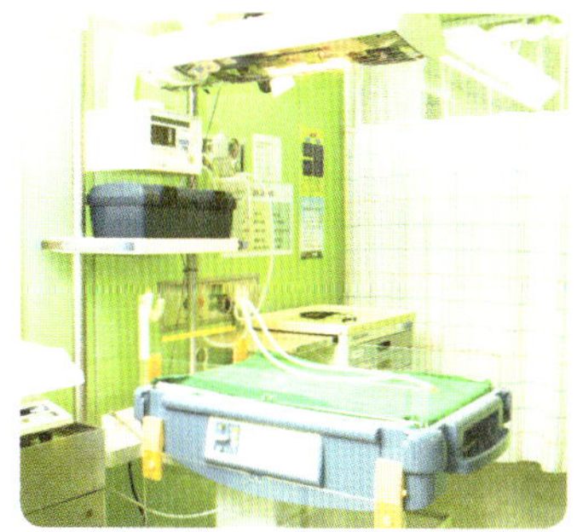

유아가온장치
체온을 조절하는 기능이 미숙한 신생아의 체온을 열원을 이용해 유지시켜주는 기구.

산모 아기 발찌
산모 이름, 태어난 날짜와 시간, 몸무게 등을 적는 팔찌와 발찌.

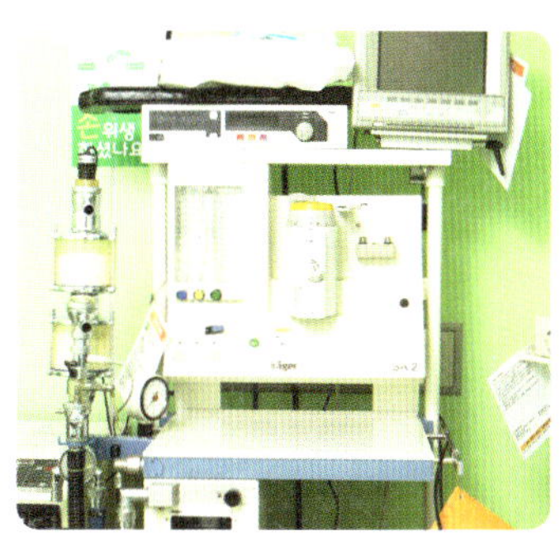

가스마취기
출산 중 응급 상황에 대비한 가스마취기. 마취가스를 들이마시게 해 마취하는 의료기구.

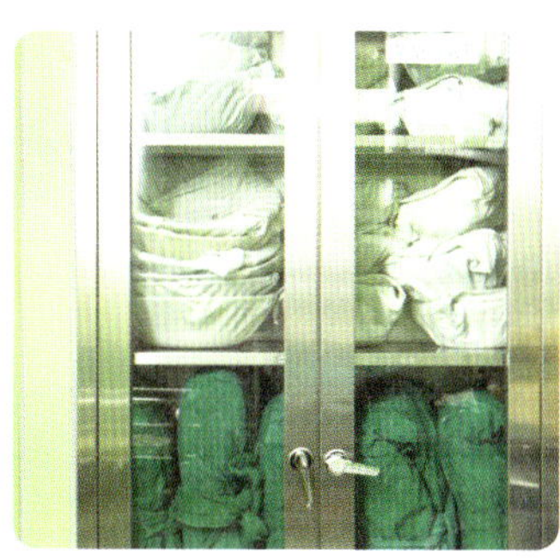

분만 세트
출산을 위해 필요한 의료기구, 소독가운, 신생아의 호흡을 돕는 벌브, 아기포 등의 물품으로 구성되어 있다.

체중계
출생 시 신생아의 체중을 재기 위한 체중계.

04 제대혈

갓 태어난 아기의 태반과 탯줄에서 채취하는 제대혈에는 적혈구, 백혈구, 혈소판 등 혈액세포를 생성하는
조혈모세포가 함유되어 있어, 각종 난치성 혈액질환과 유전적 질환 치료에 효과적이라 알려져 있다.
제대혈 보관 과정과 제대혈에 관한 궁금증까지 정리했다.

제대혈이란?

제대혈은 분만 직후 태반과 탯줄에서 채취한 혈액을 말한다. 분만 후 주사기를 이용해 채취하기 때문에 아기와 산모에게 전혀 영향을 주지 않는다. 제대혈에는 백혈구, 적혈구, 혈소판 등 혈액과 면역 체계를 만드는 조혈모세포가 다량 들어 있다. 연골, 뼈, 근육, 신경 등을 만드는 중간엽 줄기세포도 들어 있어 가치가 높다. 특히 조혈모세포는 백혈병, 골수이형성증후군, 뇌종양, 다발성 골수종 등 악성종양과 재생불량성 빈혈, 선천성 혈구감소증 등 혈액질환, 헌터증후군, 선천성 면역결핍증 등 선천적 대사장애에 이용할 수 있다.
조혈모세포는 골수와 제대혈에서 얻을 수 있는데 제대혈은 분만 후 탯줄과 태반에서 채취하기 때문에 고통 없이 얻을 수 있는 장점이 있다. 제대혈과 달리 골수 채취 시에는 전신마취 등 통증이 따른다. 한 번 채취 시 약 100㎖ 정도 채취 가능하다. 암, 백혈병 등 난치병이나 유전적인 질환의 가족력이 있다면 차후 아기의 건강을 위해 제대혈을 보관하는 것이 좋다.

제대혈 보관 과정

① 보관 신청을 한다

가족 제대혈 은행에 보관할 것인지, 공여 제대혈 은행에 기증할 것인지 정한다. 가족은행에 보관하는 경우에는 제대혈 업체의 상품 및 서비스를 비교한 후 업체를 선정해 보관 신청한다.

신청 전, 의료 경험과 노하우를 지닌 전문 코디네이터와의 충분한 상담을 갖는다.

꼼꼼 check! 제대혈 은행은 크게 두 가지로 나뉜다. 가족 제대혈 은행이 개인 사용을 위해 기증자가 비용을 지불하고 보관하는 곳이며, 공여 제대혈 은행은 헌혈처럼 순수하게 기증된 제대혈을 보관하는 곳으로, 치료와 연구 목적을 위해 사용된다.

② 보관료를 지불한다

신청 후 보관료를 지불한다. 제대혈은 가입 기간이 긴 만큼 선납, 일시불 외에 연납 등 비용 지불 방식이 다양한 곳을 선택한다. 제대혈 비용은 보관 기간에 따라 차이가 있다. 보관 기간이 길수록 비용이 올라가는데, 기본적인 15년형은 130~150만 원 선, 17~20년형은 150~180만 원 선이다.

③ 안내서를 점검한다

보관료를 지불하면 제대혈 업체로부터 계약서와 안내서, 채취 세트를 받게 된다. 탯줄 혈액 채취백, 제대혈 보관 희망 의사를 적은 스티커, 주치의 서식, 채취 설명서 등 빠진 내용물이 없는지 확인한다.

④ 제대혈을 채취한다

분만을 위해 병원에 입원할 때 제대혈 채취 세트를 가지고 가고, 제대혈 업체에 미리 연락을 한다. 제대혈은 분만 후 5분 이내에 채취하며, 채취 후 담당 의사는 채취백에 산모의 이름, 병원 이름, 채취 일시를 기록하고 제대혈 업체 직원에게 전달한다.

⑤ 조혈모세포를 분리한다

제대혈은 항온 용기에 담겨 24시간 이내에 보관 업체로 운반된다. 제대혈 냉동 보관 적합성 여부를 판단하고, 보관 적합성을 판정받은 제대혈만 조혈모세포를 분리해 안전하게 보관한다. 채취한 제대혈의 양이나 세포 수가 기준에 크게 못 미치거나 세포 생존율이 기준 이하인 경우, 미생물 배양 검사에서 양성반응을 보인 경우, 간염바이러스 등에 감염된 경우 등 냉동 보관이 불가능하다고 판단되면 비용은 환불 가능하다.

⑥ 냉동 보관한다

조혈모세포 분리 과정을 거친 제대혈은 고유번호를 받은 뒤 냉동 보관된다. 영하 196℃의 액화 질소 탱크에 25cc로 농축 보관되는데, 최소한의 부피로 보관해야 세포 파괴 위험이 적고 치료 시 환자에게 더욱 안전하다.

⑦ 보관증을 받는다

보관 과정이 끝나면 보관증을 받게 된다. 차후 제대혈이 필요할 때 검사 후 이식 치료한다.

제대혈에 대한 궁금증

제대혈은 여러 번 사용할 수 있다?

제대혈은 대개 1회 전량 사용하고 있다. 간엽 줄기세포의 경우 체외배양과 증폭이 가능해 일정한 양의 제대혈을 여러 번 사용할 수 있지만, 조혈모세포는 다소 어려움이 있다. 특히 조혈모세포는 효과적인 이식을 위해 체중당 이식 세포 수가 중요한 요소로 작용하기 때문에 여러 번 나눠 사용하기 어렵다.

골수 이식보다 더욱 효과적이다?

조혈모세포를 골수에서 채취하려면 공여자가 큰 고통을 겪어야 하지만, 제대혈은 분만 후 남아 있는 태반과 탯줄에서 채취하기 때문에 아기나 산모에게 고통을 주지 않는다. 또한 제대혈은 바이러스 감염의 위험성이 적으며, 이식 후 합병증도 적게 일어난다. 골수에서 채취한 조혈모세포는 HLA, 즉 조혈모세포의 조직적합성항원 6개가 모두 일치해야 이식할 수 있지만, 제대혈은 조혈모세포 상태가 미성숙하기 때문에 3개만 일치해도 이식할 수 있다.

가족 모두에게 활용 가능하다?

제대혈의 주인인 아기 자신과 조직적합성항원이 허용되는 아기의 형제자매, 부모까지 활용 가능하다. 형제자매 간에는 조직적합성항원이 완벽하게 일치할 확률 25%, 절반이 맞을 확률 50%로, 총 75% 정도가 제대혈을 이식받을 수 있다. 부모의 경우에는 형제자매 간처럼 완벽하게 맞을 확률이 드물며, 절반의 조직형이 맞을 확률이 100%이므로 이식 가능하다. 그 외 친척은 조직적합성항원이 허용 범위에 있을 가능성이 거의 없다.

오랜 기간 보관해도 문제없다?

제대혈은 영하 196℃의 초저온 상태로 액화 질소 탱크에 보관되기 때문에 15년 이상 보관할 수 있다. 세포의 초저온 냉동 기술은 의료계에서 널리 활용되는 기술로, 난자, 정자, 수정란 등에 적용되어왔다.

혈액형이 안 맞아도 이식 가능하다?

제대혈에서 채취한 조혈모세포의 이식은 다른 장기 이식과는 다르게 혈액형이 맞지 않아도 가능하다. 혈액형 항체를 제거하거나 최소화하여 이식할 수 있으므로, 혈액형 부적합에 의한 부작용이 생기지 않는다.

쌍둥이는 두 명 다 채취한다?

쌍둥이인 경우에는 두 명 다 제대혈을 채취하는 것이 좋다. 이란성 쌍둥이인 경우 조직적합성항원이 각자 다를 수 있기 때문. 또 조직적합성항원이 같더라도 차후 필요시 양이 2배가 되므로 더 좋은 치료 효과를 거둘 수 있다.

국내 제대혈 은행

● 녹십자 라이프라인	www.lifeline.co.kr	080-578-0131
● 라이프코드	www.lifecord.co.kr	02-552-9413
● 메디포스트 셀트리	www.celltree.co.kr	080-264-9380
● 보령아이맘셀	cell.i-mom.co.kr	080-0202-015
● 셀론텍 베이비셀	www.babycell.com	080-012-3579
● 차병원 아이코드	www.icord.co.kr	080-561-3579
● 서울탯줄은행	www.seoulcord.co.kr	031-732-1555

05 산후조리 장소 정하기

삼칠일에 해당하는 출산 후 3주, 길게는 6주 정도의 기간은 임신 전 상태로 산모의 몸이 회복하는 데
중요한 시기이다. 이 기간에는 충분한 휴식과 제대로 된 몸 관리가 필수.
산후조리원과 일반 가정 중 어느 곳이 나와 맞는지 꼼꼼히 체크해보고 결정하자.

산후조리원

충분히 쉬어야 하는 신후조리 기간에 좋은 곳에서 편하게 산후
조리하고 싶은 것이 모든 산모의 바람이다. 산후조리원은 이런
산모들의 바람이 이루어지는 곳으로, 산후조리만을 전문으로
하는 기관이다. 또한 여러 산모들과 어울리면서 산후 스트레스
를 풀고, 육아 정보도 얻을 수 있다. 그러나 부정확한 육아정
보는 자칫 아기 돌보기에 안 좋은 영향을 받을 수 있으므로 잘
판단하도록 해야 한다.

산후조리원의 장점

전문적인 산후 관리를 받을 수 있다

산모의 회복을 돕는 다양한 프로그램을 통해 출산 후 지친 몸
을 빨리 회복시킬 수 있다. 산후조리원에서는 산후 요가, 마사
지, 피부 관리 등 산모를 위한 전문적인 산후 프로그램을 제공
한다. 또한 모유수유 상담 간호사, 신생아를 돌보는 간호사,
전문 영양사 등 산모와 신생아 관리를 위한 전문가들이 항시
상주해 다양한 서비스를 제공한다.

산후조리에만 집중할 수 있다

산후조리원에서 산모는 오로지 자신의 건강 회복만을 생각하
며 편히 지낼 수 있다. 유축기, 좌욕기, 마사지 시설 등 산후조
리와 수유를 위한 물품과 시설이 기본적으로 비치되어 있어 편
리하다.

다른 산모와 육아 정보를 공유한다

다른 산모와 친분을 쌓으며 지낼 수 있다는 것이 산후조리원만
의 장점이다. 임신에서 출산까지 그동안 힘들었던 과정을 서로
이야기하다 보면 어느새 친구처럼 가까워진다. 또 모유수유하
기, 아기 재우기, 트림시키기 등 육아법을 공유하면서 미처 알
지 못했던 새로운 정보를 얻을 수 있다.

균형 잡힌 식단이 제공된다

전문 영양사가 상주해 산모들을 위한 다양한 음식을 제공한다.
출산으로 고생한 산모들의 체력 보충을 위해 영양 권장량에 맞
춘 균형 잡힌 식단으로 하루 세끼 식사가 제공된다. 여기에 오
전 오후 간식, 야식, 산후 보양식까지 틈틈이 먹을거리를 준비
해주므로, 산모는 더욱 건강하게 지낼 수 있다.

꼼꼼 check! 산모 옆을 지키고 출퇴근하는 남편을 위해 아침 식사를 준비해
주는 산후조리원도 있다. 산후조리 기간 동안 남편이 자주 방문하거나 함께 머
문다면, 산후조리원 선택 시 남편의 아침 식사를 준비해주는지 여부도 체크한다.

산후조리원의 단점

정해진 스케줄대로 움직여야 한다

산후조리 기간 동안 조용하게 혼자 지내길 원한다면 여러 사람
이 함께 이용하는 산후조리원이 불편할 수도 있다. 산후조리원
은 단체 생활을 하는 곳이라 정해진 스케줄대로 일과가 운영된
다. 특히 식사 시간이 정해져 있어 때에 맞춰 식사해야 하고,
특별 강좌가 있는 날에는 산모 방으로 호출이 오기도 한다.

면회가 제한된다

산후조리원은 신생아 감염 예방과 산모의 휴식을 위해 면회를 제한한다. 시댁이나 친정 부모님이 방문해도 면회실에서 산모를 잠깐 만나거나 유리벽 사이로 아기를 보고 돌아갈 수밖에 없다. 면회 시간이 정해져 있어 시간을 맞추지 않으면 산후조리원 출입조차 어려운 곳도 있다.

비용이 비싸다

산후조리원 비용은 보통 2주간 약 200~300만 원 정도다. 고급 서비스를 제공하는 산후조리원의 경우는 1천만 원 이상의 비용이 드는 곳도 있다.

산후 도우미

큰 아이가 있거나 예민한 성격이라 내 집에서 산후조리하고 싶다면, 산후조리 교육을 전문적으로 받은 산후 도우미 서비스를 고려해보자. 산후 도우미는 산후조리는 물론 수유, 목욕, 재우기, 신생아 건강 체크 등 아기를 세심하게 보살펴준다. 산모와 신생아의 세탁물 관리나 방 청소 등 간단한 집안일까지 도맡아 해주니 집안일이 부담되는 산모에게는 더할 나위 없다. 하지만 짧지 않은 기간 동안 낯선 사람과 함께해야 한다는 단점이 있으니, 산후 도우미 서비스를 이용할 때는 무엇보다 산후 도우미와의 관계를 어떻게 형성하느냐가 중요하다.

산후 조리원 선택 노하우

3~4개월 전에 미리 예약
출산 예정일에 맞춰 원하는 지역에 위치한 산후조리원에 들어가려면 저어도 2개월, 여유 있게 3~4개월 전에 미리 예약한다. 출산이 임박해 알아보면 만석이어서 체력적으로 부담이 되고, 빈자리 찾기가 어려울 수 있다.

산모 전용 프로그램 확인
산후 체조, 요가, 유방 마사지, 전신 마사지, 피부 관리 등 산모 회복에 도움되는 프로그램이 있는지 확인한다. 원하는 프로그램이나 서비스 등이 마련돼 있는지, 추가 비용 여부도 확인한다. 간혹 영업사원이 방문해 제품 홍보나 구입을 원하기도 하니 구체적인 프로그램 내용을 확인한다.

전문 영양사가 있는지 확인
자격증을 취득한 전문 영양사가 상주한 곳이 좋다. 균형 잡힌 식사가 제공되는지 식단도 체크하고, 간식이나 야식을 제공되는지, 필요하다면 남편 식사도 제공되는지 여부도 체크한다.

병원과 연계되어 있는지 확인
산부인과, 소아청소년과 등 병원과 연계된 산후조리원을 선택하면 좋다. 아기나 산모에게 응급 상황이 발생할 경우 어떤 대처법을 보유하고 있는지, 산부인과 의사가 최음부 봉합 상태나 유방 상태를 점검해주는지, 소아청소년과 의사가 아기의 호흡, 황달, 배변 상태 등을 체크해주는지 확인한다.

면회 시간과 장소 확인
신생아와 산모의 건강을 위해 외부인의 입실을 제한하거나 면회 시간과 장소에 제약을 두는지 확인한다.

위생이 철저한지 확인
산후조리원은 산모와 아기가 단체 생활을 하는 곳인 만큼 위생이 철저해야 한다. 신생아실, 산모 방, 화장실, 샤워실 등 소독을 깨끗이 하고 있는지, 수유 시 사용하는 가제 수건, 침구류 등의 청결 상태도 확인한다.

편의시설 확인
2주라는 기간 동안 생활하는 데 불편하지 않게 편의시설이 충분히 갖춰져 있어야 한다. 산모 방에 침대, 냉장고, 컴퓨터 등 기본 시설이 잘 갖춰져 있는지, 유축기, 좌욕기, 마사지기 등 부대시설이 부족하지 않은지 살핀다.

안전시설 확인
혹시 모를 화재에 대비해 산후조리원의 응급 체계와 안전시설을 확인한다. 화재 발생 시 어떻게 대처하는지, 소화기는 얼마나 비치되어 있는지, 스프링쿨러가 있는지, 자동환기시스템은 있는지, 비상구는 있는지 체크한다.

주변 환경 확인
산후조리원의 주변 환경도 중요한 조건이다. 찻길이나 시장이 가깝다면 소음에 노출되기 쉽다. 고층에 위치한 곳은 혹시 모를 화재에 대비해 피하는 것이 좋고, 계단이 많은 곳도 산모가 오르내리기 힘드니 피하자.

환불과 보상 여부 확인
입소 전 계약을 파기할 때 환불 사항이 어떤지, 아기가 아프거나 서비스 불만으로 중간에 나가는 경우 환불은 어떻게 이루어지는지 확인한다. 또한 화재나 아기의 2차 감염 등 좋지 않은 사고가 생겼을 때 산후조리원에서 보상이 어떻게 이루어지는지 확인한다.

산후 도우미의 장점

전문적인 산후조리가 가능하다

산후 도우미는 산후조리 교육을 이수한 전문 관리사로 일반 가사 도우미와 다르다. 산모의 식사를 챙겨주고, 산후 체조, 산후 요가, 유방 마사지, 모유수유 교육 등 산후조리원과 다를 바 없는 다양한 서비스가 가능하다.

아기를 세심히 보살펴준다

산후조리원은 간호사들이 다수의 아기를 돌보지만, 산후 도우미는 산모의 아기만 돌보니 세심한 보살핌이 가능하다. 또 산모가 지켜보는 앞에서 돌봐주니 더욱 믿음이 간다. 산후 도우미가 목욕시키고 재우는 과정을 지켜보면서 산모는 육아에 필요한 기본기도 다질 수 있다. 아이의 신체 건강과 관련된 상담과 양육에 대한 정보도 얻을 수 있다.

집안일을 병행할 수 있다

산후 도우미는 산모와 아기에게 필요한 집안일을 도와주는 것이 원칙이다. 다만 큰 아이 돌보기, 남편의 빨래, 대청소, 이불 빨래 등의 서비스는 추가 비용을 지불해야 이용할 수 있다.

남편의 육아 참여가 높다

산후 도우미가 아기 돌보는 모습을 지켜보면서 남편도 육아를 배우고 참여하게 된다. 특히 출퇴근형 산후 도우미가 오는 경우, 산후 도우미가 없는 시간에 남편의 도움을 적극적으로 유도할 수 있다.

모유수유 성공률이 높다

산후 도우미는 산모가 모유수유에 성공할 수 있도록 적극적으로 도와준다. 수유 시 아기 안는 법, 젖 물리는 법 등 기초적인 수유법을 알려주고, 젖몸살이 생겼을 때 유방 마사지를 해준다.

산후조리원보다 저렴하다

산후 도우미 비용은 2주 기준으로 출퇴근형은 70~80만 원 정도이며, 입주형은 120~140만 원 정도. 물론 적지 않은 비용이지만 산후조리원보다는 저렴하다. 다만 아기가 쌍둥이거나 큰 아이 등 다른 식구가 있다면 추가 요금이 발생한다.

꼼꼼 check! 출퇴근형 vs 입주형

출퇴근형 산후 도우미가 산모의 집으로 출퇴근 하는 형식. 2주 기준 70~80만 원 정도이며, 평일은 오전 9시~오후 6시까지, 토요일은 오전 9시~오후 4시까지, 일요일은 쉰다. 남편이 낯선 외부인과 부딪히지 않는다는 장점이 있지만, 산후 도우미가 퇴근하면 산모가 육아와 집안일을 도맡아야 한다는 단점이 있다.

입주형 산후 도우미가 산모의 집에 기거하며 도와주는 형식. 2주 기준 120~140만 원 정도, 토요일 오후 4시~일요일 오후 6시까지 쉬며, 도우미의 건강을 위해 하루 2시간 정도 휴식 시간이 있다. 산후 도우미가 집에 상주하기 때문에 도움이 필요할 때 언제든지 요청할 수 있다는 장점이 있다. 특히 밤에 아기를 데리고 자기 때문에 산모가 푹 잘 수 있다. 하지만 항상 함께 있다 보니 남편이나 시댁, 친정 식구들이 불편해하는 단점이 있다.

산후 도우미의 단점

다른 가족이 불편해한다

낯선 사람이 산후조리를 도와주러 오기 때문에 남편이나 다른 가족이 불편해할 수 있다. 집 안에서도 옷을 챙겨 입어야 하고, 가족끼리 속 깊은 대화를 나누기 어렵다. 특히 입주형 산후 도우미인 경우, 방을 제공해 함께 숙식을 해야 하니 더욱 불편하다.

산후 도우미 선택 노하우

출산 예정일 한 달 전에 예약한다 인터넷 카페 이용 후기나 주변에 물어 평판 좋은 산후 도우미가 있다면 미리 예약한다.

산후 도우미 교육 과정을 체크한다 기본적으로 필요한 교육 과정을 이수했는지 확인한다. 특히 모유수유와 아기 육아와 관련해서 꼼꼼히 따진다.

신원이 확실한지 체크한다 짧게는 2주, 길게는 6주간 함께할 사람이기에 신원 체크는 필수.

출산 경험이 있는지 체크한다 출산 경험이 있는 산후 도우미가 산후조리나 아기 돌보기에 능숙할 수밖에 없다.

중간에 교체가 가능한지 체크한다 산후 도우미와 트러블이 있을 때 교체 가능한지, 환불이 가능한지 알아본다.

산후 도우미의 역할을 확실히 체크한다 어느 선까지 도와주고, 어떤 일은 하지 않는지 사전에 체크해야 산후조리 기간에 트러블이 적다.

자연스럽게 집안일을 하게 된다

산후조리 중이어도 집에 있다 보니 집안일을 아예 손 놓을 수 없다. 산후 도우미는 산모와 아기 위주로 도움을 주고, 추가 요금을 내더라도 식사 위주로 챙겨주기 때문에 구체적인 집안일까지 부탁하기 어렵다. 산후조리원에 들어간 산모보다 산후 도우미를 이용하는 산모가 집안일을 일찍 시작하고 몸을 많이 움직이게 된다.

친정 또는 시댁

최근에는 많은 임신부들이 전문 시설에서 산모의 건강 회복과 신생아에 대한 건강관리 서비스를 받을 수 있는 산후조리원을 선택한다. 하지만 단체 생활의 불편, 고가의 비용 등의 문제로 부득이하게 부모님의 도움을 받는 산모들도 있다. 친정이나 시댁에서의 산후조리는 출산과 육아의 경험이 풍부하고 손자를 사랑하는 어른들이 있어 마음 편히 산후조리와 육아를 동시에 할 수 있다는 장점이 있다. 특히 친정은 산모들이 일 순위로 손꼽는 산후조리 장소. 결혼 전까지만 해도 내 집이었으니 편하게 지낼 수 있고, 친정엄마에게는 사소하고 어려운 부탁도 가능해 많은 도움을 받을 수 있다. 또 친정엄마는 산모의 입맛에 맞는 음식을 해주고 손자를 사랑으로 돌봐주니, 누구보다도 믿고 산후조리를 할 수 있다.

식이 있다. 반면 산모는 인터넷이나 육아 서적, 다른 산모와의 커뮤니케이션을 통한 방대한 정보력으로 요즘 시대에 맞는 산후조리 방식을 고수한다. 세대가 다른 서로가 산후조리 방식이나 육아에서 의견 충돌이 일어나는 것은 당연한 일이다. 방식이 달라 트러블이 있을 때는 서로의 마음이 상하지 않게 부드럽게 돌려 말한다. 도움을 받는 입장인 만큼 그 방식이 틀리지 않다면 따르는 것도 방법. 하지만 아기 건강과 관련해 옛날 방식을 고집한다면, 직접 육아 서적을 보여주며 확인시키는 과정도 필요하다. 인터넷에 떠도는 근거 없는 이야기에 현혹되지 않도록 주의한다.

남편의 육아 참여를 높인다

친정이나 시댁에서 산후조리 시 남편은 대개 지켜보기만 하는 경우가 많다. 친정엄마 또는 시어머니가 육아와 살림을 도맡아 하고, 아들이나 사위에게 쉽게 일을 시키지 않기 때문. 따라서 친정에서 산후조리할 때는 남편에게 도움 요청할 부분을 명확히 말하는 것이 좋다. 쓰레기 버리기, 재활용품 정리하기, 청소기 돌리기, 아기 낮잠 재우기 등 남편을 육아나 가사에 동참시키는 것이 좋다. 이를 통해 육아에 대한 책임감도 늘어난다.

간단한 집안일은 직접 한다

산후 2주 동안은 몸의 정상적인 회복을 위해 집안일을 자제하고 휴식을 취한다. 3주차부터는 간단한 집안일을 시작해도 된다. 몸을 조금씩 움직이면 오히려 회복이 빠르고 컨디션 조절에 도움이 된다. 기저귀 갈기나 아기 옷 갈아입히기 등은 직접하고, 수저나 반찬을 놓는 등의 식사 준비나, 세탁기 돌리기 등 간단한 집안일도 돕는다.

각자의 산후조리 방식을 존중한다

친정엄마와 시어머니는 자신이 경험했던 나름의 산후조리 방

2007년부터 시행된 제도로, 지원 대상은 전국 가구 평균 소득 50% 이하로, 주로 저소득층을 위해 도입되었다. 산모·신생아 도우미는 전문 산후 관리사로 산모의 영양 관리, 유방 관리, 산후 체조, 신생아 돌보기, 신생아 건강관리 및 기본 예방접종, 산모와 신생아 관련 세탁물 관리 및 방 청소 등의 서비스를 제공한다. 1일 8시간, 2주 12일 범위 내에서 서비스를 받을 수 있다. 신청은 각 시, 군, 구 보건소에서 하며, 신청 기간은 출산 예정일 40일 전부터 출산 후 30일 이내다. 산모·신생아 도우미 파견 신청서 1부, 산모 건강보험증 사본 1부, 건강보험료 영수증 등 소득 증명 자료, 의사 진단서 등 출산 예정일 증빙 서류, 자동차 등록증이 필요하다.

06 태아보험

혹시 모를 병치레에 대비하기 위해 많은 엄마들이 임신 사실을 확인하면
태아보험부터 알아보고 가입한다. 태아보험은 아기가 태어나는 순간부터 혜택이 적용된다.
내 아기의 평생 건강을 책임지는 태아보험에 관해 알아본다.

태아보험이란?

태아보험은 아기가 태어날 때 생길 수 있는 질환을 태아가 엄마 뱃속에 있을 때부터 보장해주는 보험을 말한다. 단기적으로 출산 직후 아기에게 발생할 수 있는 질환, 즉 선천적 질환이나 신생아 관련 질환, 인큐베이터 비용, 저체중아 등에 대비할 수 있다. 또한 장기적으로는 아기의 성장 과정에서 발생할 수 있는 질병, 사고, 암 등의 위험을 대비할 수 있다.

가입 시기

태아보험 가입 시기는 보험사마다 약간 차이가 있다. 손해보험사는 임신 직후부터 가입 가능하고, 생명보험사는 임신 16주 이후부터 가입 가능하다. 선천적 이상을 제대로 보상받기 위해서는 임신 22주 전에 가입하는 것이 좋다.

태아보험 선택 시 주의사항

보장 항목을 꼼꼼히 체크한다

태아보험을 가입할 때는 보험사의 보장 항목을 꼼꼼히 따져봐야 한다. 우선 태아 보장을 살필 때는 크게 3가지 항목을 따져본다. 첫째, 주산기 질환으로 출산 전후 생긴 질병에 대한 입원치료비 보장이 있어야 하고, 둘째, 미숙아 보장으로 출산 후 저체중인 경우 인큐베이터 사용에 대한 비용 보장이 있어야 한다. 셋째, 아기에게 선천성 질환이 있는 경우 수술비에 대한 보장이 있어야 한다. 이러한 태아 기본 보장과 더불어 유아기, 유년기, 청소년기까지 전반적으로 질병 및 사고를 보장해주는지 확인한다.

가입 목적에 맞는 보험사를 선택한다

보험사는 크게 생명보험사와 손해보험사가 있다. 생명보험사는 백혈병, 암 등 중대 질병에 대한 보장이 강하며, 정해진 금액만큼 보장하는 정액형으로 운영된다. 손해보험사는 질병, 사고와 관련해 보장 범위가 넓고, 실제 치료비만큼 보장해주는 실비보장형이다. 큰 위험에 대한 높은 보험금을 원한다면 생명보험사를, 병원실비 중심의 보장을 받고 싶다면 손해보험사가 유리하다.

꼼꼼 check! 국내 태아보험 판매회사
생명보험사 교보생명, 동양생명, 삼성생명, 신한생명, 우리아비바생명 등
손해보험사 삼성화재, 그린손해, 동부화재, 메리츠화재, 한화손해, 현대해상 등

보험금 청구 절차를 확인한다

보험 가입만큼 중요한 사항이 보험금을 받는 것이다. 보험금 청구 절차가 까다로우면서 제때 보상받지 못하고 넘어갈 수 있으니 보험 청구 절차가 간편한지 확인한다. 대개 보험금 청구는 생명보험사와 손해보험사 공통적으로 보험 청구서, 수익자 통장 사본, 신분증 사본, 질병 및 사고 진단서, 입·퇴원 확인서, 수술 확인서, 사고 확인서가 필요하다. 이외에 보험사마다 요구하는 추가 서류가 있을 수 있다.

꼼꼼 check! 태아보험 비교 사이트
보험닷컴 www.cancerok.com   인슈랩 www.insulab.co.kr
인스밸리 www.insvalley.com   태아보험가 www.kidsins.com
태아보험넷 www.tae-a.net   태아보험닷컴 www.i-bohum.com

출산 전 엄마들의 시시콜콜 궁금증 Q&A

Q 양수의 양이 다소 적다는데, 엄마가 물이나 음료수를 많이 마시면 양수량이 많아지나요?

증명된 바는 없지만, 경험적으로 엄마가 물을 하루 2ℓ 이상 마시고 안정을 취할 것을 권유하고 있습니다.

Q 전치태반인데 자연분만으로 출산할 수 있나요?

전치태반은 태반이 자궁 출구에 매우 근접해 있거나 출구를 덮고 있을 때를 말하며, 정도에 따라 3등급으로 나눌 수 있습니다. 전 전치태반(자궁 출구의 속구멍이 태반에 의해 완전히 덮여 있는 경우), 부분 전치태반(자궁 출구의 속구멍이 태반에 의해 부분적으로 덮인 경우), 변연 전치태반(태반 끝부분이 자궁 내구의 가장자리까지 닿아 있는 경우)이 있습니다. 전 전치태반과 부분 전치태반의 경우 태반이 태아의 산도를 막고 있으니 제왕절개술로 분만해야 합니다. 자궁 출구가 열리면 태반이 떨어져 나오면서 다량의 출혈이 발생할 수 있어 응급 수혈이 가능한 병원에서 분만하는 것이 좋습니다. 태반이 자궁벽을 뚫고 들어간 경우에는, 분만 후 자궁을 들어내는 자궁적출술이 필요할 수도 있습니다. 태반의 끝만 자궁 입구 쪽에 내려와 있는 변연 전치태반의 경우는 매우 드물지만 자연분만을 시도할 수도 있습니다.

Q 태아가 탯줄을 감고 있다는데 스스로 풀기도 하나요? 탯줄을 감고 있어도 자연분만이 가능한가요?

태아가 엄마 뱃속에서 놀면서 탯줄을 스스로 감는 경우가 있습니다. 탯줄이 긴 경우 발생 확률이 높습니다. 태아는 엄마 뱃속에서 놀면서 감겨진 탯줄을 다시 풀기도 합니다. 태아가 탯줄을 감고 있다고 해도 대부분의 경우 자연분만을 합니다. 하지만 태아가 탯줄을 타이트하게 감고 있다면, 분만 진행은 되지 않으면서 태아가 스트레스를 받아 심박동 수가 떨어질 수 있습니다. 이런 경우에는 응급으로 제왕절개 수술을 해야 할 수도 있습니다.

Q 임신 기간 내내 질염을 달고 살았는데, 출산 시 아기에게 영향을 줄 수 있나요?

임신 중 질염이 있을 경우 조산, 조기 양막 파수, 저체중아, 신생아 결막염 등 이상이 생길 수 있습니다. 질염으로 의심되는 증상이 있을 경우 반드시 검사와 치료를 받는 것이 중요합니다.

Q 지금까지 진료받았던 의사 선생님께 아기를 낳고 싶은데 새벽에 갑자기 출산 신호가 와도 가능한가요? 불가능하다면 다른 선생님께 아기를 받아도 안전한가요?

분만과 관련된 사항들은 분만 전 주치의와 상담을 통해 결정하는 것이 좋습니다. 만약 부득이하게 주치의가 분만을 담당할 수 없는 상황이라면, 당직 의사를 통해 분만이 가능합니다. 당직 의사도 임신부의 진료 기록을 파악하고 있으므로 안심해도 괜찮습니다.

분만

280일간의 임신 기간의 종착지는 바로 분만이다. 자궁 내 태아가 산도를 통과해
모체 밖으로 배출되는 현상을 일컫는 분만. 분만은 고통스러운 과정이 아니라 아기와 만나는
행복한 순간이다. 대표적인 분만 방법인 자연분만과 제왕절개, 그리고 출산을 앞둔
불안감과 진통을 줄여주는 다양한 분만법까지 알아보자.

한눈에 살펴보는 자연분만 진행표

태아 상태	자궁구 상태

분만 제1기
진통이 와서 분만이 시작된 때부터 자궁 입구가 10㎝ 열릴 때까지

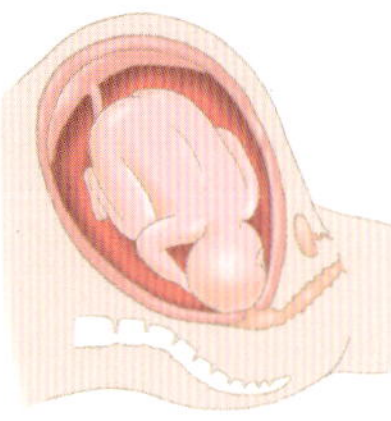 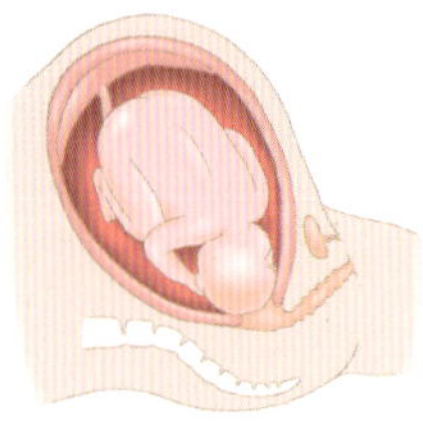 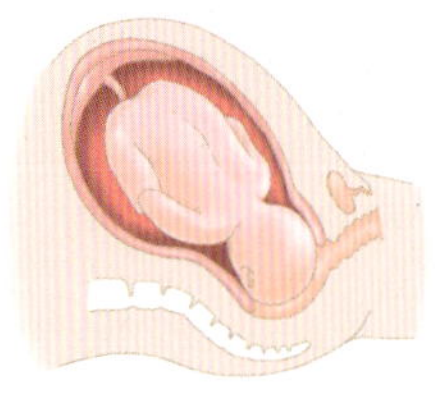 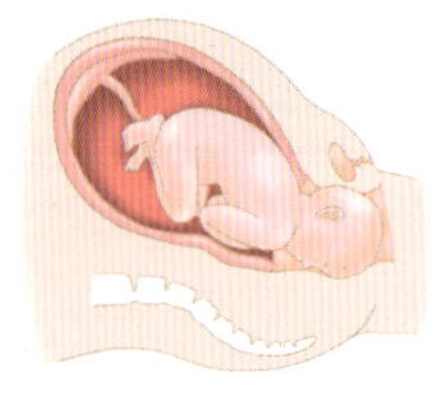

1 자궁구가 2cm 정도 벌어졌을 때의 모습. 자궁경관이 부드러워지고 얇아진다.

2 자궁구가 6cm 정도 벌어졌을 때의 태아 모습. 진통은 3~4분마다 온다.

3 자궁이 완전히 벌어졌을 때의 태아 모습. 산도가 점점 크게 열리면서 양막 파수가 일어난다.

4 태아는 손발을 웅크리고 고개를 깊이 숙여 턱을 가슴에 붙이는 자세를 취한다.

1단계 잠행기
자궁경부가 닫혀 있었던 상태에서부터 직경이 3cm로 열릴 때까지의 기간

2단계 활동기
자궁경부의 직경이 4cm에서 7cm까지의 기간

3단계 이행기
자궁경부가 8~10cm 정도로 열린 시기

분만 제2기
자궁이 열리고 태아가 나올 때까지

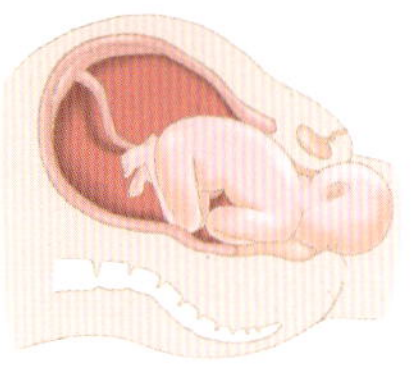 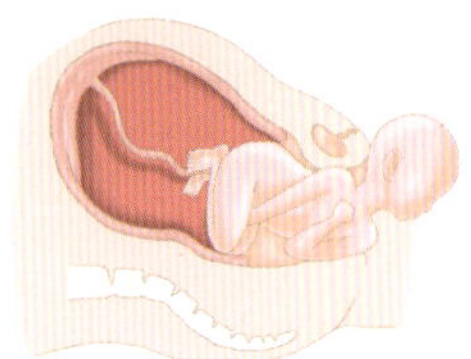 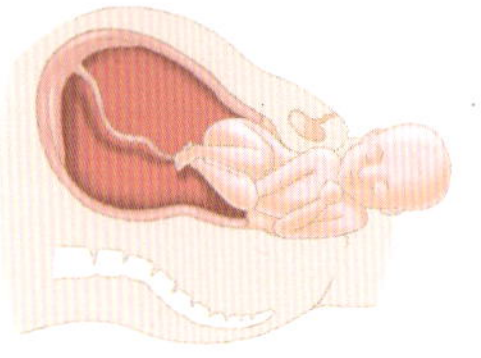

1 태아는 시계 반대 방향으로 90˚ 회전해서 엄마의 꼬리뼈 쪽을 향하게 된다.

2 웅크린 자세로 있던 태아의 머리 뒤쪽이 먼저 밖으로 나온다.

3 머리가 나온 후에는 어깨가 나오고 곧이어 몸체와 다리도 나온다.

10cm 이상 완전히 열린다.

분만 제3기
태아가 나온 후부터 태반이 나올 때까지

1단계
코와 입속의 이물질을 제거하고 탯줄을 자른다.

2단계
손가락, 발가락, 생식기, 입천장 등 외형적으로 기형인 부분이 없는지 체크한다. 간단한 검사가 끝나면 몸무게를 잰다.

3단계
분만실에서의 기본 처치가 끝나면 아기가 태어난 시각과 성별, 몸무게, 엄마의 이름 등을 기록한 발찌를 아기 발목에 채운다. 엄마 품에 올려 잠시 젖을 물렸다가 신생아실로 옮긴다.

분만 제4기
분만 직후 회복기

1단계
신생아실로 옮겨, 특별한 문제가 없으면 분만 시 묻은 양수와 태지 등을 닦아내기 위해 목욕을 시킨다. 목욕이 끝나면 재빨리 물기를 닦고 배꼽 소독을 한다.

2단계
소아과 의사가 검진을 한다. 호흡과 심장 소리를 청진기로 확인하고, 반사 반응도 잘 이뤄지는지 살핀다.

3단계
수유를 한다. 분유를 먹이거나 모유가 나오면 모유를 먹인다. 부모가 원하면 엄마가 있는 회복실이나 병실로 데려가 모유를 먹이기도 한다.

진통 간격	산모의 할일	병원에서 하는 일

진통 간격

1단계 잠행기
5분마다 20~40초간

2단계 활동기
3~4분마다 1분간

3단계 이행기
1~2분마다 90초간

진통시간

1단계 잠행기
6~8시간

2단계 활동기
3~4시간

3단계 이행기
1~2시간

산모의 할일

1단계 잠행기
진통 시 호흡은 깊고 고르게 하는 것이 중요하다. 들숨과 날숨을 가능한 한 천천히 쉬되 가슴보다는 복부로 호흡한다. 진행을 촉진하고 통증을 잊게 하기 위해 걸어 다니는 것이 좋다.

2단계 활동기
산모는 침대에서 안정을 취하는 것이 좋다. 통증의 간격은 짧아지고 강도는 더 심해지고 길어진다. 자궁 수축이 없어서 배가 아프지 않을 때는 옆으로 눕거나 베개를 이용해 산모에게 가장 편안한 자세를 취해, 몸과 마음을 충분히 이완시킨다.

3단계 이행기
진통이 가장 강하게 느껴지고, 진통의 간격이 1분 정도로 짧아진다. 극심한 진통 후 항문에 압박감과 배변감이 들면 태아가 곧 나온다는 신호.

병원에서 하는 일

문진과 내진. 분만 진통 중 태아 감시 및 자궁 수축 정도 파악. 요도관 삽입. 관장. 음모 제거. 진통촉진제. 정맥 수액. 경막외마취 주사

진통 간격

1~2분 간격으로 짧아지고 60~90초 동안 지속

진통시간

초산부는 평균 45분.
경산부는 15~30분

산모의 할일

1단계
진통이 오면 크게 복식호흡을 하고, 크게 숨을 들이미시고 그대로 숨을 멈춘 상태에서 항문에 힘을 모으는 것처럼 아래로 힘을 준다. 진통이 있을 때 힘을 주어야 태아가 효과적으로 내려올 수 있다. 진통이 사라지면 전신에 힘을 빼고 크게 심호흡을 해 태아에게 산소를 공급한다.

2단계
머리가 빠져나오면 그 다음부터는 태아 혼자 힘으로 나오므로 따로 힘주기를 많이 할 필요가 없다. 이때부터는 얕고 빠른 호흡을 한다.

병원에서 하는 일

회음부 절개. 탯줄 자르기

진통 간격

태반이 완전히 만출되기까지는 15~30분 정도 시간이 소요된다.

산모의 할일

1단계
태아 분만 후 약 5분이 지나면 태반이 자궁으로부터 분리되고 밖으로 나온다. 태반이 내려오면서 항문 쪽을 눌러 자연스럽게 다시 힘이 들어간다. 의사의 지시에 따라 가볍게 힘을 주면 태반이 배출된다.

2단계
산모용 패드를 착용하고 회복실로 옮겨진다.

병원에서 하는 일

태반 배출. 회음부 봉합. 자궁 수축제 주입

진통 간격

분만 직후 1~2시간 정도 안정을 취한다.

산모의 할일

1단계
출산 후 자궁이 회복하기 위해 수축하는 과정에서 후진통이 온다.

2단계
후진통은 출산 직후부터 시작해 3~4일 정도 지속되다 저절로 사라진다. 임신 중 커졌던 자궁이 자궁 수축을 통해 6~8주에 걸쳐 서서히 원래 크기로 되돌아온다.

3단계
통증이 심할 때는 의사에게 알린다.

4단계
아기에게 첫 젖 물리기를 한다.
분만 후 30분~1시간 이내에 하는 것이 좋다.

병원에서 하는 일

산모의 출혈. 혈압. 맥박 등을 체크

07 순산을 위한 3가지 기본 요소

산모와 태아 모두 건강한 상태로 순조롭게 분만하기 위해 필요한 조건이 있다.
산도가 잘 열려야 하고, 태아를 밀어내는 만출력이 높아야 한다. 여기에 세상에 나오고자 하는
태아의 힘이 더해져야 순산이 이뤄진다.

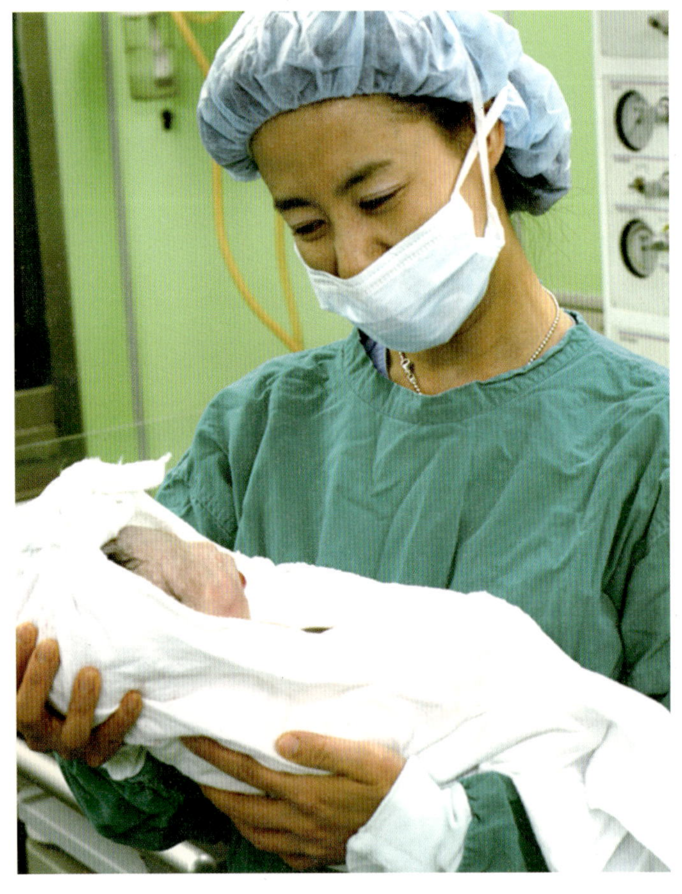

산도, 태아가 세상 밖으로 나오는 길

산도를 지나면서 폐호흡이 수월해진다

산도는 자궁 안에 있던 태아가 세상 밖으로 나오는 길이다. 좁고 어두울 뿐만 아니라 ㄱ자로 굽어 있어 태아가 이곳을 통과하기란 그리 쉽지 않다. 좁은 산도를 힘들게 빠져나오면서 태아의 가슴이 눌려 기관지 속에 있던 분비물들이 흘러나온다.

세상으로 나온 후 엄마와의 연결 고리인 탯줄과 분리되면 아기의 폐가 크게 부풀고, 코와 입을 통해 공기가 들어가면서 폐호흡이 시작된다. 좁은 산도를 지나면서 자연분만으로 태어난 아기가 제왕절개로 태어난 아기에 비해 폐호흡을 원활하게 하는 것으로 알려져 있다.

태아가 쉽게 나오도록 늘어난다

산도는 크게 골산도와 연산도로 구분된다. 골산도는 골반과 그 관절의 결합, 인대로 구성되어 있고, 연산도는 자궁경관, 자궁구, 질에 이르는 길을 말한다. 출산이 임박하면 에스트로겐 호르몬의 영향으로 골산도 내의 결합이 약간 느슨해진다. 또 산도 주변 근육이 늘어나기 쉽게 부드러워지고, 윤활제 역할을 하는 분비물도 많아진다. 그러다 분만이 시작되면 산도는 태아가 통과하기 쉽도록 점점 늘어나는데, 자궁 수축과 태아 머리의 힘으로 탄력을 받아 산도는 더욱 늘어나 분만하기 좋은 상태가 된다.

자궁구가 열려야 태아가 나온다

연산도 내에 있는 자궁구는 내자궁구와 외자궁구로 나눌 수 있다. 내자궁구는 자궁에 가깝고 외자궁구는 질에 가까우며, 두 자궁구 사이를 자궁경관이라 한다. 태아가 자궁 안에 있을 때는 자궁구가 닫혀 있지만, 분만이 시작되면 점차 자궁구가 열린다. 내자궁구는 진통 초기부터 열리며, 외자궁구는 자궁경관이 소실되면 열리기 시작해 분만 제1기가 끝날 무렵에는 약 10㎝ 정도로 완전히 열린다. 참고로 자궁경관이 소실됐다는 표현은 진통이 시작되면서 조금씩 퍼져 얇아지는 현상을 말한

다. 초산부의 경우 위와 같은 과정으로 자궁구가 열리며, 경산부는 자궁구가 열리는 시간이 초산부보다 빠르다. 자궁구가 활짝 열리면 태아의 머리가 순조롭게 나온다.

만출력, 태아를 밖으로 미는 힘

태아가 나오기 위해 진통이 시작된다

태아가 엄마 뱃속에서 완전히 자라면 세상으로 나오기 위한 진통이 시작된다. 호르몬 영향으로 자궁이 규칙적으로 수축해 진통이 오는 것. 진통이 시작되면 자궁 내 압력이 높아져 태아가 점점 자궁구 아래로 내려간다. 진통 중에 양막이 파열되면서 양수가 흘러나오며 양수는 자궁 수축을 더 세게 해준다.

만출력이 높아지면서 태아를 밀어낸다

자궁구가 완전히 열리고 양수가 파수되면 진통이 점점 강해지면서 만출력이 높아진다. 만출력이란 산도를 통해 태아를 세상 밖으로 내보내고자 하는 자연적인 힘을 말한다. 자궁 수축에 의한 진통에 복근 및 횡격막 수축에 의한 복압이 더해져 외음부로 태아의 머리가 조금씩 내려오기 시작한다. 태아의 머리가 나오기 직전의 이 과정이 산모에게는 가장 고통스러운 순간이다.

밖으로 나오려는 태아의 힘

머리는 아래로, 몸은 오므린 자세를 취한다

출산이 임박하면 태아도 세상에 나오기 위해 준비를 한다. 머리를 아래로 향하고, 턱을 몸 쪽으로 당기고, 어깨를 움츠린 오므린 자세를 취한다. 좁은 산도를 쉽게 통과하기 위해서는 태아 몸에서 가장 큰 부위인 머리가 먼저 나와야 하기 때문이다.

태아는 몸을 돌리고 자세를 바꾸며 내려온다

산도는 좁고 구부러져 있기 때문에 쉽게 통과하기 위해서는 태아가 산도를 따라 자세를 바꿔줘야 한다. 산도를 빠져나오기 위해 태아가 스스로 몸을 돌리고 자세를 바꾸며 아래로 내려오는 것을 선회라고 한다.

턱을 들어 올리며 머리가 빠져나온다

아기의 머리가 골반 출구에 도달하면 몸 쪽으로 잡아당겼던 턱을 위로 들어 올려, 머리 앞부분이 출구 쪽을 향하게 된다. 또 엄마 등을 향하고 있던 아기의 얼굴은 머리가 산도를 완전히 빠져나온 뒤 어깨가 나오기 위해 엄마 허벅지 안쪽을 바라본다.

꼼꼼 check! 아기의 머리는 5개의 뼈로 구성되어 있는데, 성인과 달리 아직 굳지 않고 뼈와 뼈 사이의 연결 고리도 고정되어 있지 않은 상태다. 그래서 좁은 산도를 나오면서 뼈와 뼈가 엇갈려 머리 모양이 변하게 되는데, 이를 응형이라 한다. 자라면서 정상적으로 회복하니 걱정하지 않아도 된다.

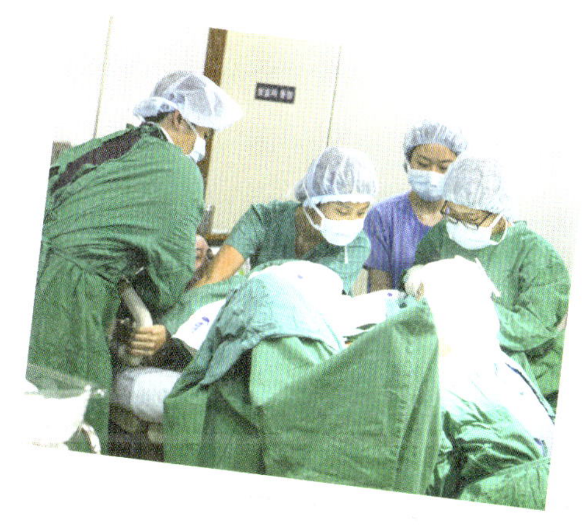

08 자연분만

분만은 크게 자연분만과 제왕절개로 나눌 수 있다. 자연분만은 수술하지 않고 자연적인 방법으로
아기를 낳는 것을 말하며 질식 분만이라고도 한다. 산모의 회복이 빠르고, 합병증 위험이 적은 것이 장점.
또한 태아도 좁은 산도를 빠져나오면서 양수와 분비물을 토해내며 폐호흡이 원활해지고
온몸이 자극을 받아 신체적 기능과 면역력이 좋아진다.

자연분만의 중요성

회복이 빠르다

자연분만은 제왕절개에 비해 회복 속도가 빠르다. 분만 후 2시간 정도 지나면 음식을 먹을 수 있고, 6~7시간 정도 지나면 천천히 걸을 수 있다. 출혈 등 이상 증상이 없으면 분만하고 2~3일 후에 퇴원 가능하다.

합병증 위험이 적다

제왕절개는 전신마취와 복부 절개를 통한 인위적인 분만법인 만큼, 과다 출혈, 자궁무력증, 장 손상, 방광 손상, 마취에 따른 합병증을 겪을 수 있다. 하지만 자연분만은 수술에 비해 출혈이 적을 뿐만 아니라 복강과 자궁 절개로 인한 감염 위험, 마취로 인한 부작용 위험이 적다. 모성 사망률도 제왕절개에 비해 2~4배 정도 낮다.

모유수유 성공률이 높다

모유수유 성공률을 높이려면 태어난 지 30분~1시간 이내 젖을 물리는 것이 좋다. 자연분만을 한 산모는 분만 후 바로 젖을 물릴 수 있다. 최근에는 제왕절개로 분만한 산모도 출산 당일부터 모유수유가 가능한 경우가 많다.

아기 건강에 좋다

자연분만은 제왕절개에 비해 아기 건강에 좋은 점이 많다. 아기는 좁은 산도를 힘들게 빠져나오면서 가슴이 눌리는데 이때 기관지 속 분비물이 흘러나와 출산 직후 조금 더 쉽게 폐호흡을 할 수 있게 된다. 자연분만으로 태어난 아이가 제왕절개 분만으로 태어난 아이보다 건강하고 지능이 높다는 연구 결과도 있다. 신체 모든 부위에 자극을 받기 때문에 건강은 물론 뇌에도 좋은 영향을 받는다.

경제적이다

제왕절개 입원 기간은 약 7일, 자연분만은 약 3일로 분만법에 따라 입원 기간이 2배 정도 차이가 난다. 자연분만이 입원 기간이 짧기 때문에 상대적으로 경제적 부담이 적다.

자연분만 과정

분만 제1기_자궁구가 열리는 시기

① 분만 대기실에 들어간다

진통이 시작되어 병원에 가면 분만 대기실에 들어간다. 문진으로 통증이 언제부터 시작되었는지, 내진으로 자궁구가 얼마나 열렸는지, 산도가 부드러워졌는지 확인한다.

② 분만감시장치를 단다

분만감시장치를 산모의 배에 부착한다. 자궁의 수축 정도와 태아의 심박동 수를 동시에 기록하는 장치로, 태아에게 이상이 있을 시 조기에 발견해준다. 태아 심박동 수가 떨어지는 태아가사 상태 등 이상 분만을 예측할 수 있으므로 분만 과정에서 반드시 필요하다.

③ 관장을 한다

아기가 나오는 산도와 장은 매우 가깝게 위치해 있기 때문에

분만 시 힘을 주면 대변이 나오기도 한다. 대변이 나오면 아기가 감염될 수 있으므로 분만에 앞서 관장을 하는 경우가 많다. 대개 본격적인 진통이 시작되기 전에 관장을 마친다.

4 정맥주사를 맞는다

정맥주사는 산모의 탈수 방지를 비롯해 진통촉진제를 투여하거나 과다 출혈로 수혈 시 혈관을 확보하기 위한 것이다. 산모의 상태를 체크해 필요한 경우 팔에 정맥주사를 맞는다.

5 음모를 제거한다

회음부 면도로 음모를 제거한다. 음모를 제거하지 않으면 모공에 붙어 있는 세균이 분만 시 아기에게 감염될 수 있다. 음모를 제거하면 회음부 절개와 봉합이 수월해지는 효과도 있다. 하지만 최근에는 자연 출산에 대한 관심이 높아지면서 이를 시행하지 않는 병원도 있다.

꼼꼼 check! 산모가 무통분만을 원할 경우 경막외마취를 한다. 자궁구가 약 4~5㎝ 정도 열렸을 때 시행한다. 무통 주사를 맞으면 진통이 줄어드는 효과가 있다. 의식이 있는 상태에서 분만하며, 마취를 하더라도 아기가 자궁 밖으로 나오는 결정적인 순간에는 힘주기를 할 수 있다.

6 요도관을 삽입한다

태아의 머리가 산도에 껴 있으면 산모가 힘을 줘서 소변을 보는 것이 힘들기 때문에 요도관을 삽입. 소변을 배출해야 하는 경우가 많다.

7 자궁구가 10㎝ 열릴 때까지 기다린다

자궁구가 10㎝ 정도 열릴 때까지 진통 중간에 내진을 하며 기다린다. 그러다 10㎝ 정도 열리고 아기 머리가 보이기 시작하

면 분만실로 옮겨진다. 자궁구가 10㎝ 정도 열리기까지의 시기를 분만 제1기라 한다. 초산부는 약 8~12시간, 경산부는 5~8시간 정도 소요된다.

분만 제2기_아기가 나오는 시기

8 아기 머리가 보인다

자궁구가 완전히 열려 아기 머리가 2~3㎝ 정도 보이면 산모는 분만실로 옮겨진다. 아기가 모체로부터 분리돼 완전히 세상에 나오기까지를 분만 제2기라 한다. 초산은 평균 45분, 경산은 15분~30분 정도 소요된다.

9 회음부를 절개한다

아기가 좁은 산도를 수월하게 빠져나올 수 있도록 회음부를 절개할 수도 있다. 회음부를 절개하는 이유는 출산 시 회음부가 불규칙하게 찢어지는 것을 막고 자궁탈출증, 배변 장애와 변비를 일으키는 질환인 직장류 등이 생기는 것을 예방할 수 있기 때문이다. 국소마취를 한 후 3~4㎝ 정도 절개한다.

꼼꼼 check! 음부 절개 방법에는 회음부를 45로 비스듬하게 자르는 방법과 중앙을 절개하는 방법이 있다. 회음부 절개 여부 및 절개 방법은 산모의 상태 및 주치의의 판단에 따라 달라질 수 있다.

10 아기 머리가 빠져나온다

이 시기 진통은 1~2분 간격으로 60~90초 정도 지속되는데, 강한 진통이 올 때 힘을 잘 주어야 한다. 자궁 수축이 없을 때 힘을 주면 아기는 잘 나오지 않으면서 산모만 지치게 된다. 힘을 줄 때는 숨을 참았다가 길게 힘을 준다. 아기 머리가 빠져나

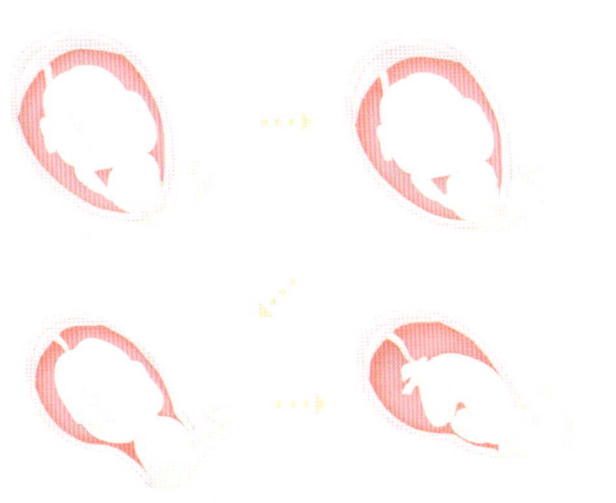

분만 제1기 자궁 구가 열리는 시기

분만 제2기 아기가 나오는 시기

오면 어깨와 몸통은 순조롭게 빠져나올 수 있다.

⑪ 아기 입과 코의 양수를 빼낸다
아기가 산도에서 빠져나오면 흡입기로 입과 콧속에 있는 양수 등 분비물을 빼낸다. 기도가 막히지 않게 하는 조치로, 아기는 스스로 호흡할 수 있다.

⑫ 탯줄을 자른다
아기 몸이 완전히 나오면 탯줄을 자른다. 자를 때는 겸자로 두 곳을 집은 후 그 사이를 자른다. 3~5㎝ 정도 남겨두고 자르며, 자른 부위에는 배꼽 집게를 단다.

분만 제3기_태반을 꺼내고 회음부를 봉합하는 시기

⑬ 분만 뒤처리를 한다
분만 후에는 자궁 속에 남아 있는 태반과 탯줄을 정리해야 한다. 초산은 20~30분 정도, 경산은 10~20분 정도 소요된다. 태아가 나오면 다시 자궁 수축이 일어나면서 태반이 배출되는데, 이때 출혈이 나타날 수 있으며 후진통도 느끼게 된다. 태반이 잘 나오지 않을 때는 자궁수축제를 투여하거나 탯줄을 잡아당겨 인위적으로 제거한다.

⑭ 회음부를 봉합한다
태반이 정상적으로 모두 나오고 산도에 이상이 없으면 회음부를 봉합한다. 봉합사로 봉합하는데, 나중에 실을 뽑는 번거로움이 없도록 녹는 실을 사용한다.

⑮ 아기는 신생아실로 옮긴다
아기 몸에 묻은 이물질을 닦아내고, 배꼽 소독을 한다. 아기가 바뀌지 않도록 엄마 아빠 이름, 태어난 시각, 몸무게 등을 기록한 팔찌와 발찌를 채운다. 또 성별 확인, 손가락, 발가락 개수 등 외형적인 기형 여부를 보는 간단한 절차를 거친 뒤 체온이 떨어지지 않게 감싼 후 신생아실로 옮긴다.

⑯ 엄마는 회복실로 옮긴다
분만실에서 회복실로 옮겨져 안정을 취한다. 2시간 정도 있으면서 이상 출혈이 없는지 확인하고, 큰 문제가 없다면 입원실로 옮겨진다.

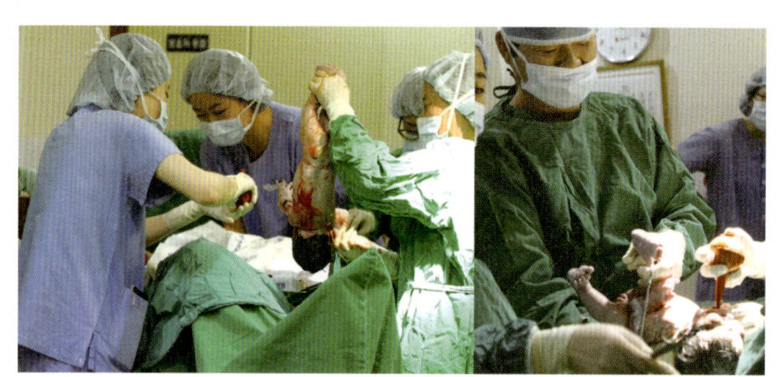

자연분만 vs 제왕절개

분만 과정	자연분만	제왕절개
출산 전 검사	내진, 태아감시장치, 혈액 · 흉부 X-ray · 심전도 · 간 기능 · 소변 검사를 모두 실시	
분만 전 준비	관장, 정맥주사, 음모 제거	정맥주사, 요도관 삽입, 항생제 투여
마취 여부	회음부 절개를 할 경우	전신마취나 경막외마취
통증 시기	분만 시 진통에 의한 통증	수술 후 회복 과정에서 통증
회복 과정	분만 당일 보행이 가능	수술 다음 날부터 보행 가능. 진통제, 항생제 투여
식사 유무	분만 후 2시간 정도 지나면 식사 가능	수술 당일 모든 음식물 섭취 금지. 수술 후 약 1~2일째부터 물부터 시작해 식사 진행
모유수유 유무	분만실에서부터 바로 가능	수술 통증에 의해 모유수유 지연
입원일	2~3일 후 퇴원	일주일 후 퇴원

진통을 줄이고 싶어요! 무통분만

무통분만은 자연분만을 진행하는 중간 산모에게 마취제를 투여해 진통을 줄여주는 방법이다. 정상적인 자연분만 진행 과정에 지장을 주지 않으면서 출산의 고통을 완화하는 효과가 있다. 하지만 마취로 인한 합병증이나 부작용이 생길 위험도 있으니 주의하자.

무통분만이란?

무통분만은 경막외마취로 통증을 감소시키는 효과를 내는데, 척추뼈를 감싸고 있는 경막 바깥쪽에 긴 주사 바늘로 길을 만들고 가느다란 관을 집어넣어 마취제를 주입한다. 마취로 진통을 느끼지 못하지만, 하체를 움직일 수 있고, 의식이 있는 상태에서 아기를 분만하는 것이 특징이다.

무통분만에서 중요한 것은 마취를 하는 시기인데, 진통이 약한 초기에 마취하면 자궁 수축이 억제돼 분만 진행이 잘 되지 않는다. 대개 진통이 강할 때 마취하며, 자궁구가 약 3~4㎝ 열렸을 때 마취한다. 마취를 한 상태라도 분만 직전에는 워낙 진통이 강하다 보니 배가 뭉치는 느낌이 들기도 하는데, 이때 힘주기를 하면 된다. 마취 효과로 특별한 통증이나 느낌이 없을 때는 의료진이 지시할 때 힘주기를 하면 된다.

무통분만의 장점

진통에 대한 두려움을 떨칠 수 있다 ㅣ 많은 산모들이 분만을 앞두고 진통에 대한 막연한 두려움을 갖는다. 실제로 초산인 경우 24시간 이상 진통을 겪기도 한다. 과도한 통증은 자궁 혈류 감소, 자궁 수축 이상, 태아의 저산소증 등을 일으킬 수 있다. 하지만 무통분만을 하면 5~20% 정도 감통 효과를 낼 수 있다. 또 진통이 강할 때 마취를 하면 통증으로 인한 근육 긴장을 풀어주어 오히려 분만이 수월하게 진행된다.

자연분만이 쉬워진다 ㅣ 무통분만은 마취로 통증을 느끼지 못할 뿐, 이야기도 하고 다리도 움직일 수 있다. 또 자궁구가 다 벌어질 때까지 편안히 있다가 아기가 나올 즈음 힘주기를 하면 돼 산모는 체력을 아끼며 분만이 가능하다. 그래서 아기가 나오는 결정적인 순간에 힘주기를 할 수 있고, 아기가 태어나는 순간도 놓치지 않을 수 있다.

고위험 산모에게도 안전하다 ㅣ 마취제가 태반의 혈액순환을 순조롭게 해주어 태아에게 산소 공급이 원활해지고 높은 혈압이 내려가 정상적인 분만뿐 아니라 조산, 임신성 고혈압, 당뇨병, 심장병, 임신중독증 등이 있는 고위험 산모에게도 도움이 된다. 또한 무통분만 도중 제왕절개 수술이 필요한 응급 상황에서 추가 마취 없이 그대로 수술도 가능하다.

무통분만의 단점

분만 시 힘주기가 어렵다 ㅣ 무통분만을 해도 출산 과정에서 힘주기를 할 수 있지만, 마취 전만큼 힘을 주기는 어렵다. 그래서 무통분만 시 의료진의 지시가 필요하고, 진통 막판 흡입기나 겸자를 이용해 분만하기도 한다.

마취에 따른 합병증이 우려된다 ㅣ 마취에 따른 합병증으로, 교감신경이 차단되어 진통 중 저혈압이 발생하기도 한다. 예방을 위해 마취 전 산모에게 충분한 수액 공급이 필요하다. 마취 후 방광 기능이 약해져 소변이 고이는 현상이 나타나고, 산모에 따라서는 두통이나 허리 통증을 호소하기도 한다. 약물에 대한 과민증으로 아랫배나 허벅지 부위의 저림, 경련, 구토가 따를 수도 있다.

마취 전문의가 상주해야 한다 ㅣ 간혹 무통분만 시 필요한 마취를 담당 의사나 간호사가 시술하기도 하고, 출장 의사를 둔 병원의 경우는 새벽 분만 시 무통분만이 어려운 경우도 있다. 마취는 마취를 전공한 전문의가 해야 안전하므로, 무통분만을 고려한다면 마취 전문의가 상주하는 병원을 선택한다.

무통분만이 불가능한 경우도 있다 ㅣ 허리 디스크가 있거나 척추 건강에 이상이 있는 경우에는 무통분만이 불가능하다.

09 제왕절개

산모의 복부와 자궁을 절개해 태아를 분만하는 방법이다.
자연분만에 비해 산후에 통증이 심하고 회복이 느릴 수 있지만, 출산이 순조롭게 진행되지 않거나
태아의 상태가 위험할 수 있는 경우 제왕절개를 고려한다.

제왕절개가 반드시 필요한 경우

출산 전

태아가 역아일 때
분만을 앞두고 태아의 정상적인 자세는 머리가 아래로 향한 자세다. 하지만 임신 37주가 지나도 다리나 엉덩이가 아래로 내려와 있는 역아이거나 옆으로 누워 있는 자세(횡와위)면 제왕절개를 해야 한다. 태아의 머리가 골반을 향하지 않았는데 자연분만을 하면 탯줄이 머리와 골반 사이에 끼어 산소 공급이 안 될 수 있고, 머리가 산도에 끼어 뇌 손상을 입거나 심하면 사망에 이를 수 있다.

> ### 제왕절개 전 필요한 검사
>
> ① **금식** 수술받기 전 6~8시간 정도 금식한다. 금식하지 않으면 수술 도중 역류에 의한 흡인성 폐렴 등 합병증이 올 수 있다.
> ② **혈액 검사** 빈혈, 혈소판 수, 백혈구 수 등을 알아보는 일반적인 검사와 혈액형 검사, 혈액 응고 검사를 실시한다.
> ③ **X-ray 검사** 폐결핵, 늑막염 등 호흡기계에 이상이 있는지 확인한다.
> ④ **심전도 검사** 심장 기능에 이상이 있는지 확인한다.
> ⑤ **간 기능 검사** 간 수치가 높으면 수술 시 산모가 의식을 잃는 등 위험할 수 있으므로 확인한다.
> ⑥ **소변 검사** 산모에게 단백뇨나 당뇨가 있는지 확인한다.

전치태반일 때
태반이 자궁구를 막고 있는 전치태반일 경우, 태아가 나갈 입구가 막혀 있기 때문에 자연분만이 어렵다. 또 자연분만을 하더라도 태반이 먼저 밖으로 나오게 되므로 태아와 산모에게 모두 위험하다. 특히 출혈이 심해 쇼크가 일어날 수 있으니 제왕절개를 해야 한다. 전치태반은 임신 기간 초음파 검사를 통해 발견할 수 있다.

다태 임신일 때
다태 임신은 태아의 위치에 따라 자연분만이 가능한 경우도 있으나 분만 진행 장애 및 난산의 가능성이 단태아에 비해 높아 제왕절개 가능성이 높다. 특히 다태아에서 첫 번째 태아의 위치가 역아로 있는 경우에는 제왕절개를 하는 것이 좋다.

골반이 좁을 때
산모 골반에 비해 태아의 머리가 크면 분만 시 머리가 골반에 끼일 우려가 있다. 태아의 머리가 커서 자궁문이 잘 열리지 않거나 태아 머리가 하강하지 않으면 제왕절개가 필요하다.

제왕절개 경험이 있을 때
이전에 제왕절개로 분만한 경험이 있는 경우라면 다시 제왕절개로 분만하는 것이 좋다. 특히 자궁을 수직으로 종절개했거나 자궁파열, 염증 증세가 있었다면 반드시 제왕절개를 한다. 무리하게 자연분만을 시도하다 자궁이 파열되면 출혈이 생기고, 심하면 산모와 태아 모두 사망 혹은 태아 뇌성마비 등에 이를 수도 있다.

자궁에 이상이 있을 때
자궁근종이 있는 경우 그 크기나 위치에 따라 제왕절개로 분만

하기도 한다. 진통이 오지 않거나 미약해 분만이 원활하게 진행되지 않고, 태아가 산도를 빠져나올 때 근종으로 인해 방해를 받을 수 있기 때문이다. 자궁이나 질에 선천성 기형이 있을 때도 제왕절개를 한다.

임신중독증이 심할 때

임신중독증이 심한 경우에는 산모나 태아가 위험할 수 있으므로 출산을 앞당겨야 한다. 임신중독증으로 산모에게 고혈압 증상이 나타나면 분만 시 혈압이 높아져 자간이라는 발작이 일어난다. 호흡곤란을 겪거나 실신하기도 한다. 임신중독증은 출산이 치료인 만큼 임신 후기에 임신중독증이 진단되면 바로 출산을 하는 것이 좋다. 산모의 건강 상태에 따라 유도 분만을 하거나 제왕절개를 시행한다.

산모에게 지병이 있을 때

임신 전부터 심장병, 신장병, 당뇨병, 천식, 허리 디스크 등 지병이 있으면 자연분만의 고통을 이겨내기 어려운 경우가 많다. 담당 의사와 상의 후 제왕절개를 결정한다. 또한 헤르페스 등 성병이 있을 때도 수술을 받아야 한다. 성병이 분만 전까지 완치되면 상관없지만, 그렇지 않을 경우에는 질에 있는 균이 태아에게 감염될 수 있으므로 반드시 수술이 필요하다.

산모가 고령일 때

산모의 나이가 많을수록 산도는 노화되고 굳어진다. 산도가 굳어지면 자궁구가 잘 열리지 않아 분만이 지연되는데, 태아가 산도에 오래 머무르는 만큼 가사 상태에 빠질 위험이 커진다. 또한 고령 산모는 진통 시 주어야 하는 힘도 일반 산모보다 약해 난산할 가능성이 높다. 따라서 만 35세 이상이면서 초산인 경우에는 제왕절개를 받을 확률이 높아진다. 그러나 고령이라고 해서 무조건 제왕절개를 해야 하는 것은 아니니 담당 의사와 상의해 결정한다.

출산 도중

태아가 가사 상태일 때

자연분만 중 태아의 심박동 수가 떨어지며 태아가 가사 상태에 빠지면 제왕절개를 해야 한다. 태아가 산도에 오래 머무르거나, 탯줄이 목을 감고 있는 경우, 탯줄이 서로 꼬여 있는 경우 등에 발생한다. 가사 상태에 빠지면 산소 공급이 원활하지 않아 태아가 질식 상태에 놓이고 심박동이 떨어진다. 장기적으로

봤을 때 뇌 손상의 위험이 있고, 심하면 태아가 사망할 수 있는 상황인 만큼 응급수술로 분만을 빨리 마쳐야 한다.

파수된 지 24시간 지났을 때

양막 파수 후 진통 없이 24시간 이상 지나면 자궁 내 감염이 일어날 수 있다. 자궁이 감염되면 태아도 감염될 위험이 높으므로 되도록 빨리 분만해야 한다. 우선 유도 분만을 시도하고, 진행이 순조롭지 않으면 제왕절개를 한다.

태반조기박리일 때

정상적인 분만은 아기가 나온 후 태반이 나오지만, 태반조기박리는 태반이 먼저 떨어지는 경우를 말한다. 태반이 먼저 떨어지면 산소 공급이 이루어지지 않아 태아가 사망하고, 심한 출혈로 산모는 쇼크 상태에 빠질 수 있다. 응급수술로 태아를 최대한 빨리 꺼낸다.

자궁파열의 위험이 있을 때

분만 시 자궁에서는 매우 강한 수축이 일어나는데, 자궁이 감당하지 못하고 파열되기도 한다. 이전에 제왕절개를 받은 경험이 있거나 자궁 수술을 받은 적이 있는 산모가 자연분만을 시도하다 자궁이 파열되는 경우가 많다. 자궁이 파열되면 심한 출혈로 쇼크 상태에 빠질 수 있으므로 응급으로 제왕절개를 한다.

분만이 지연될 때

진통이 미약하면 자궁구가 잘 열리지 않아 분만이 지연된다. 촉진제를 투여해도 분만이 지연되는 경우라면 제왕절개를 한다. 태아가 잘 내려오지 않는 경우, 태아가 골반에 걸려 시간이 지체되는 경우, 고령의 산모가 초산인 경우에도 분만 시간이 지연되기 쉽다.

제왕절개 전 수술 동의서 작성하기

제왕절개는 마취와 개복수술을 통한 인위적인 분만인 만큼, 과다 출혈이나 마취 부작용 등이 생길 가능성이 있다. 드물지만 장기 손상, 자궁 적출 등의 부작용이 나타날 수 있고, 심하면 산모 사망에 이를 수 있으므로 보호자의 동의가 반드시 필요하다. 수술 전 보호자 수술 동의서를 작성해야 제왕절개가 시행된다.

제왕절개의 주의점

자연분만보다 회복 기간이 길다

자연분만을 한 산모는 분만 당일부터 천천히 걸을 수 있을 만큼 빠른 회복을 보이지만, 제왕절개를 한 산모는 개복수술을 하기 때문에 일주일 정도 회복 기간을 거쳐 퇴원한다. 산모는 통증을 줄이거나 염증을 예방하기 위해 진통제나 항생제를 맞기도 한다. 수술 당일에는 움직이지 못해 누워 있어야 하고, 가스 배출 전까지는 금식을 한다. 수술 다음 날부터는 신장과 장의 기능을 회복하기 위해 침대에 옆으로 눕거나 병실이나 복도를 걸어 다니는 등 몸에 무리가 가지 않을 정도로 천천히 움직인다. 걷다가 어지러워 쓰러질 수 있으니, 반드시 보호자와 함께 걷거나 보조기를 이용한다.

수술 부위 상처를 철저히 관리한다

제왕절개 수술 후 꿰맨 상처는 3일 정도 지나면 아물고 7~10일 후 실밥을 제거한다. 절개 부위가 제대로 아물고 있는지 살피고 염증과 고름이 생기지 않았는지 확인한다. 만약 봉합 부위가 붉게 변하거나 심하게 붓고 진물이 나온다면 병원에 간다. 제왕절개 후 상처가 잘 아물지 않으면 흉터가 남을 수 있다.

수술 당일부터 모유수유를 하도록 노력한다

제왕절개 시 투여한 마취제나 진통제, 항생제가 태아에게 나쁜 영향을 주지 않기 때문에 모유수유를 해도 상관없다. 수술 부위의 통증과 자세의 불편함 등의 원인으로 모유수유를 안정적으로 할 수 없는 경우가 많지만 산모의 의지에 따라 모자동실을 하는 경우 수술 당일부터 모유수유를 할 수 있다. 출산 전 제왕절개 산모를 위한 모유수유 자세를 미리 교육받으면 도움이 된다.

자녀의 수와 터울에 대한 계획을 조정한다

제왕절개로 출산한 후에는 자녀의 수와 터울에 대한 계획을 세우는 것이 좋다. 제왕절개는 복강과 자궁을 절개하는 대수술인 만큼 출산 횟수에 제약을 받는다. 수술을 자주 받으면 절개한 부위가 약해져 파열될 수 있으며, 내부 장기가 유착되는 등의 위험이 높다. 또 제왕절개가 반복될수록 회복 속도가 느려지고 출혈도 심해지는 만큼, 3회 이상 하지 않는 것이 좋다. 만약 제왕절개로 출산 후 둘째를 자연분만으로 낳는 브이백을 원한다면, 미리 진단을 받아보는 것이 좋다.

제왕절개로 생긴 흉터 관리법

제왕절개를 한 산모는 흉터 걱정을 하지 않을 수 없다. 3개월 정도는 꾸준히 흉터 연고를 바르는 것이 좋다. 특히 켈로이드 체질의 임신부라면 흉터 관리에 더욱 신경 써야 한다. 켈로이드란 체질적으로 상처 부위가 깔끔하게 아물지 않고 흉터가 남는 것을 말한다. 평소 피부를 살짝 문질러도 부어오르거나, 상처가 원래 크기보다 더 크고 튀어나온다면 켈로이드 체질에 해당된다. 켈로이드 체질의 임신부인 경우 흉터 관리를 위해 수술 부위가 세균에 감염되지 않도록 소독에 신경 써야 한다. 항소염제와 스테로이드 등 연고를 처방받아 사용한다. 최근에는 흉터 방지 제품이나 국소적인 방사선 치료로 켈로이드를 예방하는 방법도 있으므로 켈로이드 체질인 경우 주치의와 미리 상의한다.

전신마취와 경막외마취, 어떻게 다를까?

제왕절개 시 마취는 크게 전신마취와 경막외마취로 나뉜다. 전신마취는 말 그대로 전신을 마취하는 방법이다. 마취가 빠르고, 저혈압 발생이 적으며, 심혈관계가 안정적이다. 신경계통 이상이나 혈액 응고 장애 등으로 부분마취가 어려울 때는 전신마취가 필요하다. 그러나 전신마취는 의식이 없이 분만하기 때문에 아기가 태어나는 과정을 볼 수 없다는 단점이 있다. 또 기관 삽입으로 인한 목의 통증, 기관지나 폐의 염증도 우려된다. 반면 경막외마취는 척추의 경막 외강에 국소마취제를 주사하는 부분마취 방법이다. 하반신 마취라고도 불리며, 산모가 의식이 있는 상태로 분만하기 때문에 출산의 기쁨을 직접 느낄 수 있다. 수술실 내에서 모유수유도 가능하다. 마취 후 요도관을 삽입하기 때문에, 삽입 시 통증도 없다. 하지만 일시적인 저혈압으로 구토 및 어지럼증이 생길 수 있다.

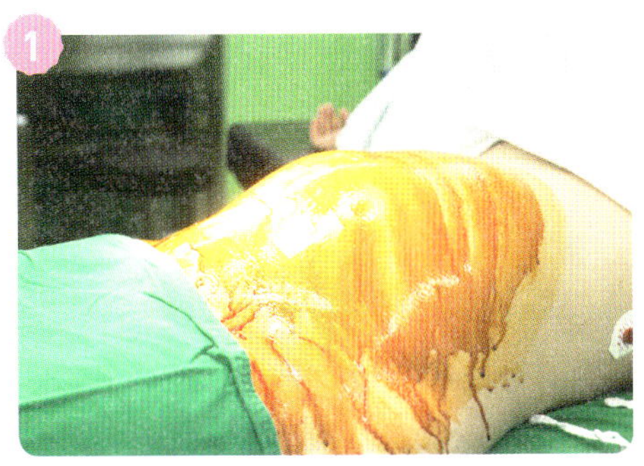

1 수술 부위를 소독한다

수술 부위의 세균 감염을 예방하기 위해 체모를 깎고 수술 부위를 소독한다. 방광이 손상되는 것을 방지하고 수술 후 1~2일 정도 불편할 수 있으므로 수술 전 소변을 받아낼 요도관도 연결한다.

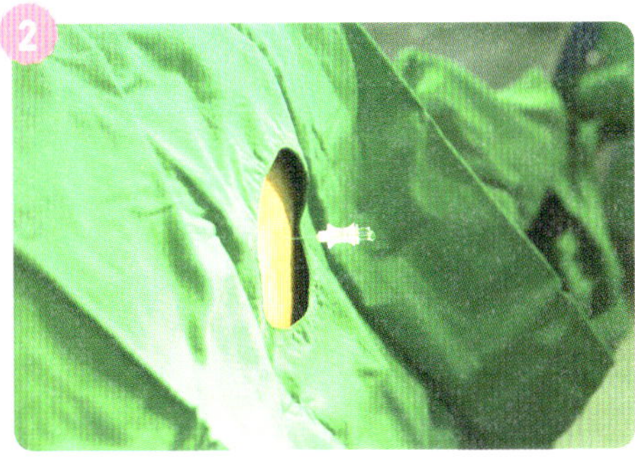

2 마취를 한다

소독을 비롯한 수술 준비가 끝나면 마취를 한다. 단 경막외마취의 경우 마취를 먼저 한 후, 수술 부위를 소독한다.

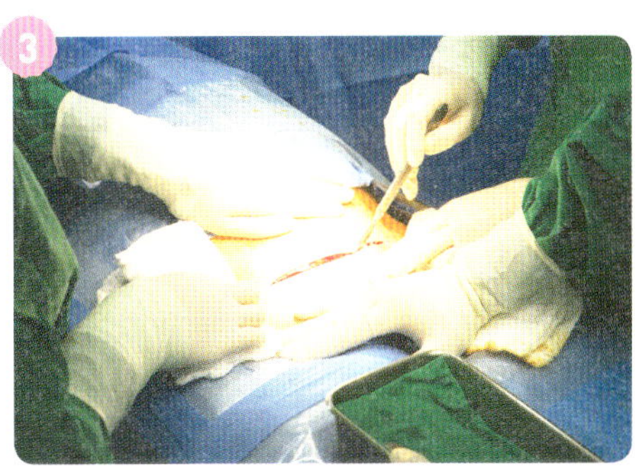

3 복벽을 절개한다

치골에서 3cm 윗부분을 가로로 10cm 정도 절개한다. 피부 절개 방향은 횡절개(가로)와 종절개(세로)가 있는데, 대부분 횡절개로 시행한다.

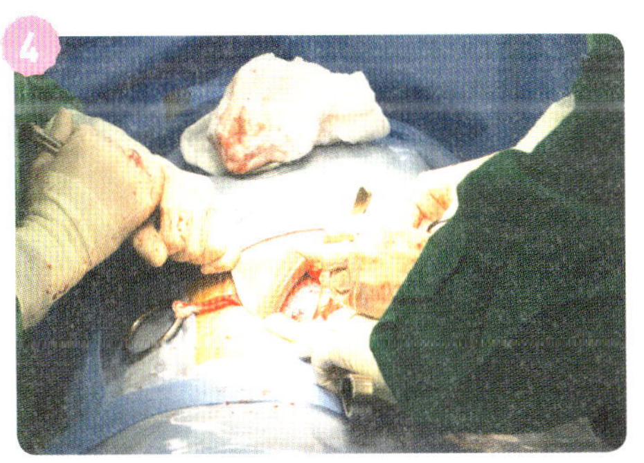

4 자궁벽을 절개한다

여러 층의 복벽을 절개한 뒤 자궁벽을 가로로 절개한다. 자궁을 수직으로 절개하는 종절개는 자궁 파열의 위험성이 커 대부분 횡절개를 한다.

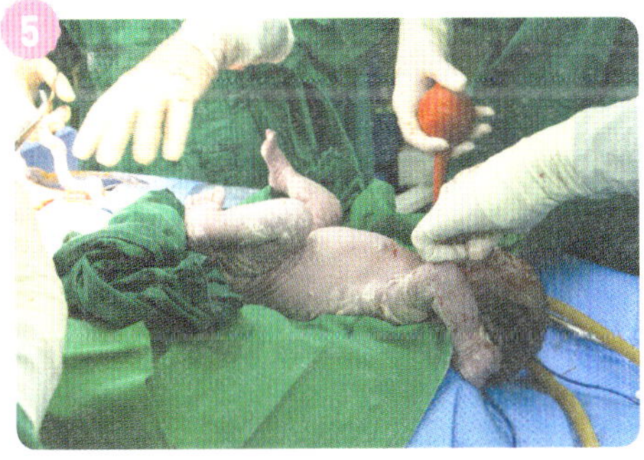

5 태아를 꺼낸다

태아를 감싸고 있는 양막을 절개한 후, 의료진이 손을 집어넣어 태아 머리를 찾아 꺼낸다. 아기가 나오면 입을 벌려 입속의 이물질을 제거한다.

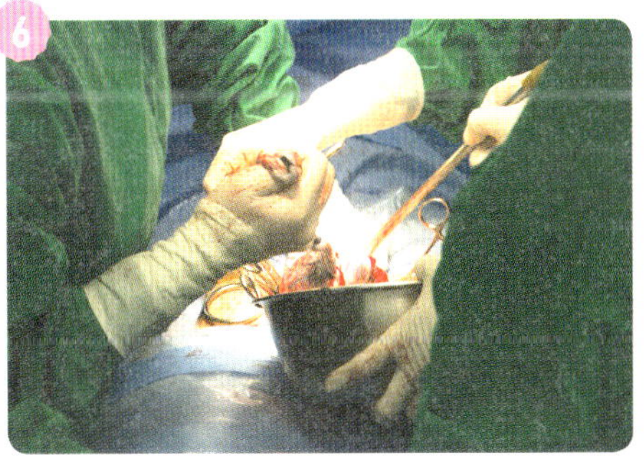

6 태반을 꺼낸다

자궁으로부터 태반을 분리해 꺼내고, 자궁 안에 남아 있는 찌꺼기를 정리해 깨끗하게 비운다.

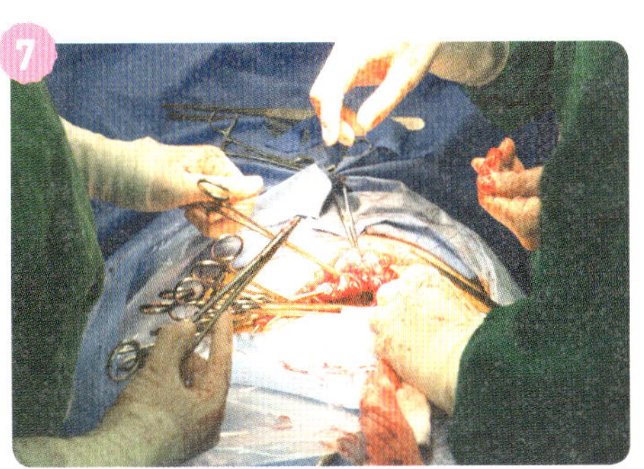

7 수술 부위를 봉합한다

정리를 마치면 수술 부위를 봉합한다. 자궁 절개 부위를 봉합한 후 제자리에 넣고, 여러 층으로 된 복벽을 순서대로 봉합한다. 자궁 및 지방층을 봉합할 때는 녹아서 몸에 흡수되는 실을 사용한다.

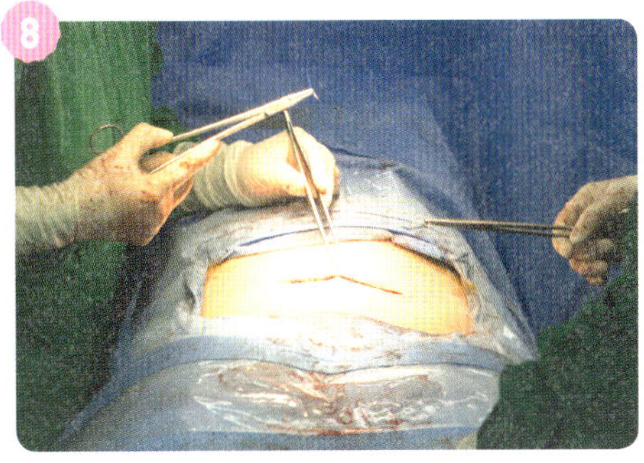

8 피부를 꿰맨다

가장 나중에 꿰매는 피부는 따로 제거해야 하는 실로 꿰맨다. 실밥은 퇴원 전에 제거한다.

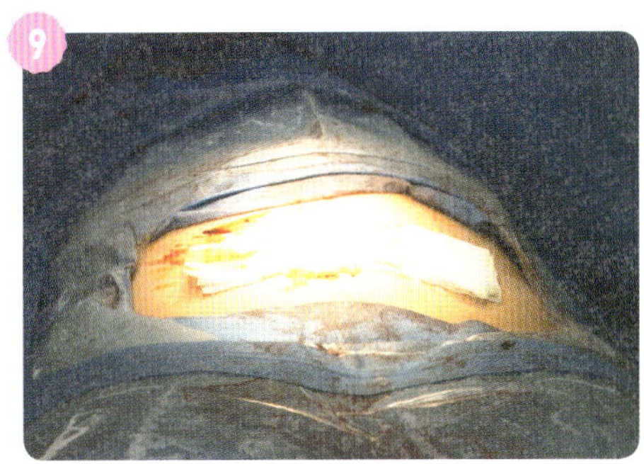

9 소독한 후 거즈로 덮는다

봉합이 완료되면 수술 부위의 감염 예방을 위해 깨끗하게 소독 후 거즈로 덮는다.

10 유도 분만

출산 예정일이 지났는데 아기가 나올 기미가 보이지 않는다면 유도 분만을 고려해야 한다.
진통촉진제 투여로 자연분만에 이르게 하는 유도 분만에 대해 알아보자.

유도 분만이란?

분만을 해야 하는 상황인데 진통이 오지 않는 경우에 인위적으로 진통을 일으켜 출산하는 방법이 유도 분만이다. 진통을 일으키는 촉진제로 자궁 수축 호르몬인 옥시토신과 프로스타글란딘을 사용하고, 정맥에 혈관주사로 투여하거나 질정으로 삽입한다.

유도 분만이 필요한 경우

예정일이 지나도 진통이 없을 때

출산 예정일이 2주 이상 지나면 태아에게 산소 공급이 부족해지는 등 태반 기능이 약해진다. 태아도 뱃속에서 계속 자라 시간이 갈수록 자연분만이 어려워진다. 따라서 출산 예정일이 지났는데 진통 기미가 보이지 않을 때는 유도 분만을 시도한다.

산모에게 질환이 있는 경우

유도 분만은 안전한 분만을 위해 고위험 산모에게 권장된다. 임신중독증, 고혈압, 당뇨병, 신장병, 혈액순환 장애 등 질환이 있을 때는 산모와 태아를 위해 신속히 분만해야 하므로 유도 분만을 하는 것이 좋다.

양수가 먼저 터지거나 양수 과소증이 있는 경우

진통이 오기 전 양수가 먼저 터지면 세균 감염이 우려되므로 24~48시간 이내에 유도 분만으로 신속히 출산해야 한다. 출산 예정일이 지나면 양수량이 점점 감소한다. 양수가 많이 줄어들면 태아 성장에 좋지 않기 때문에 유도 분만을 고려한다.

유도 분만의 주의점

유도 분만에 실패하면 제왕절개로 이어질 수 있다

촉진제를 투여했음에도 불구하고 간혹 진통이 유발되지 않아 유도 분만에 실패하기도 한다. 유도 분만에 실패하면 다시 촉진제를 투여하기도 하지만, 제왕절개로 분만할 수도 있다.

과도한 자궁 수축을 유발할 수 있다

유도 분만 시 간혹 과도한 자궁 수축이 일어나 산모와 태아에게 영향을 줄 수 있다. 10분에 6회 이상의 자궁 수축이 일어나는 자궁 빈수축으로 인해 태아에게 산소 공급이 원활하지 못하면 태아 곤란증, 태반조기박리, 자궁파열이 발생할 수 있다.

옥시토신의 부작용이 우려된다

촉진제로 사용하는 옥시토신이 산모 몸에 투여되면 혈압이 떨어질 수 있다. 이때 구토, 어지럼증이 동반될 수 있으며 드물게는 쇼크가 나타난다.

11 브이백

첫 아이를 제왕절개로 분만했던 산모가 둘째 아이는 자연분만으로 출산하는 것을
브이백(VBAC, Vaginal Birth After Cesarean)이라고 한다. 브이백은 반복 제왕절개에 비해 적은 출혈량,
짧은 회복 기간, 낮은 모성 합병증의 발병률 등이 장점이다.

브이백이란?

브이백은 제왕절개로 아기를 분만했던 산모가 다음 임신에서 자연분만을 시도하는 것을 말한다. 과거에는 제왕절개로 분만한 산모는 다음 임신에도 반드시 제왕절개로 분만해야 했다. 제왕절개 후 진통이 생기면 이전에 절개했던 자궁 부위가 파열될 가능성이 높기 때문이다. 하지만 나날이 제왕절개 시술법이 발전하면서 자궁파열의 가능성은 1% 미만으로 낮아지고, 브이백 성공률은 70% 정도로 높아졌다. 하지만 브이백을 시행하다가 실패하면 태아나 산모가 사망에 이를 수 있으므로 브이백이 가능한 상황인지 신중하게 살펴봐야 한다. 현재 우리나라에는 브이백을 시행하는 병원이 제한되어 있으니 브이백을 원한다면 시술이 가능한 병원을 찾아간다.

브이백의 성공 조건

산전 검사로 브이백 여부 결정

브이백을 고려한다면 산전 검사를 받아야 한다. 기본적으로 일반 산전 검사와 크게 다르지 않다. 브이백을 시도할 때 자궁파열의 위험이 있는 만큼 과거 정확한 분만력을 확인하는 과정이 추가로 필요하다. 자궁의 두께를 재는 초음파 검사와 X-선 골반 계측 검사가 추가되기도 한다. 또 브이백에 실패할 경우를 대비해 응급으로 제왕절개를 할 수 있도록 피검사 및 소변 검사, 심전도 검사 등도 받는다.

과거 분만력

이전에 제왕절개를 어떻게 했는지, 제왕절개를 한 원인이 무엇이었는지 등 과거 분만력이 브이백 성공에 많은 영향을 미친다. 우선 자궁을 가로로 횡절개했고 자궁 염증이나 파열 등 합병증이 없었다면 브이백을 시도할 수 있다. 자궁을 수직으로 절개하는 종절개를 하면 자궁파열의 위험이 높아 브이백이 불가능하다.

산모와 태아의 건강 상태

브이백에 성공하려면 과거 경험했던 제왕절개 사유가 현재는 나타나지 않아야 한다. 자궁근종이나 기형이 없어야 하고, 산모의 골반도 넉넉해야 하며, 임신중독증, 고혈압, 당뇨병 등 고위험 분만에 속하는 질환도 없어야 한다. 태아의 경우 몸무게가 4kg이 넘지 않고, 머리가 산모 골반보다 크지 않아야 한다. 또 태아의 위치도 역아가 아닌 정상이고, 다태 임신이 아니어야 한다.

브이백 가능 병원 선택

국내 모든 병원이 브이백을 시도하지는 않는 만큼 브이백 성공에 있어 병원 선택이 중요하다. 브이백을 고려한다면 브이백을 적극 시도하고 권장하는 병원을 찾는다. 브이백 시술이 가능한 병원이어야 자연분만에 실패하는 응급 상황에 대비해 제왕절개 수술을 할 수 있기 때문이다. 병원을 선택할 때는 브이백 성공률이 얼마나 되는지 확인하고, 마취과 전문의가 상주하는지, 응급 수혈 및 응급 수술이 가능한지 등을 꼼꼼히 따진다.

12 라마즈 분만

진통에 대한 두려움을 떨쳐내고자 시작된 라마즈 분만. 산전에 꾸준히 연습한
연상법, 호흡법, 이완법을 분만 시 이용해 출산의 고통을 줄이는 것이 특징이다. 또한 남편이 진통과 출산 등
분만 과정에 적극적으로 참여함으로 산모는 정서적인 안정감을 얻을 수 있다.

라마즈 분만이란?

라마즈 분만은 통증을 효과적으로 줄일 수 있게 도와주는 분만법이다. 파블로프의 조건반사 이론에서 시작되었는데, 훈련을 통해 분만 시 나타나는 통증을 이겨내고 순조롭게 분만하도록 돕는 방식이다. 라마즈 분만을 위해서는 출산 전에 세 가지 훈련법을 배워야 한다. 즐거운 순간을 떠올림으로써 분만에 대한 두려움을 떨쳐내는 연상법, 몸에 긴장을 풀고 이완하는 이완법, 라마즈 분만의 핵심 요소이자 분만을 수월하게 돕는 흉식호흡법이다. 종합병원이나 산부인과 전문병원에서 운영하는 라마즈 분만 수업을 통해 배울 수 있으며, 대개 4~5주의 교육 과정으로 운영된다. 보통 임신 6~8개월부터 교육을 받고, 남편과 함께 배워야 한다는 것이 특징이다.

라마즈 분만의 세 가지 훈련법

연상법

자궁 수축으로 진통이 올 때 통증에 집중하면 더 괴롭다. 살아오면서 가장 기쁘고 즐거웠던 순간이나 기분 좋은 상황, 아름다운 장면을 머릿속에 떠올려 통증에 대처한다. 기분 좋은 연상을 하는 동안 체내에서 엔도르핀이 분비되어 진통 효과를 얻을 수 있다. 단순하고 쉬운 방법이지만 막상 진통이 오면 연상이 잘 떠오르지 않으므로, 산전에 하루 20~30분 정도 꾸준히 연습한다.

호흡법

라마즈 분만의 호흡법은 가슴으로 숨을 쉬는 흉식호흡이다. 모체에 산소를 충분히 공급해 근육의 이완을 돕고, 태아에게 산소 공급을 원활하게 한다. 또 진통이 올 때 통증에 집중되던 관심이 호흡에 분산됨으로써 통증을 덜 느끼게 되는 효과가 있다. 호흡법은 크게 5단계로 나뉜다. 효과적인 분만 진행을 위해 단계별 호흡법에는 차이가 있다.

1단계 준비기 호흡

자궁구가 3㎝ 정도 열렸을 때 실시한다. 진통이 올 때 심호흡을 크게 한 번 하고 시작한다. 들이쉬고 내쉬는 숨의 길이를 같게 하는 것이 포인트. 1분에 12회 정도 완만한 호흡을 한다. 숨은 코로 들이쉬고 코로 서서히 내쉰다. 진통이 한번 지나가면 크게 심호흡을 하고 휴식을 취한다.

2단계 극기 호흡

자궁구가 3~8㎝ 정도 열렸을 때 실시한다. 준비기 호흡보다 얕고 빠르게 하는 것이 포인트. 진통이 오면 들이쉬고 내쉬는 숨의 길이는 같게 하면서 호흡을 점차 빨리 해야 하는데, 정상 호흡수보다 2배 정도 많아야 한다. 예를 들어 1분에 정상 호흡수가 20회인 경우 2배이면 40회가 되므로, 1회 호흡당 소요 시간은 1.5초 정도 된다. 진통이 잠잠해지면 다시 호흡을 천천히 한다.

3단계 이행기 호흡

자궁구가 10㎝ 정도 열렸을 때 실시한다. 세 번의 호흡을 반복해서 하는데, 두 번은 짧게, 한 번은 조금 길게 한숨을 쉬는 듯

호흡한다. 자궁 수축으로 인해 배에 저절로 힘이 들어갈 때만 자궁구가 완전히 벌어질 때까지 힘주는 것을 참아야 하므로 호흡이 가장 중요한 시기. 입으로 '히, 히, 후' 하고 발음하면서 호흡을 하면 좀 더 쉽게 할 수 있다.

4단계 만출기 호흡

자궁구가 완전히 열렸을 때 실시한다. 진통이 올 때 심호흡을 크게 해 숨을 들이마신 후, 숨을 멈추고 항문 쪽에 가능한 한 길게 힘을 준다. 다시 숨을 크게 들이마신 후 다시 힘주기를 반복한다. 한 번 진통이 올 때마다 3~5회 정도 반복한다. 힘주기가 잘 돼 분만 시간이 단축되며, 통증이 완화되는 효과도 있다.

5단계 후산기 호흡

아기의 머리가 자궁 밖으로 빠져나오면 힘을 주지 않아도 몸이 나오게 된다. 몸에 힘을 빼고 빠르고 짧게 숨을 쉬며 호흡을 가다듬는다.

이완법

진통이 올 때 몸이 긴장하면 통증이 가중된다. 이완법은 전신의 근육을 이완시키는 것을 말한다. 이완법으로 경직되기 쉬운 신체 부위를 풀어주는 것이 좋다. 산모의 근육이 이완되면 호르몬의 일종인 릴랙신 분비가 증가해 자궁구가 빨리 열리고 진통 시간이 짧아진다. 엔도르핀 분비도 촉진되어 통증을 덜 느끼게 된다. 분만 시 산모는 통증 때문에 이완법을 실행하기 어려우니, 남편이 평소 연습해두어 산모의 경직된 근육과 관절의 긴장을 풀어주어야 한다. 산모는 손목과 발목 관절부터 시작해 팔꿈치, 어깨, 무릎, 목 관절의 힘을 최대한 빼고 편안히 눕는다. 남편은 손목, 팔꿈치, 어깨, 무릎, 고관절 등 산모의 관절 부위를 천천히 움직여, 산모가 몸의 힘을 자연스럽게 뺄 수 있도록 돕는다.

라마즈 분만의 장점

분만 시 통증이 줄어든다

산전에 연상법, 호흡법, 이완법을 꾸준히 연습해 분만 시 적용하면 통증이 줄어드는 효과를 볼 수 있다. 특히 라마즈 분만에서 핵심이라 할 수 있는 호흡법은 분만 진행 과정에 따라 달라지는 것이 특징으로, 산소를 충분히 공급해주어 근육 및 체내 조직의 이완을 돕고 진통을 경감시켜준다.

분만 시간이 단축된다

진통 시간이 줄어들고 분만 진행이 순조롭다. 분만 진행에 따라 단계별로 호흡하고, 이완법으로 근육의 경직을 풀어주면 자궁구가 빨리 열리면서 분만 시간이 단축된다. 또 의료진의 지휘에 따라 호흡과 함께 적절히 힘주기를 하면 아기가 빨리 나온다.

남편과 함께 출산을 경험한다

라마즈 분만에서는 남편의 역할이 중요하다. 분만 시 호흡수를 체크하거나 이완법으로 근육의 경직을 풀어주는 것은 남편의 몫이기 때문이다. 남편이 함께 연습해야 진통이 올 때 남편의 코치 하에 효과적인 호흡이 가능하다. 남편 입장에서는 산전부터 분만까지 출산 과정에 적극 참여함으로써 아빠와 남편으로서의 역할을 충실히 해냈다는 점에서 의미가 크다.

13 소프롤로지 분만

소프롤로지 분만은 정신과 육체의 훈련을 통해 심신을 안정시켜 출산의 고통을 줄이는 분만법으로,
라마즈 분만과 유사한 점이 많다. 하지만 동양의 요가를 혼합한 점이 다르며, 라마즈가 흉식호흡을 하는 데 반해
소프롤로지는 복식호흡을 한다. 진통을 이겨내고 순산하는 데 도움이 될 뿐만 아니라
명상과 요가가 접목되어 태교 효과를 기대할 수도 있다.

소프롤로지 분만이란?

1976년 프랑스의 산부인과 의사인 장 크레프에 의해 도입되었으며, 국내에서는 제일병원에서 처음 도입했다. 소프롤로지 분만에서는 출산을 고통이 아닌 기쁨으로 받아들이기 위해 크게 세 단계의 훈련을 한다. 정신적으로 평안한 상태를 유지하기 위한 연상 훈련, 몸의 긴장을 풀어주는 이완 훈련, 분만 시 태아에게 원활한 산소 공급이 이루어지게 하는 호흡 훈련이다. 임신 기간에는 태교 효과를 볼 수 있으며, 분만 시에는 통증에 대한 두려움을 떨쳐내고 순산에 이를 수 있다.

소프롤로지 분만의 3가지 훈련법

연상 훈련
연상 훈련은 일종의 이미지 트레이닝으로, 잔잔한 명상 음악을 들으며 잠들기 직전의 상태인 소프로리미널 상태로 의식을 가라앉혀 사랑스런 태아의 모습, 분만 시 당황하지 않는 자신의 모습을 상상하는 것이다.

호흡 훈련
천천히 깊게 하는 복식호흡으로 태아에게 산소를 충분히 공급하고, 자궁의 활동을 촉진시킨다. 진통이 약하게 시작되면 입을 벌리지 않고 코로 숨을 들이쉬어 입으로 천천히 내뱉는다. 분만이 가까워지면 항문에 힘을 주는 느낌으로 힘주기를 하면서 숨을 조금씩 내뿜는다. 자궁경관이 열리고 태아가 골반으로 순조롭게 내려오도록 도와주는 효과가 있다.

이완 훈련
이완 훈련은 정신과 육체를 함께 훈련하는 연상이완법과 호흡과 함께 하체를 단련하는 좌선좌법이 있다. 연상이완법은 연상 훈련으로 의식을 평안하게 가라앉힌 후, 산전 체조로 근육의 긴장과 이완을 반복하는 훈련이다. 좌선좌법은 호흡 훈련과 함께 책상다리로 앉아서 골반과 하체 근육을 강화하는 훈련이다. 이러한 연습 과정을 통해 산도가 충분히 이완되는 효과가 있다.

소프롤로지 분만의 장점

분만에 대한 자신감이 생긴다
평안한 마음으로 분만 장면을 반복 상상함으로써 분만을 긍정적으로 받아들이고 자신 있게 분만에 임할 수 있게 한다.

태교도 함께 할 수 있다
태아의 모습을 상상하고 대화를 나누면서 임신부는 태아에 대한 친밀감이 높아지고 모성애가 깊어진다.

분만 시 통증이 줄어든다
산전에 훈련한 소프롤로지 분만법을 잘 적용하면 진통 시간이 단축되고 통증이 경감된다. 원활한 호흡으로 자궁경관이 잘 열리며 산도도 충분히 이완돼 회음 열상과 출혈이 적다.

14 르봐이예 분만

르봐이예 분만은 태아에 초점을 맞춘 분만법으로 태아가 스트레스를 받지 않고 세상에 나올 수 있도록
분만실 환경을 최대한 엄마 뱃속과 비슷하게 만드는 방법이다. 분만실은 최대한 조용히 하고 태아의 시력을
보호하기 위해 조명을 어둡게 하는 등 다섯 가지 원칙을 토대로 자궁과 유사한 환경으로 만들어준다.

르봐이예 분만이란?

분만 장소를 자궁과 유사한 환경으로 만들어 아기가 최대한 편
하고 자연스럽게 세상에 나올 수 있도록 도와주는 분만법이다.
아기는 세상에 태어나자마자 지나치게 밝은 조명이 있는 시끌
벅적한 분만실을 목격하게 된다. 여기에 채 적응하기도 전에
탯줄이 잘려 갑자기 폐로 숨을 쉬어야 하고, 엄마의 젖을 물고
싶어도 곧바로 신생아실로 옮겨진다. 르봐이예 분만은 이러한
분만 과정이 아기에게 얼마나 폭력적인가를 인식하는 데서 출
발했다.

르봐이예 분만의 5대 원칙

조명을 어둡게 한다

자궁 안은 어두운데, 대부분의 분만실은 그보다 너무 밝아 아
기가 적응하기 어렵다. 조명으로부터 신생아를 보호하고 안정
감을 주기 위해 조명을 어둡게 조성한다.

목소리를 최대한 낮춘다

아기가 태어나는 분만실은 최대한 조용히 한다. 자궁 안에서
양수에 걸러진 소리를 들으며 자란 아기에게 시끌벅적한 분만
실은 스트레스가 된다. 산모는 비명을 내지 않도록 주의한다.

태어나자마자 엄마 품에 안긴다

갑자기 세상으로 나온 아기가 불안감을 느끼지 않도록 태어나
자마자 엄마 품에 안긴다. 엄마 가슴 위에 올려놓아 젖을 물리
거나 체온을 느끼게 하고 심장 소리를 들려준다.

태어난 지 5분 후에 탯줄을 자른다

태아는 자궁 안에서 탯줄을 통해 산소를 공급받지만, 태어나면
폐호흡을 해야 한다. 탯줄을 자르지 않으면 탯줄과 폐로 이중
호흡을 하게 되어, 아기가 폐호흡에 적응할 시간을 줄 수 있다.

아기를 따뜻한 물속에 있게 한다

37℃ 정도의 따뜻한 물을 담은 욕조를 준비한 뒤, 아기가 태어
나면 물속에 넣었다 뺐다를 15분 정도 반복한다. 이는 양수와
유사한 환경을 마련해줌으로써 아기의 긴장감을 풀어준다.

르봐이예 분만의 장점

아기에게 안정감을 준다

아기가 처음 만나는 세상은 평온한 자궁과 달리 너무 밝고 시
끄럽다. 르봐이예 분만은 아기가 안정감을 느끼며 태어날 수
있도록 환경 조성에 초점을 두고 있다.

엄마의 체온을 느낄 수 있다

르봐이예 분만은 탯줄을 유지한 채로 분만 즉시 아기가 엄마 품
에 안기므로 엄마의 체온과 심장 소리를 느낄 수 있다. 이러한
과정이 아기가 안정을 취하고 세상에 적응하도록 도와준다.

15 다양한 분만법

물속에서 출산하는 수중분만, 가족이 모두 모여 분만을 지켜보는 가족분만 등 조금 더 특별한 방식으로
아기의 탄생을 맞이하는 분만법들에 대해 알아보자.

수중분만

수중분만은 물속에서 몸이 이완되고 편안해지는 원리를 이용한 분만법이다. 태아 역시 열 달 동안 양수 속에서 자랐기 때문에 물속에서 편안함을 느끼며 스트레스를 덜 받는다. 산모도 따뜻한 물속에서 몸이 이완돼 안정을 찾으면서 분만에 대한 두려움을 떨쳐내고 진통이 경감되는 효과를 볼 수 있다. 수중분만은 자궁구가 5~6cm 정도 열렸을 때 시작한다. 물속에서 쪼그려 앉는 자세로 힘을 주고, 분만 후에는 아기를 엄마 품에 안는다.

수중분만의 장점

분만 시 힘주기가 쉽다
수중분만을 하면 가장 이상적인 분만 자세인 쪼그려 앉는 자세를 취할 수 있다. 물속에서는 물의 부력 때문에 쪼그려 앉는 자세를 쉽게 취할 수 있고, 이 자세를 하면 골반이 잘 벌어져 힘을 주기가 수월해진다.

진통이 감소된다
따뜻한 물속에 들어가면 몸의 긴장이 풀려 마음이 편안해지고, 진통이 완화되는 느낌을 받는다. 따라서 무통 마취의 필요성이 감소될 수 있다.

회음부를 절개하지 않는다
물속에서는 회음부의 탄력성이 증가하기 때문에 회음부 절개 없이 분만이 가능하다.

아기의 스트레스가 줄어든다
아기가 양수에서 나와 따뜻한 물로 이동하기 때문에 급격한 환경 변화로 인한 스트레스가 줄어든다. 태어나자마자 엄마 품에 안겨 젖을 물 수도 있어 심리적으로 빠르게 안정을 찾는다.

수중분만의 단점

감염의 우려가 있다
가장 큰 단점은 태아가 감염될 위험이 있다는 것. 출산 과정에서 나오는 분비물로 인해, 혹은 산모와 남편이 물속에 있으면서 물이 오염될 수 있다. 따라서 물이 더러워지면 깨끗한 물로 교체하고, 산모와 남편은 욕조에 들어가기 전 반드시 샤워를 한다.

심장 박동 체크가 어렵다
물속에서 분만하기 때문에 태아의 심장박동과 산모의 자궁 수축 정도를 측정하는 분만감시장치를 설치하기 어렵다. 분만 사이사이 태아의 심장박동을 체크하기는 하지만, 일반 분만처럼 지속적으로 체크하지는 못한다.

그네분만

로마 분만대(Roma birth wheel)라는 특수하게 개발된 그네에 앉아 분만하는 방법이다. 중력에 의해 힘이 강화되어 분만 시간이 단축되고, 진통이 오면 몸을 자유롭게 움직일 수 있어 진통이 줄어든다. 굵은 고리 모양의 철봉에 그네가 매달린 형태이며, 의자가 변형되기 때문에 바로 선 자세, 앉은 자세, 쪼그리고 앉은 자세, 무릎 꿇고 앉은 자세, 웅크리고 누운 자세 등 다양한 자세가 가능하다. 자궁구가 5cm 정도 열릴 때 그네에 올라타며,

진통이 올 때마다 골반을 전후좌우로 흔들어주면 통증이 줄어
들고 골반 출구의 직경이 넓어진다.

그네분만의 장점

분만 진행이 빠르다
그네에 앉아 좌식 분만을 하면 골반 내 공간과 자궁 직경이 훨
씬 넓어져 태아 머리가 쉽게 내려온다. 태아가 나오는 방향이
중력의 방향과 일치하기 때문에 태아가 충격을 덜 받으며 순산
할 수 있고, 회음부 아래쪽에 힘주기가 수월해 분만 시간이 단
축된다.

진통이 줄어든다
진통이 올 때 그네에서 몸을 다양하게 움직이거나 그네를 흔들
어주면 누워서 전혀 움직일 수 없을 때보다 통증이 완화된다.

그네분만의 단점

회음부 출혈이 많아진다
그네에 오래 앉아 있으면 회음부 아래쪽으로 혈액이 몰리면서
출혈이 많아진다. 자연분만처럼 회음부 절개를 했음에도 불구하
고 회음부가 약한 산모는 심하게 찢어져 손상을 입기도 한다.

여러 사람에게 신체 부위가 노출된다
쪼그리고 앉은 자세, 웅크리고 누운 자세, 매달린 자세 등 편
안하게 느끼는 다양한 자세를 취하면 된다. 그런데 가족에게
보이기에는 다소 민망할 수 있어 평소 부끄러움이 많은 성격의
산모라면 적극적인 자세를 취하기가 어렵다.

추가 비용이 든다
특수하게 고안된 그네가 배치된 1인실을 사용해야 하기 때문
에 일반 자연분만보다 비싸다. 병원마다 차이가 있지만, 약
10~20만 원 정도 추가 비용이 발생한다.

가족분만

일반적으로 자연분만은 진통은 분만 대기실에서, 분만은 분만
실에서, 회복은 회복실에서 진행된다. 가족분만은 자연분만의
과정과 동일하지만, 진통, 분만, 회복에 이르는 전 과정을 가
족분만실이라는 한 공간에서 한다는 것이 다르다. 특수하게 설
계된 침대 위에서 대기, 분만, 회복의 과정이 모두 이루어지기
때문에 산모가 진통 중간에 병실을 옮기는 불편함이 없고, 병
실을 내 집처럼 편안하게 사용할 수 있어 산모에게 안정감을
준다.

가족분만의 장점

산모가 정서적인 안정감을 느낀다
일반적인 자연분만은 아기가 나오는 순간을 산모 혼자 감당해
야 하기 때문에 두려움이 클 수밖에 없다. 하지만 가족분만은
분만 과정에 남편과 가족이 함께하기 때문에 산모는 분만에 대
한 두려움을 극복하고, 정서적으로 안정감을 느낀다.

남편의 책임감이 강해진다
남편은 진통, 분만, 회복의 모든 과정을 지켜보면서 출산에 대
한 경이로움을 느끼게 된다. 새로운 가족이 탄생하는 순간을 보
고 아기의 탯줄을 직접 자르면서, 아기와 아내에 대한 고마운
마음과 가족에 대한 책임감이 더욱 강해진다.

병실을 이동하지 않는다
가족분만은 한 공간에서 진통, 분만, 회복까지 이루어진다. 진
통을 느끼고 있는 산모가 병실을 옮겨야 하는 번거로움이 없
고, 병실을 산모의 개인 공간처럼 사용할 수 있다.

가족분만의 단점

여러 사람에게 노출된다
가족분만을 하면 친정 부모님이나 시부모님도 분만실에 들어
올 수 있다. 그런데 한자리에서 내진, 관장, 제모 등 분만의 전
과정이 이루어지므로, 수많은 사람들에게 산모의 가장 소중한
곳을 보일 수 있다. 산모가 분만에 집중해야 하는데, 수치심으
로 마음이 불편해질 수 있다.

남편에게 거부감이 생길 수 있다
분만 과정을 직접 경험하는 것이 오히려 좋지 않은 영향을 줄
수도 있다. 사전에 출산 지식이 없는 경우, 적나라한 분만 과
정을 목격하면서 충격을 받는다. 따라서 분만법을 결정하기 전
에 가족분만에 대한 남편의 의견을 물어보는 것이 좋다.

감염 우려가 있다
산모 외에 다수의 가족이 병실에 머물기 때문에 세균에 감염
될 가능성이 있다. 산모와 의료진뿐만 아니라 병실을 드나드
는 가족도 청결한 상태에서 산모 곁을 지켜야 한다.

Q 내진을 할 때 통증이 심하다면 문제가 있는 건가요?

내진을 할 때 느끼는 통증 정도는 산모에 따라 다릅니다. 통증이 심하다고 해서 반드시 문제가 있는 것은 아닙니다. 혹시 자궁에 이상이 있어 통증이 있는 경우라면, 초음파 검사를 통해 주치의가 먼저 확인하고 이야기를 해주니 크게 걱정하지 않아도 됩니다.

Q 수중분만을 할 경우, 아이가 물속에서도 숨을 쉴까요?

수중분만 후 탯줄이 잘리기 전에는 아이가 양수 속에서처럼 탯줄을 통해 산소 공급을 받습니다. 탯줄을 자른 이후에는 폐가 확장되면서 폐호흡이 시작됩니다.

Q 분만 중 호흡을 너무 크게 하면 태아에게 저산소증이 올 수 있다는데, 맞는 말인가요?

태아는 태반을 통해 공급되는 모체의 혈액으로 산소를 흡수하고 이산화탄소를 배출시킵니다. 하지만 태아의 위치 이상, 탯줄의 압박, 장시간의 분만으로 아이 머리가 골반 내에서 압박되는 등 다양한 원인으로 저산소증이 올 수 있습니다. 출산 과정에서 태아에게 산소 공급이 원활하지 않아 태아가 저산소증에 빠지는 상태를 태아가사라고 합니다. 태아가사의 경우 난산이나 사산을 방지하기 위해 흡인분만이나 겸자분만을 실시하며, 경우에 따라서는 제왕절개술을 실시하기도 합니다.

산모가 진통으로 인해 너무 빠르게 자주 호흡을 하면 과호흡 상태가 되어 혈중 이산화탄소가 올라가고, 손발 저림 증상 등이 나타날 수 있습니다. 태아에게 충분한 산소 공급을 하기 위해서는 숨을 깊게 내쉬는 것이 좋습니다.

Q 제왕절개 후 모유수유 시 진통제나 마취제 등의 성분이 아기에게 전달되지 않을까요?

모유수유 시 진통제나 마취제 성분이 아기에게 전달되는 정도는 1% 미만입니다. 수유 중 사용 가능한 약과 불가능한 약이 있으니 약물 복용 전 주치의와 상의하면 됩니다.

Q 무통분만을 하더라도 아기가 나올 때는 힘을 줘야 한다는데, 마취 후에도 힘이 잘 주어지나요?

마취 효과 때문에 힘을 주는 데 어려움이 있는 경우도 있습니다. 하지만 대부분 의료진의 지시에 따라 힘을 주면 분만하는 데 크게 무리가 없으니 걱정하지 않아도 됩니다.

Q 출산 시 회음부절개를 하고 싶지 않습니다. 임신부가 원하면 안하고도 분만 가능할까요?

회음부절개는 산모의 상태를 파악하고 있는 주치의의 판단에 맡기는 것이 좋습니다. 회음부가 잘 이완되고 회음부 절개를 하지 않아도 열상이 심하지 않을 것이라고 판단되면 회음부절개 없이 출산이 가능합니다. 하지만 열상이 심할 것으로 예상되는 산모의 경우라면 다발성 열상, 항문 직장으로의 열상이 있을 수 있으므로 회음부 절개를 하는 편이 더 낫습니다.

Q 태아가 4.6kg 거대아라는데 자연분만해도 될까요?

아이가 크면 작은 아이보다 분만하는 데 어려움이 있는 것이 사실이지만 거대아라고 해서 무조건 자연분만이 불가능한 것은 아닙니다. 내진 등 여러 가지 소견을 고려해야 하므로 주치의와 상의한 후 분만 방법을 결정하는 것이 좋습니다.

Q 제왕절개 시 아기 낳는 과정을 직접 보고 싶은데 전신마취를 해야 한다고 합니다. 전신마취는 어떨 때 권하나요?

최근에는 제왕절개라 하더라도 전신마취보다는 국소마취를 하는 경우가 많습니다. 하지만 출혈이 많이 되어 자궁 적출술까지 할 정도의 응급 상황에서는 전신마취를 해야 하므로 주치의의 판단에 따르도록 합니다.

Q 무통분만을 하고 싶은데 사람에 따라 마취가 잘 안 되기도 하나요? 마취가 안 되면 마취제를 더 투여하나요?

마취제에 따른 효과는 사람마다 다를 수 있습니다. 마취가 잘 안 될 경우에는 마취약을 추가하거나 다른 종류의 마취제를 투여하기도 합니다.

Q 진통 시 변을 보고 싶다면 어떻게 해야 하나요?

진통 시 변을 보고 싶은 느낌이 든다고 이야기하는 산모들이 많습니다. 의료진의 내진 후 아기가 내려오는 느낌인지, 변의인지 확인하고, 변의가 맞다면 화장실에 가거나 이동식 변기를 이용하면 됩니다.

Q 진통이 시작된 뒤 병원에 가기 전에 샤워해도 되나요? 해도 된다면 진통이 몇 분 간격으로 올 때까지 해야 하나요?

진통이 시작된 후 가벼운 샤워는 상관없습니다. 하지만 초산인 경우 10분 간격 미만의 진통일 때는 샤워를 하지 말고 바로 병원으로 가도록 합니다. 경산인 경우에는 진통이 시작된 후 가급적 빨리 병원으로 가는 것이 좋습니다.

Q 병원에서 진통하는 도중에 음식을 먹어도 되나요?

병원의 방침에 따라 조금씩 달라질 수 있습니다. 진통을 하다가 태아나 산모에게 위험한 상황이 발생하면 바로 제왕절개를 해야 하므로 대부분의 병원에서는 금식을 시킵니다. 금식을 하지 않으면 마취에 의한 흡인성 폐렴이 생길 수 있으므로 음식 섭취는 주의해야 합니다.

Q 진통 중 졸음이 쏟아지는데 자도 괜찮은가요?

진통이 길어지면 졸릴 수밖에 없습니다. 이때 잠을 억지로 참지 말고 자는 것이 출산을 하는 데 도움이 됩니다.

Q 진통을 할 때 살살 걸으며 움직이는 것이 좋다는데 사실인가요?

진통 시 살살 움직이면 통증 완화에 도움이 된다는 연구 결과가 있습니다. 때문에 많은 병원에서 진통 중기까지 힘들지 않다면 살살 걷는 것을 권하기도 합니다.

Q 출산 시 제모를 꼭 해야 하나요?

출산 시 제모를 하는 이유는 세균에 의한 태아 감염을 막기 위해서입니다. 병원의 방침에 따라 달라질 수 있겠지만 최근에는 제모를 하지 않는 병원도 있습니다.

산후조리

임신과 출산으로 급격히 변화한 몸 상태를 임신 전처럼 건강하게 돌리려면

산후조리가 무엇보다 중요하다.

보통 분만 후 6주까지를 산욕기라고 하며, 이 기간 동안에

산후 부작용이나 후유증을 예방하고 임신 전 상태로 돌아가기 위해 노력해야 한다.

16 출산 후 몸의 변화

임신과 함께 변화해온 산모의 몸은 출산 후 또 다른 변화를 겪게 된다.
태아와 태반의 배출로 자궁의 크기가 작아지고 모유수유를 촉진하는 호르몬인 프로락틴이
나오기 시작하면서 가슴에도 변화가 생긴다. 출산 후에 일어나는 크고 작은 몸의 변화를 살펴보자.

자궁의 변화

원래 크기로 돌아온다

원래 크기보다 30㎝ 이상까지 커졌던 자궁은 분만 뒤에도 이틀간은 큰 변화가 없다. 하루하루 지속적인 수축 과정을 통해 4주 정도 지나면 임신 전 상태인 6㎝ 정도로 줄어든다. 초산부가 경산부보다 자궁근섬유질의 탄력성이 좋아 회복 속도가 빠른 편이다. 모유수유를 하면 자궁 수축에 도움이 되는 옥시토신 분비가 촉진되기 때문에 회복이 더욱 빠르다.

꼼꼼 check! 자궁이 원래 크기로 되돌아가면서 후진통을 느끼게 된다. 생리통과 유사한데, 따뜻한 물수건을 배에 올려놓으면 통증이 완화된다. 그래도 통증이 심할 때는 진통제를 복용한다.

원래 위치로 내려간다

자궁은 크기가 줄어들면서 원래 있던 골반 안으로 들어가 자리 잡는다. 분만 직후에는 배꼽 아래 3~5㎝ 정도까지 커져 있지만, 점차 내려가기 시작해 2주 정도 지나면 원래 있던 골반 안으로 들어간다.

오로가 나온다

출산 후 혈액 섞인 질 분비물인 오로가 나온다. 오로는 자궁 안에 고여 있던 혈액, 분만 후 남은 노폐물, 자궁벽에서 탈락된 점막, 세포 등이 배출되는 것이다. 아기 낳고 3~4일 동안은 양이 많고 핏빛의 적색 오로가 나오며, 점차 양이 줄고 색이 옅어지면서 흰색에 가까운 백색 오로로 바뀐다. 대개 4주 정도 지나면 사라지지만 개인에 따라 6주까지 나오기도 한다.

유방의 변화

유즙 분비 호르몬이 나온다

뇌하수체에서 모유 분비를 촉진하는 호르몬인 프로락틴이 나오기 시작한다. 이는 모유수유를 하는 동안 계속 분비되며 엄마가 아이를 자주 안아주고 젖을 자주 빨릴 때 더 많이 분비된다.

초유가 나온다

프로락틴의 영향으로 분만 후 4~5일까지 나오는 젖을 초유라 한다. 아기에게 필요한 면역 성분과 철분, 비타민이 많이 함유돼 있어 반드시 먹여야 한다. 초유가 나온 뒤 생후 5~10일 사이에 분비되는 이행유를 거쳐 10일 이후부터는 하얀 우윳빛의 성숙유로 바뀐다.

커지고 단단해진다

본격적으로 젖이 돌면서 유방이 커지고 단단해진다. 이때 젖몸살로 많은 산모들이 고생하는데, 정맥과 림프선의 울혈로 젖몸살을 앓게 된다. 수유 후 유방에 남은 젖을 완전히 짜내고, 울혈이 생겼을 때 따뜻한 물수건으로 마사지하면 젖몸살 예방에 도움이 된다.

그 밖의 변화

늘어난 질이 원래 상태로 돌아온다

분만 시 아기가 자궁 밖으로 빠져나오면서 질이 늘어난다.

하지만 점차 원 상태로 돌아와 2주 정도 지나면 임신 전과 같은 상태로 회복된다. 회복된 후에도 예전보다 질이 늘어나 있거나 탄력이 떨어지기도 하는데, 골반 근육 강화에 효과적인 케겔 운동을 꾸준히 하면 질의 근력과 탄력을 기르는 데 좋다.

소변이 잦고 땀이 많이 난다

임신 기간 중 몸에 쌓였던 수분이 배출되면서 소변량이 많아지고 화장실에 자주 가게 된다. 땀도 많이 흘리는데 특히 밤에 심하게 흘린다. 방광이 압박을 받아 소변이 고이면 대장균 등 세균이 번식하면서 방광염이 생길 수 있으니, 소변을 잘 보지 못하거나 소변을 본 후에도 개운치 않은 증상이 오래 가면 병원 진찰을 받는다.

머리카락이 많이 빠진다

출산하고 2~3개월 동안은 여성호르몬인 에스트로겐의 분비가 줄어들면서 머리카락이 많이 빠지는데, 이를 산후 탈모라고 한다. 6개월 정도 지나면 호르몬 분비가 정상화되면서 탈모 증상이 개선된다. 하지만 6개월이 지나도 회복될 기미가 보이지 않는다면, 전문적인 탈모 치료를 받아야 한다.

눈이 침침하다

출산 후 수정체의 부종과 호르몬의 영향으로 일시적인 시력 저하가 올 수 있다. 대개 시간이 지나면서 정상으로 돌아온다. 하지만 산후조리 기간에 신문이나 책을 자주 읽고, 작은 글씨를 오래 보면 시력이 떨어질 수 있으니 주의한다.

잇몸에서 피가 난다

출산 후 양치질을 하면 좋지 않다고 생각하는데, 오히려 치석이나 치태가 심해질 수 있으니 식후에는 반드시 부드럽게 양치질을 한다. 출산 후에는 잇몸에서 피가 나고 치아가 흔들리는 경우가 많은데, 임신 중 호르몬의 영향으로 입안의 세균 증식이 심해졌기 때문이다. 잇몸 혈관이 얇아져 쉽게 붓고 피가 나며, 충치가 생기기 쉬운 환경이 되어 분만 후 잇몸 질환으로 나타나는 것이다. 딱딱하거나 찬 음식은 가급적 피하며, 출산 후 1개월이 지나도 증상이 계속되면 치과 치료를 받는다.

기미와 각질이 심해진다

임신 기간 중 생긴 기미는 출산 후에도 완전히 사라지지 않고, 호르몬 영향과 육아 스트레스로 인해 악화되는 경우가 많다. 특히 아기를 돌보느라 밤낮이 바뀌면서 피로가 쌓여 기미가 심해지기 쉽다. 충분한 수면과 휴식을 취해야 하며, 비타민이나 미네랄제를 복용하면 기미 개선에 도움이 된다. 기미와 더불어 각질도 심해져 얼굴, 팔, 다리에 살이 하얗게 일어나기도 한다.

부기가 빠지지 않는다

산후 부기는 임신 중 몸에 축적된 수분과 지방 때문에 나타난다. 출산 후 오로가 배출될 때 몸에 쌓인 수분과 노폐물도 함께 배출돼야 하는데, 산후 4~6주가 지나도 부기가 남아 있다면 산후 비만이 될 가능성이 높다. 염분 섭취를 줄이고, 균형 잡힌 식단과 적당한 운동, 충분한 휴식을 취하고 호박이나 팥 등 이뇨 작용에 좋은 음식을 먹으면 도움이 된다.

배가 쭈글쭈글해진다

아기와 태반이 나와 자궁이 비고, 자궁 크기가 줄어들기 때문에 복부 표면이 쭈글쭈글해진다. 복부 크기가 현격히 줄어들지는 않아 겉으로 보면 임신 5~6개월 정도의 모습. 산후조리 기간 복부 관리를 하지 않으면 임신 전 몸매로 돌아가기 어려우니, 체중 관리 시 복근 운동도 병행한다.

17 산후 조리의 기본 원칙

출산 후 달라진 몸을 임신 전 상태로 회복하기 위해서는 분만 후 6주간,
즉 산욕기를 어떻게 보내느냐가 중요하다. 이 시기에 몸을 어떻게 관리하느냐에 따라 평생 건강이 좌우된다고 해도
과언이 아니다. 올바른 산후조리를 할 수 있도록 산모가 알아두어야 할 기본 원칙을 알아본다.

실내 환경

실내 온도는 24℃로 유지한다

산모와 아기가 머무는 방은 24℃로 유지하는 것이 적당하다. 아기를 위해 방 안 온도를 지나치게 높이는 경우가 많은데, 너무 더우면 오히려 숙면을 취하기 힘들고, 땀을 많이 흘려 목 뒤쪽이나 엉덩이에 땀띠가 날 수 있다.

습도는 30~60%가 적당하다

가습기를 사용하면 습도를 손쉽게 조절할 수 있는데, 물을 매일 갈아주고 깨끗하게 청소하는 것이 중요하다. 가습기가 더러우면 오히려 코의 점막이나 기관지에 염증이 생길 수 있기 때문. 물은 끓여서 식힌 물이나 정수한 물을 매일 갈아주고, 아기나 산모가 습기를 직접 쐬지 않도록 가습기는 코에서 2m 정도 거리를 둔다. 방 안에 빨래나 젖은 수건을 널어놓으면 습도 조절에 도움이 된다.

매일 환기시킨다

실내가 너무 덥고 건조하면 호흡기 질환에 걸리기 쉬우므로, 방을 자주 환기시켜주는 것이 좋다. 하루 3~4회 약 10분 정도 창문을 열어 환기시킨다. 찬바람을 직접 쐬지 않도록 환기 시 아기와 산모는 잠시 다른 방에 머문다.

수면 환경

딱딱한 바닥에서 잔다

산모에게는 푹신한 침대보다 딱딱한 침대나 온돌방이 좋다. 딱딱한 잠자리에 누워야 척추를 비롯한 관절에 부담이 가지 않아 요통을 예방할 수 있다.

충분한 휴식을 취한다

출산 후 빠른 회복을 위해서는 잠을 충분히 자는 것이 좋지만 신생아 수유를 하느라 자주 잠에서 깨기 때문에 산모는 충분히 자기 쉽지 않다. 2~3시간 간격으로 깨는 아기로 인해 밤에 길게 자는 것이 불가능한 만큼, 아기가 낮잠을 잘 때 반드시 함께 자면서 잠을 보충한다. 2개월 정도는 가족과 친척들의 도움을 받으며 잠자는 시간을 충분히 확보하는 것이 중요하다.

식습관

영양을 골고루 섭취한다

산후조리 기간에는 하루 2,700kcal의 열량이 필요하다. 단백질, 지방, 칼슘, 철분, 비타민, 요오드 등 각종 영양소를 골고루 섭취하도록 한다. 특히 모유수유를 하는 경우, 모유의 질을 높이기 위해서라도 고른 영양 섭취가 중요하다. 반면 지나치게 열량이 높은 음식, 인스턴트 음식, 편식, 과식은 산후 체중 관리에 좋지 않으니 주의한다.
모유수유를 할 경우 매운 음식 등을 피하고 미역국이나 곰국을

많이 먹도록 하는 관습이 있으나 근거가 없으므로 평소 습관대로 골고루 섭취하도록 한다.

옷은 헐렁한 면 소재가 좋다

흡수력 좋고 통풍이 잘 되는 헐렁한 면 소재의 옷을 입는다. 옷을 너무 덥게 입으면 산욕열이 심해지고, 회음부나 제왕절개 수술 부위에 염증이 생길 수 있다.

관절에 무리가 가는 동작을 삼가한다

산후조리 시기에 관절을 무리하게 사용하면 쑤시고 아픈 통증이 생긴다. 특히 손목 통증이 많이 오는데, 아기를 오래 안아주거나 남은 젖을 짤 때 손목을 사용하면서 무리가 갈 수 있다.

매일 좌욕을 한다

자연분만한 산모를 위한 좌욕은 봉합한 회음 부위의 통증을 완화하고 염증을 예방하는 데 효과적이다. 오로가 나오는 동안 매일 꾸준히 좌욕하는데, 분만 후 3~4일간은 하루 3~4회 이상 수시로 하고, 이후에는 아침저녁으로 한다. 대야에 따뜻한 물을 받아서 하거나 샤워기로 직접 회음부를 씻으면 된다. 좌욕이 끝나면 깨끗한 면 수건으로 두드리듯 닦고, 헤어드라이어로 회음부를 말려주는 것이 좋다. 회음부가 습기 없이 건조해야 세균 번식을 줄일 수 있다.

샤워는 10분 미만으로 한다

출산 후 땀과 오로 등 분비물로 인해 몸의 청결 상태가 좋지 않으므로 샤워를 자주 한다. 단 샤워는 10분 미만으로 간단히 한다. 자연분만인 경우에는 산후 2~3일 이후부터, 제왕절개인 경우에는 실밥을 뽑은 후 하루 정도 지나서 가능하다. 샤워할 때는 따뜻한 물로 하며, 샤워하기 전 따뜻한 물을 틀어놓아 욕실을 데운다. 머리를 감을 때는 서서 감고, 샤워가 끝나면 바로 물기를 닦는다. 욕조에 몸을 담그는 입욕은 산후 6주 이후

에 고려한다.

산후 48시간 내에 걷는다

출산 후 빨리 걷기를 시작해야 회복에 도움이 된다. 방광의 기능이 빠르게 회복되고, 장의 기능이 좋아져 변비를 예방할 수 있다. 자연분만한 경우 빠르면 분만 당일부터 병실 복도를 걸을 수 있지만, 제왕절개는 수술 직후 보행은 어렵다. 하지만 보호자의 부축을 받더라도 48시간 내에 되도록 걷기를 시작한다. 가스 배출에 도움이 된다. 가스가 빨리 나와야 음식을 먹을 수 있고, 몸이 빨리 회복되며 모유수유도 원활하게 진행할 수 있다.

산후조리 6주 플랜

자연 분만	제왕절개

출산 당일

분만을 마친 산모는 회복실로 옮겨진다. 늘어난 자궁이 수축하는 과정에서 오는 산후통을 겪게 되고, 적색 오로가 배출된다. 얼굴, 손, 발 등 온몸이 붓고, 체력이 떨어지고 피로가 몰려오면서 잠이 자꾸 온다. 회복실에서 2시간 정도 머물며 어느 정도 회복되면 입원실로 옮겨진다.

산모의 할일

- 배고프지 않아도 식사를 한다. 체력 소모가 커 보충해야 한다.
- 잠을 충분히 잔다. 진통과 분만 과정을 겪어 몸이 지치고 피곤하다.
- 분만 후 1시간 이내에 젖을 물려본다.
- 분만 후 6시간 이내에 소변을 본다. 그래야 방광 기능이 회복된다.
- 수건에 따뜻한 물을 적셔 회음부 주위를 닦는다.
- 24시간 안에 걷기 시작한다. 빨리 걷기를 해야 산모 회복에 도움이 된다.

회복실로 옮겨진 뒤 마취에서 깨어나길 기다린다. 2시간 정도 혈압과 맥박, 출혈 정도와 소변량을 체크한다. 의식이 정상이고 이상이 없으면 입원실로 옮겨진다. 마취가 풀리면서 수술 부위 통증이 느껴진다. 수술 전 삽입한 도뇨관은 1~2일 정도 빼지 않고 그대로 둔다. 자연분만 산모처럼 적색 오로가 나오기 시작한다. 출산 후 자궁 수축을 위해 자궁수축제를 맞는다. 이로 인해 후진통이 시작되어 밤새 통증을 호소할 수 있다.

산모의 할일

- 잠을 충분히 잔다.
- 배 위에 모래주머니를 4시간 정도 올려놓는다. 상처 부위가 잘 아문다.
- 마취가 풀려 통증이 심하면 진통제를 맞는다.
- 기침을 해 가래를 뱉는다. 폐의 합병증을 예방할 수 있다.
- 물수건으로 입술을 적신다. 수술 후에는 물을 마실 수 없어 입이 바짝 마른다.
- 힘들지 않으면 젖을 물려본다.

출산 2일째

후진통이 간헐적으로 있을 수 있고, 적색 오로가 계속된다. 봉합한 회음 부위가 따끔거리고 아파 앉아 있기 힘들고, 걷는 자세도 불편하다. 소변과 땀이 많아져 샤워하고 싶은 생각이 간절하다. 젖이 돌기 시작해 유방이 커지고 단단해지기도 한다. 아기에게 젖을 물릴 때 자궁이 수축되므로 하복부에 통증이 느껴지기도 한다. 빠른 경우 노란색 초유가 나오기 시작한다. 초유는 짧게는 4일, 길게는 10일까지 나온다. 초유에는 단백질이 풍부하고 영양가가 높으며, 무기물이나 지질이 많이 함유되어 있다. 또 면역 성분이 많이 함유돼 있어, 질병으로부터 아기의 건강을 지키려면 반드시 먹여야 한다.

산모의 할일

- 초유가 나오면 아기에게 먹인다.
- 유방 마사지를 한다. 마사지를 꾸준히 해야 젖몸살이 오지 않는다.
- 앉을 때는 회음부 통증을 완화하는 회음부 방석을 사용한다.
- 하루 2회 이상 좌욕을 한다. 회음부 통증을 줄여주고, 세균 감염을 예방한다.
- 입맛이 없어도 식사를 챙겨 먹는다.

수술 다음 날까지는 금식인 경우가 많아 부족한 영양분을 수액으로 공급받는다. 필요시 항생제와 진통제 처방을 받는다. 수술 시 출혈이 많아 빈혈이 올 수 있으니 혈액 검사를 받는다. 도뇨관을 제거하고, 염증 예방을 위해 수술 부위를 잘 소독한다. 모유수유를 위해 유방 마사지를 한다.

산모의 할일

- 초유가 나오면 아기에게 먹인다.
- 도뇨관을 제거하면 천천히 걸어본다. 가스 배출에 도움된다.
- 가스가 배출되면 미음부터 먹는다.
- 수술 부위를 꼼꼼히 소독하고 물이 들어가지 않게 한다.
- 유방 마사지를 한다.

출산 후 자궁을 비롯한 신체의 각 기관이 임신 전 상태로 회복되는 산욕기는
대개 산후 6~12주 정도이다. 산욕기 시기별로 알맞은 산후조리 노하우를 알아야
엄마 몸도 온전히 회복되고 아기도 더욱 잘 돌볼 수 있다.

자연 분만

제왕절개

출산 3일째

산후통이 점점 나아진다. 출산 시 절개한 회음부의 상처가 아프고 땅기는 회음통도 많이 호전돼 활동이 자유로워진다. 호흡, 맥박, 혈압도 정상 수치로 돌아온다. 젖이 많이 돌면서 본격적인 젖몸살이 시작된다. 땀을 많이 흘려 불쾌한 기분이 들고, 호르몬 변화로 우울감도 느낀다. 산모는 개인 물건을 챙겨 퇴원 준비를 한다. 아기는 진찰과 함께 황달 등 문제가 없는지 확인 후 이상이 없으면 함께 퇴원한다.

산모의 할일

* 젖몸살이 생기면 차가운 물수건으로 유방 마사지를 한다.
* 퇴원 시 옷을 따뜻하게 입는다.
* 오로 처리를 청결히 하고, 좌욕을 하루 2회 정도 한다.
* 수분을 많이 섭취한다. 변비와 치질 예방에 도움이 된다.
* 컨디션이 괜찮다면 따뜻한 물로 샤워해도 좋다.
* 걷기를 꾸준히 한다. 산후 회복에 도움이 된다.

대부분 가스가 나와 식사가 가능해진다. 도뇨관을 뺀 후 활동하기 편해진다. 자궁이 아직은 커서 복부를 밀기 때문에 일어서거나 복부에 힘을 주면 수술 부위가 아프다. 걸어 다닐 때 복대를 하면 복부를 지지해주므로 복부 통증과 허리 통증에 도움이 되기도 한다. 보행기를 이용해 걷기 운동을 하는 것도 좋다.

산모의 할일

* 하루 8회 이상 모유수유한다. 수유실을 이용하거나 모자동실인 경우에는 아기를 데려와서 수유를 한다.
* 유방 마사지를 한다.
* 본격적인 식사를 시작한다. 미음, 죽, 밥 순서로 먹는다.
* 걷는 운동량을 늘리고, 힘들면 보행기를 이용해 걷는 연습을 한다.

출산 4일째

오로가 붉은색에서 갈색으로 바뀌고, 양이 줄어들며, 약간 시큼한 냄새가 난다. 모유 분비가 잘 돼 양이 많아지면서 식욕이 좋아진다. 출산 4일이 지나도록 배변을 못 보면 변비약을 복용해도 된다.

산모의 할일

* 밝은 적색 오로가 대형 패드를 흠뻑 적실 정도로 많을 때는 병원에 간다.
* 좌욕을 꾸준히 한다. 산후 회복을 돕고 세균 감염을 예방할 수 있다.
* 배변 시 힘을 많이 주면 임신 시 생긴 치질이 일시적으로 심해질 수 있다. 좌욕을 꾸준히 하고, 수분을 충분히 섭취한다.
* 실내 온도와 습도를 잘 유지하고 옷을 자주 갈아입는다.
* 집안일을 하지 않는다. 관절의 회복이 느려진다.

적색에서 갈색 오로가 나오고, 수술 부위 통증이 점점 나아진다. 걷는 것이 전보다 한결 편해져 보행기 없이 천천히 걸을 수 있다.

산모의 할일

* 보행기 없이 걷는 연습을 한다.
* 컨디션이 좋으면 스트레칭 등 가벼운 운동을 시작해본다.

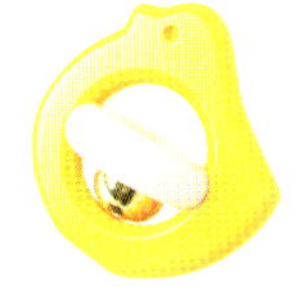

출산 5일째

갈색 오로의 양이 조금 줄어든다. 회음통도 갈수록 나아진다. 초유 분비가 끝나고 우유 같은 하얀 모유가 나오기 시작한다. 본격적인 산후조리에 들어가면서 산후 우울증 증상이 나타나기도 한다. 아침저녁으로 좌욕을 한다.

산모의 할일

* 단백질 섭취를 늘린다. 모유 분비에 도움이 된다.
* 유방 마사지를 꾸준히 한다.

몸이 많이 회복돼 기저귀 갈기 등 간단한 육아를 시도할 수 있다. 대부분 수술 후 4~5일째 실밥을 제거하고 퇴원한다. 산후 체조도 할 수 있으나 아직은 복부가 많이 당기므로 복부 스트레칭이나 복부 운동은 조심스럽게 한다.

* 남편이나 가족들과 대화를 많이 한다. 산후 우울증 예방에 좋다.

출산 6일째

자궁이 주먹만 한 크기로 줄어들고, 소변량이 평소 수준으로 돌아온다. 회음부 절개 부위가 거의 아물고, 몸의 부기도 많이 빠진다. 하얀 모유가 나오고, 모유수유에 어느 정도 익숙해진다. 몸의 빠른 회복을 위해 산후 체조를 꾸준히 한다.

산모의 할일
- 전신 샤워를 할 수 있다. 수술 부위는 잘 건조시키고 깨끗하다면 따로 소독하지 않아도 된다. 단 빨개지거나 진물이 나오는 염증이 생겼다면 의사의 진찰을 받는다.
- 아기가 원할 때마다 모유수유를 한다.
- 아직 집안일은 하지 않는다.
- 잠을 틈틈이 자 컨디션을 조절한다.

수술 부위가 많이 나아져 통증도 거의 줄어든다. 몸의 빠른 회복을 위해 산후 체조를 꾸준히 한다.

출산 7일째

산후 7일째가 되면 몸이 거의 회복된 상태다. 오로의 양이 많이 줄고, 부기가 많이 빠지고, 임신선도 점점 옅어진다. 회음부도 아물어 회음부 방석 없이 앉을 수 있다. 아기 돌보고 밤중 수유를 하느라 몸에 피로가 쌓이기 쉽다.

산모의 할일
- 기저귀 갈기 등 간단한 아기 돌보기를 시작한다.
- 산후 체조를 꾸준히 한다.
- 아기의 수유 패턴을 이해한다.
- 밤중 수유로 힘든 시기니 낮에 틈틈이 자면서 휴식을 취한다.
- 몸이 많이 회복됐다고 해서 무리하게 활동하지 않는다.
- 제왕절개 산모는 퇴원 시 옷을 따뜻하게 입는다.

산모의 회복 속도가 정상이라면 빠르면 4일째, 늦어도 7일째 퇴원한다. 퇴원 전 수술 부위의 실을 제거하고, 신생아실에서 아기의 기본적인 상태를 살핀 후 함께 퇴원한다.

출산 2주째

오로는 아직도 나오지만, 갈수록 양이 줄고 색깔이 많이 옅어진다. 회음통도 이젠 거의 없어, 출산 1주째에 비하면 컨디션이 좋다. 하지만 계속된 모유수유로 영양 결핍이 올 수 있으니 주의한다. 단백질, 지방, 무기질, 철분 등 각종 영양이 골고루 함유된 음식을 먹는다. 또한 피부 건조가 심해져 얼굴에는 기미와 각질이 생기고, 유두도 각질이 생길 만큼 건조해진다.

산모의 할일
- 아기의 수유 패턴에 맞추어 모유수유를 계속한다.
- 균형 잡힌 식단으로 음식을 골고루 먹는다.
- 샤워 후 피부 보습에 신경 쓴다.

수술 부위가 많이 아물어 활동할 때 배가 당기는 증상이 개선된다. 샤워는 퇴원 직후 시작할 수 있고 따뜻한 물로 샤워를 한다. 수술 부위가 빨개지고 진물이 나오면 염증이 생긴 것이므로 소독을 해야 한다. 소독 후에도 증상이 나아지지 않는다면 바로 진찰을 받는다. 수술 부위가 깨끗하다면 소독할 필요는 없다. 아기와 함께하는 시간을 늘려 서로 친숙해지도록 한다.

<table>
<tr><td align="center">

자연 분만

</td><td align="center">

제왕절개

</td></tr>
</table>

출산 3주째

<table>
<tr><td>

자궁이 복부에서 만져지지 않을 정도로 많이 줄어들었다. 회음통은 이제 거의 없고, 오로는 갈색에서 노르스름한 색으로 바뀐다. 간단한 집안일을 시작하되 절대 무리해서는 안 된다. 무거운 물건 들기, 손빨래하기, 걸레질하기, 쪼그려 앉기 등 관절에 무리를 주는 일은 피한다.

</td><td>

몸이 많이 회복됐다고 해서 무리하게 움직여서는 안 된다. 수술 부위가 당겨 욱신거리는 통증이 생길 수 있다. 장시간 서 있기, 허리를 구부리기, 쪼그려 앉기 등의 자세도 수술 부위에 영향을 주니 피한다. 퇴원 후 아기를 돌보면서 피로가 쌓이기 쉬우니 아기가 잘 때 틈틈이 함께 잔다.

</td></tr>
</table>

산모의 할일

- 무리한 집안일은 피한다. 오래 서 있거나 관절에 무리 가는 일, 무거운 물건을 드는 일은 피한다.
- 아직까지 땀과 노폐물 분비가 활발한 시기라, 세안 후에는 기초 화장품만 바른다.
- 피로하면 하던 일을 멈추고 누워서 쉰다.
- 아기의 수면 패턴을 파악해 틈틈이 자며 휴식을 취한다.

출산 4주째

<table>
<tr><td>

자연분만한 산모와 제왕절개한 산모의 몸 상태는 출산 후 4주째가 되면 비슷해진다. 출산 4주째에는 산후 검진을 받는다. 자궁이 제대로 회복되었는지, 남아 있는 태반 조직은 없는지, 회음부가 깨끗하게 아물었는지, 성생활을 해도 되는지 확인한다. 제왕절개 산모의 경우, 수술 부위가 잘 아물어 염증은 없는지 확인한다. 모유수유를 전혀 안 하거나 거의 못한 경우에는 출산 4~8주 사이에 첫 생리를 하기도 한다. 오로가 거의 줄어들어 욕조에 물을 받아 입욕을 할 수 있다. 대중탕은 오로가 거의 없는 상태라면 갈 수 있다. 대부분의 집안일이 가능할 만큼 많이 회복돼 본격

</td><td>

적인 집안일을 시작해도 된다. 단 무거운 물건을 들거나 관절에 무리가 가는 일은 남편에게 부탁한다. 본격적인 운동을 시작하고, 운동량을 늘려도 괜찮다. 빠르게 걷기, 수영 등이 좋다.

산모의 할일

- 병원에 방문해 산후 건강건진은 받는다.
- 입욕을 시작해도 좋다.
- 운동량을 서서히 늘리되 무리하지 않는다.

</td></tr>
</table>

출산 5주째

<table>
<tr><td>

출산 5주째가 되면 산후조리한 곳에서 집으로 돌아와도 된다. 아기 돌보기나 집안일을 혼자 해도 되는 시기. 하지만 두 가지 일을 병행하느라 몸이 쉽게 지칠 수 있다. 아직 몸이 완벽하게 회복된 것이 아니므로, 힘들 때는 집안일은 미루고 아기가 잘 때 틈틈이 쉰다. 출산 1개월이 지났어도 복통, 출혈, 발열 등 응급 상황이 생길 수 있다. 몸에 이상이 있으면 즉시 병원에 간다. 산후 건강검진 때 이상이 없었다면 부부관계를 해도 좋다. 회음부 상처는 아물었어도 부드러워지는 건 시간이 더 필요하므

</td><td>

로 부부관계 시 통증이 있을 수 있다.

산모의 할일

- 몸에 이상이 있으면 바로 병원에 간다.
- 부부관계를 시작해도 좋다.
- 피임을 한다. 생리를 하는 산모는 임신 가능성을 염두에 둔다.

</td></tr>
</table>

출산 6주째

<table>
<tr><td>

오로가 없어지고 자궁이 완전히 회복되는 등 몸이 임신 전 상태로 회복된다. 일상생활로 완전히 돌아가도 무방해 짧게 여행을 다녀와도 좋고, 운전, 자전거 타기나 간단한 스포츠를 해도 좋다. 산모는 미용을 위해 피부 관리나 파마를 해도 되고, 본격적인 산후 다이어트를 시작해도 된다. 아기 돌보기도 적극적으로 한다. 오전 10시~오후 2시 사이 햇볕이 따뜻할 때 창문을 열어 간접적으로 바깥 공기를 쐬어준다.

</td><td>

산모의 할일

- 임신 계획이 없다면 부부관계 시 반드시 피임을 한다. 생리를 하지 않아도 이미 배란이 시작될 수 있다.
- 운전은 물론 짧은 여행도 가능하다.
- 마사지와 팩으로 피부 관리를 한다.
- 산후 다이어트를 시작한다.

</td></tr>
</table>

18 산후 영양 섭취 원칙

출산으로 소진된 체력을 보충하려면 영양이 풍부한 음식을 충분히 먹어야 한다.
이 시기에 엄마가 먹는 음식은 모유를 통해 아기에게 고스란히 전달된다. 엄마가 어떤 음식을 먹느냐에 따라
엄마의 건강은 물론 아기 건강도 달라지는 만큼 좋은 음식을 골라 먹는 것이 중요하다.

하루에 300kcal를 더 섭취한다

일반 성인 여성의 1일 필요 열량은 2,000kcal. 임신 중이거나 출산 후 수유를 하는 여성은 이보다 300kcal의 열량을 더 섭취해야 한다. 500㎖ 우유 1팩을 더 마시는 정도의 열량이다. 수유를 하지 않는다면 기본적인 식사와 열량을 섭취하면 된다.

단백질을 많이 섭취한다

수유하는 산모라면 모유의 질을 높이기 위해 단백질을 많이 섭취해야 한다. 단백질은 아기의 뇌와 몸의 세포를 구성하는 데 가장 기본적으로 필요한 영양소. 소고기, 생선, 달걀, 우유, 치즈 등 동물성 단백질과 콩, 두부 등 식물성 단백질을 골고루 먹는다.

철분을 챙겨 먹는다

출산 시 출혈로 인해 빈혈이 올 수 있으므로 철분을 충분히 섭취해야 한다. 철분은 육류의 간과 살코기, 생선, 달걀, 굴, 조개, 미역, 견과류 등에 많고, 시금치, 호박, 당근 등 채소에도 들어 있다. 하지만 식품만으로는 철분 보충이 부족할 수 있으므로, 수유가 끝나는 시기까지 철분제를 섭취하면 좋다.

칼슘을 많이 섭취한다

칼슘은 뼈를 구성하는 영양소로 산모와 아기에게 모두 필요하다. 특히 모유에 칼슘이 부족하면 산모의 뼈에서 칼슘이 빠져나가 대체되므로 칼슘 섭취에 신경 쓴다. 멸치, 뱅어포 등 생선류와 미역, 다시마 등 해조류, 우유, 치즈, 검은콩 등에 많다.

비타민을 섭취한다

산모의 몸매와 피부 관리를 위해서는 비타민 섭취가 중요하다. 비타민 A는 간, 파프리카, 고구마, 시금치, 당근에, 비타민 B2는 소고기, 생선, 달걀, 치즈, 녹황색 채소에, 비타민 C는 사과, 키위 등 각종 과일에 많이 들어 있다. 출산 후 변비 예방을 위해 섬유질이 많이 든 해조류와 채소도 챙겨 먹는다.

수분 섭취를 충분히 한다

수분은 하루 2ℓ 이상 섭취한다. 수분 섭취가 충분하지 않으면 변비가 생기거나 심한 경우 탈수증상이 생겨 몸이 피곤하고 지치게 된다.

19 산후 건강검진

산후 건강검진은 출산이라는 '시험'을 치른 후 얼마나 몸이 회복되었는지
결과를 알아보는 과정이다. 만약 이상이 있다면 건강검진으로 조기 발견 가능하니,
평생 건강을 위해서라도 빠짐없이 검사받는다.

산후 건강검진의 중요성

산후 건강검진은 분만 후 산모의 회복 정도와 건강 상태를 확인하는 중요한 과정이다. 임신 기간 늘어났던 자궁 크기가 원래대로 돌아가고 있는지, 이상 출혈이나 세균 감염은 없는지, 요실금, 젖몸살 등 산후 나타나기 쉬운 트러블을 겪고 있지 않은지 검사한다. 자궁암, 유방암, 갑상선암 등 여성이 걸리기 쉬운 암 검사도 함께 진행하므로 조기 발견에 도움이 된다. 산후 건강검진은 분만하고 한 달이 경과한 뒤 받는다.

반드시 받아야 할 검사

골반 진찰 검사

자연분만한 산모는 절개 · 봉합한 회음부가 잘 아물었는지, 오로 상태는 어떤지 체크한다. 제왕절개한 산모는 수술 부위 상태를 체크하는데, 수술 부위가 덧나는 등 염증이 생긴 경우에는 추가 치료를 받는다.

자궁경부암 검사

자궁경부 표면의 세포를 채취해 비정상적인 세포가 있는지 확인한다. 성 경험이 있는 여성, 특히 출산 경험이 있는 경우 최소 1년에 한 번 정기적인 검사를 권장한다. 검사는 골반 진찰로 진행한다. 정확한 결과를 위해 검사받기 1~2일 전부터 질 세척을 하지 말고, 질정 등 질에 삽입하는 약도 사용하지 않는다.

골반 초음파 검사

자궁 및 난소, 난관 등을 초음파로 검사하는 방법이다. 자궁이 원래 크기로 회복되고 있는지, 자궁 안에 잔여물은 없는지, 난소 상태는 어떤지, 골반 내 염증이나 자궁근종 등의 종양은 없는지 확인한다.

산모에 따라 받는 검사

소변 검사

출산 후 잔뇨감, 아랫배 불편감, 빈뇨 등과 같은 방광염 증상이나 고열, 오한, 옆구리 통증의 신우신염이 의심되는 경우 소변 검사를 받는다. 방광이 압박을 받아 소변이 고이면, 대장균을 비롯한 각종 세균이 번식하면서 방광염이나 요도염, 신우신염에 걸릴 수 있다.

빈혈 검사

출산 직후 빈혈이 심했다면 정기검진 시 혈액 검사로 빈혈의 회복 정도를 확인한다. 빈혈이 회복될 때까지 철분제를 꾸준히 복용한다.

관절염 검사

분만 후 아기를 안고 젖을 먹이면서 손목이나 무릎 등 관절에 무리가 가서 통증이 생기기 쉽다. 관절염이 의심된다면 담당 의사에게 알려 관절염 검사를 받는 것이 좋다.

20 출산 후 생기는 트러블

출산 후 자궁과 질이 임신 전으로 돌아가는 시기에는 후진통, 부종, 변비, 요실금 등 각종 트러블이 발생한다.
'시간이 지나면 나아지겠지'라고 생각해 방치하면 큰일. 출산 후 나타나는 증상들에 대해
미리 알고 있어야 회복 과정에서 적절하게 대처할 수 있다.

후진통

훗배앓이라고도 한다. 자궁은 임신으로 원래 크기의 1,000배 정도 커지는데, 출산 후 자궁이 회복하기 위해 수축하는 과정에서 오는 통증을 말한다. 심한 생리통과 유사하며, 후진통이 자주 일어나면 자궁 회복이 빠르다는 의미. 출산 직후부터 시작해 3~4일 정도 지속되다 점차 사라진다. 모유수유하는 산모는 후진통을 더 심하게 느끼는데, 이는 수유 시 분비되는 옥시토신이 자궁을 수축시키기 때문이다. 하지만 참지 못할 정도로 심한 통증은 후진통이 아닌 다른 원인이 있을 수 있으니 의사의 진찰을 받도록 한다.

대처법
① 따뜻한 물수건을 배에 올려놓으면 통증이 줄어든다.
② 통증이 심할 때는 의사의 처방을 받아 진통제를 복용한다.

오로

분만 후 배출되는 질 분비물로, 자궁 안에 고여 있던 혈액과 자궁벽에서 탈락된 점막과 세포, 양막 찌꺼기 등으로 이루어져 있다. 분만 3~4주 정도까지 나오는 경우가 흔하고, 불쾌한 냄새를 동반하기도 한다.

대처법
① 세균 감염을 예방하기 위해 패드를 자주 갈아준다.
② 좌욕으로 외음부를 청결히 한다.
③ 시간이 지나도 많은 양의 오로가 계속되면 원인에 따라 자궁수축제 치료가 필요하기도 하다.

회음통

자연분만 시 아기가 쉽게 나오고, 회음부의 파열을 예방하기 위해 회음부를 절개하고 봉합한다. 분만 후 봉합한 회음 부위에서 붓고 아픈 통증이 나타나는데, 이를 회음통이라 한다. 일주일 이상 통증이 나아지지 않고 심해진다면 봉합 부위에 염증과 같은 문제의 가능성이 있으니 진찰받는다.

대처법
① 앉을 때 회음부 방석을 사용하면 통증이 덜 하다.
② 하루 두 번 정도 따뜻한 물로 좌욕한다.
③ 배변 후 회음부로 세균이 들어가지 않게 질에서 항문 방향으로 닦는다.

산욕열

분만 시 태아가 빠져나오면서 자궁벽이나 질, 외음부에 상처가 생긴다. 상처에 세균 감염으로 염증이 생기면서 열이 오르게 되는데, 이를 산욕열이라 한다. 분만 후 10일 이내에 38~39℃ 이상의 고열이 이틀 이상 지속된다면 산욕열을 의심할 수 있다. 증상이 가벼우면 이틀 정도 앓다 괜찮아진다. 고열이 지속될 때는 병원 진찰을 받는다.

대처법
① 좌욕으로 외음부를 깨끗이 관리한다.
② 병원에서 처방받은 소독제로 외음부를 소독한다.
③ 저항력을 기르기 위해 충분한 영양을 섭취하며 휴식을 취한다.
④ 고열로 땀이 많이 나니 수분 섭취에 신경 쓴다.

태반 잔류

일반적으로 태반은 분만 후 약 10분 안에 자궁 밖으로 빠져나온다. 일부는 자궁 안에 남아서 자궁벽에 붙어 있기도 하는데, 이를 태반 잔류라고 한다. 분만 후 10일 정도 지났는데도 출혈이 줄어들지 않고 오히려 많아진다면 태반 잔류를 의심한다.

대 처 법

① 출혈이 심한 경우 자궁수축제나 지혈제를 사용해 출혈량을 줄인다.
② 간혹 자궁의 내막을 기구로 긁어내는 수술인 자궁 소파술을 통해 남아 있는 태반을 꺼내기도 한다.

자궁복고부전

자궁복고부전은 자궁 수축 속도가 느려 회복이 잘 안 되는 경우를 말한다. 아랫배를 만졌을 때 단단하지 않고 말랑말랑하게 만져지는 것이 있으면서, 붉은 오로가 그치지 않고 계속된다면 자궁복고부전을 의심한다.

대 처 법

① 자궁수축제로 자궁 수축을 유도하며 치료한다.
② 복통과 발열 등 세균 감염이 의심될 때는 항생제 치료를 받는다.
③ 치료 중에는 부부관계나 목욕을 삼간다.

요실금

갑자기 크게 웃거나 기침할 때 자기도 모르게 소변이 새어 나오는 증상을 말한다. 분만이 오랜 시간 지연되면서 난산을 한 경우, 아기 머리가 크거나 거대아인 경우, 요도 주변의 괄약근이 약했던 경우 요실금이 많이 나타난다. 또 자연분만한 산모 중약 7%가 경험하며, 초산부보다는 경산부에게서 잘 발생한다.

대 처 법

① 헐렁한 옷을 입는다.
② 과도한 수분 섭취는 삼간다.
③ 증상이 심한 경우 요실금 수술이 필요할 수 있으니 병원 진찰을 받는다.

유방 울혈

젖몸살이라고도 불린다. 분만 후 2~3일 정도 지나 본격적으로 젖이 돌면 유방이 커지고 단단해진다. 이때 잘못된 수유로 젖이 심하게 불면 울혈이 생기고 젖몸살을 앓게 되는 것. 유방 울혈이 생기면 건드리기만 해도 아프고, 39℃ 가까이 체온이 오르면서 몸살에 걸린 것처럼 으스스 춥기도 하다.

대 처 법

① 아기에게 젖을 충분히 먹인다.
② 유방에 남은 젖은 완전히 짜낸다.
③ 울혈로 통증이 심할 때는 차가운 물수건을 대거나 진통제를 복용한다.

변비

분만 후 변비로 고생하는 산모들이 많다. 자연분만한 경우 절개·봉합한 회음 부위의 통증으로, 제왕절개한 경우에는 수술 부위의 통증으로 힘주기가 어려워 변비에 걸린다. 변비가 심하면 치질로 발전할 가능성이 크니 적극적으로 치료한다.

대 처 법

① 가급적 분만하고 빠른 시일 내에 대변을 본다.
② 평소 물을 많이 마시고, 섬유질이 풍부한 과일과 채소를 먹는다.
③ 변비가 심할 때는 의사의 처방을 받아 변비약을 복용한다.

산후풍

흔히 말하는 산후풍은 관절통과 근육통으로, 임신 호르몬으로 인해 늘어난 관절들에 생기는 일시적인 염증을 일컫는다. 자연분만을 한 경우 오랜 시간 진통과 출산이 진행되면서 온몸의 근육이 긴장을 하고 산모가 계속 힘을 주기 때문에, 상당한 근육통이 생기고 회복하는 데도 수개월이 소요된다. 제왕절개를 한 산모 역시 복부 통증, 요통 등 근육의 긴장 상태가 지속되기 때문에 근육통이 생긴다. 근육통이나 호르몬으로 인해 늘어난 인대와 관절에 생기는 관절통은 자연스럽게 좋아지는 것이 대부분. 하지만 출산 후 무리하게 관절 운동을 하거나 관절을 많이 사용하면 회복하는 데 시간이 오래 소요되므로 심한 통증이 있다면 반드시 정형외과 진료를 받는다.

대 처 법

① 빨래를 짜거나 무거운 짐을 드는 등 관절을 무리하게 사용하지 않는다.
② 산후 체조나 가벼운 스트레칭을 꾸준히 한다.
③ 통증이 있을 때는 뜨거운 찜질을 한다.
④ 통증이 오랫동안 심할 때는 병원에서 물리치료를 받는다.

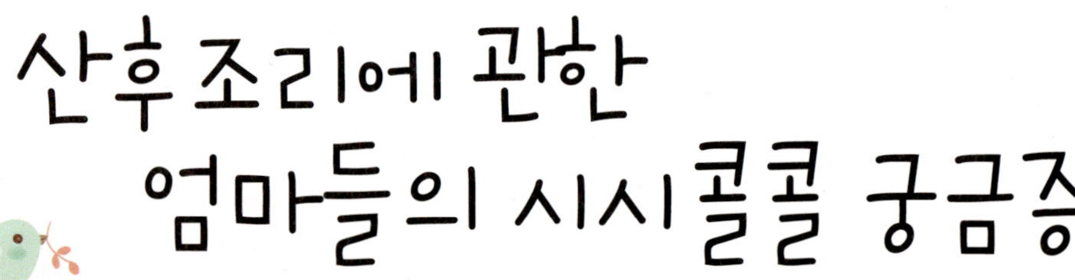

Q 삼칠일 동안 씻으면 안 되나요?

과거에는 출산 후 2~3주 내에 감염으로 인해 사망한 경우가 많아 삼칠일 동안 외부인의 출입을 금지해서 외부인에 의한 균 감염을 막았습니다. 하지만 지금은 병원에서 아이를 출산하고 그에 맞는 치료를 받기 때문에 이 기간 동안에 씻어도 괜찮습니다. 회음부를 절개한 자연분만 산모나 제왕절개 수술을 한 산모 모두 청결이 가장 중요합니다. 출산 후에는 수분 배출이 많아 땀이 많이 나기 때문에 옷을 자주 갈아입고, 샤워, 좌욕 등으로 청결과 위생에 더욱 신경 써야 합니다.

Q 회음부 통증이 좀처럼 줄어들지 않는데 어떻게 해야 하나요?

출산 후 일주일 정도 회음부 통증이 있는 것은 정상입니다. 하지만 시간이 지나도 통증이 줄어들지 않고 오히려 더 심해지거나 만질 때 많이 아프고, 거울로 비춰 봤을 때 빨갛고, 상처가 벌어졌거나, 고름처럼 나오는 것이 있다면 염증이 생겼을 가능성이 있으니 바로 병원에 가야 합니다. 필요하다면 항생제를 복용하거나 재봉합하는 경우도 종종 있습니다.

Q 제왕절개를 한 산모는 좌욕을 하지 않아도 되나요?

회음부에 상처가 없기 때문에 좌욕은 하지 않아도 됩니다. 수술 후 퇴원 전까지는 제왕절개 상처에 물이 닿지 않도록 신경 써야 합니다.

Q 제왕절개로 첫째를 낳은 후 자궁 유착이 생겼다는데 어떻게 해야 하나요?

우리 몸은 수술을 받을수록 유착이 생길 확률이 높아집니다. 유착의 정도, 위치에 따라 불편감이 다를 수 있는데 작은 유착은 생활하는 데 큰 문제가 되지 않습니다. 유착 방지를 위해서는 수술 후 가능한 빨리 몸을 움직이는 것이 좋고, 경우에 따라 수술 시 유착 방지제를 사용하기도 합니다.

Q 출산 후 후진통이 심한데, 일반 생리통 약을 먹어도 도움이 되나요?

생리통과 자궁 후진통 모두 자궁 수축에 의한 통증입니다. 자궁 수축을 유발하는 물질을 줄여주는 성분이 들어 있는 일반 생리통 약을 먹는 것도 도움이 됩니다.

Q 여름철 산후조리 시 아기도 더울 텐데 긴팔 내복에 속싸개를 꼭 해줘야 하나요?

신생아들은 땀 배출 능력이 미숙하기 때문에 너무 덥게 하면 쉽게 탈수가 와서 오히려 건강을 해칠 수 있습니다. 여름에 태어난 아이라면 짧은 내복을 입히고 환기를 자주 시키는 것이 좋습니다.

Q 출산한 지 7주가 다 되가는데 아직도 오로가 나옵니다. 괜찮은 건가요?

오로는 태반이 붙어 있던 자리가 다 아물기 전에 나오는 출혈과 탈락되어 나오는 자궁내막 조직을 말합니다. 태반이 붙어 있던 자리가 아무는 데는 한 달 이상이 걸리므로 한 달째까지 오로가 나오는 것은 정상적인 증상입니다. 하지만 이때 오로의 양과 색을 잘 살펴봐야 합니다. 출산 후 2주 정도까지는 적색으로 나오는 경우가 많고, 이후 2~3주에 걸쳐 갈색이나 황색으로 바뀌게 됩니다. 생리대으로 대형 패드 한 장 이상을 흠뻑 적실 정도로 출혈량이 많다면 비정상적인 자궁 수축이나 태반 잔류로 인한 출혈일 수 있으므로 바로 병원을 찾도록 합니다. 단, 일시적으로 줄어든 오로가 약간 더 나오는 경우라면 크게 걱정하지 않아도 됩니다.

Q 모유수유로 유두가 갈라져 피가 나는데 연고를 발라도 아기에게 영향이 없나요?

연고가 아기에게 주는 영향은 없습니다. 하지만 연고의 맛과 냄새가 아기에게 거부감을 줄 수 있으므로 젖을 물릴 때는 물수건으로 닦아내고 물리는 것이 좋습니다.

Q 산후 우울증이 심한데 약을 복용해도 되나요? 모유수유에 영향을 줄까 걱정입니다.

모유수유 중이라도 산후 우울증 약을 처방받았다면 반드시 복용해야 합니다. 수유에 안전한 약을 처방받기 위해서는 수유 중임을 미리 말해야 합니다. 약을 꾸준히 복용하면서 우울증을 하루 빨리 없애는 것이 산모나 아기에게 모두 중요합니다.

Q 모유가 묽은 편이라 사골을 끓여 먹고 있는데, 고깃국을 먹으면 모유 성분이 좋아질까요?

엄마가 먹는 국물은 모유의 성분에 영향을 미치지 않습니다. 오히려 사골 국물은 소금과 지방 성분이 대부분이고 열량이 높기 때문에 엄마의 체중만 늘 뿐입니다. 모유의 양을 늘리고 싶다면 모유를 자주 물리고 고기를 먹어 단백질을 보충하는 방법이 더 효과적입니다.

Q 유선염으로 병원에서 항생제 처방을 받았습니다. 아기에게 모유수유를 해도 되나요?

유선염을 치료하는 목적으로 병원에서 처방되는 항생제에는 아기에게 영향을 주는 성분이 들어 있지 않습니다. 복용 후 안심하고 모유수유를 해도 됩니다.

Q 젖을 말릴 때 약을 복용하면 유방 크기가 많이 줄어든다고 하는데 사실인가요?

약을 복용해 젖을 말린다고 해서 자연스럽게 젖이 마르게 하는 경우보다 유방이 더 많이 줄어드는 것은 아닙니다. 모유수유를 오래 하면 유방의 지방조직이 감소해 유방의 크기가 모유수유 전보다 줄어들 수는 있습니다.

Q 첫째 출산 후 몸 상태가 나빠졌다면 둘째 낳고 산후 조리를 잘하면 좋아진다는데, 사실인가요?

첫째와의 터울이 2년 미만으로 짧은 경우에는 엄마의 신체와 영양이 회복되기 전에 임신을 했기 때문에, 엄마의 몸 상태가 더욱 나빠질 수 있습니다. 특히 첫째 출산 후에도 체중이 많이 줄지 않은 상태에서 둘째를 임신했다면 몸이 더 나빠졌다고 느낄 수 있습니다. 이런 경우 오래 수유 후 산후 조리 기간 동안 적절한 영양 섭취와 체중 관리에 신경 쓴다면 몸 상태가 좋아질 수도 있습니다.

Q 출산 후 질이 늘어나 부부관계 시 느낌이 예전 같지 않습니다. 질을 줄여주는 수술이 있다는데 도움이 될까요?

이완된 질 근육을 줄여주는 질 성형술이 질 수축에 도움이 되긴 합니다. 하지만 이 수술은 더 이상 자녀 출산할 계획이 없을 경우에만 할 것을 권합니다. 간혹 출산하면서 질 성형술을 원하는 산모가 있는데, 출산 직후에는 질 점막이 부어 있고, 출혈도 많기 때문에 최소한 출산 후 6주가 지난 다음에 하는 것이 좋습니다.

Step 4

출산 후
Health & Beauty

출산 후 틀어진 체형과 윤기 없는 피부, 처진 가슴 등을 자칫 소홀히 관리하면,
임신 전 상태로 회복이 불가능하거나 몇 배의 노력이 필요하다. 겉으로 보이는 트러블 외에도
산후 우울증 등 마음의 트러블도 소홀히 해서는 안 된다.
출산 후 겪을 수 있는 다양한 신체적 · 정신적 변화에 현명하게 대처하기 위한 노하우를 모았다.

21 출산 후 일상 활동

파마, 염색, 화장, 운전 등 임신 기간 중 하고 싶었던 일상생활은 언제부터 시작하면 좋을까?
각종 화학 성분이 들어 있는 파마약이나 염색약, 화장품이 산모와 아기의 건강에 영향을 미치지 않을까 걱정된다면,
출산 후 사용 가능한 적정 시기를 알아두는 것이 좋다.

파마 & 염색

출산 후 80%가 넘는 여성들이 산후 2~5개월 사이에 탈모 증상을 경험한다. 따라서 파마나 염색은 산후 6개월 이후에 하는 것이 좋다. 탈모가 있을 때 파마나 염색을 하면 두피에 자극이 돼 증상이 더 심해질 수 있다.

메이크업

산후 1개월까지는 모공을 통해 땀과 노폐물이 많이 분비되는 시기이니, 스킨·로션 등 기초화장 외에는 자제하는 것이 좋다. 메이크업을 했다면, 클렌징 제품으로 깨끗하게 이중 세안한다.

꼼꼼 check! 매니큐어도 산후 1개월 이후부터 사용한다. 바로 사용해도 크게 무리는 없지만, 매니큐어의 휘발성 냄새가 산모에게 자극을 줄 수 있다. 또한 의료진이 손톱으로 빈혈 등 건강 상태를 파악하기도 하므로 산후조리 기간에는 매니큐어를 바르지 않는 것이 낫다.

샤워

자연분만한 경우 샤워는 산후 3일 이후부터 시작할 수 있다. 한여름이라도 반드시 따뜻한 물로 샤워하고, 샤워 시간은 10분 이내로 짧게 한다. 제왕절개 산모의 경우에는 실밥을 풀고 퇴원하는 산후 일주일 이후에 하는 것이 좋다.

탕 목욕

오로가 완전히 끝난 후 하는 것이 좋다. 빠르면 산후 4주부터, 보통 6주 이후부터 가능하다. 오로가 나오는 중에 탕 속에 몸을 담그거나 사우나를 하면 세균 감염의 위험이 높아 염증이 생기기 쉽다. 대중목욕탕은 다른 사람과 공동으로 사용하는 장소인 만큼 감염의 우려가 높다. 탕 목욕은 산후조리가 완전히 끝나는 산후 2~3개월 이후로 미룬다.

운전

운전은 산후조리가 끝나 몸이 임신 전의 상태로 돌아가는 6주 이후부터 시작한다. 우선 운전석에 앉아도 무리가 없을 만큼 절개한 회음부 상처가 아물어야 한다.

수영 & 조깅

수영은 오로가 끝나고 본격적으로 운동량을 늘려도 좋은 산후
4주부터 하는 것이 좋다. 관절과 몸에 무리를 주지 않으면서
출산 후 체중을 감량하는 데 효과적이다. 조깅은 출산 후 몸이
완전히 회복되는 6주 이후부터 하는 것이 좋다. 빠르게 걷기는
4주부터 시작해도 된다.

다이어트

산후 6주, 즉 산욕기 기간에는 다이어트를 자제한다. 이 시기
에는 무엇보다 임신과 출산으로 변화된 몸이 회복되는 것이 중
요하다. 모유수유를 하는 경우에도 마찬가지다. 모유수유 자
체로 체중 감량 효과를 볼 수 있고 모유의 질을 위해 다이어트
는 잠시 미룬다.

외출

신생아 예방접종, 산후 검진 등을 위한 외출은 산후 3~4주부
터 가능하다. 아기와 함께 하는 산책은 6주 이후부터 하는 것
이 좋다. 먼저 집 안에서 창문을 열고 외기욕을 해준다. 창문
을 열어 간접적으로 바깥 공기와 햇볕을 경험하게 하는 것.

쇼핑

몸이 임신 전으로 완전히 회복돼 일상생활로 돌아가도 무방한
산후 6주부터 쇼핑을 해도 된다. 하지만 금세 피로해질 수 있
으니 쇼핑 시간은 되도록 짧게 한다.

출산 후 쉽게 생기는 산후 우울증

산후 우울증 원인

- **여성호르몬이 급격히 감소한다** 임신 기간 동안에는 여성호르몬인 에
스트로겐이 활발히 분비되면서 고농도로 유지된다. 그러다 출산하고
며칠 만에 에스트로겐 분비가 급격히 떨어지는데, 호르몬 변화가 기분
과 관련된 뇌신경전달물질 체계를 교란시켜 우울증에 걸린다.

- **육아 스트레스가 생긴다** 이전에는 경험하지 못했던 출산과 육아라
는 새로운 경험을 한꺼번에 겪으면서 스트레스가 심해지고 기분이 우
울해진다. 특히 산모의 몸이 완전히 회복되지 않은 상태에서 아기를
돌보다 보니 육아 스트레스가 가중될 수밖에 없다.

- **잠이 부족하고 몸이 힘들다** 산모는 아기를 낳자마자 충분히 쉬지 못
하고 아기 돌보기에 매달리게 된다. 특히 신생아는 2~3시간마다 젖
을 먹어야 하기 때문에 엄마는 숙면을 취하기 어렵다. 피로와 수면 장
애가 반복될수록 산모는 우울한 기분이 든다.

- **자신의 달라진 외모에 스트레스를 받는다** 출산 후 금세 회복되지 않
는 자신의 모습에 스트레스를 받아 기분이 우울해지기도 한다. 특히
임신 중 과도한 음식 섭취와 운동 부족으로 당뇨병이나 고혈압 등 임
신 합병증을 앓았거나 출산 후 산후 비만으로 이어진 경우, 임신 전과
달라진 자신의 모습에 실망을 하며 우울감에 빠진다. 심하면 자신의
존재가 가치 없이 느껴지면서 주변 사람들조차 만나기 싫어지는 대인
기피증으로 이어지기도 한다.

산후 우울증 극복 방법

- **주변 사람과 대화를 많이 나눈다** 우울한 감정을 혼자서 감당한다는
것은 매우 어려운 일이다. 남편이나 주변 사람들에게 우울한 감정을
솔직히 털어놓아 자신의 상태를 이해시키는 것이 좋다. 특히 자신과
비슷한 상황에 놓인 사람들과 대화를 많이 나눈다.

- **완벽한 성격을 버린다** 출산 후 몸이 회복되지 않은 상태에서 모유수
유에 성공하기 위해 온 에너지를 쏟고, 아기가 낮잠 잘 때 자거나 쉬
지 않고 밀린 집안일을 하는 산모들이 있다. 이렇게 자신을 혹사시키
며 매일 생활하다 보면, 처음에는 없던 우울한 마음도 생길 수밖에 없
다. 모든 일을 완벽하게 잘하지 않아도 되니, 잠시 완벽한 성격을 버
리고 여유로운 마음을 갖는 것이 좋다.

- **기분을 전환한다** 기분이 우울할 때, 우울한 생각만 하고 있으면 증
상이 더 심해진다. 이럴 때는 기분을 전환하는 것이 좋다. 음악 감상
하기, 책 읽기, 잠자기, 화장하기, 목욕하기, 쇼핑하기 등 자신만의 기
분 전환 방식으로 우울한 감정을 떨쳐내도록 노력한다.

- **의사와 상담한다** 아무리 노력해도 우울한 감정이 사라지지 않는다
면 정신과 의사의 상담을 받는다. 우울증은 현대인에게 감기와 같은
질환이니, 정신과 진찰을 받는 것을 심각하게 생각하지 말 것. 조기에
의사의 도움으로 우울증을 치료하는 것이 현명하다.

22 산후 부기 빼기 & 다이어트

임신 전 날씬하고 건강했던 S라인 몸매로 돌아가고 싶은 것은 모든 산모들의 희망 사항이다.
하지만 아기 돌보고 집안일 하느라 정신없이 지내다 보면 다이어트에 실패하기 쉽다. 산후 6주부터 시작해
6개월에 완성하는, 체계적인 산후 다이어트 노하우를 소개한다.

산후 부기를 빼야 하는 이유

임신을 하면 태아를 키우기 위해 수분과 지방을 몸 안에 쌓아
둔다. 하지만 출산 후 급격한 호르몬 변화와 체력 손실, 과다
출혈, 신장 기능 저하로 혈액순환이 원활치 못하면, 수분과 노
폐물이 몸 밖으로 빠져나가지 못해 온몸이 붓게 된다. 산후 부
기가 심하면 손발이 붓고 저리며, 부기 자체가 살이 되어 비만
으로 이어질 수 있다. 출산 후 3~4일 정도 지나면 소변과 땀
이 많이 배출되면서 부기가 서서히 빠지기 시작한다. 산후 1개

월까지가 부기를 빼기 좋은 시기로 최대한 부기를 빼도록 노력
한다.

산후 부기 빼는 요령

잠을 충분히 잔다

잠을 충분히 자야 출산으로 소진된 체력이 회복되면서 부기가
잘 빠진다. 최소한 산후 2~3주 동안은 틈날 때마다 숙면을 취
한다. 자주 수유를 해야 하므로, 밤낮 가리지 말고 아기가 잘
때마다 함께 자는 것이 좋다.

모유수유를 한다

모유수유만 잘 해도 산후 부기는 저절로 빠진다. 임신 중 몸에
쌓인 수분과 지방이 모유를 만드는 데 사용되기 때문이다. 단,
모유수유를 한다고 해서 필요 이상의 영양 섭취를 한다면 오히
려 몸이 붓고 비만으로 이어지기 쉽다.

꼼꼼 check! 치킨, 피자, 햄버거 등 인스턴트식품과 콜라, 사이다 등 당분이
많은 음료는 모유의 질을 떨어뜨리고, 부기를 빼는 데 도움이 되지 않으니 주
의한다.

마사지를 자주 한다

마사지는 몸에 뭉쳐 있는 기를 풀어주어 산후 부기를 제거하는
데 효과적이다. 몸의 기운이 회복되고, 긴장된 근육을 풀어주
며, 혈액순환에도 도움이 된다. 산후조리 기간에는 남편의 도
움을 받아 마사지를 한다. 부종이 생기기 쉬운 손바닥이나 팔

다리를 부드럽게 만져주면 부종을 완화하고 신진대사를 촉진한다.

스트레칭을 자주 한다

온몸에 뭉쳐 있는 근육을 자극하고 이완하는 스트레칭을 하면 몸 안에 뭉쳐 있는 기가 풀리면서 부기 제거에 도움이 된다. 또한 신진대사가 촉진되고 관절도 유연해진다. 목, 어깨, 허리 등을 가볍게 돌려주고, 손목과 발목 등 접히는 관절 부위는 접었다 폈다 하며 자극을 준다. 기지개를 켜듯 온몸을 쭉 뻗고, 손바닥이 바닥에 닿도록 상체를 숙여 스트레칭하는 것도 좋다.

매일 30분 정도 걷는다

몸을 움직여 땀을 내는 것이 부기 제거에 좋다. 산후 초기에 누워만 지내지 말고, 병실이나 산후조리원, 집 안을 천천히 걸으며 몸을 움직인다. 몸이 차츰 회복되는 산후 4주차부터 본격적인 걷기를 시작한다. 처음에는 10분 정도로 시작해 점차 늘려간다. 외출이 가능해지면 매일 30분 정도 걸으며 산책한다. 의욕이 넘쳐 무리하면 피로해지기 쉬우니 힘들지 않을 정도로 천천히 가볍게 걷는다.

은근히 땀나게 한다

산모의 몸은 혈액순환을 위해 따뜻한 것이 좋지만, 억지로 땀을 빼면 몸 안의 체액이 손상될 수 있고, 산욕열이 심해지며, 회음부나 제왕절개 수술 부위에 염증이 생길 수 있다. 또 숙면을 취하기 힘들어 컨디션이 흐트러지면서 몸이 더 붓기도 한다. 따라서 실내 온도는 21~22℃ 정도가 적당하며, 옷은 얇은 긴소매 옷을 여러 개 입어 은근히 땀나게 하는 것이 좋다.

산후 다이어트 성공 노하우

산후 6주부터 시작한다

아무리 살을 빼고 싶어도 산후 6주, 즉 산욕기 기간에는 다이어트를 하지 않는다. 산욕기는 임신과 출산으로 변화된 몸을 임신 전 상태로 회복하기 위해 산후조리하는 기간이다. 이 시기에 무리한 다이어트를 하면 산후 후유증이 생길 수 있다. 또 아기 건강을 위해 모유수유에 영향을 주어서도 안 된다. 모유

수유를 하지 않는 경우라면 산후 6주 이후부터 다이어트를 시작해도 괜찮지만, 살을 빼는 본격적인 다이어트는 3개월 이후부터 시도하는 것이 좋다.

산후 6개월 이내에 뺀다

출산 후 체중이 12kg 증가했다면 출산 직후 아기를 낳으면서 5~6kg이 빠진다. 2주 후 3~4kg이 추가로 빠지며, 남은 2~3kg은 보통 3개월 안에 빠진다. 그런데 3개월이 지나도 체중이 잘 빠지지 않는다면 6개월 이내에 임신 전 체중으로 돌아갈 수 있게 다이어트를 하는 것이 좋다. 산후 6개월까지는 출산으로 인한 생리적 체중 감소와 모유수유로 인한 체중 감소로 살을 쉽게 뺄 수 있는 시기다. 또한 근육과 뼈가 제자리로 돌아가기 위해 몸이 유연해진 상태라 효과적으로 체중을 줄일 수 있다. 이 시기에 임신 전 체중으로 돌아가지 못하면, 우리 몸은 늘어난 체중을 원래 체중으로 인식해 다이어트가 갈수록 힘들어진다.

모유수유를 꾸준히 한다

출산 후 최고의 다이어트 방법은 모유수유. 모유수유를 위해 하루 필요한 열량은 500kcal. 이 중 약 200kcal는 산모의 몸에 축적된 지방이 연소되면서 나온다. 모유수유를 하면 특별히 다이어트를 하지 않아도 열량이 소모되고 체중이 감량될 수 있다는 것. 단, 모유수유로 다이어트 효과를 보려면 3개월 이상 지속해야 한다.

부기 제거에 좋은 식품

미역 미역에 들어 있는 요오드 성분이 산모의 신진대사를 도와 부기를 빼준다.

호박 수분을 배출하는 이뇨 작용으로 부기 제거에 좋다.

팥 이뇨 작용에 좋고, 젖을 잘 돌게 한다. 특히 팥죽을 쑤어 먹으면 소화가 잘 되어 출산 후 소화력이 떨어진 산모에게 좋다.

일주일에 0.5kg씩 뺀다

다이어트 시 한 번에 살을 많이 빼겠다는 생각을 버려야 한다. 일주일에 0.5~1kg의 체중 감량을 목표로 천천히 빼는 것이 좋다. 체중 감량 목표치를 무리하게 잡으면 중간에 포기하기 쉽고, 나중에 다이어트 후유증을 겪거나 요요 현상이 오기 쉽다.

체중을 매일 기록한다

다이어트는 자신의 체중을 정확히 아는 것에서 시작한다. 체중을 정확히 알지 못하면 다이어트의 필요성을 느끼지 못하는 경우가 많다. 매일 정해진 시간에 체중을 재어 수첩에 기록한다. 체중 변화를 표로 작성하면 자신의 다이어트가 어떻게 진행되고 있는지 파악하는 데 도움이 된다.

규칙적인 생활을 한다

규칙적인 생활은 다이어트에 성공하기 위한 필수 요건이다. 특히 규칙적으로 식사하고 잠자고 운동하도록 노력해야 한다. 하루 종일 굶다 잠자기 전에 과식하거나 야식 먹는 습관은 다이어트를 망치는 지름길. 늦게 자고 늦게 일어나는 습관은 식사나 운동을 제때 하지 못하는 등 하루 일과를 흐트러뜨리고 컨디션을 엉망으로 만들어 다이어트에 실패하기 쉽다.

몸에 붙는 옷을 입는다

출산 후 흐트러진 몸매를 감추기 위해 헐렁한 티셔츠나 수유복, 트레이닝복을 입는 경우가 많다. 다이어트에 성공하려면 항상 몸을 긴장시켜야 한다. 집에서도 항상 몸을 긴장시키고 자신의 몸매를 인식하기 위해 몸에 달라붙는 옷을 입는 것이 좋다.

식이요법

열량을 줄인다

다이어트 시 섭취하는 열량을 어느 정도 제한하는 것이 필요하다. 수유 중 1일 필요 열량은 약 2,400kcal이므로 이에 맞는 열량을 섭취하도록 노력한다. 열량은 제한하되, 양질의 단백질, 지방, 비타민, 칼슘, 철분 등이 풍부한 음식을 섭취하는 것이 좋다.

조금씩, 자주, 천천히 먹는다

다이어트 시 무리하게 굶으면 자제력을 잃고 폭식하는 경우가 생겨 결국 다이어트에 실패하게 된다. 식사 조절이 지나치면 다이어트를 오히려 망칠 수 있는 만큼, 식사 횟수를 5~6회로 늘려 조금씩, 자주 먹는 것이 좋다. 또 식사를 할 때는 천천히 꼭꼭 씹어 먹도록 한다. 밥을 빨리 먹으면 포만감이 느껴지지 않아 과식할 수 있다.

꼼꼼 check! 식사량을 줄이다 보면 변비가 생겨 고생할 수 있다. 하루 1.5ℓ 정도의 물을 마시고, 섬유질이 풍부한 각종 과일과 채소를 먹으면 변비 예방에 도움이 된다. 요구르트 등 유산균 제품을 먹는 것도 장운동을 촉진시켜 변비를 개선할 수 있다.

탄수화물 섭취를 줄인다

탄수화물은 우리 몸에 꼭 필요한 영양소이지만, 지나치게 먹으면 다이어트에 실패하기 쉽고, 내장 비만, 당뇨병, 고혈압 등 성인병이 생기기 쉽다. 특히 흰쌀밥, 빵, 과자 등 정제된 탄수화물 섭취가 비만의 주요 원인 중 하나. 평소 먹는 밥양보다 1/3 정도 줄이고, 잡곡, 콩, 현미 등 몸에 좋은 탄수화물로 바꿔 먹으면 다이어트에 도움이 된다.

반찬의 양도 줄인다

반찬은 조리하는 과정에서 첨가하는 부재료가 많아 열량이 높아질 수밖에 없다. 반찬을 많이 먹는 습관은 다이어트에 좋지 않으니, 국이나 반찬을 먹는 양도 평소보다 줄인다.

조리법을 바꾼다

효과적인 다이어트를 위해 음식은 되도록 양념을 자제하고 심심하게 먹는 것이 좋다. 간을 줄이고, 설탕이나 물엿 대신 올리고당, 배즙, 양파 등을 넣으면 단맛을 내면서 열량을 줄일

수 있다. 볶거나 튀기는 조리 과정 대신 굽거나 삶으면 열량을
낮출 수 있으니 담백하게 먹는 습관을 들이도록 한다.

배고플 때 채소를 먹는다

과자나 빵 등의 간식은 한 끼 식사 못지않은 열량이 들어 있는
음식이라 다이어트에 전혀 도움이 되지 않는다. 배가 고플 때마
다 틈틈이 오이, 토마토, 양상추 등 채소를 먹는다. 식사 전 포
만감을 주기 위해 채소를 먹는 습관을 들이는 것도 좋다. 식사
전에 먹으면 그만큼 식사량이 줄어 열량 섭취를 줄일 수 있다.

운동요법

출산 당일　걷는다

자연분만한 산모는 출산 당일 병실로 옮겨져 몸이 어느 정도
회복됐다면, 병실 복도를 걷는 등 몸을 움직여본다. 제왕절개
산모라면 수술 다음 날부터 가벼운 걷기를 한다. 걷는 운동을
빨리 해야 자궁 수축이 빠르고, 부기가 빠지는 등 회복에 도움
이 된다.

산후 1~2주　가볍게 스트레칭한다

산후 1~2주 동안은 출산으로 소진된 체력을 보충하고 늘어난
관절이 제자리를 찾을 수 있도록 충분한 휴식을 취해야 한다.
따라서 이 시기에는 무리한 운동은 삼간다. 특히 배나 허리에
힘이 들어가는 운동은 피해야 한다. 천천히 걷기를 꾸준히 하
고, 누워서 기지개를 켜거나 발목·손목 돌리기, 다리를 위아
래로 움직이는 등 몸에 무리가 가지 않는 산욕기 체조를 시작
한다. 가벼운 스트레칭을 반복하는 것만으로도 부기 해소와 혈
액순환에 도움이 된다.

산후 3~4주　허리와 골반 운동을 한다

산후 3~4주는 간단한 집안일을 해도 될 만큼 어느 정도 일상
생활이 가능한 시기. 눕거나 앉아서 하는 허리 단련 운동을 통
해 부기를 완화할 수 있다. 이 시기에는 허리 비틀기, 골반 비
틀기 등 허리와 골반을 잡아주는 간단한 하체 근육 강화 운동

을 추천한다. 아직은 관절에 무리가 가면 안 되니 관절을 자극
하는 운동은 삼간다.

산후 5~6주　복부 운동을 한다

산후 5~6주는 산후 건강검진이 끝나고 일상생활을 해도 될 만
큼 회복된 단계다. 본격적인 다이어트를 시작하기 전, 준비 단
계로 하루 10분 정도 짧게 산책을 하거나 다리 들어 올리기나
윗몸 일으키기 등 뱃살에 탄력을 주는 운동을 시작해도 좋다.

6주 이후　본격적인 다이어트 운동에 돌입한다

산후 6주 이후에는 자궁이 완전히 회복되는 등 임신 전 몸 상
태로 돌아온다. 이 시기부터 본격적인 다이어트 운동을 시작해
도 된다. 빠르게 걷기나 조깅 등 유산소운동을 추천한다. 단,
복통이나 출혈 등 이상 증상이 있으면 운동을 멈추고 병원 진
찰을 받도록 한다.

산후 운동 주의점

운동과 휴식을 번갈아 한다

한 동작을 2~3분 정도 지속한 후에는 반드시 휴식을 취하고 몸
의 긴장을 풀어준다. 통증이나 피곤함이 느껴지면 바로 멈추고
쉰다.

모유수유 후에 운동한다

모유수유를 하는 산모라면 아기에게 젖을 먹여 몸을 가볍게 한
다음 체조를 한다. 식사 후에는 운동을 삼간다.

조급한 마음을 갖지 않는다

아이를 낳고 빨리 체중을 감량해야 한다는 부담감을 갖지 않는
다. 자칫 무리하게 운동하다가 회복이 늦어질 수 있다. 처음에는
무리하지 말고 움직임이 적은 동작으로 10~20분 정도 하다가,
몸 상태와 컨디션에 따라 서서히 운동량을 늘려간다.

23 산후 뷰티케어

탄력을 잃고 칙칙해진 피부, 푸석푸석해진 머릿결, 몰라보게 달라진 가슴을 출산 전으로 되돌릴 시간이다.
건강한 모발과 맑고 깨끗한 피부, 예전의 가슴을 위한 산후 탈모 예방법과 피부, 가슴 관리법.

탈모 예방을 위한 두피 관리

산후 탈모는 여성이 겪는 대표적인 탈모 증상으로, 80%가 넘는 산모들이 겪는다고 할 만큼 흔하다. 보통 출산 후 2~5개월까지 나타나며, 주로 머리 앞쪽에서 많이 빠진다. 모발은 크게 성장기, 퇴행기, 휴지기의 주기를 거친다. 임신을 하면 여성 호르몬인 에스트로겐의 분비가 급격히 증가하면서 모낭의 성장이 촉진되어 임신 전보다 머리카락이 잘 빠지지 않는다. 출산 후에는 호르몬 분비가 정상 수치로 줄어들고, 빠지지 않던 모발이 한꺼번에 휴지기로 접어들면서 탈모가 나타난다. 산후 탈모는 호르몬의 변화로 나타나는 일시적인 현상이어서 대개 6개월 이후 회복되지만, 무리한 다이어트, 스트레스, 영양 불균형 등으로 인해 탈모가 계속 진행될 수도 있다.

머리를 자주 감는다

산후 2~3일부터는 머리를 감아도 된다. 머리를 감지 않아 두피에 피지가 쌓일 경우, 모낭이 막혀 모발에 제대로 영양 공급이 안 되어 오히려 탈모가 심해진다. 두피가 지성인 경우에는 매일, 건성인 경우에는 1~2일 간격으로 머리를 감는다.

두피 마사지를 한다

머리를 감을 때 두피 마사지를 하면 혈액순환이 잘 돼 탈모를 예방할 수 있다. 손에 샴푸를 덜어 충분히 거품을 낸 후, 두피에 바르고 마사지한다. 마사지 시 두피에 상처가 날 수 있으니 손톱을 사용하지 말고, 손가락 끝 부분으로 지압하듯이 머리 전체를 골고루 누르면서 마사지한다.

머리끈과 헤어드라이어 사용을 자제한다

끈이나 핀으로 모발을 장시간 묶지 않도록 주의한다. 끈으로 오랫동안 묶고 있으면 두피가 당겨져 자극을 받고, 두피의 혈액순환이 방해되어 탈모가 더 심해질 수 있다. 헤어드라이어의 고열은 두피를 건조하게 만든다.

모발용품 사용을 자제한다

헤어스프레이, 젤, 염색약 등 화학 모발용품 사용을 자제한다. 제품에 들어 있는 화학 성분이 두피에 자극을 줄 수 있다. 탈모 증상이 심하다면, 당분간 파마도 자제한다.

스트레스를 받지 않는다

출산 후 나타나는 탈모 증상으로 스트레스를 받으면, 모발의 성장 주기를 방해해 탈모가 더 심해진다. 산후 탈모는 대개 6개월이 지나면 저절로 나아지니, 탈모 자체에 대한 스트레스를 받지 않도록 노력한다. 또 육아로 인한 스트레스, 다이어트에 대한 압박감도 탈모 증세를 악화시키니 주의한다.

탈모 예방 음식을 먹는다

검은콩, 검은쌀, 깨 등은 탈모 예방에 좋은 대표적인 음식. 특히 콩에 들어 있는 이소플라본 성분이 탈모 예방에 효과적이다. 미역, 다시마 등 해조류에는 요오드, 미네랄, 단백질이 풍부한데, 혈액순환과 신진대사를 촉진해 모발을 생성하는 데 영향을 준다.

산후 피부 관리

출산 후 산모의 몸에는 크고 작은 변화가 찾아오는데, 피부 또한 예외가 아니다. 임신 중 태아에게 전달되는 혈액량이 늘어나면서 탈수 현상이 일어나 피부가 건조해진다. 또한 출산 후

여성호르몬이 덜 분비되는데다 수유를 위한 호르몬으로 대체되면서 영양이 부족해져 피부가 윤기 없이 푸석푸석해진다. 수분이 부족하고 탄력이 없어진 피부를 출산 전으로 되돌리기 위한 첫 번째 단계는 각질 제거. 각질만 제거해도 피부가 한결 매끄러워 보일 뿐 아니라 피부 재생을 위해 바르는 에센스 등 기능성 화장품도 더 잘 흡수된다. 피부 보습력을 높이고 기미나 여드름 등 피부 트러블을 예방하는 생활 수칙을 소개한다.

깨끗이 세안한다

피부 트러블이 생기는 등 피부 상태가 악화됐을 때는 피부를 깨끗하게 관리하는 데 집중한다. 집에만 있다고 해서 아침에 한 번 세안으로 끝내기보다 얼굴에 쌓인 노폐물을 효과적으로

탈모를 예방하는 두피 마사지법

두피 마사지는 두피를 자극해 신진대사를 높이고, 피지의 분비를 원활하게 하여 탄력 있고 건강한 머릿결을 가꾸는 데 효과적이다.

① 머리에 압력을 준다
양쪽 손바닥을 펴고 이마와 목 뒤를 포함해 머리 전체를 감싸고, 약간 세게 압력을 가한다.

② 두피를 두드리거나 주무른다
양쪽 손가락 끝에 힘을 주어 머리 전체를 골고루 두드리거나 주무른다. 두피에 상처가 생길 수 있으므로 손톱을 사용하지 않는다.

③ 경혈을 지압한다
정수리, 관자놀이, 목 뒤 등 경혈을 손가락 끝으로 지압한다. 지압할 때는 해당 부위에 압력을 가했다가 천천히 손을 뗀다.

④ 머리카락을 잡아당긴다
양손을 머릿속에 집어넣어 머리카락을 살짝 잡아당긴다. 너무 세게 잡아당기면 오히려 머리카락이 빠질 수 있으니 가볍게 자극을 주듯 살짝 잡아당긴다.

기미에는 비타민 C가 좋다

출산 후 호르몬 불균형으로 멜라닌 세포가 증가하면서 기미, 주근깨, 잡티가 눈에 띄게 증가한다. 균형 있는 식사를 하는 등 산후조리를 잘하면 점차 사라진다. 산후 기미를 없애는 데 효과적인 비타민 C를 충분히 섭취하는 것도 방법. 각종 과일과 시금치, 고추, 배추 등 채소 등에 비타민 C 함량이 높으니 충분히 챙겨 먹는다. 시판하고 있는 비타민제를 복용하거나, 증상이 심한 경우 고농축 비타민 C 에센스나 앰플로 집중 관리한다.

여드름에는 전용 화장품을 바른다

평소 지성 피부였던 산모는 출산 후 여드름과 뾰루지가 더 악화되는 경우가 있다. 여드름 피부에는 아무것도 바르지 않는 것이 좋다고 생각하기 쉬운데, 이는 잘못된 생각이다. 딥클렌징 세안제로 이중 세안한 후, 피지 분비를 조절해주는 에센스로 영양을 공급하고, 항균·항염 스킨을 사용한다. 티트리 성분이 함유된 화장품은 살균·소독 작용이 뛰어나 여드름이나 뾰루지 치유에 효과적이다.

제거하기 위해 하루에 2~3회 정도 세안한다. 클렌징크림이나 폼 등 세안제로 세안한 다음, 물로 한 번 더 세안하는 이중 세안을 한다.

산후 1개월까지는 기초 화장품만 바른다

출산 후 피부가 건조하고 칙칙하다고 영양 크림을 듬뿍 바르는 것은 좋지 않다. 산후 초기에는 모공을 통해 땀과 노폐물이 활발히 분비되면서 피부가 제자리를 찾아간다. 따라서 산후 1개월까지는 세안 후 스킨, 로션 등 기초 화장품만 바르도록 한다.

화장품을 바를 때 세게 문지르지 않는다

출산 후 피부는 영양이 부족해지면서 탄력을 잃고 주름이 생기기 쉽다. 세안하거나 화장품을 바를 때 너무 세게 문지르면 오히려 주름이 심해질 수 있으니, 손가락에 힘을 빼고 가볍게 문지른다. 특히 눈가나 입가 등 주름이 생기기 쉬운 부위에 화장품을 바를 때는 손가락으로 톡톡 두드리며 흡수시킨다. 화장품은 목까지 신경 써서 바르는데, 아래에서 위로 쓸어 올려 목주름을 방지한다.

각질을 제거한다

출산 후 수분과 영양이 부족해지면서 각질이 많아진다. 산욕기를 거치면서 점차 나아지지만, 관리를 하지 않고 방치하면 피부가 악건성이 될 수 있으니 주의한다. 각질이 일어날 경우에는 일주일에 한 번 정도 각질 제거를 해준다. 스팀 타월로 모공을 열고, 흑설탕, 우유, 달걀, 쌀뜨물 등 자연 재료로 각질 팩을 한다. 출산 후 한 달이 지났다면 각질 제거 후 영양 크림을 발라 피부에 수분과 영양을 공급한다.

가슴 관리

임신 기간에 커진 가슴은 출산 이후에도 모유수유를 위해 계속 유지된다. 다만 산모의 가슴 모양에는 변화가 생긴다. 모유수유할 때는 젖이 차올라 가슴이 커지고 부풀어 오르지만, 젖을 끊으면 부풀었던 유방 조직이 원래 상태로 돌아가게 된다. 이때 모유수유와는 상관없이 임신과 출산 과정에서 가슴이 처질 수 있다. 임신 횟수가 많거나 뚱뚱할수록 가슴이 처질 가능성이 높다. 가슴 모양 변화가 걱정되어 모유수유를 꺼릴 필요는 없다. 출산 후 가슴 관리 방법을 기억하자.

임부용 브래지어를 입는다

출산 후 아기에게 수시로 젖을 먹이기 때문에 귀찮아서 브래지어를 착용하지 않는 산모들이 있다. 브래지어를 착용했을 때 가슴을 누르고 압박하는 느낌이 불편하다는 산모들도 있다. 하지만 브래지어를 착용하지 않으면 젖이 불어 커진 가슴을 제대로 받쳐주지 못하므로 가슴이 나오는 임신 중기 이후부터는 수유용 브래지어를 착용하도록 한다. 브래지어는 가슴에 공간이 남지 않고, 몸에 꼭 맞는 사이즈를 입는다.

젖은 자연스럽게 말린다

모유를 끊을 계획이라면 어떤 방법으로 끊을 것인지 계획을 세워 서서히 수유량을 줄여나가는 것이 좋다. 젖 말리는 약을 복용하면 약제의 부작용이 나타날 수 있으니 삼가해야 한다.

등을 곧게 펴는 자세를 유지한다

앉아서 수유할 때는 어깨와 가슴을 펴고 등과 엉덩이가 90가 되도록 유지하며, 아기를 안고 있는 팔 아래에 베개나 쿠션을 받쳐준다. 서 있거나 걸을 때는 어깨와 가슴을 약간 뒤로 젖히고 엉덩이를 밖으로 내미는 자세가 좋다.

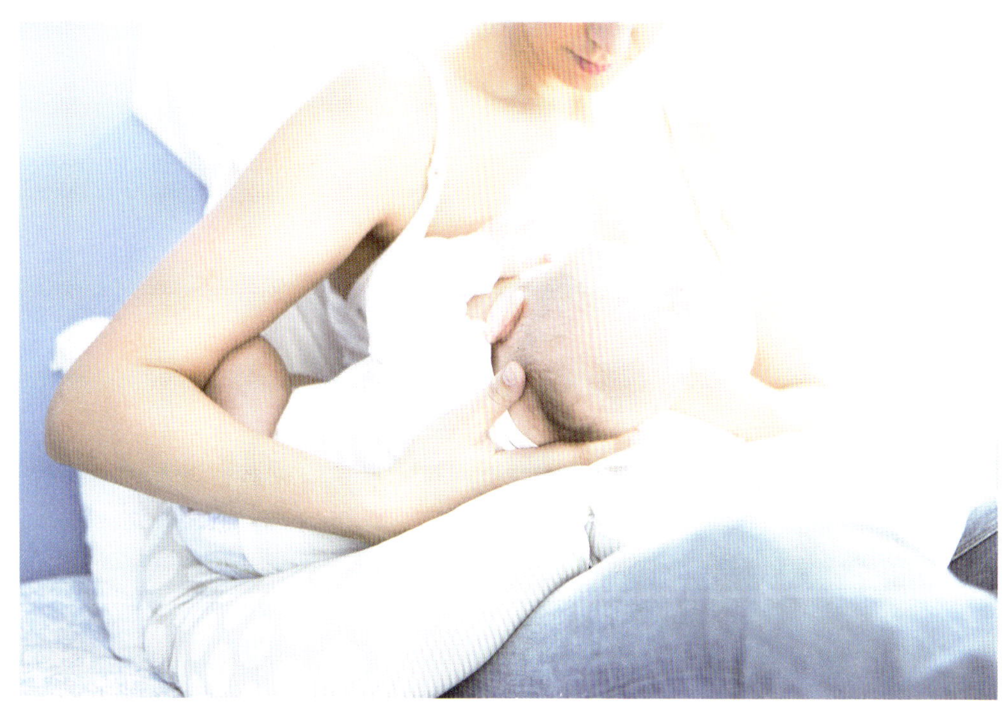

24 산후 부부관계

임신 기간 내내 마음 편히 부부관계를 갖지 못했다면, 출산 후 언제부터
부부관계가 가능한지 궁금할 것이다. 아기를 낳았다고 부부관계가 바로 가능한 것은 아니다.
산모의 몸이 회복되려면 산후 6주 정도 후에 관계를 시작해야 한다.

산후 부부관계를 주의해야 하는 이유

질과 자궁 상태가 약하다

출산 후에는 질과 자궁의 상처가 아물어야 부부관계가 가능하
다. 질과 자궁의 상처는 최소 1개월, 대개 6주 정도의 시간이
걸려야 회복된다. 만약 1개월 전에 부부관계를 가지면 자궁구
가 완전히 닫혀 있지 않아 세균 감염의 위험이 높고, 자궁 수축
도 충분히 이뤄지지 않아 출혈이 일어날 수 있다. 또 오로가 계
속 나오는 경우에도 세균에 감염될 위험이 있으니 이 시기에는
부부관계를 자제한다. 산후 첫 부부관계가 가능한 시기는 산후
건강검진을 받을 때 의사에게 확인하는 것이 가장 안전하다.
대개 산후 4~6주 정도가 지나면 부부관계가 가능하다.

산모의 스트레스가 많다

출산 후 남편과의 잠자리를 부담스러워하는 산모들이 많다. 육
아 스트레스로 성욕이 줄어들고 출산으로 달라진 몸매와 질 상
태 때문에 부부관계 갖기가 두려운 것이 원인. 남편은 이런 아
내의 몸 상태와 마음을 이해해주고, 부부관계를 일방적으로 요
구하지 않는다.

꼼꼼 check! 모유수유를 하는 경우, 유즙 분비 호르몬이 증가하면서 에스트
로겐이 감소한다. 유방을 애무하면 젖이 흐르고, 질은 건조해져 성교통이 유발
된다. 이러한 이유로 자연스럽게 성욕이 감소해 부부관계를 멀리하는 경우가
많다.

무리한 체위는 삼간다

아직 산모의 심신이 임신 전처럼 회복되지 않았기 때문에 무리
한 체위는 삼가는 것이 좋다. 결합이 깊은 체위나 무리한 체위
변경은 오랜만에 부부관계를 갖는 산모에게 부담과 긴장감을
주어 통증을 유발할 수 있다. 또 장시간 부부관계를 갖는 것도
삼간다.

현명하게 즐기는 산후 부부관계 노하우

스킨십을 자주 한다

평소 부부관계와 상관없이 남편과의 스킨십을 자주 갖도록 노
력한다. 부부가 사랑을 확인하는 과정으로 부부관계도 중요하
지만, 평소 서로에게 얼마나 관심을 갖고 스킨십으로 소통하는
지도 매우 중요하다. 아침에 출근하는 남편에게 뽀뽀해주고,

아기 돌보느라 힘든 아내에게 남편이 마사지를 해준다면 굳이 말이나 부부관계가 아니더라도 서로의 사랑을 확인할 수 있다.

부부만의 대화를 나눈다

출산을 하고 나면 주로 아기에 관해서만 대화를 나누는데, 부부 두 사람의 이야기를 나누는 시간을 갖도록 노력한다. 특히 부부관계에 대해 솔직하고 대담하게 이야기 나누는 것도 필요하다. 컨디션이 좋지 않아 부부관계를 하고 싶지 않다든가, 어떤 체위를 할 때 느낌이 좋고 아프지 않다는 등의 솔직한 이야기를 나누면 부부관계도 좋은 방향으로 개선될 가능성이 크다.

아기의 수면 시간을 체크한다

시도 때도 없이 깨는 아기 때문에 부부관계를 하기 어렵다는 경우가 많다. 이런 경우 아기의 하루 수면 시간을 체크해보면 아기가 길게 자는 타이밍을 알 수 있다. 그 시간에 부부관계에 집중하고, 가끔은 친정이나 시댁에 아기를 맡기고 부부만의 시간을 갖는 것도 좋다. 아기 때문에 부부관계를 할 수 없다고 피하기만 하면, 부부 사이에 빨간불이 켜질 수 있다는 점을 명심한다.

케겔 운동을 꾸준히 한다

요실금을 예방하는 운동법으로 많이 알려진 케겔 운동은 부부관계 시 성감을 높이는 데 효과가 좋다. 항문과 질 근육을 수축하고 이완하는 운동법으로, 숨을 들이마시면서 항문이나 질 주위를 조인다는 느낌으로 약 5초간 수축하고, 숨을 천천히 내쉬면서 질 주위를 5초 동안 이완한다. 하루 30~50회 정도 반복하며, 매일 개수를 늘리면서 꾸준히 하면 탁월한 효과를 볼 수 있다.

선호하는 성감대와 체위를 파악한다

산후에 맺는 부부관계는 임신 전 부부관계보다 조심해야 한다. 여성의 경우 질 분비물이 나오지 않아 성교통을 겪기도 하므로 삽입 전 남편은 아내가 좋아하는 성감대 위주로 충분히 애무해주는 것이 좋다. 결합이 깊은 체위는 자궁경부를 자극해 아내의 자궁 건강을 해칠 수 있으니 피하도록 한다. 또 회음부 절개의 경험으로 성기 애무를 싫어하기도 하고, 모유수유를 하는 경우 유두 애무를 싫어하기도 하니 남편의 세심한 배려가 필요하다.

산후 피임

모유수유를 하면 배란이 억제돼 자연적으로 피임 효과를 볼 수 있다. 수유를 하지 않는 경우에는 산후 6~8주 후에 생리를 시작하지만, 수유를 하는 경우에는 2~18개월 정도로 배란의 시작이 늦어진다. 하지만 모유수유 중에 생리를 하지 않는다고 해서 임신 가능성이 진혀 없는 것은 아니다. 출혈이 없어도 배란이 가능하고 배란이 없어도 출혈이 있을 수 있으므로, 생리 증상으로 배란 여부를 판단해서는 안 된다. 모유수유를 하는 산모의 4%가 둘째 아이를 임신한다는 조사 결과도 있는 만큼, 출산 후 바로 임신을 원하지 않는다면 모유수유와 상관없이 꼭 피임을 한다.

피임의 종류

콘돔

유일한 남성 피임 도구이며, 가장 간편하고 보편적으로 사용된다. 가격이 저렴해 경제적이고 성병 예방에 도움을 주며, 여성에게 부작용이 없어 안전하다.

⚠️주의 피임 실패율이 약 15% 정도로, 콘돔이 찢어지거나 벗겨져서 피임에 실패할 가능성이 있다. 콘돔을 사용하면 성감이 떨어지는 느낌을 받기도 한다.

경구 피임약

에스트로겐과 프로게스테론을 함유한 약을 복용해 배란을 억제하는 방식이다. 21일 동안 매일 같은 시간 약을 복용해 피임을 하며, 이후 7일간 약을 쉬면서 생리를 한다. 경구 피임약의

피임 실패율은 약 3% 정도로 피임 효과가 뛰어난 편.

⚠️주의 모유수유를 할 경우에는 피임약을 복용하지 않는 것이 좋다. 수유를 하지 않는 경우에는 출산 후 2~3주 후부터 피임약 복용을 시작한다. 피임약으로 인해 메스꺼움, 두통, 유방통, 일시적인 체중 증가, 약간의 출혈 등 부작용이 생길 수 있다. 따라서 피임약을 장기 복용하는 경우 1년에 1회 정도 병원 진찰을 받는 것이 좋다. 또 고혈압, 당뇨병, 정맥류, 간 질환, 내분비질환을 앓는 산모라면 반드시 의사와 상의한 후 복용한다.

루프

루프라고 불리는 구리가 감긴 작은 피임 기구를 자궁에 삽입하는 방식이다. 피임 실패율이 약 3% 정도. 5분 정도의 간단한 시술을 통해 3~5년 동안 피임 효과가 지속된다. 장기간 피임을 걱정하지 않아도 돼 여성에게 번거로움을 주지 않는 방식이다. 아기를 원할 경우 루프를 제거하면 생리가 정상적으로 돌아오면서 임신이 가능해진다.

⚠️주의 출산을 마친 산모는 6~8주 후, 피임을 원하는 일반 여성이라면 생리가 끝난 직후 산부인과에서 시술받는다. 시술 후에는 장치가 제대로 놓여 있는지 6개월에 한 번 정도 체크하는 것이 좋다. 부작용으로 월경 과다, 부정 출혈, 생리통 등이 생길 수 있다. 시술을 받은 여성 중 약 15% 정도는 생리량이 많아지는 이유로 루프를 제거하기도 한다.

미레나

루프와 같은 자궁 내 삽입 장치로, 황체호르몬이 들어 있는 것이 특징. 매일 일정량의 호르몬이 자궁 내에 분비돼 정자와 난자가 수정되는 것을 막는다. 루프처럼 시술이 간단하며, 5년간 피임 효과가 지속된다. 피임 효과 외에 생리량과 생리통을 감소시키고, 생리 기간이 짧아지는 효과가 있어 월경 과다, 생리통 등 여성 질병의 치료 목적으로도 사용된다.

⚠️주의 사용 중 빠지거나 움직일 수 있고, 호르몬의 부작용으로 두통, 유방통, 여드름 등이 수개월간 나타날 수 있다. 자궁 내 장치 삽입은 골반염, 자궁내막염, 자궁근종, 자궁 기형 등이 있는 경우에는 피해야 한다.

임플라논

배란을 억제하는 호르몬이 들어 있는 관을 어깨에서 팔꿈치까지의 팔 부분인 상완 피하에 이식하는 방식으로, 하루에 적정량의 호르몬이 분비되면서 피임 효과를 나타낸다. 피임 효과가 매우 뛰어나며, 시술 시간은 약 5분 이내로 간단하다. 효과는 3년간 지속되며, 제거하면 바로 임신이 가능해진다.

⚠️주의 시술로 인한 작은 흉터가 남을 수 있다. 호르몬 부작용으로 무월경, 월경 과다, 부정 출혈, 두통, 현기증 등이 나타날 수 있으나, 어느 정도 시간이 지나면 호전된다. 증상이 지속되면 다른 피임법을 고려하는 것이 좋다.

영구피임수술

더 이상 임신을 원하지 않는 경우 받는 수술로, 여성이 받는 난관 수술과 남성이 받는 정관 수술이 있다. 난관 수술은 난자가 이동하는 나팔관을, 정관 수술은 정자가 이동하는 정관을 묶는 것. 피임 효과가 100%에 가깝다. 수정은 안 되지만 성호르몬은 정상적으로 분비되기 때문에 일상생활에 지장이 없다.

⚠️주의 피임 성공률이 가장 높지만, 수술을 받으면 복원이 어려운 만큼 부부가 충분히 상의한 후 결정해야 한다.

제왕절개와 함께하는 피임 수술, 몸에 무리는 없을까?

제왕절개로 분만할 때 나팔관을 묶는 피임 수술을 동시에 하기도 한다. 제왕절개와 피임 수술이 동시에 가능한지는 산모의 체력에 달려있다. 담당 의사와 충분히 상의한 후 산모가 두 수술을 버텨낼 수 있는 건강 상태라면 무리 없이 가능하다. 하지만 피임 수술은 한 번 시술하면 재건하기 힘들고, 재건하더라도 자궁외 임신이 될 가능성이 높아지는 만큼 신중하게 고민해 결정한다.

출산 후 엄마들의 시시콜콜 궁금증 Q&A

Q 출산 후 머릿속에 작은 크기의 원형 탈모가 생겼어요. 전문적인 치료를 받아야 하나요?

출산 후 3~6개월 사이에는 호르몬의 변화로 머리카락이 평소보다 많이 빠집니다. 출산 후 일시적인 탈모로, 특별한 치료 없이 대부분 자연히 회복되지만, 원형 탈모가 지속된다면 전문적인 상담을 받는 것이 좋습니다.

Q 모유수유를 하면 생리를 안 한다는데, 출산 후 3개월 만에 생리를 시작했어요. 생리를 빨리 시작하는 이유가 뭔가요?

완전모유수유를 하면 배란 억제 효과로 인해 생리가 다시 시작되는 것이 출산 후 3~4개월 정도 미뤄지겠지만, 하지만 모유수유 중이라도 출산 후 3개월이 지나면 배란이 되고 생리를 할 수 있는데, 이는 정상적인 반응입니다. 이런 이유로 의사들은 모유수유를 하더라도 임신 계획이 없다면 별도의 피임을 할 것을 권하고 있습니다.

Q 출산 후 보톡스는 언제부터 맞을 수 있나요?

보톡스는 모유수유 가능한 약제인 L3으로 분류된 약으로 모유수유를 해도 대체적으로 안전하다고 볼 수 있습니다.

Q 산후 두 달 만에 첫 부부관계를 가졌는데 피가 비쳤습니다. 괜찮은 건가요?

출산 후 부부관계를 하는 시기는 특별히 정해져 있지 않습니다. 자궁과 회음부 회복을 고려해 오로가 줄어들고 상처의 통증이 거의 없는 출산 후 4~6주 이후에 하는 것을 권합니다. 출산 후 자궁 안에 부적합한 세균이 감염되면 자궁내막염이 발생할 수 있으며, 이 외에 다른 이유라면 반드시 산부인과에 방문하여 진료를 받는 것이 좋습니다.

Q 산후 부부관계를 가졌는데 윤활액이 나오지 않아 삽입에 실패했습니다. 어떻게 해야 하죠?

출산 후 부부관계 시 윤활액이 나오지 않는 경우가 종종 있습니다. 큰 문제라기보다는 심리적인 요인이 작용하는 경우가 많은데, 이때는 병원에 방문해 진료와 상담을 받는 것이 좋습니다.

Q 땀을 내면 좋다는데 찜질방이나 사우나에서 땀을 빼도 될까요?

출산 후에 적당한 땀으로 체내의 노폐물 배출은 좋은 산후조리와 산후 부종관리에도 도움이 됩니다. 하지만 찜질방이나 사우나에서 과도하게 땀을 빼면 지나친 수분 배출로 어지럼증과 호흡곤란 등이 유발될 수 있으니 삼가도록 합니다.

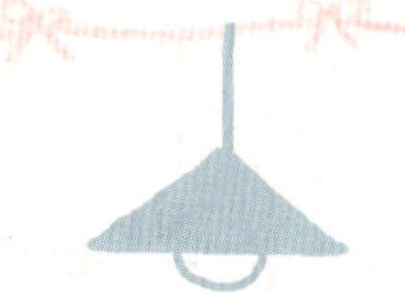

제일병원 정신건강의학과 **이수영** 교수의

주산기 우울증 특강

임신으로 인한 마음의 감기
⇨ 주산기 우울증

우울증은 슬픈 기분과 만사가 즐겁지 않은 상태가 지속되는 것이 주 증상이다. 다른 증상으로는 불안, 안절부절, 집중력 저하, 피곤, 자살 또는 자해 생각이 있다. 신체적 증상으로는 심장이 빨리 뛰는 빈맥, 식욕 저하, 두통, 위통 등이 나타난다. 여성의 우울증은 평생 유병률이 10~25% 정도이며, 특히 가임 시기에 가장 높은 발병률을 보인다. 임신한 여성의 7~13% 정도가 겪는 것으로 나타나고 있다. 기존에는 출산 후에 나타나는 산후 우울증에 대한 연구가 주로 이뤄졌지만 임신 중에 생기는 우울증도 산후 우울증만큼 발병률이 높다는 것이 밝혀지면서 모든 시기에 걸쳐 연구가 진행되고 있다. 산후 우울증은 출산 후 한 달 이내에 우울증이 발생하는 것을 뜻하며, 2013년에 개정된 정신장애 진단 분류 체계인 DSM-5에서는 산후 우울증 대신 주산기 우울증이란 용어로 대체하고 있다. 임신 중에도 산후 우울증과 비슷한 증상이 발견되고 발생률도 높기 때문에, 학계 전체에서 그 중요성을 인식하고 있는 것이다.

호르몬에 의한 정상적인 감정 변화

임신과 출산 과정 중에는 호르몬 변화의 폭이 크게 일어난다. 주산기 우울증은 일반 우울증과 증상은 크게 다르지 않지만 에스트로겐을 비롯한 여성호르몬과 상관 관계가 있다는 것이 많은 연구를 통해 밝혀져 있다.

주산기 우울증에 관여하는 두 번째 호르몬은 바로 스트레스 호르몬인 코르티솔이다. 코르티솔은 긴장, 고통 등 다양한 스트레스에 반응하여 분비되는 부신피질 호르몬 중 하나다. 코르티솔은 임신 중기인 25~28주 정도에 스트레스를 받지 않아도 자연적으로 수치가 올라간다. 만약 이 시기에 임신부가 스트레스를 과하게 받는다면 조산이 일어날 수도 있다. 산모들이 출산 후 2주에서 늦게는 수개월 후까지 겪게 되는 산후 우울증은 출산 직후의 호

이수영 교수는…
연세대학교 의과대학을 졸업하고 연세대학교의과대학원 박사 학위를 취득했다. 현재 제일병원 정신건강의학과 과장을 역임하고 있다. 우울증, 불면증, 공황장애 등 일반 정신건강은 물론, 주산기 우울증에 대한 상담과 진료를 하고 있다.

르몬 변화와 출산의 고통이 원인이다. 대부분 가벼운 우울감으로 지나가지만, 10% 정도는 정신과 치료가 요구되는 정도의 심각한 우울증을 앓기도 한다. 출산 후 급격히 줄어들어 임신 전의 수치로 돌아가는 여성호르몬의 레벨 차이로 인해 몸 상태가 변하고, 통증이나 수유로 잠을 푹 못 자는 것도 우울증의 원인이다.

태아와 산모 모두를 위해 바로 확인해보세요
⇨ 주산기 우울증의 진단

산후 우울증의 증상은 여러 가지가 있고 개개인마다 다양하다. 정확하게 평가하기 위해서는 다양한 정보와 면밀한 상담이 필요하다. 가장 중요한 것은 정신과 의사의 임상 면담, 의학적 검사 및 행동에 대한 평가다. 면담은 주로 산모와 보호자에게 시행되며 이를 통해 여러 가지 증상과 과거 치료력, 산모의 성격, 성장 과정 및 환경, 가족 관계, 교육 배경, 사회경제적 여건 등을 알아본다. 객관적 평가 또는 자가 평가 척도들은 임상 면담에서 얻기 어려운 정보를 제공하거나 객관적인 수치로 정량화하는 등 평가에 있어 여러 가지 장점을 가지고 있기 때문에서 임상 진료에 유용하게 활용된다.

우울증의 진단 기준(DSM-5)
DSM(Diagnostic and Statistical Manual)은 전 세계적으로 가장 널리 사용되고 있는 정신장애 진단 분류 체계 중 하나다. 주산기 우울증의 진단 기준은 기본적으로는 우울증의 진단 기준과 동일하다. 아래 9가지 증상 중에서 5개 이상의 증상이 연속 2주 동안 지속되고, 이런 증상이 임신 중 혹은 출산 후 4주 이내에 나타나는 경우에 주산기 우울증으로 진단한다.

① 거의 매일 혹은 거의 하루 내내 우울한 기분
② 일상 활동에 대한 흥미나 즐거움이 하루의 대부분 저하되어 있을 경우
③ 식욕 감소 또는 증가 / 체중 감소 또는 체중 증가
④ 불면증 또는 과다한 수면
⑤ 거의 매일 나타나는 정신운동성 초조(안절부절 못하는 상태)나 지체(느린 행동이나 말)
⑥ 피로 또는 에너지 상실
⑦ 삶에 대한 무가치함 또는 과도하거나 부적절한 죄책감을 느낌
⑧ 집중력 감소 또는 결정 곤란(우유부단함)
⑨ 죽음에 대한 반복적인 생각

우울증이 태아 또는 신생아에게 미치는 영향
주산기 우울증은 산모의 건강은 물론 태아와 신생아의 건강에도 영향을 미칠 수 있다. 임신부의 우울증은 임신중독증, 임신성 당뇨병의 발병률, 제왕절개율을 높인다는 연구 결과가 있다. 또한 조기 진통을 유발하고, 태아 발육 지연(저체중)으로 미숙아를 낳을 수 있다.

베이비 블루스
분만 후 2~5일간 가볍게 겪는 단기 우울증을 말한다. 사랑스러운 아기를 얻었다는 기쁨과 동시에 육아를 경험하면서 오는 부담감과 왠지 모를 슬픈 감정이 뒤섞여 우울한 기분이 든다. 하지만 대개 산후조리를 하면서 증상이 나아지므로 크게 걱정하지 않아도 된다. 충분한 휴식과 수면을 통해 몸이 호전되고, 아기와 육아에 점차 적응하면 기분이 나아진다.

산후 우울증
산후 우울증은 베이비 블루스가 1주 이내에 대부분 해소되는 것과 달리 2주 이상 증상이 지속되거나 점차 심해지면 의심할 수 있다. 산모의 10~15%가 산후 우울증을 경험하며, 산후 우울증의 대표적인 증상은 우울과 불안이다. 이유 없이 갑자기 우울한 기분이 들고, 갑자기 눈물을 흘리면서 슬픈 감정이 북받친다. 또 불안하고 초조하며 예민한 감정이 들기도 한다. 우울한 감정이 발전하면 아기에게 무관심한 태도를 보이기도 하고, 자기 자신이 가치 없게 느껴지면서 불면, 집중력 저하 등을 초래한다.

산후 정신증
산후 우울증이 심각해지면 산후 정신증으로 발전할 수 있다. 약 0.1%의 산모에게서 발생하며, 대부분 산후 2~4주 사이에 발병한다. 일반적인 증상은 아니며 일종의 정신과적 응급 증세로, 아이의 양육은 다른 사람에게 맡기고 빠른 시간 내에 치료를 받아야 한다. 증상으로는 망상이나 환청, 앞뒤가 맞지 않는 말 등이 있으며 가족이 보기에 갑자기 사람이 달라진 것처럼 느껴진다.

산모가 산후 우울증을 겪을 경우 신생아도 스트레스를 나타내는 혈중 코르티솔이 정상인보다 크게 높아지기 때문에 아기가 자란 후에 스트레스에 민감한 체질을 갖게 될 수 있다. 우울증을 앓는 산모는 의욕이 없고 만사가 귀찮기 때문에 아이의 의사 표현에 반응을 해주지 않는다. 결국 아이는 자주 울게 되고 예민한 아이가 된다. 엄마의 우울증이 길어지면 아이는 성장 발육이 지연되기도 한다. 또한 ADHD를 앓는 아이들의 엄마가 앓지 않는 아이들의 엄마보다 산후 우울증 비율이 높다는 연구 결과도 있다.

우울증이 있는 여성의 임신

우울증을 앓고 있는 여성이 임신을 원한다면 담당 의사와 상의해야 한다. 담당 의사는 임신과 관련하여 복용하고 있는 약물을 평가해, 임신 전에 복용하는 약을 바꿀 수도 있다. 대부분의 우울증 약은 기형 발생의 위험률을 높이지는 않는다. 하지만 일부 우울증 약은 임신 말기에 복용하면 신생아에게 떨림, 젖을 잘 빨지 않음, 수면 장애 등 부작용이 나타날 수 있다. 이러한 증상은 2~3일 내 사라진다. 우울증이 있는 여성이 만약 임신 중 적절하게 치료하지 않고 임의로 약물을 중단하면 유산 및 저체중아 출산이 증가하는 것으로 보고되고 있다. 특히 임신중독증 발생은 일반 임신부보다 2배 이상 증가하는 것으로 알려져 있다. 또한 약물을 중단하면 우울증이 재발한다. 약물을 복용한 경우보다 5배 정도 재발률이 높은데 다시 약을 복용하면 재발률을 낮출 수 있다. 따라서 우울증을 앓는 임신부는 자신과 태아의 건강을 위하여 정기적인 정신과적 치료가 필요하다.

작은 습관으로 큰 효과를 얻을 수 있어요
⇨ 주산기 우울증의 치료

많은 사람들이 아직도 우울증을 질병이라기보다 의지가 약해서 걸리는 것이라고 생각한다. 특히 임신 시기에 발병하는 우울증에 대해서 '여성이라면 누구나 겪는 일인데 유난스럽다'라는 시선을 갖기도 한다. 임신을 하면 병에 걸린 것은 아니지만, 질병에 걸린 상태와 비슷하게 면역력이 약해지는 등의 증상이 나타난다. 임신부 자신이 너무 과도하게 보호받고 싶어 하거나 지나치게 기대하는 것은 문제지만, 가족들도 임신 전보다 더욱 신경을 써주는 것이 좋다. 같이 있는 시간을 늘려주는 것만으로도 우울증을 예방하는 데 도움이 된다. 평소 혼자 있는 걸 좋아했다고 해도, 임신을 하면 면역력도 떨어지고 마치 환자와 같은 심리상태가 된다. 아이를 낳은 후에는 더욱 가족들의 적극적인 도움이 필요하다. 아이를 낳고 약해진 산모의 상태가 어느 정도 회복되려면 6주 정도의 시간이 필요하다. 이 시기에는 특히 남편의 역할이 가장 중요한데, 임신 기간과 산모의 몸이 임신 전 상태로 완전히 회복되는 산후 6개월 정도까지는 가정에 적극적으로 시간을 투자해야 한다.

우울증이 진단된 경우에는 적절한 치료를 해야만 우울증으로부터 벗어날 수 있다. 주요 우울장애의 경우 의지만으로 회복하기 힘든 경우가 많고, 최근의 항우울제들은 부작용이 적고 쉽게 회복할 수 있도록 돕기 때문에 적절한 시기에 적절한 치료를 받는 것이 핵심이라고 할 수 있다. 약물치료 외에도 전문의와의 면담치료만으로 증상이 호전되는 경우도 있다. 일상생활 속에서는 햇빛을 많이 보면서 산책을 하거나, 적절한 영양을 섭취하고 취미 생활을 갖는 것도 우울증 치료에 큰 도움이 된다.

시기별 우울증 극복 방법

임신 초기

임신 초기 우울증은 임신부 대다수가 경험한다. 특히 난임 등의 이유로 힘들게 임신에 성공했다면, 유산에 대한 불안감이 일반 임신부보다 크기 때문에 우울증에 걸릴 확률이 높다. 임신 초기에는 입덧과 기분 저하, 의욕 감퇴, 졸림 등의 증상이 나타나는데, 태아가 안정기에 접어들고 태동이 시작되면 차츰 나아진다. 이는 호르몬의 변화 때문에 생기는 것이므로, 자연스럽게 여기는 자세가 필요하다.

임신 중기

임신 시기 중 가장 안정적인 시기이지만, 임신 중기에도 우울증을 앓는 임신부들이 있다. 유산에 대한 불안감은 사라졌지만, 본격적으로 배가 나오기 시작하고 태동을 느끼면서 새로운 생명에 대한 책임감이 스트레스로 다가와, 불안증이나 공황장애 등이 발생할 수 있다. 임신 중에는 스트레스가 과하지 않도록 스스로 노력해야 한다. 물론 적당한 스트레스는 괜찮다. 요가나 산책 등 취미 생활이나 가벼운 운동을 꾸준히 해주는 것이 효과적이다.

임신 후기

신체 혈류 흐름이 바뀌는 시기로, 스트레스 호르몬인 코르티솔 수치가 자연적으로 올라가다 보니 숨이 잘 안 쉬어지는 등 공황장애의 증상이 나타나는 경우가 있다. 하지만 이는 태아가 커지면서 임신 후기에 나타나는 자연적인 증상이기도 하니 크게 걱정하지 않아도 된다. 임신 후기에 임신부들의 가장 큰 고민은 출산의 고통에 대한 걱정일 수밖에 없다. 남편과 함께 호흡법을 꾸준히 연습하는 등 준비하는 자세가 필요하다.

산욕기

출산 직후에 나타나는 산모 우울증의 대표적인 증상은 기분이 가라앉아 자꾸 눈물이 나고 자신이 무가치하게 느껴지며 불안하고 초조한 것. 또한 잠도 잘 안 오고 식욕도 없으며, 계속 부정적인 생각만 든다. 이런 증상이 지속되면 출산한 아이를 돌보는 데 어려움을 느끼게 된다. 출산 후 급격히 변화한 여성호르몬의 영향 외에도 육아에서 오는 스트레스, 엄마 역할에 대한 부담감, 부부관계 갈등 등의 심리적인 요인으로 인해 산후 우울감이 지속되기도 한다. 산후 우울증은 누구보다 본인에게 심한 고통을 준다. 또한 태어난 아기를 제대로 돌보지 못하고, 가족들에게도 어려움을 준다. 산후 우울증은 제대로 치료하지 않으면 쉽게 재발하고 만성적인 질병이 되기 쉽다. 임신 중에 우울감을 경험한 사람이 우울감을 경험하지 않는 임신부보다 산후 우울증이 발병할 확률이 높다고 한다.

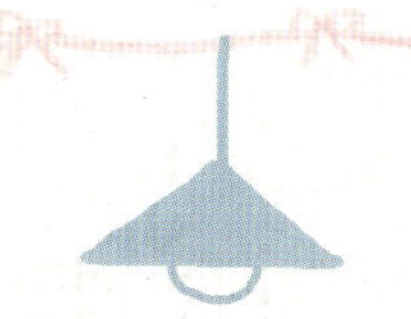

이수영 교수의
生生 상담실

Q 우울증 치료를 위해 약물을 복용하고 있는 33세 기혼 여성입니다. 임신하기를 원하는데, 사용하는 약은 중단해야 할까요?

아기에게 미칠 영향만을 생각해 일방적으로 복용을 중단한다면, 그로 인한 엄마의 증상으로 오히려 아기에게 더 좋지 않은 영향을 끼칠 수 있습니다. 약마다 위험도가 다르므로 전문의의 처방에 따라 최대한 안전한 약을 복용합니다.
임신 초기에 우울증이 발생한 경우 4~10주 정도까지는 뇌 등 태아의 중요한 신체 기관이 형성되는 시기이므로 정도가 심하지 않으면 참거나 최소한의 약을 쓰는 등 보수적인 치료를 합니다. 하지만 우울증의 강도, 재발 유무, 우울증 증상 중에서 불면이나 식욕 감소 등의 증상이 있는지 등을 파악해, 약을 쓰는 것이 낫다고 판단되면 약물을 사용해야 합니다. 임신 중기에 발생한 우울증에는 보다 적극적인 치료가 가능합니다. 태아가 어느 정도 자랐다면 위험도가 적어지기 때문입니다. 우울증 증세가 약을 먹지 않아도 면담 치료를 2~3회 정도 하면서 개선되는 경우도 있습니다.

Q 아기를 낳고 우울한 감정이 사라지지 않아요. 3개월 된 아이가 밉고 싫기까지 합니다. 저도 우울증인가요?

아기를 키우는 과정에서 누구나 자연스럽게 겪는 감정입니다. 할 일이 많고 잠을 제대로 못 자 심신이 피로할 때, 남편이 육아나 집안일에 전혀 참여하지 않을 때 생깁니다. 너무 지쳐 있을 때 아기가 놀아달라고 하거나 한밤중에 깨

서 모유수유나 분유수유를 하게 되면 아기에 대해 부정적인 생각이 들 수도 있습니다. 만약 아기 때문에 직장을 그만둔 경우라면 자신의 일을 포기했다는 상실감도 우울증의 원인이 되기도 합니다.
엄마가 우울하고 불안하면 아기를 일관성 없이 양육하거나 아기를 방임하고 심하게는 학대할 수 있습니다. 아이를 잘 키워야겠다는 양육 부담감에서 벗어나는 것이 우선입니다. 초보 엄마라면 아기를 키운다는 자체만으로도 버거운데, 청소, 빨래 등 살림까지 지나치게 완벽하게 하고자 한다면 몸과 마음이 모두 지치게 됩니다. 남편에게 자신의 기분이나 상태를 솔직하게 이야기하고, 주변 사람들에게 도움을 요청합니다. 아기를 한두 시간이라도 맡기고 산책이나 취미 생활 등 자신만의 시간을 갖는 것이 좋습니다.

Q 임신 12주에 접어든 예비 엄마입니다. 우울증을 예방하는 방법이 있을까요?

우울증이 걱정이 되는 경우, 현재 자신의 기분이 우울하기보다는 닥쳐오는 변화와 미래에 대한 불안감이 주 증상인 경우가 많습니다. 따라서 마음을 다스리고 긍정적인 마인드로 생활하는 것이 중요합니다. 임신 중에는 명상이나 요가, 산책 등이 좋습니다. 산책을 할 때는 주변에 보이는 감각에 집중하면서 산책을 합니다. 즉 날씨, 주위의 풍경, 사람들의 소리 등을 주의 깊게 보고 듣는 것에 집중합니다. 과거를 곱씹거나 미래를 예상하면 불안해지기 마련입니다. 현재에 일어나는 것들에 집중하면서 뇌를 쉬게 해주세요.

Q 쌍둥이 출산 후 잠을 못 자는 등 피곤해서 우울한 감정이 계속 사라지지 않는데, 어떻게 해야 할까요?

쌍둥이나 연년생을 낳고 키우는 것은 한 아이만 돌보는 것에 비해 두 배로 힘듭니다. 쌍태아 임신부가 우울증 발생률이 높다는 연구 결과도 있습니다. 특히 최근에는 불임시술 등으로 이란성 쌍둥이의 출산율이 높아, 더불어 산후 우울증을 호소하는 산모들도 많아지고 있습니다. 병원을 찾는 엄마들 대부분이 "아이 울음소리만 들려도 미쳐버릴 것 같아요"라고 고통을 호소합니다.

우울증으로 내원하는 산모들에게 약물치료 외에도 '잠'을 강조합니다. 쌍둥이나 연년생을 키우다 보면 수면 부족과 양육 스트레스가 두 배가 됩니다. 한 아이가 울고 보채면 다른 아이도 울고 보채기 때문에 정신적으로 힘들 수밖에 없습니다. 연년생의 경우, 큰 아이는 엄마가 필요한 시기에 동생이 생기기 때문에 퇴행 현상을 보입니다. 두 명 이상의 아이를 동시에 키우기 위해서는 보조 양육자가 반드시 필요합니다. 특히 영유아 시기에는 남편의 도움이 적극적으로 필요합니다.

퇴근 후나 주말에 육아나 살림 등 남편이 해줄 수 있는 부분은 나눠서 해주면 좋습니다. 육아가 당장 끝이 없을 것 같이 힘들고 고되지만, 육아는 시간 싸움입니다. 좀 더 지나면 육아가 수월해지는 시간이 온다는 것, 잊지 마세요.

Q 아기 낳고 남편과 싸움이 부쩍 잦아졌어요. 아이 키우는 것도 힘든데다 부부관계도 좋지 않아서 우울증이 올 것 같아요. 어떡해야 할까요?

많은 남편들이 아내가 우울증인 것 같다고 하면 압박감이나 거부감 때문에 "정신과 약은 먹으면 안 되는데", "다른 여자들도 다 겪는 일인데 참아봐", "운동을 해보지 그래"라는 등의 이야기부터 합니다. 사실 아내가 우울한 기분을 토로할 때는 해결책을 제시해달라는 것이 아닙니다. 그냥 "왜 그러는데"라고 물어주고 아내의 감정을 겁내지 말고 있는 그대로 들어주는 것이 80% 이상의 치료법이 될 수 있습니다. 만약 대화 등의 방법으로도 우울감이 지속되면, 전문의에게 상담을 받아보는 것이 좋습니다. 굳이 약물치료를 하지 않아도 한두 번의 면담으로 증상이 호전되는 경우가 많습니다.

초보 엄마 아빠에게 육아는 정신적으로나 육체적으로나 무척 고되고 힘든 일입니다. 아기를 잘 키우기 위해서는 우선 엄마의 컨디션이 최선이어야 하고, 그 다음 부부관계가 좋아야 합니다. 엄마가 행복해야 아기가 행복합니다. 아기를 키우며 힘든 점이 있다면 부부가 서로 이야기하는 것이 좋습니다. 아내뿐 아니라 남편도 "사실 당신이 힘든 것 아는데, 나도 힘들어"라고 자신의 감정을 솔직하게 이야기해보세요. 이때 변명하기보다는, 솔직하게 현재의 심정을 이야기하는 것이 중요합니다.

아기의 성장은 놀랍습니다.
엄마 없이는 아무것도 할 수 없을 것 같던 아기는
하루가 다르게 무럭무럭 자라면서
매일 엄마 아빠에게 놀라운 선물을 안겨줍니다.
어느새 엄마와 눈 맞추고 옹알이를 하는가 하면
수십 번을 넘어지고도 혼자 일어서기 위해 끙끙대지요.
그러다가 아기 혼자 걸음을 떼는 순간,
엄마와 아빠는 환호성을 지르게 될 겁니다.
아기의 성장은 그 자체만으로 경이롭습니다.

육아

많이 안아주고
많이 놀아주고
많이 사랑해주세요.
아기에게는 엄마 아빠가
세상 전부이니까요.

신생아 돌보기

갓 태어난 아기를 돌보는 일은 보기만 해도 아슬아슬할 정도로
어렵게 느껴진다. 하지만 신생아의 특징을 잘 알고 있으면 그 어떤 상황도 겁나지 않는다.
초보 엄마들이 어려워하는 신생아 목욕시키기, 옷 입히기 등 아기 돌보기의
기본을 차근히 배워보자.

01 아기의 탄생 순간

아기는 태어난 직후 스스로 숨을 쉬고 울음을 터뜨릴 수 있도록 기본적인 처치를 받는데,
이 모든 과정이 1분을 채 넘기지 않는다. 울음을 터뜨린 후엔 아기가 건강한지,
이상은 없는지 여러 가지 검사를 한다.

분만실에서 태어난 직후 받는 처치

코와 입속 이물질 제거하기

아기가 태어나자마자 가장 먼저 코와 입속의 양수와 이물질을
제거해주어 숨을 쉴 수 있도록 도와준다.

탯줄 짧게 자르기

아기가 태어나는 순간에는 탯줄을 조금 길게 자른다. 이후 배
꼽 근처에 플라스틱 집게로 집어놓고, 3~4㎝ 정도만 남기고
다시 자른다. 대부분의 경우 분만실에 아빠가 입실해 탯줄을
자른다.

눈 소독하기

출산 시 아기의 눈에 양수나 찌꺼기가 들어가기 때문에 식염수
를 눈에 흘리거나 거즈에 묻혀 눈에 묻은 양수와 이물질을 닦
아내 준다. 신생아 안염을 예방하기 위해 안약을 넣어준다.

몸에 묻은 피와 이물질 닦기

아기의 몸은 태지로 덮여 있고 산도를 빠져나오면서 피가 묻어
있게 마련이다. 출산 직후 소독된 따뜻한 포로 닦아내 준 다음
체온 유지를 위해 포로 감싼다.

아기 이름표 붙이기

기본적인 처치가 끝나면 가장 먼저 몸무게를 측정한 후 엄마
아빠의 이름, 성별, 태어난 날짜와 시간, 분만 형태 등이 기록
된 팔찌와 발찌를 채우고 신생아실로 옮긴다.

신생아실에서 받는 검진

신체 계측하기

아기의 키, 머리둘레, 가슴둘레 등을 측정한다.

구석구석 살펴보기

육안으로 아기의 전반적인 상태를 확인한다. 머리의 말랑말랑
한 부분인 대천문도 확인하고 목에서 덩어리가 만져지거나 목
이 기울어 있지는 않는지, 배가 너무 빵빵하지는 않은지, 발목
이 휘지는 않았는지 사지의 기형은 없는지 등 구석구석 살핀다.

심장 소리 듣기

심장박동 수와 호흡양상을 관찰하고, 심장에서 잡음이 들리는
지 확인한다.

혈액 검사

아기가 태어나고 이틀이 지나면 선천성 대사 이상 검사를 한다. 선천성 대사 이상 검사는 국가에서 지원해 주는 페닐케톤뇨증, 갑상선기능저하증, 갈락토오스혈증, 단풍당뇨증, 호모시스틴뇨증, 부신과형성증에 대한 검사를 기본으로 실시하고 별도로 비용을 부담하는 경우 40여가지 질환에 대한 검사를 추가로 실시한다.

머리 상처 검사

출산 시 좁은 산도를 빠져나오는 과정에서 머리에 상처가 나거나 다른 이상은 없었는지 살펴본다. 머리 꼭대기에서부터 천천히 쓰다듬으며 혹이나 이상 여부를 확인한다.

귀 검사

신생아 1,000명 중 1~3명 정도가 난청을 갖고 태어난다. 생후 1개월 이전에 청력 선별 검사를 실시해 난청이 의심되는 경우 6개월까지는 전문의에 의한 확실한 진단과 치료 방침이 결정되어야 한다. 청력 선별 검사를 신청한 경우, 퇴원 전에 아기가 잠자는 동안 신속 간단하게 진행된다.

입속 검사

잇몸과 혀, 입천장 등이 제대로 모양을 갖췄는지 살핀다. 입천장이 갈라진 구개열만 있는 경우 발견이 늦어질 수 있으므로 잘 살펴 보아야 한다.

성기 검사

성기의 모양은 정상인지, 고환은 둘 다 내려와 있는지, 크기는 같은지 등을 살펴본다.

항문 검사

항문이 제대로 뚫려 있는지 확인하는 것은 매우 중요하다. 태어나자마자 바로 배설이 이뤄져야 하기 때문이다. 면봉으로 항문을 직접 만져 항문이 제대로 뚫려 있는지 검사한다.

다리 검사

양쪽 다리의 길이가 같은지, 발목이 안쪽 혹은 바깥쪽으로 휘어지지는 않았는지 등을 살펴본다.

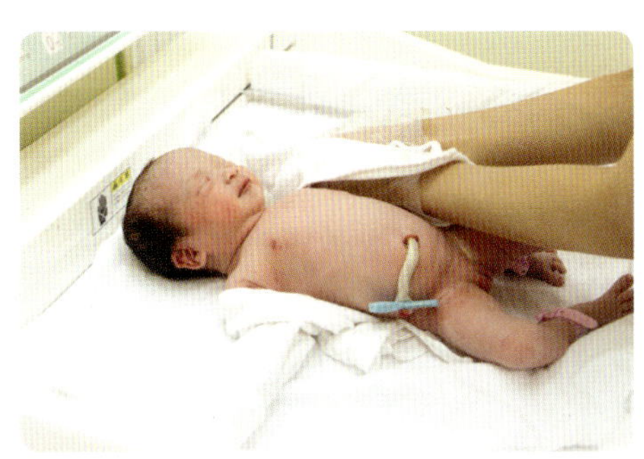

탯줄 짧게 자르기

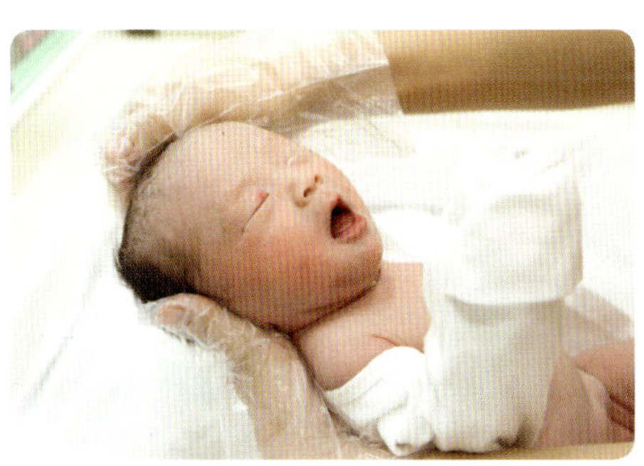

몸에 묻은 피와 이물질 닦기

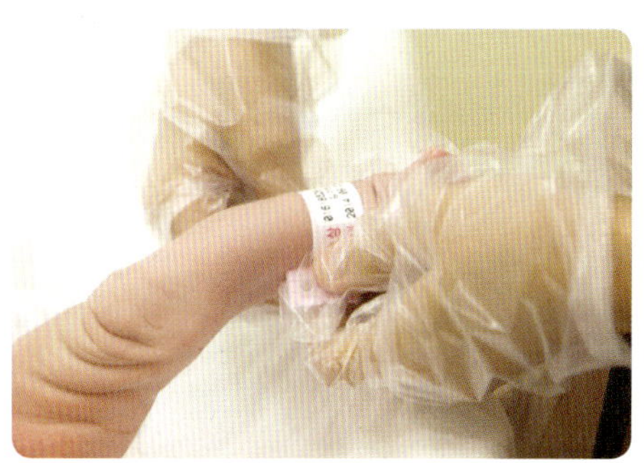

아기 이름표 붙이기

신생아실로 옮기기

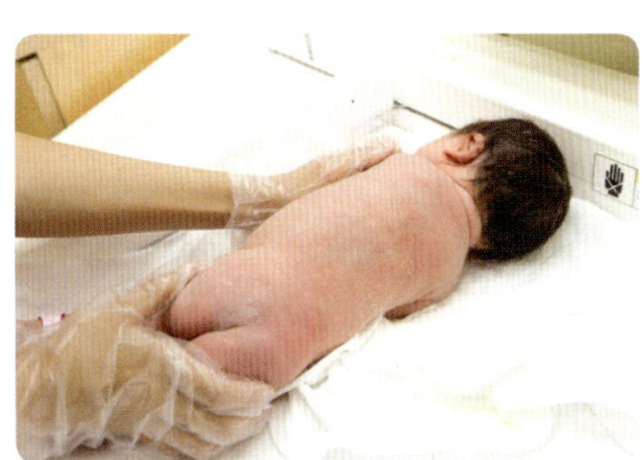

구석구석 살펴보기

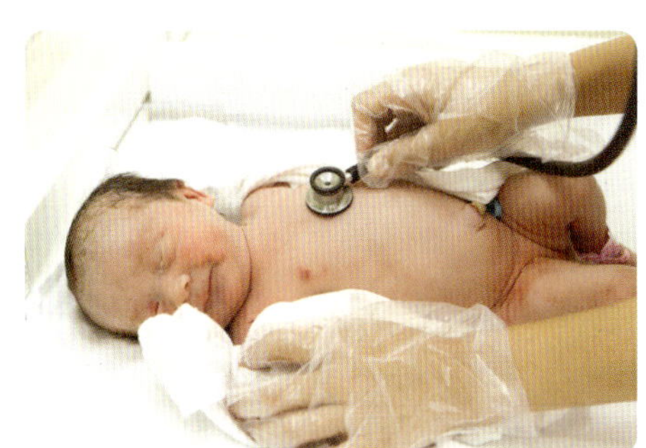

심장 소리 듣기

02 신생아 몸 설명서

쭈글쭈글 주름투성이에 머리 모양은 뾰족하고 팔다리를 잔뜩 웅크리고 있는 아기.
갓 태어난 아기의 모습은 엄마가 상상하던 것과는 차이가 나서 엄마를 당황하게 하기도 한다.
신생아의 몸에 대해 제대로 이해해야 아기를 건강하고 안전하게 돌볼 수 있다.

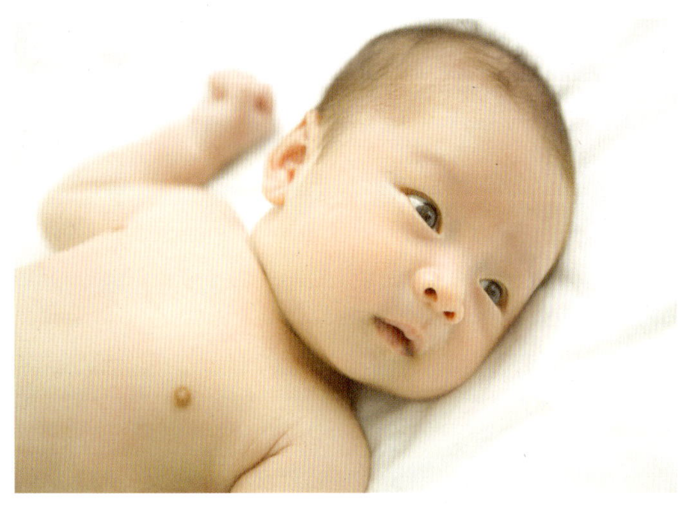

신생아의 특징

신장
신생아의 평균 키는 50㎝ 전후다.

체중
2.5~4.0㎏을 정상으로 보며 3.0~3.5㎏이 평균이다. 처음 일주일간은 태어날 때 가지고 있던 몸속의 수분과 태변이 빠지면서 체중이 일시적으로 줄어들지만 이후 매일 30g 이상씩 체중이 증가한다.

체온
신생아의 평균 체온은 36.7~37.5℃이다.

호흡
신생아는 배가 오르락내리락하는 복식호흡을 하며 심장박동수와 호흡수 모두 어른보다 많다. 작은 심장에서 온몸으로 혈액을 내보내느라 어른에 비해 2배가량 빠르게 뛰는 것.

배설
생후 4~5일간 태변을 보고, 이후 모유나 분유를 먹으면 점차 노란색의 묽은 변으로 변한다. 모유를 먹는 아기의 변이 좀 더 묽고 횟수도 더 많다. 소변은 하루에 10~20회, 대변은 5~10회 정도 보므로 기저귀를 자주 갈아주어야 한다.

반사 반응
팔다리를 당겨서 펴도 금세 구부리고, 손바닥을 가볍게 자극하면 손가락을 꼭 쥐고, 입술 근처에 손가락을 갖다 대면 손가락 쪽으로 입을 돌리며 빨려고 하는 것은 신생아의 정상적인 반사 반응이다.

피부
전체적으로 울긋불긋하다. 출생 시에는 미끈거리는 백색의 태지로 덮여 있지만 3~5일이 지나면 저절로 벗겨진다. 살갗이 탱탱하고 살이 오른 아기가 있는가 하면 미숙아나 저체중아의 경우 쭈글쭈글하고 탄력이 없는 아기도 있다. 등과 귓불, 볼이 보드라운 솜털로 덮여 있어 보송보송한 느낌이 든다.

머리
머리 크기는 전체 몸통의 3분의 1 정도 된다. 머리 모양이 길쭉하거나 한쪽이 부풀어 있기도 하고 찌그러진 경우도 있다. 이는 출산 시 좁은 산도를 빠져나오느라 머리 모양이 약간 변형된 것. 수일 내에 눈에 띄게 제 모양을 찾아간다.

가슴
가슴이 볼록하게 부풀어 있을 수 있다. 엄마의 호르몬이 아기의 유방에 영향을 미쳐 나타나는 현상으로 젖이 나온다고 짜는 건 금물. 심장박동과 호흡이 매우 빠르고 복식호흡을 하기 때문에 가슴이 들쑥날쑥하며 숨을 쉬는 동작이 눈으로 보인다.

눈

잠자는 시간이 많기 때문에 거의 감고 있고, 깨어 있을 때도 대개 실눈을 뜬다. 눈동자를 서로 다른 방향으로 움직여 사시처럼 보이기도 한다.

귀

좁은 자궁 안에서 귀가 눌려 모양이 이상하거나 좌우가 대칭을 이루지 않는 경우가 있다. 하지만 금세 제 모양을 찾으므로 걱정하지 않아도 된다. 접힌 부분을 자주 만져주면 더 빨리 펴진다.

입

입술 주위와 혀의 감각이 잘 발달되어 있다. 무엇이든 빨려고 하는 반사 반응이 강하기 때문에 입 근처에 손가락을 갖다 대면 손가락 쪽으로 입을 돌리며 빨려고 한다. 신생아도 단맛, 쓴맛, 신맛 등을 모두 느낄 수 있다.

얼굴

이목구비가 또렷하지 않다. 코는 납작하고 볼은 통통하며, 눈은 부어 있는 것처럼 보인다. 전체적으로 불그스름한 빛을 띠면서 황달처럼 노랗게 보이기도 한다.

다리

무릎을 구부린 채 바깥쪽으로 벌리고 발은 안쪽을 향해 있어서 마치 개구리 뒷다리 모양 같다. 다리를 곧게 당겨서 펴도 금세 구부린 자세로 돌아간다. 아직 아기의 발은 평발처럼 보인다.

팔

양팔은 힘을 준 채로 굽히고 있고, 손은 엄지를 안으로 집어넣고 가볍게 주먹을 쥐고 있다. 손을 만지면 더욱 세게 움켜쥔다.

생식기

남자아이의 고환이나 여자아이의 외음부 모두 처음에는 약간 부은 것처럼 부풀어 있다. 출산 시 다량의 호르몬이 분비되어 나타나는 현상으로, 일주일 내에 부기가 가라앉는다. 여자아이의 경우 성기의 속 부분인 내음부가 얼핏 보이기도 하는데, 차차 살이 오르면서 정상적인 모습을 찾아간다.

손톱과 발톱

아기의 손톱과 발톱은 엄마 뱃속에서도 자라기 때문에 갓 태어났을 때도 제법 긴 경우가 있다. 종이처럼 얇고 약해서 잘 부러지고 찢기며, 얼굴을 긁을 경우 상처가 나기 때문에 짧게 잘라주어야 한다. 손톱 가위나 영유아 전용 손톱깎이로 바짝 자른다.

배꼽

탯줄을 자르고 끝을 집게로 묶어둔다. 시간이 지나면 탯줄이 검고 딱딱하게 말라 생후 6~10일 정도 지나면 자연스럽게 떨어진다. 간혹 배꼽이 4~5일 만에 떨어지기도 하고 10일 이상 붙어 있기도 한다. 단, 3~4주가 지나도 배꼽이 안 떨어지거나, 탯줄 주위의 피부가 붉게 변하고 냄새가 나는 분비물이 나오는 경우는 병원에 가야 한다.

대천문

신생아의 머리뼈는 하나가 아니라 여러 개의 뼈 조각들이 서로 맞물려 있고, 뼈와 뼈 사이에 뼈가 없는 말랑하게 만져지는 부분을 천문이라고 하는데 마치 숨을 쉬듯이 팔딱팔딱 뛴다. 앞쪽에 있는 것을 대천문, 뒤쪽에 있는 것을 소천문이라고 부른다. 소천문은 6~8주면 닫히고, 대천문은 생후 16~18개월이 되면 닫힌다. 아기가 울거나 긴장하면 대천문이 약간 불룩해진다.

몽고반점

갓 태어난 신생아의 몸에는 푸르스름한 점이 있는데, 이를 몽고반점이라고 한다. 동전만 한 크기부터 엉덩이 전체에 퍼져 있는 경우까지 모양과 크기가 다양하다. 주로 등이나 엉덩이에 많이 나타나지만 손등이나 발등, 팔에도 나타날 수 있다. 대부분 생후 몇 개월 이내에 없어지지만 경우에 따라서는 4~5년 이상 남아 있기도 한다.

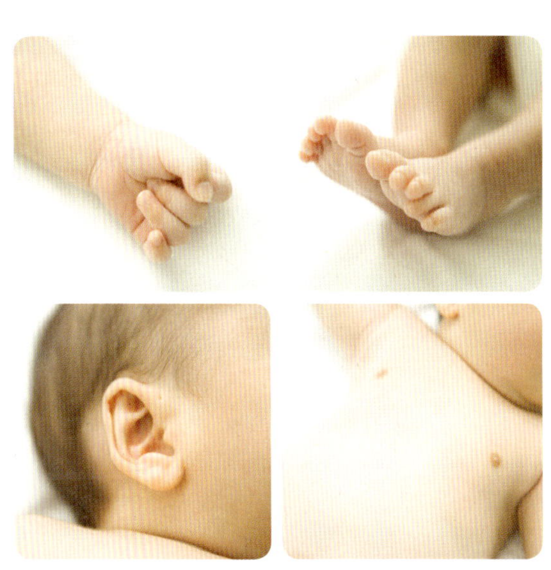

03 신생아 돌보기

병원이나 조리원에서 퇴원해 집으로 돌아왔다면, 이제부터 신생아 돌보기는 온전히 엄마 아빠의 몫이다.
특히 초보 엄마 아빠가 가장 어려워하는 것이 신생아 목욕.
초보 부모를 위해 신생아 돌보기 과정을 한눈에 보기 쉽게 정리했다.

전신 목욕시키기

타월, 옷, 기저귀, 로션 준비하기
타월, 갈아입힐 옷, 기저귀, 오일이나 로션 등 목욕 후에 필요한 모든 것을 준비해둔다. 아기는 체온이 떨어지지 않게 하는 것이 중요하므로 목욕 전에 모두 준비해둬야 목욕 후 재빨리 몸을 닦고 옷을 입힐 수 있다.

목욕물 받기
목욕물과 헹굼물을 받는다. 아기를 목욕시킬 때 실내 온도는 24~27℃가 적당하며, 목욕물은 38~40℃가 좋다. 엄마가 팔꿈치를 담가 따뜻하다고 느끼는 정도면 된다. 헹굼물은 목욕물보다 약간 더 따뜻하게 받아두는 것이 좋다. 아기를 목욕시키는 동안 시간이 지나면서 물이 식기 때문이다.

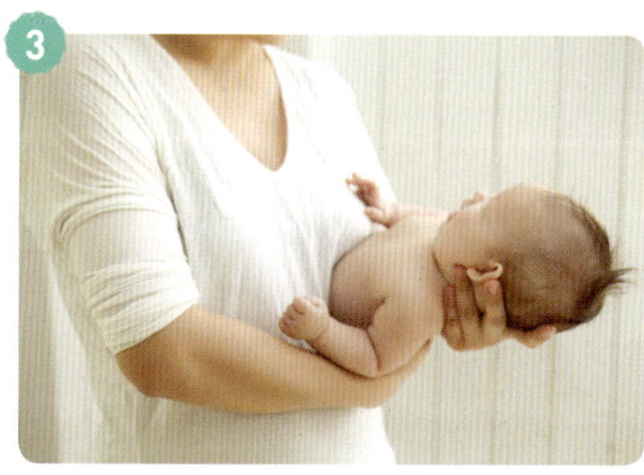

아기 받쳐 안기
엄마가 오른손잡이라면 왼손으로 아기의 목을, 오른손으로 엉덩이를 받쳐 안은 다음 아기의 몸을 엄마의 왼쪽 옆구리에 낀다. 이때 발가벗겨 씻기면 놀랄 수 있으므로 배냇저고리를 입은 채로 여밈만 풀거나 가제 수건으로 가슴과 배를 덮는다.

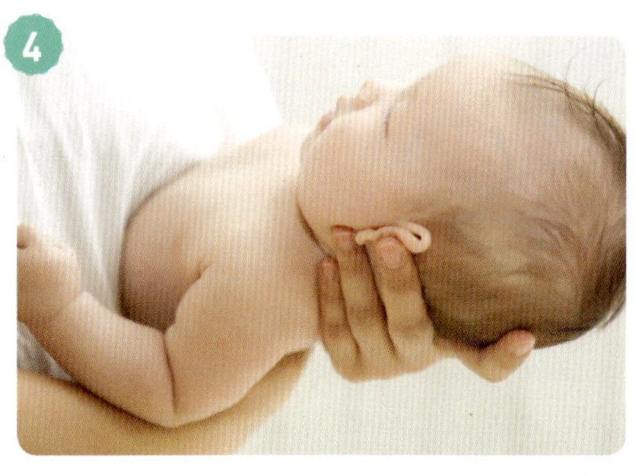

귀 막기
아기의 목을 받친 손으로 머리를 감싸 쥐고 손가락으로 귀 뒤를 눌러 귓구멍을 막아 귀에 물이 들어가지 않도록 한다.

얼굴 닦기
부드러운 수건으로 먼저 눈을 안쪽에서 바깥쪽으로 쓸어내듯이 닦아주고 코, 입, 귀 순서로 얼굴을 깨끗이 닦는다. 눈곱이 말라 있으면 물을 적셔 닦아낸다.

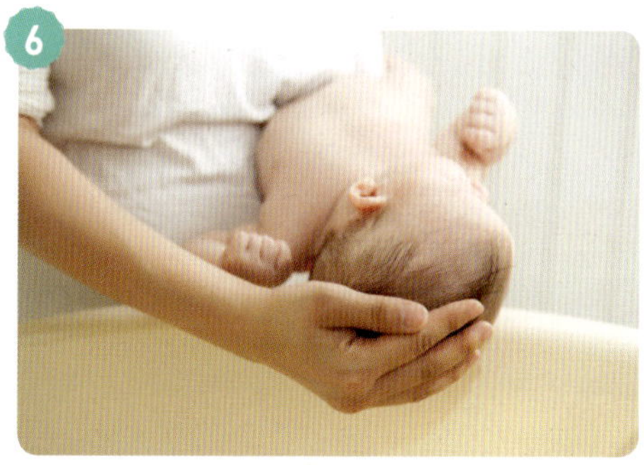

머리 감기기
머리에 물을 적신 뒤 머리카락을 뒤로 쓸어 넘기듯 감긴다.

여자 아기 vs 남자 아기 성기 관리 요령

남자 아기

아기의 고추 끝은 포피라는 주름이 많고 부드러운 피부로 덮여 있는데, 갓난 아기는 포피와 귀두가 유착되어 있으므로 무리하게 포피를 벗기려고 당기지 않도록 한다.

여자 아기

외음부에 있는 하얀 태지는 시간이 지나면 자연스럽게 떨어지므로 너무 깊숙이 닦지 않도록 주의한다. 오히려 너무 깨끗이 닦으려다가 회음부나 질에 자극을 주어 세균에 감염될 가능성이 높아진다. 특히 여자아이의 경우 요도 길이가 짧아서 세균 감염의 위험이 크므로 반드시 앞쪽에서 뒤쪽 방향으로 닦아준다.

욕조에 담그기

배냇저고리를 벗기고 아기의 몸을 발부터 조심스럽게 물에 담근다. 입고 있던 옷을 벗기면 아기는 안정감을 잃고 버둥거릴 수 있다. 이때 가제 수건을 배에 올려두는 것도 방법.

등과 목 받치기

엄마가 오른손잡이면 왼손으로, 왼손잡이면 오른손으로 아기의 목을 뒤에서 받치고 상체를 살짝 든 상태로 유지시킨다.

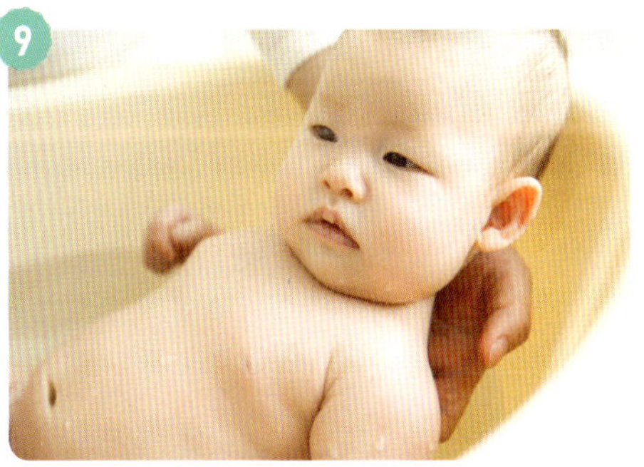

몸 닦기

아기의 몸은 목→겨드랑이→배→팔→다리→등의 순서로 씻긴다. 특히 목과 겨드랑이 등 접혀 있거나 오므리고 있는 부위는 꼼꼼히 문지르며 씻긴다. 등을 씻길 때는 아기를 뒤집어 한 팔로 가슴을 받친 뒤 다른 손으로 등과 엉덩이를 씻긴다.

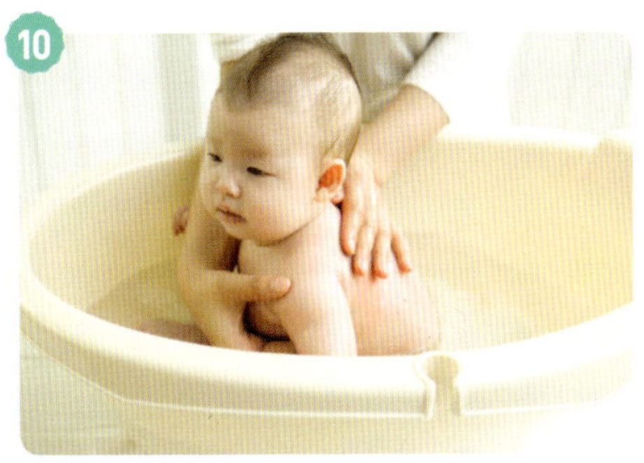

헹구기

목욕이 끝나면 깨끗한 물로 전신을 헹군다.

물기 닦기

큰 목욕 타월 위에 아기를 눕히고 온몸을 감싼 뒤 톡톡 두드려 물기를 닦는다. 머리는 가제 수건이나 작은 타월로 쓸어 넘기듯 닦아 물기를 말린다.

부분 목욕시키기

가제 수건에 따뜻한 물 적시기

깨끗한 가제 수건에 따뜻한 물을 적신다. 금방 수건이 식어버리기 때문에 따뜻한 물을 옆에 받아두고 계속 적셔가며 닦는다.

상체 씻기기

얼굴 닦기

한 손으로 아기의 목 뒤를 받쳐 손가락으로 아기의 귀를 접어 쥐고 얼굴을 닦는다. 눈, 코, 입, 이마, 볼 순으로 닦는다.

턱 밑 닦기

한 손으로 아기의 턱을 받치고 다른 손으로 턱 밑을 가볍게 닦아준다. 턱 밑은 항상 접혀 있어 짓무르기 쉬운 부분이므로 마른 수건으로 한 번 더 닦아준다.

가슴과 배 부분 닦기

아기의 옷 여밈을 풀어 살짝 열고 가슴과 배 부분을 위에서 아래로 살살 쓸어내듯 닦는다.

등 닦기

아기를 뒤집어 위에서 아래로 쓸어내리듯 닦는다.

겨드랑이 닦기

팔을 위로 살짝 들어 올린 후 겨드랑이 사이에 피부가 겹친 부위를 꼼꼼하게 닦는다.

팔 닦기

아기의 한쪽 팔을 빼서 어깨부터 아래쪽으로 닦고 다시 소매를 끼운 다음, 다른 쪽 팔을 빼서 같은 방법으로 닦는다.

손등과 손가락 닦기

손을 펴서 손등과 손가락 사이, 손바닥 접힌 부분까지 닦는다.

하체 씻기기

다리와 무릎 닦기

기저귀를 벗기고 허벅지에서 발목까지 쓸어내듯 닦는다. 다리를 쭉 펴서 무릎과 무릎 뒤의 피부가 접힌 부분까지 말끔하게 닦는다.

발과 발가락 닦기

발을 살짝 들어 발등과 발바닥, 발가락 사이, 발가락 밑의 피부가 겹치는 부분까지 깨끗하게 닦는다.

엉덩이 닦기

엉덩이를 약간 벌려 항문 주위도 부드럽게 씻긴다.

남자 아기 성기 씻기기

고추 닦기

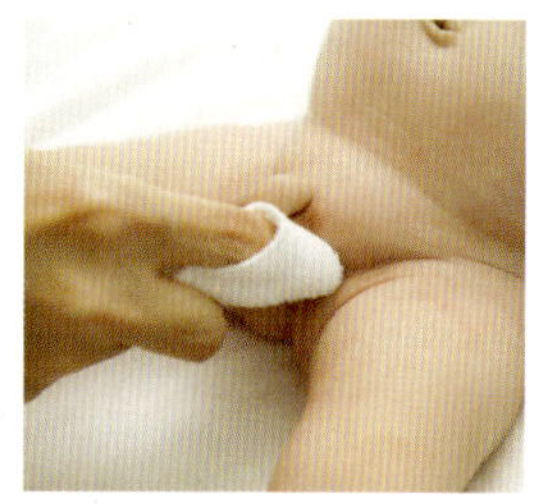

위에서 아래로 고추를 부드럽게 닦는다. 이물질이 끼기 쉬운 고추 끝은 예민한 부분이므로 조심해서 다뤄야 하며 물을 살짝 끼얹어 닦는다.

고환 닦기

고환을 위로 들어 올리고 아래쪽도 꼼꼼하게 닦는다

사타구니 닦기

사타구니의 접힌 부분은 이물질이 끼기 쉬우므로 손가락을 넣어 쓸어내듯 닦는다.

헹구기

위에서 아래 방향으로 물을 여러 번 끼얹어 헹군다.

물기 닦기

고추 아래, 고환 아래도 물기를 깨끗이 제거한다. 다리를 벌려 사타구니 부분도 물기를 잘 닦아 말린다.

꼼꼼 check! 신생아 포경수술

한때는 태어나자마자 병원에서 포경수술을 시행하기도 했으나 이 부분에 대해서는 여전히 논란이 많다. 다만, 요로계에 이상이 있는 신생아의 경우 포경수술로 요로 감염의 빈도를 줄일 수 있다고 한다. 별다른 문제가 없다면 포경수술은 학령기나 사춘기에 시행하는 것이 일반적이다.

여자 아기 성기 씻기기

외음부 닦기

왼손으로 아기 엉덩이를 받치고 오른손 엄지로 외음부를 앞에서 뒤로 부드럽게 닦는다. 외음부 깊숙한 틈새까지 벌려 닦을 필요는 없으며 바깥 부분만 가볍게 닦는다.

사타구니 닦기

사타구니의 접힌 부분은 이물질이 끼기 쉬우므로 손가락을 넣어 쓸어내듯 닦는다.

헹구기

위에서 아래 방향으로 물을 여러 번 끼얹어 헹군다.

가제 수건을 삼각형 모양으로 접어 손가락에 감싸고 외음부 앞쪽에서 뒤쪽으로 쓸어내리듯 닦는다. 사타구니와 항문 쪽까지 물기를 꼼꼼하게 닦는다.

목욕 후 아기 돌보기

배꼽 떨어지기 전 배꼽 소독하기

① 면봉에 소독용 알코올을 묻혀 탯줄을 묶어둔 겸자를 살짝 들고 탯줄 아랫부분을 살살 닦아낸다.
② 알코올이 완전히 마르길 기다린 후 기저귀를 채운다.

배꼽 떨어진 후 배꼽 소독하기

① 면봉에 소독약을 묻혀 배꼽 안쪽까지 닦는다.
② 알코올을 묻힌 거즈로 배꼽 주위까지 닦는다.

꼼꼼 check! 정상적인 배꼽인 경우, 떨어진 후에 굳이 소독할 필요는 없고 잘 말려서 건조시키면 된다.

목욕 후 귀 닦아주기

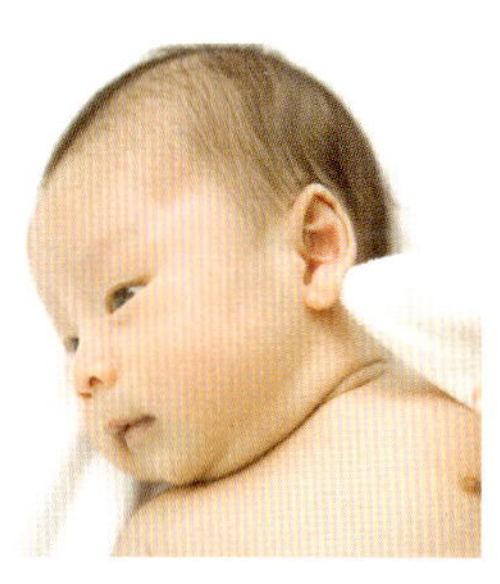

① 가제 수건을 집게손가락에 감아 미지근한 물을 묻히고 귓바퀴부터 원을 그리며 외이도까지 닦는다.
② 아기 얼굴을 옆으로 돌려 귓구멍이 잘 보이게 한 다음 면봉으로 귀의 입구만 닦아낸다. 목욕 후 남아 있는 물기만 제거하고, 귓속은 손대지 않는다.
③ 마지막으로 귓바퀴의 뒤쪽도 깨끗이 닦는다.

손발톱 손질하기

① 거즈에 소독용 알코올을 묻혀 손톱 가위나 손톱깎이 날을 닦아 소독한다.
② 바닥에 티슈나 수건을 깔고 아기의 손가락 끝을 엄지와 검지로 잡고 모서리부터 자른다. 너무 바짝 깎지 말고 일자로 깎되 양쪽 끝부분은 둥그렇게 굴려 깎는다.

코 막힘 뚫어 주기

① 면봉에 식염수를 충분히 적신다.
② 생리식염수를 적신 면봉을 콧구멍 입구에 대고 식염수를 한두 방울 떨어뜨린다.
③ 재채기를 하며 코딱지가 나오면 닦아 주고 나오지 않더라도 식염수를 콧구멍으로 수시로 넣어주면 코 막힘이 덜해진다.

기저귀 갈아주기

종이 기저귀

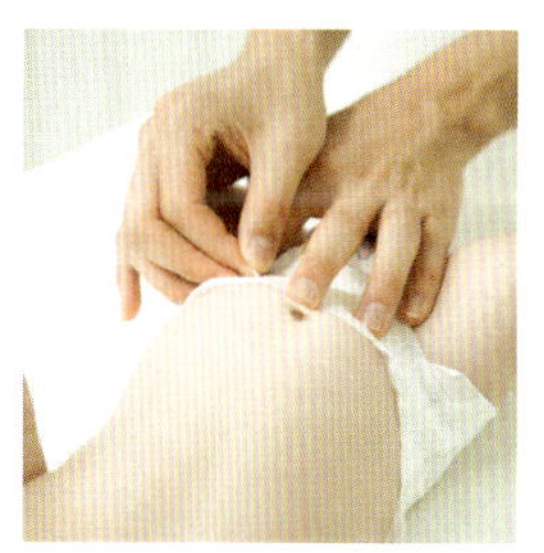

① 접혀 있는 새 기저귀를 채우기 좋게 펼쳐놓는다.
② 아기의 엉덩이를 살짝 들어 올려 새 기저귀를 밀어 넣는다.
③ 배가 너무 조이지 않도록 여유를 두고 벨크로 테이프를 붙인다.
④ 기저귀 윗부분이 배꼽을 가리지 않도록 끝단을 살짝 접는다.
⑤ 허벅지 부분의 기저귀 주름과 날개가 제대로 펴졌는지 다시 한 번 점검한다.

천 기저귀

① 기저귀 커버를 바닥에 깔고 그 위에 접어둔 천 기저귀를 올린다.
② 아기의 엉덩이를 살짝 들어 올려 기저귀와 커버가 포개진 채로 밀어 넣는다.
③ 기저귀의 중심선이 배꼽에 오도록 맞춘 다음 기저귀를 올리고 배꼽을 덮지 않도록 윗부분을 한 번 접는다.
④ 한 손으로 기저귀가 틀어지지 않도록 잡은 채, 기저귀 커버의 벨크로 테이프를 붙인다. 기저귀 커버와 기저귀 사이에 손가락 2개가 들어갈 정도의 여유를 주는 것이 좋다.
⑤ 마지막으로 기저귀 커버 밖으로 천 기저귀가 빠져나오지 않았는지 살펴보고 커버의 안쪽으로 집어넣는다.

아기가 너무 오래 울어요! 울음 대처법

신생아나 1세 미만의 아기들은 오로지 울음만으로 자신의 의사를 표시하므로 부모는 아기가 불편해하는 이유를 정확히 알지 못해 당황할 수밖에 없다. 밤새 울고 보채는 아기를 안아주며 엄마가 같이 울 때도 많다. 아기의 울음은 곧 엄마에게 "나 어디가 불편해요", "배가 고파요"라고 신호를 보내는 것. 아기가 우는 대표적인 이유와 달래는 방법을 알아본다.

아이가 우는 이유

배가 고파요 아기는 배가 고프면 무조건 운다. 아기가 원래 먹던 시간을 놓치지는 않았는지, 먹은 지 얼마나 됐는지를 우선 체크한다. 하지만 아기들이 항상 일정한 간격으로 먹는 것은 아니다. 아기가 먹고 싶어 할 때마다 젖을 주도록 한다.

기저귀가 축축해요 기저귀에 똥이나 오줌을 싸서 축축하면 아기는 보채듯 운다. 통풍이 잘 되는 기저귀를 채우고 기저귀가 젖으면 바로 갈아줘야 아기가 편안함을 느낀다.

외로워요 오랫동안 혼자 있으면 엄마나 아빠가 자신을 안아주길 바란다. 아기를 안아주고 이야기를 해주거나 노래를 불러준다. 외로움을 느끼지 않게 아기를 세워 안거나 뺨을 맞대며 업어주는 등 신체 접촉을 늘리는 것이 좋다.

잠이 와요 아기는 피곤하면 눈을 비비거나 하품을 하며 졸린 상태에서 운다. 졸린데 주변이 시끄럽거나 너무 밝으면 아기는 화난 듯 운다. 아기가 잠들 수 있게 조용하고 어두운 환경에서 아기를 안거나 몸을 토닥토닥 두드린다.

영아 산통 3~4개월 미만 아기가 심하게 울 경우 영아 산통을 의심할 수 있다. 흔히 배앓이라고도 하는 영아 산통의 정확한 원인은 밝혀지지 않았지만, 복부의 가스, 소화 및 대변 상태 등에 의해 발생하는 것으로 알려져 있다. 숨이 넘어갈 듯 심하게 우는 것이 특징. 아기를 안아주고 약간씩 흔들어준다.

우는 아이 달래기

업거나 안아준다 아기를 엄마의 가슴 쪽으로 안아본다. 아기는 배고프거나 목마르거나 혹은 단지 안정감을 느끼기 위해 젖을 빨기 원할 수 있다. 안정감 있게 안아주는 것도 효과적이다. 아기의 머리, 몸, 다리, 팔을 감싸 안고 받치는 방식으로 아기를 안아 아기가 안정감을 느끼게 한다. 포대기로 아기를 감싸주면, 감싸는 행위가 안정감을 주어 아기가 편안함을 느낀다.

마사지를 해준다 엄마의 손을 아기의 배 위에 대고 부드럽게 살살 문질러준다. 아기의 팔, 다리와 등을 살살 어루만지거나 마사지를 해주는 것도 좋다.

살살 흔들어 준다 아기를 직접 안거나 아기띠로 안고 이야기하고 노래하며 앞뒤로 살살 흔든다. 부드럽게 반복되는 리듬은 아기의 마음을 안정시켜준다.

의학적 치료를 받는다 만일 아기가 평소와 다르게 자주 운다면 원인을 찾아본다. 배가 고프거나 졸리는 등의 이유가 아니라면 병원 진찰을 받고 필요하면 의학적 치료도 받는다. 아기들은 배고픔, 통증, 외로움, 피곤 또는 다른 원인에 의해 울 수 있다.

04 신생아 트러블

초보 엄마는 아기 피부에 작은 발진이 생기거나 아기가 녹변을 보면 이상이 있는 것은 아닌가
걱정부터 앞선다. 신생아이기 때문에 나타나는 자연스러운 증상도 있지만
당장 치료가 필요한 증상도 있으므로 반드시 알아두자.

신생아에게 나타나는 흔한 증상

암녹색의 태변

생후 4~5일간은 암녹색의 부드럽고 *끈끈한* 대변을 보는데 이
것을 태변이라고 한다. 엄마 뱃속에 있을 때 양수와 함께 태아의
입속으로 들어간 세포나 태지, 솜털 등이 장에 쌓여 있다가 나오
는 것이다. 이후 젖을 먹으면서 점차 황색의 변을 보게 된다.

피부 각질

출생 시 아기의 피부는 기름기가 많은 태지로 덮여 있다. 태지
는 양수 속에서 아기의 피부를 보호하는 역할을 한다. 심하게
문질러 씻을 필요가 없으며, 시간이 지나면 저절로 떨어진다.

젖 토함

신생아는 식도와 위를 연결하는 곳의 근육이 미성숙해 자주 젖
을 토한다. 이런 현상은 돌 무렵까지 계속될 수 있으므로 수유
직후 똑바로 세워 안아 트림을 시켜주는것이 도움이 된다. 또
한 아기를 많이 흔들지 않는 것이 좋다.

몸무게 감소

태어난 후 2~4일간은 일시적으로 체중이 줄어든다. 아기의
몸에 있던 수분이 증발하고 태변과 소변이 배출되면서 나타나
는 현상으로 7~10일 정도 후에 출생 시 체중으로 회복된다.

신생아 황달

신생아의 3/4 정도에서 태어난 지 2~3일에 황달이 나타나며
7~10일경에는 사라진다. 모유를 먹는 아기는 황달이 좀 더 지
속되기도 한다. 황달은 신생아의 간 기능이 미숙해 빌리루빈이
라는 색소를 제거하지 못해 나타나는 일시적인 증상이다.

주의 깊게 지켜봐야 하는 증상

제대 육아종

탯줄이 떨어진 자리에 육아조직(군살)이 생겨 분비물이 생기고
피가 나는 것을 제대 육아종이라고 한다. 병원에서 질산은 용액
으로 치료하면 되지만 크기가 큰 경우에는 절제를 하기도 한다.

기저귀 발진

아기 엉덩이는 늘 소변에 젖어 있어 기저귀 발진이 생길 수 있
다. 평소 기저귀를 자주 갈아주고, 대변을 봤을 때는 물티슈보다
는 물로 닦아주는 것이 좋다. 발진이 났다면 가끔 기저귀를 벗기
고 공기 중에 자연히 마르도록 바람을 쐬게 하는 것이 좋다.

반드시 치료가 필요한 증상

아구창

칸디다라는 곰팡이에 의해 입안에 하얀 찌꺼기같은 것이 수유
중인 아이들의 입안에 잘 생긴다. 부드러운 가제 수건으로 흰
반점을 문질러보고 잘 벗겨지지 않으면 아구창을 의심해보아
야 하며, 아구창은 항진균제로 치료한다.

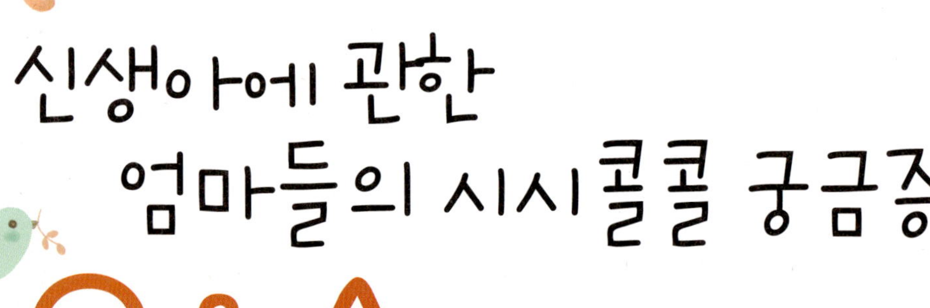

Q 얼굴과 머리에 묻어 있는 태지를 씻어내야 하나요?

갓 태어난 아기의 얼굴과 머리에 묻어 있는 태지는 양수 속에서 아기의 피부를 보호하던 역할을 했습니다. 억지로 씻어내지 않아도 시간이 지나면 일부는 피부 속으로 스며들고 나머지는 목욕하면서 서서히 떨어져 나갑니다. 오일을 묻혀 부드럽게 마사지한 후 목욕을 시키면 자연스럽게 태지가 떨어져 나옵니다.

Q 신생아에게 물을 먹여도 되나요?

이유식을 시작하기 전까지는 따로 물을 먹일 필요가 없습니다. 모유나 분유만으로도 충분한 수분 섭취가 가능합니다.

Q 로션이 함유된 물티슈로 성기를 닦아주어도 되나요?

물티슈는 첨가물이 가능한 적게 들어간 제품을 사용하는 것이 좋습니다. 성기나 엉덩이를 닦아줄 때는 되도록 물로 씻겨야 발진을 예방할 수 있습니다.

Q 소변만 봐도 성기를 닦아줘야 하나요?

소변을 볼 때마다 물로 씻기면 좋겠지만, 현실적으로 어려운 것이 사실입니다. 하지만 여자 아기의 경우 소변을 누면 기저귀 뒷부분까지 젖고, 성기 부위와 엉덩이가 짓무르기 쉽습니다. 소변을 본 후에도 물로 씻겨주는 것이 좋습니다.

Q 얼마나 자주 옷을 갈아입혀야 하나요?

신생아는 토하는 경우가 많고 땀을 많이 흘리기 때문에 옷이 젖으면 바로 갈아입혀야 합니다. 젖은 옷을 입고 있으면 체온이 떨어져 한기를 느낄 수 있고, 위생상 좋지 않습니다.

Q 엄마도 옷을 자주 갈아입어야 하나요?

신생아 시기에는 자주 아기를 안아주다 보니, 엄마의 옷에 아기의 피부가 닿는 시간도 많아집니다. 아기의 피부에 자극을 주지 않기 위해서는 니트나 합성 소재의 의류를 피하고 되도록 면 소재의 옷을 입는 것이 좋습니다. 오염 물질이 묻은 옷은 바로 갈아입고, 최소한 하루에 한 번은 옷을 갈아입도록 합니다.

Q 새 옷도 삶아서 입혀야 하나요?

새 옷이라 하더라도 생산과 유통 과정에서 먼지가 많이 묻고 세균에 오염되어 있을 수 있으므로 반드시 세탁 후 입혀야 합니다. 꼭 삶아 빨 필요는 없고 세탁 후 햇볕에 잘 말려 입히면 됩니다.

Q 아이가 오랫동안 울음을 멈추지 않는데 어떻게 해야 하나요?

아기가 울 때는 그 이유를 먼저 찾아야 합니다. 기저귀가 젖어 있는지, 배가 고프진 않은지, 옷이나 속싸개 등 몸을 불편하게 하는 부분은 없는지, 실내가 너무 덥거나 춥진 않은지 등을 살펴봅니다. 저녁이나 한밤중에 한두 차례 자지러지게 울어댄다면 영아 산통을 의심해볼 수 있습니다. 배에 가스가 차서 울 수도 있기 때문에, 수유 후에는 반드시 트림을 시키고 편안하게 안아줍니다. 만약 아기의 입술이 파래지고 숨쉬기 힘들어하면서 오랫동안 울음을 그치지 않는다면 병원에 가보는 것이 좋습니다.

Q 더운 여름에도 긴팔 옷을 입혀야 하나요?

신생아는 땀을 많이 흘리기 때문에 땀 흡수가 잘 되는 순면 소재 옷을 입혀야 합니다. 체온 조절 능력이 미숙해서 여름이더라도 되도록 칠부나 긴팔 옷을 입히는 것이 좋습니다. 얇은 면 소재의 긴팔 옷은 아이의 땀을 흡수해서 갑자기 체온이 떨어지는 것을 막아줍니다. 반팔 배냇저고리가 없는 것도 바로 이러한 이유에서입니다.

Q 열이 좀처럼 내리지 않는데 어떻게 해야 하나요?

생후 3개월 미만의 아이들이 열이 나는 것은 위험합니다. 열이 난다고 해서 무턱대고 해열제를 먹이거나 좌약을 쓰지 말고, 재빨리 병원으로 가 원인을 밝혀야 합니다. 백일 이전 아기들의 고열은 패혈증이나 뇌수막염 등 심각한 질환에 의한 경우가 종종 있기 때문입니다.

Q 언제까지 속싸개로 꽁꽁 싸매야 하나요?

신생아들은 두 손을 활짝 펼치며 놀라곤 하는데, 이를 모로 반사라고 합니다. 모로 반사는 지극히 정상적인 현상이며 오히려 나타나지 않으면 신경계에 이상이 있음을 의미합니다. 이런 반사 반응은 생후 3~4개월이 되면 저절로 없어지므로 굳이 속싸개로 싸매야 할 필요는 없습니다. 간혹 속싸개로 싸두어야 잠을 잘 잔다고 하는 엄마들도 있는데, 이때는 아이를 너무 덥게 하거나 답답하게 싸지 않도록 주의합니다. 언제까지 속싸개로 싸야 한다는 기준은 없습니다. 아기에 따라 팔을 자유롭게 두는 걸 좋아하는가 하면 생후 두 달까지도 속싸개로 싸야 안정감을 느끼는 아기도 있습니다.

Q 손싸개는 꼭 해야 하나요?

아기가 손을 빨거나 손톱으로 얼굴을 할퀴는 경우를 대비해 손싸개를 씌우는 경우가 많습니다. 하지만 손싸개를 씌운 상태에서 손을 빨면, 손싸개가 늘 축축히 젖어 있어 오히려 손에서 냄새가 나고 비위생적입니다. 손톱을 짧게 잘라주고 손싸개는 되도록 하지 않는 것이 낫습니다.

Q 아기가 자꾸 온몸에 힘을 줘요. 이상이 있는 건 아닐까요?

온몸에 힘을 주면서 몸을 비트는 것을 두고 '용쓴다'고 표현합니다. 아기들이 용을 쓰는 것은 별다른 이유가 없습니다. 변을 볼 때 온몸에 힘을 주기도 하고, 모유나 분유를 먹을 때 용을 쓰기도 합니다. 심한 경우 별 이유 없이 온몸이 발갛게 되도록 힘을 주어 엄마들이 걱정하는 경우가 종종 있습니다. 하지만 시간이 지나면 용쓰는 것도 점차 사라집니다.

Q 젖만 물리면 자는데 깨워야 하나요?

신생아 수유의 가장 어려운 점 중 하나가 젖만 물리면 아기가 잠이 드는 경우입니다. 젖을 물자마자 잠이 들면 젖의 전유만 먹고 지방, 단백질 등이 풍부한 후유는 못 먹게 되므로 아기를 깨워가며 충분히 먹어야 합니다. 수유 중에 잠들지 않도록 엄마가 아기의 귀와 손가락, 발가락 등을 만져주거나 미지근한 물수건으로 손발을 닦아주면 좋습니다. 아기를 감싸고 있는 옷이나 속싸개 등을 벗겨주거나 기저귀를 갈아주는 것도 방법입니다.

Step 2

모유수유 & 분유수유

많은 엄마들이 모유의 장점을 잘 알고 있고, 모유를 먹이고 싶어 하지만

모두가 성공하는 것은 아니다. 모유수유에 대한 잘못된 정보와 오해로 쉽게 포기해버리기도 하고

맞벌이 등 부득이한 이유로 분유수유를 선택하기도 한다. 올바른 모유수유 방법과

성공 비결, 분유수유의 올바른 방법을 알아본다.

05 모유수유의 장점

모유는 생후 4~6개월 동안 아기가 필요로 하는 모든 영양소를 함유하고 있다.
또한 각종 감염으로부터 아기를 보호한다. 아기의 지능 발달에 도움을 주고, 정서 및 사회성 발달에도 좋다.
즉 모유는 아기를 위한 완전식품이며 엄마와 아기가 줄 수 있는 가장 귀한 선물이다.

아기에게 이런 점이 좋아요

초유에는 각종 영양분과 면역 성분이 농축돼 있다

초유는 출산 후 2~3일간 분비되는 모유로 농도가 진하고 끈끈하며 짙은 노란색을 띤다. 양도 하루 50~60cc 정도로 아주 적다. 이후에 나오는 모유에 비해 지방은 적으나 단백질, 지용성 비타민, 무기질 함량이 높다. 특히 초유는 각종 면역 성분이나 항체가 단백질 형태로 포함되어 아기를 각종 질병으로부터 보호한다. 모유수유를 계속하지 못하더라도 초유는 반드시 먹이도록 한다.

면역력을 높여 질병을 예방한다

모유에는 세균이나 바이러스 등에 의한 감염으로부터 아기를 보호할 수 있는 면역 성분(면역글로불린, 락토페린, 라이소자임, 올리고당, 비피더스 인자 등)이 많이 들어 있다. 엄마가 가지고 있는 각종 면역 물질과 항체가 모유를 통해 아기에게 전달되어, 아기 스스로 면역력을 갖추기 전까지 다양한 질병으로부터 보호해준다. 또한 모유를 먹으면 감기와 같은 호흡기 질환이나 설사, 요로 감염, 장염 등에 잘 걸리지 않거나 가볍게 앓고 지나간다.

내 아기만을 위한 맞춤 영양식이다

모유는 아기의 성장에 따라 단백질, 지방, 비타민, 미네랄 등을 적당히 분비한다. 즉 아기의 성장에 따라 적절하게 변화하는 것. 특히 엄마 젖의 단백질은 아기 성장에 필요한 가장 완벽한 성분이며 소화도 잘된다. 철이나 아연도 분유로 섭취하는 것보다 훨씬 흡수율이 높다. 모유에 들어 있는 항체나 세포, 효소, 호르몬 등은 그 어디에도 들어 있지 않다.

정서적으로 안정감을 준다

젖을 물릴 때 엄마는 아기를 깊숙이 끌어안고 먹인다. 아기는 엄마의 심장박동 소리를 듣고 엄마의 냄새와 촉감을 느끼며 정서적으로 안정감을 느낀다. 젖을 먹이는 동안 엄마가 아기의 손과 발, 얼굴을 만지고 눈을 마주치면서 엄마와 아기의 유대 감은 더욱 강해진다.

소화하기 쉽고 변이 부드럽다

모유에는 소화효소가 분유보다 훨씬 더 많이 들어 있다. 그래서 모유를 먹는 아기들은 아주 부드럽고 냄새가 적은 변을 조금씩 자주 본다. 모유는 아기의 장을 산성으로 유지해 세균의 성장을 막으며, 변비를 예방하고, 정상 균주를 유지해 소화기 장애를 줄인다.

신경 및 두뇌 발달을 촉진한다

모유에는 DHA, 타우린, 유당이 풍부해 중추신경계 발달에 도움이 된다. 또한 엄마 젖을 빨 때 우유병을 빠는 것보다 훨씬 더 힘이 드는데, 안면 근육 운동으로 턱과 치아가 발달하고 뇌 혈류량이 많아져 뇌 발달이 촉진된다.

소아 비만의 위험을 줄인다

모유를 먹는 아기는 분유를 먹는 아기보다 평균 체중이 적고, 소아 비만으로 진행될 확률도 훨씬 적다. 젖을 먹은 기간이 길수록 비만율은 더 낮아진다.

알레르기 질환을 예방한다

모유를 먹은 아기는 분유를 먹은 아기보다 알레르기에 걸릴 위험이 낮다. 소아 알레르기의 주된 원인인 우유의 베타글로불린이 모유에는 들어 있지 않고, 모유 내의 올리고당 등의 작용으로 알레르기 유발을 줄여 준다.

치아 건강에 도움이 된다

분유를 먹는 아기는 충치라고 부르는 치아우식증이 쉽게 생길 수 있다. 특히 우유병을 물고 잠드는 아기들에게 치아우식증이 많이 생기는데, 입에 분유가 머물러 있는 동안 분유에 들어 있는 유당 때문에 충치균이 활발해지는 것. 반면 모유에는 충치를 일으키는 뮤탄스균의 활동을 억제하는 락토페린 등의 작용으로 치아우식증의 위험이 감소한다.

엄마에게 이런 점이 좋아요

산후 회복이 빠르다

모유를 먹이는 동안 엄마 몸에서는 옥시토신이라는 호르몬이 분비된다. 옥시토신은 자궁을 수축시켜 출혈을 줄이고, 자궁을 임신 전의 크기로 빨리 회복시키며 오로의 양도 줄여준다.

산후 다이어트에 도움이 된다

젖을 먹이면 임신 중 몸에 축적된 지방이 모유로 빠져나가 체중 감량 효과가 있다. 수유 중에는 500kcal의 열량을 더 섭취해야 하지만 젖을 만들기 위해서는 더 많은 열량이 소모된다. 결과적으로 모유수유를 하면 체중이 감량된다.

산후 우울증을 예방한다

젖을 먹이는 동안 엄마 몸에는 프로락틴이라는 호르몬의 분비가 증가하는데 이로 인해 마음이 안정되고 모성애가 더욱 강해진다. 스트레스를 조절해 산후 우울증을 예방한다.

유방암, 난소암 등의 발병률이 낮아진다

모유수유를 한 경우 그렇지 않은 여성에 비해 난소암, 유방암의 발병률도 낮다. 모유를 1년 먹인 여성은 유방암에 걸릴 확률이 평균 32% 낮아지고, 2년 이상 모유를 먹이면 50%까지 낮아진다.

편리하고 시간이 절약된다

엄마 젖은 아기가 원할 때 언제 어디서나 먹일 수 있어 편리하다. 밤중에도 졸린 눈을 비비며 분유를 타지 않아도 되고, 외출 시에도 분유, 뜨거운 물, 우유병을 들고 다니지 않아도 된다.

06 올바른 모유수유 방법

아기를 낳은 직후 모유수유의 기본 원칙과 방법을 몰라 고생하다가 결국 포기하는 엄마들이 있다.
'완전모유수유'를 하려고 결심했다면 출산 전부터 미리 모유수유에 대한 준비를 해야 한다.
모유수유는 엄마가 아는 만큼 수월해진다. 올바른 모유수유 방법과 성공 비결을 알아본다.

모유수유 성공 노하우

출산 후 최대한 빨리 젖을 물린다

아기를 낳은 뒤 30분 이내에 젖을 물리면 모유수유의 성공률이 높아진다. 신생아의 체온 조절과 처치 등을 이유로 신생아실로 바로 데려가는 경우에도 가능한 한 빨리 젖을 물려야 한다.

모유 외에는 아무것도 먹이지 않는다

모유는 아기가 먹으면 먹을수록 더 많이 분비된다. 출산 직후 젖이 잘 나오지 않아서, 혹은 엄마가 밤잠을 자기 위해 중간중간 분유를 먹이기 시작하면 아기는 우유병 빠는 동작에 익숙해지고 엄마 젖을 빨 때 더 힘이 들기 때문에 모유를 먹으려 하지 않을 수 있다.

한 번 수유할 때 양쪽 젖을 다 물린다

수유를 할 때는 양쪽 젖을 다 물려야 한다. 한쪽 젖을 빨다가 15분쯤 지나 빠는 속도가 줄면 다른 쪽 젖을 물린다. 신생아 시기에는 젖을 먹다가 잠드는 일이 많은데, 한쪽만 먹고 잠이 들었을 때는 깨워서 반대편 젖까지 물리도록 한다. 양쪽 젖을 다 물려야 모유 분비량이 고르게 된다. 아기를 깨우기 위해서는 아기 혀 위에 놓인 엄마 젖을 조금 움직여 혀를 자극해주는 것이 효과적이며, 젖을 살짝 빼는 시늉을 하거나 입술 주변을 손으로 톡톡 건드린다.

젖꼭지를 유륜까지 깊이 물린다

아기에게 젖을 물릴 때는 유두만 물리는 것이 아니라 유두 주변의 거무스름하고 동그란 부분인 유륜까지 깊숙이 물려야 한다. 유륜까지 자극해야 젖이 잘 나오고 엄마의 유두에 상처가 나는 것을 예방할 수 있다.

아기가 배고파할 때마다 수시로 젖을 물린다

처음에는 아기가 배고파하고 젖을 찾을 때마다 젖을 물려야 한다. 적게는 하루 8회, 많게는 12회까지도 젖을 물리게 된다. 4시간 이상 먹지 않고 잠을 잔다면 깨워서라도 먹인다. 한 달이 지나면 2~3시간 간격, 백일 전후로 3~4시간 간격으로 수유 패턴이 잡힌다.

우유병이나 노리개 꼭지는 사용하지 않는다

생후 4~6주 이내에는 우유병에 담아 먹이기보다는 스푼이나 주사기, 컵을 이용해 먹일 것을 권한다. 우유병 꼭지를 물게 되면 아기는 쉽게 빨 수 있는 우유병 꼭지만 빨려고 하고 엄마 젖은 물려고 하지 않는다. 이를 유두혼동이라고 하는데, 우유병과 엄마의 젖은 빠는 방법이 달라서 우유병 꼭지에 길들여지면 유두를 빨지 못하게 되는 것이다. 노리개 꼭지도 같은 이유로 영아기 초기에는 물리지 않는 것이 좋다.

유방을 청결히 해 트러블을 줄인다

수유를 하기 전에 엄마의 손을 깨끗이 씻고 가슴은 미지근한 물을 적신 가제 수건으로 닦는다. 수유 후에도 우유와 유륜을 닦는다. 수유 패드는 젖이 흘렀을 때마다 새것으로 갈아주고 속옷도 항상 깨끗한 것을 입는다. 유두에 상처나 물집이 생기지 않았는지 살핀다.

모유 먹이는 순서

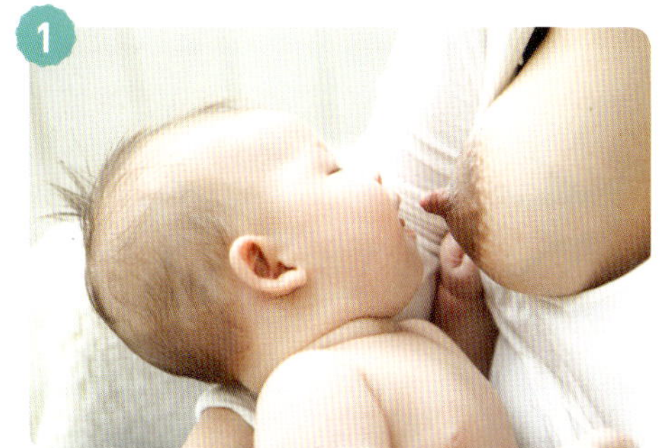 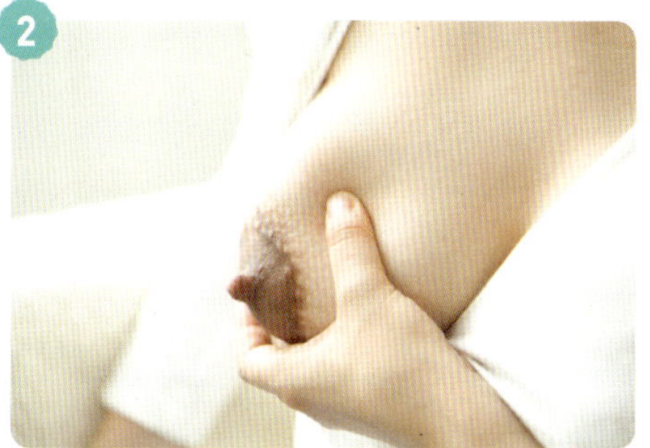 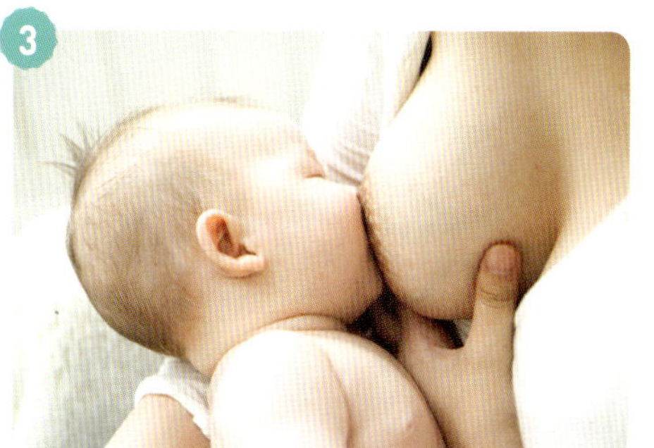

 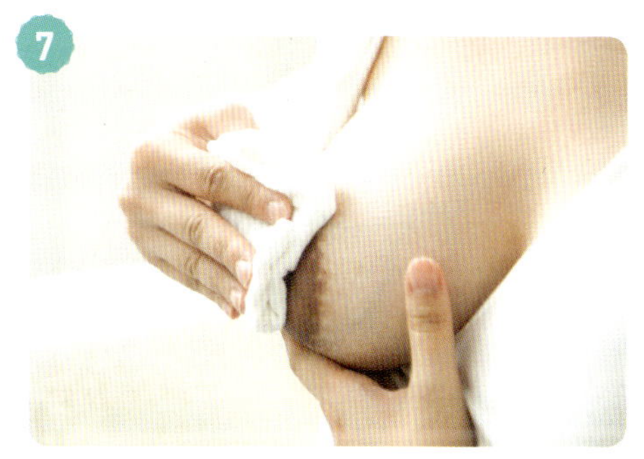 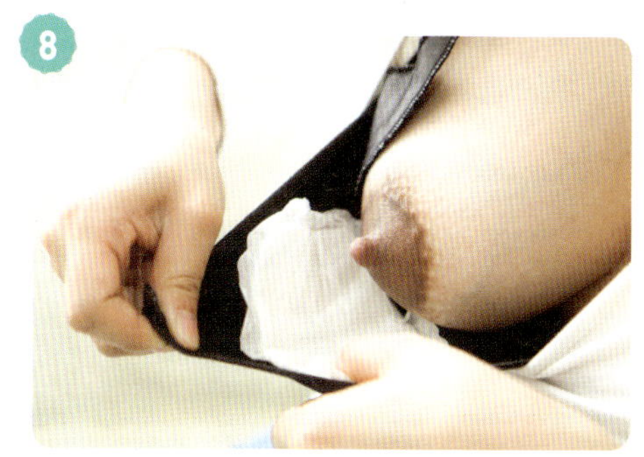

1 팔에 수건을 두르고 아기를 안는다

수유하고자 하는 방향의 팔에 면 소재 수건을 대고 아기의 머리를 팔로 받쳐 안는다. 아기의 턱 밑에 가제 수건을 놓아 만약에 젖이 흐를 경우를 대비한다. 수유 쿠션이나 베개 등을 이용해 아기의 몸을 받치면 좀 더 편안한 자세로 수유가 가능하다.

2 젖을 한 방울 떨어뜨린다

수유 직전 가슴을 마사지하면 유방의 혈액순환이 좋아지고 유선이 확장되어 젖이 잘 돈다. 손바닥으로 유방 바깥쪽에서부터 원을 그리며 안으로 문질러준다. 그런 다음 유륜에서 유두 방향으로 살짝 잡아당기듯 젖을 짜서 아기 입술에 한 방울 떨어뜨려 입을 벌리게 한다.

3 유륜까지 깊숙이 젖을 물린다

아기의 코가 엄마의 가슴에 살짝 닿도록 끌어당겨 안으면 아기는 젖을 향해 입을 벌린다. 이때 엄마의 손가락으로 아기의 턱을 살짝 잡아당겨 내려 유륜까지 깊숙이 젖을 물린다. 아기의 몸도 엄마 쪽으로 끌어당겨 아기의 배와 엄마의 배가 맞닿도록 하면 아기의 자세가 좀 더 편안하다. 다른 한 손을 C자 모양으로 만들어 가슴을 가볍게 쥔다. 한쪽 젖을 10~15분 정도 먹인다.

4 젖을 뗀다

젖을 빠는 아기의 입은 진공상태에 가까워 젖을 그냥 빼면 잘 빠지지 않고, 아기는 본능적으로 더 세게 물려고 하기 때문에 유두에 상처가 날 수 있다. 손가락을 아기의 입술 가장자리에 밀어 넣고 고개를 옆으로 돌려 뺀다.

5 반대편 젖을 물린다

아기의 머리를 반대편 팔로 옮겨 안고 반대편 젖도 같은 방법으로 10~15분 정도 먹인다. 수유 때마다 양쪽 젖을 다 물려야 젖양이 꾸준히 늘고 젖몸살을 예방할 수 있다.

6 트림을 시킨다

아기는 젖과 함께 공기도 마시게 되는데 트림을 시켜 공기를 빼내야 속이 편안해지고 소화도 잘된다. 트림을 시키지 않고 바로 눕히면 토할 수 있다. 엄마의 어깨에 수건을 받치고 아기의 머리가 엄마의 어깨 위로 가게 똑바로 세워 안은 다음 가볍게 쓸어내려 트림시킨다. 트림을 잘 하지 않는 경우 가볍게 등을 통통 치는 것도 괜찮다. 10분 이상 토닥거려도 트림을 하지 않는 경우, 수유 직후 잠이 든 경우에는 굳이 트림을 시키지 않아도 된다.

7 먹고 남은 젖을 짜낸다

수유하고 남은 젖은 유축기를 이용해 마저 짜내야 한다. 유축하는 동안 손바닥으로 겨드랑이에서 가슴 쪽으로 쓸어주면 좀 더 쉽게 짤 수 있다. 수유 후 가슴에 젖이 남아 있으면 그만큼 새롭게 만들어지는 젖의 양이 줄어들므로 남은 젖을 짜내야 모유 생성이 원활해지고 젖몸살, 유선염 등의 트러블도 예방할 수 있다.

8 가슴을 말리고 수유 패드를 넣는다

수유 후에는 단 몇 분이라도 가슴을 그대로 내놓은 채 말린다. 특히 유두에 상처가 있는 경우엔 유두에 묻은 젖을 닦아내지 말고 그대로 말리면 상처 치유 효과가 있다. 젖이 수시로 흘러나올 수 있으므로 수유 패드를 속옷 안에 덧대어 입는다. 한번 사용한 수유 패드는 다시 사용하지 않고, 수유 때마다 새것으로 바꾸는 것이 좋다.

꼼꼼 check! 젖 먹이기 전에 유두를 닦아야 할까?

젖 먹일 때마다 유두와 유륜을 닦을 필요는 없다. 매번 유두를 씻으면 유두를 보호하는 오일이 없어지므로 좋지 않다. 꼭 씻어야 한다면 유두 주변을 물수건으로 가볍게 닦는 정도로만 한다.

여러 가지 모유수유 자세

① 요람식 자세

가장 일반적인 자세이자 기본이 되는 수유 자세. 엄마의 한쪽 손이 자유로워 아기의 손이나 발, 얼굴 등을 만져줄 수 있다.

1 등받이 의자에 깊숙이 등을 대고 앉는다. 받침대에 발을 올리고 무릎 위에 베개나 수유 쿠션을 놓는다.
2 엄마의 팔꿈치 안쪽에 아기의 머리를 올려놓고 아기의 코가 엄마의 가슴에 살짝 닿도록 끌어당긴다.
3 아기가 입을 크게 벌리면 반대편 손으로 가슴을 살짝 들어 젖을 유륜까지 깊숙이 물린다.
4 아기의 머리를 받친 쪽 손으로 아기의 등을 감싸고 반대편 손으로 아기의 엉덩이를 감싼다.
5 아기의 배가 엄마의 배에 맞닿도록 아기 몸을 끌어당기고 뒤통수, 등, 엉덩이가 일직선이 되도록 안아야 아기가 편안하게 젖을 먹을 수 있다.

② 풋볼 자세

제왕절개해서 아기 안기가 힘든 경우, 쌍둥이라 양쪽으로 수유해야 하는 경우, 편평유두인 산모에게 좋은 방법이다. 럭비공을 옆구리에 끼듯 아기를 옆구리에 끼고 먹이는 자세다.

1 엄마는 의자에 등을 기대지 말고 허리를 세워 앉은 다음, 받침대에 발을 올리고 무릎 위에 베개나 수유 쿠션을 놓는다.
2 수유하려는 쪽의 손으로 아기의 머리를 받쳐 안고 아기의 몸 아래에 쿠션을 받친다.
3 아기가 입을 크게 벌렸을 때 젖을 유륜까지 깊숙이 물린다.
4 팔꿈치로 아기 몸을 엄마 쪽으로 붙인다. 아기의 뒤통수, 등, 엉덩이가 일직선이 되도록 한다.

③ 누워서 먹이는 자세

제왕절개 직후, 엄마가 휴식을 취하고 싶을 때, 밤중 수유할 때 아기와 함께 누워서 젖을 먹이는 방법이다. 쿠션이나 베개로 엄마의 몸을 받쳐야 편하게 수유할 수 있다.

1 엄마가 옆으로 눕는다. 엄마의 머리 밑과 허리 뒤를 쿠션으로 받치고 허벅지 사이에도 쿠션을 끼우면 수유하기가 편하다.
2 수유하고자 하는 쪽의 팔에 아기의 머리를 눕히고 등을 감싸 안는다. 아기의 몸 역시 엄마 쪽을 향하도록 아기의 등 뒤에 베개나 쿠션을 받쳐주면 편하다.
3 아기의 입이 유두와 마주 보게 한다. 반대편 손으로 가슴을 살짝 들어 아기가 잘 물 수 있게 한다. 아기가 젖을 물면 아기를 받치던 손을 빼 머리를 괸다.

④ 소파에 눕혀 먹이는 자세

아기를 안는 것이 힘들 때 아기를 소파에 눕혀놓고 아기의 입 쪽으로 엄마의 가슴을 가져가 젖을 물리는 자세다.

1 아기를 소파 가장자리에 눕히고 아기와 마주 보고 바닥에 앉는다.
2 수유하고자 하는 쪽의 손으로 아기의 머리를 받치고 젖을 물린다.
3 풋볼 자세와 마찬가지로 팔꿈치로 아기의 몸을 엄마 쪽으로 끌어당기고 아기의 뒤통수, 등, 엉덩이가 일직선이 되도록 한다.

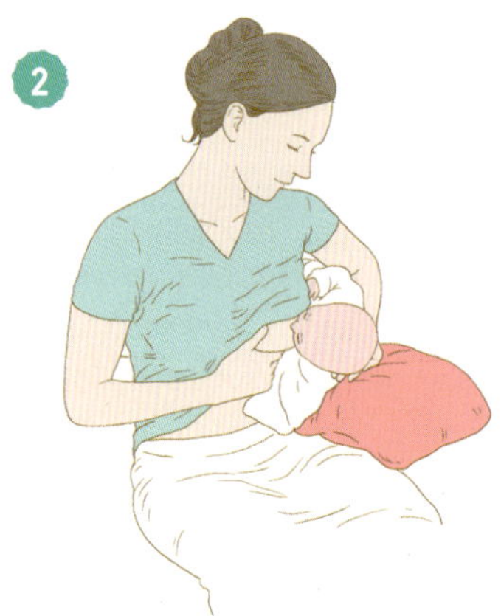

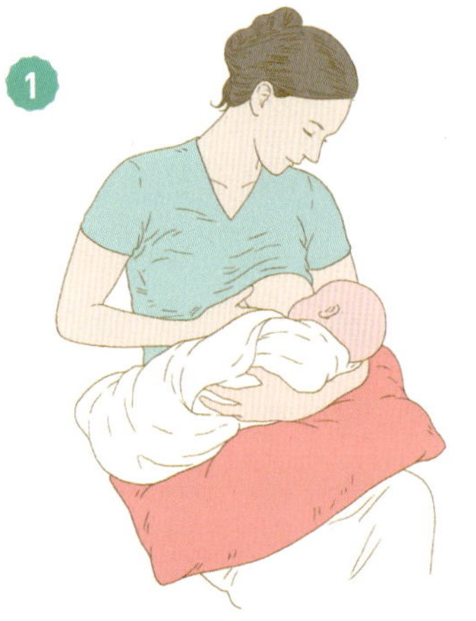

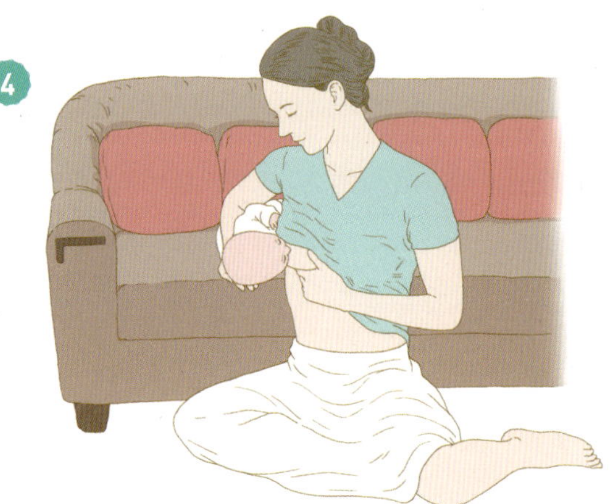

07 워킹맘의 모유수유

3개월간의 출산 휴가가 끝난 워킹맘은 모유수유를 끊어야 할 것처럼 생각하기 쉽다.
하지만 모유수유에 대한 강한 의지만 있다면 얼마든지 가능한 일. 출근을 시작하기 한 달 전부터
모유수유 성공을 위한 프로젝트를 시작해보자.

직장 다니며 모유수유 성공하려면?

출산 전 | 직장 상사에게 모유수유를 상의한다

복직 후에도 모유를 먹이려면 직장 상사나 동료들이 이 사실을 알고 있어야 한다. 그래야 근무 중간에 마음 편하게 유축할 수 있다. 복직 후 하루 2~3회 착유를 할 수 있도록 출산 전에 업무 스케줄을 미리 조절해두는 것이 좋다. 임신 중 직장 상사에게 복직 후에도 모유수유를 하겠다는 뜻을 밝히고 유축 장소와

시간에 대해 상의한다. 아기를 낳은 후 모유수유를 한 동료직원을 만나 조언을 듣는 것도 좋다.

출산 전 | 직장 내 수유 여건을 확인한다

직장에서 착유를 할 수 있는 공간을 찾는 것도 중요하다. 3~4시간마다 20분 이상 누구에게도 방해받지 않고 마음 편하게 젖을 짤 수 있는 장소가 필요하다. 젖을 짜는 시간을 근무 시간 중에 어떻게 할애할 것인지 시간 계획도 세워야 한다. 그리고 짜낸 젖을 냉장 보관할 장소도 필요하다. 회사에 냉장고가 없다면 소형 아이스박스와 아이스 팩을 구입해 안전하게 보관한다.

출산 직후 | 4주간은 직접 수유를 한다

출산 직후 충분한 젖양을 만들어놓는 것이 중요하다. 처음 4주간은 가능한 아기와 떨어져 있는 시간을 줄이고 직접 수유를 한다. 어차피 유축해서 먹여야 한다고 처음부터 직접 젖을 물리지 않고 유축만 하거나, 혼합수유를 하면 젖양이 충분히 늘지 않는다. 출산 후 3개월 동안 완전히 모유만 먹일 수 있어야 직장에서 착유를 하면서 모유수유를 1년 이상 지속할 수 있다. 아기가 직접 빠는 것이 젖양을 늘리는 가장 좋은 자극제다.

출근 4주 전 | 유축하는 방법을 익힌다

사용할 유축기를 대여하거나 구입해서 유축하는 방법을 충분히 익혀둔다. 압력을 어떻게 조절해야 젖이 잘 나오는지도 알아두고, 수유깔때기의 크기가 엄마의 가슴과 잘 맞는지도 확인한다. 손으로 젖을 짜는 방법도 알아두어 상황에 따라 사용하도록 한다.

출근 4주 전 냉동 보관을 시작한다

아기에게 수유한 후에 남은 젖은 유축해서 냉동 보관한다. 직장에 복귀하기 4주 전부터는 틈틈이 유축해서 냉동 보관을 해야 갑자기 젖양이 줄거나 야근, 출장 등 변수가 생겨도 아기에게 모유를 충분히 먹일 수 있다. 유축한 모유는 모유 보관 전용 팩에 넣고 겉면에 날짜와 시간, 양을 적어둔다. 냉장 보관된 모유와 갓 짜낸 모유를 섞을 때는 갓 짜낸 모유도 냉장 보관하여 온도가 같아지면 그때 섞는다.

출근 2주 전 컵이나 스푼으로 먹이는 연습을 한다

엄마가 없는 낮 동안은 유축해둔 모유를 다른 사람이 먹여야 하므로 출근 2주 전부터는 컵이나 스푼으로 먹이는 연습을 시작해야 한다. 사실 엄마 젖만 빨던 아기가 갑자기 다른 방법으로 먹는 것이 쉽지만은 않다.

직장 복귀 후 출근 전과 퇴근 후 직접 젖을 먹인다

아침에 일어나자마자 아기에게 젖을 먹이고 시간이 된다면 출근 직전에 한 번 더 먹인다. 퇴근 후 집에 오자마자 젖을 먹이고 아기가 잠들기 전에 한 번 더 먹인다. 아기와 함께 있을 때는 보충 수유를 하지 말고 젖만 물린다. 주말에도 자주 젖을 물려 젖이 줄어들지 않도록 한다.

모유를 안전하게 보관하는 방법

모유 보관 전용 용기를 사용한다

젖을 보관할 때는 반드시 멸균 처리가 된 밀봉 용기에 보관한다. 딱딱한 용기보다는 부피가 작은 1회용 비닐백이 간편하며 유축기에 직접 연결할 수 있어야 젖을 짤 때마다 용기를 씻어야 하는 번거로움을 줄일 수 있다. 모유를 담아둔 용기마다 반드시 젖을 짠 날짜와 시간을 기입한 라벨을 붙여놓아야 한다.

냉장 보관은 24시간 안에 먹인다

갓 짜낸 신선한 모유는 실온에서 4~6시간 보관이 가능하지만 바로 먹일 것이 아니라면 냉장고에 보관한다. 냉장실에서는 2~3일, 냉동실에서는 3~4개월 보관이 가능한데 최대한 빨리 먹이도록 한다. 4℃ 정도의 아기스박스에 보관해도 모유의 중요한 성분은 24시간까지 유지된다.

녹인 젖은 다시 얼리지 않는다

한번 해동한 모유를 다시 냉동 보관하는 것은 금물. 먹을 양만큼만 해동해야 하고 냉장 보관 기한이 지나기 전에 최대한 빨리 먹인다.

	실온(25℃)	냉장실(4℃ 이하)	냉동실
신선한 모유	4~6시간	2~3일	3~4개월
해동한 모유	보관 안 됨	24시간	재냉동 안 됨

해동은 냉장실에서 서서히 한다

냉동 보관해둔 젖은 수유 전날 밤 냉장실에 넣어둔다. 얼어 있던 모유가 냉장실에서 자연스럽게 녹는 데는 12시간 정도 걸린다. 젖을 데울 때는 따뜻한 물에 담가 중탕을 해, 체온과 비슷한 온도로 맞춰야 한다. 전자레인지는 골고루 데워지지 않고 모유의 성분에 변화를 초래할 가능성이 있으니 사용을 삼간다. 해동하여 냉장된 모유는 24시간 보관이 가능하다.

꼼꼼 check! 냉동실에 얼린 모유를 해동하면 크림층이 분리되어 표면 위에 떠올라 상한 것처럼 보일 수 있다. 하지만 지방 성분이 일시적으로 분리되었을 뿐 모유 상태는 정상이므로 잘 흔들어서 먹이면 된다.

먹다가 남은 모유는 반드시 버린다

데운 젖은 2시간 안에 먹인다. 한 번 데운 젖은 보관할 수 없으며, 특히 아기가 먹고 남은 젖은 오염이 되었으므로 반드시 버려야 한다.

유축기 대여 업체

● 모유수유클럽	www.mothersmilk.co.kr	031-968-8459
● 스펙트라베이비	www.spectrababy.com	031-739-5270
● 각시밀	www.gaksimil.com	1577-7488
● 리틀베이비	www.littlebaby.co.kr	1661-6615
● 바분샵	www.barboonshop.co.kr	02-932-4157
● 아기토피아	www.baby123.co.kr	055-606-3437

08 모유수유 대표 트러블

임신 때부터 준비하고 계획한 모유수유이지만, 막상 실전에서는 순조롭게 진행되지만은 않는다.
실제로 수유하다 보면 여러 가지 예상치 못한 문제에 부딪히게 된다.
모유수유 대표 트러블과 해결 방법을 알아본다.

모유량이 부족할 때

젖은 아기가 빠는 만큼 만들어지고 엄마 몸은 아기가 필요로 하는 만큼 모유를 만들어낸다. 많은 엄마들이 젖이 부족하지 않을까 걱정하지만 올바른 방법으로 모유수유를 해왔다면 엄마의 모유량은 아기 배를 채우기에 충분하다. 단, 수유 초기에 분유와 섞어 먹였다면 그만큼 젖양이 줄어들고, 수유 때마다 충분히 젖을 비워내지 않을 경우에도 모유량이 줄어든다.

How to 우선 수유 자세가 올바른지, 아기가 젖을 충분히 깊숙이 물고 빠는지를 점검한다. 모유량이 부족할수록 더 자주 아기에게 젖을 물리고, 한 번 먹을 때 양쪽 젖을 충분히 먹도록 해야 하며, 남은 젖은 남김없이 짜낸다. 바른 자세로 2시간마다 젖을 물리며 유축을 하면 모유량이 느는 데 도움이 된다.

모유량이 넘칠 때

엄마의 모유량이 너무 많으면 한꺼번에 많은 양이 아기 입으로 들어가 사레 들리기 쉽고 자꾸 토하거나 소화불량이 일어날 수 있다. 아기가 젖을 빨 때 유난스럽게 소리를 내며 꿀꺽꿀꺽 넘기고 숨이 차 결국 젖에서 입을 떼는 경우, 먹을 때마다 사레가 들리는 경우, 아기가 충분히 빨았는데도 가슴에 모유가 많이 남아 있는 경우엔 모유량이 너무 많은 것이다.

How to 수유하기 전에 모유를 미리 조금 짜내고 물리면 아기가 좀 더 편안하게 젖을 빨 수 있다. 모유량이 많을 때는 한쪽 젖만 집중적으로 물린다.

함몰유두, 편평유두일 때

아기가 모유를 먹을 때 반드시 물어야 하는 부분은 유륜이기 때문에 함몰유두나 편평유두라서 모유수유를 할 수 없는 것은 아니다.

How to 분만 후 아기에게 젖을 자주 물려 젖 빠는 연습을 충분히 하면 유두 모양도 교정되고 아기도 엄마 젖에 익숙해진다. 젖 물릴 때 유방을 약간 뒤로 잡아당기면 유두가 튀어나와 아기가 물기 편하다. 함몰유두나 편평유두의 경우 젖이 불어 가슴이 단단해지면 아기의 입이 미끄러져 수유하기 힘들기 때문에, 젖을 미리 약간 짜서 가슴을 부드럽게 만든 다음 아기에게 젖을 물린다.

유두가 너무 커서 아기가 힘들어할 때

엄마의 유두가 너무 크면 상대적으로 아기의 입은 작기 때문에 빨기 힘들어하는 경우가 종종 있다.

How to 자꾸 젖을 물리다 보면 아기가 엄마의 가슴에 적응하고, 아기가 자라면서 빠는 힘이 강해지고 입도 커져서 금방 무리 없이 젖을 빨 수 있게 된다. 유두와 가슴이 너무 커서 아기가 숨 막힐까 봐 모유 먹이기를 겁낼 필요는 없다. 가슴에 아기 코가 눌리지 않도록 가슴을 살짝 누른 채 먹인다.

유두가 헐었을 때

유두에 상처가 나는 것은 젖을 물리는 자세가 잘못 되었기 때문이다. 아기가 유륜까지 깊숙이 물지 못하고 유두만 물고 빨았을 때 상처가 쉽게 생긴다.

> **How to** 연고를 바르기보다는 젖을 짜서 유두에 바르고 공기 중에 노출해서 말리도록 한다. 유즙에는 유두의 상처 회복을 도와주는 성분이 있기 때문. 수유 패드는 자주 갈아준다.

젖몸살이 났을 때

출산 후 3~4일이 지나면 젖의 양이 갑자기 느는데, 아기에게 충분히 젖을 빨리지 않으면 엄마의 유방에 젖이 고여 꽉 찬 느낌이 들다가 돌처럼 단단해지며 통증이 생기고 열이 난다. 이를 유방 울혈, 젖몸살이라고 한다.

> **How to** 젖몸살이 났을 때는 아기가 직접 젖을 빠는 것이 가장 좋은 해결책이다. 수유 후 남은 젖은 유축기로 남김없이 짠다. 젖몸살을 방치하면 유선염으로 발전할 수 있으므로 초기에 풀어줘야 한다.

꼼꼼 check! 가슴에 열이 나고 통증이 심할 때

찬물을 적신 수건이나 양배추 잎을 차갑게 해서 찜질을 하면 통증이 줄고 열이 내려간다. 양배추는 굵은 심 부분을 제거하고 유두 부분은 구멍을 낸 후 통째로 가슴에 붙인다. 이 방법은 오랜 기간 사용하면 모유량이 줄어들 수 있으므로 열이나 통증이 심할 때만 사용한다.

엄마의 질병별 모유수유 노하우

감기에 걸렸을 때

엄마가 감기에 걸리거나 열이 난다고 해도 모유수유를 계속할 수 있다. 단 열이 날 때는 그 원인이 무엇인가 확인하는 것이 중요하다. 엄마가 감기에 걸렸더라도 감기 바이러스가 모유를 통해 옮겨지지는 않으며, 오히려 엄마가 감기 바이러스에 대한 항체를 만들어 아기에게 모유를 통해 전해줄 수 있다.

> **How to** 감기는 호흡기를 통해 옮겨질 수 있으므로 아기를 만지기 전에 손을 깨끗이 씻고 마스크를 착용하는 것이 안전하다. 감기가 심할 때는 모유수유에 지장이 없는 안전한 약도 있으니 병원을 방문해 치료하는 것이 좋다. 감기 증상 때문에 괴롭게 지낼 필요는 없다.

유선염이 발생했을 때

갑자기 수유 횟수를 줄이거나 수유를 빠뜨린 경우, 젖을 제대로 비우지 않은 경우, 유두에 상처가 나거나 유방 울혈을 제대로 치료하지 않은 경우 유관에 박테리아가 침투하여 염증이 생기는데 이를 유선염이라고 한다. 스트레스나 과로로 엄마의 면역력이 떨어진 경우 더 잘 발생한다. 또 너무 꽉 끼는 브래지어를 사용한 경우에도 유방이 압박을 받아서 유관이 막혀 유선염이 발생하기도 한다.

> **How to** 의사의 진료를 받고 치료를 위해서 항생제와 소염제를 사용해야 한다. 이때 모유수유를 중단하면 젖이 고여 증상이 더 악화될 수 있으므로 모유수유는 계속해야 한다. 약을 먹더라도 모유수유가 가능하다.

이스트에 감염되었을 때

이스트 감염은 엄마의 유방이 곰팡이균에 감염된 것. 겉으로 드러나는 증상은 별로 없지만 수유 후에 콕콕 찌르는 매우 심한 통증을 느낀다. 아기에게 아구창이 생긴 경우, 유축기를 청결하게 관리하지 못한 경우, 유방을 너무 자주 비누로 닦은 경우 잘 생긴다.

> **How to** 항진균제 연고를 발라 치료하며 아기의 아구창도 함께 치료해야 한다. 치료 중에도 모유수유를 계속 해도 되며, 연고를 닦아내지 않고 젖을 먹여도 괜찮다.

모유수유 시 약물 사용의 원칙

약 없이 증상을 해소할 방법을 찾아본다

근육통이 있을 때는 마사지를 받거나 변비로 고생할 때는 채소와 물의 섭취량을 늘리고 집 근처를 가볍게 산책하는 것이 도움이 될 수 있다.

최대한 영향을 덜 미치는 약을 찾는다

가능하면 아기에게 부작용이 적다고 알려진 약을 사용한다. 오랜 시간 작용하는 약물보다는 짧게 작용하는 약물이 낫다. 타이레놀의 경우 지속적인 효과가 있는 타이레놀이알(서방정)보다, 효과가 빠르지만 지속 시간은 짧은 타이레놀 500을 선택하는 것이 좋다. 또한 국소적으로 사용하는 약물을 이용한다.

상담사이트를 이용한다

보건복지부가 후원하는 마더세이프 상담센터(1588-7309)에서 약물 복용에 대한 상담을 받도록한다.

젖떼기가 어려워요! 단유 노하우

모유는 아기에게 최고의 영양원이지만, 적당한 시기가 되면 자연스럽게 끊어야 한다. 젖 먹이는 것보다 젖떼기가 더 어렵다고 말하는 엄마들도 있다. 아기의 스트레스는 줄이고 엄마는 아프지 않게 젖을 뗄 수 있는 방법을 알아본다.

시간 여유를 갖고 뗀다

하루아침에 젖을 단호하게 끊는 것은 아기와 엄마 모두에게 쉬운 일이 아니다. 엄마의 질병이나 긴 출장 등 모유수유를 중단해야 하는 특별한 경우가 아니라면 아기가 스스로 엄마 젖을 찾지 않을 때까지 두는 것이 바람직하다. 젖을 끊어야 할 사정이 생기면 가능하면 여유를 갖고 젖떼기를 서서히 진행해야 한다. 가장 먼저 밤중 수유를 끊고 낮에는 모유를 먹이는 대신 간식이나 식사로 배고픔을 채운다. 아침에 일어나자마자 한 번, 잠들기 전에 한 번 젖을 먹이다가 나중엔 그마저도 줄인다. 이렇게 수유 간격을 넓히다 보면 마지막에는 모유를 완전히 떼고 밥만 먹일 수 있다.

아기의 컨디션을 고려한다

아기가 몸이 아프거나 집안에 큰일이 있어 어수선할 때는 젖떼기를 시도하지 않는 것이 좋다. 모유를 끊는 것 자체가 아기에겐 너무 큰 스트레스이기 때문에 아기의 컨디션이나 주변 상황이 좋지 않으면 좀 더 기다려준다.

아기가 원할 때만 수유한다

아기가 조금만 보채도, 아기가 엄마 품에 안기기만 해도 습관처럼 젖을 물려왔다면 젖떼기를 계획한 시점부터는 아기가 원할 때만 수유한다. 이유식 후기 이후라면 아기가 배고파하면 젖 대신 우유나 간식, 밥을 먹인다.

아기에게 스킨십을 더 많이 해준다

아기는 젖을 끊는 도중에 적응하지 못하고 심리적인 퇴행을 겪기도 한다. 자꾸 보채거나 안아달라고 하고 전에는 별로 관심이 없던 인형을 늘 끼고 다니거나 푹신한 담요에 집착을 보이기도 한다. 엄마 젖을 빨지 못해 생기는 욕구불만과 분리불안을 엄마가 스킨십으로 채워줘야 한다. 아기에게 충분히 스킨십을 하고 안아주어도 나아지지 않는다면 젖떼기를 중단하고, 좀 더 모유를 먹이다가 기회를 봐서 다시 여유 있게 시작하는 것이 낫다.

엄마는 수분 섭취를 줄인다

모유가 만들어지는 것을 최대한 줄여야 하기 때문에 국이나 탕을 되도록 먹지 말고 평소 많이 섭취하던 물이나 우유, 두유도 줄인다. 또한 염분이 많은 음식을 섭취하면 우리 몸은 수분을 축적시키므로 짠 음식을 제한해야 한다.

09 올바른 분유수유 방법

분유는 아기 성장에 꼭 필요한 영양소를 갖춘 제품으로, 모유수유가 어려운 엄마들을 위해
꼭 필요하다. 아기를 위한 올바른 분유수유 방법을 익히고, 우유병·우유병 꼭지 세척법까지
분유수유에 관한 모든 것을 알아보자.

월령별 적정 수유량

월령	1일 수유 횟수	1회 수유량	1일 총 수유량
0~2주	9~10회	60㎖	540~600㎖
2~4주	8회	90㎖	720㎖
1~2개월	6~7회	120㎖	720~840㎖
2~3개월	6회	150㎖	900㎖
3~5개월	5~6회	160~180㎖	800~960㎖
6개월	4~5회	200~240㎖	800~960㎖

분유수유 기초 상식

소젖에 아기의 성장에 필요한 영양소를 첨가한 영양식이다
분유는 소젖을 아기가 쉽게 소화할 수 있도록 가공하고 철분,
비타민 등 소젖에 부족하지만 아기의 성장에 꼭 필요한 영양소
들을 첨가해 최대한 모유와 가깝게 만든 것이다. 분유마다 성
분이 조금씩 다르긴 하지만 아기의 성장에 필요한 주요 영양소
들은 거의 비슷하게 들어 있기 때문에 어느 회사 제품을 먹이
든 크게 상관없다.

중요한 건 수유 간격이 아니라 하루 수유량이다
대체로 수유 간격은 3~4시간이지만 신생아의 경우 수유 간격
이 일정치 않을 수 있다. 아기가 배가 고파 우는데도 시간을 맞
춘다고 일부러 주지 않는 것은 바람직하지 않다. 중요한 것은
수유 간격이나 횟수가 아니라 하루 동안 아기가 먹는 총 수유
량이다.

돌까지 분유를 먹인다

모유는 아기가 원할 때까지 계속 먹일 것을 권하지만, 분유는
돌이 지나면 우유로 바꾸어 먹일 수 있다. 돌이 되면 하루 3회
밥을 먹는 것이 주된 식사다. 이때 우유병으로 분유나 우유를
과량 섭취하면 밥을 덜 먹게 되어 영양 섭취가 부족해질 수 있
다. 또한 우유병을 오래 물면 치아우식증이 생길 위험도 높아
진다. 평소 이유식을 먼저 먹인 후 곧바로 분유를 먹이고, 다
른 시간에는 분유를 먹이지 않는다. 그러면 자연스럽게 분유수
유량이 줄고 식사량이 늘어 분유 떼기가 수월해진다.

개봉한 분유는 최대한 빨리 먹인다

분유는 일단 개봉하고 나면 3주 안에 먹이는 것이 좋다. 개봉
후에는 산소와 접촉하면서 시간이 지날수록 변질되고 세균이
나 곰팡이 등에 오염될 수 있기 때문이다. 간혹 개봉 후에 냉장
고에 보관하는 경우가 있는데, 냉장고 안은 습도가 높고 다른
식재료에 의해 오염될 수 있으므로 더 위험하다. 건조하고 통
풍이 잘 되는 실온에서 보관하는 것이 원칙이다.

분유는 단계에 맞게 먹인다

시판되는 분유는 월령별로 단계를 나누어 3~4개월마다 바꿔 먹이도록 되어 있다. 월령별로 필요한 영양소를 더욱 강화한 것이므로 단계별로 먹이도록 한다. 그러나 돌이 지나면 꼭 분유를 먹이지 않고 생우유를 먹여도 된다. 단계를 바꿀 때는 현재 먹이는 단계의 분유와 조금씩 섞어 먹이면서 양을 늘려간다. 첫째 날은 7:3, 둘째 날은 5:5, 셋째 날은 3:7 비율로 섞어 먹인다.

모유 먹이는 순서

1 생수를 끓여 식힌 물을 준비한다
분유를 타는 물은 생수를 끓여서 식힌 물을 이용한다. 분유를 탈 때 물 대신 보리차, 사골 국물, 멸치 육수 등을 섞지 않는다.

2 계량한 분유를 넣는다
끓인 물의 온도가 70℃ 정도가 되면 분유를 탄다. 팔팔 끓는 물에 분유를 타면 분유에 들어 있는 비타민 등 일부 영양소가 파괴될 수 있기 때문이다. 우유병에 먹일 양의 1/20이나 1/3 정도의 물을 붓고 필요량의 분유를 넣고 녹인 다음 목표량까지 물을 부어 양을 맞추도록 한다. 분유를 계량할 때는 분유 용기에 들어 있는 계량스푼을 사용하면 된다. 분유를 담았을 때 수평이 되도록 깎아서 재야 한다. 분유 농도가 진하면 소화 장애를 일으킬 수 있고 농도가 묽으면 영양을 충분히 섭취할 수 없다.

3 분유를 골고루 섞는다
분유를 섞을 때는 위아래로 흔들면 거품이 생기므로 우유병을 양 손바닥 사이에 끼우고 좌우로 굴리듯이 흔들어 섞는다.

4 손등에 몇 방울 떨어뜨려 온도를 확인한다
아기에게 먹이기 적합한 온도는 40℃ 정도다. 엄마가 손목 안쪽에 우유를 떨어뜨려 보았을 때 따뜻하다고 느낄 정도가 좋다. 뜨겁게 느껴지면 우유병을 더 흔들어주거나 찬물에 잠깐 담가 식힌다.

5 우유병 꼭지를 제대로 물린다
우유병 꼭지는 끝 부분만 물리지 말고 넓은 부분까지 물 수 있도록 입안에 충분히 넣는다. 분유가 우유병에 가득 차도록 각도를 기울여 먹인다. 분유를 한 방울도 남기지 않고 다 먹이려다 보면 불필요한 공기까지 마시게 되므로 우유병 꼭지 끝 부분에 분유가 조금 남았을 때 수유를 멈춘다. 한 번 수유하는 데 걸리는 시간은 10~20분 정도가 적당하다. 너무 빨리 먹이면 먹은 것을 토할 수 있고, 너무 오래 걸리면 충분한 양을 수유하지 않고 잠이 들 수 있다.

꼼꼼 check!　아기 혼자 눕혀서 분유를 먹여도 된다?
분유는 반드시 엄마가 안고 먹인다. 아기를 혼자 눕혀놓고 우유병을 수건 등으로 받쳐 먹이는 경우가 종종 있는데, 이럴 경우 공기를 더 많이 삼키게 될 수 있다. 또한 아기가 움직여 우유병 꼭지가 빠질 수도 있으며, 중이염이 생기기 쉽다.

우유병과 우유병 꼭지 세척 방법

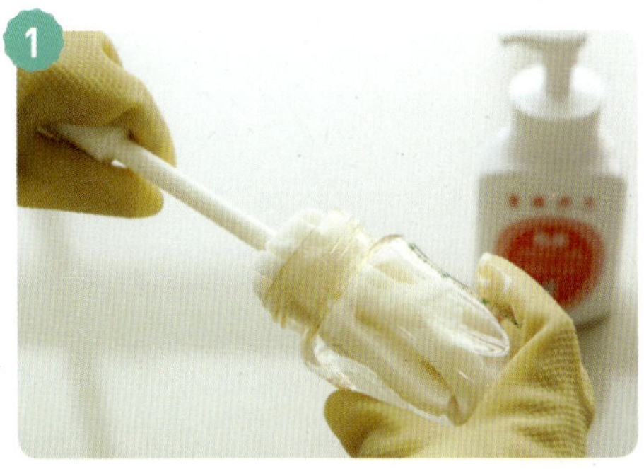
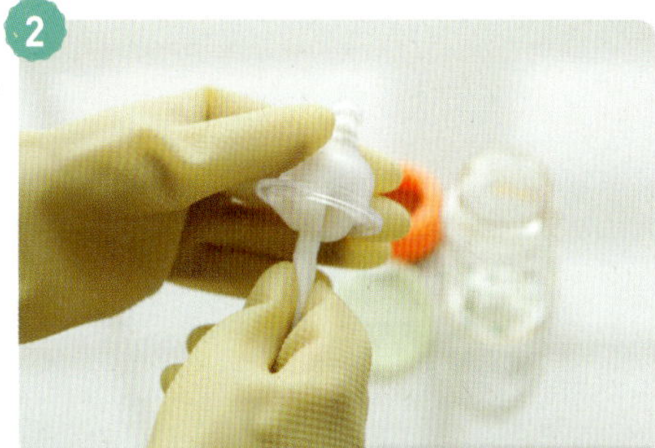
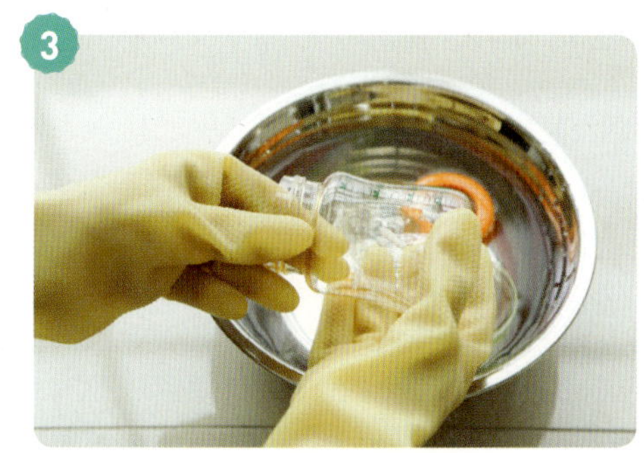

1 우유병 닦기 | 다 먹은 우유병은 곧바로 물로 헹구고 우유병 전용 세정제와 우유병 솔을 이용해 분유 찌꺼기가 남지 않도록 깨끗이 닦는다. 이때 솔에 세정제를 묻혀 충분히 거품을 낸 다음 우유병에 넣고 세척한다.

2 우유병 꼭지 닦기 | 우유병 꼭지 전용 솔에 세정제를 묻혀 안팎으로 구석구석 꼼꼼히 닦는다.

3 뜨거운 물로 헹구기 | 세정제가 남아 있지 않게 뜨거운 물로 우유병과 우유병 꼭지를 헹군다.

4 열탕 소독하기 | 물이 끓기 시작하면 우유병이 푹 잠기도록 넣어 2~3분 더 끓여 꺼낸다. 우유병 꼭지는 30초를 넘기지 않는다. 우유병 꼭지를 너무 오래 삶으면 모양이 변형되고 수명이 단축될 수 있다.

5 물기 없도록 건조하기 | 우유병 전용 집게로 건져내 물기를 탈탈 털어 공기 중에 건조한다.

6 건조된 우유병 조립해 보관하기 | 완전히 건조된 우유병을 조립해서 뚜껑을 닫아 보관한다.

특수 분유의 종류

설사분유

설사가 장기간 지속될 때는 먹이던 분유를 끊고 설사분유를 먹인다. 설사를 하면 장의 기능이 떨어져 영양소의 소화흡수가 힘들고 수분과 전해질이 부족해지는데, 설사분유는 유당을 줄이고 단백질을 소화하기 쉽게 처리해 회복을 돕는다. 하지만 설사분유는 설사 증상이 더 심해지는 것을 막고 영양을 보충해주는 역할을 할 뿐, 설사를 치료하거나 예방하는 효과는 없다.

알레르기 분유(HA분유)

일반 분유에 알레르기 반응을 보이는 아기에게 먹이는 특수 분유. 우유 알레르기를 일으키는 원인인 단백질 성분을 가수분해하고 유당을 제거했으며, 필수 지방산만 들어 있어 지방의 흡수율을 높였다. 영양소 조성은 일반 분유와 같기 때문에 장기간 먹여도 괜찮다.

대두분유

우유 단백질을 콩 단백질로 대체하고, 설사나 우유 알레르기를 일으키는 유당을 제거한 제품이다. 우유 알레르기나 갈락토오스혈증을 가진 아기에게 먹인다. 하지만 우유에 알레르기가 있으면 대부분 콩에도 알레르기 반응을 보이기 때문에 모유를 먹이는 것이 가장 안전하다.

대사 이상 질환 특수 분유

페닐케톤뇨증, 단풍당뇨증, 유기산혈증, 요소회로 대사 이상, 호모시스틴뇨증 등 선천성 대사 질환을 앓고 있는 아기를 위해 만들어진 분유. 선천성 대사 질환은 태어날 때부터 어떤 종류의 효소가 없어서 우유나 음식의 대사산물이 뇌나 신체에 독성 작용을 일으키는 병이다. 전문의의 처방에 따라 특수 분유와 일반 분유를 일정 비율로 섞어 먹인다.

수유에 관한 엄마들의 시시콜콜 궁금증 Q&A

Q 아기가 충분히 먹었는지 어떻게 알 수 있나요?

아기가 젖을 충분히 먹고 나면 빨고 삼키는 간격이 길어지고 입에서 힘이 자연스럽게 빠지거나 빠는 것을 스스로 멈춥니다. 입의 움직임이나 찾기 반사도 없어집니다. 근육의 긴장도가 떨어지며 팔을 자연스럽게 펴고 아기가 안정되어 보이거나 스스로 잠이 들기도 합니다.

Q 왜 젖을 물리면 엄마가 졸릴까요?

아기가 젖을 먹는 동안 엄마는 무척 졸리다고 느낍니다. 엄마 몸에서 분비되는 프로락틴이라는 호르몬이 엄마 몸의 긴장을 풀리게 해 젖을 먹이는 동안 졸음이 쏟아지는 것입니다. 너무 졸릴 때는 아기가 먹는 동안 등을 뒤로 기대고 편안히 눈을 감고 쉬도록 합니다.

Q 기저귀에 묽고 푸르스름한 변을 봅니다. 물젖이라서 그렇다는데, 젖을 끊어야 할까요?

아기가 물똥을 누면 어른들은 흔히 "엄마 젖이 물젖"이라며 젖을 끊는 것이 낫다고 말하기도 합니다. 하지만 물젖이나 참젖이란 것은 없습니다. 단, 전유만 많이 먹고 후유를 거의 먹지 않는 것이 반복되면 아기의 체중이 잘 늘지 않고 묽은 녹색 변을 보기도 합니다. 모유를 끊을 것이 아니라 젖을 물릴 때 한쪽 젖을 10분 이상씩 물려 후유까지 충분히 먹이도록 해야 합니다.

Q 모유수유 중에 한약을 먹어도 되나요?

한약의 성분이 모유를 통해 아기에게 그대로 전달될 수 있으므로 모유수유 중에는 한약을 먹지 않는 것이 좋습니다. 아기는 간이나 신장의 독성 물질을 처리하는 능력이 극히 제한되어 있기 때문에 자칫 위험할 수 있습니다.

Q 6개월 이후 모유는 영양가가 없다는데 사실인가요?

세계보건기구나 유니세프에서 권장하는 모유수유 기간은 생후 2년까지입니다. 그 후에도 아기와 엄마가 원한다면 계속 먹어도 됩니다. 그러나 우리나라 엄마들은 돌이 지나면 모유에 영양가가 없다고 생각하고 일찍 끊는 경향이 있습니다. 오히려 연구 결과에 따르면 모유 속의 면역 물질은 수유 기간이 지속되면서 더 증가한다고 알려져 있습니다. 돌 이후에는 모유를 주식이 아니라 간식으로 먹는 것이므로 영양가에 대해 크게 걱정할 필요가 없습니다.

Q 간염 보균자도 모유수유가 가능한가요?

엄마가 B형 간염 보균자인 경우 출생 직후 12시간 이내에 아기에게 B형 간염 면역글로불린과 B형 간염 예방접종을 했다면 모유수유가 가능합니다. B형 간염 면역글로불린은 이미 만들어진 면역성을 아기에게 넣어주는 것으로 B형 간염 접종의 효과가 생길 때까지 아기를 보호해줍니다. B형 간염 백신은 생후 1개월에 2차, 6개월에 3차를 접종하고 생후 9개월에 항체 검사를 받아야 합니다.

모유수유 특강

초유는 아기에게 주는 첫 예방주사예요
⇨ 초유로 시작하는 모유수유

출산하고 첫날이나 이튿날에는 젖의 양이 매우 적지만 영양가가 많고, 면역물질이 풍부한 짙은 노란색의 초유가 나온다. 초유에는 단백질과 면역글로불린이 많이 함유되어 있어 아기에게 매우 중요하다. 마치 아기가 건강하도록 놔주는 예방주사와도 같다.

초유의 양은 겨우 하루에 50~60cc 정도로 작은 유산균 음료 반병 정도밖에 안 되는 적은 양인데 이 양을 8~12회에 나누어 먹으니 한 번에 먹는 양은 기껏 4~5cc로 약 먹이는 숟가락 하나가 될까 말까하는 양이다. 하지만 아기들은 이것으로도 충분히 만족한다. 만약 이때에 초유가 부족한 것 같아 분유를 좀 더 먹이게 되면 아기는 적은 양의 모유만으로는 부족하게 느껴 계속 울게 된다. 따라서 분유를 중간에 먹이지 말고 자연스럽게 엄마 젖 먹이기가 진행되도록 하는 것이 올바른 모유수유의 첫걸음이다.

신손문 교수는…
서울대학교 의과대학을 졸업하고, 서울대학교 대학원에서 박사학위를 취득하였으며, 미국 필라델피아 소아병원에서 신생아학 연구를 하였다. 대한모유수유의학회 회장, 유니세프 BFHI 위원회 위원장 등을 역임하면서 20여 년간 모유수유 권장 활동을 펼쳐 온 신생아 돌보기와 모유수유에 대한 전문가이다. 저서로 〈모유수유 육아백과〉 등이 있다.

미리 알아두면 모유수유가 수월해져요
⇨ 아기와 엄마 몸의 반사 작용

신생아의 반사 작용

태어나자마자 아기를 엄마 가슴에 올려주면 아기는 스스로 엄마의 젖꼭지를 찾아, 물고 빨기 시작한다. 물론 시간이 좀 걸리기는 한다. 아기가 엄마 젖을 찾아가는 이 행동은 아기의 뺨에 부드러운 것이 닿으면 그쪽으로 고개를 돌리고 입을 벌려 찾으려는 반사 동작이다. 그리고 입에 무언가 물려져서 혀에 닿는 자극이 있으면 빠는 반사 동작이 나타나고, 젖이 나오면 한 모금씩 삼키는 반사 동작이 이어진다. 이처럼 엄마 젖을 찾아서 빨고 삼키는 동작이 이루어지도록 하는 이 모든 것이 신생아의 반사 동작에 의해 이뤄진다.

엄마 몸의 반사 작용

아기가 젖을 빠는 동안 그 자극은 엄마의 뇌로 전달되어 뇌하수체에서 '프로락틴'이라는 유즙분비호르몬과 '옥시토신'이라는 호르몬이 나온다. 프로락틴이라는 호르몬은 젖을 많이 만들도록 하는 작용을 하며, 옥시토신은 만들어진 젖을 아기가 먹기 쉽도록 유방에서부터 뿜어내어 주는 작용을 한다. 이 호르몬들은 아기가 직접 빠는 자극에 대해 반사적으로 분비되어 작용을 나타낸다. 또한 아기가 엄마 젖을 완전히 비워내면 젖을 더 많이 만들도록 자극이 되어 모유 분비가 더 증가한다. 즉, 엄마 가슴에 안겨 엄마 젖을 바른 자세로 물고 잘 빨아서 엄마 젖을 잘 비워내면 젖은 충분히 나오게 된다.

출산 직후 이것만은 꼭 지켜주세요
⇨ 출산 후 병원과 조리원에서 주의할 점

타어나자마자 엄마 젖 물리기

아기가 태어난 직후 아기를 엄마 가슴에 안고 젖을 먹이도록 한다. 출생 후 30분 이내에 엄마 젖을 물리도록 한 경우에 모유수유 성공률이 더 높게 나타났다.

낮이나 밤이나 아기가 원할 때 계속 젖을 물린다

출산 후 40시간 정도가 지나면서 엄마 젖 분비가 증가한다. '젖이 돈다'라고 표현하는 느낌이 시작되는 시기이다. 젖의 분비가 증가하면서 젖이 팽팽하게 부어오르고 때로는 아프기도 하다. 이 때 가장 좋은 해결책은 아기가 엄마 젖을 부지런히 빠는 것이다. 나서부터 수시로 아기가 원할 때마다 젖을 물려 준 경우에는 엄마 젖을 효과적으로 잘 비워내기 때문에 큰 어려움이 없이 지나간다. 만약 처음 젖 물리기를 잘 하지 못한 경우에는 젖이 잘 비워지지 않아 유방울혈이 오고, 젖이 뭉쳐서 엄마가 아파 고생을 많이 하기도 한다. 때로는 유선염이 오기도 한다. 그러므로 아기가 유두를 혼동하지 않도록 엄마 젖 이외의 다른 것을 물리지 말고 첫 날부터 차근차근 옳은 자세로 젖을 빨려주면 쉽게 젖을 먹일 수 있다.

엄마 젖 이외에는 물리지 않기

엄마 젖을 빠는 동작과 분유 병을 빠는 동작은 근본적으로 방법이 다르다. 엄마 젖은 젖꼭지 주변의 유륜 부위까지 듬뿍 물고 아기가 혀로 아래쪽을 훑어서 짜 먹는 동작을 하면서 먹지만 분유 병은 아기가 입술로 분유 병 꼭지만 물고 흘러내려 오는 분유를 빨다가 혀로 분유 병 꼭지를 막으면서 먹는 동작을 한다.

이와 같이 먹는 방법이 전혀 다르기 때문에 엄마 젖이든 분유든 분유 병에 담아서 아기에게 먹이면 아기는 엄마 젖을 물려 줘도 제대로 깊게 물고 빨지를 못해서 엄마 젖꼭지를 상처가 나고 피가 나게 한다. 이것을 유두 혼동이라고 하며 이 현상 때문에 엄마 젖 먹이는 것을 실패하는 엄마들이 너무나 많다. 젖을 먹이려면 분유 병을 아기에게 빨리는 일은 절대 하지 말아야 한다.

아기는 엄마와 같은 방에 머물기

엄마와 아기가 같은 방에서 지내면 아기는 심리적으로 안정을 찾아서 더 오랫동안 잘 자고, 배가 고플 때나 기저귀가 젖었을 때만 울게 된다. 아기가 잠을 푹 자고 나서 깨어나서 뒤척이면서 움직임이 많아지고 입맛을 다시며, 두리번거리며 엄마를 찾으면 배가 고프다는 신호이다. 이럴 때 엄마 젖을 물려주면 아기는 편안하게 젖을 먹고 다시 푹 자게 된다. 아기가 자주 깨서 울기 때문에 산모가 산후조리를 못 한다고 너무 염려할 필요가 없다. 아기가 가장 편안하게 느끼는 곳은 바로 엄마 곁이다.

잘못된 속설이 모유수유를 방해해요
⇨ 모유수유에 관한 올바른 상식

'매운 음식을 먹으면 아기 항문 주위가 빨갛게 된다', '밀가루 음식은 알레르기를 잘 일으키기 때문에 먹으면 안 된다', '날 음식은 먹으면 안 된다' 등등 여러 가지 속설이 있으나 학술적으로 근거가 없다. 모유를 먹이는 엄마들에게 금하는 식품은 원칙적으로 없다. 엄마가 좋아하는 음식을 영양소가 골고루 섭취되도록 식단을 짜서 먹으면 된다.

엄마가 직장에 출근하고 나서 아기를 봐 주시는 다른 분들이 아기에게 젖을 먹이는 경우 분유 병을 쓰지 않더라도 얼마든지 먹일 수 있다. 분유 병 끝에 스푼이 달린 스푼 젖병이나, 컵으로 젖을 먹일 수 있다. 분유 병으로 먹이지 않으면 못 먹이는 게 아니므로 미리 분유 병 빠는 것을 연습시켜 놓는다고 하다가 유두혼동을 일으켜 젖을 잘 빨지 않게 될 수 있으므로 주의해야 한다.

밤에 분유를 먹여 오랜 시간 잠을 자게 하면 엄마 젖을 빠는 자극이 너무 오랜 시간 없기 때문에 모유 분비량이 감소하게 된다. 밤에 엄마와 아기가 푹 잘 수 있도록 아기에게 분유를 먹여서 재우는 경우가 흔히 있다. 분유는 모유보다 소화되는 시간이 더 오래 걸리기 때문에 아기가 더 오래 잘 수밖에 없다. 엄마 젖이 많이 나오도록 자극하는 유즙분비호르몬인 프로락틴이 하루 중에서 가장 왕성하게 분비되는 때가 한밤중인데 이 시간에 엄마가 젖을 물리지 않고 자게 되면 엄마 젖 양은 그만큼 증가하지 않게 된다. 낮이나 밤이나 엄마 젖을 먹여야 한다.

모유를 먹는 동안 가끔 모유황달이 오는 아기들이 있다. 이것은 심하지 않으면 아기에게 해로운 것이 아니므로 심한 황달을 미리 예방한다고 분유를 섞어 먹이는 것은 바람직하지 못하다. 특히 엄마 젖을 먹은 아기 중에 태어나서 1주일 이내에 황달이 심하게 오는 경우는 엄마 젖을 제대로 먹지 못해서 오는 경우가 많으므로 엄마 젖을 끊는 게 아니라 오히려 엄마 젖을 더욱 적극적으로 물리도록 애를 써야 한다. 황달이 있어도 엄마 젖을 먹여야 한다. 단, 황달이 심해 보이면 소아청소년과 전문의의 진료를 먼저 받도록 한다.

엄마 젖을 먹는 아기들의 대변은 묽은 변을 보기 쉽다. 엄마 젖을 자주 먹이면 유당의 섭취가 많아 물 같은 변을 지리듯이 보는 경우가 많다. 그러나 대변 전체의 양이 많지 않은 경우 설사로 판정하지는 않는다. 시간이 지나면서 차츰 모유 먹는 아기들도 수유 간격이 안정되면서 대변 횟수도 줄고 적당히 무른 변을 보게 된다. 대변이 무르다고 분유를 섞어 먹이라는 충고는 따라 해서는 안 된다.

특수한 경우에도 꼭 모유수유 하세요
미숙아와 쌍둥이의 모유수유

미숙아

미숙아로 태어난 아기들은 태반을 통한 면역글로불린의 공급을 미처 받지 못하고 태어났기 때문에 면역글로불린이 많이 포함된 엄마 젖을 더 열심히 먹여야 한다. 미숙아 엄마의 초유에는 만삭아 엄마의 모유보다도 면역물질이 더 많다는 사실은 더 약한 아기를 보호하기 위한 좋은 방어 기전이 된다. 미숙아에게 모유를 먹이면 괴사성 장염, 병원 내 감염, 발달 지연, 수유 장애 등이 덜 생기고 입원 기간도 단축되는 것으로 알려졌다. 태어난 직후에는 아기가 너무 어리고 여러 가지 집중 치료를 받고 있어 직접 수유가 어려운 경우가 많다. 엄마가 짜서 가져다준 모유를 튜브를 통해서 아기에게 넣어준다. 아기가 자라서 임신 32~34주쯤 되면 입으로 먹기 시작하고 상태가 좋아지면 엄마가 직접 가슴에 안고 수유를 시도해 본다. 미숙아는 직접 수유를 할 수 없기 때문에 엄마가 젖을 열심히 짜서 아기를 먹이도록 애를 쓰는 것이 무엇보다 중요하다.

쌍둥이

쌍둥이를 낳은 엄마도 엄마 젖만으로 두 아기를 모두 키울 수 있다. 한 명의 아기가 먹을 양을 두 명이 나누어 먹는 것으로 오해해서 미리 분유를 보충하는 경우가 많은데 엄마가 젖을 열심히 물리면 두 명이 먹기에 충분한 양의 모유가 나온다. 단지 엄마의 칼로리 소모가 두 배이기 때문에 엄마가 영양 섭취에 더 신경을 써야 하고, 두 아기를 먹여야 하기 때문에 시간이 부족하지 않도록 잘 맞춰 나가야 한다. 두 명의 아기를 동시에 물리거나, 원할 때마다 두 명을 따로 먹이거나, 한 명이 원할 때 먹이고 나머지 한 명을 바로 이어서 먹이는 방법이 있다. 먹이는 방법은 엄마가 편한 방법으로 아기와 맞춰 가며 먹이면 된다.

0~24개월 아기의 성장과 발달

하루가 다르게 쑥쑥 자라는 아기. 초보 엄마는 또래에 비해
내 아기가 잘 크고 있는지 늘 걱정되기 마련. 아기의 성장 발달 과정을 이해하고 나면
육아가 한결 편안해진다. 월령별 성장 발달 단계를 짚어보며 내 아기의 성장을 체크해보고
각 시기별로 육아 포인트도 함께 알아본다.

10 신생아기

태어나서 첫 한 달은 아기가 엄마 뱃속에서 나와 새로운 환경에 적응하는 시기.
하루 20시간 이상 잠을 자고 먹는 양도 아직 적어 2~3시간에 한 번 꼴로 수유를 해야 한다.

성장 발달

체중이 줄었다가 다시 늘어난다

처음 3~4일간은 태어날 때 가지고 있던 몸속의 수분과 태변
이 빠지면서 체중이 일시적으로 줄어든다. 하지만 이후 매일
20~30g씩 체중이 증가하면서 7~10일 정도가 되면 출생 시
몸무게로 회복된다. 생후 1개월이 되면 출생 시 체중보다 1kg
정도 더 나가게 된다. 중요한 것은 '체중이 얼마나 늘었느냐'가
아니라 '일정한 속도로 자라고 있는가'다.

하루 20시간 정도 잠을 잔다

생후 한 달 이내의 아기는 평균 20시간 정도 잠을 잔다. 기저
귀 갈고 수유하는 시간을 제외하고는 거의 잠을 잔다고 보면
된다. 자라면서 점점 수면 시간이 짧아지므로 너무 많이 잔다
고 걱정하지 않아도 된다.

몸을 완전히 펴지 못한다

아직 엄마 뱃속에서의 자세를 유지하기 때문에 팔다리를 구부
리고 있으며 주먹을 꼭 쥐고 몸도 완전히 펴지 못한다. 손을 만
지면 더욱 세게 움켜쥐고 다리를 곧게 펴서 당겨도 금세 구부
린 자세로 돌아간다.

반사 반응을 보인다

몸을 자주 움직이지만 반사적인 동작이 대부분이다. 손바닥을
살짝 건드리면 오므리고 입술 근처에 손가락을 갖다 대면 그
방향으로 머리를 돌리며 빨려고 한다. 이 모두가 정상적인 반
사 동작으로 생후 3~4개월이 되면 차츰 사라진다.

울음으로 의사 표현을 한다

배가 고프거나 기저귀가 축축할 때, 너무 덥거나 추울 때, 졸
릴 때도 아기는 울음으로 도움을 청한다. 신생아에게 울음은

유일한 의사소통 방법이다. 아기가 울면 무엇 때문에 우는지 빨리 이유를 찾아 문제를 해결해줘야 한다.

돌보기

수유 후 트림을 잘 시킨다

신생아는 식도와 위를 연결하는 곳의 근육이 미숙해 자주 젖을 토한다. 분유는 물론 모유를 먹이고 나서도 트림을 꼭 시켜야 한다. 트림을 시킬 때는 아기의 머리가 엄마의 어깨 위로 가게 세워 안은 다음 등을 가볍게 쓸어내리면 된다. 트림을 잘 하지 않는다면, 등을 가볍게 통통 치는 것도 괜찮다.

아기가 원하는 만큼 충분히 먹인다

아직은 한 번에 먹는 양이 많지 않기 때문에 아기가 배고파할 때마다 먹고 싶어 하는 만큼 충분히 먹인다. 배고프다는 신호를 엄마가 빨리 알아채고 배가 고파 울기 전에 수유를 해야 한다. 아기는 배가 고프면 움직임이 많아지고 입 주변에 손을 갖다 대었을 때 입을 벌리고 그 방향으로 고개를 돌리며 빨려고 한다.

실내 온도는 24℃로 유지한다

신생아는 체온 조절 능력이 떨어지기 때문에 외부의 온도 변화에 민감하다. 너무 따뜻한 곳에서 푹 싸두면 금방 열이 나고, 반대로 너무 얇게 입혀두면 체온 소실로 위험할 수 있다. 실내 온도는 24℃가 가장 이상적이며, 옷은 어른보다 한 겹 정도 더 입히고 얇은 속싸개로 싸면 충분하다.

목욕은 수유 직후에 하지 않는다

수유 직후에 목욕을 하면 소화가 잘 안 될 수 있고 토하기도 하므로 수유 후 최소한 30분이 지난 다음에 목욕시킨다. 수유하기 30분 전에 목욕을 시키고 목욕을 마친 후 젖을 먹이는 것이 좋다.

배꼽을 청결하게 소독한다

배꼽이 떨어지기 전에는 면봉에 소독용 알코올을 묻혀 탯줄을 묶어둔 겸자를 들어 올리고 탯줄 아랫부분을 살살 닦는다. 배꼽이 떨어지고 난 후엔 면봉에 소독약을 묻혀 배꼽 안쪽까지 닦는다. 소독 후에는 공기 중에 잘 말린 다음 기저귀를 채운다.

건강

신생아 황달이 있는지 체크한다

신생아의 3/4 정도가 태어난 지 2~3일이 되면 황달을 보이며 7~10일경에는 나아진다. 하지만 모유를 먹는 아기의 경우 황달이 좀 더 지속되기도 한다. 황달은 신생아의 간 기능이 미숙해 빌리루빈이라는 색소를 제거하지 못해 나타나는 증상이다. 보통 머리에서 시작하여 다리 쪽으로 내려오는데 황달이 배까지 내려오면 병원 진료를 받아야 한다. 황달이 있다고 해서 모유를 무조건 끊을 필요는 없다. 하지만 심한 황달의 경우 의사의 지시에 따라 1~2일 정도 모유수유를 중단하고 분유를 먹이면 빌리루빈이 급격이 감소하여 이후 다시 모유를 먹일 수 있으며 거의 재발하지 않는다.

BCG 접종을 한다

결핵을 예방하는 BCG 백신은 생후 4주 이내에는 반드시 접종해야 하며, 만약 시기를 놓쳤더라도 가능한 빨리 맞혀야 한다.

아기가 우는데도 손 탈까 봐 안아주지 않고 울리는 경우가 종종 있는데, 이 시기에는 많이 안아주는 것이 아기의 정서 안정에 도움이 된다. 간혹 아기의 울음을 그치는 데 백색소음이 효과가 있다고 해서 청소기나 헤어드라이어의 소음을 들려주기도 하는데, 아기가 필요로 하는 것은 엄마의 따뜻한 품과 사랑이다.

11 생후 1개월

팔다리의 움직임이 활발해지고 엄마와 눈을 맞추며 방긋 웃기도 한다. 살이 통통하게 오르며 하루가 다르게 커가는 걸 느끼는 시기. 이젠 울음소리만으로도 아기가 무엇을 원하는지 짐작할 수 있다.

평균 신장 57.70cm
평균 체중 5.68 kg

성장 발달

발육 속도가 두드러진다

생후 한 달이 지나면 몸무게는 1kg 이상 늘고 키도 평균 3~4㎝ 정도 자란다. 아기를 엎어두면 머리를 잠깐 들고 좌우를 살펴보기도 하고 얼굴을 옆으로 돌려 바닥에 뺨을 대기도 한다. 목을 제대로 가누진 못하지만 누운 자세에서 팔을 잡고 끌어올리면 목이 따라올 정도로 힘이 생긴다.

양손과 발을 고르게 움직인다

엄마 뱃속에서의 자세를 유지하며 웅크리고 있던 팔다리가 펴지고 꽉 쥐고 있던 주먹도 풀게 된다. 스스로 주먹을 쥐었다 폈다 할 수 있고 발을 힘껏 차기도 한다. 양손과 발을 고르게 움직이는 등 몸의 움직임이 많아진다.

시력이 발달하기 시작한다

이 시기엔 움직이는 것을 눈으로 볼 수 있을 만큼 시력이 발달한다. 희미하게 사물을 볼 수 있는 정도지만 20~30㎝ 정도 떨어진 곳의 사물이나 사람의 얼굴을 볼 수 있다. 사람의 얼굴을 잠깐씩 보기 시작한다.

청력이 발달해 소리에 예민해진다

청력이 더욱 발달해 작은 소리에 자다가 깨기도 하고, 평소보다 큰 소리가 나면 깜짝 놀란다. 소리 나는 장난감을 흔들어주면 그 방향으로 고개를 돌리고 집중해서 바라본다. 엄마 목소리를 기억하기 때문에 울다가도 엄마가 안아서 어르거나 달래면 조용해진다.

상황에 따라 울음소리가 달라진다

생후 한 달이 지나면 아기는 상황에 따라 조금씩 다른 울음소리를 낸다. 엄마는 아기의 울음소리만으로도 배가 고픈지, 졸린지, 몸이 불편한지를 짐작할 수 있게 된다. 울음소리를 구별하는 데 정답이 있는 것은 아니고, 엄마가 아기와 생활하면서 자연스럽게 느끼게 된다.

돌보기

수유 리듬을 정한다

신생아 때는 정해진 시간 없이 아기가 배고플 때마다 수유를 했다면 생후 50일 전후에는 대부분 수유 리듬을 찾기 시작한다. 빠는 힘이 강해져 한 번에 먹는 양도 늘어나므로 보통 2~3시간 간격으로 수유하고 한번 먹을 때 충분히 먹여 재우도록 한다.

기저귀 발진과 땀띠를 조심한다

엄마에게 안겨 젖을 먹고 잠자는 시간이 많다 보니 계절과 상관없이 땀띠가 생기기 쉽다. 옷을 시원하게 입히고 땀띠가 나기 쉬운 부위는 미지근한 수건으로 자주 닦아주는 등 청결하게 유지한다. 대소변의 횟수가 잦기 때문에 기저귀를 빨리 갈아주지 않으면 엉덩이가 빨개지고 짓무르는 등 기저귀 발진이 생기기 쉬우므로 물로 자주 씻어주고 기저귀도 자주 갈아준다.

옷을 시원하게 입힌다

생후 한 달이 지나면 굳이 속싸개로 싸둘 필요가 없으므로 아기가 답답해하거나 날이 더워지는 계절이라면 풀어준다. 옷은 땀 흡수가 잘되는 순면 소재를 입힌다. 꽉 끼는 옷보다는 헐렁하게 입히는 것이 좋다. 수시로 아기의 등에 손을 넣어 옷이 땀에 젖지 않았는지 확인하고 젖었을 때는 바로 갈아입힌다.

창문을 열어 바깥 공기를 쐬어준다

가끔 창문을 열어 외부의 신선한 공기를 쐬게 한다. 바깥 공기를 쐬는 외기욕은 피부나 호흡기의 면역력을 길러주는 효과가 있다. 시간은 5분을 넘지 않도록 하고 직접 햇볕을 쐬는 것은 피한다.

급성장기에 맞춰준다

생후 6주경이 되면 급성장기를 맞이하여 아기가 더 많이 먹으려 한다. 젖을 먹은 지 1시간도 안 되었는데 배가 고파 칭얼대는 경우에는 모유가 부족한 것이 아니라 성장이 빠른 시기이므로 젖을 더 자주 물려준다. 아기가 빠는 만큼 엄마의 젖도 늘어가는 시기이지만, 아기의 체중이 잘 늘지 않는다면 전문의와 상담을 고려해야 한다.

건강

생후 1개월 검진과 2차 B형 간염 예방접종을 한다

생후 1개월이 되면 소아과를 방문해 검진을 꼭 받도록 한다. 발육은 순조로운지, 선천적인 병은 없는지 확인한다. 출생 직후 B형 간염 예방주사를 맞은 신생아는 생후 한 달경에 2차 접종을 한다. 기본 예방접종이기 때문에 병원에서 무료로 받을 수 있다.

기침을 한다면 주의한다

엄마에게 받은 면역력이 있어 감기에 잘 걸리지 않는 시기이지만, 신생아도 감기에 걸릴 수 있다. 기침만 할 뿐 크게 아파 보이지 않더라도 폐렴으로 넘어가는 경우가 있으므로 아기가 감기 같은 증상을 보이면 반드시 진료를 받는다.

영아 산통인지 잘 체크한다

저녁이나 한밤중에 자다가 갑자기 자지러지게 우는 것을 영아 산통이라고 한다. 흔히 배앓이라고 하는데 정확한 원인은 알 수 없다. 소화력이 떨어져 젖이나 분유의 단백질을 흡수하지 못해 배앓이를 한다는 주장도 있고, 수유 중에 공기를 많이 마셔서 배앓이를 한다는 설도 있다. 수유 전후로 아기를 최대한 편하게 해주고 울 때는 조용한 환경에서 달래준다.

머리가 한쪽으로 기울면 사경을 의심한다

아기를 눕혔을 때 머리가 한쪽으로만 기울거나 머리 방향을 바꿔도 다시 한 방향으로만 머리를 돌리는 경우, 목에 단단한 덩어리가 만져지는 경우 사경을 의심해봐야 한다. 사경은 원인을 정확히 알 수 없으나 목의 한쪽 근육이 짧아져 머리가 한쪽으로만 기우는 증상이다. 조기에 발견하면 꾸준한 스트레칭만으로도 정상으로 회복이 가능하지만, 생후 6개월이 지난 후에도 사경이 심한 경우 외과적인 수술을 해야 한다.

베이비 마사지를 한다

아기가 기분이 좋을 때, 목욕을 끝낸 후나 기저귀를 갈아주는 틈틈이 베이비 마사지를 해주면 좋다. 베이비오일을 엄마 손에 덜어 아기의 몸 구석구석을 쓰다듬듯이 마사지한다. 베이비 마사지는 혈액순환을 돕고 소화 기능과 장 기능을 강화하며 피부도 튼튼하게 만들어준다. 무엇보다 엄마와의 스킨십으로 엄마와 아기의 유대 관계가 돈독해진다.

12 생후 2개월

생후 2개월부터는 언어 발달의 가장 첫 단계인 초기 발성기로 "아아 오오" 옹알이를 시작한다.
낮과 밤을 구별하기 시작해 낮에 노는 시간이 많아지고 밤에는 기특하게도 5~6시간 깨지 않고 잠을 자기도 한다.

평균 신장 60.33cm
평균 체중 6.26kg

성장 발달

차츰 목을 가누기 시작한다

아기를 세워 안으면 잠깐 목을 빳빳이 세우고 주변을 둘러본다. 엎드려놓으면 머리를 가슴 위까지 들 수 있고 엎드려 노는 시간도 늘어난다. 하지만 아직은 목을 완전히 가누는 것이 아니므로 방심하면 뼈에 무리가 갈 수도 있으니 아기를 안을 때는 목을 가볍게 받쳐 안아야 한다.

손을 입에 넣고 빤다

손가락을 빨거나 주먹을 통째로 입에 넣고 빨기도 하는데, 배가 고프거나 다른 이유가 있는 것이 아니라 빠는 욕구가 강한 시기에 보이는 정상적인 발달 과정이다. 이 시기의 손 빨기는 아기의 가장 손쉬운 놀이다. 억지로 빨지 못하게 하느라 손싸개 등을 씌워두기보다는 자주 손을 깨끗이 씻겨주는 것이 좋다.

엄마와 눈을 맞추고 웃는다

1개월부터 서서히 사람의 얼굴을 잠깐씩 보기 시작하고, 2개월에는 확실하게 엄마와 눈을 맞추며 사회적 미소를 짓기 시작한다.

눈동자를 자유롭게 움직인다

시각의 범위도 넓어져 가까이에서 천천히 움직이는 물체를 바라보거나 좌우로 보기도 한다. 또 양쪽 눈동자가 같이 한곳을 응시하게 되어 눈동자가 따로 움직이는 듯한 사시 현상도 점차 없어진다. 딸랑이 등의 물체를 빤히 쳐다보기도 한다.

옹알이를 시작한다

생후 2개월이 지나면서 옹알이를 시작한다. 초기 옹알이는 아기의 발성 연습이다. 성대로 공기를 내보내며 '아', '오', '우' 같은 모음 발음으로 소리를 낸다. 주로 기분이 좋거나 엄마가 눈을 맞추고 얼러줄 때 많이 한다. 이때 엄마가 계속 반응을 보이고 말을 걸어주면 아기는 더 활발하게 옹알이를 하게 된다.

일으켜 세우면 다리에 힘을 준다

겨드랑이를 잡고 일으켜 세워 다리를 바닥에 닿도록 해주면 구부리고 있던 다리를 곧게 펴며 힘을 준다. 발로 차는 힘이 생기는 것. 단, 아기가 다리에 힘을 준다고 해서 자주 일으켜 세우지 않도록 한다.

갑자기 먹는 양이 줄기도 한다

아기의 수유량이 계속해서 늘기만 하는 것은 아니다. 갑자기 먹는 양이 줄어 엄마를 걱정시키기도 한다. 먹는 양이 줄어도 기분 좋게 잘 놀고 별다른 이상이 없다면 걱정하지 않아도 된다. 몸무게가 표준치보다 적게 나가더라도 꾸준히 늘고 있다면 수유량은 적당하다고 볼 수 있다. 하지만 아기가 보채면서 먹지 않거나 3일 이상 먹는 양이 눈에 띄게 줄었다면 다른 질병을 의심해봐야 한다.

돌보기

밤중 수유를 줄여간다

낮에 3~4시간 간격으로 충분한 양의 젖을 먹기 때문에 자연스럽게 밤중 수유가 줄어든다. 아기가 6시간 정도 깨지 않고 잔다면 굳이 깨워서 먹이지 않아도 된다. 여전히 밤에 자주 깨서 젖을 찾는다면 자기 직전 충분히 젖을 먹이도록 한다.

침이 많아지는 시기이므로 턱받이를 해준다

침의 양은 많아지는데 잘 삼키지 못하고 입은 늘 벌어져 있어 침을 많이 흘리게 된다. 침 때문에 입가가 늘 축축하게 젖어 있으면 피부 트러블이 생길 수 있으므로 가제 수건으로 자주 닦아준다. 침은 바로바로 닦아주는 것이 좋다. 턱받이나 부드러운 손수건을 가슴에 대주면 옷이 젖는 것을 예방할 수 있다. 침을 많이 흘려 입가와 볼이 거칠어졌다면 보습제를 충분히 발라준다.

기본적인 생활 리듬을 만들어준다

낮과 밤을 구별하기 시작하는 시기이므로 수면 리듬을 만들어주는 것이 중요하다. 밤에는 조명을 최대한 어둡게 하고 시끄럽지 않게 해서 잠잘 수 있는 환경을 만들어준다. 밤낮이 바뀐 아기라면 낮에 아기와 함께 산책을 하거나 음악을 틀어놓는 등 활발하게 시간을 보내고 밤애는 집 안의 모든 불을 다 끄고 온 가족이 잠자리에 드는 등의 노력을 기울여 수면 리듬을 잡아본다. 하루

아침에 잡히는 것이 아니므로 마음의 여유를 갖고 시도한다.

모빌을 달아준다

생후 2개월이 되면 눈의 움직임과 시력이 발달하게 된다. 눈앞에 물체를 갖다 대면 눈을 깜빡거리며 물체를 눈으로 쫓는다. 처음에는 흑백 모빌을 달아주고, 색을 구별할 수 있는 백일 무렵이 되면 알록달록 컬러 모빌로 바꿔준다. 모빌의 위치는 아기 배꼽에서 30㎝ 정도 떨어진 높이가 적당하다.

건강

피부 관리에 신경 쓴다

생후 2개월이 지나면서 땀구멍이 발달해 땀을 흘리기 시작한다. 이 시기부터 땀띠나 기저귀 발진, 습진 등의 피부염이 잘 생기므로 피부 청결에 더욱 신경 써야 한다.

분비물이 많아 코가 잘 막힌다

콧구멍이 작은데다 분비물이 많아 코가 막히기 쉽다. 아기는 젖을 먹으면서 코로 숨을 쉬어야 하기 때문에 코가 막히면 젖을 잘 먹을 수 없고 잠도 잘 자지 못한다. 코가 막혀 힘들어할 때는 실내 습도를 50~60%로 올려주거나 코에 생리식염수를 한 방울 넣어준다.

생후 2개월에 필요한 접종을 한다

생후 2개월이 된 아기는 DTaP(디프테리아, 파상풍, 백일해), 소아마비, 뇌수막염, 폐구균, 로타바이러스 1차 예방접종을 해야 한다.

태열이 생기는 시기

아기의 양 볼이 빨갛고 거칠어지는 증상인 태열은 출생 후 3개월 전후로 나타난다. 임신 중 다양한 요인으로 태내에 축적된 열이 출생 후 아기의 피부를 통해 배출되는 자연스러운 과정이다. 수시로 보습제를 얇게 펴 발라주는 것이 증상 완화에 도움이 된다. 보통 생후 1~3개월에 나타났다 사라지지만, 피부 증상이 점점 악화되거나 돌 이후까지 지속되면 아토피피부염으로 발전할 수 있다. 태열을 비롯한 아기들의 피부 증상은 대부분 저절로 좋아지는 경우가 많으므로, 전문가의 처방을 받아 덧나지 않도록 관리하면서 피부 증상이 호전되기를 기다리는 것이 좋다.

13 생후 3개월

엄마 아빠 얼굴을 기억하고 기분이 좋으면 소리 내어 웃기도 한다.
가만히 누워서만 놀던 아기가 꿈틀꿈틀 몸을 움직이고 목을 가누기 시작한다.

평균 신장 | 62.87cm
평균 체중 | 6.84kg

가 떨어지지 않는다. 안고 있거나 몸을 기울여도 머리를 떨구지 않을 정도로 목을 완전히 가누며, 누워 있는 아기의 양손을 잡아 일으키면 머리가 뒤로 처지지 않고 따라온다.

소리 내어 웃는다

기분이 좋으면 환한 표정으로 소리 내어 웃고, 불편한 것이 있으면 화가 난 듯 우는 등 표정과 감정 표현이 풍부해진다. 특히 누군가 옆에 오면 알아채고 팔다리를 버둥거리거나 소리를 지르며 좋아하고, 말을 걸거나 얼러주면 소리 내어 웃는다. 음악 소리에 귀를 기울이기 시작한다.

색을 구별하기 시작한다

흑백만을 구별하던 아기는 백일을 전후로 색깔을 구별할 수 있을 정도로 시력이 발달해 색깔이 있는 장난감에 관심을 보인다. 특히 빨간색, 노란색, 파란색 등 원색 위주의 알록달록한 장난감을 좋아한다.

성장 발달

체중은 출생 때의 2배가 된다

생후 3개월이 되면 몸무게는 출생 시보다 2배 가까이 늘고 키도 10㎝ 가량 자란다. 그동안 빠르게 증가하던 몸무게가 완만하게 는다. 아기의 몸무게는 꾸준히 잘 늘고 있는가가 중요하다.

목을 가눈다

목 근육이 발달해 안아 올릴 때 머리를 받쳐주지 않아도 고개

무엇이든 입으로 가져간다

모든 사물을 입으로 탐색하는 시기인 만큼 눈에 보이는 것은 손으로 잡아서 입으로 가져간다. 손에 흥미를 갖고 자신의 손을 신기하게 바라보고 갖고 놀다가 입으로 가져가 빨기도 한다. 팔을 쭉 뻗어 눈앞에 움직이는 물체를 잡기도 하고 장난감

을 손에 쥐어주면 입에 집어넣기도 한다.

부모의 얼굴과 목소리를 기억한다

엄마의 화난 목소리, 부드러운 목소리도 구분할 수 있어 화난 목소리를 들으면 울기도 한다. 엄마 아빠의 얼굴과 목소리를 기억하고 옆에 다가오거나 목소리가 들리면 기분이 좋아 웃고 반가워하며 팔다리를 버둥거린다.

돌보기

하루 5~6회 정도 수유한다

깨어 있는 낮 동안 3~4시간 간격으로 젖을 먹으므로 하루 5~6회 수유하게 된다. 한번 먹일 때 충분한 양을 먹여야 수유 간격을 지킬 수 있고 먹는 양도 늘어난다.

손 청결에 신경 쓴다

손의 움직임이 활발해져 무엇이든 입으로 가져가 빨고, 자기 손에 관심을 보이며 손을 자주 빤다. 손이 더러우면 입안에 염 증이 생기거나 배탈이 날 수 있으므로 손을 항상 청결하게 해 준다. 손을 깨끗이 닦아주고 손톱 손질도 잊지 않는다. 손을 빠는 동안 벌어진 입으로 침을 많이 흘리므로 입 주위도 자주 닦아주고 보습에 신경 쓴다.

백일잔치를 한다

태어난 지 드디어 백일이 됐다. 쌀밥에 미역국, 백설기, 삼색나 물 등으로 삼신상을 차려 백일잔치를 하는 것이 전통. 무병장수 하고 액운을 막는다는 백설기와 수수팥떡 등을 올리면 된다.

건강

발달성 고관절 형성 이상인지 체크한다

아기의 기저귀를 갈 때 엉덩이와 허벅지의 주름이 양쪽 대칭을 이루는지 살펴본다. 두 다리를 쭉 잡아당겼을 때 다리에 잡히 는 주름이 대칭을 이루지 않고 양쪽이 다르거나, 아기를 눕혀 놓고 무릎을 세웠을 때 무릎의 높이가 다르다면 발달성 고관절 탈구를 의심해봐야 한다. 대퇴골과 골반을 잇는 고관절이 태어 날 때부터 어긋나 있는 것을 발달성 고관절 탈구라고 한다. 신 생아 때도 발견할 수 있으며, 생후 6개월 이전에 조기 발견하 면 교정만으로 치료가 가능하지만 생후 6개월이 지나면 수술 을 해야 한다.

접촉성 피부염을 예방한다

무엇이든 입으로 가져가 빨고 침을 많이 흘리기 때문에 입 주 변이 항상 까칠까칠하고 붉게 변한다. 또한 피부가 약한 아기 들은 겨울에 찬바람을 조금만 쐬어도 얼굴이 붉게 튼다. 이유 식을 시작하면 침이나 음식물이 피부를 자극해 더 심해지기도 한다. 침을 흘릴 때는 깨끗한 가제 수건으로 닦아주고 얼굴이 지저분할 때는 물로 씻긴 후 로션이나 크림을 충분히 발라 항 상 촉촉하도록 보습에 신경 쓴다. 이유식을 시작하면서 달라진 변으로 인해 기저귀 발진이 생기기도 하므로 배변을 본 후엔 물로 깨끗이 씻기고 기저귀도 자주 갈아줘야 한다.

아기와 놀아주는 시간을 늘린다

먹고 자기만을 반복하던 신생아 시기를 지나 낮에 깨어서 노는 시간이 많아진 다. 아기는 엄마와 상호작용을 하길 원한다. 비록 옹알이지만 엄마와 대화하길 좋아하고 눈을 맞추며 놀고 싶어 한다. 부모와 아이 사이의 관계가 크게 발전하 면서 아이의 지능과 사회성 운동 능력도 발달된다. 기저귀 갈기, 목욕시키기 등 기본적인 케어만 하는 것이 아니라 아기와 놀아주는 시간을 늘리는 것이 좋다. 노래를 불러주고 장난감을 흔들어 보이고 이야기를 나누는 등 엄마가 즐겁게 놀 아주면 아기는 엄마와의 상호작용을 통해 자극을 받고 정서적으로도 안정을 찾 는다.

14 생후 4개월

목을 완전히 가누고, 뒤집기가 가능한 시기. 눈앞의 물건을 손으로 잡을 수 있게 된다. 가만히 누워 있지 않아
기저귀를 갈기조차 힘들 정도로 움직임이 활발해지는 시기다.

평균 신장 | 65.03cm
평균 체중 | 7.32kg

성장 발달

몸의 움직임이 활발하다

몸을 뒤틀면서 끊임없이 뒤집기를 시도하고 한번 뒤집기에 성
공하면 계속 뒤집는다. 기저귀를 채우기 힘들 정도로 가만히
있지 않고 움직임이 활발해진다. 옆구리를 잡고 세우면 다리에
힘을 주면서 일어나려고 하고, 점프를 하듯이 다리를 구부렸다
펴기를 반복하기도 한다.

목을 완전히 가눈다

대부분의 아기가 목을 완전히 가눈다. 엎드려놓으면 팔로 바닥
을 짚고 상체까지 들어 올릴 정도로 목과 등 근육이 발달한다.
생후 5개월이 다 되도록 아기가 목을 가누지 못한다면 발달 검
사를 받아본다.

스스로 물건을 잡으려고 한다

눈과 손의 협응력이 발달해 스스로 물건을 잡으려고 한다. 아
기 가슴 위에 딸랑이를 놓으면 두 손으로 잡고, 눈앞에 장난감
을 보여주면 팔을 뻗어 잡으려 한다. 움직이는 물건도 서툴지
만 만질 수 있다.

기대어 잠깐 앉을 수 있다

쿠션이나 베개를 등에 받쳐주면 잠깐 기대어 앉을 수 있다. 오
래 앉아 있진 못하고 금방 옆으로 쓰러진다. 이유식을 하는 동
안 아기용 의자에 잠깐 앉힐 수 있겠지만 오래 앉아 있으면 뼈
에 무리가 갈 수 있다. 쏘서도 오래 앉아 있으면 마찬가지로 뼈
에 무리가 갈 수 있고 보행기 역시 안전사고의 위험이 있으니
주의한다.

먼 곳을 볼 수 있다

생후 4개월쯤 되면 사물을 전체적으로 볼 수 있고, 작은 물체
나 먼 곳의 물체도 알아볼 수 있을 정도로 시력이 발달한다. 집
안에서 누군가 왔다 갔다 하면 시선이 함께 움직인다.

물렁물렁하던 머리가 단단해진다

아기의 머리는 백일이 지나면서 단단해진다. 머리 뒤쪽의 소천문은 닫혀서 만져지지 않고, 계속 커지던 대천문도 지금부터는 크기가 조금씩 줄어든다. 대천문은 보통 14~18개월경에 닫힌다. 그러나 정상아도 2년이 지나서 닫히는 경우가 있다.

돌보기

잠자는 습관을 올바르게 잡는다

젖을 물고 자는 경우, 안아주거나 업어야만 자는 경우엔 잠자는 습관을 올바르게 들일 필요가 있다. 잠자기 1시간 전에 목욕을 시키고 충분히 젖을 물린 다음, 아기가 잠들기 전에 자리에 눕힌다. 안아주거나 업어야만 잔다고 해서 계속 그런 방법으로 재우면 앞으로도 엄마가 힘들고 아기도 숙면을 취하기 어렵다. 시간이 걸리더라도 바닥에 눕히고 스스로 잠들 수 있게 노력한다.

분유를 먹는 아기는 이유식을 시작한다

일반적으로 이유식은 생후 4~6개월, 몸무게가 6~7kg 정도 되었을 때부터 시작한다. 모유를 먹이는 경우엔 생후 6개월경에 시작한다. 이 시기의 이유식은 영양을 보충한다기보다 음식을 받아먹는 연습을 시작하는 것. 처음 시작은 알레르기의 위험이 없는 쌀미음부터 한다. 간혹 첫 이유식을 과즙으로 시작하는 경우가 있는데, 과즙부터 먹이는 것은 좋지 않다. 과일 알레르기를 보일 수도 있고, 무엇보다 단맛을 먼저 접하고 그 맛에 익숙해지면 밥을 먹으려 하지 않기 때문에 올바른 이유식을 할 수 없게 된다.

가벼운 스트레칭으로 근육을 풀어준다

지금껏 몸을 웅크리고 있다가 갑자기 움직임이 활발해지는 시기. 손을 뻗어 장난감을 잡고 뒤집기 위해 끙끙대면서 목, 가슴, 등, 허리, 팔다리 등 대부분의 근육을 골고루 쓰기 시작한다. 흔히 '쭉쭉이 체조'라고 하는 가벼운 스트레칭으로 아기의 근육을 풀어

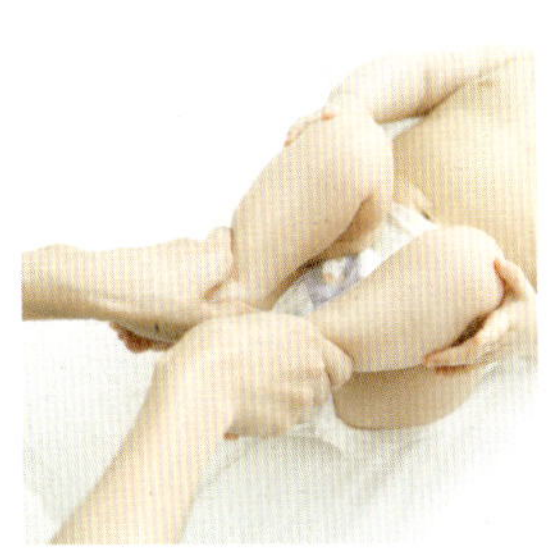

주면 아기의 성장을 자극할 수 있다.

아기를 침대에 혼자 두지 않는다

아기가 뒤집을 수 있게 되면 절대 침대나 소파와 같이 높은 곳에 아기를 혼자 두지 않는다. 뒤집지 못한다 하더라도 몸의 움직임이 활발한 시기이므로 발로 바닥을 밀며 움직이다가 침대에서 떨어질 수도 있으니 절대 한눈을 팔지 않는다.

건강

변 상태를 체크한다

이유식을 시작했다면 변 상태를 수시로 체크해야 한다. 아기의 체질에 따라 변비나 설사를 할 수도 있지만 증상이 가볍다면 이유식을 계속 진행한다. 아기의 위장이 모유나 분유 이외의 음식에 익숙하지 않기 때문에 생기는 현상으로 위장이 적응하면 증상이 사라진다. 가볍게 설사를 하거나 2~3일 변을 보지 않아도 아기의 식욕이 좋고 잘 논다면 걱정하지 않아도 된다.

생후 4개월에 필요한 접종을 한다

생후 4개월이 된 아기는 DTaP(디프테리아, 파상풍, 백일해), 소아마비, 뇌수막염, 폐구균, 로타바이러스 2차 접종을 시행한다.

국민건강보험에서는 생후 4~71개월의 영유아를 대상으로 건강검진을 무료로 실시하고 있다. 생후 4~6개월에는 1차 영유아 건강검진이 이뤄진다. 우편으로 안내문이 도착하면 집에서 가까운 영유아검진기관에 예약 후 방문해 검진을 받으면 된다. 키와 몸무게, 머리둘레 등 기본적인 신체계측을 통한 성장평가가 이뤄지고, 신체 진찰과 대근육운동, 소근육운동, 인지, 언어, 사회성, 자조영역의 발달 등 전반적인 성장 발달 사항을 점검한다. 또한 보호자에게 안전사고 예방 교육과 영양 교육 등 아기의 월령에 맞는 유용한 정보도 제공한다. 반드시 검진 기간 안에 받아야 하며 기간이 지나면 비용을 부담해야 한다. 검진 후엔 결과서를 받게 되는데, 만약 어린이집에 아기를 맡기는 경우엔 건강검진 결과서를 제출해야 하므로 잃어버리지 않게 잘 챙겨둔다. 검진기관 검색은 국민건강보험공단 홈페이지(www.nhic.or.kr)에서 확인할 수 있다.

15 생후 5개월

뒤집기, 되집기를 시작하면서 아기가 활발하게 움직이기 시작한다.
감정이 풍부해져 좋고 싫은 것도 표현할 줄 안다.

마가 어디에 있는지 물어보면 엄마가 있는 쪽을 바라본다.

팔다리가 튼튼해진다

팔과 다리의 근육이 단단해지고 힘이 생긴다. 팔 힘이 좋아져 가벼운 것을 잡고 휘두르기도 한다. 쥐고 있는 장난감을 뺏으려 하면 두 손으로 꽉 쥐고 좀처럼 놓지 않는다. 아직 손가락을 잘 쓰진 못한다. 점퍼루나 쏘서를 태우면 제자리에서 곧잘 뛰는 것을 볼 수 있다. 하지만 오랜 시간 앉혀두는 것은 금물. 허리에 무리가 가지 않도록 잠깐씩 앉혀둔다.

좋고 싫음의 감정을 표현한다

감정이 풍부해져 좋은 것과 싫은 것에 대한 감정을 확실히 표현한다. 가지고 있는 장난감을 억지로 뺏으려 하면 소리를 지르며 울기도 하고, 마음에 들지 않으면 장난감을 던지며 짜증을 부릴 줄도 안다. 반면 신나거나 좋은 일에는 팔을 한껏 흔들고 소리 내어 웃으며 좋아하는 감정을 확실하게 표현한다.

성장 발달

자신의 이름을 듣고 반응한다

엄마가 이름을 부르면 자기를 부르는 것임을 알고 엄마를 쳐다보거나 옹알이로 반응한다. '엄마', '아빠'라고말은 못하지만 엄

돌보기

하루에 한 번 정도 이유식을 준다

생후 4개월에 쌀미음으로 이유식을 시작한 아기는 채소를 한 가지씩 추가해가며 채소 미음을 먹여본다. 한 번에 새로운 재료를 한 가지씩 추가해서 3일가량 먹여보고 알레르기 반응을 체크한

다. 이유식은 하루에 한 번 일정한 시간을 정해 매일 같은 시간에 먹인다. 5개월 중반이 넘어서면 모유를 먹는 아기나 아토피가 있어 이유식을 미룬 아기도 쌀미음으로 이유식을 시작한다.

소근육을 자극한다

생후 5~6개월에 접어들면 눈으로 본 것을 스스로 잡을 수 있게 된다. 처음에는 두 손을 동시에 움직여 물건을 잡고, 시간이 지나면 한 손만으로도 물건을 잡을 수 있다. 이 시기에는 숟가락이나 컵도 스스로 들고 싶어 한다. 유아용 과자를 스스로 집어 먹을 수 있도록 엄마가 시범을 보여준다. 누르면 소리가 나는 장난감 등으로 소근육 발달을 촉진한다.

하루 두 번 낮잠을 재운다

오전에 한 번, 오후에 한 번 하루에 두 번 낮잠을 재운다. 낮잠은 한 번 잘 때 1~2시간이 적당하며 시간을 정해 규칙적으로 재우는 것이 좋다. 간혹 밤에 잠을 잘 안 잔다고 낮잠을 줄이는 경우가 있는데, 낮잠을 충분히 자지 못하면 오히려 피곤해서 잠을 더 설친다. 이 시기에는 평균 15~18시간 자야 한다.

삼키기 쉬운 물건을 모두 치운다

아기가 움직이기 시작하면 안전사고의 위험도 함께 높아진다. 아무 것이나 입에 집어넣는 시기인데다 배밀이를 하면서 움직이기 때문에 동전, 단추, 알약 등 삼킬 수 있는 작은 물건들을 바닥에 흘리지 않는 다. 손을 베기 쉬운 가위나 칼 등도 아기의 손이 닿지 않는 높은 곳에 보관한다.

건강

아기의 평균 체온을 체크한다

평균 체온을 재어두면 아기가 열이 날 때 빨리 알아챌 수 있다. 아기들의 체온은 어른에 비해 약간 높은 편이다. 어디를 재느냐에 따라 체온이 조금씩 달라지므로 평소 집에서 체온을 잴 때 겨드랑이, 항문, 귀 중 한 곳을 정해 체온을 잰다. 귀로 잰 체온이 37.5℃가 넘으면 소아청소년과 진료를 받는다. 37.2~37.4℃ 정도라도 평소보다 보채거나 잘 먹지 못하는 등의 증상이 있으면 진료를 받는다.

당근과 시금치, 과일은 생후 6개월 이후에!

당근과 시금치의 경우, 오래 보관하면 질산염의 함량이 높아져서 아기에게 빈혈을 일으킬 수도 있다. 생후 6개월 이전에 사용할 때는 싱싱한 상태로 조리한다. 생후 6개월 이후에는 고기가 들어간 이유식으로 충분히 철분을 보충해주는 것이 좋다. 과일 역시 산이 많아 아기의 위장을 자극하고 알레르기를 일으키는 성분이 있으므로 너무 일찍 시작하지 말고 생후 6개월 이후에 먹인다.

16 생후 6개월

모체에서 받은 면역력이 떨어져 감기에 걸리기 쉬우므로 각별히 신경 써야 하는 시기.
아무리 늦어도 생후 6개월에는 이유식을 시작해야 한다. 아기는 혼자 바닥을 짚고 앉아 있을 수 있다.

평균 신장 68.64cm
평균 체중 8.12kg

성장 발달

면역력이 떨어지는 시기다

아기는 태어날 때 엄마에게서 면역력을 전달받기 때문에 생후 6개월까지는 감기에 걸리거나 잔병치레를 하는 일이 비교적 적다. 하지만 생후 6개월 이후부터 모자 면역이 없어지면서 사소한 질병에 걸리는 일이 잦아진다. 또한 움직임의 범위가 넓어지고 바깥 활동이 시작되면서 외부 세균에 감염될 기회도 늘어난다. 실내 환경을 쾌적하게 하고, 외출 후에는 반드시 손발을 깨끗하게 씻긴다. 엄마도 아기를 만지거나 안기 전에 손을 깨끗이 씻는 것을 생활화한다.

몸을 자유자재로 뒤집는다

생후 6개월이 지나면 몸을 자유자재로 뒤집을 수 있다. 보통 배에서 등 쪽으로 먼저 뒤집고 나중에 반대 방향으로도 뒤집는다. 처음에는 오른쪽이든 왼쪽이든 한 방향으로만 뒤집다가 차츰 양쪽으로 번갈아 뒤집는다. 뒤집는 게 능숙해지면서 오른쪽에 놓인 물건을 몸을 돌려 왼손으로 잡을 수도 있다.

아랫니가 나기 시작한다

빠른 아기는 아래쪽 앞니 2개가 돋아난다. 늦으면 돌이 되어서야 나기도 하므로 이가 늦게 난다고 걱정할 필요는 없다. 이가 나기 시작하면 잇몸이 간지러워 자꾸 보채고, 잠을 잘 안 자거나 침을 많이 흘리고 손을 자꾸 입에 넣는 행동을 한다.

분리불안이 생긴다

엄마를 보면 웃고, 싱글벙글하면서 엄마와 놀고 싶어 한다. 반대로 엄마가 보이지 않으면 두리번거리며 찾고 불안해한다. 이런 분리불안은 지극히 정상적인 발달 과정으로 엄마와 애착 형성이 잘된 아기도 분리불안을 보인다. 이 시기에는 엄마가 언제나 옆에 있다는 안정감을 주는 것이 중요하다.

배밀이를 시작한다

뒤집기가 능숙해지고 엎드려 노는 시간이 많아지면 배밀이를 시작한다. 엎드린 상태에서 손이나 팔로 바닥을 짚고 몸을 앞으로 당겨 나아간다. 처음엔 뜻대로 되지 않아 뒤로 가는 경우가 종종 있다. 마음껏 기어 다닐 수 있도록 양말을 벗기고 옷도 가볍게 입힌다. 아기의 발바닥을 쥐고 개구리 다리처럼 구부렸다 펴면서 앞으로 나아갈 수 있도록 도와준다.

낯가림이 생긴다

가족과 낯선 사람을 구별할 수 있다. 낯선 사람을 보면 고개를 돌리거나 울기도 한다. 낯가림 역시 정상적인 발달 과정 중 하나이므로 아기를 억지로 떼어놓으려 하지 말고 충분히 안아주고 안심시켜주는 것이 중요하다. 엄마와 단둘이 지내는 시간이 많을수록 낯가림이 심하므로 다른 사람과 함께하는 시간을 늘려가는 것도 필요하다.

간단한 유아어를 시작한다

지금까지는 '아', '오' 등 모음 위주의 소리만 냈지만 '마', '부', '다' 등 자음이 들어간 소리를 내기 시작한다. 아무 의미 없는 소리이긴 하지만, 아기가 내는 소리를 엄마 아빠가 똑같이 따라해주면서 반응을 보이고 자주 말을 건네면 아기의 옹알이는 더욱 활발해진다.

돌보기

늦어도 생후 6개월에는 이유식을 시작해야 한다

아기가 아프거나 아토피피부염이 있는 경우 이유식을 늦추곤 하는데 아무리 늦어도 생후 6개월에는 이유식을 시작해야 한다. 7개월 이후에는 중기 이유식에 들어가야 하므로 이유식을 늦게 시작했을 때는 진행 속도를 빨리 해야 한다. 그렇다고 여러 가지 재료를 한꺼번에 첨가하는 것은 좋지 않다. 이상 증세를 보였을 때 원인이 무엇인지 알 수 없기 때문이다.

잇몸 마사지를 해준다

잇몸을 젖은 가제 수건으로 닦아준다. 이가 나오려고 하는 시기여서 잇몸이 간지러울 때이므로 부드럽게 쓸어주면서 마사지를 해주면 좋다.

건강

생후 6개월에 필요한 접종을 한다

생후 6개월이 된 아기는 DTaP(디프테리아, 파상풍, 백일해), 소아마비, 뇌수막염, 폐구균 3차 접종을 한다. 로타바이러스 5가백신을 선택한 경우 3차 접종을 시행한다. 만 6개월 이상이면 9~10월 이후에 독감 접종을 한다.

첫 안과 검진을 받는다

아기의 눈은 생후 6개월부터 본격적으로 발달한다. 따라서 안과 전문의는 생후 6개월부터 정기적인 안과 검진으로 발달을 체크할 것을 권한다. 특히 눈의 초점이 맞지 않고 두 눈이 다른 방향을 향한다면 사시를 의심해봐야 한다.

고기를 꾸준히 먹여 철분을 보충한다

정상적으로 태어난 아기들은 엄마 뱃속에서 미리 6개월 치의 철분을 받아서 태어난다. 생후 6개월이 지나면 엄마 뱃속에서 받은 철분을 다 써버리기 때문에 이유식을 통해 철분을 공급해줘야 한다. 물론 모유에도 철분이 들어 있지만 필요로 하는 양에 못 미친다. 철분이 많은 대표적인 음식은 바로 붉은 살코기. 기름기 없는 살코기를 곱게 갈아서 이유식에 넣어 먹인다.

본격적인 치아 관리를 시작한다

치아가 나기 시작하면 본격적인 치아 관리가 필요하다. 보통 젖니는 모두 빠지고 영구치로 대체될 것이라는 생각으로 소홀히 관리하기 쉽다. 하지만 젖니의 충치와 손실은 입 모양을 바꿀 수도 있고, 영양 섭취도 방해하므로 시기에 맞는 적절한 관리가 필요하다. 첫 치아가 나기 시작한다면 부드러운 재질의 아기용 칫솔이나 가제 수건으로 이를 깨끗이 닦아준다.

17 생후 7개월

혼자서 놀 줄 알게 되고 두 손으로 장난감을 자유롭게 가지고 놀 수 있다.
낯가림이 심해져 엄마 아빠가 아닌 낯선 사람이 안으려고 하면 소리 지르고 울기도 한다.

| 평균 신장 | 70.19cm |
| 평균 체중 | 8.47kg |

성장 발달

앉아 있다가 엎드릴 수 있다

생후 7개월이면 다른 사람의 도움 없이 몸을 일으켜 앉을 수 있다. 제법 등을 펴고 반듯이 앉아 있기도 하지만 아직은 불안해서 팔이나 손을 바닥에 대고 비스듬히 앉는 자세를 취한다.

혼자 앉을 수 있다

처음에는 바닥에 손을 짚고 등을 구부린 채 어설프게 앉지만 차츰 등을 쭉 펴고 혼자 앉아 장난감을 손에 쥐고 놀 수 있다.

보행기나 쏘서 등을 태워도 등이 구부러지지 않고 잘 앉아 있다면 필요할 때 잠깐씩 태워도 좋다.

두 손으로 물건을 잡는다

손가락을 자유롭게 펴거나 구부리는 것이 가능해 과일이나 과자를 쥐어주면 입으로 가져간다. 바닥에 있는 장난감을 마음대로 쥘 수도 있고 들고 있는 장난감을 내려놓을 수도 있다. 쥐고 있던 장난감을 자연스럽게 다른 손으로 옮겨 쥐기도 하고 흔들기도 한다.

다양한 감정을 표현한다

좋고 싫음을 표현하는 것을 넘어 기쁨, 슬픔, 즐거움, 화남, 두려움을 상황에 따라 다르게 표현한다. 피곤하고 졸리거나 짜증이 나는 등 섬세한 감정도 표현한다. 자기가 들고 있는 장난감을 누군가 빼앗을 때, 싫어하는 상황이 생길 때는 소리를 질러 의사표현을 하기도 한다.

낯가림이 심해진다

낯선 사람을 보면 경계해서 울음을 터트린다. 엄마 품에 안겨 있으면서도 다른 사람이 옆에 있다는 이유만으로 큰 소리로 울기도 한다. 엄마 아빠의 얼굴 표정을 읽을 수 있어 엄마 아빠의 기분에 따라 아기의 표정과 반응도 달라진다.

돌보기

하루에 두 번 이유식을 먹인다

혀로 으깨서 먹을 수 있는 정도의 굳기로 중기 이유식을 시작한다. 두부, 감자, 국수 등을 부드럽게 삶아 한입 크기로 잘라주면 좋다. 하루에 두 번 오전 10시와 오후 5~6시쯤 이유식을 먹이는 것이 적당하며 매일 같은 시간에 이유식을 주어 규칙적인 식습관을 길러준다. 이유식을 먹인 후에는 바로 수유를 한다. 그래야 한 번에 먹는 양도 늘리고 식사와 식사 사이에 간격을 둘 수 있다. 이유식 양이 늘어 한 끼로 충분한 양을 먹게 되면 수유는 간식 시간에 한다.

놀이 상대가 되어준다

혼자 노는 것보다 엄마 아빠가 함께 놀아주면 더 좋아한다. 장난감을 가지고 엄마가 계속 이야기를 하며 놀아주거나 아빠가 온몸을 움직이는 놀이로 아기를 즐겁게 해주면 좋다. 아기는 엄마 아빠와의 상호작용을 통해 첫 사회성을 익히게 된다. 놀이에 대한 만족도가 높은 아기일수록 정서적으로 안정된 아기로 자란다.

컵으로 물 먹는 연습을 시킨다

물이나 과즙을 먹일 때는 우유병 대신 컵에 담아 먹인다. 아직 아기가 잡고 먹기에는 많이 서툴기 때문에 엄마가 컵을 잡고 아기의 입에 조금씩 흘려 넣어준다. 아기가 컵을 자꾸 잡으려고 하면 양손으로 안정감 있게 잡을 수 있도록 양손잡이가 있는 컵에 담아준다.

건강

유아용 칫솔을 사용한다

치아가 난 후에는 작고 부드러운 유아용 칫솔에 물을 묻혀 닦아준다. 이를 닦을 때는 치아의 앞면과 뒤쪽까지 꼼꼼히 닦는다. 아직 치약을 뱉을 수 없으므로 불소가 포함된 치약은 사용하지 않는다. 시중에 나와 있는 무불소 치약을 이용해도 되지만, 돌 이전에는 물로만 닦아도 충분하다.

밤에는 10시간 이상 재운다

올바른 수면 습관을 익히는 데 중요한 시기다. 밤 10시 이전에 잠들 수 있도록 하고, 적어도 10시간 이상 재운다. 정해진 시간에 잠들고 깨는 규칙적인 수면 습관을 들여야 한다.

소아 빈혈에 대해 들어보셨나요?

빈혈이 오래 지속되면 성장 발달이 지연되고 심장이나 콩팥 등 장기에도 무리가 간다. 우리나라의 경우 고기를 이유식에 넣어 먹이는 것을 꺼리는 엄마들이 있는데, 충분한 철분 섭취가 이루어지지 않는다고 판단되면 빈혈 검사를 받아볼 것을 권한다.

18 생후 8개월

혼자 앉아서 잘 놀기 시작하고, 붙잡고 일어설 수 있다.
간단한 말을 이해하기 시작한다.

평균 신장 71.62cm
평균 체중 8.78kg

붙잡고 설 수 있다

붙잡고 선 자세에서 힘 있게 체중을 버티고 서 있을 수 있다.
손을 뻗어 앞에 있는 물건을 잡으려고 하고 조심스럽게 무릎을
굽혀 바닥에 앉을 수 있다.

마마, 빠빠 등의 소리를 낸다

아직 의미 없는 말을 되풀이하는 옹알이가 대부분이지만 마마,
빠빠 등의 소리를 낼 수 있다. 종이나 딸랑이 같은 소리가 나는
물건을 자세히 살펴본다.

안아주세요 동작을 한다

엄마의 얼굴을 보고 양팔을 들어 올리며 안아달라고 한다. 분
리 불안이 심한 시기라서 엄마와 잠시도 떨어져 있지 않으려고
하는 아기도 많다.

성장 발달

완전하게 혼자 앉는다

처음에는 바닥에 손을 짚고 등을 구부린 체 어설프게 앉지만
차츰 등을 쭉 펴고 혼자 앉아 장난감을 손에 쥐고 놀 수 있다.
쏘서 등에 태워도 등이 구부러지지 않고 잘 앉아있으면 필요할
때 잠깐씩 태워도 좋다. 바로 누운 자세에서 양손을 잡아 일으
키면 설 수 있다.

돌보기

거부하는 음식은 조리법을 바꿔 먹인다

이유식을 2~3개월 진행하다 보면 아기가 좋아하는 음식과 싫
어하는 음식이 생긴다. 아기가 잘 먹지 않는다고 계속 주지 않
으면 앞으로도 편식을 하게 되고 영양 면에서도 불균형이 생긴
다. 좋아하는 음식과 섞어서 먹이거나 조리법을 바꿔 아기가
잘 먹게 만들어 먹인다.

스스로 먹도록 기회를 준다

아직은 숟가락을 잡는 것도 서툴고 음식을 떠서 입으로 가져가다가 흘리게 마련이다. 하지만 아기에게 스스로 먹을 수 있는 기회를 만들어주자. 처음에는 손에 움켜쥐고 먹을 수 있는 과일이나 길쭉한 과자 등을 주고, 다음에는 잘게 썬 과일이나 자잘한 크기의 과자를 그릇에 담아 손으로 집어 먹을 수 있게 한다. 이유식을 먹일 때도 처음 몇 번은 스스로 떠먹어보도록 해준다. 이런 과정을 통해 아기의 소근육이 발달할 뿐만 아니라 음식에 대한 흥미도 높아진다. 작은 크기의 음식은 먹다가 사래가 걸릴 수 있으니 먹는 동안에 반드시 옆에서 지켜봐야 한다.

충분히 안아주고 사랑해준다

생후 8~9개월부터 사회성 및 정서 발달이 본격적으로 이뤄지므로 충분히 안아주고 스킨십을 늘린다. 손 탈까 봐 안아주지 않는 것은 아기의 정서를 더욱 불안하게 한다. 아기가 걷게 되고 자유롭게 움직일 수 있게 되면 엄마가 안아준다고 해도 품을 벗어나게 마련이다. 이 시기를 안정되게 잘 넘겨야 낯가림도 빨리 사라지고, 엄마에게만 매달리는 일이 없어진다.

건강

알레르기에 주의한다

아기에게 알레르기를 잘 일으키는 식품은 달걀, 우유, 땅콩, 콩, 밀가루, 견과류, 어패류, 갑각류 등이다. 특이한 점은 달걀, 우유, 콩에 의한 알레르기는 성장하면서 대부분 사라지는데, 땅콩, 생선, 갑각류 등은 어른이 되어서도 지속된다. 특히 땅콩 알레르기는 다른 음식 알레르기에 비해 심각하고, 태아에게 알레르기가 이어진다는 보고가 있어 임신 중 땅콩 섭취를 삼가도록 권하고 있다.

비만에 주의한다

소아 비만은 만 1~2세 이전에 시작된다. 잦은 수유와 고열량 이유식은 소아 비만의 시작이 될 수 있다. 특히 아기가 보챌 때마다 분유를 먹인 경우 아기는 갈등이 생길 때마다 음식을 찾게 되어 비만으로 이어질 수 있다. 돌 이전 아기가 젖살이 통통하게 오르는 건 당연한 일이지만, 팔다리에 너무 살이 쪄서 움직임이 둔하거나 월령에 비해 운동 능력이 많이 떨어진다면 이때부터라도 체중 관리를 해줘야 한다.

유아 비만 체크하는 카우프 지수

생후 6~12개월 아기의 비만 정도는 카우프 지수로 판단한다. 카우프 지수가 14.5 미만이라면 허약 체질, 16~18은 보통, 20이 넘으면 비만으로 본다. 하지만 이는 평균치로 카우프 지수가 20이 넘는다 하더라도 돌 전후로 젖살이 빠지는 경우가 대부분이다. 카우프 지수는 체중(kg)÷신장(m)^{2}으로 계산한다.

19 생후 9개월

무릎을 세워 자유롭게 길 수 있다. 짝짜꿍과 까꿍 놀이를 좋아한다.

평균 신장 72.96cm
평균 체중 8.92kg

성장 발달

혼자 노는 시간이 늘어난다

허리를 펴고 반듯이 앉아 두 손을 마음대로 사용하며 장난감을 가지고 놀 수 있기 때문에 혼자 노는 시간이 늘어난다. 평소 엄마가 함께 놀아주는 것도 중요하지만 아기가 엄마를 찾지 않는다면 혼자 노는 시간을 굳이 방해하지 않는다. 아기는 혼자서 장난감을 탐색하며 호기심을 채운다. 또한 놀이를 주도하며 문제 해결 능력을 키우고 독립심도 기를 수 있다

혼자서 능숙하게 앉고 자유롭게 기어 다닌다

누구의 도움 없이도 혼자서 앉거나 돌아누울 수 있으며, 무릎으로 기기 시작해서 앞과 뒤로 기어 다닐 수도 있다. 아기들은 기기 연습을 통해 평형감각을 익히고 팔, 어깨, 등, 허리의 근육을 단련시킨다. 자기가 원하는 곳으로 이동할 수 있어 성취감도 커진다. 바닥에서 노는 시간이 적었거나 아기의 기질 자체가 조심스러운 경우에는 기는 시기가 1~2개월 늦어질 수도 있다.

까꿍 놀이를 좋아한다

엄마가 얼굴을 가렸다가 "까꿍" 하며 다시 얼굴을 보여주는 까꿍 놀이를 좋아한다. 단순한 반복 놀이 같지만 아기는 까꿍 놀이를 반복하면서 대상의 영속성을 깨닫게 된다. 즉 눈에 보이다가 잠깐 사라져도 없어지는 것이 아니라 다시 나타난다는 사실을 놀이를 통해 배우는 것이다. 까꿍 놀이를 반복하면 엄마가 잠깐 눈앞에서 사라져도 곧 나타날 것을 알고 기다릴 수 있게 된다.

돌보기

말을 많이 들려준다

사람들이 하는 소리에 귀 기울이고 민감하게 반응하는 시기로 엄마가 수다쟁이가 될수록 아기는 더울 빨리 말을 배우게 된다. 눈을 맞추고 이야기를 많이 나눠주며 아기의 뜻 모를 말

에도 반응을 보이고 그림책을 읽어주면서 말을 많이 들려주는 것이 좋다.

아기에게 칭찬으로 격려한다

아기는 여러 번 넘어지고 엉덩방아를 찧어도 자꾸 일어서려고 하고, 숟가락질이 서툴러 음식을 쏟아버리기 일쑤지만 포기하지 않는다. 이 시기부터 아기는 무언가를 스스로 해내려는 의지를 보이고 욕심을 갖기 시작한다. 이때 옆에서 말리거나 해주려고 하지 말고 주변 사람들이 격려해주고 크게 칭찬해주면 아기는 더욱 자신감을 갖는다.

건강

빈혈 검사를 받는다

보건소나 소아청소년과에서 빈혈 검사를 받아야 하는 시기다. 생후 6개월이 지나면서 엄마에게서 물려받은 철분이 떨어지고, 이유식을 통해 철분을 충분히 공급받지 못하면 철 결핍성 빈혈이 생기기 쉽다. 빈혈이 있으면 얼굴이나 손바닥이 창백한 빛을 띠고 기운이 없으며 잘 지치는 것이 특징이다.

유아 비디오 증후군이 생기지 않게 주의한다

돌 이전부터 비디오나 TV를 오랫동안 시청한 아기는 화려하고 움직이는 시각적인 자극만을 즐기면서 점차 중독된다. 이런 아기는 유사 자폐, 의사소통 장애, 사회성 결핍 등을 겪게 되는 유아 비디오 증후군에 걸릴 가능성이 높다. 심하면 말을 못하거나 TV 소리만 따라 말하는 언어장애를 겪을 수도 있으니 주의하자. 이는 교육용 비디오라고 해서 예외가 아니다. TV나 비디오 시청은 하루 30분 미만으로 제한하고 엄마가 아이와 함께 시청한다.

2차 영유아 건강검진 받기

생후 9~12개월에는 2차 영유아 건강검진을 받는다. 문진표를 국민건강보험공단 홈페이지에서 다운받거나 검진기관에서 받아 미리 작성해 가면 검진 시간을 줄일 수 있다. 영유아 건강검진을 받기 위해서는 검진기관에 사전 예약하는 것이 필수. 젖니가 나기 시작하는 시기이므로 검진 시 구강 관리에 대한 교육이 이뤄진다.

20 생후 10개월

손을 잡아주면 걸음마를 하고, 간단한 말을 알아듣고 반응하는 등 아기가 한층 자랐다는 느낌을 받게 된다.
곤지곤지, 잼잼 등이 가능해지면서 재롱도 늘어간다.

평균 신장 74.21cm
평균 체중 9.36kg

성장 발달

몸무게는 늘지 않고 키가 자란다

기어 다니기, 서기, 붙잡고 걷기 등 운동 능력이 발달하면서 몸무게 증가 속도가 전보다 줄어든다. 몸무게는 많이 늘지 않고 키만 계속해서 자라기 때문에 통통하던 모습이 야위어 보이기도 한다. 활동량이 많아지면서 근육이 단단해지고 몸매가 잡혀간다.

붙잡고 안전하게 서 있는다

스스로 물건을 붙잡아 흔들리지 않고 서 있을 수 있으며 빠른 아기들은 잠깐씩 혼자 설 수 있다. 붙잡고 옆으로 걸을 수도 있다.

이를 사용해 베어 먹을 수 있다

8~9개월에는 위쪽 앞니 2개, 9~10개월에는 위쪽 앞니 양옆으로 2개의 치아가 나와 모두 6개가 된다. 지금까지는 혀와 입천장으로 음식물을 으깨어 먹었다면, 이제는 앞니와 잇몸을 이용해 음식을 베어 먹거나 잘라 먹을 수 있다. 앞니로 우물거리며 음식을 먹는다.

호기심이 왕성하다

호기심이 왕성해져 집 안 여기저기를 뒤지기 시작한다. 쓰레기통을 열어보고, 서랍을 뒤지고, 장난감통을 뒤집어엎는다. 냉장고나 싱크대 위가 궁금해 안아서 보여달라고 조르기도 한다. 너무 제지하면 아기의 호기심을 꺾을 수 있으므로, 위험한 것만 치우고 어느 정도 자유롭게 놀이할 수 있도록 내버려둔다.

흉내 내기를 좋아하고 기억력이 좋아진다

짝짜꿍, 만세, 도리도리 등 다른 사람의 동작을 흉내 내는 것을 좋아하며, 없어진 물건이 있으면 찾으려고 한다. 기억력도 좋아져 이전에 본 2~3개 정도의 장난감은 다시 보면 알아볼 수 있다.

잼잼, 곤지곤지를 할 수 있다

생후 10개월쯤 되면 손끝이 제법 섬세해진다. 장난감 두 개를 쥐고 맞부딪쳐 소리를 내기도 하고 작은 물체를 엄지와 검지로 집을 수 있다. 손가락과 손바닥의 감각이 예민해져 손뼉을 치거나 손을 흔들기도 한다. 오른손과 왼손을 맞부딪치는 동작은 양손 협응이 가능해야 할 수 있다. 양손 협응이 가능해진 아기는 짝짜꿍, 잼잼 놀이, 곤지곤지 등을 할 수 있다.

익숙한 말의 뜻을 이해한다

'짝짜꿍', '까꿍'에 반응을 보이며 이름이나 별명을 불러도 반응을 보인다. 엄마 아빠가 평소에 반복해서 사용하는 말들을 알아들을 수 있다.

돌보기

이유식은 하루 세 번 먹인다

후기 이유식을 시작하는 시기. 오전 10시, 오후 2시, 오후 6~7시 세 차례에 나눠 이유식을 먹인다. 앞니가 돋아나고 잇몸이 단단해져 씹는 것에 흥미가 생기므로 다양한 재료로 여러 가지 맛을 느끼게 해주자. 죽이 아닌 진밥 형태로 만들어 오물오물 씹어 먹는 연습을 시킨다.

되는 것과 안 되는 것을 가르친다

"안 돼", "그만" 같은 명령어를 이해할 수 있기 때문에 해도 되는 것과 해서는 안 되는 것을 분명하게 가르친다. 아기의 행동을 제지할 때는 길게 설명하지 말고 아기의 눈을 마주한 채 "안 돼"라고 단호하게 말한다.

활동적인 놀이로 근육의 힘을 길러준다

가만히 앉아서 가지고 노는 장난감보다는 공처럼 굴러다니고 움직이는 장난감을 이용한 활동적인 놀이로 근육의 힘을 길러주자. 아기와 마주 보고 앉아 공을 굴려 주고받는 놀이나 작은 공들을 바구니에 담는 놀이는 아기의 소근육과 대근육을 동시에 발달시킨다.

활동하기 편한 옷을 입힌다

집 안 여기저기를 기어 다니고 일어섰다 앉았다를 반복하기 때문에 평소 활동하기 편한 옷을 입힌다. 꽉 끼게 입히기보다는 약간 헐렁하게 입혀야 아기가 움직이면서 불편함을 느끼지 않는다. 우주복보다는 상하복이 움직이기에 편하다.

안전사고에 더욱 신경 쓴다

집 안 구석구석 가지 못하는 곳이 없고 호기심은 많은 반면, 판단 능력은 없기 때문에 안전사고의 위험이 높다. 서랍을 열어 뒤지기도 하고 가구를 붙잡고 일어서기 때문에 더욱 주의를 기울여야 한다. 눈에 보이고 집을 수 있는 것은 다 입으로 가져가므로 약, 화장품, 세제, 동전 등 아기가 입으로 넣을 만한 위험한 물건들은 아기 손이 닿지 않는 곳에 둔다.

건강

치아우식증이 생기지 않도록 관리한다

우유병을 오래 빨아서 생기는 충치의 일종. 보통 2세 이하 아기의 앞니에 잘 생기며 진행이 매우 빠른 것이 특징이다. 처음에는 치아가 하얗게 변하는 것 같다가 순식간에 치아의 껍질이 벗겨지는 것처럼 떨어져 나가 결국 치아 뿌리만 남게 된다. 우유병을 입에 물고 자는 습관이 있는 아기에게 잘 나타난다. 아기가 자고 있을 때는 깨어 있을 때보다 침의 분비량이 훨씬 적어 입안의 자정작용이 떨어지기 때문에 우유병을 물고 자지 않게 한다.

21 생후 11개월

움직임이 자유로워지고 호기심이 왕성해 먹는 것보다 노는 것이 더 좋은 시기.
좋고 싫은 것에 대해 의사 표현이 확실해진다. 음악에 맞춰 몸을 들썩이기도 하고 동물 소리를 흉내 내기도 한다.

평균 신장 75.39cm
평균 체중 9.63kg

로 집는 것이 익숙해지므로 손에 잡히는 물건을 던지기도 하고, 서랍을 열어 안에 들어 있는 물건들을 꺼낼 정도로 운동 능력이 눈에 띄게 발달한다. 엄지와 인지의 끝을 사용하여 집게 모양으로 물건을 집기도 한다. 몸을 돌려가며 이리저리 움직이고, 몸이 기울어져도 쉽게 넘어지지 않는다.

탐구심이 많아진다

한 가지 물건을 쥐어주면 이리저리 돌려보며 아주 골똘히 들여다본다. 굴려도 보고 흔들어도 보고 거꾸로 뒤집고 들여다보며 아기는 물건을 다양하게 탐색한다. 이 시기에는 아기의 호기심과 탐  구심이 충족되도록 여러 가지 물건을 접해볼 수 있게 해주고 엄마가 옆에서 간단하게 설명을 곁들이며 놀아준다.

성장 발달

혼자 설 수 있다

소파나 가구를 붙잡고 일어나 혼자 걸을 수 있다. 잠깐이지만 손을 떼고 어떤 것에 의지하지 않고도 혼자 서 있을 수도 있다. 혼자 서는 연습이 반복되다 보면 서는 것에 자신감이 생기고 스스로 걸음마을 떼게 된다.

몸을 자유롭게 움직인다

자기 마음대로 움직일 수 있게 되면서 독립심이 생긴다. 손으

의사 표현이 확실하다

자기가 좋아하는 것과 싫어하는 것을 구분한다. 좋아하는 것을 더 하려고 하며, 음식도 좋아하는 것을 더 먹으려고 한다. 자기주장이 생겨 뜻대로 되지 않으면 발버둥 치고 울며 떼쓰고, 싫으면 눈을 감고 고개를 내젓기도 한다. "안 돼"라는 말을 알아듣고 행동을 멈추거나 눈치를 보기도 한다.

말할 줄 아는 단어가 많아진다

아기가 내는 자음과 모음의 종류가 크게 늘어나면서 제대로 말

을 하는 것처럼 느껴진다. 평소 들은 언어에서 많은 소리를 취하여 옹알거린다. '엄마', '아빠' 외에 '맘마', '빠이빠이' 등 쉬운 단어를 한두 개쯤 더 할 수 있다. 간단한 지시어를 이해해 "안 돼"라고 말하면 행동을 멈추고, "주세요"라고 말하면 손에 쥔 것을 엄마에게 건네기도 한다.

음악에 대한 반응이 분명해진다

엄마가 노래를 불러주면 기분이 좋아지고 노래를 틀어주면 엉덩이를 들썩이고 팔을 흔들며 좋아한다. 계속 노래를 틀어달라고 손짓을 하기도 한다. 음악은 청각은 물론 두뇌 발달에 매우 좋은 자극제다. 이 시기의 음악은 두뇌 발달을 돕고 정서적 안정감도 준다.

돌보기

균형 잡힌 식단을 짠다

이유식 후기에는 모유나 분유만으로 영양을 모두 보충할 수 없기 때문에, 필요한 영양의 대부분을 이유식으로 섭취해야 한다. 탄수화물, 단백질, 지방, 비타민, 무기질 등 5가지 식품군을 골고루 잘 먹이는 것이 중요하다. 영양을 따져야 한다고 해서 너무 어렵게 생각할 필요는 없다. 하루 동안 아기가 먹는 음식에 밥, 고기, 생선, 채소, 과일이 골고루 들어가게 준비하면 된다.

위험한 행동은 바로 꾸짖는다

아기가 집 안 여기저기를 돌아다니면서 사고를 치는 시기. 위험한 행동은 곧바로 제지해야 한다. 뜨거운 내용물이 담긴 그릇이나 날카로운 칼을 만지려고 할 때, 높은 곳에 있는 물건을 만지려 할 때 "안 돼", "뜨거워", "위험해" 등 상황에 맞는 지시어로 행동을 제지한다. 어느 정도 상황에 맞는 말을 이해할 수 있으므로 엄한 말투로 혼을 내 위험한 행동을 예방한다.

물을 충분히 먹인다

이유식이 거의 완성되는 단계에 이르면 수유는 하루에 두세 번밖에 하지 않으므로 따로 물을 많이 마시게 한다. 식사할 때뿐만 아니라 놀거나 외출했을 때도 수시로 물을 먹여야 한다. 아기는 목이 마르다는 의사 표현을 할 수 없기 때문에 수시로 마실 수 있도록 물을 빨대컵에 담아 아기가 언제든지 마실 수 있도록 주는 것이 좋다.

건강

팔꿈치 탈골에 주의한다

이 시기 아기들은 팔꿈치 관절이 쉽게 빠진다. 아기 팔을 갑자기 잡아당기거나 넘어지는 과정에 팔이 비틀리면서 팔꿈치가 탈골되는 경우가 많다. 아기를 들어 올릴 때는 팔을 잡아당기지 말고 겨드랑이에 손을 끼워 들어 올리고, 아기가 떼쓰며 버둥댈 때 팔을 억지로 잡아당기지 않는 등 평소 아기 팔에 무리한 힘이 가해지지 않도록 주의한다.

다리 건강에 신경 쓴다

한창 물건을 잡고 서는 시기에는 다리 건강에 더욱 신경 쓰게 된다. 엄마 눈으로 보기에 아기의 다리가 안짱다리처럼 휘어졌다고 해도 아직 걱정하기에는 이르다. 어린아기들은 두 살까지는 다리가 휘어 보이기 때문. 엄마는 아기의 휘어진 다리보다는 걷는 자세에 더 신경을 써야 한다. 한쪽 다리를 절룩거리는 등 걷는 자세가 지나치게 이상하다고 여겨지면 병원에서 정밀 검사를 받아보는 것이 좋다.

걸음마 신발 고르기

첫 걸음마 신발은 예쁜 것보다는 편안하고 안전한 것을 골라야 한다. 밑창이 두껍지 않고 가벼운 신발을 고른다. 밑바닥은 미끄럼을 방지할 수 있도록 홈이 많이 파진 것이 좋다. 신발을 구부려보았을 때 유연성 있게 구부려지는 것을 골라야 아기의 발에 무리가 가지 않는다. 끈을 묶는 신발보다는 벨크로 테이프로 된 신발이 신고 벗기 편하다. 보행기 신발은 밑창이 없기 때문에 바깥에서 걸음마할 때 신기엔 적당하지 않다. 사이즈는 신발을 신겨 뒤꿈치를 바짝 붙인 다음 앞쪽을 눌러보아 5㎜ 정도 여유 있는 것이 알맞다.

22 생후 12개월

혼자 힘으로 일어서고 빠른 아기는 돌 이전에 걸을 수도 있다. 그림책에 관심을 갖기 시작하고
연필을 쥐고 아무렇게나 그리기도 한다.

평균 신장 76.52cm
평균 체중 9.88kg

성장 발달

출생 시 몸무게의 3배가 된다

돌이 되면 몸무게는 출생 시의 3배에 가까운 10~11kg이 되고,
키는 1.5배인 77~80㎝ 정도가 된다. 운동량이 늘어나 몸무게
의 급격한 변화가 없는 대신, 키는 매달 비슷한 속도로 꾸준히
자란다.

대천문이 닫히기 시작한다

소천문은 생후 6~8주에 닫히는 반면 대천문은 돌 지나서까지
남아 있다. 대천문은 생후 4~6개월 무렵까지 점점 커지다가
돌 무렵 조금씩 닫히기 시작하여 생후 14~18개월까지 완전히
뼈로 덮여 없어진다.

빠르면 걸음마를 시작한다

발달이 빠른 아기는 혼자서도 걸음마를 시작한다. 하지만 성큼
성큼 걷는 것이 아니라 두 다리를 넓게 벌리고 발끝은 바깥쪽
으로 향하며 움직일 때마다 비틀거린다. 균형을 잡기 위해 팔
을 옆으로 벌리고 걷기도 한다.

걸음마 장난감을 밀 수 있다

붙잡고 걷기가 익숙해지고 손의 힘을 조절할 수 있으므로 바퀴
가 달린 걸음마 장난감을 밀고 다닐 수 있다. 하지만 자신의 걸
음 속도를 완전히 조절할 수 없어 쉽게 넘어지므로, 무게감이
있는 장난감을 선택한다.

잠자는 시간이 규칙적이다

이 시기 아기들은 일정한 시간에 낮잠을 자고 밤잠 역시 잠드
는 시간과 일어나는 시간이 규칙적이다. 낮잠과 밤잠을 통틀
어 하루 평균 14~16시간을 잔다. 만약 잠자는 시간이 여전히

불규칙하고 늦게 자고 늦게 일어난다면 깨어 있는 동안 적당한 활동과 놀이를 하고, 밤에는 잠잘 분위기를 충분히 만들어주는 등 엄마가 환경을 바꾸려고 노력해야 한다.

자주 보는 사람의 얼굴을 기억한다

기억력이 좋아져 가족 외에 자주 만나는 사람의 얼굴을 2~3일이 지난 후에도 알아본다. 친척 등 친숙한 사람을 알아보고 좋아한다. 자기가 좋아하는 사람에게 물건을 건네기도 한다.

다른 사람에게 관심을 보인다

다른 아기들이 노는 모습에 관심을 보인다. 또래와 함께 있으면 서로 쳐다보고 만져보는 등의 행동을 보이고 친숙해지면 미소를 짓고 껴안기도 한다. 사회성이 발달하면서 낯가림도 차츰 줄어든다.

익숙한 말이나 지시에는 행동으로 따른다

발음은 완벽하게 하지 못해도 설득력 있고 분명하게 의사를 표현한다. 소리 끝에 억양이 생기기도 한다. '멍멍', '야옹'과 같은 동물소리를 흉내 낼 수 있다. 어른들이 자주 하는 말을 이해할 수 있어 행동으로 보이지 않고 말로만 지시해도 알아듣는다.

돌보기

이유식에서 유아식으로 넘어간다

이젠 이유식을 끝내고 어른 식사와 비슷한 형태의 식사를 시작해야 하는 시기. 지금껏 별 문제없이 이유식을 잘 진행해왔다면 하루 세끼 식사를 하고 오전 오후에 한 번씩 간식을 먹는다. 만약 하루에 젖을 4~5번씩 먹는다면 이유식이 제대로 이뤄지지 않고 있는 것. 수유를 줄이고 식사량을 늘려야 점차 젖을 떼기 쉬워지고 식사를 통해 올바른 영양 섭취가 가능해진다.

이 닦는 습관을 들인다

치아가 나기 시작하면 그때부터 치아우식증이 생기지 않도록 관리해야 한다. 다양한 식품과 간식을 섭취하게 되므로 음식을 먹은 후에는 반드시 이 닦는 습관을 들인다. 아직 불소가 든 치약을 사용할 수 없으므로 삼켜도 안전한 무불소 치약을 사용하거나 물을 묻혀 치아의 구석구석을 닦아준다.

우유병 떼기를 시도한다

분유수유를 완전히 끊으라는 것이 아니라 우유병을 떼는 연습을 하라는 것. 우유병을 오래 물면 치아우식증이 생길 가능성이 높아지고 치아 모양도 변형될 수 있다. 물이나 음료를 먹일 때는 물론 분유도 컵으로 먹여본다. 분유수유를 하는 경우에는 돌을 전후로 분유를 최대한 적게 먹인다. 돌 이후엔 생우유를 먹이면서 차츰 분유를 끊는다.

평생 한 번뿐인 돌잔치로 축하한다

돌은 아기가 태어나 1년 동안 건강하게 자란 것을 기념하는 날이다. 전통 돌상에는 떡, 국수, 쌀, 과일 등을 기본으로 올리는데, 아기의 건강을 바라는 의미가 담겨 있다. 원하는 장소에서 원하는 날짜에 돌잔치를 치르려면 5~6개월 전에 예약하는 것이 좋다.

건강

설사를 하지 않는지 체크한다

이유식이 거의 완성되는 단계에 이르면 설사를 하는 경우가 종종 있다. 여러 가지 음식을 다양하게 먹는 시기이므로, 소화가 잘 안 되는 음식을 먹었거나 요리 방법에 문제가 있기 때문. 설사가 경미한 정도라면 일단 의심되는 음식을 주지 말고 아기의 상태를 지켜본다. 설사가 하루 이상 지속되면 소아청소년과 진료를 받도록 하고 보리차나 끓여서 식힌 물을 많이 먹인다.

걸을 때 넘어지지 않도록 주의한다

걸음이 서툴러 넘어지기 쉽기 때문에 산책을 할 때도 되도록 바닥이 편평하고 장애물이 없는 곳을 골라 걷게 한다. 엄마를 쫓아가다가 넘어지는 일이 많기 때문에 아기와 함께 걸을 때는 보조를 맞춰서 걷는다.

돌 이후의 접종

돌 이후 수두, MMR, 일본뇌염, A형 간염을 접종한다.

23 생후 13~15개월

제법 넘어지지 않고 걸을 수 있게 되면서 활동 범위도 커진다. 활동적인 놀이를 좋아하고
엄마 아빠 흉내 내기를 즐긴다. 밥과 반찬을 제대로 갖춰서 먹는 이유식 완료기로 어른과 같이
하루 3회 식사를 한다.

평균 신장 78.59cm
평균 체중 10.35kg

성장 발달

손을 자유롭게 쓴다

소근육이 발달해 손으로 할 수 있는 일이 많아진다. 나무 블록
을 2개 정도 쌓을 수 있고 막대기를 들고 두드릴 수도 있다. 숟
가락을 잡고 혼자서 음식을 떠먹기도 하지만 아직은 서툴기 때
문에 음식물을 쏟기 일쑤다.

몸을 이용한 활동적인 놀이를 좋아한다

장난감 자동차를 타고 다닌다든지 소리가 나는 장난감을 갖고
노는 것을 좋아한다. 목마처럼 걸터앉아 놀 수 있는 기구나 공
을 굴리는 놀이도 좋아한다.

의미 있는 말을 하기 시작한다

'어부바', '맘마', '물' 등 자신이 원하는 것을 간단한 단어로 표
현하기 시작한다. 책 읽기 옹알이를 시작한다. 책에 있는 그림
을 가리키며 책장을 넘기고, 익숙한 그림이나 대상을 지적한
다. 자기 이름을 알아듣고, 엄마가 물건을 가리키면서 이름을
말해주면 비슷한 소리를 내기도 한다. 어떤 말을 알려주면 그
단어를 연속적으로 중얼거리기도 한다.

어른들의 행동을 그대로 따라 한다

전화기를 들고 전화하는 흉내를 내기도 하고 엄마가 로션 바르
는 모습을 따라 하기도 한다. 엄마가 걸레질을 하고 있으면 같
이 엎드려 바닥을 닦기도 하는 등 엄마 아빠의 행동을 흉내 내
길 좋아한다.

애착을 보이는 대상이 생긴다

인형이나 담요 등 좋아하는 장난
감이나 물건이 한 가지 정도 생긴
다. 잠잘 때 애착을 보이는 물건
을 안고 자야만 하는 경우도 있
다. 특정 물건에 애착을 보이는

것은 정서적으로 문제가 있는 것이 아니라 정상적인 발달 과정이므로 아기가 애착을 보이는 물건을 엄마 아빠도 함께 아껴준다.

유를 쉽게 설명한다. 부모의 기분에 따라 일관성 없는 태도를 보이는 것은 좋지 않다. 부모가 일관성 없는 태도를 보이면 아기는 불안과 혼란을 느낀다.

돌보기

모유는 먹이더라도 밥이 주식이다

모유는 돌이 지나서도 엄마와 아기가 원하면 얼마든지 더 먹여도 좋다. 단, 모유를 먹여도 이제는 밥과 반찬이 주식이라는 사실을 잊지 말자. 아기가 보챌 때마다 젖을 물린다면 아기는 밥맛을 잃어 식사를 제대로 할 수 없게 된다.

하루 두 번 간식을 챙겨준다

하루 세끼의 식사 외에도 오전과 오후에 한 번씩 간식을 준다. 과자나 요구르트와 같이 단맛이 강한 것 대신 과일, 우유, 치즈, 고구마, 빵 등을 번갈아가며 준다. 아기들은 아직 한 번에 먹는 식사량이 많지 않아 아침과 점심, 점심과 저녁 사이에 배가 고플 수 있고, 식사로 부족한 영양분을 보충해야 한다.

밤중에 깨도 놀아주지 않는다

한밤중에 깨서 놀아달라는 아기가 있는데, 이럴 땐 아기에게 아직 깜깜한 밤이고 잠을 더 자야 한다고 얘기한 다음 다시 눕혀 재워야 한다. 한두 번 놀아주다 보면 밤에 노는 일이 습관이 되므로 불을 켜거나 큰 소리를 내지 않는다.

옷 입고 벗기를 스스로 하게 한다

이 시기에는 무엇이든 자기가 하겠다고 주장하기 시작한다. 옷을 입고 벗을 때 아기가 스스로 할 수 있게 기회를 준다. 입는 것보다는 벗는 것이 쉬우므로 양말이나 바지를 벗는 연습을 시킨다. 우선 아기가 스스로 할 수 있도록 지켜보고, 어려워할 때 도와준다.

일관성 있는 훈육이 필요하다

돌이 지난 아기는 행동반경이 넓어지고 주변 세계를 자유롭게 탐색한다. 만약 아기가 위험한 일을 하려고 할 때는 "안 돼"라고 단호하게 이야기해야 한다. 또한 무엇 때문에 안 되는지 이

건강

손가락을 빨면 부정교합의 위험이 높아진다

윗니가 아랫니의 안쪽에 들어가 있거나 위아래 어금니가 정상적으로 맞물리지 않는 상태를 부정교합이라고 한다. 손가락을 빠는 습관이 오래 지속되면 치아가 돌출되어 부정교합이 생길 위험이 높아진다. 어금니가 나온 후에도 부정교합이 계속되면 치과 치료를 받는다.

아기 전용 우유 vs 일반 우유

우유를 선택할 때 엄마들은 아기 전용 우유를 먹여야 할지 일반 우유를 먹여야 할지 고민한다. 아기 전용 우유는 성장에 필요한 성분들이 더 추가되었다는 이유로 일반 우유보다 용량은 적으면서 가격이 비싸다. 한편 성분 조정이 없는 일반 우유가 더 낫다는 주장도 있어 엄마들은 헷갈릴 수밖에 없다. 소아청소년과 전문의들은 아기 우유, 어른 우유 구분이 중요한 것이 아니라 보통 우유와 저지방 우유로 구분해야 한다고 말한다. 두 돌 이전에는 두뇌 발달에 필수적인 영양소인 지방 섭취를 제한해서는 안 되며, 두 돌이 지나면서부터는 서서히 지방 섭취를 줄여야 하기 때문에 저지방 우유로 바꿔주는 것이 좋다. 하지만 아기가 마른 편이라면 보통 우유를 좀 더 오래 먹일 수 있다.

24 생후 16~18개월

혼자 계단을 오를 수 있고 두 단어를 붙여서 말할 수 있다. 자기주장이 강해지고 엄마의 말에 반항하기 시작한다.
아기의 올바른 생활 습관을 길러줘야 하는 시기.

평균 신장 | 81.15cm
평균 체중 | 11.10kg

성장 발달

손을 잡아주면 계단을 오를 수 있다

몸의 균형을 잡는 능력이 발달해서 손을 잡아주면 계단을 오르내릴 수 있다. 혼자서 계단을 오르내릴 때는 손으로 계단을 짚고 기어오르고 뒤로 내려온다. 돌 전에 걷기 시작한 아기는 뛰어다니기도 하고 뒷걸음질 치듯이 뒤로 걸을 수도 있다. 음악을 틀어주면 리듬에 맞춰 춤을 춘다.

손잡이 없는 컵도 사용할 수 있다

손의 힘 조절이 능숙해지고 움직임이 섬세해지는 시기. 손잡이가 없는 컵으로도 물을 흘리지 않고 마실 수 있다. 숟가락과 포크를 이용해 음식을 먹을 수 있고 뚜껑이 있는 그릇을 열어놓으면 손으로 뚜껑을 덮을 수 있다. 양말과 장갑을 혼자 벗을 수 있으며 옷의 지퍼를 내릴 줄 안다. 책장도 한 장씩 넘기려 한다.

어금니가 난다

아랫니와 윗니에 이어 앞쪽 작은 어금니도 올라오기 시작한다. 어금니가 나면 제법 단단한 음식도 먹을 수 있다. 양치질에도 더욱 신경 써야 한다.

언어발달 속도가 빨라진다

사물과 단어 간의 연관성을 알게 되면서 어휘력이 급격히 증가하는 시기다. 18개월에는 사용하는 어휘가 10~15개 정도이며 빠른 경우에는 간단한 문장으로 말할 수 있다.

반항하기 시작한다

엄마의 지시나 권유에 "아니", "싫어"라는 말을 달고 산다. 자아가 형성되면서 자기주장이 강해져 엄마와 대립하는 일이 잦다. 하고 싶은 것을 못하게 하면 화를 내고 떼를 쓴다. 떼쓰기는 아기에게 흔한 일이다.

아기의 의사를 존중한다

자의식이 생겨나면서 자기주장이 강해지고 좋고 싫은 의사 표현도 분명해진다. 매사 엄마의 뜻대로 아기를 이끌고 나가려고 하지 말고, 아기의 기분을 헤아리고 인정해줄 필요가 있다. "싫어", "아니"라는 말을 자주 하는 시기에는 말만 그렇게 하는지, 정말 싫은지를 먼저 구분해야 한다. 정말 싫어하는 거라면 대신 무엇을 원하는지 아기에게 물어보고 아기가 좋아할 만한 것을 함께 찾아본다.

단백질이 풍부한 음식을 먹인다

우리 몸을 구성하는 영양소인 단백질을 많이 먹여야 한다. 알레르기를 피하고자 단백질 식품을 무조건 제한하는 것은 매우 위험하다. 고기, 생선, 달걀, 우유, 콩 등 동물성과 식물성 단백질을 다양하게 섭취하도록 식단을 짠다.

장난감은 스스로 정리하게 한다

호기심이 많은 시기여서 장난감을 죄다 늘어놓거나 통째로 쏟아버리곤 한다. 장난감을 꺼내 어지럽히는 것도 아기에겐 재미있는 놀이인 셈. 이때 장난감을 정리하는 것 또한 재밌는 놀이라는 생각을 갖도록 엄마가 도와주면서 아기를 독려한다. 함께 정리 노래를 부르거나 시합을 하는 등 아기의 흥미를 끌어낸다.

하루 2~3시간 정도 낮잠을 재운다

오후에 한 번 정도 낮잠을 자야 한다. 낮잠 시간은 2시간을 넘지 않게 한다. 낮잠은 활동성 에너지를 만들어주므로 꼭 필요하다. 낮잠을 잘 잔 아기가 밤에도 숙면을 취할 수 있다.

하루 2시간 이상 TV를 보여주지 않는다

TV 유아 프로그램이나 애니메이션에 흥미를 갖는 시기. TV는 일방적으로 자극을 받아들이게 해 아기의 사고력을 떨어뜨리고 유아 비디오 증후군을 야기한다. 정서 발달은 물론 사회성을 키우는 데도 방해가 된다. TV를 볼 때 아기가 집중하는 것처럼 보이지만 오히려 집중력이 저해되어 나중에 학습 능력 저하로 이어질 수 있다.

분노발작을 일으키지 않는지 체크한다

떼를 쓰던 아기가 울다 지쳐 쓰러지는 것을 분노발작이라고 한다. 분노발작은 아기가 무언가에 불만이 있을 때 일어나는데, 이는 병적인 경련이나 발작과는 달리 아기에게 큰 위험은 없다. 불안하거나 불만이 있을 때 일으키는 아기들만의 특징이라고 보면 된다.

꼼꼼 check! 아기가 분노발작을 할 때는 아기의 행동에 대해 너그럽지만 단호한 태도를 보여줘야 한다. 우선은 아기가 화가 났음을 인정해주되 엄마가 당황하는 모습을 보여서는 안 된다. 그리고 해서는 안 되는 일은 끝까지 단호하게 허락하지 않아야 한다. 한 번 받아주면 아기는 습관적으로 발작을 무기로 삼을 수 있기 때문이다.

감염성 질병에 주의한다

밖에서 노는 시간이 많아지는 시기. 아기들 간의 접촉이 많은 곳이나 많은 사람이 이용하는 곳을 다녀온 후에는 반드시 손을 깨끗이 씻기고 옷을 갈아입힌다. 밖에서 음식을 먹을 때는 위생에 신경 쓰고 아기가 호기심에 아무것이나 만지지 않도록 주의한다.

TV 시청은 무조건 엄마와 함께!

TV나 비디오 시청은 한 번에 30분 미만으로 제한하고 하루 2시간을 넘기지 않도록 한다. 되도록 엄마가 함께 시청하며 중간중간 아기에게 이야기를 건넨다. 무엇보다 엄마가 편하고자 TV를 틀어놓고 아기를 방치하는 일이 절대 없도록 한다.

25 생후 19~24개월

발육은 완만하게 진행되지만 골격이 튼튼해지고 몸의 균형이 잡히기 시작한다. 깡충깡충 뛸 수 있고
공을 발로 차거나 던질 수 있다. 의사 표현이 가능하고 대소변 패턴이 일정해 배변 훈련을 시작할 수 있다.

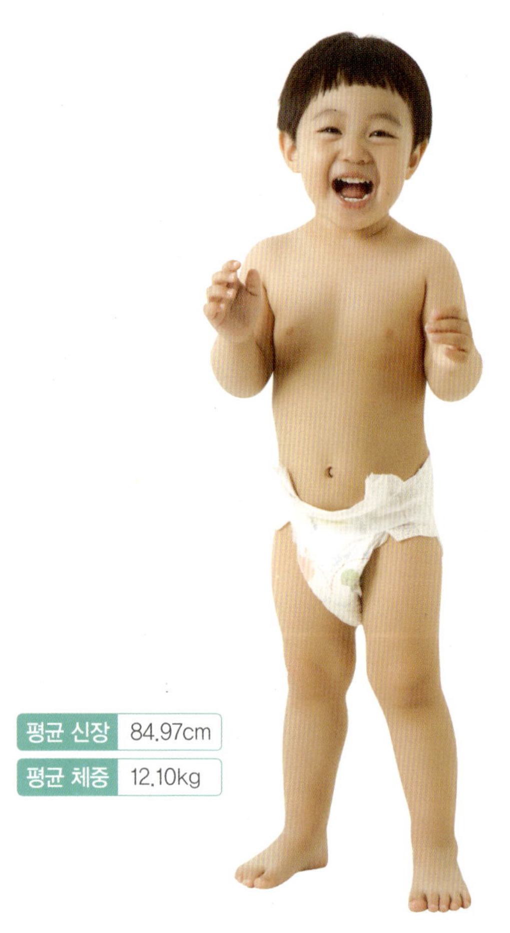

평균 신장   84.97cm
평균 체중   12.10kg

성장 발달

블록을 6~7개 쌓는다

손놀림이 정교해진다. 블록을 6~7개까지 높이 쌓을 수 있으며, 손잡이를 돌려 문을 열기도 한다. 연필을 쥘 때 손가락 끝을 이용하여 세 손가락으로 잡는다. 교정용 젓가락을 이용해 음식을 집을 수 있다. 크레파스로 직선뿐 아니라 곡선도 그린다. 이 시기에 손을 많이 사용하는 점토 놀이나 블록 놀이 등을 자주 하면 소근육 발달에 도움이 된다.

문장으로 말할 수 있다

24개월이 되면 100개 이상의 어휘를 사용할 수 있으며 단어를 조합하여 간단한 문장을 말할 수 있다. 또한 두 단계의 명령을 이해하고 수행할 수 있다. 예를 들면 "장난감을 엄마에게 주고, 네 컵을 가져와."라고 하면 순서대로 맞게 행동한다.

문제 해결 능력이 생긴다

간단한 문제는 스스로 해결하는 능력이 생겨 가구 밑에 장난감이 들어가면 막대기로 꺼내는 등 도구를 사용할 줄 안다. 눈에 보이지 않아도 존재한다는 것을 아는 것이다. 병에 들어 있는 것을 꺼내기 위해 거꾸로 들고 흔들 수도 있다. 다 먹은 그릇을 싱크대에 갖다 놓거나 장난감을 통에 넣어 정리하는 것도 가능하다.

"뭐야?"라는 질문을 많이 한다

궁금한 것이 많아지고 특히 사물의 이름에 관심이 많아져 "이게 뭐야?" 하는 소리를 달고 산다. 귀찮다고 아기의 질문을 무시하지 말고 친절하게 가르쳐주어야 어휘력이 풍부해지고 아기의 호기심이 충족된다.

깡충깡충 뛸 수 있다

제자리에서 두 발로 뛰거나 쪼그리고 앉은 자세에서 혼자 일어서는 것이 가능하다. 무릎을 꿇고 앉을 수 있으며, 뛰다가 서

는 것도 잘 조절한다. 공놀이를 할 때 공을 잘 쫓아가고 던지고 발로 차는 것도 제법 한다. 한쪽 발로 1초 동안 서 있을 수 있고, 계단도 오르내릴 수 있다.

소유욕이 강해진다

자기 물건에 대한 소유욕이 생기면서 자기 물건이 행여 없어질 세라 꼭꼭 챙기거나 한곳에 모아두고 남이 손대지 못하게 하려는 경향을 보인다. 심지어 다른 친구의 물건도 "내 것"이라고 우기고 친구가 갖고 있는 것을 거침없이 다가가 빼앗는다.

돌보기

영양이 풍부한 간식을 준비한다

이 시기에는 많은 활동량을 유지하려면 세끼 식사만으로 부족하기 때문에 영양이 풍부한 간식을 먹이도록 한다. 특히 지방은 두뇌 발달과 성장을 위해 꼭 필요하므로 24개월 이전 아기들은 지방 섭취에 신경 쓴다. 지방은 육류, 달걀 등에 함유되어 있다.

사진을 보고 이름을 맞추는 놀이를 한다

사물의 이름들에 관심을 보이고, 알고 있는 단어 수도 폭발적으로 늘어나는 시기. 사진이나 그림 카드를 보고 이름을 맞추는 놀이를 하면 아기의 어휘력과 인지력을 함께 키울 수 있다. 처음부터 이름을 알려주지 말고, 아기가 먼저 말할 수 있는 기회를 준 다음 이름을 알려주자.

또래와 놀 시간을 준다

사회성이 본격적으로 발달하는 시기이므로 또래 친구들과 자주 만나게 하고 놀이를 같이 하게 한다. 또래와의 놀이를 통해 아기는 규칙과 질서, 양보와 타협을 배운다. 친구를 집으로 초대하기도 하고, 친구 집에 놀러가기도 해 내 물건과 남의 물건을 구별하고 어떻게 놀이해야 하는지 알려주도록 한다.

배변 훈련을 시작한다

이 시기에는 아기의 표정이나 행동으로 배설 의사를 알 수 있고, 방광 기능이 좋아져 소변을 보는 시간이 일정해지므로 대

소변 가리기 훈련을 시작할 수 있다. 배변 훈련을 시작할 수 있는 시기일 뿐 반드시 시작해야 하는 것은 아니다. 아기가 변기에 앉는 것을 거부하거나 의사 표현이 또래보다 늦는 경우, 동생이 태어났거나 어린이집에 처음 가기 시작하는 등 스트레스를 많이 받은 경우엔 시작 시기를 두 돌 이후로 늦춰도 괜찮다.

꼼꼼 **check!** 아기를 변기에 억지로 앉히거나 대소변을 잘 못 가리고 실수를 한다고 해서 야단을 치면 역효과가 나타난다. 잘 가리던 아기도 다시 못 가릴 수 있다. 잘했을 때는 과장되게 칭찬해주고, 실수를 했을 때는 다음번엔 잘할 수 있다고 격려하는 것이 중요하다.

건강

아기가 자다가 깨서 울면 야경증을 의심해본다

야경증은 자다가 갑자기 깨어나서 큰 소리로 울고 발버둥 치는, 심한 공포와 공황 상태를 보이는 질환이다. 아기는 잠들고 1~2시간 후에 큰 소리를 지르면서 깨어 공포에 질린 듯 주변을 두리번거리며 운다. 안아서 달래도 울음을 그치지 않고, 의식이 명료해지지 않는다. 지속 시간은 대개 10분 정도지만 30분 정도 계속되는 경우도 있다. 잠이 깬 후에는 대개 그 일에 대해 기억하지 못한다. 정확한 원인은 알려지지 않았으나, 피로와 심한 스트레스 등이 원인이 되기도 한다. 심각한 병이 아니므로 크게 걱정할 필요는 없다. 평소 정서적으로 안정감을 느끼게 해주면 저절로 없어진다.

몸을 청결히 하는 습관을 들인다

혼자 손을 씻을 수 있는 시기이므로 몸을 청결히 하는 습관을 들일 수 있다. 식사나 외출 전후, 대소변 후에 손을 씻는 것부터 시작한다. 세수, 양치질, 목욕 등을 엄마 아빠와 함께 놀이처럼 하면 청결 습관도 쉽게 들일 수 있다.

3차 영유아 건강검진과 구강검진 받기

3차 영유아 건강검진은 생후 18~24개월에 이뤄진다. 시기를 놓치면 혜택을 받을 수 없으므로 기간 내에 검진을 받는다. 3차 건강검진에서는 처음으로 구강검진이 이뤄진다. 소아청소년과에서 이뤄지는 건강검진과는 별도로 치과에서 검진을 받아야 하므로 집에서 가까운 검진기관을 찾아 아기의 치아 건강 상태를 점검한다.

성장과 발달에 관한 엄마들의 시시콜콜 궁금증 Q&A

Q 또래보다 늦된 아기는 어떻게 판단하나요?

아기가 말하고 움직이고 걷는 모든 발달 과정은 개인차가 있게 마련입니다. 즉 또래보다 좀 빠를 수도 있고 늦을 수도 있습니다. 엄마가 아기를 믿고 기다려주면 대부분의 아기는 정상적인 발달 과정을 밟아나가게 됩니다. 중요한 건 흔히 말하는 '늦된 아기'와 발달 지연을 보이는 아기를 구별해야 한다는 점입니다. 다른 인지 발달은 정상이나 걷기가 늦는 것은 생후 16개월까지 기다려봐도 좋지만, 언어 등 다른 영역 발달도 함께 늦다면 발달 지연으로 봐야 합니다. 발달 지연을 보이는 아기는 전문의의 진료와 재활 치료가 필요합니다.

Q 아기가 갑자기 먹는 양이 줄어들 때는 어떻게 하나요?

우선 먹는 양이 줄어든 이유를 찾아야 합니다. 몸이 아파서 먹는 양이 줄었다면, 먼저 병을 치료해 아기의 몸 컨디션을 회복시켜야 합니다. 먹는 것보다 노는 것에 정신이 팔려 잘 먹으려 하지 않는다면, 억지로 먹이기보다는 아기가 배고파서 음식을 찾을 때까지 기다렸다가 충분히 먹이는 것이 좋습니다. 별다른 이유 없이 먹는 양이 줄었다면 아기의 입맛을 돋우는 새로운 메뉴를 개발하거나 조리 방법을 바꿔보도록 합니다.

Q 언제부터 업을 수 있나요?

생후 2개월 이내의 신생아는 절대로 업으면 안 됩니다. 아직 몸의 여러 곳이 충분히 발달되어 있지 않으므로 업으면 뼈나 관절에 무리가 갈 수 있습니다. 세워서 안는 것도 같은 이유로 삼가야 합니다. 아기를 업기나 안는 것은 목을 가누게 되는 생후 3~4개월 이후가 되어야 가능합니다.

Q 이가 나는 순서가 바뀌어도 괜찮나요?

아래 앞니 2개가 먼저 나오고 다음에 위의 앞니 4개가 나오고 아래 옆니 2개가 나오는 것이 일반적입니다. 하지만 아랫니 4개가 다 난 후에 윗니가 나거나, 윗 앞니보다 옆니가 먼저 나는 경우도 있습니다. 치아의 개수가 맞다면, 어떤 치아가 먼저 나오는지는 크게 문제되지 않습니다.

Q 머리 모양을 위해 엎드려 재워도 되나요?

아기를 재울 때에는 등을 바닥에 완전히 댈 수 있도록 눕혀서 재우는 것이 가장 안전합니다. 엎드려 재우면 눕혀서 재울 때보다 영아 돌연사 증후군의 위험이 높은 것으로 알려져 있습니다. 옆으로 눕혀 재우는 것도 권장되지 않습니다. 아기의 머리 위치를 자주 바꾸어주면 머리가 한쪽만 납작해지는 것을 막을 수 있습니다.

Q 보행기와 걸음마가 아기 발달에 도움이 되나요?

보행기로 쉽게 이동하다 보면 실제 자신의 근육이나 신경을 사용해 움직이는 것이 늦어질 수 있습니다. 다리의 힘이 튼튼해진다고 해서 아기가 저절로 서고 걷게 되는 것이 아닙니다. 보행기를 태우거나 억지로 걸음마를 시키기보다는 아기 스스로 걸을 수 있도록 동기를 부여해주는 것이 좋습니다. 걸으려는 아기와 같이 놀아주거나, 걸음마를 배우면 자신이 가고 싶은 곳으로 쉽게 옮겨 갈 수 있다는 것을 스스로 느끼게 해줍니다.

Q 아기가 낮잠을 안 자려고 하는데 잠을 또래보다 적게 자도 괜찮나요?

생후 1개월까지는 통상 18~20시간 정도 자며, 1세 미만에서는 15~18시간 정도, 2세가 되면 13시간 정도 잠을 잡니다. 낮잠을 안 자려고 해도 하루 수면 시간이 충족되면 큰 문제는 없습니다. 하지만 평균 수면 시간에 못 미치고 밤에 잘 안 자려고 한다면 교정이 필요합니다. 낮잠을 재울 때 최대한 조용한 분위기에서 엄마도 함께 누워 재우도록 합니다. 아기가 잠을 못 이루게 하는 스트레스 요인이 없는지도 살펴봐야 합니다.

Q 천식이나 아토피를 앓으면 또래보다 적게 크나요?

심한 천식으로 만성 호흡기 질환을 앓고 있거나 아토피피부염이 심한 경우에는 성장과 발육에 영향을 미칠 수 있습니다. 하지만 질병으로 인해 아기가 받는 스트레스를 최대한 줄여주고 영양 섭취에 좀 더 신경을 써준다면 또래와 차이 없이 자랄 수 있습니다.

Q 반드시 카시트에 앉혀야 하나요?

아기를 차에 태울 때는 아무리 짧은 거리를 이동하더라도 반드시 카시트에 앉혀야 합니다. 아기가 9kg 미만일 때는 아기 얼굴이 뒷좌석의 등받이를 향하게 후방 장착해 사용해야 하며 반드시 앞좌석이 아닌 뒷좌석에 설치해야 합니다. 신생아도 이너시트 등을 장착한 후 카시트에 눕혀야 합니다.

Q 안아줘야만 잠을 자서 너무 힘들어요. 어떻게 해야 하나요?

아기는 엄마의 품에 안김으로써 안정감을 느끼고 잠이 듭니다. 하지만 안거나 업어야만 잠을 자는 등 수면 습관을 잘못 들이면 엄마가 힘들어질 수 있습니다. 또한 안거나 업어서 재우면 아기가 땀을 많이 흘리게 되므로 좋은 방법

이 아닙니다. 아기가 엄마 품을 많이 찾는다면 함께 누워서 아기를 토닥이며 재워봅니다. 부득이하게 안거나 업어서 재울 때는 잠들고 난 후엔 반드시 눕히도록 합니다. 눕히면 깬다는 이유로 자꾸 안거나 업고 있으면, 아기도 깊게 잠들지 못하고 엄마도 힘들어집니다.

Q 구멍만 보이면 그 안으로 물건을 집어넣어요. 왜 그럴까요?

구멍이 있으니까 그 안을 물건으로 채울 수 있겠다는 실험적인 생각과 구멍에 무엇인가를 한번 해보고 싶다는 호기심 때문입니다. 해도 되는 행동과 해서는 안 되는 행동을 분명히 구분해서 알려주도록 합니다.

Q 장난감이나 물건을 일렬로 줄 세우려고 해요. 그냥 둬도 괜찮나요?

아기들은 자라는 과정에서 일종의 강박 현상을 보이기도 합니다. 사물을 일렬로 정리해야 하고, 잠자리에서 이불이 조금이라도 비뚤어지면 안 되고, 문을 꼭 자기가 열어야 하고, 엘리베이터 버튼도 반드시 자기가 눌러야 하는 등 다양한 형태로 강박 현상이 나타납니다. 아기는 이런 행동들로 울타리를 치고 그 안에서 안정감을 찾는 것입니다. 시간이 지나면서 자연스럽게 없어지는 현상이므로 크게 염려할 필요는 없습니다. 단, 엄마 아빠도 아기에게 지나치게 정리 정돈이나 깨끗함, 질서 정연함 등을 강조하지 않는 것이 좋습니다.

Q 잘 놀라는 아기에게 기응환을 먹여도 되나요?

아기가 깜짝깜짝 잘 놀라면 기응환을 먹이는 경우가 종종 있는데, 기응환을 먹이는 것은 위험한 행동입니다. 아기의 청각은 태어나면서부터 어느 정도 완성되어 있기 때문에, 작은 소리에도 예민하게 반응해 깜짝깜짝 놀라기도 합니다. 또 두 팔을 활짝 벌렸다가 가슴 쪽으로 끌어당기며 깜짝 놀라는 것처럼 보이기도 하지만, 이는 지극히 정상적인 반사 반응이므로 걱정할 필요가 없습니다.

발달장애 특강

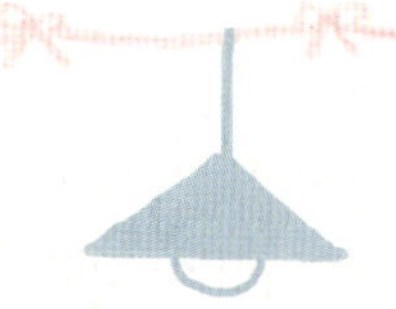

속도가 느린 것은 장애가 아니에요
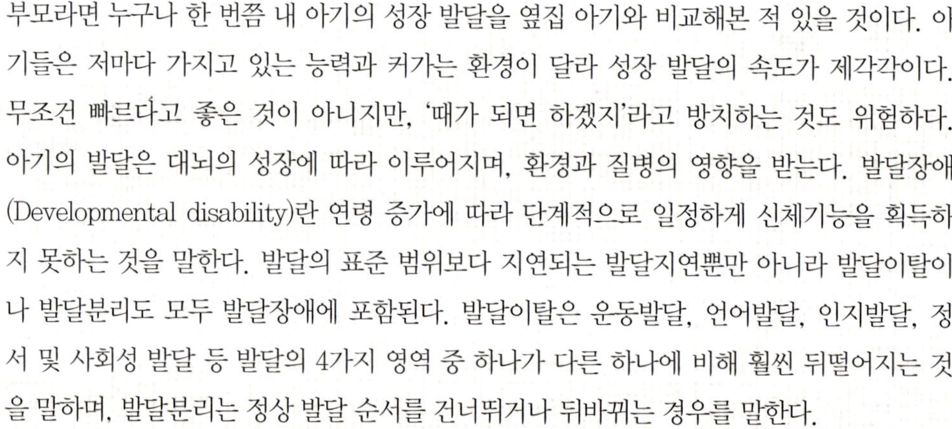

부모라면 누구나 한 번쯤 내 아기의 성장 발달을 옆집 아기와 비교해본 적 있을 것이다. 아기들은 저마다 가지고 있는 능력과 커가는 환경이 달라 성장 발달의 속도가 제각각이다. 무조건 빠르다고 좋은 것이 아니지만, '때가 되면 하겠지'라고 방치하는 것도 위험하다. 아기의 발달은 대뇌의 성장에 따라 이루어지며, 환경과 질병의 영향을 받는다. 발달장애(Developmental disability)란 연령 증가에 따라 단계적으로 일정하게 신체기능을 획득하지 못하는 것을 말한다. 발달의 표준 범위보다 지연되는 발달지연뿐만 아니라 발달이탈이나 발달분리도 모두 발달장애에 포함된다. 발달이탈은 운동발달, 언어발달, 인지발달, 정서 및 사회성 발달 등 발달의 4가지 영역 중 하나가 다른 하나에 비해 훨씬 뒤떨어지는 것을 말하며, 발달분리는 정상 발달 순서를 건너뛰거나 뒤바뀌는 경우를 말한다.

발달장애는 소아에게 나타나는 가장 흔한 건강 문제의 하나로, 전체 소아의 약 5~10% 정도에서 발견될 정도로 높은 유병률을 보인다. 뇌성마비, 정신지체, 시각·청각 등 특수감각기능장애 등 발생 빈도가 비교적 낮으나 심각한 장애를 보이는 발달장애는 주로 영아기에 발견된다. 발생빈도가 비교적 낮으나 심각한 장애를 보이는 뇌성마비(평균 발견 연령 10개월), 정신지체, 특수감각기능장애 등은 주로 조기에 발견되는데 반해 발생 빈도가 높으면서 장애 정도도 상대적으로 덜 심각한 학습장애, 주의력결핍과잉행동장애 등은 훨씬 더 늦은 시기인 학동기(각각 평균 발견 연령 69개월, 59개월)에 주로 발견된다.

발달지연이란?

영유아의 발달은 성장과는 조금 달라서 월령별로 반드시 성취해야 할 수준이 있다. 영유아기에는 운동발달이 정신발달과 거의 비례하므로 운동발달 수준을 체크하는 것이 중요하다. 아기가 월령에 따라 성취해야 할 발달지표(280쪽 발달지연·장애가 의심되는 신호 참고)를

정고운 교수는...
제일병원 소아청소년과 소아신경 세부전문의로 서울대학교 의과대학을 졸업하고, 서울대학교 의과대학원 석사 과정을 수료했다. 대한소아과학회와 대한소아신경학회 정회원으로 활동 중이다.

보이지 않으면 발달지연을 의심할 수 있다.

발달지연이 일시적이라면 남들보다 늦되는 아이라고 생각할 수 있겠지만, 이를 일회적인 평가만으로는 판단하기 어렵다. 발달이 조금 늦더라도 따라잡기를 한다면 수개월 후 또래 아이들의 발달과 비슷한 수준이 될 수 있다. 즉, 경미한 발달지연이 있다고 해서 영구적인 발달지연으로 이어지는 것은 아니다. 따라서 최소 2번 이상의 검진이 필요하며 가족력이나 다른 임상 증상에 대한 상담이 필요하다.

평균 보다 3개월 이상의 차이를 보인다거나 경과 관찰 기간 중에도 따라잡기가 없는 경우는 지속적인 발달 지연을 보일 가능성이 높기 때문에 정밀검사가 필요하다. 다른 영역의 발달 지연이 함께 있을 경우에도 기질적인 문제(뇌 기형이나 대사 장애, 기타 유전성 질환)가 있을 수 있으므로 조기 검진이 필요하다.

발달에서 가장 중요한 것은 섬세한 관찰이다. 상담을 받는 보호자 중에는 아이의 상태는 잘 살피지 않고 신빙성이 부족한 인터넷 정보만을 외워 오는 이들이 많다. 발달지연에 대한 걱정은 과유불급이다. 한 번에 해결하려는 마음을 비우고 경과를 관찰하면서 발달의 진행 정도를 살피는 것이 좋다. 인터넷 정보만 믿고 혼자서 해결하려 하거나, 지인의 육아 경험에만 기대지 말고 소아청소년과 주치의와 상담을 받는 것이 불필요한 걱정을 줄이는 방법이다.

조기 발견이 중요해요!
발달 장애의 치료

우리나라에는 우리나라 어린이를 표준으로 만들어진 한국형 영유아 발달 검사가 있다. 한국형 영유아 발달 검사는 5세 이하의 영유아를 대상으로 하는 척도형 발달 검사로서, 5개의 하위 영역(조대 운동, 미세 운동, 개인-사회성, 언어, 인지-적응)으로 세분하여 발달 지수를 산출함으로써 발달 상태를 판정한다. 이후 정밀 검사는 환자의 진찰을 통해 개개인에게 적합한 검사를 받게 된다.

발달장애는 특징적인 증상들이 만 3세 이전에 나타나는데 이때 바로 발견하여 치료하면 큰 효과를 얻을 수 있다. 이러한 질환을 갖고 있는 아기를 조기에 발견하면 조기 교육이나 재활 서비스 등 적절한 조기 관여를 함으로써 장기적인 장애를 최대한 줄일 수 있기 때문이다. 청각 장애의 경우 조기에 치료를 시작하면 언어발달에 큰 도움을 줄 수 있다. 뇌성마비 환자들도 조기 개입 치료에 의해 많은 도움을 받을 수 있다.

조기 개입 치료란 발달의 평가에서부터 체계적으로 발달장애 아동과 가족들을 지원하는 포괄적인 과정을 의미한다. 조기란 대뇌의 성장 발달이 가장 왕성하게 일어나는 생후 첫 5년 동안을 의미하는데, 이 시기에 대부분의 아동들이 언어를 습득하며, 자아 정체감을 갖게 되고, 일상생활 기술과 어른 또는 또래들과의 상호 관계를 맺는 데 필요한 기본적인 사회 기술을 습득하게 된다. 조기 개입 치료는 발달장애 아동을 단지 보살피고 필요한 지원을 한다는 개념으로부터 교육과 치료라는 보다 적극적인 개념으로의 변환이라고 할 수 있다. 대개의 전문가들은 장애 아동과 가족에게 보다 일찍 개입을 시작할수록 더 바람직한 결과를 얻을 수 있다는 데 동의하고 있다.

발달장애를 조기에 발견하기 위해서는 발달장애의 위험 인자를 우선 파악해야 한다. 즉 부모, 형제에게 보이는 신경·정신 질환, 임신 중 혹은 주산기의 이상, 미숙아, 신생아기 및 영아기의 이상(감염, 경련, 선천성 기형, 심한 황달, 부적절한 영양, 뇌 손상) 등이 있으며 위험 인자가 많을수록 발달장애를 일으킬 가능성은 높아진다. 따라서 위험 인자를 가진 경우에는 정기적인 발달 검진을 받는 것이 좋다.

발달장애는 매우 다양한 질환군으로 같은 증상을 보이더라도 원인 질환은 매우 다양할 수 있다. 무조건 언어치료, 놀이치료만 받고 기다리기보다는 원인 및 전반적인 발달 상태에 대한 평가가 필요하며, 이를 위해서는 반드시 소아청소년과(특히 소아신경분과) 전문의와의 상담이 필요하다. 예를 들어 말이 느리다고 언어치료를 받던 환자가, 알고 보니 난청이 있었거나 단순한 발달지연인 줄 알았는데 대사 이상 질환인 경우도 있다.

다양한 증상이 동시에 나타나요
⇨ 발달장애의 대표 질환

발달장애는 발달의 4가지 주된 영역인 운동(대근육, 미세), 언어(수용, 표현), 인지, 정서 및 사회성과 자립 능력에 이상이 나타나는 것으로, 운동 능력 발달 이상에 의한 운동발달장애, 언어 능력 발달 이상에 의한 언어발달장애, 문제 해결 능력 발달 이상에 의한 인지발달장애, 적응 능력 발달 이상에 의한 정서 및 사회성, 자립 능력 발달장애 등으로 나뉜다. 발달장애는 단일한 질환이 아니라 다양한 질환군을 포함한다. 일반적으로 발달장애의 범주에 포함되는 질환에는 정신지체, 뇌성마비, 자폐장애, 발달성 언어장애, 시각·청각 등의 특수감각기능장애, 학습장애, 주의력결핍과잉행동장애 등이 있다. 각 질환은 증상이 겹치는 부분이 많기 때문에, 정확한 진단을 하려면 진료실에서 상담을 받는 것이 원칙이다.

정신지체

정신지체는 18세 이전에 시작하는 발달장애로, 지적·인지적 능력에 제한이 있고 일상생활을 제대로 수행하기 어렵다. 성염색체와 관련된 증후군에서 정신지체가 많이 동반되며 남아가 1.3~1.9배 발생률이 높다. 정신지체는 유전학적, 환경적, 생태학적 원인에 의해 발생한다. 중증 정신지체의 70~80%는 그 원인을 찾을 수 있으나 증상이 경미한 경우는 뚜렷한 원인이 없을 때가 많다.

대근육 운동발달이 늦는 경우
- 4개월이 되었는데 고개를 가누지 못한다.
- 8개월이 되었는데 앉지 못한다.
- 돌이 되었는데 서 있지 못한다.

언어 문제를 나타내는 위험 신호
- 10~12개월까지 옹알이와 몸짓이 없다.
- 18개월까지 단순한 명령을 이해하지 못한다.
- 18~21개월까지 한 단어도 사용하지 못한다.
- 24~36개월까지 부모가 이해하기 힘든 말을 한다.
- 36~48개월까지 다른 사람들이 이해하기 힘든 말을 한다.
- 아기가 대화하는 상황을 피하려고 한다.
- 언어 능력이 퇴행한다.

사회성과 정서 발달이 늦는 경우
- 눈을 마주치면 피한다.
- 원하는 것을 손가락으로 가리키지 못한다.
- 질문에 대답하지 못하고 그 질문을 반복해서 따라 한다.

뇌성마비

뇌성마비란 발달 및 성숙 과정에 있는 뇌의 병변이나 결함으로 인해 운동이나 자세의 이상이 나타나는 비진행성의 신경장애를 말한다. 흔히 간질, 정신지체, 언어장애, 시각장애, 청각장애 등을 동반한다. 발생 빈도는 출산아 1천 명당 약 1~4명 정도로 추정된다. 알려진 위험 인자들로는 주산기 가사, 미숙아 및 저출생체중아, 자궁내 감염, 고빌리루빈혈증, 자궁내 발육지연, 선천성 기형, 유전적 소인, 약물복용 등 각종 모체의 질환, 위험 인자나 원인이 뚜렷하지 않은 경우 등이 있다.

자폐장애

정서 및 사회성 영역에서 가장 심한 장애를 보이는 경우를 자폐장애라 할 수 있다. 자폐성 장애, 정서행동장애는 만 3세 이후에 진단되는 비율이 높다. 자폐장애는 다른 사람들과의 상호교류 능력이 떨어져 사회생활을 하기 힘든 것이 특징이다. 자폐성 장애 환자의 70~80%는 지적장애를 동반한다. 원인은 아직 정확히 알 수 없지만, 유전 등 선천적인 원인 때문인 것으로 알려져 있다.

발달성 언어장애

특별한 신체 질환 또는 동반 장애 없이 언어의 습득이 현저하게 늦는 경우를 말한다. 유전적 소인, 측두엽과 전두엽의 언어중추영역 발달 부족 등이 원인. 언어지연에 대한 다양한 요인을 분석해 진단하고, 언어치료를 조기에 시작하는 것이 좋다.

학습장애

읽기, 쓰기, 산수 계산 등의 능력에 결함이 있는 경우를 말한다. 지능과 연령을 근거로 기대되는 능력의 50% 미만의 성취도를 보일 때 학습장애라 정의한다. 기본적으로 중추신경계, 특히 대뇌의 특정 영역의 발달적인 기능 장애, 유전적 요인이 원인이다. 조기에 특수교육적 치료가 필요하다.

ADHD(주의력결핍과잉행동장애)

소아청소년이 성숙해가는 과정에서 스스로를 적절하게 조절해나가는 능력이 부족해 문제를 일으키는 경우를 말한다. ADHD의 가장 중요한 세 가지 특징은 집중력 장애, 충동, 과잉행동이다. 2~4세경 대부분의 아동들은 일시적으로 많이 움직이고 떠들썩한 행동을 보이지만, 유치원에 입학할 연령이 되면 어느 정도 과잉 운동이 조절되고 과제에 주의를 집중할 수 있게 되는데, 이러한 정상적 발달 과정과 ADHD를 감별해야 한다. 증상은 3세부터 자주 나타나지만 진단은 주로 학령기에 이뤄진다. 원인은 아직 확실히 밝혀진 바는 없지만, 유전적 요인, 출생 시 뇌 손상, 신경화학적 요인, 정신사회학적 원인 등 매우 다양한 요인이 거론되고 있다. 전 인구의 약 5~10% 정도에서 발견된다.

ADHD의 주요 증상

주의력 결핍 증상

- 주의 집중을 잘 못한다.
- 조직화, 체계화하는 데 문제가 있다.
- 귀 기울여 듣지 않는다.
- 물건을 잘 잃어버린다.
- 집중이 필요한 과목을 싫어한다.

과잉 행동 · 충동성 증상

- 안절부절못하고 움직인다.
- 지나치게 뛰어다니거나 기어오른다.
- 조용하게 놀지 못한다.
- 말을 너무 많이 한다.
- 불쑥 대답을 한다.
- 순서를 잘 지키지 못한다.
- 방해하거나 끼어든다.

아기 돌보기

첫 아기를 키우는 초보 엄마는 하루에도 몇 번씩 육아에 대한
궁금증과 고민거리가 생겨난다. 치아는 어떻게 관리해주어야 할지,
잠자는 습관은 어떻게 들여야 할지, 배변 훈련은 어떻게 해야 할지 등 아기를 돌보면서 생기는
일상생활 속 궁금증을 해결해줄 육아 노하우를 알아본다.

26 안기와 업기

아기를 달래거나 외출할 때는 아기를 안거나 업어줘야 한다. 하지만 초보 부모는
몸이 작고 여린 아기를 안는 것조차 조심스럽다. 월령별로 아기를 안는 방법도 달라야 하고,
등에 업을 때는 주의할 점들이 있다. 아기를 안전하게 안거나 업는 방법을 알아본다.

효과적으로 안기

① 목 가누기 전

목을 잘 받친다

신생아는 아직 목을 가누지 못하기 때문에 목을 잘 받쳐 들고
옆으로 안아 고개가 떨어지지 않도록 해야 한다. 아기의 목은
엄마의 팔꿈치 안쪽에 놓이게 하고 팔로 아기의 상체를 감싼
다. 다른 한 손으로는 아기의 엉덩이를 받친다.

얇은 수건이나 싸개로 감싼다

신생아는 얇은 수건이나 싸개로 감싼 상태로 안는다. 체온 조
절이 미숙해 싸놓은 것을 풀면 갑자기 서늘함을 느낄 수 있다.
아기를 감싸면 면역력이 약한 아기의 외부 접촉을 어느 정도
대비할 수 있다.

엄마 몸을 아기에게 밀착해 들어 올린다

아기를 들어 올릴 때 엄마가 상체를 숙여 아기를 엄마 몸 쪽으
로 밀착시킨 후에 들어 올려야 안전하다.

② 목 가눈 후

세워서 안는다

손바닥 전체로 아기의 머리와 목을 받치고 다른 한 손은 엉덩
이를 받쳐 들어 올린 후 엄마의 어깨에 얼굴을 대도록 세워 안
는다. 목을 가눌 수 있지만 아직 허리를 가누지 못하기 때문에
아기의 몸을 잘 받쳐줘야 한다.

장시간 세워 안지 않는다

아직 허리를 가누지 못하기 때문에 오랜 시간 세워 안거나
업는 것은 좋지 않다.

겨드랑이에 손을 끼워 안는다

목을 완전히 가눌 수 있게 되면 아기의 겨드랑이에 손을 끼워
안아 올릴 수 있다. 이때도 아기 등 뒤로 향한 손가락을 쫙 펴
서 아기 목에 무리가 가지 않도록 살짝 받쳐주는 것이 좋으며
갑자기 안아 올리는 것은 삼간다. 아기를 안은 쪽 팔로 엉덩이
를 받치고 다른 손으로 아기의 등을 받쳐 안정된 자세를 만들
어준다.

③ 한 손으로 안기

목과 허리를 바로 세울 수 있을 때 시도한다

아기가 혼자 앉을 수 있을 정도로 목과 허리에 힘이 생기면 엄
마가 한 손으로 안을 수 있다. 한 손으로 아기를 안고 다른 한
손으로 집안일을 할 수도 있다.

아기의 허리와 등을 감싸 안는다

아기가 엄마의 허리에 걸터앉는 자세가 되므로 한 손으로 아기
의 등과 허리를 감싸 안아야 한다. 아기가 몸을 갑자기 움직이
면 떨어질 수 있으므로 주의해야 한다.

안전하게 업기

④ 포대기

목을 가누기 시작한 아기에게 시도한다

아기를 업으려면 아기가 최소한 목을 가눌 수 있어야 한다. 포
대기가 목을 받쳐주지 못하기 때문에 목을 가눌 수 없는 아기
를 업으면 고개가 옆이나 뒤로 젖혀져 위험하다.

부드러운 면 소재, 7부 크기가 적당하다

포대기는 아기의 피부에 직접 닿으므로 부드러운 면 소재로 된 것을 고르고, 너무 길거나 짧은 것보다는 7부 정도의 크기가 편리하다. 여름에는 망사 소재의 5부 길이 포대기를 사용하면 시원하다.

아기의 어깨까지 덮는다

엄마가 상체를 숙인 상태에서 아기를 옆구리에서 등 쪽으로 올린 다음 포대기를 펴서 아기 어깨까지 덮는다. 엉덩이만 덮으면 아기가 몸을 뒤로 젖힐 경우 위험한 생황이 생길 수 있다.

끈은 엄마 가슴 위에서 묶는다

끈을 돌려 아기의 엉덩이 아래에서 교차시키고, 다시 끈을 앞으로 돌려 엄마 가슴 위에서 묶어야 흘러내리지 않는다.

⑤ 아기띠

아기의 다리를 끼워 업는 아기띠의 경우

소파나 침대 등에 아기띠를 먼저 펼치고 그 위에 아기를 눕혀 다리를 끼운 다음 아기와 함께 아기띠를 맨다. 아기의 팔다리가 잘 끼워졌는지 확인하고 버클을 채운다.

엄마 몸에 먼저 고정하고 아기를 업는 아기띠의 경우

아기띠의 허리 부분을 몸에 고정하고 아기를 업는다. 아기를 한 손으로 붙잡고 다른 한 손으로 아기띠를 올려 어깨끈에 팔을 끼운다. 버클을 채우고 몸에 맞게 끈을 조절한다.

27 유치 관리법

유치는 어차피 빠질 이라고 해서 치아 관리에 소홀한 경우가 많다. 하지만 유치에 문제가 생기면
영구치에 영향을 미치므로, 치아가 나기 시작할 때부터 올바로 관리해야 한다.

유치 관리가 중요한 이유

영구치에 영향을 미친다

첫 단추를 잘못 꿰면 아래 단추들도 다 어긋나듯이, 유치가 많이 상하면 뒤이어 나올 영구치의 상태도 나빠질 수밖에 없다. 특히 치아우식증이 심해 유치의 뿌리까지 감염되면 영구치의 형성에 장애가 생길 수 있다. 영구치가 나오기도 전에 치아우식증이 생길 수 있으며, 심한 경우 영구치의 색깔과 모양이 변하거나 영구치가 늦게 나올 수 있다.

고른 영양 섭취가 어렵다

유치가 썩으면 음식을 정상적으로 씹기 어렵고 소화가 잘 안되어 고른 영양 섭취가 어려워진다. 또 아기가 단단한 음식을 씹기 싫어해서 부드러운 음식만 찾다 보니 편식을 하게 된다.

발음과 얼굴 골격에도 영향을 미친다

유치에 문제가 생겨 음식을 정상적으로 씹지 못하면 아래턱의 성장이 제대로 이뤄지지 않을 수 있고, 잘못된 씹기 습관으로 턱의 모양이 비뚤어질 수도 있다. 치아우식증으로 이가 빠지면 잇새로 바람이 새어 발음에도 문제가 생긴다.

월령별 유치 관리법

이가 나지 않았을 때

가제 수건으로 입안을 닦는다

분유수유 후에는 먼저 물을 먹여 입안을 헹군 다음 가제에 물을 묻혀서 입안 전체를 닦는다. 물 묻힌 가제를 검지에 감고 잇몸 윗면을 가볍게 쓸어주듯이 닦은 다음 지그시 눌러준다. 잇몸 옆면은 손가락을 돌려가며 부드럽게 닦는다. 입천장과 혀, 잇몸과 입술 사이에도 분유 찌꺼기가 남을 수 있으므로 꼼꼼히 닦는다.

잇몸 마사지를 한다

잇몸을 마사지하면 가려움증이 덜해질 뿐만 아니라 혈액순환이 잘 되어 잇몸은 물론 유치까지 튼튼해진다. 가제로 입안을 닦을 때 잇몸을 살살 문지르면서 눌러주면 된다.

아랫니가 2개 났을 때

실리콘 핑거 칫솔로 닦는다

엄마의 검지에 끼워서 사용하는 실리콘 핑거 칫솔로 앞니를 닦는다. 이의 앞면과 뒷면, 잇몸, 입천장, 혀까지 입안 전체를 골고루 닦는다. 핑거 칫솔로 잇몸을 부드럽게 닦아주면 마사지 효과가 있다. 아직 치약을 사용할 필요는 없으며 물을 묻혀 깨끗이 닦아주면 된다.

수유 후에 물로 헹군다

수유 직후, 이유식을 먹은 후에는 반드시 물을 먹여 입안을 헹구고 핑거 칫솔로 양치질을 한다.

아랫니 · 윗니 각 2~4개 났을 때

1단계 유아용 칫솔을 사용한다

칫솔모의 크기가 작고 부드러운 1단계 유아용 칫솔을 사용한다. 칫솔을 연필 쥐듯 잡고 물을 적셔 이의 앞면과 뒷면을 좌우로 닦는다. 잇몸과 입천장, 혀는 가제로 닦아준다.

주스나 음료수는 컵으로 먹인다

주스나 음료수를 우유병에 담아 먹이면 입안에서 당분이 머무는 시간이 많아 치아우식증이 생기기 쉽다. 주스나 음료수는 물론 우유를 먹일 때도 반드시 컵으로 마시게 한다.

우유병 우식증을 예방한다

아기들에게 가장 흔한 우유병 우식증을 예방하기 위해서는 우유병을 물고 자는 습관, 특히 밤중에 수유하는 습관을 고쳐야 한다. 분유병 수유는 돌까지만 한다.

아랫니 · 윗니 4개씩, 어금니 위아래 2개씩 났을 때

본격적으로 양치하는 시기다

어금니가 나기 시작하면 칫솔질을 더욱 꼼꼼히 해야 하고 정기적으로 치과 검진도 받아야 한다. 유아용 칫솔을 사용해 구석구석 제대로 양치를 해야 하는 시기이므로 더 이상 핑거 칫솔이나 가제로 대충 닦아서는 안 된다.

어금니를 꼼꼼히 닦는다

입 안쪽에 있는 어금니를 닦으려면 엄마가 앉은 자세에서 다리 위에 아기의 머리를 눕히고 엄마가 입안을 들여다보면서 꼼꼼히 닦아야 한다.

아랫니, 윗니, 어금니 순서로 닦는다

아랫니, 윗니, 어금니 순으로 닦고 바깥쪽을 먼저 닦은 뒤 칫솔을 세워 안쪽을 닦는다.

아랫니 · 윗니 8~10개씩 났을 때

2단계 유아용 칫솔을 사용한다

총 20개의 유치가 나면 본격적으로 칫솔질을 해야 한다. 2단계 유아용 칫솔로 바꾼다. 칫솔질은 좌우로 닦거나 작은 원을 그리며 닦는다. 어금니의 씹는 면은 칫솔 끝으로 하나씩 긁어내듯이 닦는다. 앞니의 안쪽은 칫솔을 수직으로 해서 긁어내듯이 닦는다.

어린이용 치약을 사용한다

아기가 두 돌이 지나서 양치 후 물을 뱉어낼 수 있다면 불소가 포함된 어린이용 치약을 사용하기 시작한다. 치약은 콩알만큼 짜서 사용한다.

치실로 찌꺼기를 뺀다

먹는 음식물의 종류도 다양해지고, 치아 사이가 어른보다 벌어져 있기 때문에 음식물이 더 쉽게 낀다. 칫솔질만으로는 치아와 치아 사이의 플라크가 깨끗하게 제거되지 않으므로 치실을 이용해 찌꺼기를 빼낸다.

젖니 나는 순서

시기	젖니 나오는 위치	총 개수
생후 6~8개월	가운데 앞니 4	4개
생후 8~12개월	양옆의 앞니 4	8개
생후 12~16개월	작은 어금니 4	12개
생후 16~20개월	송곳니 4	16개
생후 20~30개월	큰 어금니 4	20개

28 아기의 변

아기의 변은 건강 상태에 따라 매일 다르게 변화한다. 건강할 때의 변을 체크해두면
질병의 유무를 쉽게 파악할 수 있다. 평소의 변과 다르면 카메라나 휴대폰으로 사진을 찍어둔 후
아기의 상태를 지켜보거나 병원을 방문한다.

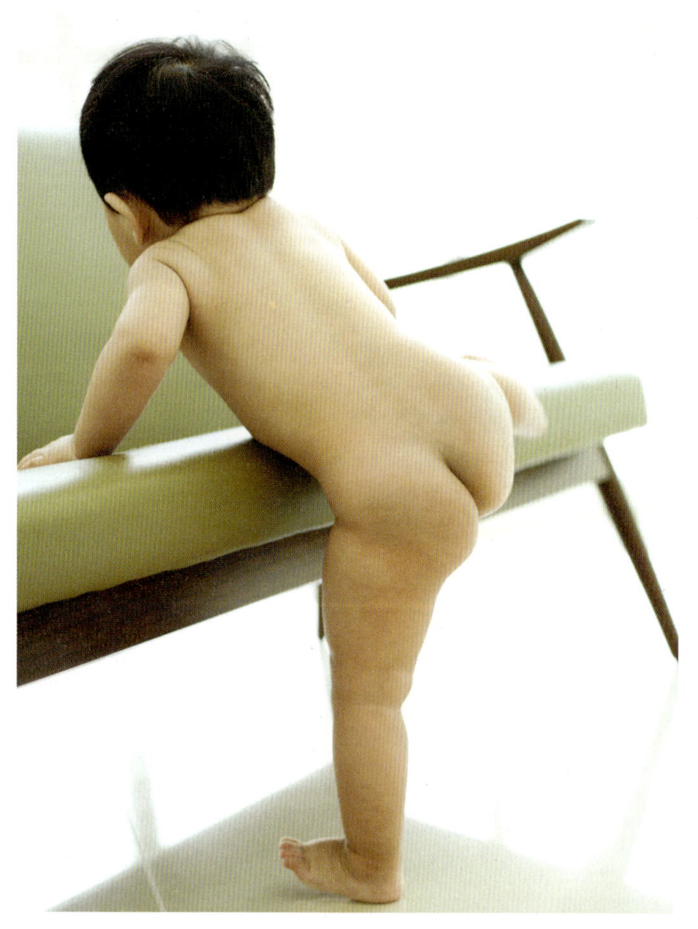

아기 변의 특징

태변은 끈적이는 암녹색이다

갓 태어난 신생아는 생후 수일간 암녹색의 부드럽고 끈끈한 변
을 보는데 이것을 태변이라고 한다. 엄마 뱃속에 있을 때 양수
와 함께 태아의 입속으로 들어간 세포나 태지, 솜털 등이 장에
쌓여 있다가 나오는 것이다. 이후 젖을 먹으면서 점차 녹갈색
으로 이행변을 보다가 황색의 변을 본다.

먹은 것이 그대로 나온다

아기의 변 상태는 아기가 먹는 음식과 건강 상태에 따라 수시
로 변한다. 당근, 브로콜리 등의 채소는 섬유질이 많아 모두
소화가 되지 않고 덩어리가 대변에 그대로 나오기도 한다. 옥
수수, 김, 과일도 아기의 변에 그대로 섞여 나올 수 있다. 먹은
것이 그대로 나오더라도 아기의 변 상태가 평소와 다르지 않으
면 걱정하지 않아도 된다.

점액질 혹은 흰색의 알갱이가 섞여 나온다

변에 몽글몽글한 흰색 알갱이가 보이는 것은 모유나 분유 속
의 지방이 소화되지 않고 뭉쳐서 나오는 것이므로 걱정하지 않
아도 된다. 코 같은 점액질이 나오는 경우도 있는데, 소화관의
점막이 자극을 받아 점액이 배설되는 것이다. 설사나 별다른
이상이 없이 약간의 점액이 섞여 나오는 정도라면 걱정하지 않
아도 된다.

녹변은 정상변이다

흔히 녹변을 보면 아기가 놀라서 그렇다고 하는데, 별다른 이
상이 없어도 녹변을 볼 수 있다. 일부 음식물에 의해 담즙 양이
증가하거나, 음식물에 녹색 색소가 많이 섞여 있는 것이 원인.
장운동이 빨라져서 음식물이 장을 통과하는 시간이 짧아지면
녹변을 보기도 한다.

아기 변의 유형

노란 변

'황금변'은 가장 건강한 변이자 엄마들이 바라는 이상적인 변이다. 음식물은 식도, 위를 지나 십이지장에 이르면 간에서 분비된 담즙과 섞여 녹색을 띠게 되고 이것이 다시 소장, 대장을 거치면서 색깔이 옅어져 노란색으로 변한다.

녹변

장에서 변의 색깔이 노란색으로 바뀌는 것이 정상이지만, 담즙 양이 많아지거나 담즙이 장속에 오래 머무르면 그대로 배출되어 녹색변을 보게 된다. 녹변을 보더라도 이상이 없는 경우가 대부분이다.

검은 변

짙은 쑥색변이 아니라 자장면 같은 검은색 변을 본다면 위나 십이지장과 같은 상부 소화기관에 출혈이 생겼을 가능성이 크다. 이럴 땐 반드시 기저귀를 가지고 병원에 방문해야 한다.

붉은 변

피와 함께 코 같은 것이 섞여 나오고 변을 보는 횟수도 증가하고 물기가 많아지며 열을 동반하면 세균성 장염일 확률이 크다. 장에서 심한 출혈이 생겼을 때는 항문으로 많은 양의 피가 나오고 피의 색깔이 검게 변하기도 한다. 토마토케첩같이 약간 끈적끈적하고 붉게 물든 피똥을 누면 장중첩증을 의심해야 한다. 이때는 아기가 1~2분 자지러지게 울다가 10분 정도 조용하고 또 1~2분 심하게 울기를 반복한다. 세균성 장염, 장출혈, 장중첩증이 의심될 때는 빨리 병원에 가야 한다.

코 같은 것이 섞여 나오는 변

변에 코 같은 것이 섞여 나오는 것을 곱똥, 점액성 변이라고 한다. 주로 설사할 때 끈적끈적한 코 같은 것이 묻어 나오는데, 장염에 걸렸을 가능성이 크다. 점액 변을 본다고 해서 무조건 위급한 상황은 아니다. 점액이 섞여 나오더라도 변의 횟수가 많지 않고 아기의 컨디션이 나쁘지 않으면 좀 더 지켜봐도 된다.

흰색이나 노란색 알갱이가 섞인 변

아기의 변에 순두부처럼 흰 몽우리가 섞여 나오는 경우가 많은데 이는 대개 모유나 분유 속 지방이 뭉쳐서 나오는 것이다. 다른 이상이 없고 잘 먹고 잘 논다면 크게 걱정하지 않아도 된다.

물기가 많은 변

모유를 먹는 아기의 변은 분유를 먹는 아기의 변보다 묽게 마련이다. 하루에 3~4번 이상 변을 보기도 한다. 물기가 많아서 기저귀를 푹 적시기도 하고 거품이 이는 경우도 흔하다. 초보 엄마들 중 아기의 변이 이렇게 나오면 설사가 아닐까 걱정하기도 하는데 대개는 정상이다.

토끼 똥 같은 변

토끼 똥처럼 딱딱하고 작은 똥을 본다면 변비에 걸렸을 가능성이 크다. 딱딱한 변이 굵어지면 항문이 찢어지기도 한다. 대개 먹는 양이 부족하거나 먹는 음식에 섬유질이 부족한 경우가 많다. 섬유질이 많은 채소와 물을 더 많이 먹이고, 대변을 본 후 항문 부위를 씻어 준 다음 따뜻한 물에 좌욕을 시켜주는 것이 좋다.

29 배변 훈련

많은 초보 엄마들이 아기 키우며 실수하기 쉬운 부분이 바로 배변 훈련이다. 무조건 변기에 앉혀 강요한다고
성공하는 것이 아니다. 만 3세가 지나야 스스로 완전히 배변을 할 수 있기 때문에, 여유를 가지고 아기를 기다려주는
것이 중요하다. 엄마와 아기 모두 스트레스받지 않고 기저귀를 쉽게 떼는 노하우를 알아보자.

배변 훈련이 필요한 시기

혼자서 걸을 수 있을 때

대소변을 가리기 위해서는 아기가 마렵다고 느낄 때 변기까지
갈 수 있어야 하고, 엄마에게 와서 배변 의사를 전달할 수 있어
야 한다. 혼자 걸을 수 있을 때가 되면 뇌신경이 근육을 조절하
는 능력이 발달되어 잠시 대소변을 참을 수 있다.

소변보는 간격이 2시간 이상일 때

배변 훈련을 시작하기 위해서는 소변을 어느 정도 방광에 저장
했다가 마려울 때 눌 수 있어야 한다. 소변보는 간격이 2~3시
간으로 일정하다면 배변 훈련을 시작해도 좋다. 아기가 두 돌
이 다 되어도 소변을 일정한 시간 간격 없이 수시로 본다면 배
변 훈련 시기를 좀 더 늦춘다.

아기가 배변 의사를 표시할 때

아기가 대소변이 마려울 때 엄마에게 "쉬 마려", "응가"라고 말
할 수 있어야 하고, 엄마의 간단한 설명을 알아들을 수 있을 정
도로 이해력을 갖춰야 한다.

만 2세부터 해도 늦지 않다

18~24개월 사이에 배변 훈련을 시작하는 경우도 있지만 만 2
세 이후로 배변 훈련을 미뤄도 괜찮다. 대소변을 누고 싶다는
것을 인식하고 화장실에 갈 때까지 참을 수 있도록 조절하는
근육이 발달해야 하는데, 아기마다 개인차가 있다.

배변 훈련의 원칙

서두르지 말고 여유를 갖는다

배변 훈련을 시작해서 아기가 대소변을 모두 가리게 되기까지
최소한 두 달 이상의 시간이 걸린다. 아기에 따라서는 더 오랜
시간이 걸리기도 한다. 마음의 여유를 갖고 아기가 스스로 잘
할 수 있을 때까지 기다려야 한다.

실수한다고 야단치거나 때리는 건 절대 금물

아기들에게 대소변 가리기는 쉬운 일이 아니다. 절대로 조급하게 아기를 닦달하거나 실수를 했다고 해서 다그치지 말아야 한다. 억지로 변기에 앉히는 것도 금물. 아기 스스로 변기에 앉도록 해야 한다. 변기에 앉은 지 한참이 되어도 대소변을 보지 않는다면 아기를 일으켜 세우고 다른 것을 하게 하는 것이 좋다.

칭찬을 아끼지 않는다

처음에는 대소변을 잘 가릴 수 없어서 일을 저지른 후에 엄마에게 얘기한다. 일을 본 후에 알려주기만 해도 잘했다고 칭찬해주자. 그러면서 다음에는 꼭 대소변을 보기 전에 알려달라고 말한다. 아기가 변기에 대소변 보는 것을 성공하면 안아주고 뽀뽀도 해주고 상도 주는 등 칭찬을 아끼지 말아야 한다.

아기가 힘들어하면 중단하고 나중에 재시도한다

배변 훈련을 시작했지만 아기가 변기를 거부하고 잘 진행되지 않는다면 아직 준비가 덜 된 것이다. 이럴 땐 고집스럽게 배변 훈련을 강요하지 말고 과감히 기저귀를 채우는 것이 아기와 엄마 모두의 스트레스를 줄일 수 있는 방법이다. 조급하게 생각하지 말고 나중에 다시 시도해보자.

배변 훈련 성공 노하우

변기와 친해지게 한다

배변 훈련을 시작하기 한 달 전쯤 미리 예쁜 유아 변기를 구입해 아기와 친해지게 한다. 처음부터 변기로 사용하지 말고 옷을 입은 그대로 의자처럼 자주 앉힌 채 간식도 먹이고 좋아하는 책도 읽어준다.

변기의 용도를 알려준다

아기가 변기를 익숙하게 대하게 하려면 변기의 쓰임새를 정확히 알려줘야 한다. 기저귀에 눈 대변을 변기에 떨어뜨리고 이곳에서 대소변을 봐야 한다는 것을 설명해준다. 그리고 옷과 기저귀를 벗고 변기에 앉게 해 맨살에 변기가 닿는 느낌을 알려준다. 변기는 일정한 장소에 두어 아기가 원할 때 언제든 쉽게 찾을 수 있게 한다.

유아용 변기를 따로 준비하지 않고 어른용 변기로 배변 훈련을 시키기 위해선 몇 가지 준비할 것이 있다. 아기의 엉덩이가 아래로 쑥 빠지지 않도록 유아용 변기 시트를 어른 변기에 달아야 하고, 아기가 스스로 오르내릴 수 있도록 변기 앞에 낮은 계단이나 디딤대를 놓아야 한다.

소변을 먼저 시도한다

대변을 먼저 가리는 아기도 있고, 소변을 먼저 가리는 아기도 있지만 일반적으로 소변을 먼저 시도한다. 아기들이 본능적으로 대변은 숨어서 보려는 경향이 많고, 엄마가 응가가 마려운 타이밍을 놓치기 쉽기 때문이다.

혼자 입고 벗기 편한 옷을 입힌다

처음에는 엄마가 옷을 벗겨주고 변기에 앉는 것을 도와주지만 차츰 아기가 혼자서도 할 수 있게 해야 한다. 대소변이 마려울 때 혼자 옷을 내리고 변기에 앉을 수 있도록 입고 벗기 편한 옷을 입힌다.

당분간 밤에만 기저귀를 채운다

변기에 앉아 대소변 보는 것에 거부감이 없다면 평소에는 기저귀를 벗긴다. 아기도 기저귀를 벗어 시원함을 느끼게 되고 팬티에 실수를 하더라도 축축함을 느껴 더 열심히 변기에 누려고 할 것이다. 혹시 실수하더라도 자존심이 상하지 않도록 격려해준다. 다만 아기들은 방광의 크기가 작고 밤에 깊은 잠을 자기 때문에 자다가 실수를 하기 쉽다. 당분간 밤에는 기저귀를 채우고 아침에 기저귀가 보송보송한 상태가 계속된다면 밤에도 기저귀를 채우지 않고 재워본다. 만약을 위해 방수요를 깔아두거나 세탁기에 통째로 돌릴 수 있는 가벼운 이불을 마련하면 빨래 부담을 덜 수 있다.

이럴 땐 배변 훈련을 늦추자!

- 이사를 했을 때
- 동생이 태어났을 때
- 어린이집을 다니기 시작했거나 다니는 곳을 바꿨을 때
- 집안에 큰일이 있거나 어수선한 상태일 때
- 아기가 아프고 난 후 회복이 덜 되었을 때
- 갑자기 반항이 늘고 떼쓰는 일이 잦을 때

30 올바른 수면 습관 들이기

아기들은 하루 중 많은 시간을 잠을 자면서 보낸다. 아기가 잠을 자는 것은 뇌와 몸에 배터리를 충전하는 것과 같다.
어릴 때부터 좋은 수면 습관을 들여야 건강한 아기로 키울 수 있다.

올바른 수면의 중요성

두뇌 발달이 촉진된다

숙면은 뇌 발달에 큰 영향을 미친다. 어른도 잠이 부족하면 의식이 맑지 않고 주의력과 집중력이 떨어지는 것처럼 아기 역시 잠이 부족해 피로가 쌓이면 뇌에 부담이 가고 기능에도 문제가 생긴다. 특히 성장기 아기의 두뇌는 잠을 자는 동안 발달하고 성장하기 때문에 숙면을 취하는 것이 무엇보다 중요하다.

스트레스가 줄어든다

잠을 잘 자는 아기는 정신적, 육체적으로 휴식을 취함으로써 스트레스가 줄어든다. 적당한 스트레스와 긴장은 일상에 활력이 되지만, 지나치면 아기를 흥분하게 하여 아기에게 좋지 않은 영향을 미친다.

성장호르몬이 분비된다

잠을 충분히 자지 못하면 아기에게 필요한 성장호르몬 분비가 줄어든다. 성장호르몬은 뼈, 연골, 근육 등의 발달에 최종적으로 관여하므로, 호르몬 분비가 원활하지 못하면 결국 키가 작거나 몸이 약한 아이로 자라게 된다. 성장호르몬은 오후 10시~오전 2시경에 많이 분비되므로 이 시간에는 아기가 잠들어 있는 것이 좋다.

연령별 적정 수면 시간

	생후 1~2개월	생후 3개월~2년	생후 2년	생후 5~6년	생후 10년
하루 수면 시간	15~16시간	13~15시간	13시간	12시간	10시간

올바른 수면 습관 들이기

생활의 리듬을 만든다

아기는 백일을 전후로 낮과 밤을 구별하기 시작한다. 이때부터 규칙적인 생활 리듬을 만들어주면 아기가 숙면을 취하는 데 도움이 된다. 특히 아기가 아침에 일어나는 시간을 일정하게 하는 것이 중요하다. 낮잠 자는 시간, 저녁 먹는 시간, 목욕하는 시간을 일정하게 지키면 아기는 생활 리듬을 유지해 밤에 잠투정 없이 잠들 수 있다.

낮 동안 간단한 운동을 시킨다

낮에 적당히 놀아서 기분 좋은 피로가 쌓인 아기는 저녁 때 씻겨서 눕히면 금세 잠을 잔다. 잠자기 전 가벼운 스트레칭도 아기 몸의 근육을 풀어줘 숙면을 취하는 데 도움이 된다. 양팔을 위로 뻗게 하거나 발목을 가볍게 잡고 쭉쭉 당겨주면 아기의 근육을 이완시킬 수 있다.

아늑한 잠자리 환경을 만든다

방 안이 너무 덥거나 건조해도 목이 말라 자주 깬다. 아기가 덥지 않게끔 방의 온도는 24℃ 전후로 맞추고, 습도는 30~60%로 유지한다. 은은한 수면등 하나만 켜두고 집 안 실내등을 모두 꺼 잠자는 분위기를 만드는 것이 중요하다. 아기가 잠들면 수면등도 끈다.

낮잠을 너무 많이 재우지 않는다

낮잠을 잔다고 해서 밤잠이 줄어드는 것은 아니지만 적당한 시간에 모자라지도 지나치지도 않을 만큼 낮잠을 자야 한다. 반면 낮잠을 재우지 않으면 아기가 흥분하여 움직임이 많아지고 오히려 밤에 재우기가 힘들어지며 자다가 깨서 울기도 한다. 오후 3시 이전에 한두 시간 정도로 재우는 것이 좋다.

충분히 수유한다

배가 고프면 아기가 깊이 잠들기 어렵고 자다가 중간에 깨는 일이 생긴다. 자기 전에 충분히 먹이고 밤중 수유는 최대한 줄여야 한다.

엄마가 함께 누워서 재운다

아기를 재울 때는 엄마가 함께 누워 재우도록 한다. 엄마가 호흡이 차분해지면 아기도 이를 느끼고 긴장이 풀어지며 잠에 빠져든다. 그러나 엄마와 아기가 같은 침구에서 자는 것은 금물! 아기가 잠들고 나면 엄마는 엄마 침구로 자리를 옮겨 자도록 한다.

수면 트러블 극복 요령

쉽게 잠들지 않는 아기

잠투정이 심하면 아기를 세워 안고 등을 가볍게 두드려주거나 옆으로 안고 살짝 흔들어준다. 엄마에게 안겨 있으면 아기는 긴장이 풀어지고 편안함을 느껴 쉽게 잠들 수 있다. 눕혔을 때 다시 울지 않도록 충분히 재운 후에 침대나 바닥에 눕히도록 하자. 품에 안거나 아기 옆에 누워 엄마의 심장 소리를 들려주는 것도 아기에게 안정감을 주는 방법이다.

밤에 깨서 우는 아기

아기들은 어른보다 얕은 잠이 2배 가까이 많아서 당연히 자주 깨고 뒤척인다. 아기가 자다가 깨서 울 때 엄마가 바로 반응을 보이지 말고 처음 몇 분간 그냥 지켜본다. 혼자 뒤척이다가 다시 잠들 수도 있다. 하지만 계속 울면 엄마의 목소리를 들려주거나 아기의 가슴이나 등을 가볍게 두드려준다. 자다가 깼을 때 엄마가 너무 민감하게 반응하거나 걱정하는 모습을 보이면 아기는 더욱 불안해한다. 밤에 자주 깨서 운다고 불안해하지 말고, 편안한 마음을 갖는 것이 중요하다.

잠자리를 거부하는 아기

아기 눈에 졸음이 가득한데도 자지 않으려고 한다면 분리불안이 가장 큰 원인이다. 잠들면 엄마가 사라진다고 생각하기 때문. 이런 경우 엄마가 옆에 함께 누워 아기가 안정감을 느끼게 하는 것이 가장 중요하다. 또한 엄마가 계속 옆에 있을 거라고 아기에게 말해준다. 자지 않겠다는 아기를 다그치거나 억지로 눕히는 것은 오히려 역효과가 날 수 있다. 잠은 엄마와 헤어지는 것이 아니라 기분 좋은 휴식이라는 것을 아기가 느낄 수 있도록 잠자리를 포근하게 만들어주자.

어른들이 '데굴데굴 굴러다니면서 자는 아기는 건강하다'라고 흔히 말하는데 정말 사실일까? 제자리에서 360도 회전하는 아기, 이불 위를 데굴데굴 굴러다니며 자는 아기 등 자는 자세도 제각각이다. 아기가 잘 때 가장 이상적인 수면 자세는 등을 바닥에 붙인 채 똑바로 누운 자세로 자는 것이다. 천장을 바라보고 똑바로 누워 자는 것이 좋지만, 옆으로 누워 자도 아기가 숙면을 취한다면 일부러 고쳐줄 필요는 없다. 하지만 자세도 바르지 않은데, 숙면도 취하지 못한다면 불편하다는 것을 의미한다. 이때는 매트리스나 베개 등 잠자리 환경을 바꿔준다. 지나치게 푹신한 매트리스나 베개는 성장하는 아기의 척추 건강에 좋지 않으므로 피하도록 한다.

31 베이비 마사지

베이비 마사지는 엄마와의 애착 관계 향상뿐만 아니라 아기의 성장 발달에도 도움이 된다는
연구 결과가 있다. 아기의 눈을 바라보며 사랑을 전하는 하루 10분 마사지 타임은
아기의 몸과 마음을 건강하게 만들어주는 최고의 시간이다.

베이비 마사지의 장점

엄마와의 스킨십은 아기에게 정서적인 안정감을 주는 가장 손쉬운 방법. 특히 생후 36개월까지는 엄마와의 애착 관계 형성이 중요한데, 베이비 마사지를 통해 엄마와 아기는 자연스럽게 신체 접촉을 하면서 친밀감과 유대감, 그리고 사랑을 쌓아간다. 스킨십을 충분히 받고 자란 아기는 자신이 사랑받고 있다는 것을 느끼기 때문에 자신감을 갖게 되어 긍정적이고 밝은 성격으로 자란다. 대인 관계에 있어서도 적극적이고 원만하며 사회성이 좋은 아기로 자란다. 마사지를 하는 동안 엄마에게는 프로락틴이라는 호르몬이 분비되어 모유 생성이 원활해지고 정서적으로도 안정감을 느낀다.

베이비 마사지 원칙

생후 2~3개월부터 시작한다

엄마가 아기를 다루는 데 어느 정도 자신감이 붙은 생후 2~3개월부터 시작한다. 처음에는 간단하게 손을 만져주고 팔, 다리를 구부렸다 폈다 하거나 배와 등을 가볍게 쓰다듬어준다. 어느 정도 익숙해지면 신체 부위별로 정교한 마사지를 시도한다. 마사지 시간도 처음에는 10분 내외로 시작하여 마사지가 정교해지면 20분 정도로 시간을 늘린다.

아기 컨디션이 좋을 때 한다

베이비 마사지는 아기의 기분과 컨디션이 좋을 때 하는 것이 원칙이다. 아무리 베이비 마사지가 좋다고 하더라도 아기가 받아들일 준비가 되어 있지 않으면 소용없다. 아기가 잠자고 있을 때, 울고 보챌 때, 잠에서 딜 깼을 때, 배가 고플 때, 예방접종을 한 날은 피한다.

시간을 정해 규칙적으로 한다

베이비 마사지는 매일 시간을 정해 규칙적으로 하는 것이 좋다. 정확히 11시라고 시간을 정하기보다 오전 낮잠을 자기 전, 목욕을 끝낸 후 등 하루 일과 사이에서 시간을 정한다. 이른 아침이나 저녁 시간보다는 하루 중 집 안이 따뜻한 낮에 하는 것이 좋으며, 마사지 후에는 아기가 푹 쉴 수 있어야 한다.

아기와 눈을 맞추며 교감한다

정확한 동작으로 마사지하는 것보다 더 중요한 것은 엄마가 아기의 눈을 맞추고 정서적으로 교감을 나누는 것이다. 마사지를 하면서 다른 생각을 하지 말고, 엄마의 호흡도 부드럽게 조절한다.

수유 후 30분 이상 지난 다음 마사지한다

수유 직후에 마사지를 하면 토할 수 있다. 수유 후 30분 이상 지난 다음 마사지를 하도록 한다.

오일을 따뜻하게 데운다

오일을 아기 몸에 직접 바르기보다는 엄마 손에 먼저 덜어 비벼 따뜻하게 한 다음 마사지한다. 부드럽게 마사지할 수 있어 아기의 긴장을 풀어주는 효과가 있다. 천연 식물성 오일을 선택한다.

엄마의 손을 청결히 한다

마사지를 시작하기 전 손과 손톱을 청결하게 한다. 자칫 아기의 몸에 상처를 낼 수 있으므로 긴 손톱은 짧게 깎고, 반지나 시계, 팔찌 등의 귀금속은 뺀다.

마사지 실전 레슨

얼굴 마사지

양손으로 아기의 머리를 감싼 다음 엄지손가락으로 이마 가운데부터 관자놀이 쪽으로 쓸어내린다. 눈썹을 따라 같은 방향으로 쓸어내린다.

양쪽 엄지로 콧대를 세우듯이 콧날을 따라 위에서 아래로 코 옆선을 지그시 눌러준다.

양쪽 엄지를 아기의 입가에 대고 입술 선을 따라 안쪽에서 바깥으로 웃는 모양으로 쓸어준다.

양손의 엄지손가락을 제외한 네 손가락을 아기의 광대뼈에 올리고 동그랗게 원을 그리며 마사지한다.

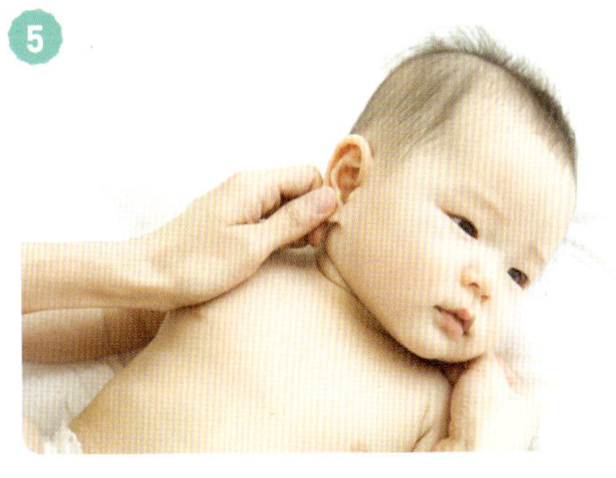

양손으로 양쪽 귀를 2번 쓸어주고 귓바퀴 선을 따라 턱까지 쓰다듬는다.

가슴 마사지

가슴 중앙부에 두 손을 올리고 하트 모양을 그리듯 바깥쪽으로 쓸어준다.

양손으로 가슴 중앙에서 어깨 뒤로 밀어내듯 쓰다듬으며 둥글게 마사지한다.

두 손으로 아기 팔꿈치를 잡고 가볍게 눌러줘 가슴이 펴지게 한다.

배 마사지

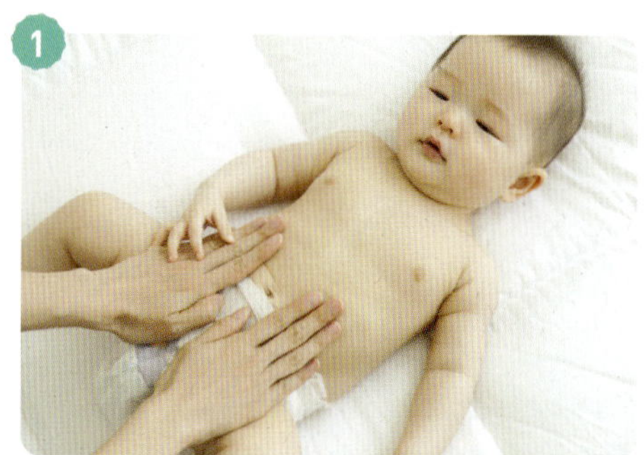

명치 끝부분에서 배꼽 아래까지 배를 쓸어내리듯이
부드럽게 마사지한다.

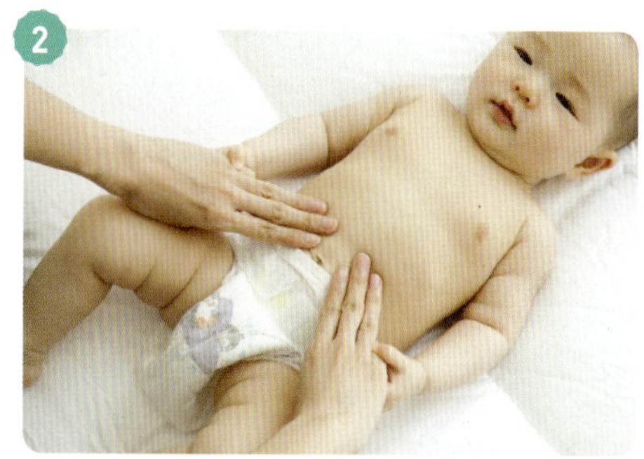

가운데 세 손가락 끝을 이용해 배꼽을 중심으로 시계
방향으로 마사지한다.

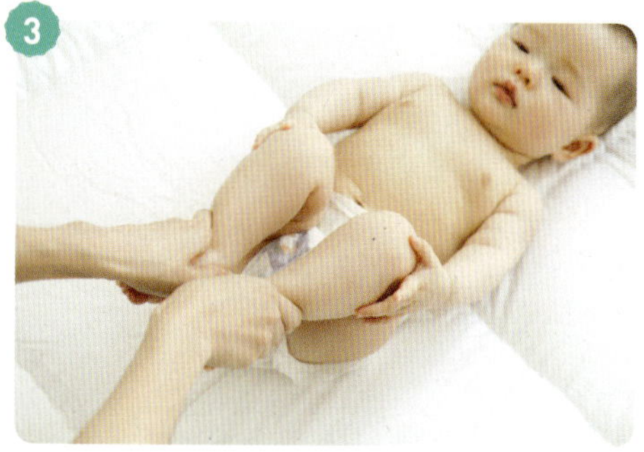

아기의 두 다리를 잡고 무릎을 굽혀 가슴에 대었다
제자리로 돌아오길 3회 반복한다.

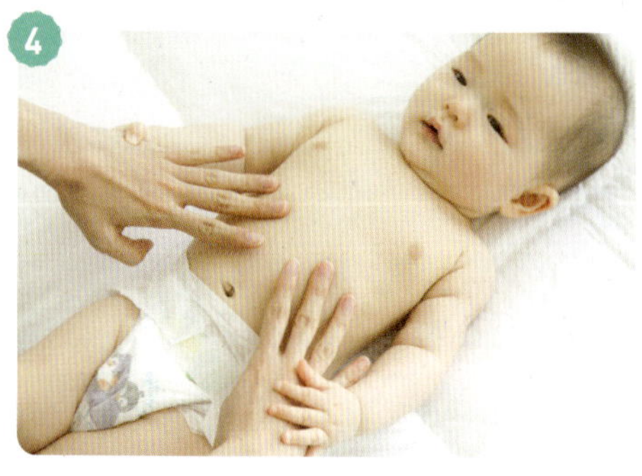

피아노를 치는 듯이 손가락 끝으로 아기 배 전체를
가볍게 두드려준다.

팔 · 어깨 마사지

아기의 팔을 양손으로 잡고 겨드랑이에서 손목 방향
으로 천천히 쓸어준다.

아기의 어깨를 잡고 팔을 살짝 든 상태에서 안쪽 방
향으로 가볍게 비틀어준다.

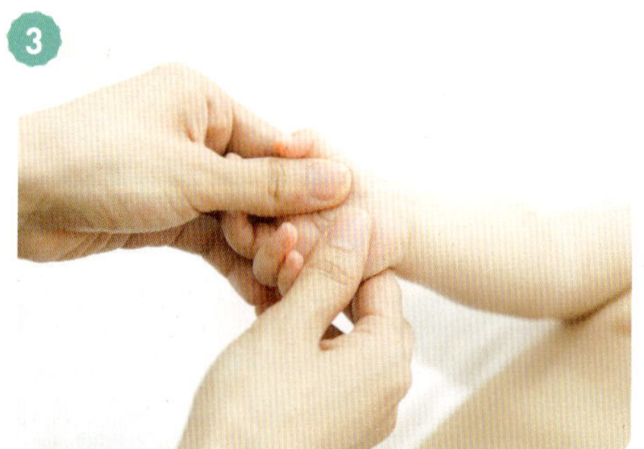

양손으로 아기의 손을 잡고 엄지손가락으로 손목을
바깥쪽으로 살짝 접는다.

손가락 하나하나를 가볍게 빼듯이 당겨주고 손끝은
지압하듯이 누른다.

반대편도 같은 방법으로 마사지한다.

아기의 양손을 잡고 팔 전체를 가볍게 털어준다.

등 마사지

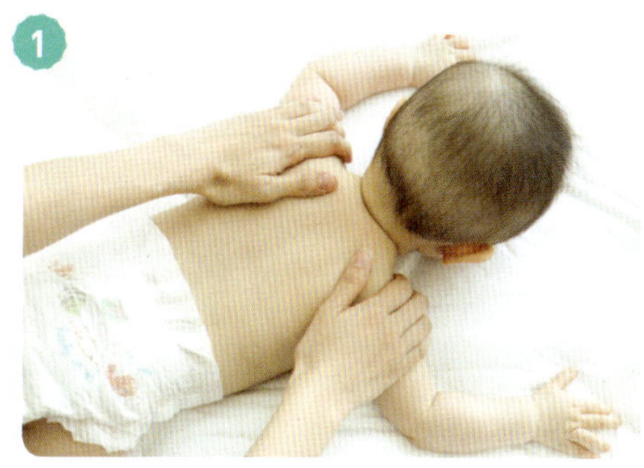

아기를 바닥에 엎드리게 한 후 양손으로 뒷목에서부터 팔의 윗부분까지 부드럽게 반복해서 쓰다듬는다.

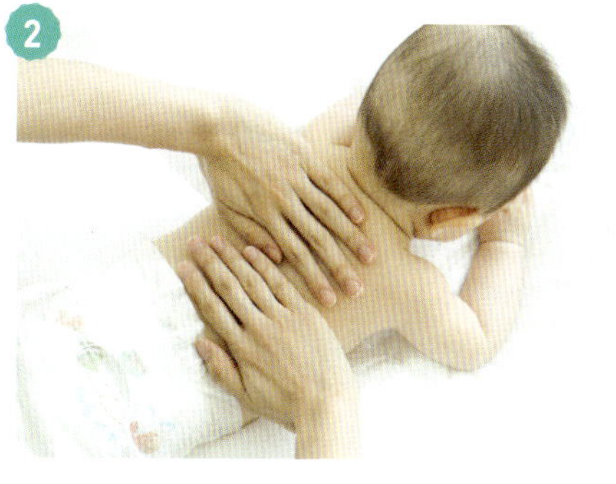

아기 등에 양손을 가로 방향으로 얹어 지그재그로 엇갈리게 허리까지 마사지한다.

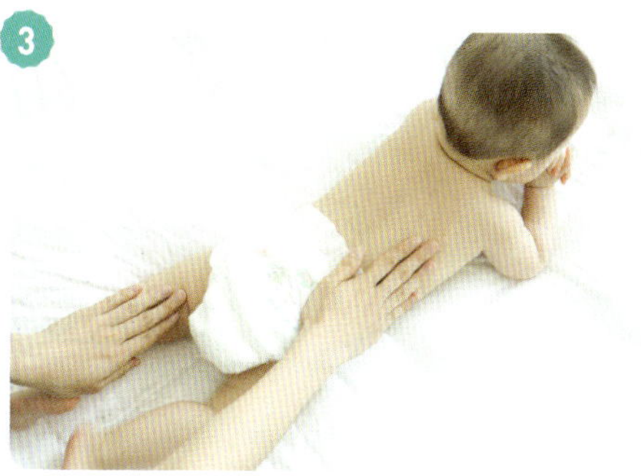

양손으로 어깨에서부터 엉덩이를 지나 발목까지 길게 쓸어내린다.

발 · 다리 마사지

한 손으로 발목을 잡고 다른 손으로 허벅지를 가볍게 털고 비틀어준다.

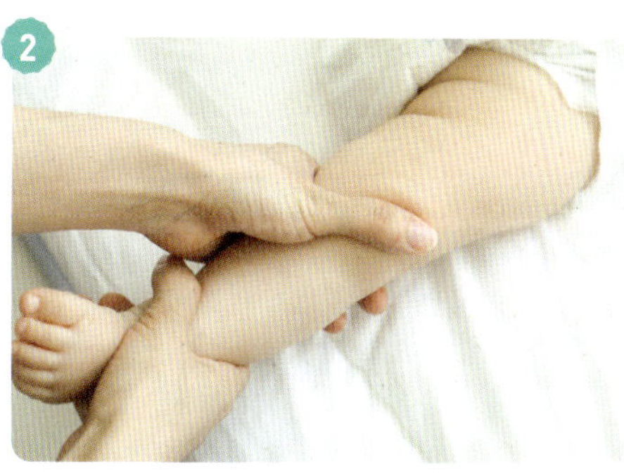

한 손은 발목, 다른 한 손으로 무릎을 잡고 부드럽게 당긴다.

양손으로 발목을 잡고 무릎을 살짝 구부려 자전거를 타는 동작으로 다리 운동을 시킨다.

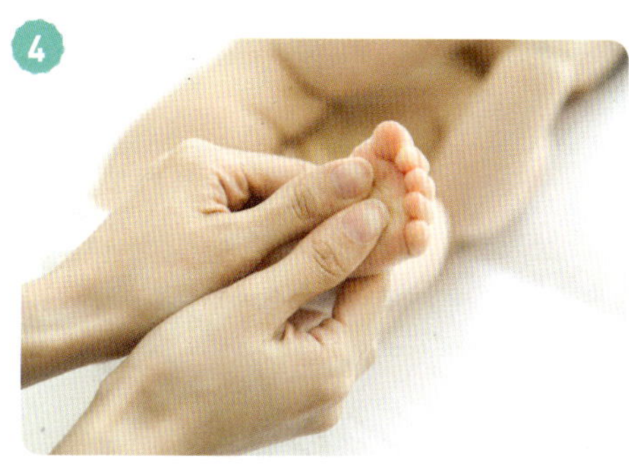

양손으로 아기의 발을 잡고 엄지손가락으로 발목에서 발가락 방향으로 발바닥을 밀어 올린다.

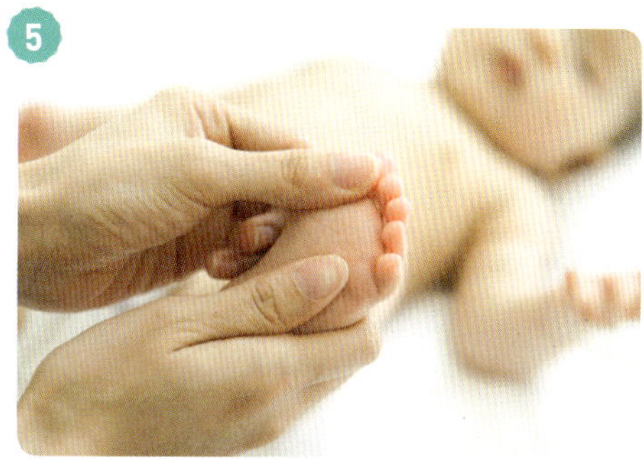

발가락 하나하나를 가볍게 빼듯이 당겨주고 발끝은 지압하듯이 누른다.

반대편도 같은 방법으로 마사지한다.

32 적절한 환경 만들기

면역력이 약하고 체온 조절이 미숙한 아기를 위해 적절한 실내외 환경을 만드는 것은 아기 돌보기의 기본.
건강하고 안전사고 없이 키우기 위해 어떤 준비를 해야 하는지 알아본다.

아기가 머무는 방

적정 온도와 습도를 유지한다

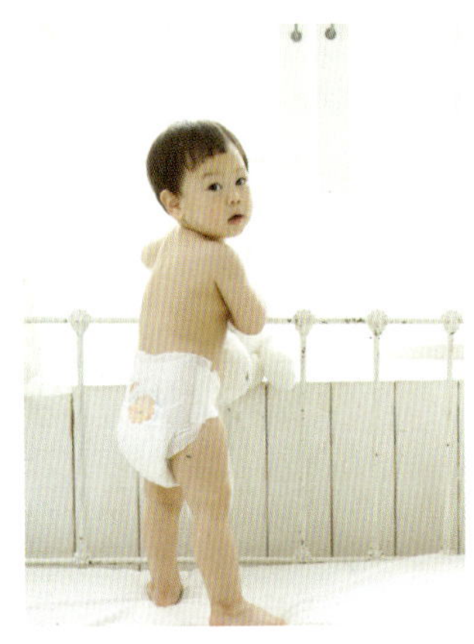

아기는 체온 조절 능력이 미숙하기 때문에 알맞은 실내 온도와 습도를 유지하는 것이 매우 중요하다. 적정 온도와 습도만 잘 유지해도 감기와 같은 호흡기 질환을 어느 정도 예방할 수 있다. 아기가 머무는 방의 실내온도는 24℃가 가장 이상적이며, 습도는 30~60%를 유지한다. 자기 전에 빨래를 방 안에 널면 습도 조절에 도움이 된다. 잎이 넓은 화초도 습도 조절에 도움을 주는데 바닥에 두지 말고 너무 크지 않은 화분을 화장대나 서랍장 위에 올려둔다.

청결에 신경 쓴다

아기 방은 매일 청소기를 사용해 먼지를 제거하고 물걸레질을 한다. 우리 눈에 보이지 않는 미세 먼지까지 걸러주는 청소기를 사용하는 것이 좋다.

모서리에 보호 장치를 한다

아기가 움직이기 시작하면 안전사고에 주의해야 한다. 방 안의 가구 모서리, 문 가장자리 등에 보호 쿠션을 장착한다. 자다가 굴러서 가구나 다른 물건에 부딪히는 일이 없도록 베개나 쿠션으로 잠자리 주변을 둘러싼다.

스탠드 불빛을 은은하게 켜둔다

생후 6개월 이전 아기는 누워서 지내는 시간이 많으므로 형광등이나 지나치게 밝은 등은 아기의 눈을 자극하고 숙면을 취하는 데 방해가 될 수 있다. 실내가 어두울 때나 밤에는 스탠드 불빛을 은은하게 켜두는 편이 낫다.

주방

가스레인지 주변으로 오지 못하게 한다

음식을 만들 때는 아기에게 기름이나 물이 튈 수 있기 때문에 가스레인지 근처에 오지 못하게 하고 냄비나 프라이팬의 손잡이는 안쪽을 향하게 돌려놓는다. 스토브 가드나 손잡이 커버 등 안전용품을 부착하는 것도 좋다. 가스 누설 차단 장치를 사용하거나, 평소에 밸브를 잊지 말고 꼭 잠근다.

칼, 가위는 손 닿지 않는 곳에 둔다

칼, 가위, 칼날이 있는 조리 도구는 아기의 손이 닿지 않는 곳에 보관한다. 싱크대 아래쪽에 보관할 경우 문 잠금장치를 반드시 달아 아기가 꺼낼 수 없도록 한다. 조리 중에 칼을 사용하다가 잠깐 싱크대 위에 둘 때에도 아기 손이 닿지 않도록 안쪽으로 깊숙이 두는 습관을 갖는다.

식탁보는 길게 늘어지지 않게 한다

아기가 잡고 일어서거나 보행기를 타고 다니다가 식탁보를 잡아당겨 식탁 위의 물건들이 아기 머리 위로 떨어질 수 있다. 식탁보는 길게 늘어지지 않게 하고, 식사 시간 외에는 그릇이나 물건들을 올려두지 않는다.

거실

바닥에 놓인 화분을 치운다

아기가 화분을 잡고 일어서다가 화분과 같이 넘어질 수 있고, 호기심에 잎이나 흙을 주워 먹을 수도 있다. 큰 화분들은 베란다나 집 밖으로 내놓고, 작은 화분은 아기의 손이 닿지 않는 곳에 올려둔다.

아기가 자유롭게 활동할 수 있게 물건을 정리한다

거실은 아기가 가장 많이 활동하는 공간. 아기가 자유롭게 놀 수 있도록 방해가 될 만한 물건들은 정리한다. 소파 테이블은 공간을 많이 차지할 뿐만 아니라 아기가 부딪혔을 때 크게 다칠 수 있으므로 치우는 것이 좋다. 아기의 다리가 걸려 넘어질 만한 운동기구나 장식품도 다른 곳으로 치운다.

바닥에 매트를 깔아둔다

소파서부터 1m 정도까지 매트를 깔아두면 아기가 소파에서 떨어졌을 때 충격을 완화할 수 있다. 카펫이나 러그를 깔아둘 때는 반드시 뒷면에 미끄럼방지가 되어 있고 세탁이 편한 제품을 사용한다. 두께가 두꺼운 놀이방 매트는 아파트 층간 소음까지도 어느 정도 막을 수 있다.

베란다로 나가지 못하게 한다

아파트 베란다는 추락 사고의 위험이 크므로 절대로 아기 혼자 나가는 일이 없도록 해야 한다. 평소에 아기에게 잘 일러두고 늘 주의를 기울여야 한다. 창문을 열어놓고 생활하는 여름철에는 거실과 베란다 사이에 안전문을 설치하는 것도 좋은 방법이다. 에어컨 실외기는 베란다 안에 두지 말고 옥외에 설치한다.

창가 쪽으로 가구를 놓지 않는다

베란다나 창문 아래에 책상, 의자, 상자 등 아기가 딛고 올라설 만한 물건을 두지 않는다. 아기가 딛고 올라서 창문을 열고 아래를 내려 보다가 자칫 추락 사고로 이어질 수 있기 때문이다. 평소에 잘 올라가지 않는다 하더라도 엄마가 자리를 비우면 호기심에 올라설 수 있으므로 미리 예방하도록 한다.

차 안

카시트를 설치한다

아기를 차에 태울 때는 아무리 짧은 거리를 이동하더라도 반드시 카시트에 앉힌다. 아기가 9kg 미만일 때는 아기 얼굴이 뒷좌석의 등받이를 향하게 후방 장착해 사용해야 하며, 반드시 앞좌석이 아닌 뒷좌석에 설치한다. 신생아도 이너시트를 장착한 후 카시트에 눕혀야 한다.

창문에 햇빛가리개를 단다

아기 얼굴에 햇볕이 직접 내리쬐면 눈이 부셔 칭얼거리고, 잠들기가 어렵다. 차창에 햇빛가리개를 달거나 카시트에 선셰이드를 달아 아기에게 햇볕이 직접 내리쬐지 않게 한다.

아기가 좋아하는 장난감을 준비한다

아기를 데리고 다니다 보면 차 안에서 지루해하며 보채는 일이 많다. 아기가 평소 좋아하는 장난감을 3~4개 준비해 아기의 관심을 끌어주는 것이 좋다.

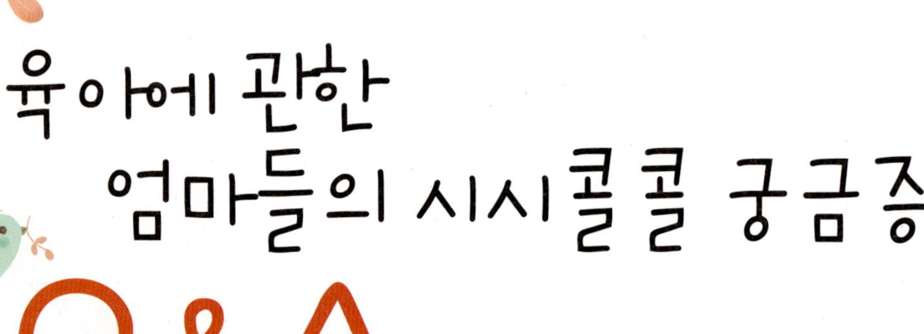

Q 종이 기저귀는 얼마나 자주 갈아줘야 하나요?

일반적으로 2~3번 소변을 보면 갈아주는 것이 좋습니다. 하지만 사용하는 기저귀의 흡수력과 재질에 따라 달라질 수 있습니다. 신생아는 피부가 약하기 때문에 기저귀가 젖을 때마다 갈아주도록 합니다.

Q 매일 목욕을 시켜야 하나요?

어른들 중에는 목욕을 매일 시켜야 아기가 잘 자란다고 말하는 분들이 있습니다. 매일 목욕을 시킨다고 해서 아기가 잘 자라는 것은 아닙니다. 잦은 목욕은 피부를 건조하게 할 수 있으므로 일주일에 2~3번 정도만 목욕을 시키는 것이 좋습니다. 더운 여름철에는 하루에 한 번 가볍게 샤워를 시킵니다.

Q 유치가 일찍 빠져도 괜찮나요?

치아우식증이 심해서 유치를 빨리 뽑거나 사고로 유치가 일찍 빠지면 뽑은 자리의 잇몸이 지나치게 단단해져 몇 년 후 영구치가 나올 때 잇몸을 뚫고 나오지 못해 늦게 나올 수 있습니다. 또 잇몸의 단단한 자리를 피해 물렁한 안쪽이나 바깥쪽을 뚫고 나와 치열이 고르게 나지 않을 수도 있습니다.

Q 유아용 치약은 정말 삼켜도 괜찮은가요?

불소가 함유된 치약은 아기가 양치 후 물로 입을 헹구고 뱉을 수 있을 때 사용합니다. 치과 전문의들은 물로만 양치하더라도 꼼꼼히 칫솔질을 하면 치아우식증을 예방할 수 있다고 합니다.

Q 이를 갈면 유치가 비뚤어지나요?

자면서 이를 가는 이유는 분명하지 않습니다. 이를 간다고 해서 치아에 문제가 생기는 것은 아니며, 일시적인 경우가 많기 때문에 시간을 두고 지켜보면 좋아지는 경우가 대부분입니다.

Q 아토피 피부인 아기를 마사지해도 괜찮을까요?

아토피피부염이 심하지 않고, 건조하고 가려운 정도라면 목욕 후 로션이나 오일을 발라 온몸을 구석구석 마사지해주세요. 그러면 보습도 되고 혈액순환도 원활해집니다. 하지만 아토피로 인해 염증이 심하고 상처가 났다면 마사지는 하지 않는 것이 좋습니다.

Q 변비인 아기, 관장해줘야 하나요?

의사의 처방 없이 관장약을 사용해서는 안 됩니다. 아기가 며칠간 변을 보지 못한다고 집에서 자꾸 관장을 하다 보면 습관성이 되어 관장에 의해서만 변을 보게 될 수도 있습니다. 변비 증상을 완화하기 위해서 미지근한 물에 아기의 엉덩이를 담가 항문 주변의 근육을 이완시켜주거나 엄마의 손바닥으로 배꼽 주위를 시계 방향으로 마사지해줍니다. 과일과 채소의 섭취량을 늘리는 것도 방법입니다. 그래도 변비가 개선되지 않는다면 대변을 무르게 하는 약제를 처방받아 먹여봅니다.

Q 대소변을 잘 가리던 아기가 다시 못 가리는데, 어떻게 해야 하나요?

대소변을 잘 가리던 아기가 다시 못 가리게 된 경우에는 가장 먼저 아기에게 심리적인 스트레스나 환경의 변화가 있는지 확인하고 그 원인을 해결해줘야 합니다. 동생이 생긴 아기는 엄마의 사랑을 빼앗겼다고 느낄 수 있고, 어린이집에 처음 간 아기는 엄마와 떨어져 낯선 선생님, 친구들과 함께 있는 것에 불안감과 스트레스를 느낄 수 있습니다. 이럴 때 대소변을 실수했다고 야단치면 상태가 더 악화되므로 아기의 마음을 이해하려 노력하고 잘 할 수 있다고 격려해줘야 합니다. 아기가 다시 마음의 안정을 찾을 때까지 엄마가 인내심을 갖고 기다려줄 필요가 있습니다. 아기에게 옷을 적시면 불편하고 갈아입어야 한다는 정도로 약간의 자극만 주는 것이 좋습니다.

Q 저녁에 너무 일찍 자면 아침에 일찍 일어나지 않을까요?

아기가 일찍 잠자리에 든다고 해서 일찍 일어나는 것은 아닙니다. 오히려 늦게 잠들 경우 수면 리듬이 불안하기 때문에 일찍 일어나는 경우가 많습니다. 일찍 잠들면 깊은 잠을 자게 되어 일찍 깨는 일도 없어지고 낮잠도 길게, 안정적으로 자게 됩니다.

Q 언제부터 따로 재울까요?

아기를 다른 방에서 따로 재우면 독립심을 키울 수 있으며, 엄마 아빠도 그만큼 편해집니다. 언제부터 꼭 따로 재워야 한다는 원칙은 없습니다. 다만 다른 방에서 따로 자는 것은 아기 스스로 분리불안을 극복해야 가능하므로, 시기적으로 분리불안을 어느 정도 극복할 수 있는 만 3세경에 시도하는 것이 좋습니다.

Q 잘 때 눈을 뜬 채로 자는데, 제대로 자고 있는 건가요?

눈을 약간 뜨고 자는 것은 숙면과 관계가 없으므로 그냥 두어도 괜찮습니다. 아기뿐만 아니라 어른들도 눈을 뜨고 자는 경우가 있으므로 크게 걱정할 필요는 없습니다.

Q 아기를 흔들 침대나 그네에서 재워도 괜찮나요?

흔들 침대에서 흔들리는 정도로 뇌에 손상을 주지는 않습니다. 하지만 이렇게 아기를 흔들어서 재워 버릇하면 금세 손을 타서, 나중에도 흔들어주지 않으면 잠을 자지 않고 보채기 쉽습니다. 되도록 완전히 잠이 들기 전에 내려서 바닥에 요를 깔고 재우는 것이 좋습니다.

Q 밤에 열이 날 때 깨워서 해열제를 먹여야 하나요?

미열이 날 때는 중간에 깨우지 말고 푹 재우는 것이 좋습니다. 옷은 물론 벗기고 재우고 미지근한 물수건으로 몸을 닦아줍니다.

Q 아기들은 왜 밤에 유독 기침이 심할까요?

밤이 되면 공기가 차갑고 건조해지면서 낮보다 기침을 더 많이 하게 됩니다. 아기가 낮에는 기침을 안 하다가 밤이나 새벽에 많이 한다면 단순한 감기 증상일 수도 있지만, 가래 없이 기침만 심하다면 천식일 가능성도 있습니다. 천식은 기관지가 좁아져서 숨이 차고 기침을 심하게 하는 증상으로 밤에 심해집니다. 천식성 기관지염에 걸렸을 때도 마찬가지 증상이 나타납니다. 증상을 완화하려면 실내가 건조해지지 않도록 빨래를 널거나 가습기를 틀어 습도를 50~60% 정도로 유지해주세요.

Step 5

이유식 & 유아식 + 간식

이유식은 아기의 평생 건강의 기초가 되는 중요한 과정이다.
하지만 매일 새로운 재료로 아기가 좋아하는 영양 만점 메뉴를 만드는 것이
쉬운 일은 아니다. 언제 시작해야 하는지, 무엇을 어떻게 먹여야 하는지
고민하는 초보 부모를 위한 완벽한 이유식 가이드.

요리연구가이자 두 아이의 엄마이기도 한 김영빈 선생님의
〈우리 아기 1000일 이유식을 부탁해〉에서 발췌했어요.

32 이유식의 기본 원칙

모유나 분유로 충분한 영양을 섭취하던 아기는 보통 4~6개월이 되면 이유식을 시작하게 된다.
이유식을 완료하는 만2세까지는 성장과 발달에 매우 중요한 시기로 이유식을 통해 적절한 영양을 섭취하는 것이
중요하다. 평생 건강의 기초가 되는 이유식의 기본 원칙을 알아두자.

언제부터 시작할까?

생후 4~6개월경 시작한다

아기의 체중이 6~8kg 정도 되거나 아기가 입을 오물거리기 시
작할 무렵인 생후 4~6개월 정도가 이유식을 시작하기에 적당
하다. 이유식을 너무 일찍 시작하면 장이 미숙하여 소화시키기
어렵고 음식 알레르기를 유발할 수 있다. 모유를 먹는 경우 소
화 기능이 어느 정도 완성되는 6개월경에 이유식을 시작하도
록 권장하고 있다.

아기가 기분 좋을 때 시작한다

이유식을 시작할 때는 아기의 컨디션이 좋은지, 아픈 곳은 없
는지, 주변 상황에 큰 변화는 없었는지 살펴야 한다. 이유식을
시작하려고 계획했는데 아기가 감기가 걸렸다면, 감기가 회복
된 이후에 시작하는 것이 좋다. 아기가 받아들일 준비가 되지
않았는데 무리하게 시작하다 보면 이유식에 대한 거부감이 생
길 수 있다.

무엇을 먹일까?

쌀미음부터 시작한다

첫 이유식은 알레르기의 위험이 가장 적은 쌀로 만든 미음부터
시작한다. 과즙이나 과일 주스를 먼저 먹이는 경우 알레르기나
아토피에 걸릴 위험도 높아지고 소화기에 자극을 준다.

알레르기 위험이 있는지 확인한다

이유식을 만들기 전 월령별로 사용 가능한 재료를 반드시 확인
한다. 알레르기의 위험은 없는지, 아기의 소화 능력에 적합한
지 체크한다.

어떻게 먹일까?

미지근하게 중탕해서 먹인다

이유식은 평균 체온 정도로 데워서 주는 것이 좋다. 아기가 먹
어왔던 모유가 체온 정도였기 때문에 거부감이 덜하다.

일정한 시간에 일정한 자리에서 먹인다

이유식은 매일 일정한 시간에 규칙적으로 주는 것이 좋으며 처
음에는 오전 10시경이 좋다. 처음 시작할 때는 무릎에 앉히거
나 아기용 의자에 앉혀서 먹인다. 돌 전후의 아기라면 식사 중
에 돌아다니지 않고, 한곳에 앉아서 먹는 습관을 들인다.

월령별 사용 가능 재료

	초기 4~6개월	중기 7~9개월	후기 10~12개월	완료기 13~15개월	유아식 16~36개월
먹이는 양	50g 이하씩 1회	70~100g씩 2회	100g씩 3회	100~200g씩 3회	150g씩 3회
곡류	쌀, 찹쌀 6개월 이후 수수	보리, 차조 9개월 이후 발아현미, 흑미, 옥수수, 깨(참깨, 들깨)	밀가루, 흑임자	율무	혼합 잡곡
국수류	먹이지 않는다.	먹이지 않는다.	먹이지 않는다.	소면, 칼국수, 우동, 파스타, 당면, 메밀국수	모든 국수류
채소류	감자, 고구마, 무, 브로콜리, 콜리플라워, 청경채, 오이 적양배추, 애호박, 단호박 6개월 이후 당근, 시금치, 배추, 비타민, 양상추, 양배추, 표고버섯, 느타리버섯, 팽이버섯, 새송이버섯	비트, 양파, 아욱, 근대 9개월 이후 연근, 콩나물, 숙주나물	우엉, 무순, 아스파라거스 12개월 이후 쑥, 깻잎, 냉이, 고사리, 피망, 파프리카, 가지	토란, 부추, 죽순, 토마토, 방울토마토, 파, 마늘 15개월 이후 도라지, 달래, 취나물, 마	모든 채소류
과일류	사과, 배, 바나나, 수박, 복숭아, 살구 6개월 이후 자두	참외, 건대추 9개월 이후 건포도, 멜론	홍시, 포도 12개월 이후 단감	귤, 오렌지, 레몬, 파인애플, 딸기, 키위, 망고, 블루베리	모든 과일류
육류	소고기 안심, 살코기		12개월 이후 닭고기 모든 부위 가능	소고기 양지 · 사태, 돼지고기 안심	모든 육류
생선류	먹이지 않는다.	흰살생선 (병어, 가자미, 조기, 대구, 생태, 도미)	12개월 이후 염분을 뺀 마른 멸치, 날치알	고등어, 삼치, 오징어, 북어, 뱅어포, 냉동 참치, 게, 새우	모든 생선류
어패류	먹이지 않는다.	먹이지 않는다.	먹이지 않는다.	모시조개, 홍합, 대합, 맛조개, 소라, 바지락, 전복	모든 어패류
해조류	6개월 이후 다시마, 김	미역, 파래	우무		모든 해조류
난류	먹이지 않는다.	달걀노른자	메추리알 노른자	달걀흰자, 메추리알 흰자	모든 난류
콩류	6개월 이후 완두콩, 강낭콩, 검은콩, 밤콩	연두부, 건조된 콩 9개월 이후 녹두	12개월 이후 팥	껍질콩, 유부, 두유	모든 콩류
견과류	먹이지 않는다.	밤 9개월 이후 잣		피스타치오, 호두, 해바라기씨, 은행, 아몬드	호박씨
유제품	먹이지 않는다.	플레인 요구르트 9개월 이후 아기 전용 슬라이스치즈	12개월 이후 액상 요구르트, 버터	생우유, 생크림, 연유	모차렐라치즈
기타	먹이지 않는다.	참기름, 들기름, 식용유, 올리브오일	도토리묵, 청포묵 12개월 이후 된장	떡, 꿀, 곤약, 카레	고춧가루, 고추장, 어묵

33 초기이유식 생후 4~6개월

백일이 지나면 모유나 분유만으로는 철분, 단백질 등의 영양 공급이 부족하게 되어 음식으로 보충해줘야 한다.
소화 기능도 어느 정도 갖추고 먹는 것에 관심을 보이기 시작하는 시기이므로 초기 이유식을 시작한다.
처음에는 먹는 것보다 흘리는 것이 더 많고 먹는 양도 아주 적지만 아기에겐 중요한 출발점이다.

초기 이유식 원칙

음식을 밀어내지 않으면 시작한다

생후 3개월 이전 아기들은 젖을 빠는 동작만 발달되어 있으며 입에 음식이 들어오면 혀로 밀어내는 반사 동작을 한다. 이러한 아기들의 반사 작용은 생후 3~4개월쯤이면 사라진다. 아기가 숟가락이나 음식물을 입에 넣었을 때 혀로 밀어내지 않으면 이유식을 시작해도 좋다.

처음부터 숟가락으로 떠먹인다

이유식은 영양 보충만을 위한 것이 아니라 수유에서 식사로 넘어가는 훈련 과정이므로 반드시 숟가락으로 떠먹인다. 끓여서 식힌 물이나 분유를 숟가락으로 떠먹여보는 것도 좋다. 처음에는 미음과 같은 반유동식을 만들어 한두 숟가락이라도 숟가락으로 떠먹인다. 혀 앞쪽에 숟가락을 넣으면 아기는 본능적으로 밀어내므로 숟가락을 혀 중간까지 밀어 넣어 잘 삼킬 수 있게 한다. 시판되는 가루 이유식을 우유병으로 먹이는 것은 아기가 음식을 먹는 연습을 시키는 데 전혀 도움을 주지 못한다.

꼼꼼 check! 아기가 처음 사용하는 숟가락은 차가운 금속 재질로 된 것보다는 실리콘이나 플라스틱으로 된 것이 적응하기 쉽다. 작고 편평한 이유식 숟가락을 사용해야 아기가 쉽게 받아먹을 수 있다. 처음에는 숟가락 잡기가 어설프므로 아기 혼자서도 잡기 편하게끔 손잡이가 휘어져 있는 제품을 선택한다.

곡물과 채소 중심으로 식단을 짠다

소화가 잘되는 곡물과 채소가 적합하다. 육류 등 단백질 식품은 생후 6개월 정도부터 시작한다. 간혹 과즙으로 이유식을 시작하기도 하는데, 과일을 채소보다 먼저 먹이면 아기가 과일의 단맛에 익숙해져 나중에는 채소를 잘 먹지 않으려 한다. 첫 이유식 재료로는 감자, 고구마, 호박, 무 등이 적당하다. 시금치, 배추, 당근은 질산염 함량이 높아 빈혈을 유발할 수 있으므로, 육류 섭취로 철분이 보충되는 6개월 이후에 먹이자.

미음부터 시작해 걸쭉하게 만든다

처음에 먹이는 이유식은 숟가락으로 떠서 기울였을 때 음식이 아래로 주르륵 흐르는 플레인 요구르트 정도의 묽기가 알맞다.

일주일 단위로 물의 양을 조금씩 줄이는 방법으로 이유식의 농도를 높인다.

거부하더라도 꾸준히 시도한다

처음에는 혀로 밀어내는 경우가 있다. 이는 음식이 싫어서라기보다는 받아먹는 방법이 익숙하지 않기 때문. 잠시 쉬었다가 다시 시도한다. 만약 잘 먹으려 하지 않는다면 분유를 약간 첨가해 익숙한 맛을 느끼게 해준다. 초기 이유식은 많은 양을 먹이기보다 새로운 음식의 맛을 경험하게 하는 것이 중요하다.

첫 달에는 하루에 한 번 이유식을 준다

이유식을 시작하는 첫 달에는 하루에 한 번 정해진 시간에 이유식을 먹인다. 생후 6개월이 되면 하루에 두 번으로 횟수를 늘리고, 한 끼에 1큰술(약 30g) 정도를 먹인다. 생후 6개월에 이유식을 시작했다면 첫 달은 하루에 한 번, 다음 달부터 하루에 두 번 먹인다.

생후 6개월부터는 반드시 고기를 먹인다

엄마에게서 받은 철분이 생후 6개월 무렵이면 모두 소진되기 때문에 이유식을 통해 철분을 공급해줘야 한다. 철분이 부족하면 성장에 영향을 미칠 수 있다. 철분이 풍부하되 소화가 잘되고 지방이 많지 않은 소고기 안심, 닭고기 가슴살을 사용하는 것이 좋다. 소고기보다 닭고기가 철분 함량이 적긴 하지만, 닭고기도 아기들에게 주기에 적당한 단백질 공급원이므로 초기

이유식 재료로 권장한다. 시금치 등 녹색 채소에도 철분이 많이 함유되어 있다.

이유식 후 끓여 식힌 물을 먹인다

아직 이가 나지 않아서 양치질을 해줄 필요는 없지만, 이유식을 먹인 후 끓여 식힌 물을 먹이면 입안을 헹굴 수 있다. 물은 숟가락으로 떠먹이거나 컵으로 먹인다.

모유나 분유를 충분히 준다

이유식을 시작했지만 아직까지는 이유식만으로 영양 공급이 충분하지 않고 아기도 포만감을 느끼지 못하므로 모유나 분유를 충분히 먹여야 한다. 이유식을 먹인 후에 바로 수유를 이어서 하면 아기의 먹는 양을 늘릴 수 있다. 분유수유를 하는 아기라면 분유 700~900㎖ 정도에 이유식 30~60g 비율로 먹인다.

초기 이유식에 사용 가능한 식재료 및 양과 횟수

시기	횟수	양(1회당)	사용 가능한 재료
초기 전반 (4~5개월)	오전 1회	50g 이하	쌀, 찹쌀, 애호박, 오이, 감자, 고구마, 단호박, 배, 바나나, 사과, 무, 적양배추, 브로콜리, 청경채, 콜리플라워, 수박
초기 후반 (6개월)	오전 1회, 간식 1회	50g 이하	소고기(안심), 닭살코기(안심, 가슴살), 수수, 시금치, 당근, 양상추, 버섯류(표고, 느타리, 새송이, 양송이, 팽이 등), 배추(얼갈이배추, 봄동), 양배추, 비타민, 다시마, 김, 완두콩, 강낭콩, 검은콩, 밤콩

초기 이유식 농도와 재료 입자 크기

농도 입자가 거의 없고 모유처럼 주르륵 흐르는 정도

곡류
쌀은 30분, 찹쌀은 1시간, 수수는 하룻밤 정도 불린 뒤 손절구나 믹서로 곱게 간다.

뿌리채소
껍질을 벗기고 끓는 물에 데친 뒤 손절구나 고운체로 곱게 으깬다.

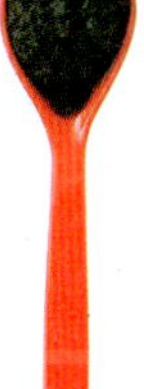

잎채소
끓는 물에 데친 뒤 잘게 다져 손절구나 고운체로 곱게 으깬다. 양배추와 같이 심이 두꺼운 잎채소는 질긴 심을 제거하고 끓는 물에 데친 뒤 곱게 으깬다.

과일
껍질과 씨를 제거하고 끓는 물에 데친 뒤 강판에 간다. 바나나는 포크로 곱게 으깬다.

고기류
소고기는 찬물에 담가 20분간 핏물을 빼서 끓는 물에 8분간 데친 뒤 잘게 다져 손절구로 곱게 으깬다. 닭고기는 질긴 심줄과 막을 제거하고 끓는 물에 10분간 데친 뒤 잘게 다져 손절구로 곱게 으깬다.

초기 이유식 레시피

쌀응이

쌀 1큰술(15g), 앙금 가라앉힐 물 ½컵, 응이 끓일 물 1컵

1 쌀은 30분간 불린 뒤 손절구나 믹서로 곱게 간다.
2 갈아둔 쌀과 앙금 가라앉힐 물을 섞은 뒤 앙금이 가라앉을 때까지 기다린다.
3 앙금이 가라앉으면 윗물은 버리고 앙금만 남긴 뒤 응이 끓일 물과 함께 냄비에 넣고 강불로 끓인다.
4 끓어오르면 중약불로 줄이고 저어가며 6~7분간 끓인다.
5 주르륵 흐를 정도의 농도가 되면 고운체로 거른다.

단호박미음

쌀 1큰술(15g), 단호박 5×5㎝ 1조각, 삶아서 으깬 것 1큰술(10g), 물 1컵

1 쌀은 30분간 불린 뒤 손절구나 믹서로 곱게 간다.
2 단호박은 껍질과 씨를 제거한 뒤 냄비에 넣고 단호박이 잠길 정도의 물을 부어 10분간 삶는다.
3 삶은 단호박은 고운체로 곱게 으깬다.
4 갈아둔 쌀과 물을 냄비에 넣고 강불로 끓이다가 끓어오르면 중약불로 줄인다.
5 으깬 단호박을 넣고 저어가며 7~8분간 끓인 뒤 고운체로 거른다.

바나나찹쌀미음

쌀 1큰술(15g), 바나나 ¼개 데쳐서 으깬 것 1½큰술(20g), 물 1컵

1 쌀은 30분간 불린 뒤 손절구나 믹서로 곱게 간다.
2 바나나는 양쪽 끝을 1㎝ 정도씩 잘라내고 껍질을 벗긴 뒤 끓는 물에 1분간 데친다.
3 데친 바나나는 포크나 손절구로 곱게 으깬다.
4 갈아둔 쌀과 물을 냄비에 넣고 강불로 끓인다.
5 끓어오르면 중약불로 줄이고 저어가며 쌀알이 반쯤 퍼지도록 5분간 끓인다.
6 으깬 바나나를 넣고 2~3분간 끓인 뒤 고운체로 거른다.

완두콩무리죽

쌀 1큰술(15g), 완두콩 1큰술 삶아서 으깬 것 1큰술(10g), 물 1컵

1 쌀은 30분간 불린 뒤 손절구나 믹서로 곱게 간다.
2 완두콩은 끓는 물에 8분간 삶는다.
3 삶은 완두콩은 찬물에 헹군 뒤 껍질을 벗긴다.
4 껍질을 벗긴 완두콩은 손절구로 곱게 으깬 뒤 고운체로 다시 으깬다.
5 갈아둔 쌀, 으깬 완두콩, 물을 냄비에 넣고 강불로 끓인다.
6 끓어오르면 중약불로 줄이고 저어가며 8분간 끓인 뒤 고운 체로 거른다.

소고기 브로콜리무리죽

쌀 1큰술(15g), 소고기(안심) 2.5×2.5cm 두께 2cm 1조각,
데쳐서 으깬 것 1큰술(10g), 물 1컵

1 쌀은 30분간 불린 뒤 손절구나 믹서로 곱게 간다.
2 소고기는 2등분해 찬물에 20분간 담가 핏물을 뺀 뒤 끓는 물에 8분간 데 친다.
3 데친 소고기는 잘게 다진 뒤 손절구로 곱게 으깬다.
4 브로콜리는 한입 크기로 송이를 나누어 끓는 물에 1분간 데친 뒤 잘게 다 져 손절구로 곱게 으깬다.
5 갈아둔 쌀, 으깬 소고기, 브로콜리, 물을 냄비에 넣고 강불로 끓인다.
6 끓어오르면 중약불로 줄이고 저어가며 8분간 끓인 뒤 고운 체로 거른다.

닭고기사과무리죽

쌀 1큰술(15g), 닭고기(가슴살) 2.5×2.5cm 두께 2cm 1조각,
데쳐서 으깬 것 1큰술(10g), 사과 1/6개 데쳐서 간 것 1큰술(10g), 물 1컵

1 쌀은 30분간 불린 뒤 손절구나 믹서로 곱게 간다.
2 닭고기는 질긴 심과 막을 제거하고 끓는 물에 10분간 데친다.
3 데친 닭고기는 잘게 다진 뒤 손절구로 곱게 으깬다.
4 사과는 껍질을 얇게 깎고 씨를 제거해 끓는 물에 1분간 데친 뒤 강판에 곱게 간다.
5 갈아둔 쌀, 으깬 닭고기, 물을 냄비에 넣고 강불로 끓인다.
6 끓어오르면 중약불로 줄이고 저어가며 쌀알이 반쯤 퍼지도록 5분간 끓 인다.
7 갈아둔 사과를 넣고 3분간 끓인 뒤 고운체로 거른다.

고구마검은콩 모유수프

고구마 1/4개 삶아서 으깬 것 1큰술(20g),
검은콩 1큰술 삶아서 으깬 것 1/2큰술(5g), 물 1컵, 분유(모유물) 3큰술

1 고구마는 껍질을 벗기고 큼직하게 썬 뒤 고구마가 잠길 정도의 물을 부 어 10분간 삶는다.
2 삶은 고구마는 고운체나 손절구로 곱게 으깬다.
3 검은콩은 하룻밤 정도 불려 껍질을 벗기고 물을 넉넉하게 부어 15분간 삶 은 뒤 손절구로 으깨고 다시 고운체로 으깬다.
4 으깬 고구마와 검은콩, 물 1컵을 냄비에 넣고 강불로 끓인다.
5 끓어오르면 중약불로 줄이고 4~5분간 끓이다가 모유를 넣고 1분간 끓인 뒤 고운체로 거른다.

감자소고기무리죽

쌀 1큰술(15g), 감자 1/4개 삶아서 으깬 것 1큰술(15g),
소고기(안심) 5×5cm 두께 2cm 1조각, 데쳐서 으깬 것 2큰술(20g), 물 1컵

1 쌀은 30분간 불린 뒤 손절구나 믹서로 곱게 간다.
2 감자는 껍질을 벗겨 냄비에 넣고 감자가 잠길 정도의 물을 부어 10분간 삶은 뒤 고운체로 곱게 으깬다.
3 소고기는 2등분해 찬물에 20분간 담가 핏물을 뺀 뒤 물 1컵을 끓인 냄비 에 넣고 8분간 데친다.
4 고기와 육수를 분리한 뒤 소고기는 잘게 다지고 손절구로 곱게 으깬다.
5 갈아둔 쌀, 으깬 감자와 소고기, 소고기 육수를 냄비에 넣고 강불로 끓인다.
6 끓어오르면 중약불로 줄이고 저어가며 7~8분간 끓인 뒤 고운체로 거른다.

34 중기 이유식 생후 7~9개월

이유식에 어느 정도 적응하는 시기다. 앞니가 있어 음식을 입안에 가두고
오물거리며 삼킬 수 있다. 잇몸으로 으깨어 먹을 수 있는 음식으로 하루 두 번 먹인다.
다양한 영양소를 섭취하도록 식단에 신경 써야 한다.

중기 이유식 원칙

으깨서 먹도록 조리한다

혀를 움직이는 능력이 발달하고 앞니나 잇몸으로 씹기가 가능
해지므로 연두부나 바나나 정도 굳기의 음식을 먹을 수 있다.
음식의 굳기에 갑자기 변화를 주면 처음에는 먹기 힘들어하므
로 평소 숟가락의 반 정도 양만 떠서 연습시킨다. 아기가 입 밖
으로 음식을 내밀지 않고 잘 먹으면 점차 양을 늘려간다.

꼼꼼 check! 갈지 않고 잘게 다져 조리한다
여러 가지 식재료와 친해지는 연습을 하는 과정이므로 식재료의 맛과 질감을
느끼게 하는 것이 좋다. 재료를 갈지 않고 입자가 느껴질 만큼 사방 3㎜정도로
아주 잘게 다져서 사용한다.

양질의 단백질 공급이 중요하다

단백질은 우리 몸을 이루고 있는 체조직의 성장과 유지를 돕
는다. 단백질 섭취가 부족하면 성장이 지연되고, 질병에 대한
저항력이 감소하며 빈혈이 생길 수 있다. 단백질군 식품을 먹
이더라도 한 가지만 계속 먹일 게 아니라 흰살 생선, 달걀노른
자, 소고기, 닭고기 등 종류를 다양하게 바꿔준다.

돌 이전에는 간을 하지 않는다

돌 이전에는 이유식에 소금이나 간장 등을 이용해 간을 하지
않는 것이 원칙이다. 설탕을 첨가하여 단맛을 내는 것도 삼가
야 한다. 처음부터 강한 맛에 길들여진 아기는 싱겁고 담백한
음식을 먹으려 하지 않고, 점차 자극적인 것만 찾게 되는 입맛
으로 변하기 때문이다. 아기가 새로운 음식을 맛보는 것만으로
도 충분하므로, 돌 이전에는 자연 식품을 이용하고 재료 그대
로의 맛을 살려서 만든다. 멸치같이 염분이 많이 포함된 식품
을 이유식 재료로 사용하는 것도 돌 이후로 미루는 것이 좋다.

하루 두 번 먹인다

오전 7시경에 수유를 한 번 하고 오전 10시 정도에 첫 이유식
을 먹인다. 오후 2시경에 수유를 하고 오후 5~6시에 두 번째
이유식을 먹인다. 그리고 자기 전에 수유를 한 번 더 한다. 한
번 먹이는 양은 아기 밥공기의 절반 정도가 적당하다. 먹는 이
유식의 양이 늘지 않는다면 대신 자주 먹이도록 한다.

하루 한 번 간식을 먹인다

아기들은 소화기관이 충분히 발달하지 못해 식사만으로는 원활

한 영양 공급이 이뤄지지 않는다. 수유나 이유식 시간과 겹치지 않는 낮 12시~오후 2시 사이에 간식을 한 번 먹인다. 간식은 이유식과 수유 사이의 배고픔을 달래주기도 하고, 아기에게 먹는 것에 대한 흥미를 느끼게 한다. 빵이나 과자와 같은 시판 간식보다는 제철 과일이나 고구마, 감자, 플레인 요구르트 등이 적당하다. 밥 먹기 2시간 이내와 잠자기 직전에는 피한다.

컵으로 마시는 연습을 시킨다

우유병을 계속 사용하면 치아우식증이 생길 위험이 있고, 부드러운 음식만 먹고 씹지 않으려고 하는 편식이 생길 수 있다. 처음에는 흘리는 것이 대부분이더라도 혼자서 숟가락과 컵을 사용하는 연습을 하게 한다. 양쪽 손잡이가 달린 컵이 좋으며, 뚜껑이 있는 컵은 내용물을 쏟는 것을 방지할 수 있다.

음식은 손으로 쥐게 한다

음식을 탐색하고 손으로 만져보고 싶어 하는 시기다. 아기가 손으로 집어먹어도 되는 음식을 납작한 그릇에 담아 혼자서 먹을 수 있도록 해준다. 당근, 오이 등 데친 채소를 길게 잘라 직접 손에 쥐고 먹게 하면 소근육과 두뇌 발달에도 도움이 된다.

정해진 자리에 앉아서 먹인다

이유식을 먹일 때 부스터나 식탁 의자를 이용해 한자리에 앉아 먹는 습관을 들여야 한다. 돌아다니면서 이유식을 먹은 아기는 나중에도 식사 시간마다 돌아다니는 나쁜 습관이 생길 수 있다.

생후 8개월 후반부터 하루 3번으로 늘린다

유아용 밥공기의 절반 정도를 먹는다면 생후 8개월 후반부터는 하루 3번으로 이유식 횟수를 늘린다. 처음에는 매끼 같은 양을 먹이려 하지 말고, 한 숟가락에서 시작해 서서히 양을 늘린다.

꼼꼼 check! 아직 어른이 먹는 밥을 주기엔 이른 시기다. 밥알을 씹는 느낌이 좋아 처음에는 잘 먹지만 후기, 완료기 이유식을 실패할 확률이 높아진다. 아직 이가 충분히 나지 않아 체할 위험도 높다.

중기 이유식에 사용 가능한 식재료 및 양과 횟수

시기	횟수	양(1회당)	사용 가능한 재료
중기 전반 (7~9개월)	오전 1회, 오후 1회, 간식 1회	70~100g	보리, 차조, 밤, 아욱, 근대, 비트, 대추, 양파, 참외, 미역, 파래, 달걀노른자, 연두부, 콩, 플레인 요구르트
중기 후반 (9개월)	하루 3회+ 간식 1회	70~100g	현미(발아현미), 옥수수, 연근, 건포도, 흰살 생선(병어, 가자미, 조기, 대구, 생태, 도미), 참기름, 들기름, 아기 전용 슬라이스 치즈

중기 이유식 농도와 재료 입자 크기

농도 다소 덩어리가 있고 뚝뚝 떨어지는 5배죽 정도

곡류
쌀은 30분, 찹쌀은 1시간, 수수는 하룻밤 정도 불린 뒤 손절구나 믹서로 입자가 약간 씹히게 간다.

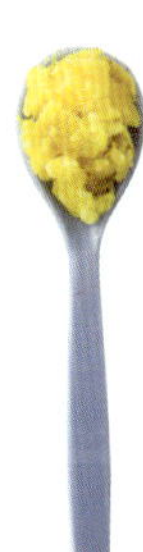

뿌리채소
고구마, 감자는 껍질째 삶은 뒤 껍질을 벗기고 손절구로 곱게 으깬다. 당근, 연근은 껍질을 벗긴 뒤 끓는 물에 데쳐 사방 3mm 크기로 다진다.

잎채소
끓는 물에 데친 뒤 사방 3mm크기로 다진다. 양배추와 같이 심이 두꺼운 잎채소는 질긴 심을 제거한 뒤 사방 3mm 크기로 다진다.

과일
껍질과 씨를 제거하고 끓는 물에 데친 뒤, 3mm 크기로 다진다.

고기류
소고기는 찬물에 담가 20분간 핏물을 빼서 끓는 물에 8분간 데친 뒤 사방 3mm 크기로 다진다. 닭고기는 질긴 심줄과 막을 제거하고 끓는 물에 10분간 데친 뒤 사방 3mm 크기로 다진다.

중기 이유식 레시피

찰보리단호박죽

쌀 1큰술(15g), 찰보리 ½큰술(8g), 단호박 5×5㎝ 1조각,
삶아서 으깬 것 1큰술(10g), 소고기 육수 ⅔컵

1 쌀은 30분간, 찰보리는 반나절 정도 불린다.

2 불린 쌀과 찰보리는 손절구나 믹서로 입자가 약간 씹히게 간다.

3 단호박은 단호박이 잠길 정도의 물을 부어 10분간 삶는다.

4 삶은 단호박은 손절구로 곱게 으깬다.

5 갈아둔 쌀과 찰보리, 소고기 육수를 냄비에 넣고 강불로 끓인다.

6 끓어오르면 중약불로 줄인 뒤 으깬 단호박을 넣고 저어가며 10분간 끓인다.

달걀노른자연두부찜

달걀노른자 1개분, 연두부 ¼모 데쳐서 으깬 것 3큰술(40g), 자투리 채소(당
근, 양파, 애호박 등) 약간씩 데쳐서 다진 것 1큰술(10g), 모유(분유물) 2큰술

1 달걀노른자는 고루 푼 뒤 고운 체에 내린다.

2 연두부는 끓는 물에 살짝 데친 뒤 키친타월로 물기를 제거하고 고운체로
으깬다.

3 자투리 채소는 끓는 물에 2분간 데친 뒤 사방 3㎜ 크기로 다진다.

4 ①, ②, ③을 섞어 모유로 농도를 맞춘 뒤 찜기에 넣고 김이 오른 찜통에
찜기째 넣어 12분간 찐다.

현미고구마잣죽

현미 1큰술(15g), 고구마 ¼개 쪄서 으깬 것 1큰술(20g),
잣 1작은술 다진 것(5g), 다시마 우린 물 ⅔컵

1 현미는 반나절 정도 불린 뒤 손절구나 믹서에 입자가 약간 씹히게 간다.

2 고구마는 김이 오른 찜통에 넣고 20분간 찐 뒤 껍질을 벗기고 손절구로
곱게 으깬다.

3 잣은 고깔을 떼고 잘게 다진다.

4 갈아둔 현미, 으깬 고구마, 다진 잣, 다시마 우린 물을 냄비에 넣고 강불
로 끓인다.

5 끓어오르면 중약불로 줄인 뒤 저어가며 되직해질 때까지 13분간 끓인다.

흑미타락죽

찹쌀 ½큰술(8g), 흑미 ½큰술(8g), 물 ½컵, 모유(분유물) ½컵

1 찹쌀은 1시간, 흑미는 반나절 정도 불린 뒤 손절구나 믹서로 입자가 약간
씹히게 간다.

2 갈아둔 찹쌀과 흑미, 물을 냄비에 넣고 강불로 끓인다.

3 끓어오르면 중약불로 줄이고 저어가며 5분간 끓인 다음 모유를 넣고 5분
간 더 끓인 뒤 고운체로 거른다.

옥수수치즈죽

쌀 1큰술(15g), 옥수수알 1큰술 삶아서 다진 것 ½큰술(10g),
아기 전용 슬라이스치즈 ⅓장 또는 코티지치즈 1큰술, 물 ⅔컵

1 쌀은 30분간 불린 뒤 손절구나 믹서로 입자가 약간 씹히게 간다.
2 옥수수알은 끓는 물에 10분간 삶은 뒤 껍질을 벗기고 사방 3mm 크기로 다진다.
3 갈아둔 쌀, 다진 옥수수알, 물을 냄비에 넣고 강불로 끓인다.
4 끓어오르면 중약불로 줄인 뒤 저어가며 8분간 끓인다.
5 슬라이스치즈를 잘게 찢어 넣고 불을 끈다.

연두부청경채 동태살죽

쌀 1큰술(15g), 연두부 ¼모 데쳐서 으깬 것 3큰술(40g),
청경채잎 4장 데쳐서 다진 것 1큰술(10g),
동태살 5×5cm 2조각 쪄서 다진 것 1½큰술(15g),
양파 조금 데쳐서 다진 것 ½큰술(10g), 다시마 우린 물 ⅔컵

1 쌀은 30분간 불린 뒤 손절구나 믹서로 입자가 약간 씹히게 간다.
2 갈아둔 쌀, 물을 냄비에 넣고 강불로 끓인다.
3 끓어오르면 중약불로 줄인 뒤 으깬 연두부, 다진 청경채잎과 동태살을 넣고 저어가며 7~8분간 끓인다.

검은콩고구마 팽이죽

쌀 1/2큰술(8g), 검은콩 1/2큰술 삶아서 으깬 것(8g),
고구마 1/4개 쪄서 으깬 것 1큰술(20g),
팽이버섯 1/4봉지 데쳐서 다진 것 1큰술(10g), 다시마 우린 물 2/3컵

1 쌀은 30분간 불린 뒤 손절구나 믹서로 입자가 약간 씹히게 간다.
2 검은콩은 반나절 정도 불려 넉넉한 양의 물에 15분간 삶은 뒤 손절구로 곱게 으깬다.
3 고구마는 김이 오른 찜통에 15분간 찐 뒤 껍질을 벗기고 손절구로 곱게 으깬다.
4 팽이버섯은 밑동을 제거하고 가닥을 나눠 끓는 물에 데친 뒤 3mm 길이로 다진다.
5 갈아둔 쌀, 으깬 검은콩, 다시마 우린 물을 냄비에 넣고 강불로 끓인다.
6 끓어오르면 중약불로 줄인 뒤 으깬 고구마와 다진 팽이버섯을 넣고 저어가며 10분간 끓인다.

차조두부멜론죽

쌀 ⅔큰술(10g), 차조 ½큰술(8g), 연두부 ¼모 데쳐서 으깬 것 3큰술(40g),
멜론 5×5cm 1조각 데쳐서 다진 것 1큰술(10g), 다시마 우린 물 ⅔컵

1 쌀과 차조는 30분간 불린 뒤 손절구나 믹서로 입자가 약간 씹히게 간다.
2 연두부는 끓는 물에 30초간 데친 뒤 손절구로 으깬다.
3 멜론은 껍질과 씨를 제거해서 끓는 물에 1분간 데친 뒤 사방 3mm 크기로 다진다.
4 갈아둔 쌀과 차조, 다시마 우린 물을 냄비에 넣고 강불로 끓인다.
5 끓어오르면 중약불로 줄인 뒤 으깬 연두부, 다진 멜론을 넣고 저어가며 8분간 끓인다.

35 후기 이유식 생후 10~12개월

앞니와 어금니가 나면서 웬만한 음식은 직접 깨물어 먹을 수 있으며 맛과 질감도 느낀다.
혼자 앉아 있을 수 있고 머리와 팔 근육이 발달해 혼자서도 식사를 할 수 있다.
숟가락 사용법을 익혀 스스로 먹을 수 있도록 연습시킨다.

후기 이유식 원칙

차츰 밥에 익숙해지게 한다

아기가 밥을 먹기 시작해 비로소 어른과 같은 식사를 할 수 있게 된 처음에는 쌀과 물을 1:5의 비율로 맞춘 된죽을 먹인다. 한 달 정도 지나 아기가 무리 없이 소화하면 물의 양을 점점 줄여 1:3 혹은 1:2 정도의 비율로 만든 죽을 먹인다.

하루 세 번, 어른 식사 시간에 같이 먹는다

아기가 먹는 양이 늘면 하루에 세 번, 가족들과 함께 아침, 점심, 저녁 시간에 이유식을 먹인다. 하지만 후기 이유식에 접어들어도 아기가 소화를 못 시킨다 싶으면 양을 갑자기 늘리기보다 진행을 천천히 하는 등 아기의 상태에 맞춰 완급을 조절할 필요가 있다.

꼼꼼 check! 하루 세끼를 같은 종류로만 먹이면 아기가 쉽게 질려서 그 식재료를 먹지 않으려 한다. 매끼 다른 메뉴를 주면 좋겠지만, 힘들다면 아침과 저녁은 같은 종류를 주고 점심에는 다른 이유식을 만들어준다. 두 가지 이유식을 동시에 만들어놓고 번갈아가며 먹이는 것도 방법이다.

이유식 후기에는 먹는 양을 늘려야 한다

하루 세끼 식사 습관을 들이기 위해서는 먹는 양을 늘릴 필요가 있다. 이유식을 한 번에 많이 먹이기보다는, 아기가 원하는 만큼 먹인 후 곧이어 수유를 해서 한 번에 먹는 양을 늘린다.

식사 시간은 30분을 넘기지 않는다

대부분의 아기들이 한자리에서 음식을 먹으려 하지 않고 돌아다니고, 그릇이나 음식을 가지고 장난을 치기도 한다. 이 시기에는 식습관을 확실하게 들이는 것이 중요하다. 아기를 식탁 의자나 부스터에 앉혀 식사 시간에 돌아다니지 않게 하고, 30분 이내에 식사를 마칠 수 있게 한다.

5가지 영양소를 고루 섭취하도록 한다

아기가 건강하게 성장하기 위해서는 다섯 가지 식품군을 골고루 먹는 것이 좋다. 다섯 가지 식품군은 서로 상호작용을 하여 고른 성장에 도움을 준다. 곡류를 중심으로 한 탄수화물, 어육류를 중심으로 한 단백질, 채소와 과일에 풍부한 비타민과 무기질, 좋은 기름과 유제품에 풍부한 지방을 고루 섞어 하루 동안 조금씩 나눠 먹인다.

 성장에 꼭 필요한 칼슘과 단백질 식품 위주로 먹이고, 흡수를 돕는 비타민과 미네랄 식품을 함께 먹인다.

건더기 있는 이유식으로 씹는 훈련을 시킨다

식재료를 음미하고 탐구하는 시기이므로 모든 식재료를 두부보다 단단한 바나나 정도의 무르기로 익힌다. 씹는 훈련을 충분히 해야 이후에도 음식을 입에 물고 있거나 한 번에 삼켜버리는 행동을 하지 않는다. 단, 질기거나 향이 강해서 아기가 거부하는 식재료는 부드럽게 갈거나 곱게 다져서 먹인다.

수유는 서서히 줄인다

아기에게 필요한 영양분의 상당량을 분유나 모유가 아닌 이유식에서 보충해야 한다. 수유는 아침에 일어나자마자 한 번, 잠자기 전에 한 번이면 충분하다. 이유식을 먹고 만족해한다면 굳이 밤에 잠들기 전에 수유할 필요는 없다. 아기가 배고파한다면, 수유 대신 간식을 1~2회 정도 적절히 주어 수유량을 줄여나가는 것이 중요하다.

 이유식이 주식인 시기이지만 급하게 모유나 분유를 끊지 않는다. 수유는 이유식으로 보충할 수 없는 영양소의 공급원이 된다.

어른 반찬을 활용한다

이 시기에는 어른 반찬 중 소화에 무리가 없는 것을 골라 먹이는 것도 가능하다. 단, 음식을 만들 때 아기에게 먹일 음식은 따로 덜어 간을 약하게 한다. 아기 음식을 따로 준비하는 번거로움도 줄이고, 아기 역시 어른 식사로 수월하게 넘어갈 수 있다.

후기 이유식에 사용 가능한 식재료 및 양과 횟수

시기	횟수	양(1회당)	사용 가능한 재료
후기 전반 (10~11개월)	오전 1회, 오후 1회, 저녁 1회 간식 1~2회	100g	녹두, 콩나물, 숙주나물, 가지, 우엉, 무순, 살구, 포도, 홍시, 우무, 밀가루, 메추리알노른자, 청포묵, 도토리묵
후기 후반 (12개월)	오전 1회, 오후 1회, 저녁 1회 간식 1~2회	100g	쌀국수, 깻잎, 피망, 파프리카, 쑥, 고사리, 냉이, 단감, 흑임자, 들깨, 팥, 모든 부위의 닭고기, 마른 멸치, 올리브유, 포도씨유, 버터

후기 이유식 농도와 재료 입자 크기

농도 쌀알 입자가 퍼지지 않고, 떨어뜨렸을 때 툭 떨어지는 3배죽 정도

곡류
쌀은 30분, 잡곡은 종류에 따라 2시간에서 하룻밤 정도 불려 사용한다.

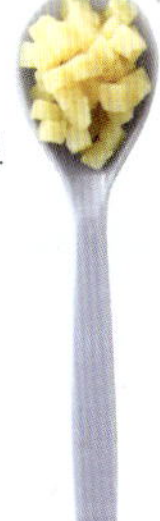

뿌리채소
껍질을 벗기고 사방 5mm 크기로 다진다.

잎채소
사방 5mm 크기로 다진다. 섬유질이 질긴 채소만 끓는 물에 데친 뒤 다져서 사용한다. 콩나물, 숙주나물은 머리와 뿌리 끝을 떼어내고 5mm 크기로 다진다.

과일
껍질과 씨를 제거하고 끓는 물에 데친 뒤 사방 5mm 크기로 다진다.

고기류
소고기는 찬물에 담가 20분간 담가두거나 잘게 다진 뒤 키친타월로 눌러 핏물을 뺀 뒤 사방 5mm 크기로 다진다. 닭고기는 질긴 심줄과 막을 제거하고 사방 5mm 크기로 다진다.

후기 이유식 레시피

콩나물채소소고기죽

쌀 2큰술(30g), 콩나물 15줄기 다진 것 2큰술(20g),
애호박 조금 다진 것 1큰술(10g), 양파 조금 다진 것 ½큰술(10g),
당근 조금 다진 것 ½큰술(5g), 소고기(안심) 7×7cm 두께 2cm 1조각 데쳐서
다진 것 2½큰술(25g), 물 1½컵

1 쌀은 30분간 불린다. 콩나물은 머리와 뿌리 끝을 떼어내고 5mm 길이로
  다진다.
2 애호박, 양파, 당근은 사방 5mm 크기로 다진다.
3 소고기는 찬물에 20분간 담가 핏물을 뺀 뒤 물 1과 ½컵을 끓인 냄비에
  넣고 8분간 데친다.
4 고기와 육수를 분리한 뒤 데친 소고기는 사방 5mm 크기로 다진다.
5 불린 쌀, 다진 콩나물, 애호박, 양파, 당근, 소고기, 소고기 육수를 냄비에
  넣고 강불로 끓인다.
6 끓어오르면 중약불로 줄이고 저어가며 쌀알이 퍼지도록 10분간 끓인다.

애호박가지 소고기진밥

밥 4큰술(60g), 애호박 ⅛개 다진 것 2큰술(20g), 가지 ⅛개 다진 것
1큰술(10g), 양파 조금 다진 것 ½큰술(10g),
소고기(안심) 7×7cm 두께 2cm 1조각 데쳐서 다진 것 2½큰술(25g), 물 1컵

1 애호박, 가지, 양파는 사방 5mm 크기로 다진다.
2 소고기는 찬물에 20분간 담가 핏물을 뺀 뒤 물 1컵을 끓인 냄비에 넣고 8
  분간 데친다.
3 고기와 육수를 분리한 뒤 데친 소고기는 사방 5mm 크기로 다진다.
4 다진 애호박, 가지, 양파, 소고기 육수를 냄비에 넣고 강불로 끓인다.
5 끓어오르면 밥과 다진 소고기를 넣고 약불로 줄인 뒤 저어가며 밥알이
  퍼지도록 7분간 끓인다.

흑미모둠버섯 메추리알진밥

흑미밥 4큰술(60g), 표고버섯 ½개 데쳐서 다진 것 1큰술(10g),
양송이버섯 ½개 데쳐서 다진 것 ½큰술(8g), 팽이버섯 ¼봉지 데쳐서
다진 것 1큰술(20g), 메추리알 노른자 2개분 물(또는 닭고기 육수) ½컵

1 표고버섯과 팽이버섯은 밑동을 제거하여 양송이버섯과 함께 끓는 물에
  데친 뒤 사방 5mm 크기로 다진다.
2 메추리알 노른자는 고루 푼다.
3 다진 표고버섯, 양송이버섯, 팽이버섯, 물을 냄비에 넣고 강불로 끓인다.
4 끓어오르면 흑미밥을 넣고 중약불로 줄인 뒤 저어가며 밥알이 퍼지도록
  5분간 끓인다.
5 고루 푼 메추리알 노른자를 넣어 풀고 2분간 끓인다.

콩나물병어살김 아기주먹밥

밥 4큰술(60g), 콩나물 15줄기 다진 것 2큰술(20g), 당근 조금 다진 것
½큰술(5g), 양파 조금 다진 것 ½큰술(10g), 병어살 5×5cm 4조각 데쳐서
다진 것 3큰술(30g), 김 ¼장, 물(또는 다시마 우린 물) ½컵

1 콩나물은 머리와 뿌리 끝을 떼어내고 5mm 길이로 다진다.
2 김은 마른 팬에 굽거나 직화로 구운 뒤 비닐봉지에 넣고 부순다.
3 당근과 양파는 사방 5mm 크기로 다진다.
4 병어살은 끓는 물에 5분 동안 데친 뒤 사방 5mm 크기로 다진다.
5 다진 콩나물, 당근, 양파, 병어살, 물을 냄비에 넣고 강불로 끓인다.
6 끓어오르면 부순 김과 밥을 넣고 중약불로 줄인 뒤 고루 저어가며 밥알이
  퍼지도록 7분간 끓인다.
7 지름 2cm 정도의 아기 한입 크기로 동그랗게 뭉친다.

가지숙주소고기덮밥

진밥 6큰술(80g), 가지 ¼개 다진 것 2큰술(20g), 양파 조금 다진 것 ½큰술(10g),
당근 조금 다진 것 ½큰술(5g), 숙주나물 20줄기 다진 것 1½큰술(15g),
소고기(안심) 7×7cm 두께 2cm 1조각 다진 것 2½큰술(25g),
소고기 육수 ¼컵, 녹말물 1작은술 물 약간

1 가지, 양파, 당근은 사방 5mm 크기로 다진다.
2 숙주나물은 머리와 뿌리 끝을 떼어내고 5mm 길이로 다진다.
3 소고기는 키친타월로 눌러 핏물을 제거하고 사방 5mm 크기로 다진다.
4 달군 팬에 물을 두른 뒤 다진 양파, 당근, 소고기를 넣고 중불로 볶는다.
5 소고기가 익으면 다진 가지와 숙주나물을 넣고 2분간 볶은 뒤 소고기 육수를 넣고 강불로 끓인다.
6 끓어오르면 중약불로 줄이고 녹말물을 풀어 넣어 1분간 끓인 뒤 진밥 위에 올린다.

대구살버섯완자탕

대구살 5×5cm 4조각 데쳐서 다진 것 3큰술(30g), 표고버섯 1개 데쳐서
다진 것 2큰술(20g), 팽이버섯 ¼봉지 데쳐서 다진 것 1큰술(20g),
양파 조금 다진 것 ½큰술(10g), 당근 조금 데쳐서 다진 것 ½큰술(5g),
메추리알 노른자 1개분 녹말가루 1½작은술,
소고기 육수 1컵, 다진 시금치잎 약간

1 대구살은 끓는 물에 5분간 데친 뒤 사방 5mm 크기로 다진다.
2 표고버섯, 팽이버섯, 양파, 당근은 끓는 물에 2분간 데친 뒤 사방 5mm 크기로 다진다.
3 ①, ②와 메추리알 노른자, 녹말가루를 섞어 고루 치댄 뒤 빚어 지름 2cm 정도의 동그란 완자를 만든다.
4 빚은 완자는 김이 오른 찜통에 넣고 10분간 찐다.
5 소고기 육수와 다진 시금치잎을 냄비에 넣고 강불로 끓인다.
6 끓어오르면 쪄낸 완자를 넣고 3분간 끓인다.

우엉감자닭고기 크리미수프

우엉 ⅛대(20g), 감자 ¼개(40g), 양파 ⅛개 다진 것 1½큰술(15g),
닭고기(안심) 7×7cm 두께 2cm 1조각 데쳐서 다진 것 2½큰술(25g),
물 1컵, 모유(또는 분유물) 3큰술

1 우엉과 감자는 껍질을 벗긴 뒤 사방 2cm 정도 크기로 깍둑썰고 양파는 곱게 채썬다.
2 닭고기는 물 1컵을 끓인 냄비에 넣고 10분간 데쳐서 고기와 육수를 분리한 뒤 사방 5mm 크기로 다진다.
3 깍둑썬 우엉과 감자, 다진 양파, 다진 닭고기와 닭고기 육수를 냄비에 넣고 강불로 끓인다.
4 끓어오르면 중불로 줄이고 5분간 끓여 한김 식힌 뒤 믹서로 곱게 간다.
5 곱게 갈아지면 다시 냄비에 넣고 모유를 넣어 1분간 강불로 끓인다.

흑임자동태살무진밥

진밥 6큰술(80g), 흑임자 ⅓작은술(1g), 동태살 5×5cm 4조각 데쳐서
다진 것 2큰술(30g), 무 5×5cm 1조각 다진 것 2큰술(20g),
양파 조금 다진 것 ½큰술(10g), 당근 조금 다진 것 ½큰술(5g), 물 ½컵

1 흑임자는 손절구로 곱게 간다. 동태살은 끓는 물에 5분간 데친 뒤 사방 5mm 크기로 다진다.
2 동태살은 끓는 물에 5분간 데친 뒤 사방 5mm 크기로 다진다.
3 무, 양파, 당근은 사방 5mm 크기로 다진다.
4 다진 무, 양파, 당근, 물을 냄비에 넣고 5분간 강불로 끓인다.
5 무와 당근이 살짝 물러지면 중약불로 줄이고 진밥을 넣는다.
6 저어가며 한소끔 끓이다가 다진 동태살과 곱게 간 흑임자를 넣는다.

36 완료기 이유식 생후 13~15개월

돌이 지나면 아기가 먹을 수 있는 음식의 종류가 더욱 다양해진다.
가족과 함께 아침, 점심, 저녁을 먹고 하루에 1~2회 정도 적당량의 간식을 준다.
이유식의 마지막 단계인 완료기에는 스스로 먹게 하는 것이 중요하다.

우유병에 넣어주지 말고 컵에 담아 마시게 하고, 하루에 500㎖ 정도만 먹여 식사에 지장이 없도록 한다. 두 돌까지는 일반 우유를 먹이고 두 돌 이후부터는 저지방 우유를 먹인다. 단, 돌 이후까지 모유수유를 한다면 굳이 생우유를 먹이지 않아도 된다.

하루 두 번 간식을 꼭 먹인다

아기의 간식 습관을 들이는 중요한 시기. 염분, 당도가 높은 시판 간식 대신 고구마나 과일을 활용한 간식을 만들어준다. 간식을 주는 횟수는 하루 2번을 넘지 않도록 한다. 간식을 잘 먹는다고 너무 많은 양을 주지 않도록 주의한다.

고위험군 식품도 주의를 기울여 시도한다

이유식 완료기는 아토피나 알레르기 때문에 미뤄왔던 고위험

완료기 이유식 원칙

하루 세끼 진밥 수준으로 먹인다

하루 3회 먹이는 것이 원칙이다. 한 끼에 먹이는 양은 어른 밥 공기의 ⅓~½ 정도가 적당하다. 밥은 질게, 반찬과 국수는 잘게 잘라준다. 씹는 힘이 아직 약하므로 재료들을 잘게 썰고 부드럽게 조리한다. 한 그릇 요리보다는 밥, 국, 반찬으로 이뤄진 정식 차림이 좋다.

분유 대신 생우유를 먹인다

돌이 지나면 분유 대신 생우유를 먹을 수 있다. 이때 우유는

알레르기 반응 살펴보기

☐ 먹은 음식을 토해내거나 설사를 한다.
☐ 입이나 눈 주위가 붉어지고 입술이 붓는다.
☐ 전신에 두드러기가 나며, 가려워서 눈을 비비거나 몸을 긁는다.
☐ 기침을 심하게 하고 숨쉬기 불편해한다.

군 식품들을 서서히 먹일 수 있는 시기다. 하지만 특정 식재료에만 알레르기 반응을 보이기도 하고, 평소 별다른 반응이 없던 식재료도 컨디션이 안 좋은 날에는 알레르기 반응을 일으킬 수 있기 때문에 주의한다. 미뤄왔던 식재료나 완료기에 새롭게 먹이는 식재료는 초기 이유식을 먹일 때처럼 한 가지 재료씩 첨가한 뒤 아기의 반응을 세심히 살펴야 한다.

인스턴트식품은 먹이지 않는다

인스턴트식품에는 염분과 당분이 많이 들어 있어 자극적이고, 각종 식품첨가물은 알레르기나 여러 질환을 일으킬 위험이 있다. 햄이나 소시지, 어묵 등 인스턴트식품 맛에 길들여지면 자연 그대로의 재료로 조리한 음식을 잘 먹으려 하지 않는다.

다양한 재료로 편식을 예방한다

아기가 싫어하는 재료라면 조리법을 달리해서 먹여본다. 고기를 싫어한다면 씹히지 않게 다져서 조리하고, 튀기거나 볶은 후 토마토케첩, 시럽 등을 이용해 냄새를 없앤다. 생선을 싫어한다면 튀김, 구이 등의 조리법을 이용해 비린내를 없앤다. 채소는 잘게 썰어서 좋아하는 식품과 섞어 조리하고 생채, 볶음, 튀김 등의 조리법 중 아기가 좋아하는 방법을 선택한다.

아침은 반드시 먹인다

아침에는 밤새 떨어져 있던 기초대사량이 급격히 늘어나면서 많은 에너지를 필요로 한다. 그래서 아침을 굶으면 이를 만회하기 위해 점심을 폭식하게 된다. 이런 식습관은 소아 비만이나 소아 고혈압 등의 발병률을 높인다. 또한 아침을 거르면 뇌의 활동력이 떨어져 집중력과 기억력이 떨어진다. 평생 식습관의 기초를 다지는 시기이므로 적은 양이라도 아침을 꼭 챙겨 먹는 습관을 들이도록 하자.

완료기 이유식에 사용 가능한 식재료 및 양과 횟수

시기	횟수	양(1회당)	사용 가능한 재료
완료기 전반 (12~14개월)	오전 1회, 오후 1회, 저녁 1회 간식 2회	100 ~ 200g	율무, 파, 마늘, 부추, 토란, 블루베리, 귤, 오렌지, 딸기, 키위, 레몬, 파인애플, 토마토, 호두, 모든 부위의 소고기, 등 푸른 생선(고등어, 삼치, 꽁치), 오징어, 꽃게, 모시조개, 홍합, 바지락, 대합, 소라, 전복, 뱅어포, 북어포, 달걀 전란, 메추리알 전란, 우유, 곤약, 꿀, 카레가루, 유부, 생크림, 소면, 떡, 돼지고기 안심
완료기 후반 (15개월)	오전 1회, 오후 1회, 저녁 1회 간식 2회	100 ~ 200g	당면, 마, 아스파라거스, 도라지, 달래, 취나물, 복숭아, 망고, 아몬드, 각종 해산물(연어, 참치, 장어, 낙지, 생새우, 조개류)

완료기 이유식 농도와 재료 입자 크기

농도 쌀알 입자가 그대로 살아 있고, 일반 밥보다 약간 촉촉한 2배죽 정도

곡류
지어놓은 일반 밥을 사용해도 된다.

뿌리채소
껍질을 벗기고 사방 7mm 크기로 다진다.

잎채소
사방 7mm 크기로 다진다. 섬유질이 질긴 채소만 끓는 물에 데친 뒤 다져서 사용한다.
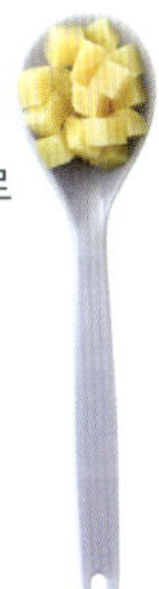

과일
껍질과 씨를 제거하고 끓는 물에 데친 뒤 사방 7mm 크기로 다진다.

고기류
소고기는 찬물에 담가 20분간 담가두거나 잘게 다진 뒤 키친타월로 눌러 핏물을 빼고 사방 7mm 크기로 다진다. 닭고기는 질긴 심줄과 막을 제거하고 사방 7mm 크기로 다진다.

완료기 이유식 레시피

전복미역죽

쌀 2½큰술(40g), 전복 ½개 데쳐서 다진 것 1½큰술(20g),
자른 미역 1작은술 불려서 다진 것 1큰술(10g), 양파 1/15개 다진 것
½큰술(10g), 당근 조금 다진 것 ½큰술(10g), 물 1½컵, 참기름 약간

1 쌀은 30분간 불린 뒤 체에 받쳐 물기를 뺀다.

2 전복은 솔로 문질러 씻은 뒤 숟가락으로 살만 떼어내서 입과 내장을 제
  거한다.

3 손질한 전복은 끓는 물에 2분간 데친 뒤 사방 5mm 크기로 다진다.

4 자른 미역은 찬물에 담가 20분간 불린 뒤 사방 7mm 크기로 다진다.

5 당근은 껍질을 벗겨 양파와 함께 사방 7mm 크기로 다진다.

6 냄비에 참기름을 두르고 불린 쌀과 다진 전복, 미역, 양파, 당근을 넣어
  강불로 볶는다.

7 쌀이 투명해지면 물을 넣고 끓어오르면 중약불로 줄인 뒤 저어가며 12분
  간 끓인다.

잔멸치호두진밥

밥 6큰술(90g), 잔멸치 1큰술(5g), 호두 2알 다진 것 2큰술(8g),
브로콜리(봉오리 부분) 지름 5cm 2개 다진 것 4큰술(40g), 양파 조금
다진 것 ½큰술(10g), 당근 조금 다진 것 ½큰술(10g), 다시마 우린 물 ½컵

1 잔멸치는 마른 팬에 노릇하게 볶은 뒤 굵직하게 다진다.

2 호두는 끓는 물에 데쳐 쓴맛을 뺀 뒤 마른 팬에 볶아 사방 5mm 크기로 다
  진다.

3 브로콜리, 양파, 당근은 사방 7mm 크기로 다진다.

4 다진 잔멸치, 브로콜리, 양파, 당근, 다시마 우린 물을 냄비에 넣고 강불
  로 끓인다.

5 끓어오르면 중약불로 줄인 뒤 밥을 넣고 저어가며 6분간 끓인다.

6 밥알이 퍼지면 다진 호두를 넣고 고루 섞어 2분간 볶듯이 끓인다.

새우연두부진밥

밥 6큰술(90g), 중하새우 1마리 다진 것 1큰술(10g), 연두부 ¼모 으깬 것
3큰술(40g), 양파 조금 다진 것 ½큰술(10g),
달래 2줄기 다진 것 ½큰술(5g), 다시마 우린 물 ½컵

1 새우는 내장, 껍질, 머리를 제거하고 살만 곱게 다진다.

2 연두부는 체에 받쳐 물기를 빼고 포크로 부드럽게 으깬다.

3 달래는 알뿌리 껍질을 벗겨낸 뒤 양파와 함께 사방 7mm 크기로 다진다.

4 다진 새우, 양파, 달래, 다시마 우린 물을 냄비에 넣고 강불로 끓인다.

5 끓어오르면 중약불로 줄인 뒤 밥을 넣고 저어가며 5분간 끓인다.

6 밥알이 퍼지면 으깬 연두부를 넣고 3분간 볶듯이 끓인다.

톳새우살아기국수

쌀소면 ⅓줌(50g), 건조 톳 1작은술 불린 것 2큰술(3g), 중하새우 3마리
다진 것 3큰술(30g), 멸치가루 ½작은술, 다시마 우린 물 1컵, 녹말가루 약간

1 쌀소면은 5cm 길이로 잘라 끓는 물에 10분간 삶은 뒤 찬물로 헹궈 체에
  받쳐 물기를 뺀다.

2 톳은 찬물에 20분간 불린다.

3 새우는 사방 5mm 크기로 다진 뒤 녹말가루를 섞어 고루 치대 지름 2cm 정
  도의 동그란 완자 모양으로 빚는다.

4 다시마 우린 물, 불린 톳, 멸치가루를 냄비에 넣고 강불로 끓인다.

5 끓어오르면 중약불로 줄인 뒤 완자를 넣고 6분간 끓이다가 강불로 2~3분
  더 끓인다.

6 그릇에 삶은 쌀소면을 담고 ⑤를 붓는다.

아기궁중떡볶이

모양 쌀떡 8개(40g), 소고기 7×7cm 두께 2cm 1조각 다진 것 2½큰술(25g), 표고버섯 1/2개 다진 것 1⅛큰술(10g), 양파 조금 다진 것 ½큰술(10g), 당근 조금 다진 것 ½큰술(10g), 물 ½컵, 참기름 · 깨소금 · 간장 약간씩

1 모양 쌀떡은 3등분한 뒤 끓는 물에 10분간 데친다.

2 소고기는 핏물을 제거하고 곱게 다진 뒤 참기름과 깨소금으로 버무린다.

3 표고버섯, 양파, 당근은 사방 7mm 크기로 다진다.

4 버무린 소고기를 팬에 넣고 볶은 뒤 다진 표고버섯, 양파, 당근을 넣고 강불로 볶는다.

5 양파가 투명해지면 물과 간장을 넣고 중불로 줄인 뒤 데친 떡을 넣고 깨소금을 뿌려 버무린다.

날치알아욱 아기두부전

날치알 1작은술(5g), 아욱잎 1장 데쳐서 다진 것 1큰술(10g), 두부 ¼모 으깬 것 4큰술(50g), 우리밀 1작은술, 달걀노른자 1개분, 식용유 약간

1 달걀노른자는 곱게 풀어둔다.

2 아욱잎은 끓는 물에 2분간 데친 뒤 사방 5mm 크기로 다진다.

3 두부는 칼등으로 곱게 으깬 뒤 면보에 넣고 짜서 물기를 제거한다.

4 다진 아욱잎, 으깬 두부, 날치알, 우리밀을 섞어 반죽을 만든다.

5 반죽을 떼어 지름 2cm 정도로 동글납작하게 빚어 완자를 만든다.

6 완자를 1에 담가 달걀옷을 입힌 뒤 식용유를 두른 팬에 넣고 앞뒤로 노릇하게 굽는다.

견과류잔채소 달걀볶음밥

밥 6큰술(90g), 방울토마토 2개 데쳐서 다진 것 1큰술(20g), 자투리 채소(양파, 당근, 피망 등) 약간씩 다진 것 4큰술(40g), 호두 1알 다진 것 1큰술(4g), 아몬드 3개 다진 것 2큰술(8g), 달걀 1개, 우유 3큰술, 물 ¼컵 식용유 약간

1 호두와 아몬드는 끓는 물에 데쳐 쓴맛을 뺀 뒤 마른 팬에 볶아 사방 5mm 크기로 다진다.

2 방울토마토는 끓는 물에 1분간 데친 뒤 껍질을 벗기고 자투리 채소와 함께 사방 7mm 크기로 다진다.

3 달걀은 우유와 섞은 뒤 고운체에 내린다.

4 식용유를 두른 팬에 체에 내린 달걀을 넣고 저어가며 중불로 익혀 스크램블을 만든다.

5 스크램블이 고루 익으면 다진 자투리 채소, 밥, 물을 넣고 섞어가며 볶듯이 끓인다.

6 밥알이 퍼지면 다진 호두, 아몬드, 방울토마토를 넣고 2분간 볶는다.

마부추닭고기 우유덮밥

진밥 10큰술(150g), 마 지름 5cm 두께 3cm 1조각 다진 것 2큰술(30g), 부추 15줄기 다진 것 3큰술(10g), 양파 ⅛개 다진 것 1/2큰술(10g), 닭고기(안심) 5×5cm 두께 2cm 1조각 다진 것 2큰술(20g), 달걀노른자 1개분, 우유 ¼컵

1 마, 부추, 양파는 사방 7mm 크기로 다진다.

2 닭고기는 질긴 막과 심을 제거하고 사방 5mm 크기로 다진다.

3 다진 마, 부추, 양파, 닭고기, 우유를 냄비에 넣고 강불로 끓인다.

4 끓어오르면 중약불로 줄인 뒤 달걀노른자를 넣고 저어가며 2분간 익힌 뒤 진밥 위에 올린다.

37 유아식과 간식 생후 16~36개월

이유식을 무사히 잘 마치고 나면, 어른들과 비슷한 밥, 국, 반찬으로 이뤄진 식사를 하게 된다.
유아식부터는 거의 모든 식재료를 사용할 수 있다. 하루 3회 먹이고, 한 번에 150g 정도로 하는 것이 알맞다.
식사와 함께 꼭 챙겨야 할 간식 먹이는 원칙도 알아보자.

유아식의 원칙

어른과 같은 정식 차림으로 만들어준다

유아식은 생후 16~36개월에 해당하는 초기 유아식, 어른이 먹는 밥과 거의 비슷한 만 4~5세의 후기 유아식으로 구분할 수 있다. 초기 유아식은 어른이 먹는 밥, 국, 반찬의 정식 차림에 조금 더 무르고 간을 약하게 만든 것이 특징이다.

밥을 잘 먹지 않는다면 영양 상태를 체크한다

돌 무렵부터는 이전처럼 몸무게가 잘 늘지 않아도, 이유식 문제가 아니므로 무리하게 먹이지 않는다. 아기의 성장에 중요한 것은 양이 아니라 질 높은 영양 공급이다. 다섯 가지 필수 영양소가 골고루 들어갈 수 있도록 식단을 짜고 아기가 어떤 것을 잘 먹고, 어떤 것을 먹지 않는지 잘 체크해본다.

씹는 반찬, 아기 전용 김치를 준비한다

많이 씹을수록 턱뼈도 단단해지고 치아도 건강해지며 두뇌 발달에도 도움이 된다. 유아식 시기에는 무조건 재료를 갈거나 다지지 말고 한입 크기로 썰어 넣는다. 간식을 줄 때도 감자나 고구마, 견과류, 과일 등을 골고루 주어 씹는 느낌을 다양하게 경험할 수 있도록 한다. 아삭한 식감의 김치는 씹는 훈련을 하는 데 많은 도움이 된다. 짠맛과 매운맛을 덜어내고 순한 맛의 아기 전용 김치를 담가 먹이면 좋다.

모든 음식은 싱겁고 담백하게 만들어준다

이 시기에 맵거나 짠 음식을 먹이면 아기가 자극적인 입맛에 길들여져, 커서도 자극적인 음식만 찾는다. 자극적인 음식은 성인병의 원인이 되기도 하므로 싱겁고 담백한 식재료 본연의 맛을 느끼게 해주는 것이 좋다. 아기가 싱겁고 담백한 음식을 싫어한다면 짠맛 대신 신맛이나 고소한 맛의 요리를 만들어주고, 볶거나 찌는 등 다양한 방식으로 조리한다.

물에 말아 먹이지 않는다

아기가 밥을 잘 삼키지 않는다거나 엄마가 밥을 먹이기 수월하다는 이유로 물 또는 국물에 밥을 말아 먹이는 경우가 많다. 하지만 이 시기는 씹기 연습이 필요한 때이므로 밥을 물이나 국에 말아 먹이지 않는다. 밥을 물에 말아 먹이면 충분히 씹지 않고 삼키게 돼 건강에 좋지 않다.

제철 식품 위주로 메뉴를 구성한다

하우스재배나 수입으로 인해 농산물에 '제철'이라는 개념이 많이 사라진 것이 사실. 한여름에도 시금치를 먹고 한겨울에도 상추를 먹을 수 있다. 하지만 우리나라에서 재배된 제철의 농산물은 영양과 맛이 특히 뛰어나다. 영양 면에서는 제철이 아닌 농산물과 비교했을 때 4배나 높다. 아기뿐만 아니라 온 가족의 건강을 위해 제철 음식에 좀 더 관심을 기울이고 식단을 짜도록 노력한다.

간식이 중요한 이유

아기들은 활동량이 많아서 하루에 3번 먹는 유아식만으로는 필요한 열량을 충분히 얻기 어렵다. 하루 2~3회 간식으로 영양소를 보충해줘야 하는 이유. 간식은 부족한 영양을 채워줄 뿐 아니라 다양한 식재료와 친해지게 하고, 먹는 즐거움도 느끼게 해준다. 돌 전후로 먹이는 초기 간식은 이유식과 수유 사이의 배고픔을 달래주기도 하고 소화력이 약한 아기가 음식을 조금씩 나누어 먹으면서 소화 흡수율을 높일 수 있게 하는 역할을 한다.

간식 먹이는 원칙

시간과 양을 정해놓고 먹인다

식사를 한 지 2시간 정도 지난 후에 간식을 준다. 치즈의 경우 6~12개월에는 치즈 1/4~1장, 13~24개월에는 치즈 1~1장 반, 25개월 이후라면 1장 반이나 2장 정도가 적당하다. 간식은 일정한 양 이상은 주지 않는 것이 원칙.

천연 재료로 만든 간식을 먹인다

영양가가 높은 천연 간식을 먹이는 것이 좋다. 에너지원이 되는 빵, 감자, 고구마 등과 단백질이나 칼슘이 풍부한 우유, 두유, 요구르트, 치즈 등이 좋다. 비타민과 무기질이 함유된 신선한 채소나 과일로 천연 주스를 만들어주는 것도 방법.

엄마표로 만든 담백한 간식을 먹인다

아기가 인위적인 맛에 길들여지지 않고 식품 본연의 맛을 느낄 수 있도록 담백한 간식을 먹이도록 하자. 채소를 데쳐 스틱으로 만들어주거나 플레인 요구르트나 두유를 직접 만들어 과일, 단호박, 고구마 등과 섞어 먹이면 좋다. 특히 플레인 요구르트는 소화가 잘되고 칼슘, 지방 등 성장기 아기에게 꼭 필요한 영양소가 풍부한 대표적 간식.

시판 간식에 들어간 식품첨가물을 확인한다

시판 과자는 높은 열량과 염분, 특히 식품첨가물이 문제. 우선 열량과 나트륨 수치를 확인해 고열량·저영양 제품은 아닌지 확인한다. 향신료, 합성 착향료, 식용색소 등이 함유되었는지도 꼼꼼히 살핀다. 각종 화학 첨가제는 알레르기 질환을 유발할 수 있다.

꼼꼼 check! 아기 간식, 고열량·저영양 식품은 아닌지 확인하세요

간식거리를 구입할 때는 고열량·저영양 식품인지 반드시 확인한다. 고열량·저영양 식품이란 식품의약품안전처가 정한 기준보다 열량은 높고 영양가는 낮은 식품으로 비만이나 영양 불균형을 초래하는 먹거리를 말한다. 식품의약품안전처의 어린이 기호식품 고열량·저영양 식품판별 프로그램(www.mfds.go.kr/jsp/page/decintro.jsp)을 이용하면 확인할 수 있다. 식품 포장지 뒷면의 영양 성분 함량이나 제품명을 입력하면 열량과 영양 성분을 분석해 알려준다.

유아용 과자, 음료는 안심하고 먹여도 되나요?

시중에 판매되는 베이비 음료, 베이비 과자 등은 일반 음료와 과자에 비해 첨가물이 덜 들고 재료를 엄선했다고는 하지만, 아기에게 필요한 영양분을 공급한다기보다는 단순 기호 식품이다. 아기가 식품 알레르기 반응을 보인 적이 있다면, 유아용 과자나 음료를 고를 때 해당 재료를 쓰지는 않았는지 원재료와 성분표시를 꼼꼼히 확인한다. 시판 주스의 경우 식품첨가물을 넣지 않았는지, 당분은 얼마나 들었는지도 살핀다.

제일병원 소아청소년과 **이희철** 교수의

아토피피부염 특강

알레르기 원인을 찾아야 해요

⇨ 아토피피부염

알레르기 질환에는 아토피피부염 외에도 알레르기 비염, 천식, 알레르기 결막염 등이 포함된다. 그중 아토피피부염은 영유아기에 주로 시작되는 만성 반복성 피부염으로 심한 가려움증(소양증)과 건조증, 습진 등의 증세를 보인다. 국내 어린이의 10~15%가 앓고 있으며 최근 유병률이 꾸준히 증가하는 추세다. 흔한 질병이지만 한번 발병하면 쉽게 완치되지 않는데다 아기가 받는 스트레스도 크기 때문에 부모의 특별한 주의가 필요하다.

아토피피부염이 발생하는 원인은 아직 정확히 밝혀지지 않았다. 다만 유전적 요인과 식품, 집먼지진드기 등의 환경적 요인, 환자의 면역 이상 반응 및 피부 장벽의 이상 등이 원인으로 꼽힌다. 최근 피부 장벽에 중요한 역할을 담당하는 단백질인 필라그린의 유전적 결함이 아토피피부염과 천식 발생에 밀접한 관계가 있음이 밝혀졌다. 아토피 환자의 70~80%는 가족력이 있는 것으로 나타났다. 부모 중 한 명이 아토피 질환이 있는 경우 자녀의 50%에서 똑같이 발생하고, 부모 모두 아토피 질환이 있는 경우에는 자녀의 79%에서 아토피피부염이 발생할 수 있다.

이희철 교수는…
제일병원 소아청소년과 전문의로 대한소아과학회와 대한천식알레르기학회, 대한소아알레르기 호흡기학회 정회원으로 활동 중이다.

아토피피부염과 식품 알레르기

영유아기 때 보이는 아토피피부염과 식품알레르기는 검사로 정확한 원인을 확인한 후에 음식을 제안할 것인지 결정해야 한다. 원인을 확인하지 않은 채 알레르기 유발 확률이 높은 식품들을 무조건 먹이지 않으면 성장기 아기에게 영양 불균형이 올 수 있으니 주의한다.

식품 알레르기, 아토피피부염으로 시작한 알레르기는 점차 소아천식, 알레르기성 비염으로 발전한다. 이를 알레르기 행진이라 부르는데, 증상이 차례로 나타나는 것이 일반적이지만 한꺼번에 나타나는 경우도 있다. 아토피피부염이 있는 아기와 식품 알레르기가 있는 아기들에게 천식이나 비염이 더 쉽게 발생한다고 알려져 있으므로, 아토피피부염을 조기에 적

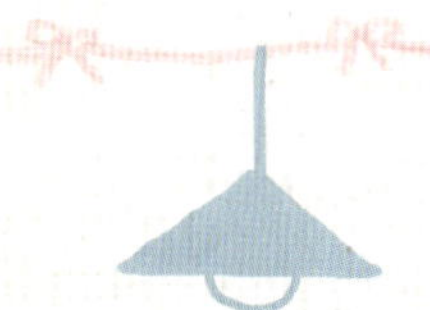

극적으로 관리하고 치료하면 비염, 천식 등을 예방할 수 있다.

우유, 달걀, 땅콩, 콩, 밀가루 등 음식물에 대한 알레르기가 아토피피부염의 동반 증상인지, 유발 요인인지에 대해서는 아직 논란이 있다. 최근에는 식품 알레르기가 아토피피부염의 악화 요인도 되지만, 유발 원인도 된다는 쪽으로 연구 결과가 많이 나오고 있다. 일부 아토피피부염 환자의 경우 음식물에 의해 증상이 악화되기도 하지만, 시간이 지나면서 음식물에 대한 알레르기가 소멸되기도 한다. 따라서 자라나는 아기들에게 음식을 제한하는 것은 오히려 좋지 않다. 반드시 알레르기 전문의의 진료와 검사를 받은 후 식품 섭취를 제한할 것인지도 결정한다.

가려운 증상이 가장 심해요
⇨ 아토피피부염의 증상

연령별 증세

아토피피부염은 염증이 생기면 빨갛게 발진이 나타나면서 가려움이 심한 것이 특징이다. 문제는 심한 가려움증으로 인해 아기가 계속 긁다 보니 피부가 손상되어 염증이 악화되고 가려움증이 더 심해지는 악순환이 계속된다는 것이다. 가려움증은 보통 밤에 심해져서 수면 장애도 일으킬 수 있다. 피부 장벽의 지질 부족이나 기능 이상으로 피부도 건조해지고 거칠어진다. 아토피피부염의 악화 요인으로는 갑작스런 온도의 변화, 건조한 날씨, 비누나 세제의 잦은 사용, 피부를 자극하는 물질이나 행동, 스트레스 등이 있다.

유아기(생후 2개월~2세 사이)

아토피피부염은 보통 생후 2~3개월 이후에 시작하는데, 흔히 태열이라고 부르는 영아기 습진은 아토피피부염의 첫 시작으로 볼 수 있다. 양 볼에 가려운 홍반이 나타나는 것이 특징이며, 주로 얼굴, 머리, 몸통 부위에 붉고 진물이 나거나 딱지를 형성하는 급성의 습진으로 나타난다.

소아기(2~10세)

이때는 주로 팔, 다리, 목, 손목, 발목 등의 피부가 접히는 부위에 피부염이 생기는 것이 특징이며, 엉덩이, 눈꺼풀, 귀의 뒷면, 손목, 발목 등에도 나타난다. 입술에도 습진이 생긴다. 10%는 성인까지 지속된다.

성인기

아토피피부염이 계속되는 경우 소아기와 비슷한 분포를 보이며 접히는 부위 피부가 두꺼워지는 태선화가 나타나고, 여성은 유두 습진이 특징적으로 나타날 수 있다.

생후 2개월부터 아토피피부염을 보이던 아기가 보통 6개월 전후로 기관지염이 시작되고 반복성을 보이다가 천식의 증상이 보이고 이어서 알레르기 비염의 증상이 나타나는 경우가 많다. 이렇듯 알레르기 질환은 잘 관리하면 어느 정도 연령이 되어 사라지기도 하지만 일부는 지속되어 성인 알레르기로 진행된다. 이렇게 나이의 증가에 따라 아토피피부염-천식-비염으로 나타나는 것을 알레르기 행진(Allergic March)이라 표현한다. 이렇듯 아토피피부염은 다른 알레르기 질환의 시작과 이어지는 경우가 많으므로 조기에 관리하여 치료하는 것이 다른 알레르기 질환의 예방에도 매우 중요하다.

아토피 중증도 검사

아토피피부염은 진단과 동시에 치료해야 한다. 아토피 중증도 검사는 아토피의 증상 심화 정도를 점수로 표현한 검사로서, 아토피의 범위, 홍반·구진 등 아토피의 정도, 간지럽거나 잠을 설치는 주관적 정도를 점수로 책정한다. 즉 객관적으로 아기의 피부가 얼마나 건조한지, 진물이 나오는지 등 6가지 증상을 점수로 매기고, 아기가 얼마나 심하게 가려워하는지, 잠을 잘 자는지 등 주관적 점수를 계산해 아토피피부염의 중증도를 판단한다. 15점 미만이면 경증, 15~40점이면 중등도, 40점 이상이면 중증으로 구분된다. 중증도는 아토피피부염을 치료하기 위한 중요한 수치다.

단계별로 치료하세요
⇨ 아토피피부염의 치료와 관리

아토피피부염의 치료와 관리법

아토피피부염의 치료와 관리를 위해서는 정확한 진단, 악화 인자 파악, 적극적인 피부 관리가 필요하다. 악화 요인은 모두 제거하도록 노력해야, 피부 염증이 지속적으로 나타나지 않게 된다. 또한 환자마다 악화 요인이 다르므로 악화 요인이 무엇인지 정확하게 판단한 후 대처하는 것이 중요하다. 피부 및 혈액 검사 등을 통해 알레르기를 일으키는 원인 물질을 찾아내 일상생활 속에서 피하도록 한다.

아토피피부염은 증상의 정도에 따라 단계별 치료를 한다. 처음에는 적극적인 피부 관리, 보습제 사용, 악화 요인을 피하는 방법 등을 사용한다. 건조한 피부에 적절한 보습제를 규칙적으로 사용한다. 비누나 세제의 사용, 기온이나 습도의 급격한 변화 등이 피부에 자극을 주어 피부염을 악화시킬 수 있고, 집먼지진드기, 꽃가루, 바퀴벌레, 동물 털 등의 흡입 항원도 아토피피부염을 악화시킨다는 보고가 있기 때문에 이러한 항원들을 제거하는 것이 아토피피부염 완화에 도움이 된다.

증상이 호전되지 않을 경우에는 가려움증과 염증, 세균 감염 등 증상을 빠른 시간 안에 억제하는 화학 약물 치료법이 사용된다. 아토피피부염뿐 아니라 건선, 습진 등 각종 피부염에 사용되는 스테로이드제, 가려움증을 줄여주는 항히스타민제 등이 대표적이다. 염증을 없애주고 면역 억제 작용을 하는 스테로이드제는 부작용이 심하다고 알려져 있지만, 국소 부위에 사용 시에는 그 영향이 미미하다. 스테로이드제는 주로 증상이 심하게 악화되었을 때, 비스테로이드제는 심하지 않은 염증과 증상의 재발 방지를 위해 처방된다. 아토피피부염의 주된 증상인 가려움증 때문에 긁다가 여러 가지 피부 증상이 나타나는 경우가 많다. 긁으면 증상이 더 악화되므로 항히스타민제를 투여해 가려운 증상을 경감시킨다. 아토피피부염의 정도가 심할 경우에는 전신성 스테로이드제 치료, 전신 면역억제제, 광선 치료 등이 이루어지기도 한다.

스테로이드제 연고

스테로이드제는 부작용 때문에 무조건 사용하지 않으려는 경향이 있는데, 피부가 붉게 변하고 건조하며 가려워하는 등 급성 염증 소견을 보일 때 국소 스테로이드제를 사용하면 효과적이다. 약물치료가 필요한 때에 제대로 치료를 하지 않아 만성으로 바뀌게 되면 그때는 국소 스테로이드제도 도움이 되지 못한다. 피부염 등 알레르기 질환을 조기에 적극적으로 치료하려면 적절한 약을 사용해야 한다. 아토피피부염 병변의 위치나 정도에 따라 적절한 양을 조기에 사용해 증상을 완화할 수 있다.

항히스타민제와 항생제

가려움증을 참지 못하고 긁으면 이것이 다시금 자극이 되어 히스타민 물질을 분비하게 된다. 항히스타민제는 가려움증을 가라앉히는 효과가 뛰어나다. 또 심하게 긁다가 세균에 감염되어 염증이 심해지면 항생제가 처방되기도 한다. 전문의의 처방에 따라 1~2주가량 항생제를 복용하게 되는데, 중간에 증상이 나아진다고 임의로 복용을 중단해서는 안 된다.

아토피피부염의 관리 수칙

목욕 혹은 샤워를 하루에 1회 정도, 20분 이내에 한다

목욕은 피부 표면에 존재하는 자극성 물질, 알레르겐, 세균 등을 제거하고 피부에 수분을 공급한다. 목욕 혹은 샤워를 하는 횟수는 하루에 1회 정도가 적당하다. 땀이 많이 나는 여름이라면 하루에 2회 정도도 괜찮다. 물은 너무 뜨겁지 않은 32~34℃ 정도의 미지근한 정도가 좋다. 때는 밀지 않고, 비누는 중성 또는 약산성 보습 비누를 사용한다. 목욕 혹은 샤워를 하는 시간은 약 20분 이내로 한다.

목욕 후 3분 이내에 보습제를 충분히 바른다

목욕 후 부드러운 수건으로 두드리듯이 물기를 닦고, 3분 이내에 보습제를 충분히 바른다. 보습제는 하루에도 여러 번 사용하고, 정상적인 피부를 포함한 전신에 사용한다. 보습제에는 오일, 로션, 크림, 연고제형 등이 있고 다양한 제품이 존재하는데, 개인의 피부 특성이나 선호도, 도포 횟수나 간격 등에 따라 보습제를 적절히 선택한다.

순면 소재의 옷을 입힌다

아기가 입는 옷, 아기 피부에 직접 닿는 수건, 베개와 이불의 커버, 아기를 돌보는 보호자의 옷 등은 모두 면으로 된 제품을 사용하는 것이 좋다. 세탁할 때는 세제가 철저히 제거되도록 여러 번 헹군다. 옷은 약간 헐렁하게 입히고 너무 꽉 끼는 옷은 피한다.

친환경 세제를 사용한다

식물성 계면활성제가 포함된 천연 세제를 사용한다. 아기 옷은 충분히 헹궈 세제 잔여물이 남지 않게 한다.

집먼지진드기, 곰팡이 등이 피부에 닿지 않도록 관리한다

집먼지진드기는 주로 습한 환경에서 잘 자라므로 실내 습도를 40~50%로 유지하는 것이 좋다. 집먼지진드기의 서식처가 되는 카펫, 침대 매트리스, 천으로 된 소파, 커튼 등은 되도록 사용하지 않는다. 침구류, 옷 등은 1~2주에 한 번 55℃ 이상의 뜨거운 물로 세탁하며, 세탁이 어려운 침구류는 집먼지진드기 항원이 통과되지 않는 특수 커버로 싸서 사용한다. 방 청소를 할 때에는 집먼지진드기 항원이 통과하지 않도록 HEPA 필터가 부착된 진공청소기를 사용하는 것이 좋다.

화학조미료가 들어간 식품은 삼간다

인공감미료나 방부제, 인공색소 등은 아토피피부염뿐 아니라 모든 아기들에게 해롭다. 성분 표시를 꼼꼼히 확인해 되도록 화학조미료가 첨가되지 않은 식품을 고른다. 인스턴트식품 대신 영양이 풍부한 제철 식품 위주로 식단을 짠다.

① 피부는 늘 깨끗하고 촉촉하게 유지한다. 목욕물은 32~34℃의 미지근한 온도로 맞추고, 목욕 후에는 3분 이내에 보습제를 발라준다.

② 적절한 실내 온도 및 습도를 조성한다. 온도는 18~21℃, 습도는 40~50%를 유지한다.

③ 아기에게 면 소재의 옷을 입히고 손톱은 항상 짧게 깎는다.

④ 정확한 진단을 통해 원인 물질을 찾아 피한다. 악화되는 원인은 개인마다 다를 수 있으므로 의사를 찾아 도움을 받는다.

⑤ 아기에게 모유를 먹이고, 이유식은 5~6개월 중에 시작하는 것이 좋다.

⑥ 집 안에서 기르는 애완동물도 주의한다. 동물의 털이나 비듬, 분비물 등은 알레르기 질환의 원인이 될 수 있다.

⑦ 전문의의 진료에 따라 약물치료가 필요할 수도 있다. 부작용 걱정 때문에 약물치료를 무조건 멀리하기보다 전문의의 진료를 받아 가려움증과 알레르기 염증을 조절한다.

⑧ 스트레스나 급격한 온도 변화 등은 아토피피부염을 악화시킬 우려가 있다. 급격한 추위나 더위에 노출되지 않도록 신경 쓴다.

⑨ 과학적으로 검증되지 않은 치료 방식은 전문의와 상담한 후에 결정해야 한다.

⑩ 아토피피부염 치료로 천식과 알레르기 비염 등 호흡기 질환도 예방할 수 있다.

아기 질병 백과

아기를 키우는 부모들이 알아둬야 할

아기의 모든 질병들을 알아보고 응급 상황에 대처하는 방법도 배워보자. 꼭 기억해야 할

예방접종 스케줄과 아기에게 약 먹이는 노하우까지 꼼꼼히 담았다.

38 예방접종

각종 위험한 병을 미리 예방해 평생 건강의 밑거름이 되는 예방접종. 영유아 시기의 예방접종은
종류와 접종 시기가 다양해서 꼼꼼히 체크하지 않으면 자칫 일정을 놓치기 쉽다. 국가 예방접종뿐만 아니라
기타 예방 접종에도 관심을 기울이고 최대한 맞추도록 한다.

예방접종은 왜 해야 하나?

면역력이 약한 어린 아기는 질병에 걸리기 쉬워 특별한 보호가
필요하다. 아기가 성장하면서 외출이 잦아지고, 어린이집, 유
치원 등 단체 생활을 시작하면 감염성 질환에 걸릴 기회가 더
욱 많아진다. 따라서 예방접종을 통해 아기들에게 특정 감염성
질병에 대한 저항력을 만들어주어 질병을 예방하는 것이 꼭 필
요하다.

국가 예방접종 VS 기타 예방접종

국가 예방접종은 국가가 권장하는 예방접종으로서 BCG(피내
용), A형 간염, B형 간염, DTaP, 폴리오, MMR, 수두, 일본뇌
염, Hib, 폐구균, 독감 등으로 보건소와 국가 지정 의료 기관에
서 무료로 접종할 수 있다. 기타 예방접종은 BCG(경피용), 로
타바이러스, 인유두종 바이러스, 수막구균 등으로 소아청소년
과에서 접종 가능하다. 기타 예방접종은 비용이 전액 본인 부
담이지만 가능한 많은 백신을 맞아두는 것이 좋다.

국가 예방접종

BCG | 결핵을 예방하는 BCG 백신은 생후 4주 이내에는 반드
시 접종해야 하는 백신으로, 시기를 놓쳤더라도 가능한 빨리
맞혀야 한다. BCG를 접종하고 나서 4~8주 정도가 지나면 접
종 부위가 곪는 경우가 많지만 대개 딱지가 앉으면서 아문다.

A형 간염 | 생후 12개월 이후에 1회 접종하고, 첫 접종 후 6~12
개월 사이에 추가 접종한다. A형 간염은 유아 시기에 앓으면
가볍게 지나가지만, 어른이 되어서 앓게 되면 치명적일수도 있
는 것이 특징이다.

B형 간염 | 대부분의 산부인과에서 아기의 출생과 동시에 1차
접종을 실시한다. 생후 0, 1, 6개월에 접종한다. 엄마가 B형 간
염 바이러스 보균자인 경우에는 면역글로불린과 B형 간염 1
차 접종을 생후 12시간 이내 접종한다.

DTaP | D는 디프테리아, T는 파상풍, P는 백일해를 뜻한다.
DTaP는 이 세 가지 백신을 섞어 주사 한 대로 접종하는 것이
다. 보통 생후 2, 4, 6개월 세 번에 걸쳐서 접종하고, 18개월에
한 번, 만 4~6세 때 한 번 추가 접종한다.

폴리오 | 소아마비 백신을 의미한다. 생후 2, 4, 6개월에 접종
하는 스케줄이므로 대개 DTaP와 함께 접종하며 만 4~6세에
추가 접종한다.

MMR | 홍역·볼거리·풍진을 예방하는 접종. 생후 12~15개월
사이에 1차 접종하고, 만 4~6세에 추가 접종한다.

수두 | 생후 12~15개월에 한 번 접종한다. 수두 접종을 한다고
해서 수두에 걸리지 않는 것은 아니지만, 가볍게 앓고 지나간
다.

일본뇌염 | 생백신과 사백신을 선택해서 접종한다. 생백신은
주사약 속에 바이러스가 살아 있지만 약하게 만든 것이고, 사
백신은 바이러스가 죽어 있는 상태. 생백신은 약한 병을 일으
키는 방법으로 면역을 얻는 반면, 사백신은 우리 몸에 균이 들
어 왔다는 착각을 하게 만들어 그 균에 대한 면역을 만든다. 생
백신은 총 2회, 사백신은 총 5회에 걸쳐 접종이 이뤄진다. 세
계보건기구와 질병관리본부에서는 이상 반응이 적은 사백신을

권장하지만, 접종 횟수가 적어 간편하다는 점에서 생백신을 선호하기도 한다.

Hib(b형 헤모필루스 인플루엔자) | 흔히 뇌수막염 예방접종이라고도 말한다. 보통 생후 2, 4, 6개월에 한 번씩 접종하며, 4차는 12~15개월에 접종한다. 흔하지 않지만 걸리면 치명적인 질병이므로 접종이 반드시 필요하다.

폐구균 | 세균성 폐렴과 중이염, 부비동염을 주로 일으키는 폐구균을 예방하는 접종. 하지만 폐구균이 아닌 다른 원인으로 발병하는 경우까지 예방하진 못한다. 생후 2, 4, 6개월에 한 번씩 3회 접종하고, 12~15개월에 추가 접종한다.

독감(인플루엔자) | 독감 예방접종은 접종 후 4주 후에 효과가 나타나므로 최소한 독감이 유행하는 시기보다 한 달 전에 접종해야 효과를 볼 수 있다. 최근에는 기존의 독감(인플루엔자)과 함께 신종플루까지 함께 예방한다. 생후 6개월 이상이면 접종할 수 있다. 첫 해 접종은 한 달 간격으로 두 번을 맞아야 하며, 다음 해부터는 1회만 접종하면 된다. 6개월 미만 영아를 돌보는 보호자도 독감 예방접종을 하도록 권장하고 있다. 영유아가 있는 가정이라면 온 가족이 함께 접종하는 것이 좋다.

기타 예방접종

로타바이러스 | 로타바이러스 예방접종을 통해 로타바이러스 감염에 의한 위장관염을 예방할 수 있다. 우리나라에서 사용되는 로타바이러스 백신은 경구용 생백신으로 로타텍, 로타릭스 두 가지 종류가 있는데 접종 횟수와 비용이 다르므로 상담 후 결정한다. 로타텍은 생후 2, 4, 6개월에 걸쳐 3회 접종, 로타릭스는 생후 2, 4개월에 걸쳐 2회 접종한다.

예방접종 스케줄

구분	접종 시기	출생	1개월	2개월	4개월	6개월	12개월	15개월	18개월	24개월	36개월	만 4~6세
국가 예방 접종	BCG(피내용)	1차										
	A형 간염						생후 12개월 이후에 1회 접종 후 6~12개월 사이에 추가 접종					
	B형 간염	1차	2차			3차						
	DTaP			1차	2차	3차		4차				5차
	폴리오(소아마비)			1차	2차	3차						4차
	MMR						1차					2차
	수두						1차					
	일본뇌염						**사백신:** 12~23개월에 1~2주일 간격으로 2회 접종하고, 12개월 후 1회 접종, 만 6세, 12세 때 각각 1회씩 추가 접종 **생백신:** 12~23개월에 1회 접종하고 12개월 후 2차 접종					
	Hib(뇌수막염)			1차	2차	3차	4차					
	폐구균			1차	2차	3차	4차					
	독감					매년 접종						
기타	로타바이러스			1차	2차	로타텍 3차						

39 증세별 아기 질병

겉으로 드러나는 아기의 이상 증상은 크고 작은 질병을 조기에 발견하는 데 중요한 근거가 된다.
0~3세 아기들이 자주 보이는 증세와 관련된 다양한 질병을 알아보고 치료 관리 방법에 대해 배워보자.

열이 나는 병

감기

감기에 걸려서 열이 난다고 무조건 위험한 것은 아니다. 열이 난다는 것은 우리의 몸이 나쁜 균과 싸우고 있다는 증거다. 감기로 열은 있지만 콧물이 나는 것 외에 다른 증상은 없다면 좀 더 관찰해도 된다. 평소 건강하고 체력이 뒷받침되는 아기라면 스스로 이겨낼 수 있다. 하지만 열이 하루 이상 가거나 39℃ 이상 고열이 나는 경우엔 감기로 인한 다른 합병증을 의심할 수 있으므로 진찰이 필요하다.

폐렴

열이 나면서 기침을 심하게 하는 증상이 지속된다면 감기가 빨리 낫지 않아 폐렴으로 진행되는 경우를 의심해 볼 수 있다. 기침을 하고 열이 나며 가래가 끓는 등의 증상은 감기와 비슷하나 고열에 시달리며 호흡곤란이 오면 폐렴을 의심한다.

편도선염

감기로 인한 2차 감염이나 세균에 의한 직접 감염이 원인. 급성 편도선염에 걸리면 목이 붓고 음식물을 삼킬 때 통증이 있으며 열이 난다. 염증의 원인이 세균일 때는 항생제를 복용하면 2~3일 내에 증상이 완화된다. 만약 2~3일이 지나도 열이 내려가지 않거나 수분을 제대로 섭취하지 못할 땐 진찰을 다시 받아야 한다.

중이염

아기의 귀에 생기는 염증으로 대개 감기 합병증으로 발병한다. 코나 목에 번식한 바이러스 또는 세균이 중이강으로 들어가 염증을 유발한다. 39℃ 이상의 고열이 나며 귀에 자주 손을 대고, 귀를 만지면 자지러지게 운다. 방치하면 귀에서 고름이 나오기도 하고 난청이 될 수도 있으므로 반드시 치료를 받아야 한다. 중이염은 완전히 나을 때까지 꾸준히 치료를 받아야 한다. 열이 떨어지고 통증이 없어졌다고 해서 치료를 중단하면 만성 중이염으로 발전할 수 있다.

뇌수막염

뇌수막염은 세균, 바이러스, 곰팡이 등에 의해 뇌를 감싸고 있는 수막과 척수에 염증이 생기는 질병이다. 뇌수막염이 의심될 때는 척수액을 뽑아 바이러스성인지, 세균성인지 먼저 밝혀내야 한다. 대부분은 바이러스에 의한 뇌수막염으로 안정을 취하며 병원 치료와 병행하면 금방 좋아진다. 반면 세균성 뇌수막염은 증세도 심하고 심각한 합병증을 일으킬 수 있다. 두통을 호소하거나 빛을 유난히 눈부셔하고, 속이 불편해하며 구토를 하며, 열이 나고 몸살을 앓을 때는 뇌수막염을 의심해봐야 한다. 열이 나면서 경련을 일으키기도 한다. 아주 약하게 감기처럼 지나가는 경우부터 뇌염으로 악화되는 경우까지 그 증세가 매우 다양하다.

유행성 이하선염

귀 밑의 이하선(침샘)이 부어오르는 유행성 이하선염은 볼거리라고도 불린다. 이하선에 멈프스 바이러스가 침투하여 염증이 생긴 것이다. 40℃ 전후의 고열 증세를 보인다. 부어오른 부위를 누르거나 입을 움직이면 몹시 아파하고 식욕부진, 근육통, 구토 등의 증상이 나타난다. 특별한 치료법은 없고, 합병증이 없다면 한 번 걸린 후에는 평생 면역이 된다.

헤르판지나

장 바이러스에 의해 감염되는 여름 감기의 일종. 3~5일의 잠복기를 거쳐 갑자기 39℃ 이상의 고열이 나고 입안 점막에 수포가 생긴다. 열이 나면 목젖 주위가 빨개지고 작은 회백색의 물집이 생기면서 심한 통증이 따른다. 입천장 뒤쪽에는 노란색 좁쌀 모양의 물집이 생긴다. 증세가 계속되면 수포가 짓무르고 헐어 궤양이 된다. 통증으로 인해 침을 많이 흘리고 냄새가 난다. 2~4일이면 열이 내리고 짓무른 곳은 일주일이면 아문다. 자극이 없는 음식을 먹이고 병원 치료를 받는다.

요로감염

신장, 방광, 요도 등 요로기관에 세균이 감염되어 염증이 생긴 것. 만 5세 이하의 여아에게 많이 나타난다. 조기에 진단하여 적절히 치료받지 않으면 신장에 심각한 손상을 줄 수 있다. 초기에는 발열 외에는 뚜렷한 증상이 없는 경우가 많아, 아기가 아무 이유 없이 열이 날 때는 소변검사를 통해 요로감염인지 확인한다. 요로감염은 균이 완전히 없어질 때까지 입원 치료를 받는다.

기침이 나는 병

급성 세기관지염

1세 미만 영아에게 발병하기 쉬우며, 감기보다 심한 호흡기 질환 가운데 가장 흔하게 걸리는 병이다. 쌕쌕거리고 기침을 심하게 한다. 또한 가래가 끓고 콧물이 나며 숨을 매우 가쁘게 쉰다. 심해지면 호흡곤란을 보이며 잘 먹지도 못한다. 천식과 증상이 비슷해 구별이 어렵고 간혹 천식과 겹치기도 한다. 일주일 정도 병원 치료를 받으면 호전되는 경우가 많으나 심한 경우 인공호흡기 치료를 위해 중환자실에서 치료를 해야 하는 경우도 있다.

기관지 천식

기도의 과민 반응에 의해 발작적으로 일어나는 알레르기성 질환이다. 완치보다는 관리가 치료의 목적. 기침을 발작적으로 계속하며 숨쉬기 힘들어하고 기관지에서 쌕쌕거리는 소리가 난다. 심할 때에는 입을 벌리고 어깨가 오르락내리락하는 숨을 쉬게 되고 자리에 바로 눕지도 못한다. 천식 증상은 알레르기의 원인에 노출되면 나타나는데 숨을 들이마실 때마다 속에서 그르렁그르렁하는 소리와 함께 진득거리는 가래가 나오기도 한다. 꽃가루, 먼지, 집먼지진드기, 곰팡이균, 동물의 털, 담배 연기 등이 알레르기의 원인이 되므로 주변 환경을 청결히 하는 것이 중요하고, 부모는 반드시 금연해야 한다. 알레르기 클리닉 진료를 정기적으로 받는 것이 좋다.

급성 기관지염

쇳소리를 내면서 기침을 심하게 하지만 열이 심하진 않다. 콧물이 나며 가래가 끓고 기침을 할 때 가슴 통증이 있다. 아기는 가래를 스스로 뱉지 못해서 숨이 넘어갈 듯 기침을 하다가 가래 때문에 구토를 하기도 한다. 수분을 충분히 보충해 가래가 묽어지도록 도와준다.

인플루엔자

인플루엔자바이러스에 감염되어 생기는 질병으로 흔히 독감이라고 한다. 감기와 증상은 비슷하지만 엄연히 다른 질병이다. 40℃ 이상의 고열이 2~3일간 계속되며 머리가 아프고 온몸이 두들겨 맞은 것처럼 아픈 전신 증상이 나타난다. 몸이 늘어지고 기저귀를 갈거나 우유를 먹일 때 몸을 만지면 심하게 운다. 심한 기침과 함께 목구멍이 붓고 아프며 설사나 구토 등의 증세와 눈의 충혈 등도 동반한다.

백일해

기침이나 침 등을 통해 백일해균이라는 박테리아가 호흡기에 침입해서 생기는 급성 호흡기 전염병. 병이 진행되면서 백일해성 기관지염이 생기기도 한다. 얼굴이 새까매질 정도의 경련성 기침 탓에 잠도 잘 못 자고 잘 먹지도 못한다. 일단 감염되었다면 완전히 낫기 전까지 백일해의 자연적 진행을 막을 방법은 없으므로 의사의 지시에 따르도록 한다. 방 안의 습도를 높이고 담배 연기나 먼지를 없애는 것이 치료에 도움이 된다. 합병증이 없다면 6~10주 정도 지나면 자연히 회복된다. 전염성이 강하므로 발병 초기와 발병 후 8주 정도는 아기를 격리시킨다. 생후 6개월 이전 아기가 백일해에 걸리면 중증이 되므로 빠른 시기에 예방접종이 필요하다.

발진이 생기는 병

홍역

홍역바이러스에 의한 전염병으로 건조한 4~6월에 유행한다. 처음에는 기침, 콧물, 재채기 등 감기 증상을 보이다가 4~5일이 지나면 고열이 나면서 발진이 돋는다. 귀 쪽이나 이마에서 시작해 얼굴, 목, 몸통, 팔다리로 발진이 퍼진다. 발진이 발끝까지 퍼지고 나면 차차 열이 내리고 발진 상태도 점차 거무스름해진다.

풍진

엄마가 임신 중 풍진에 걸려 선천적으로 감염되어 태어나거나 풍진 바이러스가 코나 목의 점막을 통해 침투해 걸린다. 감기 증세를 보이다가 붉은 발진이 귀 뒷부분부터 온몸으로 퍼지는 것이 홍역과 비슷하지만 증상이 가벼워 '3일 홍역'이라고도 부른다. 특별한 치료법은 없으며 3~4일 지나면 저절로 없어진다. 단 전염성이 강하므로 외출을 삼간다. 한 번 걸리면 평생 면역이 된다.

수두

수두 바이러스에 의한 전염병. 전염성이 강해 형제 간 전염률이 90%에 이른다. 2~3주정도의 잠복기를 거친 후 머리나 얼굴, 몸통에 붉은색 반점이 생기기 시작한다. 그러다 발진이 수포로 변하면서 쉽게 터져서 딱지가 앉으며, 전신으로 퍼지고 심하게 가렵다. 눈의 결막과 입안, 성기까지 물집이 생기기도 한다. 며칠이 지나면 수포가 모두 딱지가 생기면서 회복되는데, 가려움을 참지 못해 긁으면 흉터가 남기도 한다.

수족구병

손, 발, 입에 물집이 잡히는 병으로 장 바이러스의 일종인 콕사키바이러스와 엔테로바이러스에 의한 여름 감기의 일종이다. 처음에는 미열이 있고, 음식을 잘 먹지 않으려 하며, 배가 아파 울다가 점차 손바닥, 발바닥, 입안 등에 작은 수포를 머금은 좁쌀 크기의 발진이 생긴다. 심할 때는 발진이 엉덩이, 무릎, 얼굴, 배로 퍼지기도 하고, 목에 물집이 잡혀서 음식을 잘 먹지 못하기도 한다. 홍역이나 풍진과 증상이 비슷하나 기침이나 콧물 등의 증세가 나타나지 않는다. 고열과 탈수증세가 나타날 수 있다. 일주일 정도 지나면 수포 내 물이 없어지면서 저절로 낫는다. 입안에도 물집이 생기므로 부드럽고 자극 없는 음식, 미지근한 음식을 먹이도록 한다.

헤르페스성 구내염

헤르페스바이러스에 의한 감염성 질병으로 만 1~3세 아기들에게 잘 나타난다. 일주일 가량의 잠복기를 거쳐 열이 나기 시작하고, 입술과 입술 가장자리에 물집과 딱지가 생긴다. 헤르페스성 구내염에 의한 물집은 수족구병의 물집과는 달리 가려우면서 아픈 것이 특징. 또한 입안도 빨갛게 붓고 발진이 생기면서 회복되는 병이므로 특별한 치료는 필요 없다. 대부분 일주일 이내에 저절로 증세가 안정된다.

농가진

피부가 청결하지 못하거나 아토피피부염 등이 생겼을 때 긁어 생긴 상처를 통해 포도상구균 등 세균이 침입해 발병한다. 피부가 붉게 부풀어 오르면서 탁한 물집으로 변한 뒤 딱지가 생기거나 딱지에서 고름이 나온다. 코나 입 주위, 팔다리 등 아기가 손을 대는 부분에 나타난다. 임의로 연고를 사용하면 증상이 더욱 악화될 수 있으므로 반드시 전문의의 지시에 따라 항생제가 들어간 연고를 바르고 심하면 항생제를 먹어야 한다.

구토·설사를 하는 병

장중첩증

만 2세 이하 남자 아기에게 주로 나타나는 질병. 아기가 갑자기 두 다리를 배 쪽으로 끌어당기면서 자지러지듯이 울며 괴로워한다. 15~20분 정도 괜찮다가 다시 고통스러워하는 것을 반복한다. 구토가 동반되고, 딸기잼 같은 점액질이 섞인 혈변을 보기도 한다. 장의 일부가 접히면서 안으로 밀려들어 가 생기는 병으로 빨리 치료하지 않으면 장이 썩는다. 증상이 나타난 지 24시간 이내라면 복부 초음파를 보면서 식염수를 이용해 장을 풀기도 하고, 항문으로 공기나 바륨을 넣고 압력을 주어 장을 원래대로 되돌리기도 한다.

유당불내증

수유한 후 곧바로 구토를 하거나 시큼한 냄새가 나는 묽은 설사를 한다면 선천성 유당불내증일 가능성이 있다. 이는 선천적으로 유당을 분해하는 락타아제가 결핍되어 우유를 소화시키지 못하기 때문에 생기는 것. 배가 팽팽해지기도 하고, 설사와 구토가 심해져 탈수증이나 영양장애를 일으킬 우려가 있다. 모유나 분유 대신 특수 조제분유를 먹이면 도움이 된다.

식중독

세균이나 유해 물질 등에 오염된 음식을 섭취한 것이 원인이며 여름철에 집중적으로 나타난다. 살모넬라, 장비브리오, 대장균 등 세균 감염성 식중독이 흔하다. 음식을 먹은 후 짧게는 1~2시간에서 보통 24시간 이내에 심한 메스꺼움, 구토와 설사, 복통이 나타난다.

콜레라

콜레라는 비브리오 콜레라균에 오염된 물이나 음식물, 과일, 채소, 특히 연안에서 잡히는 어패류 등에 의해 전염되며 심한 설사와 탈수증세가 나타난다. 처음에는 복통이 거의 없다가 증세가 심해지면서 쌀뜨물 같은 설사를 계속하고 구토가 동반될 수 있으며 설사량이 많아 심한 탈수증이 함께 나타난다. 적절한 치료를 하지 않으면 생명이 위험할 수 있다.

로타바이러스 장염

주로 대소변에 오염된 손, 음료수, 음식, 물건 등을 통해 입으로 전염된다. 날씨가 춥고 건조한 가을, 겨울철에 주로 발생한다. 처음에는 갑자기 하루에 여러 번 구토를 하다가 백색 또는 담황색의 물 같은 설사를 한다. 설사 양이 많고 횟수도 하루 평균 7~10회로 잦다. 로타바이러스 예방접종을 맞히면 예방에 도움이 된다.

경련을 일으키는 병

열성 경련

감기나 열이 나는 병에 걸려서 고열 때문에 경련을 하는 것을 말한다. 열이 많이 나거나 열이 갑자기 오른 상태에서 5분 이내에 경련을 멈춘다. 아기가 의식이 없어지면서 눈이 약간 돌아가고 손발을 탁탁 털면서 뻣뻣해진다. 입술이 파래지면서 침을 많이 흘리거나 거품을 물기도 한다. 열성 경련은 보통 생후 6개월~5세 사이에 발생하며, 14~18개월에 가장 많이 발생한다. 대부분의 열성 경련은 별다른 문제없이 좋아진다.

뇌막염

증세가 얼핏 감기와 비슷하지만 38~39℃의 열이 3~4일간 계속되고 두통과 현기증, 구토, 고열을 동반하며 경련이 나타난다. 아기가 머리를 앞으로 숙였을 때 심하게 울거나 아파한다면 뇌막염을 의심해볼 수 있다. 빨리 병원을 찾아 조기 치료해야 합병증이나 후유증을 줄일 수 있다.

우리 아기가 아파요! 증세별 대처법

아기의 작은 이상 증세에도 불안해지는 것이 부모의 마음이다. 증세마다 올바로 대처하는 방법을
익혀 아기 건강을 지키자.

열이 날 때 대처법

옷을 벗겨 준다

열이 날 때는 얇은 옷을 한 장 입히는 것이 좋다. 열이 나면 식은땀
으로 옷이 젖게 되므로 땀 흡수가 잘 되는 면 소재의 얇은 옷으로
자주 갈아입힌다. 땀이 식으면서 아기가 한기를 느낄 수 있으니 이
마, 목, 사타구니, 겨드랑이 등 땀이 많이 나는 곳은 잘 닦아준다.
39℃ 이상의 고열이 날 때는 옷을 모두 벗긴다.

미지근한 물수건으로 마사지한다

열이 나면 따뜻한 물에 수건을 적셔 몸을 닦아준다. 찬물을 사용하
면 아기가 너무 힘들어 할 수 있으므로 따뜻한 물을 준비한다. 물에
수건을 담갔다가 짠 다음 계속 닦아준다.

해열제를 먹인다

해열제를 사용하는 기준은 정해져 있지 않다. 해열제는 일시적으로
열을 내리고 그 사이에 체력을 회복시켜 병이 빨리 낫도록 도와주
는 것이다. 만약 열이 39℃까지 올랐어도 기운이 있고 식욕도 있다
면 굳이 사용할 필요는 없다. 하지만 38℃라도 아기가 보채고 힘들
어하며 잠까지 설친다면 해열제를 사용하는 것이 좋다.

물을 충분히 먹인다

고열로 인해 탈수증상이 나타날 수 있기 때문에 이를 막기 위해 물을
자주 먹인다. 끓여서 식힌 물이나 미지근한 보리차를 수시로 먹인다.

냉각 제품은 사용하지 않는다

냉각 제품이 아기의 피부에 직접 닿으면 더 한기를 느끼게 되어 아
기가 힘들어 할 수 있으므로 미지근한 물수건으로 몸을 닦아주는
것이 가장 좋으며, 보조 수단으로 해열제를 사용한다.

기침할 때 대처법

수시로 물을 먹인다

수분 섭취가 적으면 가래가 더욱 진해지고 호흡기 점막에 달라붙
어 호흡기 질환이 더 심해질 수 있다. 따라서 평소보다 물을 많이
먹여 수분을 충분히 보충해줘야 한다. 한 번에 많이 먹이기보다는
조금씩 자주 먹인다.

실내 습도에 신경 쓴다

기침이 심할 때는 적당한 실내 습도를 유지하는 것도 무엇보다 중
요하다. 건조한 공기는 호흡기 점막의 기능을 저하시키기 때문이
다. 실내에 세탁물을 널어두거나 가습기를 이용해 실내 습도를
60% 정도로 유지한다. 2~3시간에 한 번씩 창문을 열어 환기하면
습도 조절에도 도움이 되고 실내 공기를 맑게 유지할 수 있다.

아기를 앉혀서 등을 쓸어준다

아기가 기침을 심하게 할 때는 눕히지 말고 윗몸을 일으켜 앉혀놓
는 것이 좋다. 아직 혼자 앉지 못하는 아기의 경우 베개나 쿠션으로
등을 받쳐둔다. 가래가 심하다면 배출할 수 있게 도와준다 콜록거
리며 괴로워할 때에는 아기를 엄마 무릎 위에 곧추세워 앉힌 다음
엄마가 손바닥을 오목하게 만들어 아기의 가슴과 등을 두드려준다.
등을 두드릴 때는 반드시 손목 반동을 이용해 통통 쳐야 한다.

우유와 이유식은 조금씩 자주 준다

기침을 하고 숨이 차면 1회에 주는 우유나 이유식의 양은 줄이고
대신 자주 먹이도록 한다. 기침을 하다가 토하는 경우도 많기 때문
에 누워있는 아기의 경우 세심한 관찰이 필요하다. 이유식은 평소
보다 묽게 만들고 온도는 체온과 비슷하게 하며, 간은 약하게 해서
음식이 술술 넘어가게 한다.

발진 생길 때 대처법

열 발진인지 확인한다

발진에 의한 질병을 판단할 때 열이 있느냐, 없느냐는 아주 중요한
기준이 된다. 발열과 동시에 발진이 나타났는지, 발열 며칠 후에 발
진이 나타났는지, 열이 떨어진 후에 발진이 나타났는지를 잘 관찰

하고 의사에게 전달해야 한다. 열이 오르락내리락하는 경우도 있으므로 체온을 꾸준히 기록하도록 한다.

전신의 발진 상태를 체크한다

발진의 색깔, 모양, 나타난 부위 등은 병명을 밝히는 데 중요한 단서가 된다. 옷을 다 벗긴 후 머리부터 귀, 입안, 다리 등 꼼꼼하게 전신을 체크한다. 가려움을 동반하는 지 확인한다. 발진이 돋으면서 가려움을 호소하는 경우 알레르기 반응의 가능성도 있으므로 이를 잘 살펴야 한다.

구토할 때 대처법

고개를 옆으로 돌려준다

토사물이 기도를 막지 않도록 하는 것이 가장 중요하다. 토할 때 고개를 뒤로 젖히게 하는 것은 위험하며, 고개를 옆으로 돌려 구토물이 밖으로 흘러나오게 해야 한다.

수분을 충분히 보충한다

탈수증상을 막기 위해 수분 보충에 신경을 써야 한다. 반면, 물을 많이 먹으면 구토가 계속될 수 있으므로 스푼으로 조금씩 떠먹이도록 한다. 필요에 따라 포도당-전해질 용액을 사용하거나 밥 끓인 물(숭늉)을 자주 먹인다.

설사할 때 대처법

수분 공급이 가장 중요하다

설사를 할 때는 탈수 증상을 막는 것이 중요하다. 음료나 과일 주스보다는 미지근한 숭늉을 수시로 먹인다. 설사가 심한 경우 약국에서 파는 에레드롤이나 페디라라는 전해질용액을 구입해 먹인다.

굶기지 않는다

설사를 한다고 아기를 굶기면 탈수 증상을 불러오므로 위험하다. 설사가 경미하다면 모유는 계속 먹인다. 설사가 심하다면 장에 부담이 될 수 있으므로 양을 줄였다가 설사 증상이 나아지면 점차 늘려간다. 액체만 먹으면 변이 단단해지지 않으므로, 이유식을 먹는 아기라면 묽은 쌀미음을 만들어 먹이는 것이 좋다.

손과 주변 환경을 청결히 한다

설사를 일으키는 바이러스나 세균들은 흔히 손을 통해 입으로 들어가 병을 일으킨다. 아기의 손을 깨끗이 씻겨주고 엄마도 손을 자주 씻는다. 새지 않는 종이 기저귀를 채우는 것이 안전하며, 기저귀를 갈아준 뒤에는 손을 깨끗이 씻어야 한다. 도마나 이유식 조리 도구 등을 자주 소독해 주방 청결에도 신경 쓴다. 알코올이 포함된 손 소독제를 자주 사용하는 것도 도움이 된다.

경련할 때 대처법

옷을 느슨하게 풀고 고개를 옆으로 돌린다

경련을 하는 아기를 들쳐 업고 무조건 병원으로 달려가기보다는 아기를 바닥에 눕히고 옷과 기저귀 등을 느슨하게 풀어 숨을 잘 쉴 수 있게 해주고 경련이 멎기를 기다린다. 또 경련을 하면서 구토를 함께 하는 경우가 많기 때문에 고개를 옆으로 돌려 토사물이 기도를 막지 않도록 한다. 경련 도중 머리를 부딪칠 위험이 있으므로 주위에 위험한 물건이 있다면 치워둔다.

상태를 잘 관찰한다

아기가 경련을 하면 엄마는 당황하게 마련. 침착하게 응급처치를 하고 상태를 자주 체크해야 한다. 경련이 시작된 시간, 얼마나 지속되었는지, 눈은 어떻게 돌아가는지, 손발은 어떻게 떠는지 등을 알아둔다. 이는 나중에 경련의 원인을 밝혀낼 때 중요한 단서가 된다.

아무것도 먹이지 않는다

경련을 한다고 기응환이나 청심환 등의 약을 임의로 먹이는 것은 위험하다. 심각한 부작용이 생길 수 있으므로, 경련을 할 때는 절대로 아무것도 먹이지 않는다. 물도 먹이지 않는다. 경련을 하는 아기들은 의식이 없기 때문에 기도로 들어가서 흡인성 폐렴을 일으키거나 질식할 위험이 있다.

숟가락, 손가락 등을 입안에 넣지 않는다

경련으로 얼굴이 파래진다고 인공호흡을 하거나 혀를 깨물까 봐 입안에 손가락을 넣는 것은 금물. 입안에 음식물이 있을 때 인공호흡을 하면 음식물이 기도를 막아 위험해질 수 있다.

손발을 주무르거나 손을 따는 건 위험하다

경련을 할 때 아기의 손발을 주무르거나 온몸을 마사지하는 것은 바람직하지 못하다. 최대한 아기의 몸을 편하게 해주고 숨을 잘 쉴 수 있게 도와주면서 경련이 멎을 때까지 기다려야 한다. 어른들의 말을 듣고 손발을 따는 것도 위험하므로 하지 않는다.

40 올바른 약 먹이기

아기가 약에 대해 거부감을 가지면 어떤 방법을 써도 약을 잘 안 먹으려고 하기 때문에,
어릴 때부터 자발적으로 먹을 수 있도록 유도해야 한다. 올바른 약 복용법부터
약을 잘 먹이는 노하우까지 알려준다.

아기 약 먹이기 원칙

분유에 섞어 먹이지 않는다

분유에 약을 타서 먹인다고 해서 약 효과가 떨어지는 것은 아니지만, 약을 거부하는 아이의 경우 분유까지 거부할 수 있기 때문에 주의해야 한다. 약맛이 독한 경우 우유병 자체를 안 빨려고 할 수도 있는데, 이럴 땐 분유 대신 설탕물이나 올리고당 등을 타서 먹이는 것이 더 효과적이다.

억지로 붙들고 먹이지 않는다

약을 강제로 먹이기 시작하면 아이는 앞으로도 약에 대한 거부감이 심해져 약을 먹일 때마다 힘들어진다. 맛있는 것을 섞어 주거나 약을 잘 먹을 수 있는 형태로 바꿔보는 등 약을 줄 때 아이가 재미있고 맛있는 것을 먹는다는 느낌을 갖도록 해야 한다.

약 먹다가 흘렸을 때 임의로 보충하지 않는다

약을 먹다가 흘렸을 경우 정확히 얼마만큼 복용하고 얼마만큼 흘렸는지 알 수 없기 때문에 섣불리 약을 더 먹이다가는 복용량을 초과할 수 있다. 특히 가루약의 경우 흘린 만큼 더 보충하기가 쉽지 않으므로 용량을 보충하기보다는 다음 복용부터 용량대로 약을 먹이도록 한다.

약병에 남은 약은 물로 헹궈 먹인다

아이의 몸무게에 따라 정해진 양을 먹이는 것이 원칙. 약을 먹이다보면 약을 먹인 용기에 조금씩 남게 되는데 물로 헹궈서 먹이면 좋다. 단, 아이가 약 먹기를 너무나 싫어한다면 굳이 물로 헹궈서 먹일 필요는 없다.

처음부터 물과 섞어 먹여도 상관없다

시럽이 너무 달거나 향이 진한 경우, 너무 걸쭉해 먹기 힘들어하는 경우엔 물에 희석해서 먹여도 상관없다. 가루약만 처방받았다면 물에 충분히 섞어 먹인다.

비타민제를 함께 먹이고 싶다면 의사와 상의한다

평소 복용하는 비타민제나 건강식품이 있다면 의사에게 함께 복용해도 되는지 여부를 확인 후 먹이도록 한다. 먹여도 괜찮다면, 하루 중 언제 먹이면 좋은지도 물어본다.

자는 아이를 깨워서 먹이지 않는다

자는 아이를 깨워서 먹일 필요는 없다. 아기가 충분한 휴식을 취하도록 잠은 푹 재우는 것이 좋다. 낮잠 시간 때문에 약 먹이는 시간이 애매하다면 아침에 일어나자마자 약을 먹이고, 점심 먹고 약을 먹인 후 낮잠을 재운다.

해열제 추가 복용은 반드시 의사와 상담한다

일반적으로 열이 나는 병일 때 해열제를 함께 처방한다. 가루약에 해열제가 섞인 경우도 있고 타이레놀이나 부루펜과 같은 시럽 형태의 해열제를 따로 처방하기도 하며, 두 가지를 함께 처방하기도 한다. 한 가지 해열제를 먹고도 열이 떨어지지 않는다면, 병원에 전화로 문의하거나 직접 방문해 추가 복용에 대해 상의한 후 먹인다.

항생제는 증상이 나아져도 다 먹여야 한다

바이러스성 질환에는 항생제를 사용하지 않지만, 세균에 의한 질환일 때는 반드시 항생제를 써야 한다. 엄마들 중에는 항생제에 대한 막연한 거부감으로 항생제 처방을 꺼리거나 증상이 좋아지면 항생제 복용을 중단하는 경우가 많다. 항생제를 꼭 먹여야 할 때 제대로 안 먹이면 내성이 생길 수 있으므로 증상이 좋아지더라도 임의로 복용을 중단하면 안 된다. 치료가 끝날 때까지는 처방대로 꾸준히 복용한다.

약을 먹고 토한 경우 다시 먹인다

약을 먹고 바로 토했다면 다시 먹여야 한다. 그러나 약을 먹고 5~10분 이상 경과한 경우에는 약이 이미 상당 부분 흡수되었을 것이므로 다시 먹이지 않는 것이 좋다.

약 먹이는 시간을 놓쳐도 약은 꼭 먹인다

아이에게 약 먹이는 걸 깜빡했거나 낮잠을 자느라 시간을 놓쳤다면 가능한 빨리 약을 먹인다. 약 먹이는 시간 간격이 조금 늘어나거나 줄어든다고 해서 크게 문제되는 약은 별로 없다. 오히려 하루에 먹어야 할 약의 분량이 있으므로 남은 양을 잠자기 전까지 균등하게 나누어 먹이도록 한다. 단, 두 번 먹을 분량을 한꺼번에 먹여서는 안 된다.

쉽게 약 먹이는 노하우

잘 먹는 형태로 먹인다

아이들은 가루약을 먹기 힘들어한다. 일반적으로 시럽에 타서 먹이게 되지만 함께 처방받은 약에 시럽이 없을 경우엔 물에 묽게 타서 아가베 시럽이나 올리고당 등 단맛을 더해 먹이면 잘 먹는다. 시럽약도 뻑뻑해서 먹기 힘들어하거나 특정 향을 싫어한다면 물을 타서 묽게 해 준다.

편안한 분위기에서 먹인다

아이에게 약을 먹일 때 엄마의 태도나 분위기가 중요하다. 엄마가 너무 강경한 자세로 나온다면 아이는 겁에 질릴 수밖에 없다. 맛있는 간식을 먹인다는 생각으로 아이에게 편하게 다가가 자발적으로 입을 벌리게 한 다음 조금씩 흘려 먹인다.

따로따로 먹인다

시럽과 가루약을 섞어 먹이는 것이 일반적인데, 아이가 여러 가지 맛과 향이 섞인 것을 힘들어한다면 따로 먹여보는 것도 한 방법이다. 가루약은 물에 타서 먹이고, 시럽은 따로 먹여본다.

조금씩 나누어서 먹인다

약을 한 번에 먹기 힘들어하는 아이는 10분의 간격을 두고 조금씩 나누어 먹인다. 특히 약을 먹으면 자꾸 토하는 아이의 경우 나누어 먹이는 것이 좋다.

41 안전사고 응급처치 가이드

아기들은 부모가 잠깐 한눈판 사이에도 부딪히고 넘어지기 쉽다. 아기에게 생기는 응급 상황에도
당황하지 않고 대처하려면 기본적인 응급처치 요령을 익혀두는 것이 좋다.
아기에게 일어나기 쉬운 안전사고별 대처 방법을 살펴본다.

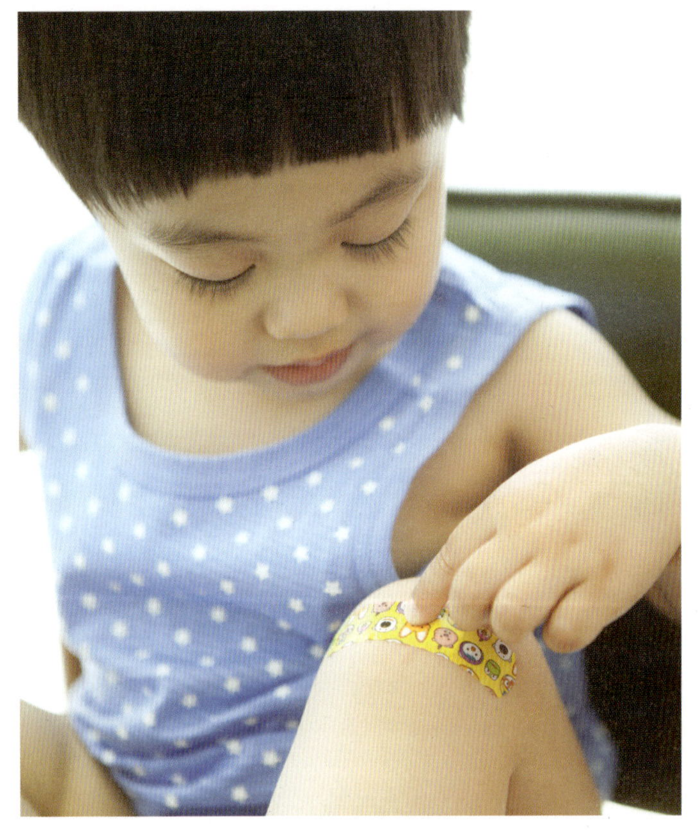

머리를 부딪쳤다

머리를 벽이나 모서리 등에 가볍게 부딪혔다면 상태를 지켜봐
도 좋다. 혹이 생기는 정도의 가벼운 증상이면 다행이지만 겉
은 멀쩡해도 두개골에 골절이 생긴 경우도 있으므로 평소와 다
른 모습을 보이지 않는지 관찰해야 한다. 먹은 것을 토하거나
눈빛이 흐려지면서 멍하고 안색이 창백할 때, 팔다리를 움직
이는 모양이 평소와 다르거나 경련을 일으킬 때는 응급실로 간
다.

손가락이 문틈에 끼었다

문틈에 끼었던 손가락을 아이가 잘 움직이지 못하거나 심하게
아파하는 경우, 손가락 모양이 부자연스럽게 구부러진 경우에
는 골절이 의심된다. 이때는 부목을 대어 손가락이 움직이지
못하도록 붕대를 감은 다음 병원으로 데려간다. 다친 날에는
괜찮았는데, 며칠 후 손가락이 붓고 색이 검푸르게 변했을 때
에는 손상이 클 수도 있으므로 병원에 간다.

상처가 났다

상처에서 피가 날 때는 우선 소독한 거즈로 상처 부위를 눌러
지혈을 한 다음 연고를 바르는 것이 원칙이다. 피가 멈추지 않
으면 바로 가까운 병원에 가야 한다. 가벼운 상처라면 상처 부
위를 잘 씻은 다음 후시딘 등의 항생제 연고를 발라준다. 대개
하루 이틀 정도 지나면 상처가 아문다. 상처에 염증이 생기거
나 붉게 변하고 아이가 아파한다면 병원에 가야 한다.

뜨거운 물에 데었다

덴 부위가 넓지 않고 피부가 빨개지고 따끔거리는 정도라면 찬
물로 충분히 식히고 화상 연고를 바른 후 집에서 상태를 지켜
봐도 좋다. 하지만 많은 부위를 데었거나 손바닥이나 손가락을
데었거나 덴 부위가 빨갛게 부풀어 오르고 물집이 잡힌다면 일
단 찬물로 식힌 후 응급실에 간다. 화상으로 생긴 물집은 절대
터뜨리지 않는다. 옷을 입은 채 데었을 때는 무리해서 옷을 벗
기지 않고 옷을 입은 채로 찬물로 충분히 식힌 후 병원에 가서

마저 치료를 받도록 한다.

이물질을 삼켰다

아기가 잘 놀다가 갑자기 눈을 희번덕거리거나 숨쉬기 곤란한 모습을 할 때는 이물질을 삼킨 것이 아닌지 의심해야 한다. 주변을 살펴 무엇을 먹었는지 확인하고, 이물질이 입안에 남아 있다면 즉시 뱉어내게 한다. 건전지나 자석을 삼켰을 때는 심각한 부작용을 일으킬 수 있으므로 빨리 응급실로 가야 한다.

눈에 이물질이 들어갔다

눈에 먼지가 들어갔다면 작은 먼지라도 각막을 상하게 할 수 있기 때문에 눈을 문지르지 않는다. 눈을 감고 있으면 눈물과 함께 저절로 빠진다. 식염수나 깨끗한 물로 눈을 씻겨도 좋다. 눈에 약품이 들어갔을 때는 잘못하면 실명할 수 있으므로 서둘러서 응급처치를 해야 한다. 일단 눈꺼풀을 벌리고 흐르는 물에 적어도 5분간 씻어낸 다음 가까운 안과나 응급실로 간다.

감전되었다

아기가 전기 코드를 입에 물거나 콘센트에 손가락이나 젓가락을 넣어 감전 사고가 발생하는 경우가 있다. 이때는 119 구조대에 전화를 먼저 하고, 아기의 몸을 담요 등으로 덮어 편안하게 눕힌다. 창백하거나 쇼크 증상이 있다면 머리를 몸보다 낮게 하고 다리를 높인다. 아기의 맥박이 뛰지 않으면 즉시 심폐소생술을 실시한다. 감전 사고 시에는 의식이 돌아오더라도 반드시 응급실에 가야 한다.

이가 부러지거나 빠졌다

아이들은 넘어지면서 얼굴이 부딪혀 이가 빠지거나 금이 가는 일이 종종 발생한다. 앞니가 부러지는 경우도 있다. 보통 치아가 깨지면서 입안에도 상처가 생겨 피가 난다. 입안에서 피가 난다면 당황하지 말고 일단 식염수나 소금물로 입안을 헹군다. 치아 손상 정도와 입안의 상처 부위 및 크기를 확인하고, 식염수에 적신 거즈를 입에 물려 지혈한다. 치아 조각을 찾아 흐르는 물에 가볍게 헹군 다음, 식염수나 우유에 넣어 치과에 가져간다.

못이나 뾰족한 것에 찔렸다

상처를 세게 눌러 피를 빼내고 출혈이 심할 경우 소독한 거즈로 상처 부위를 눌러 지혈한다. 녹슨 못에 찔렸다면 파상풍에 걸릴 수 있으므로 응급처치 후 바로 병원에 가야 한다. 나무 가시에 찔렸다면 집에서 핀셋으로 가시를 빼도 괜찮다. 유리가 박혔을 때는 무리하게 파편을 빼내려 하지 말고 거즈와 붕대를 댄 뒤 곧장 병원에 간다. 파편을 빼다가 유리 끝이 부러져 피부 속에 남을 수도 있기 때문이다. 출혈이 심할 때는 상처 부위를 심장보다 높게 한다.

애완동물에게 물렸다

개나 고양이 등 애완동물에 물린 경우 즉시 비누를 이용해 흐르는 물에 상처를 씻고, 병원에 가서 치료를 받는다. 상처를 깨끗이 소독하고 항생제를 복용하며 상처가 아물 때까지 상처 부위를 깨끗하게 유지한다. 동물에 물린 경우에는 주인이 있는 동물이라면 광견병 백신을 접종했는지 확인해야 한다. 만약 광견병 바이러스에 감염되었을 가능성이 있다면, 광견병에 대한 면역글로불린과 예방백신을 접종하는 치료를 해야 한다.

벌에 쏘였다

벌에 쏘였다고 큰 문제가 되는 것은 아니지만 알레르기 반응을 일으켜 위험하게 되는 경우도 있으므로 바로 병원으로 가서 치료받는다. 벌에 쏘이면 독주머니가 든 벌침이 남아 있는 경우가 많다. 벌에 쏘인 곳은 잘 닦아주고 벌침이 남아 있으면 침을 빼내야 한다. 이때 손으로 잘못 건드리면 독주머니를 건드려 벌의 독을 퍼뜨릴 수도 있으므로 핀셋으로 조심스럽게 제거해야 한다.

높은 데서 떨어졌다

추락 사고는 만 4세 이하 아이의 사망 원인 중 3위를 차지할 정도로 흔하다. 아이들이 침대나 식탁 등에 기어 올라가거나 뛰어놀다가 바닥으로 떨어지는 경우가 많다. 추락 사고 이후 잠이 많아지는 경우, 잠에서 깨어났을 때 아이가 눈을 제대로 맞추지 못하는 경우, 아이의 행동이 평소와 다른 경우, 기운 없이 축 처져 있거나 구토를 하는 경우, 귀나 코에서 피가 나오는 경우엔 최대한 빨리 응급실로 간다.

42 땀띠와 기저귀 발진

땀띠와 기저귀 발진은 피부가 약한 아기들에게 가장 흔하게 발생하는 피부 트러블.
평소 피부를 청결히 관리하고 기저귀와 옷을 자주 갈아입히는 등 일상생활에서 예방하는 것이 최선의 치료다.

땀띠

왜 생길까?

더운 여름에는 아기들이 땀을 많이 흘린다. 땀구멍 또는 땀샘관이 막혀 땀이 제대로 나오지 못하면 이마와 목 주위 등 땀이 많이 나는 부위에 땀띠가 생긴다. 가렵다고 손톱으로 긁으면 박테리아균이 침투하면서 곪아 노랗게 된다. 염증이 생겨 빨갛게 변하면 소아청년과에 한번 가보는 것이 좋다.

땀띠 예방법

땀 나는 부위를 시원하게 해준다
이마와 목 부분, 팔다리의 피부가 접히는 부위에 땀띠가 잘 생기므로 땀이 나면 바로 닦아주고 시원하게 해준다. 에어컨을 세게 틀기보다는 부채질로 땀을 말려주는 것이 좋다.

미지근한 물수건으로 닦아준다
더워서 땀을 많이 흘린다고 해서 목욕을 자주 시키면 오히려 피부가 건조해질 수 있다. 하루에 한 번 미지근한 물로 샤워하고, 땀을 흘릴 때마다 미지근한 물수건으로 가볍게 닦아준 다음 물기가 없게 잘 말린다.

옷을 헐렁하게 입힌다
땀을 흡수할 수 있는 면 소재의 옷을 약간 헐렁하게 입히는 것이 땀띠에 좋다. 아예 벗겨두면 시원할 것 같지만 땀을 흡수하지 못해 피부가 더욱 끈적거리게 된다.

땀띠 치료법

파우더는 바르지 않는다
파우더를 바르면 피부를 보송보송하게 만들어 땀띠가 덜 날 것 같지만, 파우더 입자가 땀구멍을 막아 땀띠가 더욱 쉽게 생긴다. 특히 땀띠가 난 부위에 파우더를 바르면 증상을 더 악화시킬 수 있다.

민간요법을 함부로 쓰지 않는다
땀띠로 가려움증을 호소할 때 민간요법에 의존하는 경우가 의외로 많다. 녹두가루, 오이즙, 우엉즙 등 열을 식혀 가려움증을 덜어주는 여러 가지 민간요법이 있으나, 아기의 체질과 상태에 따라 역효과가 날 수도 있으므로 반드시 전문의에게 상의한 후 시행해야 한다.

땀띠가 심할 경우엔 연고를 처방받아 바른다
땀띠가 몸 전체에 돋아난 경우, 빨갛게 심해진 경우에는 연고를 처방받아 빨리 가라앉혀주는 것이 좋다. 가려움증이 심하면 아기가 긁게 되고 2차 세균 감염이 일어나기 쉽기 때문이다. 반드시 병원 진료를 받아 땀띠 치료용 연고를 바른다. 연고는 얇게 펴 바르고 통풍이 잘 되게 한다.

유아용 비누로 씻겨준다
피부 노폐물이나 먼지가 땀구멍을 막으면 염증을 일으키고 가려움증도 심해진다. 목욕을 시킬 때 유아용 비누를 사용해 피부 노폐물을 깨끗이 씻긴다. 보습력이 강한 비누를 사용해야 피부가 건조해지는 것을 예방할 수 있다.

기저귀 발진

왜 생길까?

젖은 기저귀를 제때 갈아주지 않아서 생기는 접촉성 피부염의 일종. 기저귀를 채웠던 부위가 빨갛게 변하고 심하면 피부가 벗겨지면서 짓무르기도 한다. 설사를 하거나 특정 음식을 먹었을 때, 천 기저귀가 제대로 세탁되지 않아 비누나 세제가 남아있을 경우에도 기저귀 발진이 생긴다. 초기에는 피부가 붉어지다가 심해지면 점차 붓고 맑은 진물이 나며 가렵고 따갑다. 피와 고름이 나기도 한다. 발진이 생긴 피부에는 칸디다라는 곰팡이균이 자라기 쉬운데, 칸디다균에 감염되면 발진의 상태는 더욱 악화된다.

기저귀 발진 예방법

하루 1~2시간 기저귀를 벗겨둔다

날씨가 더운 여름철에는 균들이 쉽게 자라기 때문에 기저귀 발진이 생기기 쉽다. 대소변을 보고 난 후 엉덩이를 깨끗이 씻기고 공기 중에 잘 말린 다음 1~2시간 정도 기저귀를 벗겨두면 좋다. 순면 소재의 얇은 패드 위에 아기를 놓게 하고 엉덩이 밑에 천 기저귀를 깔아둔다.

기저귀를 자주 갈아준다

천 기저귀는 한 번 싸면 무조건 갈아주고, 일회용 기저귀도 젖은 기저귀를 오래 차고 있으면 기저귀 발진이 생기기 쉬우므로 자주 갈아준다. 밤중에는 젖은 기저귀를 바로 갈아주기 어려우므로 천 기저귀보다는 흡수력이 뛰어난 일회용 기저귀를 사용한다.

기저귀 교체 시 물로 가볍게 닦는다

기저귀를 갈아줄 때 물티슈로만 닦지 말고 물로 가볍게 닦아주는 것이 좋다. 엉덩이에 남아 있는 암모니아나 균들을 깨끗이 씻어 기저귀 발진을 예방하는 것. 타월로 톡톡 두드리듯 닦고 남은 물기는 공기 중에 말려 피부를 항상 보송보송하게 유지한다.

기저귀를 꽉 조이게 채우지 않는다

기저귀를 찬 부위에 공기가 잘 통하도록 해주어야 한다. 소변이 샐까 봐 기저귀 커버로 꼭꼭 싸두면 엉덩이 피부가 숨을 쉴 수 없게 된다. 일회용 기저귀도 꽉 조이지 않게 채워서 엉덩이가 숨 쉴 수 있게 한다.

천 기저귀 세탁에 주의한다

사용한 천 기저귀를 물에 오래 담가두지 않도록 한다. 세탁 전에 기저귀를 물에 담가두면 세균이나 곰팡이가 더 잘 자랄 수 있다. 대변을 본 기저귀의 경우 장시간 담가두지 말고 잠시 담갔다가 삶아 빨고 햇볕에 말려 소독한다. 천 기저귀에 비눗기가 남아 있으면 피부염을 일으킬 수 있으므로 충분히 헹궈야 한다.

기저귀 발진 치료법

기저귀를 벗겨놓는다

기저귀 발진이 생기면 기저귀를 채우지 않는 것이 가장 좋다. 증상이 심하지 않다면 평소대로 채워두면서 치료를 해도 되지만, 엉덩이 짓무름이 심한 경우에는 하루에 1~2시간씩 두세 번 벗겨두는 것이 좋다.

대변을 본 후에는 물로 엉덩이를 씻는다

이미 기저귀 발진이 생겼다면 대소변을 본 후 물로 엉덩이를 씻는다. 발진으로 인해 피부가 예민해져 있기 때문에 물티슈를 사용하면 따갑고 가렵거나 상태를 더욱 악화시킬 수 있다.

가벼운 증상에는 기저귀 발진 크림을 바른다

기저귀 발진이 그리 심하지 않다면 엉덩이를 씻기고 물기를 깨끗이 제거한 후 기저귀 발진 크림을 바른다. 그 위에 파우더를 덧바르지 않는다. 크림과 파우더가 범벅이 되면 피부가 숨을 쉴 수 없어 기저귀 발진이 더 심해진다.

집에 있는 연고를 임의로 바르지 않는다

엉덩이 피부가 벗겨지고 짓물렀을 때, 아기가 아파하고 힘들어 할 때는 소아청소년과에서 치료를 하는 것이 좋다. 가정에서 흔히 사용하는 기저귀 발진 크림은 예방에는 도움이 되지만 치료에는 큰 효과가 없기 때문에 병원에서 기저귀 발진 연고를 처방받아 사용해야 한다. 집에 있는 연고를 임의로 바르는 것은 절대 금물. 기저귀 발진이라 하더라도 곰팡이로 인한 발진에는 약을 다르게 써야 한다.

교육의 시작

영유아 시기에는 놀면서 성장한다.

놀이가 곧 교육이고, 놀이를 통해 세상을 배워나간다.

아기와 제대로 대화하고 놀아주는 법에 대한 모든 것.

43 월령별 오감 발달 놀이

아기는 보고, 듣고, 만지는 등 다양한 놀이를 통해 세상과 소통하고 두뇌도 발달한다.
아기의 발달 단계를 이해하면, 해당 시기에 가장 적절한 놀이가 무엇인지 알 수 있다.
아기의 오감을 키워주는 월령별 놀이 방법을 알아보자.

집중력을 높인다

놀이는 아기의 집중력을 높이는 최고의 방법이다. 사람이 최고의 집중력을 발휘할 때 10Hz의 뇌파가 나타나는데, 아기가 놀이에 집중할 때 바로 이 주파수의 뇌파가 나온다고 한다. 재미있는 놀이를 아기가 지속적으로 경험하면 아기의 집중력이 자연스럽게 높아진다. 아기가 자라 학령기가 되면, 집중력의 차이가 바로 학습 능력의 차이로 이어진다.

신체 조절 능력을 키운다

유아기의 놀이는 신체 발달에도 중요한 역할을 한다. 부모와의 다양한 신체 놀이는 자신감을 키워주고, 평형 능력, 신체 조절 능력, 유연성, 근력 등 운동 능력을 길러준다. 움직이는 것 자체로 에너지가 활성화되기 때문에 스트레스도 해소할 수 있다.

창의력과 상상력을 키운다

유아기에는 두뇌가 폭발적으로 발달한다. 이 시기에는 일방적으로 무언가를 가르치는 학습보다 스스로 느끼고 만지고 경험하는 놀이가 뇌에 자극을 준다. 놀이를 통해 만나는 새로운 사물과의 관계 속에서 아기는 창의력과 상상력을 발달시킨다.

놀이의 효과

사고력과 판단력을 기른다

아기는 장난감을 작동하고 색연필을 쥐고 그림을 그리면서 눈과 손의 협응력을 기른다. 소근육 발달은 두뇌 발달과도 밀접한 관계가 있다. 놀이를 통해 다양한 것을 만져보고 조작하면서 아기의 사고력과 판단력, 문제 해결 능력도 키워진다.

놀이의 원칙

정확한 순서보다 아기와의 조화가 중요하다

놀이의 순서는 각자의 상황에 따라 변할 수 있다. 엄마가 생각한 대로 아기가 따라주지 않는다고 해서 엄마의 틀에 아기를 가두려 하지 말고 융통성을 발휘해 아기가 즐거운 방향으로 놀아준다. 놀이의 목적은 정확한 순서를 지켜 특정 결과를 만들어내는 것이 아니라 아기의 성장이라는 것을 잊지 말자.

몸으로 부대끼는 놀이가 더 행복하다

장난감이나 교구를 활용해 아기와 놀아주는 것도 좋지만, 아기는 온몸으로 에너지를 발산하고 부대끼며 놀 때 더 행복해한다. 활발한 신체 놀이는 엄마보다 아빠가 놀아주면 더 효과적이다. 아빠들은 엄마와 달리 행여 다칠까, 옷이 더러워질까 등의 사소한 걱정들은 접어두고 아기와 신나게 놀아주기 때문이다.

오감 교육을 위한 놀이를 준비한다

아기 스스로 창조하고 의미를 부여할 수 있는 블록이나 찰흙, 모래 놀이가 좋다. 찰흙이나 모래 대신 밀가루나 두부 등 식재료도 아기의 오감을 자극하기에 충분하다. 재료는 접하는 것만으로도 오감을 자극하는 신나는 장난감이 된다. 따라서 값비싼 장난감을 굳이 사줄 필요는 없다. 스카프, 기저귀, 빈 우유병 등 자주 사용하는 생활용품도 오감 자극 놀잇감이다. 아기들은 자주 사용하는 물건에 관심이 많다. 엄마의 스카프를 만지게 해보거나 빈 병에 콩을 담아 흔들어주어도 좋다.

매번 장난감이나 교구를 강요하지 않는다

"오늘은 이 장난감을 가지고 놀까?" 등 엄마들은 계획을 세워 아기와 놀아주고 싶어 한다. 진정한 오감 발달을 위해서는 아기 스스로 깨우치고, 생각과 느낌이 살아 있는 교육이 되도록 하는 데 중점을 두어야 한다. 아기에게 정보를 주려는 목적으로 여러 장난감이나 교구를 강요하지 않는다.

내 아기의 성향을 파악한다

바깥에서 신나게 뛰어다니고 싶은 아기에게 집에서 블록을 맞추라고 한다면 그 놀이 시간은 아기에게 너무 힘든 시간이 될 것이다. 반대로 매사 조심스럽고 겁이 많은 아기인데 격렬하고 아슬아슬 스릴 넘치는 놀이만을 제안한다면 아기는 더욱 위축될 수 있다. 아기와 어떻게 놀아줄 것인지 고민하기 전에 내 아기의 성향부터 먼저 파악하자. 아기가 좋아하는 놀이, 하고 싶어 하는 놀이를 함께 해주는 것이 우선이다.

월령에 맞는 오감 발달 놀이

생후 0~12개월

청각, 시각이 발달하는 시기이므로 모빌과 딸랑이 등 소리 나는 것, 색깔 있는 것 등에 관심을 보인다. 생후 3개월만 지나도 호기심이 왕성해져 끊임없이 주위를 두리번거리며 눈에 띄는 것을 손으로 만지거나 입에 넣어 스스로 확인한다. 반복되는 단순한 놀이를 좋아하고 오감을 자극하는 장난감에 열광하는 시기다.

생후 13~24개월

붙잡고 일어나기가 가능해지고, 차차 혼자서 걷거나 달리면서 자신이 흥미 있어 하는 것을 스스로 찾아간다. 돌 이전까지 몸이나 감각으로 자극에 반응해왔다면, 이 시기부터는 머리로 생각해서 행동한다. 공놀이, 끌고 밀 수 있는 장난감 등을 이용한 신체 놀이를 좋아하고 자기 의지대로 다양한 모양을 만들 수 있는 블록을 좋아한다.

생후 25~36개월

사회성이 발달하는 시기. 또래와 어울려 노는 재미를 알아가면서 함께 할 수 있는 놀이를 찾아간다. 이 시기 아기들은 병원 놀이, 주방 놀이 등의 역할 놀이 장난감, 아빠와의 신체 놀이를 특히 좋아한다.

만 3세 이후

손동작이 한층 섬세해지고 지각 능력이 발달하면서 종이접기나 자석 블록 등에 흥미를 보이기 시작한다. 이 시기부터는 성별에 따라 놀이와 장난감에 대한 기호가 구별되기 시작해 남자 아이는 공룡 모형이나 총 장난감을 좋아하고, 여자 아이는 인형이나 소꿉놀이 장난감을 좋아한다.

44 장난감 & 교구 선택하기

아기는 스스로 사물을 다루고 조작하는 능력을 통해 시각, 촉각 등의 감각기관을 발달시키고
인지적 발달을 이룬다. 이런 아기의 발달을 돕는 장난감은 그 종류도 다양하다.
아기의 발달 과정을 효과적으로 돕는 좋은 장난감을 선택하는 기준은 무엇일까?

좋은 장난감과 좋은 교구의 조건

아기들은 발달 단계에 따라 자연스럽게 놀이를 하고 세상을 배워나간다. 아기가 성장하면서 달라지는 발달 포인트에 따라 장난감도 달라져야 한다. 0~3개월에는 오감을 자극하는 장난감, 돌 전후로는 대근육 발달을 돕는 장난감, 24개월 전후로는 사회성 발달을 돕는 장난감이 좋은 장난감이다.
아기들은 유연한 두뇌를 갖고 있으므로 한 가지 방식대로 또는 정형화된 틀 안에서 사고하도록 하는 장난감보다는 스스로 사고하고 다양한 방법으로 놀이를 확장할 수 있는 장난감이 좋다. 자연에서 찾을 수 있는 나뭇가지, 꽃, 흙, 풀 등 자연물을 활용한 장난감이 대표적인 예. 자연 속 장난감은 색깔, 모양, 냄새, 질감 등이 각각 다르고 정형화되어 있지 않아 하나의 재료로도 수많은 놀이 방법을 찾을 수 있다.
창의력은 타고나기보다 길러지는 것이다. 상상력을 발휘해 창의적 놀이를 할 수 있는 장난감이 좋다. 아기들도 장난감을 통해 창의적인 놀이에 몰입하게 된다. 상상력을 표현할 수 있는 그림 도구나 창의력과 집중력을 동시에 높일 수 있는 블록 등이 좋다.

장난감 구입 시 체크 포인트

아기의 연령에 맞는 장난감을 고른다

장난감을 고를 때는 우선 사용 연령대를 확인한다. '완구의 자율안전확인 안전기준'에 따르면 생후 36개월 이하 어린이용 완구에는 작은 부품을 포함할 수 없다. 또한 긴 털이 있는 장난감은 생후 10개월 미만 아기에게는 금지 품목. 비비탄 총 같은 장난감은 14세 미만의 어린이는 사용할 수 없다. 대부분의 장난감에 권장 연령대가 표시되어 있으므로 아기의 발달 수준에 적합한 장난감인지 따져보고 구입한다.

꼼꼼 check! 연령별 알맞은 장난감
- 생후 0~12개월 딸랑이, 모빌, 오뚝이, 아기 체육관, 헝겊으로 된 공이나 블록 등
- 생후 13~24개월 실내 그네, 붕붕카, 블록, 도형 놀이, 구슬 꿰기
- 생후 25~36개월 주방 놀이, 아기 인형, 모래 놀이 세트, 미끄럼틀 등

오감을 자극하는 장난감을 고른다

촉감과 색감, 소리 등 아기의 오감을 자극하는 요소가 있는 장
난감이 좋다. 아기들은 소리 나는 장난감이나 빨간색, 노란색
등 알록달록한 색깔을 좋아한다. 영유아 시기에는 한쪽 영역에
치우치지 않도록 촉각, 청각, 시각, 운동감각 등 영역별로 1~2
가지의 장난감을 구비하면 좋다. 딸랑이나 헝겊 인형, 큰 블록
등 소재와 모양, 색깔이 다양한 장난감을 선택한다.

안전한 장난감을 고른다

만 2세 이전의 유아는 무엇이든 입으로 가져간다. 따라서 이
시기에는 크기가 작은 장난감, 납이 들어간 장난감, 작은 블록
등도 피한다. 특히 자석은 장협착과 장천공 등을 일으켜 심하
면 사망할 수도 있으므로 아기 손이 닿지 않는 곳에 보관한다.
모서리가 날카로운 플라스틱류나 깨지기 쉬운 도자기 인형 등
은 아기에게 위험하다. 아기가 물고 빨거나 오랜 시간 사용해
도 안전한 친환경 소재의 제품을 구입한다.

꼼꼼 check! 장난감 쇼핑의 원칙
- 장난감을 이른 시기에 미리 사지 않는다.
- 떼쓰기에 약한 모습을 보이지 않는다.
- 집에 있는 것과 중복되는 것은 피한다.
- 한 번에 하나씩만 구입한다.

- 사려고 하는 장난감이 아기가 원하는 것인지 부모가 원하는 것인지 생각해
  본다.
- 교육 효과를 염두에 두고 장기간 활용할 수 있는 것을 고른다.
- 위의 원칙들을 육아에 참여하는 어른들 모두 공유한다.

장난감 구입 전 알아두면 좋은 안전 인증 마크

아기 장난감이나 학용품을 구입할 때는 반드
시 원료를 확인한다. 특히 유럽 인증 마크(CE)
가 없는 수입 제품이나 국립 기관의 검사 인
증 마크가 없는 완구는 구입해서는 안 된다.
장난감의 원료에 대한 성분표시는 산업통상
자원부에서 제공하는 세이프티코리아(www.
safetykorea.kr) 사이트에서 확인할 수 있다.

 KC (Korea Certification)

13개의 법정 인증 마크를 통합한 단일 인증 마
크. 안전성 검사를 거쳐 그 기준에 적합한 제
품에 부여하는 KPS 마크를 2011년까지 사용

하고, 이후 KC 마크로 통합해 사용하고 있다.

CE (Conformity to European)

우리나라의 KC 마크처럼 유럽공동체 전체의
통합 인증 마크로 제품의 안전과 건강, 소비자
보호와 관련한 유럽 규격 등을 모두 만족한다
는 의미다.

 ECO-CERT

세계 50여 개 나라에서 인정하는 유기농 제품
인증 국제기구다. 제품 생산부터 마지막 공정

까지 철저하게 검사해 통과해야만 에코서트
유기농 인증을 받을 수 있다.

ASTM (American Society for Testing Materials)

미국재료시험학회에서 인증하는 제도로 민간
인증 기관이지만 국제적으로 공신력을 인정
받아 전 세계에서 생산하는 제품에 대해 인증
마크를 부여한다.

45 첫 그림책 & 동화책 고르기

그림책은 아기의 상상력을 자극하고 정서를 풍부하게 해준다.
신생아 때부터 36개월까지 월령별로 아기에게 필요한 그림책은 무엇인지,
단계별 그림책 선택 방법과 독서법도 알아보자.

월령별 알맞은 그림책

0~3개월

신생아 시기부터 그림책을 보여주면 감각 발달에 도움이 된다. 갓난아기라도 그림책을 통해 시각을 자극하고 부모의 목소리를 들려주면 청각 훈련 효과까지 얻을 수 있다. 신생아는 아직 시각 발달이 완전하지 않아 초점을 또렷하게 맞추지 못하고, 사물을 흑백으로 인지하므로 흑백 초점 그림책을 보여주는 것이 좋다. 초점 그림책은 아기의 시각 발달을 돕는다. 생후 3개월이 지나면 몇 가지 원색을 볼 수 있으니 컬러 초점 그림책을 보여준다. 아기의 시각과 청각 등 감각 발달이 중요한 시기이므로, 굵은 선과 원색으로 그려진 그림책이나 소리나는 그림책으로 기억력을 자극한다.

• 추천 그림책 : 흑백 초점 그림책, 원색으로 그려진 그림책, 소리 나는 그림책

4~6개월

생후 4~6개월은 책을 감각적으로 느끼는 시기로, 눈과 손의 협응력이 발달해 무엇이든 잡으려고 한다. 장난감처럼 손으로 만지면서 입으로 물고 빨 수 있는 그림책이 좋다. 책을 물고 빨고 던지고 두드리며 책과 친숙해지는 과정에서, 촉각과 시각 발달이 이루어진다. 아기가 책을 빨고 물거나 책장을 만져도 안전하도록 모서리가 둥글게 처리된 책과 감각 발달에 자극을 주는 헝겊 책 등이 좋다.

• 추천 그림책 : 초점 그림책, 헝겊 그림책

7~12개월

자기 이름을 기억하고, 잼잼, 도리도리 등 간단한 놀이도 따라 한다. 눈 앞에 있는 물건이 없어져도 어딘가에 있을 것이라고 생각하고 찾는 대상 연속성의 개념이 발달하는 시기로 까꿍 놀이 그림책을 보여준다. 언어 발달이 중요한 시기이므로 의성어와 의태어를 적절하게 살린 그림책도 좋다. 운율감 있고 재미

있는 표현이 나오는 동요나 동시를 담은 그림책을 읽어주고, 아기의 옹알이에 적극적으로 응답해준다.

• **추천 그림책** : 동요나 동시를 수록한 그림책, 까꿍 놀이 그림책

13~24개월

생후 12~24개월은 언어를 관장하는 뇌 영역이 급격하게 발달하는 시기. 운율이 있는 짧은 문장이 반복되는 그림책을 선택한다. 그림책을 선택하기 전, 아기가 알아보기 쉽도록 선명한 그림으로 되어 있는지, 내용이 복잡하지는 않은지, 어려운 단어를 사용하고 있지는 않은지 살펴본다. 생활에서 밀접하게 접할 수 있는 이야기가 담긴 그림책이 좋다. 배변 훈련을 시작하는 시기이므로 배변과 관련된 책을 읽어주는 것도 좋다. 또한 생후 12개월이 되면 자연의 색을 제대로 볼 수 있을 정도로 시각이 발달한다. 따라서 사물을 생생하고 세밀하게 그린 그림책도 필요하다. 세밀하고 전문화된 그림은 간접 경험을 하거나 이미 경험한 것을 확인하게 하는 효과가 있다.

• **추천 그림책** : 창작 동화, 세밀화 그림책, 생활 그림책

25~36개월

24개월 이후부터는 밥 먹고 인사하고 목욕하는 등 아기의 일상생활을 묘사한 책, 아기 주변의 이야기를 담은 생활 그림책이 적당하다. 책의 내용을 이해하는 시기로 다양한 책에 대한 관심과 호기심이 생긴다. 줄거리를 이해하여 등장인물의 감정을 파악할 수 있기 때문에 짧은 이야기로 구성된 창작 동화, 자연 동화 등 다양한 종류의 그림책을 접하게 해준다. 책장을 들추면 그림이 튀어나오는 그림책인 팝업 북은 아기가 책을 직접 만지고 들춰보면서 그림책 읽기에 능동적으로 참여할 수 있다는 장점이 있다.

• **추천 그림책** : 생활 습관 그림책, 말놀이 그림책, 팝업 북

그림책 보여주는 방법

하루 15분씩 매일 읽어준다

아기가 좋아하고 원한다면 매일 그림책을 읽어준다. 부모가 읽어주는 그림책을 듣는 것만큼 두뇌를 자극시키고 발달시키는 일은 없다. 그림책을 읽을 때는 아기가 편안한 상태에서 읽어주어야 이야기에 몰입할 수 있다. 또한 너무 오랜 시간 읽어주면 아기의 집중력이 떨어질 수 있으므로, 하루 15분 정도가 적당하다.

잠자리에서 읽어준다

아기에게 독서 습관을 들이는 가장 좋은 방법 중 하나가 바로 잠자리에서 책을 읽어주는 것이다. 아기가 좋아하는 책 중에서 밝고 아름다운 이야기나, 잠자리에 드는 내용을 고른다. 지나치게 길거나 어려운 내용은 아기가 이해하기 어렵고 잠드는 데 방해가 될 수 있다.

글이 아니라 그림을 읽어준다

글자를 모르는 아기들은 그림을 보면서 엄마가 읽어주는 내용을 듣고, 그림을 보면서 무엇이든 상상한다. 책에 씌어 있는 내용 그대로 읽어주기보다, 그림책 속 등장인물들이 아기에게 말을 거는 등 아기의 상상력을 자극할 수 있는 다양한 방식으로 읽어준다. 전체적인 그림은 물론 그림책 구석구석에 그려진 작은 그림이나 구름, 산 등 배경에 대한 이야기를 해주는 것도 좋다.

아기가 그림책 읽기를 주도하게 한다

돌이 지나면서 책에 대한 선호도가 생기기 시작한다. 아기 스스로 좋아하는 책을 고르게 하고, 그 책을 읽어주는 과정에서 아기들은 자신이 그림책 읽기에 적극적으로 참여하고 있다고 느낀다. 이 시기에 여러 종류의 책을 접할 수 있도록 기회를 제공해준다.

아기가 원하는 만큼 반복해서 읽어준다

우뇌 발달 측면에서 보면 반복해서 읽는 것이야말로 최고의 방법이다. 아기는 자신이 잘 알고 있는 이야기를 매우 좋아하며 익숙한 이야기를 통해 심리적인 안정감을 얻는다. 특별한 긴장감 없이 편안한 상태에서 들을 수 있기 때문.

46 아기를 성장시키는 대화법

어릴 때부터 자신의 감정을 인정받은 아기는 다른 사람과 공감하고 소통하는 행복한 아기로 성장할 수 있다.
아기의 감정을 공감하고 격려하고 이해해주는 대화를 하려면 어떻게 해야 할까?

옹알이가 대화의 시작이다

말을 하지 못하는 아기가 소리를 내는 것을 옹알이라 한다. 아기가 옹알이를 시작하면 엄마는 상황에 맞춰 적극적으로 반응을 보여주는 것이 좋다. 엄마가 적극적으로 반응해주면 아기의 옹알이도 늘어난다. 이는 언어 발달에 큰 영향을 미친다.

아기의 말을 정확한 어휘로 반복해준다

돌이 지나면서 빠른 아기는 단어 2개를 연결해 말하기 시작한다. “엄마 까까” 식으로 간단한 단어를 연결하는데, 이렇게 말할 때 “엄마한테 과자를 달라고 하는구나”라는 식으로 정확한 어휘로 반복해주면 아기의 언어 능력을 키우고 표현을 발달시키는 데 도움이 된다.

아기의 끝없는 질문을 귀찮아하지 않는다

두 돌 전후로 아기의 어휘 능력이 급속히 향상되면 아기는 “왜”라는 질문을 끊임없이 한다. 한창 호기심이 왕성한 시기이다 보니 자연스레 질문이 늘어날 수밖에 없다. 엉뚱한 질문이거나 대답하기 어려운 질문이라 하더라도 제대로 대답해줘야 아기의 언어 능력이 발달한다. 모르는 것을 물어볼 때는 “엄마도 잘 모르니까 우리 함께 찾아보자”라고 대답해준다.

지시하거나 명령하지 않는다

규범을 강조하는 부모는 아기가 어긋난 행동을 할 때 참지 못하는 경향이 있다. 아기에게 “장난감 그만 정리해라”라고 명령하기보다 “장난감 정리해볼까?”, “아빠와 함께 장난감 정리하자!” 식의 청유형으로 말하자.

아기의 감정을 인정하고 공감해준다

감정을 읽어주는 대화법은 아기가 정서적 안정감을 느끼고 부모와 좋은 관계를 갖는 데 꼭 필요하다. 아기의 마음이 편안하고 즐거울 때는 “뿌듯하구나”, “즐겁구나”, “신나는구나”라고 이야기해주고, 아기 마음이 불편할 땐 “지금 속상하구나”, “마음대로 안 되어서 답답하구나”라고 이야기해주자.

아기의 말문이 터지길 기다린다

아기들이 자신의 욕구나 느낌 등을 말로 표현하는 것은 쉽지 않은 일이다. 어른들도 간혹 다급한 상황이거나 뭔가 특별한 경험을 했을 때 흔히 ‘뭐라 표현할 말이 없다’고 하는데, 바로 그런 답답한 심정을 아기들은 거의 매일 경험한다. 아기들에게 모든 것은 새로운 경험인 반면 어휘력이 짧기 때문에 할 말을 찾기 어려운 것이다. 그러므로 “빨리 말해 봐”라고 다그치지 말고 부모가 인내심을 갖고 아기의 말문이 터지기를 기다려야 한다.

47 터울 육아법

한 부모 밑에서 태어난 아기들이라 해도 서열에 따라 양육법이 달라진다.
아기들 모두가 부족하지 않게 부모의 사랑을 느끼게 하려면 어떻게 해야 할까?
터울에 따라 달라지는 양육의 포인트를 짚어본다.

형제

싸우더라도 아이들 스스로 해결하게 한다

형과 동생은 치열하게 싸우기는 하지만 그 과정을 통해 스스로 서열을 정해간다. 아이들 사이에 갈등이 생길 때마다 엄마가 참견하고 해결하려 하지 말자. 하지만 몸으로 싸울 때는 엄마가 나서서 우선 말려야 한다. 잘못된 행동을 할 때는 형과 동생을 동시에 야단친다. 형제 사이일 경우 형에게만 일방적으로 양보를 강요하는 것은 금물.

자매

언니와 동생에게 똑같이 물건을 사준다

자매는 질투가 심하고 경쟁 관계가 되기 쉬우므로 아이들을 서로 비교하지 않는다. 서로의 장점을 각각 칭찬하는 것이 좋다. 언니 물건을 대부분 물려받는 여동생의 경우 새것이 좋다는 것을 알고 난 뒤에는 싸우는 일이 잦아진다. 아이들이 원한다면 똑같은 것을 함께 사주는 것이 좋다. 동생에게 "언니와 똑같은 거 살래? 아니면 다른 거 살래?"라고 아이의 의견을 물어보는 것도 좋은 방법이다.

누나와 남동생

누나에게 폭력을 휘두를 경우 따끔하게 혼낸다

남동생이 누나를 괴롭히는 것은 누나가 있는 가정에서 흔히 벌어지는 일이다. 누나는 자기가 윗사람이라고 지지 않으려고 하고, 동생은 힘이 센 남자라 누나에게 매번 이기려고 한다. 이럴 때 누나에게 양보와 이해를 요구하기보다는 남동생에게 직접 주의를 주는 것이 좋다.

오빠와 여동생

동생 돌보기에 오빠를 적극 참여시킨다

오빠는 어린 동생과 놀기보다는 자신이 관심 있는 것에만 열중하거나 또래 친구들과 어울리는 것을 더 좋아한다. 동생 돌보는 일에 함께 참여할 수 있는 기회를 많이 만들어주자.

아기 교육에 관한 엄마들의 시시콜콜 궁금증 Q&A

Q 두 돌 된 아기가 스마트폰을 너무 좋아해요. 어떻게 해야 하죠?

최근 스마트폰이 대중화되면서 아기들이 어릴 때부터 자연스럽게 스마트폰, 태블릿 PC 등 전자기기에 노출되고 있습니다. 하지만 어릴 때 전자기기에 자주 노출되면 시력 감퇴나 집중력 감퇴 등 좋지 않은 영향을 받습니다. 사회성 발달도 저해될 수 있습니다. 집 안에서나 아기와 함께 있을 때 부모부터 스마트폰을 멀리하는 것이 중요합니다. 아기와 상호작용을 할 때는 아기에게만 집중하는 태도가 필요합니다. 전자기기에 대한 노출을 최소화하고, 집 밖 놀이터나 공원에서 뛰어놀 수 있게 해줍니다.

Q 본격적인 훈육은 언제부터 시작해야 할까요?

순하던 아기가 갑자기 떼를 쓰는 시기가 되면 훈육을 시작해야 한다는 신호. 보통 18~24개월 정도부터 본격적인 훈육을 하게 됩니다. 이 시기 아기들이 하고 싶은 일을 못하게 할 때 심하게 떼를 쓰고 울어대기 때문입니다. 바닥에 드러눕거나 발버둥을 치며 울기도 합니다. 떼쓰는 강도가 날이 갈수록 심해지면 아기도 부모도 힘들기 마련입니다. 사실 두 돌을 전후해 아기들이 고집을 부리고 반항하는 시기가 오는 것은 자연스러운 발달 과정입니다. 돌 직후에 시작해 18개월 무렵 심해지고, 두 돌 무렵에는 정점을 찍습니다. 이런 시기는 아기마다 차이가 있지만, 대개 1년 정도 지속됩니다. 아기가 떼를 쓸 때 '어려서 괜찮아'라고 무심히 받아들이기보다는, 이때부터 올바른 습관과 태도를 심어주기 위해 단호한 태도를 취하는 것이 좋습니다. 아기가 잘못할 경우에는 아무리 울고불고 떼를 써도 확실하게 안 된다는 것을 알려주는 것이 중요합니다. 해도 되는 행동과 하지 말아야 할 행동을 설명하고 왜 안 되는지 이유를 설명해주세요. 또한 엄마는 아기가 '이런 행동을 하면 엄마한테 혼난다'라는 기준을 세울 수 있도록 일관적인 훈육을 합니다.

Q 한글 교육, 언제 시작할까요?

아이마다 한글을 떼는 시기가 다릅니다. 아이마다 인지 발달 속도가 다르고, 문자에 대한 반응 정도가 다르기 때문입니다. 하지만 48개월은 지나고 가르치는 것이 좋다는 의견이 지배적입니다. 그림책의 표지만 보고도 제목을 알아맞히거나, 책을 좋아해서 끊임없이 읽어달라고 하는 등 아기가 문자에 반응하는 신호를 잘 살펴보고 자연스럽게 글자에 노출시켜주는 것이 좋습니다.

Q 악기마다 시작할 수 있는 연령이 다른가요?

바이올린은 만 3세부터 시작할 수 있으며, 피아노는 그보다 좀 더 늦은 만 5세부터 시작하게 됩니다. 악기 연주 연령의 구분은 아기의 손가락 힘에 따른 것으로, 피아노를 치기 위해서는 손가락으로 치는 힘이 어느 정도 발달해야 되기 때문입니다. 반면 플루트나 클라리넷 같은 관악기의 시작 연령은 초등학교 고학년 이상으로 높아집니다. 이는 아기의 폐활량과 관련된 악기로, 제대로 된 소리를 내기 위해서는 아기의 폐 기능이 완성될 때까지 기다려야 합니다.

아빠 임신 출산 육아

축하합니다!
곧 아빠가 되시죠?
'아빠'라는 단어가
낯설기만 한 당신을 위해
준비한 가이드북입니다.

Step 1

임신 시기별 예비 아빠 수칙

앞으로 열 달 동안 아내는 엄청난 변화를 겪게 된다.

임신 시기별 아내의 몸과 태아의 변화, 생활 속 주의 사항 등은

무엇인지 살펴보고 각 시기별로 남편이 도와줄 수 있는 부분들을 알아본다. 남편의 따뜻한 배려와

다정한 한마디로 아내의 임신 40주는 충분히 행복할 수 있다.

임신을 계획하고 있나요

부모가 된다는 것은 인생의 가장 큰 사건이며 변화다. 이 사건을 위해
부부가 함께 미리 의논하고 계획한다면 큰 문제없이 헤쳐나갈 수 있을 것이다.
우선 건강한 아기를 위해서 임신 3개월 전부터 엄마 아빠의 몸만들기를 시작하자.

아빠의 첫 번째 임무! 건강한 정자 만들기

금연과 금주는 건강한 아기를 위한 기본

고환에서 만들어진 원시 정모세포가 성숙한 정자로 발달하기까지는 70~80일이 소요된다. 따라서 임신 3개월 전부터 금주와 금연을 실시해야 태아에게 영향을 미치지 않는다. 흡연은 정자의 DNA를 파괴하며 과도한 음주는 정자의 질과 양을 낮추고 발기 기능 장애를 유발한다. 담배와 술을 끊고 평소 물을 많이 마시는 것이 좋다.

하체 운동을 꾸준히 한다

임신을 계획한 3개월 전부터 운동을 꾸준히 하면 정자의 운동성과 남성호르몬인 테스토스테론의 민감도가 증가되어 정자를 더욱 튼튼하게 만들 수 있다. 등산, 조깅, 수영 등 전립선을 강화하는 하체 운동을 하면 더욱 효과적이다. 오랜 시간 앉아서 근무하는 경우에는 매 시간마다 간단한 하체 운동을 해주는 것이 좋다. 단, 과도한 운동은 신체적 스트레스를 주고 오히려 생식력을 감소시킨다.

남편도 임신 2~3개월 전부터 엽산제와 종합영양제를 복용한다

엽산은 태아의 뇌와 신경관 형성, 세포와 혈액 생성에 중요한 작용을 한다. 임신 2~3개월 전부터 부부가 함께 엽산제를 복용할 것을 권한다. 비타민 C는 정자의 기형을 줄이고 운동성을 향상시킨다. 비타민 C를 매일 1,000mg씩 복용한 남성에게서 건강한 정자의 수와 정자의 생존력이 커졌다는 연구 결과가 있다. 아연, 셀레늄은 남성호르몬인 테스토스테론 수치를 올린다. 칼슘, 비타민 D 섭취를 늘리면 전체적인 가임 능력이 향상된다.

건강한 식습관을 갖는다

패스트푸드나 지나치게 맵고 짠 음식을 줄이고 무기질, 항산화 성분이 풍부한 녹황색 채소를 섭취한다. 무엇보다 균형 잡힌 식사를 규칙적으로 하는 것이 중요하다. 커피, 콜라, 피로 회복제 등에 포함된 카페인은 정자의 운동성을 감소시키므로 먹는 양을 줄인다.

성공적인 임신을 위한 준비

- 계획한 임신 2~3개월 전부터 부부 모두 엽산을 복용한다.
- 운동으로 건강한 정자를 만든다.
- 금주와 금연을 실천하고 건강한 식습관을 갖는다.
- 스트레스를 줄여 정서적인 안정을 취한다.

고환의 온도를 낮춘다

고환의 온도가 올라가면 정자 형성에 좋지 않은 영향을 미친다. 뜨거운 물에 몸을 담그거나 장시간 사우나를 하는 것은 좋지 않다. 꽉 끼는 바지를 피하고 사각팬티를 입는 것이 좋다. 토마토, 수박, 당근 등 남성의 성 기능을 향상시키는 리코펜이 풍부하게 함유되어 있는 붉은색 과일과 채소를 많이 먹는 것도 건강한 정자를 만드는 데 도움이 된다.

화학약품과 살충제에 장기간 노출되는 것을 피한다

많은 화학약품들이 정자의 생산을 감소시키고 이상 정자를 생산하는 것으로 알려져 있다. 살충제, 강력 접착제, 농약, 페인트, 광택제, 유기용매 등도 주의해야 할 화학약품이다. 직업상 피할 수 없다면 장시간 노출되는 것을 피하고 집에 돌아와 꼭 샤워를 하도록 한다.

아빠가 준비하는 계획 임신

많은 대화를 나누고 의논한다

부부가 결혼 초부터 아기에 관한 다양한 생각을 나누는 것이 좋다. 아무런 의논 없이 아기가 생기면 서로 준비되지 않은 상태에서 변화에 적응하지 못해 트러블이 생길 수 있다. 또한 아기는 몇 명을 낳을 것인지, 터울은 어떻게 할 것인지, 누가 키울 것인지에 대해서도 함께 계획하는 것이 바람직하다.

아내의 배란일을 체크한다

임신을 계획했다면 배란 스케줄에 따라 아빠도 노력해야 한다. 배란일 전후로 2~3일 동안 격일로 부부관계를 갖는다. 임신이 되지 않는다고 해서 초조해하거나 스트레스를 받지 않도록 서로 여유로운 마음을 갖는다.

병원의 도움을 받는 것을 창피하게 생각지 않는다

부부가 병원에서 각자의 몸 상태를 체크하고 의료진의 상담이나 도움을 받아 임신을 계획하는 것을 창피하게 생각하지 않는다. 건강한 임신과 출산을 위해서는 일찍부터 병원의 상담을 받는 것이 오히려 유익하다. 부부가 건강에 별문제가 없는데도 1년 이상 자연임신이 되지 않는다면 병원을 찾아 그 원인을 찾는 노력이 필요하다.

경제적인 계획을 세운다

임신 이후에는 병원 진료비뿐만 아니라 출산 비용, 육아 비용까지 지속적으로 비용이 들기 때문에 경제적인 계획을 세울 필요가 있다. 생활비의 어느 부분을 줄여 육아 비용을 확보할지, 교육을 위한 저축은 어떻게 해나갈지 미리 계획을 세운다면 안정적인 환경에서 아기를 출산하고 마음 편하게 육아에 전념할 수 있을 것이다.

건강한 정자 만드는 생활 수칙

- 술, 담배, 스트레스 등 임신에 방해되는 요소를 멀리한다.
- 규칙적으로 운동을 한다. 하지만 운동을 지나치게 격렬하게 하는 것은 오히려 정자의 수를 감소시킨다. 주 5회 이하로 하고, 한 번에 60분이 넘지 않도록 한다.
- 임신 계획이 있는 만 35세 이상의 남성은 항산화제가 포함된 건강기능식품을 복용하면 도움이 된다. 항산화제가 정자 운동성이 감퇴하는 것을 늦춰준다.
- 건강한 식습관과 적절한 운동을 통해 체중을 관리한다.
- 뜨거운 사우나와 온탕에 오래 있는 것을 자제하고, 꽉 끼는 속옷은 고환의 온도를 높이므로 통풍이 잘되는 사각팬티를 입는다.

축하합니다! 임신 6주입니다

아내가 임신을 했다고 말하는 순간, 큰 시험의 한 고비를 넘겼다는 안도감이 들 수도 있고, 그간 꽤 많은 노력을 기울인 터라 기쁨의 눈물을 흘리는 사람도 있을 것이다. 그런가 하면 덜컥 겁부터 나는 사람도 있을 것이다. 그럼에도 변치 않는 사실은 당신이 곧 한 아기의 아빠가 된다는 것이다.

아빠가 되기 위한 준비

임신 · 출산 · 육아백과를 통해 기본 지식을 익힌다

아내와 마찬가지로 남편도 임신과 출산에 대한 공부를 해야 한다. 임신 · 출산 · 육아백과를 보면 앞으로 아내가 어떤 변화의 과정을 겪게 되는지, 열 달 동안 태아가 엄마 뱃속에서 어떻게 커가는지 알 수 있다. 이런 기본 지식을 갖고 소중한 아기를 맞이할 준비를 한다면 아빠로서의 자신감도 생기고, 임신과 출산 그리고 육아의 순간들을 더욱 즐겁고 행복하게 보낼 수 있을 것이다.

아내와 함께 부를 태명을 정한다

뱃속의 아기를 위해 태명을 정하고 매일 불러주는 것부터가 태교다. 임신 20주가 되면 태아는 엄마의 목소리를 감지하고 임신 7개월 이후부터는 뱃속으로 전달되는 엄마, 아빠의 목소리를 기억할 수 있다. 단순히 "아가야~"라고 부르는 것보다 구체적인 이름을 불러주는 것이 좋다. 아기의 존재감과 아기에 대한 사랑이 더욱 커진다.

아내의 변화된 모습에 당황하지 않는다

임신으로 인해 아내의 겉모습이 나날이 바뀌고, 감정 기복도 심해져 예민한 모습을 자주 보인다. 변한 외모를 지적해서 아내를 자극하는 일이 없도록 하자. 오히려 뱃속에 아기를 가진 지금의 모습이 얼마나 아름다운지 강조한다.

임신 중 부부가 의논할 사항

기형아 검사, 꼭 받아야 하나?

임신 초기부터 중기까지 다양한 방법으로 기형아 검사가 이뤄진다. 간혹 적지 않은 비용을 들여가며 꼭 기형아 검사를 받아야 하는지에 대해 이의를 제기하는 경우가 있다. 부부가 같은 생각이라면 문제없겠지만, 부부의 의견이 다를 경우 마찰이 생길 수밖에 없다.

만약 태아에게 문제가 있는 경우 검사를 통해 미리 알게 되면 산전 관리나 산후 대비를 하기 좋기 때문에 전문가들은 검사를 받을 것을 권한다. 기형아 검사 문제로 부부간의 갈등이 깊어진다면 전문의와 상담을 하는 것이 가장 바람직하다.

자연분만과 제왕절개, 선택의 문제?

자연분만이 산모나 태아에게 가장 이상적인 분만법이지만 산모의 몸 상태가 자연분만을 할 수 없는 경우가 생길 수 있다. 또한 자연분만의 과정이 두렵다거나 몸매가 망가진다는 이유로 처음부터 제왕절개를 원하는 경우도 있다. 이런 다양한 경우의 수를 생각해 부부간에 충분한 상의가 필요하다. 서로의 주장을 받아들일 수 없는 상황이라면 주변에 도움을 청해보자. 양가의 어머니, 출산 경험이 있는 친구, 담당 의사 등 다양한 조언을 통해 서로의 의견을 조율하자.

육아와 직장, 두 마리 토끼를 다 잡을 수 있을까?

아내가 출산 후 육아에 전념할 것인가, 계속 직장을 다닐 것인가는 아기가 태어나기 전 상의해야 하는 가장 민감한 문제다. 아내가 직장을 그만두고 아기를 직접 키워줬으면 하는 바람을 갖고 있다면 조심스럽게 아내와 의논해보자. 처음부터 직장을 그만두라고 강요하거나 아기는 엄마가 키워야 한다고 자신의 주장부터 내놓지 말자. 아내가 어떤 생각을 갖고 있는지, 육아와 일을 병행하길 원한다면 누구에게 어떻게 아기를 맡기려고 하는지 등에 대해 먼저 들어보자. 남편이 바라는 것을 얘기하는 것은 그 후에도 늦지 않다. 휴직이 가능하다면 어떤 시기에 얼마나 휴직할 것인지도 상의한다.

산부인과 선택에 필요한 병원별 장단점

병원	장점	단점
종합병원 대학병원	●인큐베이터, 산소호흡기 등 응급 시설이 충분하고, 돌발 상황에 대한 대처가 빠르다. ●고위험 임신부도 안전하게 출산할 수 있다. ●지병이 있는 경우 치료를 병행할 수 있다. ●다인실을 사용할 경우 입원비가 저렴하다.	●예약을 하고 가도 대기 시간이 길다. ●진료비, 분만비가 비싸다. ●담당 의사가 분만하지 못할 수 있다. ●담당 의사가 초음파 검사를 직접 하지 않는다.
여성전문 병원	●산부인과, 소아과가 특화되어 전문적인 진료가 가능하다. ●진통, 분만, 입원까지 원스톱으로 진행된다. ●출산 후에도 산모나 신생아 관리가 철저한 편이다. ●입원실이 아늑하다. ●예비엄마교실 등 임신부를 위한 프로그램이 준비되어 있다. ●산후조리원까지 연계된 경우가 많다.	●산부인과 질병을 제외한 특이한 합병증이나 지병이 있는 경우라면 치료받기 어렵다. ●의외로 인큐베이터 등 응급 시설이 미흡한 경우가 많으므로 미리 확인이 필요하다. ●인기 많은 의사의 경우 대기 시간이 길고, 간혹 다른 의사에게 진료를 받아야 하는 경우도 있다.
개인병원	●대기 시간이 짧다. ●출산 비용이 저렴하다. ●의사와 간호사 등 의료진과 긴밀한 관계를 유지할 수 있다.	●시설 면에서 전문병원보다 부족한 부분이 많다. ●분만 중 생기는 돌발 상황에 신속하게 대처하기 어렵다. ●소아과 전문의가 상주하는 경우가 드물다.

병원은 함께 가자

아무리 바쁘더라도 산부인과 검진에 함께 갈 수 있다면 그 기회를 놓치지 말자. 곁에 있는 것만으로도 아내에게는 큰 힘이 된다. 또한 임신 기간 내내 병원에서 하는 초음파 검사도 빠뜨리지 말자. 많은 남편들이 아기의 심장 박동 소리를 듣고 초음파상으로 아기를 만난 순간들이 소중하고 아름다운 감동으로 마음속에 남아 있다고 입을 모은다.

처음에는 하나의 점이었는데 팔다리가 생기고 점점 얼굴의 윤곽이 잡히면서 태아가 하루가 다르게 성장해가는 모습을 보면서, 아기에 대한 사랑이 커지고 곧 한 아기의 아빠가 된다는 것도 실감하게 될 것이다. 또한 평소 이해하기 힘들었던 아내의 변화에 대해서도 자세히 알 수 있는 기회다. 임신 시기별로 주의해야 하는 사항들을 귀담아 듣고 건강한 임신과 출산을 위해 함께 대비하자.

태교로 시작하는 아빠 육아

엄마와 태아를 이어주는 탯줄처럼 아빠도 태아와 태교를 통해 연결될 수 있다.
태교는 아빠의 사랑을 듬뿍 전달하는 통로 역할을 한다.
열 달 동안 생활 속에서 실천하는 태교 노하우를 소개한다.

아빠의 태교가 중요한 이유

뱃속의 아기는 부모의 사랑이 담긴 따뜻한 말 한 마디 한 마디를 먹으며 자란다. 실제로 태아와의 정서적 교감은 태아의 지능과 정서 발달에 큰 영향을 미친다. 특히 아빠의 목소리로 이루어지는 태교는 더욱 큰 효과가 있음이 수많은 연구 결과를 통해 보고된 바 있다. 태아는 고음보다 저음을 좋아하므로 아빠의 목소리에 더 잘 반응하는 것이다. 또한 태아에게 그대로 전달되는 엄마의 정서는 아빠에 의해 좌우되는 경우가 많다. 아빠가 엄마를 안아주면 그 사랑과 행복감이 그대로 아기에게 전달된다. 그러므로 아빠는 아내가 항상 정신적 정서적으로 안정될 수 있도록 배려해주고, 아내 배에 손을 얹어 아기에게도 수시로 사랑을 표현해주자.

아빠의 태교 어떻게 할까?

매일 아침저녁 아기에게 말을 건넨다

태아와 대화를 나누는 태담은 가장 기본적인 태교다. 태아는 오감 중 청각이 가장 먼저 발달하는데, 엄마 아빠의 목소리가 태아의 뇌를 자극해 지능 발달에 도움을 준다. 또한 엄마 아빠와의 적극적인 교류는 정서 발달과 사회성 발달에 좋은 영향을 미친다. 태담으로 반드시 특별한 이야기를 해줘야 하는 것은 아니다. 생활 속에서 수시로 태아에게 말을 걸면 된다. 단 효과를 높이기 위해 태명을 정해 부르고, 엄마 배를 부드럽게 쓰다듬으면서 말하면 좋다. 목소리는 밝은 또박또박하게, 긍정적이고 따뜻한 단어를 선택해 말한다. 대화는 때와 장소에 구애 없이 수시로 나눌 수 있으니 실천하기 쉽다. 아침에 일어나 창문을 열고 "오늘은 날씨가 좋구나. 햇빛이 눈부셔" 하고 태아에게 이야기를 건네본다. 아빠가 보고 느끼는 대로 이야기하면 된다. 퇴근한 후에는 "오늘 아빠는 회사에서 많이 바빴단다. 회의가 많았거든. 그래도 중간중간 너와 엄마 생각을 했단다", 잠들기 전에는 "이제 아빠 엄마는 잘 거야. 우리 아기도 좋은 꿈꾸고 잘 자렴" 하고 말을 건네면 된다. 처음에는 낯간지러

시기별 태교 노하우

- **1개월** 태교 계획을 세운다. 임신부와 태아의 건강을 위해 술, 담배 등은 피한다.
- **2개월** 초기에는 유산의 위험이 높으므로 매사에 조심하는 것이 좋다. 태아의 뇌 발달이 활발히 이루어지는 시기로 태담 태교나 음악 태교 등 정적인 태교를 시작하기 좋다.
- **3개월** 아직은 태반이 불안정한 상태로 무리해서는 안 된다. 아내가 먹고 싶어 하는 음식을 챙겨주며 심신의 안정을 돕는다.

울 수도 있지만 하루 이틀 노력하다 보면 어느 순간 너무나 자연스럽게 아기에게 말을 걸고 있는 자신을 발견할 수 있을 것이다.

정해진 시간에 차분한 톤으로 동화를 읽어준다

정해진 시간에 책을 읽어주는 것은 아기의 생활 리듬을 규칙적으로 만들어주는 데 도움이 된다. 또한 동화를 읽어주는 아빠의 목소리는 태아의 뇌 발달을 비롯해 정서, 사회성 발달에 좋으며, 다르게 표현되는 목소리가 태아에게 신선한 자극을 줄 수 있다. 무엇보다 태아는 동화를 읽어주는 아빠의 목소리를 기억하고 목소리를 통해 전달되는 아빠의 사랑을 느낀다. 책을 읽어주는 목소리는 밝고 희망차면서도 차분한 톤이 좋다. 지나치게 흥분하거나 감정적이면 태아도 흥분되어 심장박동이 빨라지고 스트레스 호르몬 분비량이 늘어날 수 있다. 적절한 제스처와 음률이 들어가는 내용으로 꾸며서 이야기해주면 더 좋다. 마치 태아가 보고 있는 것처럼 동작도 크게 하고, 억양도 높낮이를 달리하자.

아기가 움직일 때 배를 쓸어주며 대화한다

뱃속에서 아기가 움직일 때 아내의 배 위에 손을 가만히 올리고 부드럽게 쓸어주며 대화하자. 태아는 아빠의 부드러운 손길을 느끼며 아빠가 건네는 이야기를 들을 것이다. 간혹 손바닥으로 천천히 쓸어주는 방향으로 태아도 몸을 웅크리거나 꿈틀거리는 것을 경험할 수 있다. 배를 쓸어주면 아내도 마음이 안정되니 일석이조.

아내를 행복하게 해주는 것이 최고의 태교

엄마가 행복해야 뱃속 태아도 행복하다. 따라서 태아뿐만 아니라 아내와도 서로 감정을 교류하고 대화를 나누며 태담을 해야 한다. 가끔은 집을 벗어나 가까운 곳을 산책하며 태담을 시도해보자. 아내가 신선한 공기를 마시며 심신의 안정을 찾게 해주는 것이 태아에게도 행복감을 느끼게 하는 최고의 태교임을 기억하자.

아내의 음식을 챙겨 영양 섭취를 돕는다

엄마 뱃속에 있는 열 달 동안 태아는 빠르게 성장하는데, 엄마가 먹는 모든 음식이 태아에게 고스란히 전달된다. 특히 뇌세포가 급격히 발달하는 태아기에 필요한 영양을 골고루 섭취하면 지능 발달에 도움이 된다. 건강하고 똑똑한 아기를 낳기 위해 아빠는 아내가 먹는 음식을 세심히 챙길 필요가 있다.

임신 초기에는 입덧이 심한 시기인 만큼 소화가 잘되고 입맛 당기는 음식을 챙긴다. 또 태아의 뇌세포가 급속히 발달하니 단백질과 칼슘 섭취에 신경 쓴다. 임신 중기에는 입덧이 사라지고 식욕이 생긴다. 단백질, 칼슘, 철분 등 다양한 영양을 골고루 챙겨주되 급격하게 체중이 늘지 않게 주의한다. 임신 후기에는 태아의 두뇌 형성이 마무리되는 시기로, 단백질과 함께 비타민 섭취에 신경 쓴다. 더불어 임신중독증 등 합병증 예방을 위해 고단백, 저열량식으로 먹게 하고 염분과 기름기를 적게 해서 담백하게 먹을 수 있도록 신경 쓴다. 인스턴트나 패스트푸드는 가급적 먹지 않도록 조언한다.

- **4개월** 입덧이 사라지고 태반이 안정되면서 임신 초기보다 활동하기 편하다. 퇴근 후나 주말에는 아내와 함께 가벼운 산책을 한다.
- **5개월** 태동이 느껴지기 시작한다. 태아의 청각이 크게 발달해 큰 소리에 반응하기도 한다. 퇴근 후 아빠의 목소리를 규칙적으로 들려준다.
- **6개월** 아내를 위해 태교 여행을 계획해 임신 중 특별한 추억을 선물해 보자.
- **7개월** 태아의 뇌 조직이 크게 발달하는 시기로, 오감을 자극해 두뇌 발달에 도움을 주는 것이 좋다. 아기의 미각이 발달하니 아내의 식단에도 신경 쓴다.
- **8개월** 태아는 완전히 눈을 뜨게 되고, 명암을 구별하게 된다. 태아에게 스트레스를 주지 않도록 늦게 일어나고 밤늦게 자는 것을 삼가고 규칙적으로 생활한다.
- **9개월** 태아의 머리가 엄마 골반을 향하며 세상에 나올 준비를 한다. 아내의 건강한 출산을 위해 가벼운 산책과 출산 요가를 함께 한다.
- **10개월** 출산이 임박한 시기. 특별한 태교를 하기에는 몸이 많이 무거우니 자제하고, 호흡법을 함께 연습하는 등 태아를 만날 마음의 준비를 한다.

임신 초기 1~3개월

임신의 기쁨이 크지만 초기에는 유산의 위험이 높으므로 매사에 조심하는 것이 좋다.
입덧과 몸살 등 아내의 몸에 변화가 생기기 시작하므로 세심하게 챙겨주자. 곧 태어날 아기에 관한
희망적인 이야기나 임신에 대한 고마움을 전하며 아내의 기분이 가라앉지 않게 노력한다.

임신 초기 아빠의 역할

불안감을 없애도록 도와준다

임신 초기 아내는 정서적, 신체적으로 많은 변화를 겪으며 스트레스를 받는다. 특히 출산에 대한 두려움과 아기가 생긴 후 바뀔 생활에 대해 막연한 불안감을 갖게 된다. 또한 호르몬의 변화로 신경이 예민해지고 사소한 일에 화를 내기도 한다. 남편은 먼저 아내의 변화를 이해하고 곧 태어날 아기에 대해 아내와 많은 대화를 나눈다. 아기가 태어나면 함께하고 싶은 일에 대해 이야기하거나 함께 아기용품들을 쇼핑하는 등 아내의 불안한 감정이 해소될 수 있도록 신경 쓴다.

뱃속 아기에게 사랑을 표현한다

아직 배도 많이 나오지 않고 태동도 없어 실감이 나지 않겠지만, 뱃속 아기에게 관심을 기울이고 사랑을 표현한다. 아내의 배 위에 가볍게 손을 올리고 뱃속 아기에게 말을 걸어보자. 조금씩 아빠가 된다는 것이 실감날 것이다.

입덧하는 아내에게 음식을 챙겨준다

입덧이 심해지는 아내에게 먹고 싶은 음식을 챙겨준다. 고단백 음식도 좋지만, 변비 예방과 비타민 보충을 위해 다양한 채소와 과일은 필수. 특정 음식만 많이 먹기보다 질 좋은 음식을 먹을 수 있도록 옆에서 신경 쓰고 챙기자.

아내와 함께 정기검진을 받는다

가능하다면 아내의 정기검진에 동행한다. 임신 시기별로 태아와 아내의 변화를 체크할 수 있고 주의 사항을 들을 수 있다. 무엇보다 남편이 함께하는 것만으로도 아내는 큰 안정감을 느낄 수 있다.

태아의 성장

- 1개월이 되면 신경관이 생기고 심장, 혈관, 내장, 근육 등의 조직이 만들어지기 시작한다.
- 2개월부터는 머리와 몸통이 구분되고 태아의 모습을 갖추기 시작한다. 태반과 탯줄이 발달해 태아에게 영양과 산소가 공급된다. 뇌와 신경세포의 80% 정도가 만들어진다. 심장이 뛰는 소리를 들을 수 있다.
- 3개월에는 얼굴 윤곽이 뚜렷해지고 입술, 턱, 뺨의 근육이 발달한다. 뇌, 폐, 심장 등 주요 기관이 완전히 형성된다.

집안일을 적극적으로 돕는다

유산의 위험이 높은 시기이므로 일상생활에서도 주의를 기울여야 한다. 매일 하던 일이라도 몸을 많이 움직여야 하거나 무거운 것을 들거나 높은 곳에 올라가야 하는 등 위험한 일은 남편이 도와야 한다. 걸레질, 화장실 청소, 장바구니 들기, 이불 털기, 베란다 청소 등도 남편이 도와줘야 할 일이다.

입덧에 대처하는 남편의 자세

끼니를 거르지 않도록 챙긴다

입덧은 공복에 더 심해질 수 있다. 아침에는 간단한 크래커, 빵 정도라도 먹을 수 있도록 챙겨준다. 짭짤한 크래커는 전해질의 균형을 맞춰주기 때문에 입덧에 도움이 된다. 음식 냄새가 싫어서 못 먹는 경우에는 냄새가 덜 나도록 음식을 차게 해주는 것이 좋다. 구토 증세가 심한 경우에는 탈수증상을 촉진하는 매운 음식을 피한다.

먹고 싶은 음식 이야기를 흘려듣지 않는다

먹기만 하면 소화가 잘 안 되고, 메스꺼움과 구토를 호소하다가도 먹고 싶은 음식을 먹었을 때는 멀쩡한 모습을 보이는 아내. 상식적으로 이해가 안 될 수도 있겠지만 이게 바로 입덧이다. 아내가 먹고 싶은 음식을 이야기하면 흘려듣지 말고, 일단 구해주려는 노력을 하자. "다음에 사줄게"라는 말은 아무 소용없다.

하루에 30분 가까운 곳을 산책한다

기운이 없다고 해서 너무 누워만 있거나 움직이지 않는 것은 기분을 우울하게 만들고, 입덧을 더 심하게 만드는 원인이 될 수 있다. 하루에 몇 분씩이라도 집 주변을 산책하면 기분 전환에 도움이 된다. 풀과 나무가 있는 곳에서 바깥 공기를 쐬는 것이 가장 좋다. 집 안에서도 가벼운 체조 등으로 몸을 움직이는 것이 입덧을 줄이는 데 도움을 준다.

아내의 손과 발을 마사지해준다

입덧 중에는 숙면을 취하기 힘든 경우가 많다. 아내가 편안하게 잠들 수 있도록 매일 밤 아내의 손과 발을 마사지해주자. 잠자기 30분 전부터 아내의 팔다리를 주무르고 척추 부분을 마사지해주면 혈액순환이 활발해지면서 잠이 잘 온다. 손과 발바닥 전체도 손가락 끝으로 골고루 꾹꾹 눌러준다.

집 안 구석구석 냄새를 차단한다

입덧은 대부분 냉장고 안에서 나는 냄새에서 시작된다. 냉장고 안에서 냄새가 나지 않도록 깨끗이 청소하고, 향이 강한 음식물은 밀폐용기에 넣어둔다. 아내가 유난히 참기 힘들어하는 음식이 있다면 당분간 차단한다. 자주 집 안 공기를 환기시키고 은은한 향초를 켜두면 좋다.

항상 몸을 깨끗이 씻고 청결히 한다

후각이 예민해져 있는 아내에게는 남편의 체취, 땀 냄새나 화장품 냄새까지도 역겹게 느껴질 수 있다. 특히 술을 마시고 밖에서 묻혀 오는 음식 냄새, 담배 냄새는 일반인이 맡아도 참기 힘들다. 아내가 냄새에 힘들어하기 전에 스스로 몸을 깨끗이 씻고 청결히 하도록 노력한다.

아내의 임신우울증 대처하기

아내의 기분을 인정하고 긍정적인 대화를 나눈다

임신우울증의 원인은 호르몬 분비의 변화, 환경적인 요소, 갑작스런 신체적 변화에 따른 스트레스 등 다양한 원인이 있지만 임신·출산·육아에 대한 막연한 불안감과 압박감이 우울증으로 이어지는 경우가 많다. 먼저 아내의 변화를 감지하고 기분을 이해해주는 것이 필요하다. "남들 다 하는 임신인데 당신은 왜 그렇게 유별나?"라는 식의 언행은 아내에게 지울 수 없는 상처를 안겨준다. 특히 임신 사실을 알고 처음에는 기뻐하던 남편과 가족들이 시간이 지날수록 점점 관심을 덜 가지면 마치 혼자 외딴섬에 버려진 것 같은 외로움을 느끼게 된다. 아내와 함께하는 시간을 늘리고 곧 태어날 아기에 대해 행복한 이야기를 나누는 등 미래에 대한 긍정적인 대화를 많이 나누는 것이 가장 좋은 예방책이다.

취미 생활을 갖도록 도와준다

몸에 무리를 주지 않는 선에서 취미 생활을 하는 것도 임신 생활을 즐겁게 하는 방법 중 하나다. 남편이 취미 생활에 함께해준다면 금상첨화. 아내와 함께 서툴지만 정성을 담아 아기용품을 만들어도 좋고, 좋아하는 공연이나 스포츠 경기를 보러 다녀도 좋다.

아내를 위해 작은 선물을 준비한다

아내의 기분 전환을 위해 마음이 따뜻해지는 선물을 해보자. 사랑이 가득 담긴 편지와 한 권의 시집이라든가 커플 반지, 튼살 방지용 크림 등도 좋다. 곧 태어날 아기 방을 함께 꾸며보거나 아내를 위해 깜짝 파티를 준비하는 것도 좋은 방법이다. 평소 충분한 대화와 스킨십도 자주 해서 변함없는 사랑을 보여주는 것이 중요하다.

생각보다 빈번한 임신 초기 유산

첫 7~9주를 조심하라

임신 초기 유산이 가장 많이 일어나는 시기는 7~9주 사이. 본인이 알지 못하는 사이에 유산이 되는 경우도 있다. 자연유산의 80% 이상이 임신 12주 이내에 발생하는데, 그중 약 50%가 태아의 염색체 이상이 원인이다. 태아에게 염색체 이상이 있으면 임신 3개월

이내에 자연스럽게 유산되는 경우가 많다.

아내의 상실감을 위로하라

초기 유산이 흔하다고 해서 남편이 너무 대수롭지 않게 여기거나 관심을 기울이지 않는 것은 아내에게 큰 상처가 될 수 있다. 유산으로 인해 힘들어하는 아내가 현실을 받아들이고 다시 건강한 아기를 기대할 수 있도록 도와주는 노력이 필요하다. 아내 곁에서 상실감을 공감하고 다독여 긍정적인 마음을 갖도록 도와주자.

유산도 산후조리가 필요하다

임신 초기 유산은 몸조리가 필요 없다고 생각하기 쉬운데, 출산과 마찬가지로 산후조리가 필요하다. 유산 후 가장 중요한 것은 안정과 휴식. 몸을 따뜻하게 해주고 무리한 일은 삼가며, 미역국을 먹는 것이 혈액순환을 돕고 몸을 추스르는 데 도움이 된다. 고단백 식품을 중심으로 칼슘, 비타민, 무기질 성분이 풍부한 음식을 충분히 먹는 것이 좋다. 부부관계는 적어도 15일 이후에 갖고 유산 후 임신 계획은 3개월 이후로 잡는다.

유산의 징후

출혈

출혈은 유산을 알리는 대표적인 징후. 사람에 따라 정도는 차이가 있으나, 대개 적은 양으로 시작해 점차 많아진다. 출혈량이 많을수록, 색이 선홍색일수록, 출혈 시간이 길수록 위험하다. 단 출혈이 있다고 해서 무조건 유산의 징후는 아니다. 임신 후 생리 예정일에 피가 비치는 것은 착상혈로 걱정하지 않아도 된다. 임신 초기 출혈이 있다면 기초 체온을 확인한다. 임신을 하면 기초 체온이 평소보다 올라가고, 유산되면 기초 체온이 떨어진다.

복통

복통은 유산이 어느 정도 진행된 상태에서 나타나고, 통증이 심할수록 유산 가능성이 커지기 때문에 주의한다. 통증 부위는 임신 개월 수에 따라 차이가 있는데, 임신 초기에는 아랫배 가운데가 아프고, 개월 수가 늘수록 자궁이 커져 통증 부위가 넓어진다. 또 허리 통증과 골반 압박감이 함께 나타기도 하고, 태아가 이미 사망한 후에는 이물질을 배출하기 위해 자궁 수축이 시작돼 산통과 유사한 통증을 느끼기도 한다.

양막 파수

태아, 탯줄, 양수를 보호하는 양막이 터져 양수가 자궁 밖으로 새어나오는 증상을 말한다. 조기파수는 유산의 확실한 징후로, 파수가 나타나면 진통이 이어진다. 간혹 파수가 되었어도 진통이 없고 양수가 새는 것도 멈춰 임신이 유지되는 경우도 있다. 그러나 대개 임신 초기에 파수가 생기면 유산을 막기 힘들다.

유산 후 몸조리 방법

- 유산 후 몸조리는 산후조리와 동일하게 한다.
- 우울증으로 발전하지 않도록 감정을 잘 추스른다.
- 샤워는 상관없으나 탕 목욕은 출혈이 완전히 멎은 후 한다.
- 회복될 때까지 격한 운동이나 장거리 여행은 피한다.
- 음식은 고단백 저열량으로 먹고, 철분이 함유된 음식을 챙겨 먹는다.
- 부부관계는 적어도 15일 이후에 가진다.
- 임신 계획은 유산 후 최소 3개월 이후로 잡는다.

임신 중기 4~7개월

아내의 입덧이 점차 줄어들고 안정기에 접어든다. 아내의 몸이 더 무거워지기 전에 하고 싶었던 일이나
미뤄뒀던 일이 있으면 이 시기에 하는 것이 좋다. 무리하지 않는 범위 내에서 둘만의 여행을 떠나보는 것도 좋고,
조심스러웠던 부부관계도 즐길 수 있다.

태아의 성장

- 4개월부터는 생식기가 발달해 성별 구별이 가능해진다.
- 5개월부터는 청각이 발달해 엄마 아빠 목소리를 들을 수 있다. 태아의 움직임이 활발해지고, 엄마도 태동을 느낄 수 있다.
- 6개월쯤에는 태아의 골격이 완전히 자리 잡힌다. 바깥에서 들리는 소리에 더욱 민감하게 반응한다.
- 7개월쯤에는 시신경이 발달해 배에 빛을 비추면 태아가 머리 방향을 바꾸기도 한다. 눈꺼풀이 생겨 눈을 뜨기 시작한다.

남편이 해주는 튼살 예방 마사지

튼살이란?

임신부의 가장 큰 고민 중 하나는 튼살. 임신 5개월부터 배가 급격히 커지기 시작하는
6~7개월경 주로 생긴다. 한번 생긴 튼살의 흔적은 없어지지 않으므로 예방이 중요하다.
임신 중기에 접어들면서 튼살 예방 마사지를 해야 한다. 튼살은 배, 가슴, 엉덩이, 허벅지
등 피부가 약하고 여린 부위에 잘 생기며, 무릎, 사타구니, 겨드랑이처럼 살이 접히는 부
위에도 생기기 쉽다.

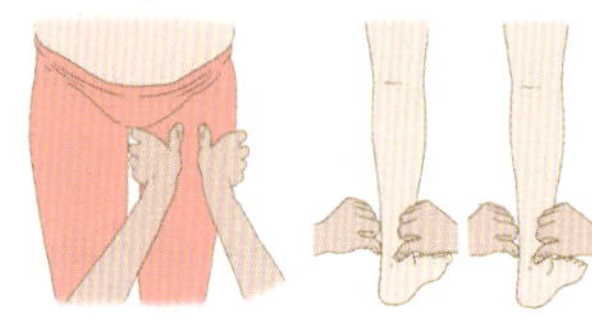

다리

① 허벅지를 양손으로 움켜잡고 쓸어주듯이 마사지한다.
② 양손 엄지손가락을 사용해 허벅지 아래 부위와 종아리 윗부분을 쓸어준다.

엉덩이

① 엉덩이를 안쪽에서 바깥쪽으로 돌리면서 마사지한다
② 엉덩이를 아래 부위부터 위로 끌어올려준다.
③ 양 손바닥으로 엉덩이를 가장자리에서 안쪽으로 모아준다.

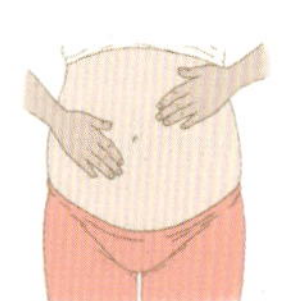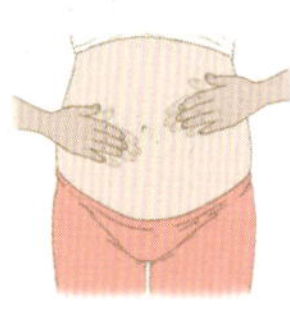

배

① 오일이나 크림을 적당량 덜어 뱃살 부위에 골고루 바른 후, 배꼽을 중심으로 시계 방향으로 원을 그리며 마사지한다.
② 임신 중기에는 손가락으로 꼬집듯이 잡았다가 놓는 것을 반복한다.
③ 임신 후기에는 배꼽 부위부터 배 전체를 손끝으로 살짝 두드린다.

임신 중 여행하기

여행 시기

임신 초기에는 건강한 임신부도 유산의 우려가 있으며, 임신 후기에는 조산과 조기 진통

"

의 위험이 있으므로 가급적 여행을 자제한다. 임신 중 가장 안전한 여행 시기는 임신 중기. 장거리 여행이나 외지에서 숙박을 하는 여행은 중기에 다녀온다.

여행 일정

건강한 임신부라도 장기간 여행을 하면 무리가 된다. 당일이나 1박 2일 등 단기간 여행이 적당하다. 관광지를 여기저기 둘러보는 등 여행 일정을 빡빡하게 잡아 무리하게 다니는 것은 좋지 않다. 여행을 가더라도 숙소 근처에서 산책하듯 쉬엄쉬엄 다니는 스케줄로 짠다.

준비물

여행 중 갑자기 생길지도 모르는 응급 상황에 대비해 산모수첩과 건강보험증은 반드시 챙겨 간다. 복용하고 있던 엽산제나 철분제는 휴대 용기에 담아가 거르지 말고 복용한다. 설사, 배탈 예방을 위해 끓인 물을 따로 챙기거나 생수를 구입해 마신다. 강한 자외선을 쐬지 않도록 자외선 차단제, 모자, 양산도 준비한다. 간단한 처치를 위한 연고나 일회용 밴드 등 비상 약품도 챙긴다.

여행지 정보

여행 시 응급 상황에 대비해 여행지 주변에 있는 병원 위치와 전화번호를 미리 확인한다. 임신부에게 가장 적당한 교통수단은 무엇인지, 가장 빠르고 안전한 길은 어떤 경로인지 미리 알아두는 것도 좋다. 특히 길을 헤매면 임신부가 차 안에 오래 앉아 있게 되고, 스트레스를 받을 수 있으니 주의한다. 주변 관광지나 음식점 정보도 미리 체크해두는 것이 좋다.

배려가 필요한 임신 중 부부관계

임신 중에는 아내의 성욕이 줄어드는 것이 일반적이다

남편 중 대다수가 아내의 임신 중에 가장 고민되는 것이 섹스라고 이야기한다. 임신 초기 아내는 입덧으로 어지러움과 구토를 호소하고 호르몬 변화와 불안감으로 신경이 예민해져 성욕이 줄어드는 것이 일반적이다. 어떤 남편들은 임신 초기 잠자리를 함께하지 못해도 그러려니 하고 넘어가기도 하지만, 대부분의 남편은 금욕에 괴로워한다. 하지만 임신 초기에는 유산의 위험이 높으므로 조심하는 것이 좋다. 아내의 입덧과 예민함이 가라앉을 때까지 조금만 참자.

안정기에 접어들면 섹스를 즐길 수 있다

임신 중기가 되면 태반이 튼튼하게 자리 잡아 유산의 위험이 크게 줄어든다. 또 입덧이 사라지면서 몸과 마음이 편안해져 오히려 성욕이 증가하기도 한다. 정기검진 시 특별한 이상이 없다면 임신 중 가능한 체위로 섹스를 즐겨도 좋다. 하지만 임신 8개월 이후에는 조산의 위험이 있으므로 자궁 수축이 일어나지 않도록 조심해야 한다. 임신 막달에는 부부관계를 갖지 않는 것이 원칙.

대화를 통해 서로의 욕구를 풀어나갈 방법을 찾는다

임신 중 섹스는 어느 정도가 적당하냐 하는 질문에 정답은 없다. 임신 전보다 섹스 횟수는 줄 수도 있고 늘어날 수도 있다. 만족도 또한 이전보다 더 높을 수도 있고 낮을 수도 있다. 기분 좋은 성관계를 위해서는 아내와 대화를 통해 서로를 더욱 배려하고 이해하려는 노력이 가장 중요하다.

관계 전 깨끗이 씻고 콘돔을 사용한다

임신을 하면 질 점막이 민감해지기 때문에 각종 세균에 감염되기 쉽다. 특히 남성의 성기가 청결하지 않을 경우 세균 감염의 통로가 된다. 따라서 부부관계 전후에는 임신부, 남편 모두 외음부를 깨끗이 씻는다. 정액 속의 프로스타글란딘이라는 호르몬이 자궁 수축을 일으킬 수 있으니 콘돔을 사용하는 것이 안전하다.

전희를 충분히 즐기되, 결합은 얕고 시간을 짧게 한다

임신을 하면 질과 자궁점막이 충혈되어 상처를 입기 쉽다. 부부관계 시 전희 시간을 충분히 가져 질 상태를 촉촉하게 만들면 상처를 막을 수 있다. 단, 감염의 위험이 있으니 질을 손으로 만지는 행위는 절대 금물이다. 배를 압박하지 않으며, 삽입이 깊지 않은 체위로 시간을 짧게 가진다.

가슴을 조심해서 다뤄야 한다

임신 중 아내의 가슴은 함부로 다뤄선 안 된다. 가슴이 부어올라 굉장히 예민해진데다 통증이 따르기 때문에 아내가 손을 못 대게 할 수도 있다. 임신 중반에 접어들면 가슴의 통증도 사라진다. 유두를 자극하면 옥시토신이라는 호르몬이 분비되어 자궁 수축을 일으킬 수 있으므로 조산이나 유산 위험이 있는 임신부라면 유두를 자극하는 것을 삼간다.

임신 중 반드시 피해야 할 체위

임신 초기와 후기

임신 초기에는 수정란이 자궁에 착상한 지 얼마 되지 않았고, 태반도 아직 완성되지 않았기 때문에 유산 위험이 높다. 부부관계 횟수는 줄이고, 시간은 짧게 한다. 배를 압박하지 않고, 삽입이 깊지 않은 체위로 한다. 임신 후기에는 부부관계에 의해 자궁 수축이 일어나면 조산으로 이어질 수 있으니 주의하자.

승마위 남편 위에 아내가 걸터앉아 결합하는 체위로 깊이 삽입되어 쾌감이 높지만, 임신 중에는 피한다.

후배위 삽입 깊이가 깊어져 자궁에 상처를 입힐 수 있고, 삽입 뒤에 질 수축이 잘 일어나는 체위다.

굴곡위 아내가 양다리를 남편의 몸 위로 올리는 자세이기 때문에 깊이 삽입할 수 있다. 자궁에 무리를 줄 수 있으므로 삼간다.

임신 중기

부부관계를 갖기에 가장 안정된 시기. 임신한 상태이므로 배를 압박하지 않는 것은 기본이며, 배가 당기거나 아프면 부부관계를 중단한다.

신장위 아내와 남편 모두 다리를 뻗고 마주 보고 결합하는 체위. 깊이 결합되지는 않지만, 남편의 체중이 아내에게 많이 실려 좋지 않다.

정상위 아내가 위를 향해 눕고 남편이 아내의 몸 위를 덮는 체위. 이 체위를 하면 임신부의 복부에 압박이 가해지므로 피한다.

승마위 남편 위에 아내가 걸터앉아 결합하는 체위는 자궁에 충격을 줄 수 있으므로 임신 중기에도 피한다.

산후조리에 대해 결정해야 하는 시기

아내의 의사를 가장 먼저 물어본다

산후조리는 집에서 가족의 도움을 받으며 할 수도 있고, 산후 도우미를 집으로 부르는 방법, 처가나 본가에서 몸조리를 하면서 산후 도우미를 부르는 방법, 산후조리원에 들어가는 방법 등 다양한 선택이 있다. 먼저 아내가 어떤 방법으로 산후조리하기를 원하는지를 물어보고, 산후 도우미나 산후조리원을 몇 주 동안 이용할 것인지, 예상 비용 등을 상의한다.

마음에 둔 산후조리원을 직접 탐방하고 예약한다

입소문 난 산후조리원의 경우 일찍 예약하지 않으면 들어가기 힘들다. 집에서 가까운 몇 곳을 정해 탐방하고 마음에 드는 곳이 있다면 빨리 예약해둔다. 산후 도우미를 집으로 부를 경우에도 업체를 정해 미리 예약한다. 단, 취소할 경우의 위약금과 조건에 대해서도 미리 확인해둔다.

처가, 본가 등 아내의 산후조리를 부탁할 사람을 알아본다

집에서 산후조리를 할 경우 처가나 본가 어른의 도움이 필요하다. 산후 도우미를 부르더라도 도우미가 퇴근한 후 함께 아기를 봐줄 가족이 필요하며, 산후조리원을 다녀와도 한동안은 아기를 함께 돌봐주고 살림을 도와줄 사람이 필요하다. 산후 도우미를 추가로 부르지 않을 경우, 처가와 본가에 여쭤보고 미리 도움을 청해둬야 한다.

임신 중기 주의 사항

- 식욕이 당긴다고 고열량 음식을 너무 많이 먹으면 안 된다. 비만은 임신중독증, 임신성 당뇨병 등을 일으킬 수 있다.

- 튼살이 생기기 시작하는 시기이므로 아내의 체중이 갑자기 늘지 않도록 조절하고 튼살 예방 크림을 발라준다.

- 여행이나 이사 계획이 있다면 이 시기에 하자. 임신에 적응하는 안정기에 돌입한 만큼 활동적인 계획을 실천해도 좋다.

- 잇몸이 붓고 피가 나기 쉬우므로 음식을 먹고 난 뒤에는 반드시 양치질을 한다.

- 모유수유를 대비해 유방 마사지를 시작해야 한다.

- 태동은 태아가 뱃속에서 건강하게 자라고 있다는 신호. 평소 태동에 주의를 기울여 갑자기 태동이 느껴지지 않는다면 병원에 가봐야 한다.

- 다리가 붓고 저리고 정맥류가 생겨 고생하기도 하므로 다리 마사지를 자주 해준다.

- 커진 자궁이 장을 압박해 변비가 심해지므로 섬유질이 많은 채소와 과일, 유산균이 함유된 유제품을 챙겨준다.

임신 후기 8~10개월

몸이 무거워지고 거동이 불편해지는 시기로 아내는 숨을 쉬고 걸어 다니거나 잠자는 등
생활의 모든 면에서 힘들어할 것이다. 임신 후기에는 조산의 위험이 있으므로 너무 무리하지 않게 하고,
언제 찾아올지 모르는 출산을 대비해 아기 맞을 준비를 본격적으로 해야 한다.

태아의 성장

- 8개월에는 눈을 완전히 뜰 수 있고 초점도 맞출 수 있다. 머리카락과 손톱이 길게 자란다. 자궁이 비좁아져 태아의 움직임이 둔해진다.
- 9개월에는 태아의 머리가 엄마의 골반 쪽으로 향한다. 폐를 제외한 모든 기관이 완전히 성숙해. 당장 태어나도 충분히 생존할 수 있다.
- 막달에는 자궁에 빈 공간이 없을 정도로 크게 자라서 거의 움직이지 않는다. 태아의 머리가 골반 안으로 들어간다.

만삭 아내 쿨쿨 잠재우기 대작전

임신 기간 내내 아내는 숙면을 취하기 힘들다

임신 초기에는 호르몬 영향과 불안감으로 인한 스트레스로 불면증에 시달리기 쉽고, 중기에는 태동이 활발해지고, 태아는 엄마가 잠을 잘 때에도 계속 대사 작용을 하고 있어 몸이 불편해 잠을 쉽게 이루지 못한다. 임신 후기에는 불룩해진 배 때문에 어떤 자세로 누워도 불편하고 소변이 자주 마려워 잠을 푹 자지 못한다.

임신부 수면 쿠션을 준비한다

임신했을 때 가장 좋은 자세는 옆으로 눕는 것. 특히 왼쪽 옆으로 눕는 자세가 가장 좋다. 늘어난 자궁의 뒤쪽과 척추 사이에는 양쪽 다리에서 심장으로 이어지는 하대정맥이라는 큰 혈관이 있다. 똑바로 누워 자면 자궁이 하대정맥을 압박하여 다리는 혈액이 고여 붓고 상체는 혈액이 부족해 태아에게 나쁜 영향을 줄 수 있다. 아내가 옆으로 누워 잘 때 등 뒤에 쿠션이나 베개를 받쳐주어 자세가 편해지도록 도와주자. 옆으로 누워 한쪽 다리를 올리고 잘 수 있게 도와주는 임신부 쿠션을 준비하면 좀 더 편히 잠들 수 있다.

베개 높이를 다시 맞춘다

옆으로 누워 자면 어깨 폭만큼 머리가 올라가기 때문에 똑바로 누워 잘 때 사용하던 베개는 잘 맞지 않을 수 있다. 편안한 잠을 자려면 베개를 바꾸는 것이 좋다. 베개 높이는 머리를 베개에 올려놓았을 때 목이 일직선으로 되는 것이 가장 적당하다. 베개가 높으면 낮은 베개로 바꾸거나 속을 덜어내 적당한 높이로 맞추고 반대로 베개가 낮으면 타월을 접어 베개 위에 올려 높이를 조절한다.

자다가 쥐가 난 아내, 스트레칭으로 풀어준다

임신 후기에는 잠을 자다가 다리에 쥐가 나는 경우가 종종 있다. 쥐가 나면 종아리 근육이 경직되면서 아내가 움직일 수 없을 정도로 고통스러워한다. 이럴 때는 얼른 쥐가 난

아내의 다리를 천장 쪽으로 들고 무릎을 편 상태에서 발끝을 잡고 무릎 쪽으로 잡아당겨 스트레칭을 해준다. 쥐가 풀리면 긴장되었던 종아리를 주물러 근육을 풀어준다. 만삭일 때는 그 빈도가 점점 많아지므로 당황하지 말고 스트레칭으로 풀어주자.

아내가 뒤척일 때 잠만 자지 말고 아는 체 해준다

아내가 밤새 잠을 이루지 못하고 이리저리 뒤척이는데 남편은 쿨쿨 잠만 잔다면 너무 얄밉고 원망스러울 것이다. 딱히 도와줄 방법이 없다 하더라도 많이 힘든지, 물을 마시고 싶지는 않은지 물어보고 토닥여준다면 아내에게 큰 힘이 된다.

최대한 숙면할 수 있는 환경을 만들어준다

소음이나 밝은 빛을 차단해 아내가 잠을 푹 잘 수 있는 환경으로 만들어주는 것은 기본. 아내가 잠자리에 든 후에 남편이 혼자 TV를 보거나 침실에서 책을 읽는 습관이 있었다면 삼간다. 아침에 햇빛이 너무 밝게 비친다면 암막 커튼으로 바꾸는 것도 좋은 방법이다.

출산 불안감 줄이는 방법

대화와 스킨십으로 마음을 안정시킨다

출산이 다가오면 출산의 고통에 대한 두려움과 언제 출산할지 모른다는 걱정 때문에 이전보다 심한 우울증과 불안 증세를 보이기도 한다. 이럴 때 남편이 대화를 나누며 불안감을 줄여주고 따뜻한 스킨십으로 마음을 안정시켜줘야 한다. "수많은 엄마들이 겪었고 해냈으니까 당신도 할 수 있다"고 용기를 북돋우고, '곁에 있어줄 것'이라는 믿음을 주자. 요즘은 무통분만으로 진통 시간이 고통스럽지만은 않으므로, 다양한 정보를 숙지하고 공유하며 안심시키는 것도 한 방법.

진통을 줄이는 마사지법이나 호흡법을 연습한다

출산교실이나 책에서 배운 마사지법이나 호흡법을 아내와 함께 연습한다. 분만 시 진통을 줄여주는 마사지법과 호흡법, 명상은 임신 후기 긴장된 몸과 마음을 이완시키는 효과가 있다. 평소 부부가 함께 연습해둬야 실전에서 아내가 진통으로 괴로워할 때 남편이 도움을 줄 수 있다. 아내도 남편이 출산을 함께 준비하고 있다는 생각에 든든함을 느끼고 더 힘을 낼 것이다.

아기가 태어나기 전, 둘만의 시간을 보낸다

아기가 태어나면 앞으로 몇 년간은 둘만의 시간을 보내기 힘들어진다. 둘이 손잡고 거리를 걸어 다니고 영화를 보고 분위기 좋은 레스토랑에서 맛있는 식사를 하는 일이 나중에는 너무 그리워질 것이다. 배가 많이 불러 힘들다고 집에만 있지 말고, 무리하지 않는 범위 내에서 부부가 둘만의 시간을 많이 갖도록 한다. 행복한 시간을 보내다 보면 출산에 대한 두려움이나 불안감이 잠시라도 사라질 것이다.

엄마 몸의 변화

- 8개월쯤부터 자궁 수축으로 배가 단단해지고 뭉친다. 태동이 강해지고 횟수가 잦아진다. 가슴이 답답하고 속이 메스껍다.
- 9개월쯤부터 배뇨 횟수가 늘고 잔뇨감이 든다. 자다가 다리에 쥐가 나 깨는 일이 많고 숙면을 취하는 게 힘들다. 자궁저부가 명치끝까지 올라가 신체 장기의 압박감이 심해진다. 출산 예정일이 다가오면서 감정이 예민해진다.
- 막달이 되면 태아가 골반 쪽으로 내려오면서 숨쉬기가 편안해진다. 태아가 아래로 빠질 것 같은 느낌이 든다. 불규칙한 가진통을 느끼다가 출산이 임박하면 규칙적인 진진통이 온다. 이슬이 비치고 양수가 파수될 수 있다.

이 시기의 검사

- 소변 검사로 단백뇨와 당뇨 여부를 지속적으로 체크한다.
- 초음파 검사를 통해 태아와 임신부의 상태를 전반적으로 체크한다. 태아의 크기, 위치, 심장박동, 양수의 양, 자궁경부의 상태 등을 체크해 태아가 잘 자라고 있는지, 차후 자연분만이 가능한지 확인한다.
- 후기 초음파 및 태동 검사로 태아의 성장 발육 상태를 관찰한다.
- 출산을 대비해 혈액 검사로 임신부 건강을 체크한다. 빈혈, 간 기능, 혈액 응고 검사가 이뤄진다.
- 내진으로 자궁경부의 상태, 골반 모양, 태아가 얼마나 내려왔는지를 확인한다.
- 태아심음 검사(비수축 검사)를 실시해 태아의 상태를 본다. 임신부 배 위에 진통계와 심박계로 이루어진 감시 장치를 한 다음, 태동이나 자궁 수축이 있을 때 버튼을 눌러 태아의 심박 수를 알아보는 것.

만삭 사진을 촬영한다

소중한 아기를 뱃속에 품고 있는 만삭의 아내. 아내의 가장 아름다운 이 순간을 사진으로 남겨두지 않으면 나중에 후회할지도 모른다. 최근에는 베이비 스튜디오의 프로모션으로 만삭 사진 촬영을 무료로 진행하는 곳이 많으므로 인터넷을 통해 알아본다. 쑥스러워하지 말고 촬영 때도 적극적으로 임해 좋은 추억을 만든다.

아내의 잦은 전화에도 짜증 내지 않는다

출산이 다가올수록 아내는 아주 사소한 일에도 남편에게 전화를 걸어올지도 모른다. 불안하고 초조한 마음에 남편에게 의지하고 싶은 것. 물론 직장에서 정신없이 바쁘겠지만 아내의 전화를 따뜻하게 받아주자. "별일도 아닌데 전화했냐"고 핀잔을 주거나 "바쁜데 자꾸 전화한다"고 짜증 내는 것은 금물. 아내는 남편이 당장 달려와 주기를 바라는 것이 아니라 자신의 이야기를 들어주고 공감해주길 바라는 것이다.

미리 공부하는 출산 정보

자연분만 vs 제왕절개, 선택할 수 있나?

산모의 건강에 문제가 없고 태아의 위치도 정상이라면 자연분만이 기본 원칙이다. 자연분만을 위해 진통을 하다가도 골반 크기가 너무 작거나 태아의 머리가 너무 커서 분만 과정이 순조롭게 진행되지 못한다면 중간에 제왕절개로 변경될 수도 있다. 태아의 위치가 거꾸로 있는 경우, 전치태반, 태반조기박리, 세쌍둥이 이상 다태 임신 등의 경우엔 처음부터 제왕절개를 계획한다. 막달까지 담당 의사가 별다른 이야기를 하지 않았다면 자연분만을 한다고 생각하면 된다.

무통분만을 하면 정말 진통이 없을까?

의학적으로 경막외마취라고 하며 마취를 통해 진통 때 느껴지는 통증을 줄이는 시술이다. 산모의 허리 즉, 척추를 싸고 있는 경막 바깥 공간에 가는 관을 삽입해놓은 다음, 마취제를 주입하여 통증을 없앤다. 보통 통증이 심하게 일어나는 시기인 자궁경관이 2~3㎝ 정도 열렸을 때 마취과 의사가 시술한다. 개인차가 있을 수 있지만 통증은 거의 느끼지 못하며 의식에는 영향이 없어 분만의 진행 과정을 느낄 수 있고 힘주기도 가능하다. 무통분만을 원할 때는 출산 당일 의료진에게 미리 얘기해둬야 한다.

아빠가 분만실에 꼭 들어가야 할까?

최근 국내에도 남편이 출산 과정에 참여하는 사례가 늘고 있다. 분만 과정을 지켜보고 나면 여성으로서의 아내에 대한 환상이 깨질까 봐 우려하는 사람도 있지만, 이보다는 얻는 것이 훨씬 더 많다. 우선 남편이 아내의 산고를 직접 봄으로써 아내에 대한 존경과 고마움을 느끼고 가정에 대한 책임감도 갖게 된다. 아내 역시 가장 고통스러웠던 순간에 함께

있었던 남편에게 고마움을 느낀다. 내색은 안 하지만 분만 과정이 두려워서 분만실에 선뜻 들어가지 못하는 사람도 있다. 분만실에 함께 들어간다고 해서 아기가 나오는 모습을 정면으로 보는 것이 아니라 아내의 머리맡에서 손을 잡아주며 힘을 북돋우는 역할을 하게 되니 걱정하지 않아도 된다. 마지막 진통의 순간 아내의 머리를 들어주면 힘주기가 훨씬 수월해진다. 소중한 아기가 태어나는 순간을 놓치지 말자.

분만 시 다른 가족도 함께할 수 있을까?

가족분만실에서 출산할 경우에는 입원부터 출산까지 한곳에서 이뤄지고 직계가족의 출입이 가능하지만, 대부분의 경우 분만 대기실에서 진통을 견디고 아기가 나오기 직전에 분만실로 옮기게 된다. 병원마다 분만 대기실과 분만실에 출입이 가능한 사람이 제한되어 있으므로 확인해서 가족들에게도 알리자.

출산 전 준비 사항

입원 용품을 챙긴다

임신 막달 갑작스런 출산 신호에 당황하지 않으려면 입원 용품을 준비해 가방에 미리 정리해둔다. 언제든지 가져갈 수 있게 찾기 쉬운 곳에 두는 것이 포인트. 꼭 필요한 입원 용품으로는 수유 브래지어, 임부용 팬티, 내의, 양말, 기초 화장품, 카디건, 물티슈, 수건, 세면도구 등이고 수유 패드, 회음부 방석, 수유 쿠션 등은 필요에 따라 준비한다.

이상 징후는 메모해 진료 시 문의한다

아내에게 평소와 다른 이상 징후가 있다면 증상을 물어 자세히 메모하고 진료 시 문의한다. 진통이 있다면 시간 간격을 체크하고, 이슬이나 태동의 양상도 메모한다. 메모해서 문의하면 담당 의사는 사실을 그대로 전달받을 수 있어 임신부의 상태를 정확히 파악할 수 있다.

아기용품을 미리 세탁한다

배냇저고리, 내의, 가제 수건, 속싸개, 천 기저귀, 이불 등은 미리 깨끗이 세탁한다. 출산 전 준비해두어야 아내가 집에 돌아왔을 때 할 일을 덜 수 있다. 아기용품은 주로 면 소재이므로 푹 삶거나 깨끗하게 세탁해 햇볕에 보송보송하게 말리면 좋다. 의류는 잘 개켜 서랍이나 상자에 보관하고, 기저귀나 물티슈도 넉넉하게 미리 준비해둔다.

아기가 있을 방을 정돈해둔다

아기와 아내가 집에서 함께 생활할 방을 미리 정리한다. 햇볕이 잘 들고 환기가 잘 되는 곳으로 선택하며, 직사광선과 외부의 시끄러운 소리를 차단할 수 있도록 커튼이나 블라인드를 단다.

Q 병원에서 검진을 오라는 대로 다 가야 하나요?

임신부가 건강하고 태아가 잘 지내는 경우, 임신 28주까지는 4주에 1회씩, 임신 28~36주까지는 2주에 1회씩, 임신 36주부터 출산할 때까지는 매주 산부인과를 방문해서 진찰을 받는 것이 원칙입니다. 하지만 임신부의 건강이나 태아에게 이상이 있는 경우에는 산부인과 전문의의 지시에 따라 움직여야 한다. 정기검진은 초음파 검사뿐만 아니라, 임신 시기에 따라 필요한 정밀 초음파, 혈액 검사, 간염 검사, 기형아 여부 판별 검사 등 다양한 검사가 이뤄지므로 정기검진 날짜는 되도록 지키도록 합니다.

Q 임신한 아내가 짜증을 많이 내는데, 어떻게 해야 할까요?

임신을 하면 급격한 신체적, 생리적 변화를 겪으면서 신경이 예민해집니다. 이는 뱃속의 태아를 보호하기 위한 방어 작용의 의미도 있습니다. 우선 남편은 '그럴 수 있다. 자연스럽고 정상적 과정이다'라고 이해할 필요가 있습니다. 평상시 모습과 비교하면서 잘잘못을 따지려는 것은 바람직하지 않습니다. 그 다음에 아내를 정서적으로 지지해주고 보호막 역할을 해줘야 합니다. 아내의 짜증 때문에 화가 나거나 참기 힘들다면, 잠깐 떨어져서 마음을 가라앉힌 다음 다시 아내에게 다가가도록 합니다.

Q 임신 초기 태아의 성별을 알려주는 건 불법이라는데, 언제 병원에서 태아의 성별을 알 수 있나요?

임신 4개월 이후면 태아의 성별을 알 수 있지만, 현재 의료법상 임신 32주 이내에 태아의 성별을 알려주는 것은 금지되어 있습니다. 성별이 궁금하면 임신 32주가 지난 후 담당의사에게 물어보도록 합니다.

Q 임신 중 병원을 옮겨야 하는데 무엇을 챙겨야 하나요?

병원을 옮겨야 하는 경우 검사 결과지 복사본, 초기 초음파 사진 등을 챙겨둡니다. 임신부 본인이 주치의와 상의 후 검사 결과지 복사가 가능합니다. 보호자가 대신 방문할 때는 추가로 필요한 서류가 있을 수 있으므로, 해당 병원에 문의하도록 합니다.

Q 막달에는 성관계를 가지면 안 되나요?

임신 32주까지는 정상적인 성관계를 가져도 괜찮습니다. 하지만 임신 중에는 자궁 입구나 질이 부드러워져 약한 자극에도 상처를 입어 세균 감염이 될 수 있으므로 격렬한 성행위나 깊은 삽입은 피해야 합니다. 출산 예정일을 한 달 정도 남겨놓았을 때는 성관계를 가져선 안 됩니다. 조금만 자극이 가해져도 자궁 수축이 일어나고 조기파수나 감염, 조산 등의 문제가 생길 수 있기 때문입니다.

아빠가 함께하는 출산 & 산후조리

아빠가 된다는 건 가슴 떨리고 설레는 일이다. 하지만 두렵고 겁이 나기는
아내와 마찬가지. 출산을 앞두고 힘들어하는 아내를 위해서 어떻게 도와줘야 하는지,
아기 낳을 때 무엇을 준비해야 하는지, 산후조리는 어떻게 해야 하는지 등
예비 아빠들이 궁금해하는 모든 것을 담았다.

출산 준비 & 당일에 할 일

아기가 세상 밖으로 나오려고 엄마와 힘들게 노력하는 동안,
곁에서 지켜보는 아빠의 마음도 힘들다. 아내만큼이나 겁이 나는 첫 아기 분만의 순간,
당황하지 말고 충분히 준비해 생명 탄생의 경이로운 순간을 즐기자.

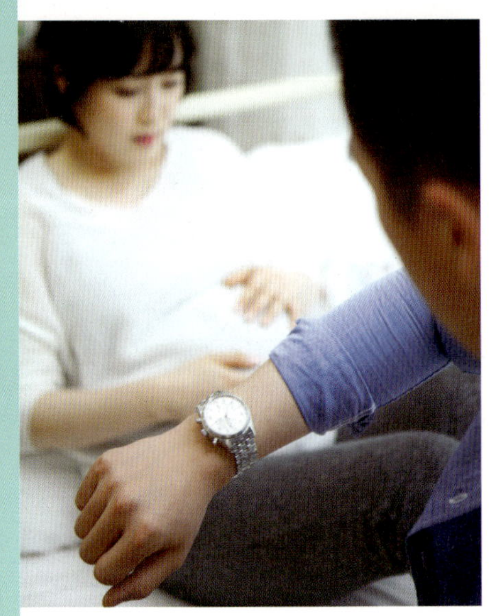

출산 준비하기

입원 준비물을 미리 챙겨둔다

갑작스런 출산 신호에 당황하지 않으려면 입원 용품을 준비해 가방에 미리 정리해둔다.
작은 여행 가방에 담아 언제든 들고 갈 수 있게 찾기 쉬운 곳에 둔다. 꼭 필요한 입원 용
품으로는 수유 브래지어, 임부용 팬티, 내의, 양말, 기초 화장품, 카디건, 물티슈, 수건,
세면도구 등이 있고, 수유 패드, 회음부 방석, 수유 쿠션 등은 필요에 따라 준비한다.

산후조리용품을 미리 준비해둔다

아기를 낳고 임신 이전의 몸 상태로 돌아가려면, 6~8주 정도는 산후조리를 해야 한다.
수유 쿠션, 수유 패드, 복대, 회음부 방석, 손목보호대, 좌욕기 등 산후조리에 필요한 기
본 용품은 미리 준비해두는 것이 좋다. 출산 준비물도 배냇저고리, 젖병, 유축기 등 생후
3개월 이내에 사용할 용품 위주로 우선 구입해둔다.

다양한 출산 징후를 알아둔다

이슬이 비친다 태아가 나오기 위해 자궁구가 열리면 혈액이 섞인 점액 상태의 분비물이
나오는데, 이를 이슬이라 한다. 이슬의 색은 핑크빛이나 갈색을 띠며, 소량의 혈액이 끈
적이는 분비물에 섞여 나온다. 대개 양이 적으므로 출혈이 있다 곧 멈춘다. 이러한 분비
물이 비친 후 진통이 이어진다면 이슬일 가능성이 높다. 이슬이 비칠 경우 빠르면 1~2일,
길면 1~2주일 지나 분만하게 된다. 이슬 후 규칙적인 진통이 언제 오는지 확인하는데,
10~20분 간격으로 올 때 병원에 간다.

진통이 시작된다 출산이 가까워지면 태아를 모체 밖으로 내보내기 위해 자궁 수축이 일어
나 통증을 느끼게 된다. 이를 진통이라 하는데, 초산부인 경우에는 10분 이내 간격, 경산
부인 경우에는 15~20분 간격으로 진통이 올 때 병원에 간다. 규칙적인 진통이 온다고 너
무 서둘러 병원에 가면 본격적인 진통이 올 때까지 병원에서 대기해야 한다.

양수가 파수된다 분만이 임박하면 자궁구가 열리면서 태아를 감싸고 있던 양막이 찢어지

고 양수가 흘러나온다. 이를 양막 파수라 하는데, 미지근한 물이 다리를 타고 흘러나오기 때문에 질 분비물이나 소변과는 구별된다. 파수는 진통이 심해지고 자궁구가 완전히 열려야 일어나지만, 본격적인 진통 없이 파수가 먼저 일어나기도 한다. 파수가 되면 반드시 출산으로 이어지므로 입원해야 하며, 임신부 10명 중 2~3명은 진통 전 파수가 되는 조기 파수를 겪는다. 파수 후 24시간 이상 지나면 자궁 안에 있는 태아나 양수가 세균에 감염될 가능성이 높다. 따라서 파수가 되면 곧바로 병원에 간다. 목욕이나 외음부 세척은 절대 해서는 안 되며, 생리대나 수건을 대고 비스듬히 누운 자세로 차를 타고 이동한다.

진통의 3단계를 익힌다

1단계 예비 진통 임신 중에 배가 땅기거나 허리와 등이 아프기도 하는 등 강도가 약한 진통을 느끼는 것은 자궁이 출산을 대비해 수축 연습을 하는 것. 하루에도 여러 번 불규칙하게 일어나고 금세 증상이 사라지는 것이 특징이다. 배 위에 손을 올려놓으면 아랫배가 단단해지는 것을 느낄 수 있다.

2단계 가진통 출산이 가까워지면 불규칙하게 느껴지던 복부 통증이 이전보다 자주 오는데, 이를 가진통이라 한다. 생리통처럼 아랫배가 조이는 느낌이 들기도 하고, 요통처럼 허리가 아프기도 한다. 가진통은 불규칙적으로 오며, 걷거나 몸을 움직이면 진통이 줄어든다. 참을 수 있을 정도로 강도가 그리 심하지 않으며, 증상도 금세 멈춘다.

3단계 진진통 진진통은 가벼운 생리통으로 시작되다가 점점 진통 주기가 규칙적으로 변하는데, 5~10분 간격으로 진통이 규칙적으로 오면 출산이 임박했다는 뜻. 진진통이 시작되면 자궁 수축이 점진적으로 더 강해지는 것을 느낄 수 있다. 아랫배와 함께 허리까지 조이며, 자세를 바꾸어도 통증이 사라지지 않는다. 초산부는 10분 이내로, 출산 경험이 있는 임신부는 15~20분 간격으로 진통이 올 때 병원에 간다.

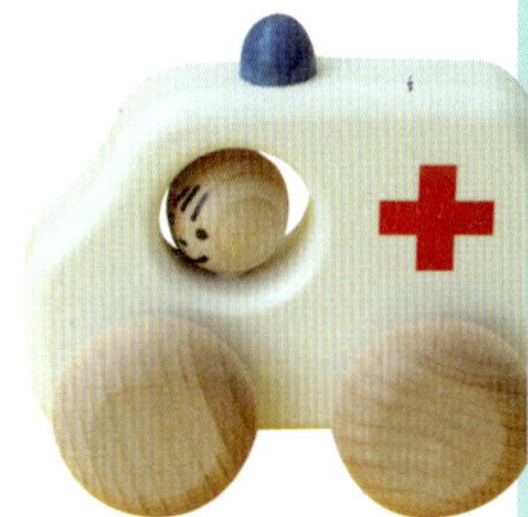

집에서 진통이 시작되면 할 일

진통과 진통 간격을 체크한다

아내가 진통이 시작되면 시간을 메모하며 간격을 체크한다. 처음에는 불규칙하게 짧은 통증이 오다가 시간이 지나면서 일정 간격으로 규칙적인 진통이 찾아온다. 시간 간격이 점점 좁아져 5~10분 간격으로 진통이 오면 분만 진통이 시작된 것이다. 초산의 경우 5~10분 이내의 간격으로 진통이 1시간 동안 계속되면 병원에 간다. 시간 간격이 이보다 늦더라도 꽤 강한 통증을 호소한다면 병원에 가는 것이 좋다.

감이 잡히지 않으면 분만실로 전화한다

진통 간격이 애매하거나 가진통과 진진통의 구분이 잘 안 되는 경우, 불규칙한 진통인데 꽤 심한 통증을 호소하는 경우, 평소와 다른 이상 징후가 보일 때는 분만실로 전화해 문의한다.

당장 병원에 가야 해요!

- **양수는 터졌으나 진통이 없을 때**
  양수가 먼저 터졌을 때 가장 조심해야 하는 것이 감염. 24시간 내에 아기를 낳아야 하므로 진통이 없더라도 병원에 가야 한다. 필요한 경우 분만 촉진제 등을 이용해 진통이 오게 한다.

- **피가 덩어리째 나오거나 출혈이 동반된 진통이 있을 때**
  전치태반일 가능성이 높다. 태반이 자궁 입구를 막고 있다가 자궁이 수축되면서 태반이 벗겨져 출혈이 일어나는 것. 최대한 빨리 병원으로 가야 하며 응급수술 가능성이 있으니 너무 놀라지 말고 아내를 안심시킨다.

출퇴근 시간이나 병원이 먼 경우 구급차를 부른다

병원으로 이동해야 하는 시간이 출퇴근 시간이라 차가 막힐 것 같을 때, 현재 있는 곳에서 병원까지의 거리가 1시간 이상일 때는 자가용이나 택시를 이용하기보다는 구급차를 부르는 편이 안전하다.

병원에 도착해서 할 일

병원 접수와 수속을 신속히 진행한다

병원에 도착하면 아내가 오래 기다리지 않도록 빨리 입원 수속을 마친다. 당황한 나머지 우왕좌왕하거나 여기저기 전화를 돌리느라 시간이 지체되지 않도록 한다. 병원에 문의할 것이 많더라도 일단 아내를 편하게 눕힌 다음, 다시 접수 데스크로 가서 문의하도록 한다.

분만실에 같이 들어갈 수 있는지 확인한다

가족분만실을 사용하지 않는 경우, 일반적으로 분만 대기실에서 오랜 시간 진통을 겪고 아기가 나오기 직전 분만실로 옮겨진다. 분만 대기실과 분만실에 각각 누가 같이 들어갈 수 있는지 확인한다. 대체로 분만 대기실에는 가족 2~3명 정도 입실이 허용되나 분만실에는 가족 중 한 명만 출입 가능한 경우가 많다.

분만 대기실에서 가족에게 연락을 취한다

본가와 처가 가족에게 연락을 취한다. 이때 어느 시점에 전화해 언제쯤 도착하도록 알릴지, 누구에게 먼저 연락을 취할지, 아내에게 꼭 물어보자. 경우에 따라서는 아내가 진통을 하는 동안 다른 가족이 오는 것을 불편해할 수도 있다. 미리 연락하는 것을 원치 않는다면 아기가 태어난 후 전화를 해도 늦지 않다.

회사에 출산휴가를 신청한다

회사에 전화해 아내의 출산을 알리고 휴가를 신청한다. 업무의 공백을 막기 위해 미리 회사 동료에게 인수인계하는 것도 잊지 말자.

병원에서 진통하는 동안 할 일

아내의 통증을 완화해준다

초산의 경우 진통 시간은 약 8~18시간. 개인에 따라서 진통 시간은 차이가 많이 날 수 있다. 아내가 아기를 낳을 때까지 두 손 놓고 구경만 할 것이 아니라면 남편은 아내의 코치가 되어야 한다. 임신출산교실에서 배운 것을 떠올리거나, 가지고 온 임신·출산백과를 펼쳐놓고 각 단계마다 아내를 위해 해줄 수 있는 것들을 찾아 도움을 주자. 진통을 하는 동안 배도 많이 아프지만 허리 통증을 호소하는 경우도 많다. 이럴 땐 허리 주변을 부드럽게 규칙적으로 쓰다듬어주면 도움이 된다.

의료진에게 무통분만을 신청한다

무통분만을 원할 시에는 입원하자마자 의료진에게 말해둔다. 보통 통증이 심해지는 시기인 자궁경관이 3㎝ 이상 열렸을 때 시술하므로 늦게 신청하면 시술 시기를 놓치게 된다. 너무 이른 시기에 무통을 맞는 것은 진통 시간을 오히려 길게 만들 우려가 있으므로 의사의 지침에 따라 적당한 시기에 맞도록 한다.

직접 탯줄을 끊길 원하면 의료진에게 미리 알린다

분만실에 들어가 직접 탯줄을 끊길 원하면 미리 의료진에게 얘기해둔다. 제대혈을 신청했을 경우에도 미리 얘기하고 제대혈 키트를 전달해야 한다.

젖은 가제 수건으로 입가를 적셔준다

오랜 시간 진통을 하다보면 아내가 갈증을 호소한다. 하지만 진통하는 동안 물을 마시는 것은 금지되어 있다. 아내가 목말라할 때 젖은 가제 수건을 입에 물려주면 갈증 해소에 도움이 된다.

아기가 태어나는 순간 할 일

힘주기할 때 아내의 고개를 받쳐준다

마지막 진통의 순간, 아내가 힘을 주느라 이를 악물게 되므로 손수건을 입에 물게 하면 이와 잇몸이 상하는 것을 예방할 수 있다. 힘을 줄 때 고개를 들 수 있도록 머리 뒤를 받쳐주면 힘주기가 수월해진다.

신생아 정보와 주의 사항을 메모한다

아기가 태어난 시간, 성별, 몸무게 등을 간호사와 함께 확인하고 아기 팔찌에 아내의 이름이 제대로 적혀 있는지 체크한다. 아기에 대한 내용이나 주의 사항 등을 듣게 되면 잘 메모해두었다가 아내에게 전해주자.

예약된 산후조리원에 입실 날짜를 알린다

아내가 회복실에서 몸을 추스르는 동안 미리 예약해둔 산후조리원에 전화해 분만을 알리고 입실 날짜를 확인한다. 자연분만이냐 제왕절개냐에 따라 입원 기간이 달라지므로 병원에 정확한 퇴원 날짜를 확인하는 것도 필수다. 병원에서 산후조리원까지 산모와 아기를 안전하게 이동시킬 방법도 정해야 한다.

법으로 보장된 남편의 출산휴가

배우자 출산휴가는 5일의 범위 안에서 최소 3일 이상 유급으로 휴가를 쓸 수 있도록 법으로 정해져 있다. 휴가 신청은 출산일로부터 30일 이내에 해야 하고, 사업주가 배우자 출산휴가를 거부하면 500만 원 이하의 과태료가 부과된다. 휴가를 신청하지 않아 사용하지 않은 경우에는 유급 3일에 대한 보상 의무는 없다. 자세한 내용은 고용노동부 고객상담센터(☎1350)로 문의한다.

아빠가 챙기는 산후조리

임신 기간부터 출산에 이르기까지 많은 변화를 겪은 아내의 몸은
휴식과 치유가 필요하다. 남편은 산후조리의 기본적인 지식을 충분히 익히고 배워서
아내와 아기가 건강을 유지할 수 있도록 적극적으로 도와야 한다.

미역국 끓이는 법

산후조리에 빼놓을 수 없는 전통인 미역국, 남편이 직접 미역국을 끓여주는 것은 어떨까. 소고기는 기본, 바지락이나 홍합, 옥돔을 넣고 끓이면 산모의 피를 맑게 해주는 효과가 있다. 바지락이나 홍합을 넣을 경우엔 물과 함께 넣고 끓이고, 옥돔을 넣을 경우엔 물이 끓고 난 후에 넣는다. 그러나 출산 후 미역국만 계속 먹는 것은 요오드 섭취를 과하게 할 수 있어 평소대로 식사를 하는 것이 바람직하다.

① 미역을 불려 깨끗이 씻은 다음, 먹기 좋은 길이로 자른다. ② 참기름에 소고기와 미역을 살짝 볶아낸다. ③ 물을 붓고 폭폭 끓인다. ④ 끓기 시작하면 중불로 줄이고 거품을 걷어내고 국간장으로 간을 맞춘다. ⑤ 약한 불에서 미역과 고기가 푹 익도록 10분간 더 끓인다.

산후조리 성공 노하우

산후조리 기간은 6주가 아니라 100일

대부분의 임신·출산 관련 서적과 병원 안내서에서는 산욕기 즉 산후조리 기간을 6주로 정하고 있다. 하지만 아내의 몸이 완전히 회복하는 데는 적어도 두세 달의 시간이 필요하다. 아기의 백일잔치는 아기가 백 일 동안 건강하게 자란 것을 축하하는 자리이기도 하지만 엄마의 회복을 축하하는 자리이기도 하다. 임신과 출산을 통해 많은 변화를 겪은 아내의 몸이 예전으로 돌아가기 위해서는 많은 시간이 필요하다는 것을 인정하고 아내를 적극 도와주도록 하자.

첫 일주일은 수유 외 다른 활동을 하지 않도록 배려한다

아기를 낳고 처음 일주일은 산모에게 절대적으로 안정이 필요한 시기. 시도 때도 없이 엄마 젖을 찾는 아기 때문에 허리 펴고 누울 시간도 없다. 이 시기에는 수유 이외 다른 활동을 하지 않도록 배려해야 한다. 특히 관절이 약해져 있으므로 손목이나 무릎, 허리 등을 써야 하는 집안일은 남편이나 다른 가족이 돕도록 한다. 정신적으로도 지쳐 있으므로 집안 대소사에 신경 쓰지 않도록 배려하는 것도 필요하다.

잠이 보약, 틈틈이 잘 수 있게 한다

출산 후 빠른 회복을 위해서는 잠을 충분히 자는 것이 좋다. 하지만 밤중에도 2~3시간 간격으로 수유해야 하므로 산모의 잠은 방해받기 쉽다. 잠이 부족하면 회복에 도움이 되지 않으니, 2개월 정도는 주위의 도움을 받으며 틈틈이 잠자는 시간을 확보하는 것이 필요하다.

아내가 좋아하던 음식을 골고루 먹는다

매운 김치를 먹으면 아기 엉덩이가 빨갛게 된다거나 찬 음식을 먹으면 아기가 배탈이 난다는 등 우리나라에서는 관습적으로 음식에 대한 속설이 많으나 근거가 없으므로 따라

하지 않아도 된다. 수유 중에 특별히 삼가야 할 식품은 없으나 술은 피하는 것이 좋다. 미역국이나 곰국만 많이 먹는다고 젖이 많이 나오는 것도 아니므로 평소 먹던 대로 골고루 먹도록 한다. 모든 음식은 간이 살짝 부족하다 싶을 정도로 싱겁게 먹도록 한다. 음식을 짜게 먹으면 수분이 몸 밖으로 배출되는 것을 방해해 부기가 더 심해질 수 있다.

평소보다 많이 먹는다고 구박하지 않는다

임신 기간 늘어난 체중이 줄어들지도 않았는데 먹을 것만 찾는다고 아내를 구박해서는 안 된다. 산모는 보통 때보다 300kcal의 열량을, 모유수유를 할 경우에는 일반인보다 500kcal의 열량을 더 섭취해야 한다. 모유의 질을 높이기 위해 고른 영양 섭취를 할 수 있도록 도와주고, 지나치게 열량이 높은 음식, 인스턴트 음식 등은 피하도록 조언한다.

신경이 예민하고 감정이 불안정한 아내를 감싸준다

출산 후 아내는 눈물이 많아지고 작은 일에도 쉽게 화를 내는 등 감정의 기복이 심해진다. 아내가 불안정한 감정 상태를 보일 때 유별나게 행동한다고 생각하지 말고 아내의 감정을 이해하고 감싸주도록 한다. 아내가 상처 입을 수 있는 말이나 행동에 주의하고, 서운함을 느끼지 않도록 신경 쓴다.

사랑으로 산후 우울증을 예방한다

전체 산모의 80% 이상이 출산 후 우울한 기분을 느낀다고 한다. 여성호르몬 분비가 급격히 줄면서 뇌신경전달물질 체계가 교란되어 우울해지는 것. 또한 익숙하지 않은 육아 스트레스와 몸의 더딘 회복, 모유수유로 인한 수면 부족 등이 절망감을 느끼게 한다. 이럴 때 남편은 최대한 아내의 일을 도와주고, 아기에 대해 긍정적인 이야기를 많이 나누며, 아내에게 더 적극적으로 사랑을 표현하는 것이 좋다. 대부분의 산모들이 겪는 과정이지만 그렇다고 아내의 감정을 대수롭지 않게 여기고 무관심하면 산후 우울증으로 이어질 수 있으므로 주의한다. 증세가 심하면 정신과 상담과 치료가 필요하다.

출산 후 성생활은 6주 이후에 시작한다

출산 후 첫 성관계는 자궁과 회음부의 회복을 고려해서 오로가 줄고 상처의 통증이 거의 없는 6주 후에 시작하는 것이 좋다. 출산 후에는 질 점막이 얇아져 탄력을 잃고 건조해 성관계 시 아내가 통증을 호소할 수도 있다. 통증을 호소한다면 무리하게 시도하지 말고 의사와 충분히 상담한 뒤 관계를 가진다. 전희를 충분히 즐기고 아내를 배려하는 부드러운 관계가 필요하다.

아내의 산후 우울증 예방법

엄마는 몸이 완전히 회복되지 않은 상태에서 아기를 돌보다 보니 육아 스트레스가 가중

자연분만

- 출산 후 며칠간은 회음부 통증이 있으면 회음부 방석 위에 앉도록 한다.
- 배가 고프지 않아도 식사를 한다.
- 분만 후 1시간 이내 젖을 물린다.
- 하루에 2~3회, 약 2~4주 동안 좌욕을 하는 것이 좋다.
- 탕 목욕은 오로가 멈춘 후 한다.

제왕절개

- 병원마다 차이는 있으나 대개 5~7일간 병원에 입원한다.
- 수술 후 24시간이 지나야 물을 마시고 다음 끼니에 미음부터 먹는다.
- 첫날부터 젖 물리기가 힘들지만 누운 자세로 초유를 먹이려 노력한다.
- 아기를 안아서 수유할 때는 배 위에 베개나 쿠션을 올려 수술 부위가 자극받지 않도록 신경 쓴다.
- 병원에 입원해 있는 동안 매일 수술 부위를 소독하고 이후에도 상처 부위를 열어 통풍이 잘되게 한다.
- 자연분만과 마찬가지로 오로가 나오므로 좌욕을 하면 좋다.

될 수밖에 없다. 새로운 가족 구성원이 된 아기를 책임져야 한다는 부담감, 24시간 아기를 돌보느라 바쁘게 보내는 하루, 육아와 집안일을 병행해야 하는 현실은 산모의 기분을 우울하게 하는 주된 원인이다. 아내의 감정을 이해하고, 평소보다 더 많은 대화를 나누고 신경을 쓰도록 노력하자.

집안일을 분담한다

아내의 산후 우울증에 가장 많은 영향을 끼치는 요인 중 하나가 바로 남편과의 관계. 남편이 발 벗고 나서면 아내의 산후 우울증을 예방할 수 있다. 퇴근 후 피곤하더라도 기저귀 갈아주기, 저녁 준비나 설거지 등 일을 분담해 아내의 부담을 덜어주려는 노력이 필요하다.

좋아하는 것을 할 수 있는 시간을 준다

육아와 살림을 동시에 하다 보면, 취미나 여가 생활은 꿈도 못 꾸는 경우가 많다. 주말에 아내에게 혼자만의 시간을 주자. 좋아하는 영화나 전시를 보고 카페에 앉아 책을 읽는 등 휴식을 취하며 스트레스를 풀 수 있게 해준다. 주말 저녁에 친구들을 만나 수다 떨 수 있는 시간을 마련해주는 센스도 발휘해보자.

가족만의 유대감을 높인다

처가가 멀거나 육아를 도와줄 사람이 없다면, 아내의 우울증은 더욱 심해질 수 있다. 하지만 아기를 돌보는 일은 엄마 아빠의 몫이다. 처가나 본가에 의지하면서 부부간의 갈등이 더욱 깊어지는 경우도 있으니 부부가 중심이 되는 것이 중요하다. 아기와 가까운 곳을 자주 여행한다거나, 낮잠을 재우고 부부가 함께 티타임을 갖으며 대화를 나눠보자.

아내의 기분이 좋아지는 말을 한다

아내는 아기가 태어나면 모유수유하고, 우는 아기 달래느라 제대로 밥 챙겨 먹을 시간도 없다. 넉넉한 티셔츠만 걸치고 자기 자신을 꾸미지 못하는 것 자체도 스트레스가 될 수 있다. "모유 먹이는 모습이 제일 예뻐", "모유수유하느라 살이 좀 빠진 것 같은데" 등 기분을 좋게 하는 칭찬을 자주 해준다.

증상이 의심되면 병원을 찾아간다

산후 우울증의 증상이 지속된다면 병원을 찾아가 전문의와 상담하는 것이 좋다. '금방 좋아지겠지'라고 아내의 우울증을 방치하다가는 더 크게 발전할 수 있다. 엄마가 건강해야 아기도 건강하다.

산후 우울증의 대표 증상

- 자주 운다.
- 지나치게 신경과민이 된다.
- 미래에 대한 생각이 비관적이다.
- 아기를 미워한다.
- 식욕이 저하된다.
- 변덕을 자주 부린다.
- 주변 사람이 자신을 무시한다고 생각한다.
- 매사에 무기력하다.
- 잠을 못 잔다.

최고의 육아 도우미는 남편

본격적인 육아 전쟁에서 살아남으려면, 엄마 못지않게 아빠의 역할도 중요하다.
산후조리 기간 동안 산후 도우미나 양가 부모님이 아기 돌보는 모습을 지켜보면서 직접 배우고 돕는 자세가 필요하다.
아빠의 이런 노력은 엄마의 빠른 회복을 돕고, 산후 우울증도 예방해 가족의 건강 지수를 높인다.

초보 아빠를 위한 육아 원칙

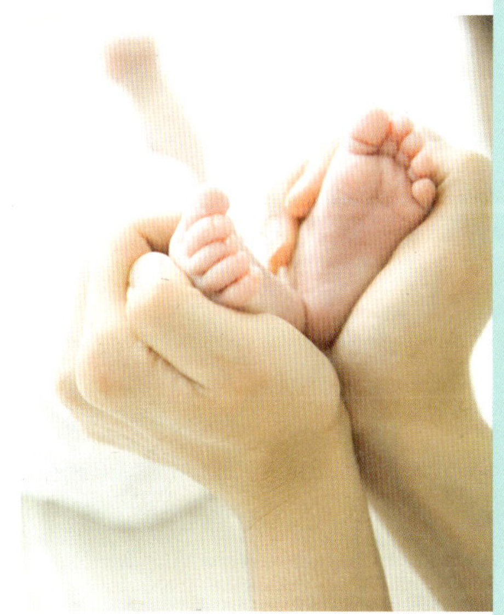

아내를 돕는 것이 아니라 내 아기를 키우는 것

아직도 육아는 엄마의 몫이라고 생각하는 아빠들이 많다. 머릿속으로는 육아는 부부가
함께하는 것이라고 생각하지만, 마음 깊은 곳에서는 아내가 아기를 돌보고 자신은 도와
주는 것이라는 생각이 강하다. 때문에 아기 돌보기에 소극적이고 아내의 지시에 수동적
으로 움직이다보니 힘들고 귀찮게만 느껴지는 것. 아내와 육아 불만이 쌓이는 것도 이 때
문이다. 아내를 돕는 것이 아니라 아기를 돌보는 것이 나의 역할이고 당연히 해야 할 일
이라는 생각으로 육아에 임해야 한다.

엄마와 아빠의 차이를 인정한다

유대감은 자녀 양육에 있어 아빠들의 최대 약점이다. 엄마들은 출산 과정을 통해 아기와
자연스럽게 유대감을 형성하지만 아빠는 노력으로 유대감을 형성해야 하기 때문이다. 하
지만 확실한 것은 아기는 아빠와도 애착을 형성한다. 아빠와의 애착 관계가 늦게 시작된
다고 해서 중요하지 않은 것은 아니다.
또한 세심함이 요구되는 육아에 있어 남자가 여자보다 서툰 것이 사실. 이는 남자와 여자
가 뇌의 구조에서부터 차이를 보이기 때문이다. '왜 난 서툴까'라고 스트레스받거나 포기
해버리지 말고 '나도 할 수 있다'는 마음으로 아기를 대하자. 시간이 지나면서 서툴렀던
자신의 손길이 어느새 능숙해져 있음을 느끼게 될 것이다.

아내와 항상 대화한다

아기에 대해 아내와 대화를 많이 나누자. 오늘 아기의 상태는 어땠는지, 현재 발달 상황은
어떤지 꾸준히 체크해야 한다. 이는 아기를 이해하는 첫걸음이다. 뿐만 아니라 부부가 육아
원칙에 일관성을 갖고 아기를 대하는 것이 중요하므로 어떤 기준으로 어떻게 키울 것인지
에 대해 항상 아내와 대화하자. 아내의 육아 방식이 마음에 안 드는 부분이 있을 경우에도
불만만 이야기하지 말고 아내의 입장을 들어보고 이해하고 설득하는 과정이 필요하다.

집으로 회사 일을 가져오지 않는다

퇴근을 서둘러 하는 것은 좋지만, 그렇다고 회사 일을 집으로 가지고 오는 것은 곤란하다. 아기와 함께 있으면서도 일이 걱정되고, 일을 하면서도 아기 때문에 집중력이 흐트러지기 십상이다. 되도록 그날 해야 하는 일은 회사에서 끝내고 오자.

아기 이름 짓기

평소 짓고 싶은 이름의 원칙을 세워둔다

태어난 아기에게 첫 번째 주는 귀한 선물이 바로 이름이다. 한번 지어진 이름은 평생을 따라다니기 때문에 아기가 태어나기 전부터 고민하기도 한다. 아내와 아기 이름을 어떻게 지을 것인지 이야기를 나누고 중성적인 이름, 순우리말 이름, 영어 이름 등 몇 가지 원칙을 정해두자.

아내를 배제하고 이름을 정하는 건 금물

우리나라의 정서상 새로 태어난 아기의 이름을 조부모가 지어주는 경우가 많다. 집안의 돌림자를 꼭 넣어야 한다고 강요받기도 한다. 아내가 출산을 하고 몸조리를 하는 동안 아내의 의견은 물어보지 않고, 집안 어른들과 이름을 정해버리면 곤란하다. 돌림자가 있다면 아내와 먼저 후보 이름을 몇 가지 뽑은 뒤 어른들께 여쭤보거나, 어른들께 여러 가지로 뽑아달라고 부탁드리자. 음양오행을 따지는 경우 원하는 이름 몇 가지를 말씀드리고 그에 맞는 한자를 찾아달라고 부탁드려도 좋다. 평소 원하는 스타일의 이름이 있었다면 어른들께 미리 상의하는 것도 현명한 방법이다.

성과 잘 어울리는 이름으로 짓는다

아기 이름을 지을 때는 성(姓)을 고려해서 지어야 한다. 이름을 지은 후 성과 함께 불러보아 자연스럽고 이상한 뜻을 갖지 않는 것이 좋다. 변, 안, 고씨 성에 이름을 잘못 붙이면 뜻이 엉뚱해지거나 정반대의 뜻이 되기도 한다.

밝은 느낌의 이름을 짓는다

이름을 발음했을 때 너무 딱딱한 느낌이 들거나 반대로 너무 힘이 없어도 좋지 않다. 아, 미, 해, 리, 나, 라, 솜 등이 듣기 좋은 글자에 포함되며 이들 글자를 활용하면 이름의 느낌을 밝게 살릴 수 있다.

어른이 되어서도 어색하지 않은 이름이 좋다

아기 이름으로 깜찍하고 귀여운 이름을 선호하는 부모도 있다. 하지만 어른이 되었을 때 부르기 어색하거나 민망한 이름은 피해야 한다. 평생 두고 불러도 괜찮은 이름이 좋은 이름이다.

출생신고 하는 방법

필요한 서류를 꼼꼼히 체크한다

출생신고를 위해서는 출생 신고서, 아기를 출산한 병원에서 발급한 출생 증명서, 신청인의 신분증이 필요하다. 출생 신고서는 법원 전자민원센터(help.scourt.go.kr)에서 다운로드받아 미리 작성해 가면 덜 번거롭다. 지자체별로 지급하는 출산 장려금과 양육수당을 함께 신청하려면 부모 중 한 명의 통장 사본도 챙겨야 한다. 태어난 아기가 이중국적자인 경우, 부모 중 한 사람이 외국인인 경우에는 필요한 서류가 따로 있으므로 해당 부서에 문의한다.

등록기준지 주민센터를 방문한다

출생신고는 등록기준지(주소지)의 주민센터, 읍·면·동사무소, 시청, 구청 민원실에서 가능하다. 등록기준지 주민센터에서는 출생신고 당일 주민등록번호가 발급되는데 반해 다른 기관에서는 주민등록번호 발급에 일주일 정도 소요된다. 등록기준지 주민센터에서 신고가 완료되면 주민등록등본을 무료로 한 통 발급해준다. 이름, 한자, 생년월일이 맞는지 확인한다.

출생일로부터 1개월 이내에 한다

출생일로부터 한 달 이내에 출생신고를 해야 하며 정당한 이유 없이 신고를 늦게 할 때에는 일주일 미만 1만 원, 1개월 미만 2만 원, 3개월 미만 3만 원, 6개월 미만 4만 원, 6개월 이상 5만 원의 과태료가 부가된다.

출산 장려금과 양육수당을 함께 신청한다

양육수당은 등록기준지 주민센터에 가서 출생신고와 함께 양육수당 신청서를 제출하거나 복지로 홈페이지(www.bokjiro.go.kr)를 통해 온라인 신청을 할 수 있다. 수당을 지급받을 통장의 사본을 준비해 가야 하며 부모 명의의 통장이어야 한다. 신청서 1부를 작성하여 통장 사본과 함께 제출하면 매달 25일 수당이 지급된다. 출산일이 전월 중하순이어서 수당을 못 받은 경우 다음 달에 소급하여 지급된다. 각 지자체별로 출산 장려금 정책이 있으니 출생신고 전에 확인해 지원받는다.

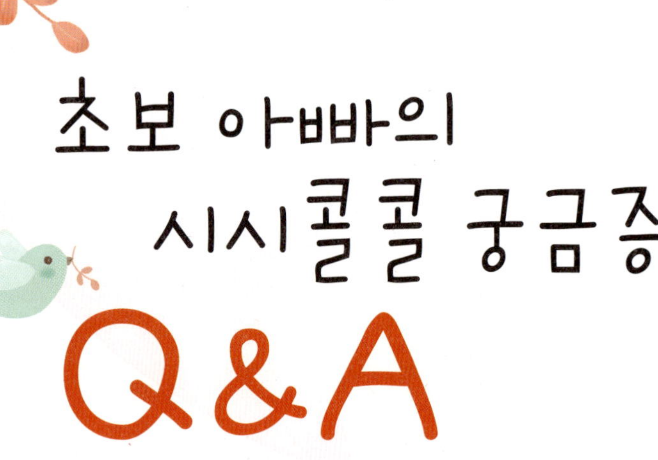

Q 아기를 낳으러 가기 전에 밥을 든든히 먹어야 한다며 고기를 먹는 게 좋다는데 정말인가요? 응급수술 등 만약의 경우를 대비해 빈속으로 가야 하나요?

반드시 고기를 먹을 필요는 없습니다. 제왕절개 수술이 예정된 경우가 아니라면 수술 가능성 때문에 빈속으로 올 필요도 없습니다. 병원에서는 입원한 이후부터 모든 산모에게 수술 가능성이 있기 때문에 금식을 시킵니다. 혹시 진통이 시작되기 전 너무 많이 먹으면, 자칫 토할 수 있기 때문에 많은 양을 먹는 것은 좋지 않습니다.

Q 산후조리원에서 남편이 꼭 필요한가요?

산후조리원에서는 남편의 도움 없이도 충분히 생활이 가능합니다. 하지만 남편이 퇴근 후 함께 자느냐는 다른 문제입니다. 하루 종일 낯선 사람들 속에서 수유하랴 몸 추스르랴 지쳐 있는 아내는 남편의 퇴근만을 기다립니다. 물론 산후조리원 내부의 공기가 남편들에겐 답답하고 산모들이 수시로 오가는 공간이 불편하긴 하겠지만 아내가 혼자 남겨졌다는 느낌이 들지 않도록 가능하다면 곁을 지켜주는 것이 좋습니다. 퇴근 후 아내의 팔다리를 마사지해주고 수유 전후로 가슴을 마사지하고 잔심부름도 자청해서 해준다면 큰 힘이 될 것입니다. 또한 수유를 하기 때문에 아내는 수시로 배고파합니다. 퇴근 전에 먹고 싶은 것은 없는지, 필요한 물건은 없는지 물어봐서 챙겨주는 배려도 필요합니다.

Q 육아휴직은 어떻게 보장되어 있나요?

만 6세 이하의 미취학 자녀가 있고 해당 사업장에서 1년 이상 재직한 경우 육아휴직을 신청할 수 있습니다. 기간은 1년 이내이며 고용보험에 6개월 이상 가입한 여성 근로자와 배우자인 남성 근로자 중 1명이 신청 가능합니다. 육아휴직 기간 동안 급여는 통상임금의 100분의 40에 해당하는 금액으로, 최저 50만 원에서 최고 100만 원까지 받게 됩니다. 육아휴직을 신청하려면 육아휴직을 개시하고자 하는 날의 30일 전까지 사업주에게 신청서를 제출해야 합니다. 신청은 거주지 관할 고용센터에 고용보험 육아휴직 급여 신청서와 사업주가 발급한 육아휴직 확인서를 제출하여 신청합니다.

육아휴직 급여를 받는 대신 근로시간의 단축을 신청할 수도 있습니다. 육아기 근로시간 단축 기간도 육아휴직과 마찬가지로 1년 이내이며, 근로시간 단축과 육아휴직은 1회 분할 및 병행해서 사용할 수 있으나 그 총 기간은 1년을 넘을 수 없습니다. 육아휴직 기간도 근속 기간에 포함됩니다. 육아휴직 신청을 받은 사업주는 이를 허용해야 하며 육아휴직을 이유로 해고 등 불리한 처우를 하지 못합니다.

초보 아빠의 365일 아기 돌보기

낳기만 하면 절로 크는 줄 알았는데 아기 돌보기는 정말 쉬운 일이 아니다.

먹이고 씻기고 재우는 기본적인 돌보기부터 아빠는 막막함과 두려움을 느낀다.

처음부터 아기 돌보기에 능숙한 아빠는 없다. 좋은 아빠, 좋은 남편이 되기 위해서는

육아에 대해 공부하고 적극 참여하는 자세가 필요하다.

아빠를 위한 아기 몸 설명서

눈을 뜨고 옹알이를 하고 미소를 보여주는 등 아기는 끊임없이 성장한다.
아기마다 성장 발달의 속도는 조금씩 차이가 나게 마련이라 초보 부모는 마음을 졸이며 기다리기도 한다.
우리 아기가 잘 자라고 있는지 체크해볼 수 있는 기준을 소개한다.

신생아의 발달 특징

- 항상 수분이 부족하다. 충분히 수유해 수분을 보충해준다.
- 아직 코로만 숨을 쉰다. 방이 건조해 코가 막히지 않도록 적절한 습도를 유지한다.
- 시력이 나쁘다. 아직은 빛에 대한 반응을 보이는 정도다.
- 아기의 통통한 살이 뼈를 보호한다. 아직 뼈가 여물지 않은 상태이므로 늘 조심한다.
- 추위와 더위에 약하다. 체온 조절 능력이 없으므로 춥거나 덥지 않도록 항상 신경 쓴다.
- 소화가 잘 안 된다. 수유 후에 항상 트림을 시킨다.
- 가끔 사시가 된다. 아직 눈의 초점을 잡지 못해 사시처럼 보이기도 한다.
- 늘 숨이 가쁘다. 처음 2주 동안 호흡이 불안정하다. 하지만 점차 안정된다.
- 횡경막이 발달하지 않아 딸꾹질을 자주 한다.
- 몸이 생각 없이 움직인다. 속싸개로 팔까지 싸준다.
- 눈물이 많이 나오지 않는다. 생후 2개월까지는 심하게 울어도 눈물이 잘 나오지 않는다.

시기별 아기 발달 설명서

생후 0~1개월	생후 1~2개월	생후 2~3개월
- 처음 3~4일 체중이 줄었다가 다시 늘어난다. - 하루 20시간 정도 잠을 잔다. - 팔다리를 구부리고 몸을 완전히 펴지 못한다. - 울음으로 의사 표현을 한다. - 엄마 목소리와 젖 냄새에 반응한다. - 출생 2~3일 후 황달이 나타나 일주일가량 지속된다.	- 발육 속도가 두드러진다. - 양손과 발을 고르게 움직인다. - 엄마와 눈을 맞추고 웃는다. - 청력이 발달해 소리에 예민해진다. - 상황에 따라 울음소리가 달라진다.	- 차츰 목을 가누기 시작한다. - 손을 입에 넣고 빤다. - 옹알이를 시작한다. - 일으켜 세우면 다리에 힘을 준다. - 갑자기 먹는 양이 줄기도 한다. - 밤과 낮을 구별한다. - 눈동자를 자유롭게 움직인다.

생후 3~4개월

- 목을 가눈다.
- 뒤집기를 시도한다.
- 무엇이든 입으로 가져간다.
- 소리 내어 웃는다.
- 색을 구별하기 시작한다.
- 부모의 얼굴과 목소리를 기억한다.

생후 4~5개월

- 몸의 움직임이 활발하다.
- 목을 완전히 가눈다.
- 스스로 물건을 잡으려고 한다.
- 기대어 잠깐 앉을 수 있다.
- 먼 곳을 볼 수 있다.
- 소리에 더욱 예민해진다.
- 물렁물렁하던 머리가 단단해진다.

생후 5~6개월

- 배밀이를 시작한다.
- 팔과 다리의 근육이 단단해지고 힘이 생긴다.
- 감정이 풍부해져 좋은 것과 싫은 것에 대한 감정을 확실히 표현한다.
- 분리불안이 생긴다.
- 자신의 이름을 듣고 반응한다.

생후 6~7개월

- 면역력이 떨어져 감기에 걸리기 쉽다.
- 몸을 자유자재로 뒤집는다.
- 아랫니가 나기 시작한다.
- 혼자 앉을 수 있다.
- 어느 정도 말귀를 알아듣는다.
- 낯가림이 생긴다.
- 간단한 유아어를 시작한다.
- 어른 수준의 색채감이 생긴다.

생후 7~8개월

- 앉아 있다가 엎드릴 수 있다.
- 배를 들고 무릎으로 기어 다니기 시작한다.
- 두 손으로 물건을 집는다.
- 기쁨, 슬픔, 즐거움, 화남, 두려움 등 다양한 감정을 표현한다.
- 낯가림이 심해진다.
- "엄마", "맘마"와 같은 2음절 옹알이를 시작한다.

생후 8~9개월

- 혼자서 능숙하게 앉고 자유롭게 기어 다닌다.
- 붙잡고 설 수 있다.
- "엄마", "아빠"를 말할 수 있다.
- 바이바이, 만세 등 간단한 동작을 흉내 낸다.
- 혼자 노는 시간이 늘어난다.
- 까꿍 놀이를 좋아한다.

생후 9~10개월

- 손을 잡으면 걸을 수 있다.
- 이를 사용해 베어 먹을 수 있다.
- 몸무게는 늘지 않고 키가 자란다.
- 호기심이 왕성하다.
- 흉내 내기를 좋아하고, 기억력이 좋아진다.
- 잼잼, 곤지곤지를 할 수 있다.
- 익숙한 말의 뜻을 이해한다.

생후 10~11개월

- 혼자 설 수 있다.
- 몸을 자유롭게 움직인다.
- 탐구심이 많아진다.
- 의사 표현이 확실하다.
- 말할 줄 아는 단어가 많아진다.
- 음악에 대한 반응이 전보다 분명해진다.

생후 11~12개월

- 대천문이 닫히기 시작한다.
- 걸음마 장난감을 밀 수 있다.
- 발달이 빠른 아기는 걸음마를 시작한다.
- 잠자는 시간이 규칙적이다.
- 자주 보는 사람의 얼굴을 기억한다.
- 다른 사람에게 관심을 보인다.
- 익숙한 말이나 지시에는 행동으로 따른다.

생후 12~15개월

- 출생 시 몸무게의 3배가 된다.
- 걸음마가 능숙해진다.
- 소근육이 발달해 손을 자유롭게 쓴다.
- 몸을 이용한 활동적인 놀이를 좋아한다.
- "어부바", "물" 등 자신이 원하는 것을 간단한 단어로 표현하기 시작한다.
- 애착을 보이는 대상이 생긴다.

생후 15~18개월

- 손을 잡아주면 계단을 오를 수 있다.
- 손잡이 없는 컵도 사용할 수 있다.
- 어금니가 난다.
- 문장을 만들어 이야기할 수 있다.
- "아니", "싫어"라는 말로 반항하기 시작한다.

생후 18~24개월

- 깡충깡충 뛸 수 있다.
- 가구를 딛고 높은 곳까지 올라간다.
- 블록을 6~7개 쌓는다.
- 문제 해결 능력이 생긴다.
- "뭐야?"라는 질문을 많이 한다.
- 소유욕이 강해진다.
- 무엇이든 혼자 하려고 한다.

신생아 신체 특징

- **체중** 2.5~4.0㎏을 정상으로 보며 3.0~3.5㎏이 평균이다. 처음 일주일간은 체중이 일시적으로 줄어들지만 이후 매일 30g 이상씩 체중이 증가한다.
- **키** 신생아들의 평균 키는 50㎝ 전후다. 생후 1년 동안 28~30㎝가량 자란다.
- **체온** 신생아들의 평균 체온은 36.7~37.5℃로 어른보다 높다. 체온 조절 기능이 미숙해 온도 변화에 민감하므로 아기의 체온 유지에 각별히 신경 써야 한다.
- **호흡** 신생아는 복식호흡을 하며 심장박동과 호흡 수 모두 어른보다 빠르다. 심장박동은 1분에 120~180회 정도이며, 호흡은 분당 30~40회 정도다.
- **배설** 생후 4~5일간 태변을 보고, 이후 모유나 분유를 먹으면 점차 노란색의 묽은 변으로 변한다. 소변은 하루에 10~20회, 대변은 5~10회 정도 보므로 기저귀를 자주 갈아주어야 한다.
- **반사 반응** 팔다리를 펴서 당겨도 금세 구부리고, 손바닥을 가볍게 자극하면 손가락을 꼭 쥐고, 입술 근처에 손가락을 갖다 대면 손가락 쪽으로 입을 돌리며 빨려고 하는 것은 신생아의 정상적인 반사 반응이다. 이런 반사 반응은 백일을 전후해 차츰 사라진다.

실전! 아기 돌보기

갓 태어난 아기를 만지는 것조차 겁나는 초보 아빠. 어떻게 안아야 하는지,
목욕은 어떻게 시켜야 하는지 모든 것이 낯설고 두렵기만 하다. 기본적인 아기 돌보는 요령을 숙지하고,
아내를 어떻게 도와야 하는지 알아보자.

기저귀 갈기

● 아기의 엉덩이를 가제 수건이나 물티슈로 잘 닦는다.

● 변을 본 경우 미지근한 물로 씻기고 엉덩이를 충분히 말린다.

● 엉덩이를 살짝 들어 올려 새 기저귀를 밀어 넣는다.

● 기저귀 윗부분이 배꼽을 가리지 않도록 끝단을 살짝 접는다.

● 허벅지 부분의 기저귀 주름과 날개가 제대로 펴졌는지 다시 한 번 점검한다.

● 용변을 본 기저귀는 돌돌 말아 테이프로 고정하고 곧바로 쓰레기통에 버린다.

꼼꼼 check! 기저귀 갈 때 주의할 점

기저귀 가는 타이밍을 놓치지 말자 종이 기저귀는 두세 번 정도 소변을 봐도 될 만큼 흡수력이 좋지만 만져봐서 많이 뭉쳐 있다면 기저귀를 갈아야 한다. 매번 만져보지 않아도 소변표시줄을 통해 소변 여부를 알 수 있는 제품도 있다. 젖은 기저귀를 너무 오래 차고 있으면 엉덩이가 짓무를 수 있다.

손가락 두 개가 들어갈 정도로 여유 있게 채운다 기저귀를 너무 꽉 조이면 소화를 방해하고 아기가 활동하기 불편하다. 또한 너무 느슨하게 채우면 기저귀가 벗겨질 수도 있다. 손가락 두 개 정도 들어갈 정도로 여유 있게 채우는 것이 좋다.

목욕시키기

● 타월, 옷, 기저귀, 로션 등을 미리 준비해둔다.

● 38~40℃ 정도로 목욕물을 받는다.

● 한 팔로 아기의 엉덩이와 목을 받친 다음 옆구리에 낀다.

● 귀를 막고 얼굴을 닦은 다음, 머리를 감긴다.

● 욕조에 담그고 아기의 몸을 목→겨드랑이→배→팔→다리→등 순으로 씻긴다.

● 헹굼물로 옮겨 아기 몸에 물을 가볍게 끼얹어준다.

● 큰 목욕 타월 위에 아기를 눕히고 온몸을 감싼 뒤 톡톡 두드려 물기를 닦는다.

● 보습제를 바른 후 기저귀를 채우고 상의, 하의 순으로 입힌다.

꼼꼼 check! 목욕시킬 때 주의할 점

목욕 후를 대비해 완벽히 준비한다 타월, 갈아입힐 옷, 기저귀, 오일이나 로션 등 목욕 후에 필요한 모든 것을 준비해둔다. 아기의 체온이 떨어지지 않게 하는 것이 중요하므로, 목욕 전에 모두 준비해둬야 우왕좌왕하는 일 없이 빨리 몸을 닦이고 옷을 입힐 수 있다.

적당한 온도로 목욕물을 받는다 아기의 목욕물은 38~40℃가 적당하다. 물온도계가 있다면 편리하겠지만, 없다면 팔꿈치를 살짝 담가보아 따뜻하다고 느끼는 정도면 된다. 헹굼물은 목욕물보다 약간 더 따뜻하게 받아두는 것이 좋다. 아기를 목욕시키는 동안 시간이 지나면서 물이 식기 때문이다.

아내가 아기를 씻기는 동안 상체와 고개를 잘 받친다 아기 목욕시키는 것이 서툴다는 이유로, 아내가 목욕을 시키는 동안 두 손 놓고 구경하지 말자. 아내의 손목과 관절이 약해져 있으므로 아기를 씻기는 동안 상체와 고개를 받쳐주면 많은 도움이 된다. 목욕이 끝나면 큰 수건으로 아기를 감싸 안는다.

목욕 후 뒷정리를 한다 목욕을 마친 후 대개 엄마는 아기에게 수유를 한다. 목욕 후 뒷정리는 남편의 몫. 아기가 사용한 욕조는 비누칠해서 깨끗이 헹구고, 사용한 용품들도 제자리에 정리한다. 젖은 옷과 가제 수건은 물기를 짜둔다.

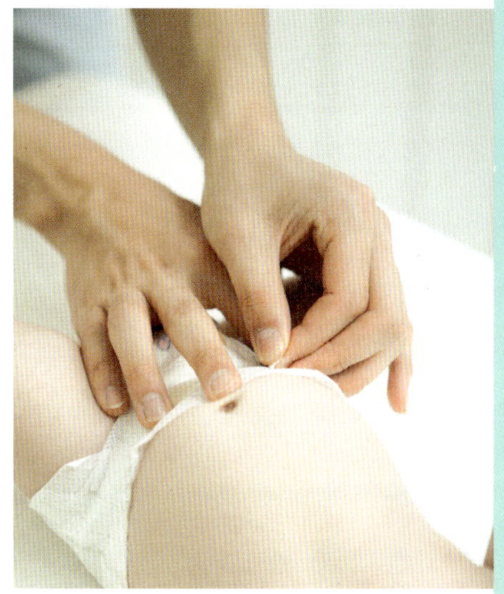

성기 씻기기

남자아기 위에서 아래로 부드럽게 닦고 성기의 끝 부분은 물을 살짝 끼얹는다. 고환 아래쪽과 사타구니 접힌 부분도 꼼꼼히 닦는다.

여자아기 앞에서 뒤로 부드럽게 닦는다. 외음부 깊숙한 틈새까지 벌려 닦을 필요는 없다.

아기 안기

바닥에서 들어 올릴 때

① 한 손은 아기의 목과 머리를 받치고 다른 한 손은 엉덩이 아래에 넣는다.
② 아빠가 허리를 구부린 상태에서 아빠 쪽으로 끌어당기며 안아 올린다.

잠든 아기 내려놓을 때

① 아기가 깨지 않도록 아기를 안은 상태에서 조용히 무릎을 꿇고 자리에 앉는다.
② 아빠의 몸을 앞으로 숙이면서 아기의 엉덩이부터 바닥에 내리고 머리를 넌다.

아기를 건네줄 때

① 한 손은 아기의 목과 머리를 받치고 다른 한 손은 다리 사이에 넣어 엉덩이를 받친다.
② 상대방의 손 위에 아기의 머리부터 조심스럽게 내려놓고 아기의 몸을 건넨다.

달래거나 재울 때

① 한 손으로 아기 목을, 다른 손으로 엉덩이와 등까지 감싸 안듯 받치고 안는다.
② 등이나 엉덩이를 토닥이며 몸을 살살 흔들어 달래거나 재운다.

아내의 이유 있는 잔소리

"손부터 씻어"
퇴근하자마자 아기의 얼굴부터 보고 싶고 안아보고 싶겠지만, 면역력이 약한 아기를 위해 손부터 씻는 것은 기본 중의 기본.

"문 살살 닫아!"
민감한 아기라면 재우는 데 시간이 오래 걸리고, 아주 작은 소리에도 잠이 깰 수 있다. 아빠들은 의외로 문을 살살 닫거나 소리 나지 않게 걸어 다니는 게 힘들다.

"담배 냄새 나!"
밖에서 담배를 피우고 왔더라도 담배의 유해 물질이 옷과 머리카락에 묻어 있어 아기에게 나쁜 영향을 줄 수 있다. 그저 흔한 아내의 잔소리라고 생각하지 말자.

"아기랑 놀아줘!"
하루 종일 아기에게 매달려 있었던 아내에게 잠깐의 여유를 줄 필요가 있다. 단 30분만이라도 아내가 쉴 수 있게 하자. 아기와 둘만의 시간을 갖는 동안 스킨십을 즐기며 친밀감을 높이자.

"일찍 들어와!"
아기와 둘이서만 지낸 아내는 온종일 아빠의 퇴근 시간만을 기다린다. 육아와 살림에 지친 아내를 위해 불필요한 약속은 삼가고 귀가를 서두르도록 하자.

우는 아기 달래는 아빠 비법

아기 돌보는 일은 무척 힘들지만, 그중 특히 우는 아기를 달래는 일이 가장 어렵다.
아기가 울면 왜 우는지, 어떻게 달래야 하는지 등 원인과 방법을 몰라서 더욱 두렵고 힘들다.
아기가 울 때 엄마에게 무조건 넘기기보다 아빠에게 맞는 방법을 찾아보자.

우는 아기 달래기

울거나 보챌 때 당황하지 않는다

말을 못하는 아기는 울음으로 자기 의사를 표현한다. 아기가 울고 보채면 "왜 우는 거야"
라며 신경질적으로 반응하는 아빠들이 의외로 많다. 말 못하는 아기의 마음을 이해하고
안정적이고 편안한 모습을 보여주는 것이 관건.

울거나 보채는 원인부터 파악한다

아기가 울면 무조건 안고 흔들면서 달래기보다 먼저 우는 원인을 파악한다. 특별한 이유
없이 운다면 몇 분 정도는 그냥 내버려두는 것도 괜찮다. 그 사이에 우는 아기로 인한 스
트레스를 줄이기 위해 심호흡을 하면서 마음을 안정시키자. 기저귀를 갈아줄 때가 됐는
지, 배고플 때는 아닌지 확인할 것.

다양한 육아용품을 활용한다

다양한 육아용품을 활용하거나 선배 아빠들의 우는 아기 달래는 노하우를 참고한다. 노
리개 젖꼭지를 물리면 울음을 진정시키는 데 도움이 된다. 바운서나 유모차에 태워 살짝
흔들어주는 것도 효과가 있다. 청소기나 헤어드라이어 등 가전제품에서 나는 백색소음,
비닐봉지의 바스락거리는 소리도 울음을 그치게 하는 방법 중 하나.

꼼꼼 check! 아기의 울음 줄이는 아빠 육아 필수품
배앓이 방지용 우유병 배앓이라고도 하는 영아 산통의 정확한 원인은 밝혀지지 않았지만, 복부의 가스, 소화 및
대변 상태 등에 의해 발생하는 것으로 알려져 있다. 배앓이는 모유를 먹는 아기보다 우유병을 사용하는 아기들에
게 자주 발생한다. 배앓이 방지용 우유병을 사용하면 아기가 헛공기를 먹는 것을 막아 배앓이를 방지할 수 있다.
노리개 젖꼭지 아기의 빠는 욕구를 충족시켜주며 정서적 안정감을 준다. 아기가 특별한 이유 없이 보챌 때 도움
이 된다. 단, 모유를 먹는 아기에게는 자칫 유두혼동이 생길 수 있으며, 지나치게 많이 빠는 경우 치열 등 치아
건강에 문제가 생길 수 있다.
바운서 안아주지 않고도 울거나 보채는 아기를 달랠 수 있는 바운서는 본격적으로 몸을 움직이기 전인 신생아부
터 생후 6개월 사이에 사용하면 요긴하다. 자연스럽게 흔들어주면서 아기를 재우거나 달래는 데 효과적이다.

업거나 안아준다

아기가 이유 없이 보챌 때는 조용하고 편안한 환경을 만들어주고 아기를 포근히 안아 살짝 흔들어주며 달래준다. 아기를 달랜다고 좌우, 앞뒤로 심하게 흔드는 것은 금물. 아기를 직접적으로 흔들기보다 아기를 안고 왔다 갔다 거니는 것이 좋다. 포대기나 아기띠를 사용해 업는 것은 아기가 목을 가누고 혼자 앉을 수 있는 4~5개월 이후부터 가능하다. 신생아 때는 반드시 신생아용 패드가 부착된 아기띠를 사용해 안는다. 유모차에 태우고 걷거나 카시트에 태워 드라이브하는 것도 좋다.

육아를 도와주는 스마트폰 앱을 활용한다

물소리나 파도 소리 등을 담은 스마트폰 앱을 활용해 자연의 소리를 들려주거나, 자장가, 까꿍 놀이 등 유용한 정보를 담은 앱을 활용한다. 아기가 울면 쩔쩔매는 초보 아빠들의 고충을 덜어준다. 다만 동영상을 아기에게 보여주는 것은 삼가해야 한다.

울며 떼쓰는 아기 훈육 원칙

생후 24개월 미만이라면 "안 돼"라는 말이 효과적이다

아기가 부모의 말을 알아듣는 돌 전후 시기부터는 위험한 행동에 대해 "안 돼"라는 말로 제지해야 한다. 생후 24개월 미만이라면 아직 판단력이 부족하고 행동을 스스로 제어하기 힘들기 때문에 위험한 행동을 하는 경우가 많다. 해서는 안 되는 일을 했을 때는 그 자리에서 단호한 표정과 말투로 "안 돼!"라고 말하는 것이 가장 효과적이다.

체벌은 금물이다

필요하다면 아기의 손목을 꽉 잡거나 팔다리를 제어해 좀 더 엄격하게 대할 수 있다. 단, 체벌을 할 경우 아기는 엄마가 자신을 때렸다는 것만 기억할 뿐 어떤 잘못을 해서 맞았는지는 알지 못한다.

단호한 태도를 취한다

아기가 떼를 쓸 때 '어려서 괜찮아'라고 무심히 받아들이기보다는, 올바른 습관과 태도를 심어주기 위해 단호한 태도를 취하는 것이 좋다. 아기가 잘못한 경우에는 아무리 울고불고 떼를 써도 확실하게 안 된다는 것을 알려줘야 한다.

아기의 감정을 인정한다

야단을 치고 행동을 바로잡기 전에 중요한 과정이 있다. 바로 아기의 감정을 인정해주는 것이다. "장난감이 사고 싶구나. 하지만 오늘은 장난감을 사러 온 게 아니야"라는 식으로 아기의 마음을 먼저 읽은 후 잘못을 지적하고 훈육을 해야 한다.

아기가 우는 대표적인 이유

- **배가 고파요**
  아기는 배가 고프면 무조건 운다. 아기가 원래 먹던 시간을 놓치지는 않았는지, 먹은 지 얼마나 됐는지를 체크한다.

- **기저귀가 축축해요**
  기저귀에 똥이나 오줌을 싸서 축축하면 아기는 보채듯 운다. 통풍이 잘 되는 기저귀를 채우고 기저귀가 젖으면 바로 갈아줘야 아기가 편안함을 느낀다.

- **외로워요**
  아기를 안아주고 이야기를 해주거나 노래를 불러준다.

- **너무 덥거나 추워요**
  아기의 옷 입은 상태를 확인한다. 피부가 빨갛거나 축축하면 더운 것. 옷을 너무 두껍게 입히지 않도록 주의한다. 추운 곳에 데려갈 때는 모자를 씌워 온기가 머리에서 빠져나가는 것을 막는다.

- **잠이 와요**
  아기는 피곤하면 눈을 비비거나 하품을 하며 졸린 상태에서 운다. 졸린데 주변이 시끄럽거나 너무 밝으면 아기는 화난 듯 울기도 한다.

- **배가 아파요**
  아기가 몸을 꼬거나 다리를 배 쪽으로 들어 올리며 운다면 소화기관에 가스가 지나치게 많이 찼기 때문일 수 있다. 울고 그치기를 계속 반복하면 장의 한 부분이 다른 장으로 말려 들어 가는 장중첩증을 의심해볼 수 있다. 병원에 가서 정확한 진단을 받는다.

- **열이 나요**
  열이 나거나 코막힘 등의 증상은 아기의 수면 리듬을 방해할 수 있다. 30분 이상 울음이 잦아들지 않으면 소아청소년과 전문의와 상담한다.

아빠가 돕는 수유 시간

아기와 눈을 맞추고 수유하는 시간은 다른 어느 시간보다 더 충분히 교감을 나눌 수 있는
소중한 시간이다. 모유를 먹이는 경우 엄마가 좀 더 편안하게 젖을 물릴 수 있도록 도와주고,
분유를 먹인다면 아빠가 직접 아기를 품에 안고 수유를 해보자.

모유수유 특급 노하우

모유량이 부족할 때 더 자주 젖을 물리고 한 번 먹일 때 양쪽 젖을 충분히 먹이도록 하며,
남은 젖은 남김없이 짜낸다. 뜨거운 찜질을 하고 2시간마다 젖을 물리거나 유축을 하면
모유량이 느는 데 도움이 된다.

모유량이 넘칠 때 수유하기 전에 모유를 미리 조금 짜낸 후 물리고 한쪽 젖만 집중적으로
물린다. 모유량이 줄어들어 적당한 수준이 되면 한 번에 양쪽 젖을 번갈아 물린다. 남은
젖은 불편하지 않을 만큼만 짜고 남겨둔다.

함몰유두, 편평유두일 때 젖 물릴 때 유방을 약간 뒤로 잡아당기면 유두가 튀어나와 아기
가 물기 편하다. 젖을 미리 짜서 가슴을 부드럽게 만든 다음 아기에게 젖을 물린다. 함몰
이 심한 경우 함몰 교정기를 사용한다.

유두가 너무 커서 아기가 힘들어할 때 자꾸 젖을 물리다 보면 아기가 엄마의 가슴에 적응
을 한다. 아기가 자라면서 빠는 힘이 강해지고 입도 커지면 금방 무리 없이 젖을 빨 수 있
게 된다.

유두가 헐었을 때 젖을 짜서 유두에 바르고 공기 중에 노출해서 말리거나 라놀린크림을 유두
에 발라준다.

젖몸살이 났을 때 아기가 직접 젖을 빠는 것이 가장 좋은 방법이다. 수유 후 남은 젖은 유
축기로 남김없이 짠다.

유선염이 발생했을 때 의사의 진료를 받아야 하며 치료를 위해서 항생제와 소염제를 투여
한다. 모유수유를 중단하면 젖이 고여 증상이 더 심해지므로 모유수유는 계속한다.

엄마가 감기에 걸렸을 때 감기 증상이 시작되면 마스크를 착용하고 손을 손 소독제로 자주
닦아주어야 아기에게 감기가 옮는 것을 막을 수 있다. 감기약은 대부분 모유수유 중에도
복용 가능하므로, 참지 말고 약을 먹고 편안하게 수유한다. 약제 상담은 한국마더세이프
전문상담센터(1588-7309)에서 가능하다.

제왕절개로 출산했을 때 누워서 먹이는 것이 좋다. 침대의 난간을 올리고 등과 무릎 사이
에 베개를 놓으면 자세를 잡는 데 도움이 된다. 앉은 자세에서 수유할 때에는 아기를 옆

구리에 끼고 먹이는 자세를 취하면 배가 덜 아프다.

모유수유 성공을 위한 아빠의 역할

모유를 먹이는 모습이 아름답다고 말해준다

아기에게 모유를 먹이는 일은 생각보다 무척 힘든 일이다. 아기가 어릴수록 수시로 젖을 찾기 때문에 엄마는 잠시도 쉴 틈이 없다. 유두가 헐어 피가 나기도 하고 젖몸살로 고생하기도 한다. 이런 힘든 과정을 모두 참고 젖을 물리는 것은 사랑하는 아기에게 몸에 좋은 모유를 먹이기 위해서다. 아내의 노력과 희생을 인정하고 감사하는 마음을 표현하자. 비록 모유수유와 육아에 지쳐 꾸미지 못했더라도 모유를 먹이는 모습이 너무나 아름답다고 말해주자. 아내도 모유를 먹이는 일이 얼마나 중요하고 아름다운 일인지 깨닫고 자신감을 갖게 될 것이다.

밤중에 편안하게 수유할 수 있도록 준비한다

한동안은 아기가 밤낮 구분 없이 엄마 젖을 찾으므로 밤중 수유를 해야 한다. 아내가 밤중에 일어나 편안하게 수유할 수 있도록 환경을 만들어주자. 등을 기대고 편안하게 수유할 수 있는 일인용 소파나 등 쿠션을 준비해주면 좋다. 수유 등과 수유 쿠션도 출산 전 미리 준비한다. 밤중 수유를 할 때 전등을 켜면 갑자기 밝아져 아기가 울 수도 있고, 젖을 먹고 다시 잠들어야 하는데 잠이 깨버릴 수도 있으므로 은은한 수유 등을 준비해둔다. 밝기 조절이 가능한 전등은 활용도가 높다.

트림시키고 다시 재우는 역할을 맡는다

15~30분 정도 한 자세로 앉아 아기에게 젖을 물리거나 분유수유를 하고 나면 엄마는 몸 여기저기가 쑤시고 눕고 싶은 마음이 간절하기 마련. 아내가 젖을 다 먹이고 나면 아기를 넘겨받아 트림시키고 다시 재우는 역할을 남편이 맡자. 어깨에 수건을 받치고 아기의 머리가 어깨 위로 가도록 똑바로 세워 안은 다음 가볍게 쓸어내려 트림시킨다. 트림을 잘 하지 않는 경우 가볍게 등을 톡톡 치는 것도 괜찮다. 10분 이상 토닥거려도 트림을 하지 않는 경우, 수유 직후 잠이 든 경우에는 굳이 트림을 시키지 않아도 된다.

젖몸살이 나거나 울혈이 생겼을 때 마사지를 해준다

젖이 불어 젖몸살이 났거나 울혈이 생겼을 때는 남편이 가슴을 마사지해주면 좋다. 젖이 불어 젖몸살이 났을 때는 차가운 찜질을 한다. 울혈이 생겼을 때는 울혈 부분만 힘을 줘서 마사지하기보다는 유륜을 부드럽게 마사지해 막힌 유관이 뚫리게 해야 한다.

분유수유 기초 상식

- 분유는 소젖에 아기의 성장에 필요한 영양소를 첨가한 영양식이다.

알아두면 유용한 특수 분유

- **설사분유**
  설사가 장기간 지속되는 경우 먹이는 소화가 잘되는 분유. 치료나 예방 효과는 없다. 장기간 수유하면 영양장애를 일으키므로 설사가 멎고 2~3일 지나면 일반 분유로 섞어가며 바꿔준다.

- **알레르기 분유**
  모유와 일반 분유에 알레르기 반응을 보이는 아기에게 먹이는 특수 분유. 우유 알레르기를 일으키는 원인인 단백질 성분을 가수분해하고 유당을 제거했으며 필수 지방산만 들어 있어 지방의 흡수율이 높다.

- **대두분유**
  유당을 섭취하면 안 되는 아기들을 위한 제품이다.

- **미숙아분유**
  모유를 공급하기 어려운 2.5㎏ 이하의 저체중 출생아나 태중 38주 미만에 태어난 미숙아를 위해 만들어진 특수 분유다. 열량이 높으며, 단백질, 무기질, 비타민 함량은 높고, 유당 함량은 적다.

- 중요한 건 수유 간격이 아니라 하루 수유량이다.
- 늦어도 돌까지만 먹인다.
- 밤중 수유는 생후 6개월을 전후해 끊어야 한다.
- 개봉한 분유는 최대한 빨리 먹인다.
- 분유는 단계에 맞게 먹인다.
- 분유는 탄 즉시 바로 먹인다.
- 우유병 · 우유병 꼭지 소독을 철저히 한다.

월령	1일 수유 횟수	1회 수유량	1일 총 수유량
0~2주	9~10회	60㎖	540~600㎖
2~4주	8회	90㎖	720㎖
1~2개월	6~7회	120㎖	720~840㎖
2~3개월	6회	150㎖	900㎖
3~5개월	5~6회	160~180㎖	800~1,080㎖
6개월	4~5회	200~240㎖	800~1,200㎖

우유병 세척하기

① **우유병 닦기** 다 먹은 우유병은 곧바로 물로 헹구고 우유병 전용 세정제와 세척솔을 이용해 분유 찌꺼기가 남지 않도록 깨끗이 닦는다. 이때 솔에 세정제를 묻혀 충분히 거품을 낸 다음 우유병에 넣고 세척한다.

② **우유병 꼭지 닦기** 우유병 꼭지 전용 솔에 세정제를 묻혀 안팎으로 구석구석 꼼꼼히 닦는다.

③ **뜨거운 물로 헹구기** 세정제가 남아 있지 않게 뜨거운 물로 우유병과 우유병 꼭지를 헹군다.

④ **소독하기** 물이 끓기 시작하면 우유병이 푹 잠기도록 넣어 2~3분 더 끓여 꺼낸다. 우유병 꼭지는 30초를 넘기지 않는다. 우유병 꼭지를 너무 오래 삶으면 모양이 변형되고 수명이 단축될 수 있다.

⑤ **물기 없도록 건조하기** 우유병 전용 집게로 건져내 물기를 탈탈 털어 공기 중에 건조시킨다. 이때 집게로 우유병 안을 집으면 흠집이 날 수 있으므로 주의한다.

⑥ **건조한 젖병은 조립해 보관하기** 완전 건조한 우유병은 조립해서 뚜껑을 닫아 보관한다.

아빠가 하는 분유수유

아빠가 직접 분유를 먹이면 아기와의 친밀도가 높아진다

아기에게는 모유수유가 가장 바람직하지만, 엄마나 아기가 모유수유를 할 수 없는 이유가 있을 때는 분유를 먹일 수밖에 없다. 이런 경우에는 아빠도 수유를 거들어줄 수 있다. 분유를 먹이는 일은 아기와 눈을 맞추고 살을 맞대는 등 스킨십을 나눌 수 있어 좋은 애착 관계를 형성하는 데 효과적이다. 엄마의 역할로만 여기던 수유의 역할을 부부가 함께할 수 있다는 점에서도 의미가 크다. 퇴근 후나 주말에는 아빠가 아기에게 분유를 먹이는 것이 좋다.

면 소재 옷을 입고 손을 깨끗이 씻는다

아기를 안고 분유를 먹일 때는 민감한 아기 피부에 자극을 주지 않는 면 소재 옷으로 갈아입는다. 면역력이 약한 시기이므로 분유를 준비하기 전에 손을 깨끗이 씻어 세균에 감염되지 않도록 한다.

분유 타는 법을 익혀둔다

분유량은 분유와 물을 합친 양을 말한다. 우유병에 먹일 양의 절반 정도 물을 부은 후 계량한 분유를 넣고 나머지 용량의 물을 넣어 눈금을 맞춘다. 물은 팔팔 끓인 후 70℃ 정도로 식힌 물을 사용한다. 분유를 섞을 때는 우유병을 위아래로 흔들지 말고 양 손바닥 사이에 끼우고 굴리듯이 섞으면 거품이 덜 생긴다.

우유병 물리는 법을 제대로 익혀둔다

우유병 꼭지는 끝 부분만 물리지 말고 넓은 부분까지 물 수 있도록 입안에 충분히 넣어주고, 분유가 우유병 꼭지 안에 가득 차도록 각도를 기울인다. 그래야 아기가 우유병 속의 공기를 삼키지 않는다. 분유를 한 방울도 남기지 않고 다 먹이려다 보면 불필요한 공기까지 마시게 된다. 우유병 꼭지 끝 부분에 분유가 조금 남았을 때 수유를 멈춘다.

아빠 품에 안고 먹인다

마치 엄마가 젖을 물리듯이 아기를 품 안에 깊숙이 안고 분유를 먹인다. 아기와 눈을 맞추고 아빠의 심장 소리와 체온을 아기에게 전달할 수 있다. 소파에 앉아 등 뒤에 쿠션을 대고 똑바로 앉은 자세가 좋다.

반드시 트림을 시킨다

분유를 먹는 아기는 모유를 먹는 아기보다 수유 중에 공기를 더 많이 삼키게 되므로 수유 후에는 반드시 트림을 시켜야 한다. 트림을 제대로 시키지 않으면 위에 공기가 차서 아기가 불편함을 느껴 보채고, 때로는 구토를 한다. 너무 급하게 먹을 때는 잠깐 우유병을 빼고 트림을 시킨 후 다시 먹인다.

우유병, 우유병 꼭지 소독을 돕는다

분유를 먹으면 하루에 5~10개가량 우유병과 우유병 꼭지를 세척해야 한다. 돌 이전 아기는 면역력이 약하기 때문에 소독을 매번 해야 한다. 퇴근 후 우유병과 우유병 꼭지를 세척하고 소독하는 일만이라도 남편이 도와주자.

분유 먹이기

① 생수를 끓여 식힌 물을 준비한다.

② 끓인 물의 온도가 70℃가 되면 우유병에 먹일 양의 1/2이나 1/3 정도 붓는다.

③ 계량한 분유를 넣고 잘 섞는다.

④ 물을 원하는 눈금만큼 더 붓는다.

⑤ 손등에 몇 방울 떨어뜨려 온도를 확인한다.

⑥ 수유 시간은 10~20분 정도가 적당하다.

⑦ 품에 안고 눈을 맞추며 먹이는 것이 좋다.

⑧ 반드시 트림을 시킨다.

아기가 좋아하는 아빠표 이유식

이유식을 만들고 먹이는 일은 주로 엄마가 담당하지만, 이유식 단계별로 지켜야 할 기본 원칙 등은
아빠도 알아두는 것이 좋다. 주말이면 반나절 정도 엄마에게 달콤한 휴식을 선물하고
아기의 이유식이나 간식을 직접 만들고 먹여보는 건 어떨까?

이유식의 기본 원칙

언제부터 시작할까?

- 만 4개월, 아기의 체중이 6~8kg 정도 될 무렵 시작한다.
- 모유 먹는 아기, 아토피가 있는 아기는 만 6개월에 시작한다.
- 아기의 컨디션이 좋을 때 시작한다.

꼼꼼 check! 아토피나 알레르기 질환이 있는 경우와 모유를 먹는 경우라면 생후 6개월경에 이유식을 시작한다. 또 감기 등으로 인해 이유식 시작 시기를 놓쳐 늦어졌다 해도 조급해할 필요는 없다. 늦게 시작한 만큼 아기가 성장했기 때문에 미음에서 죽으로 넘어가는 시기나 재료를 늘려가는 과정을 단축하면 된다. 조급한 마음에 무리하게 여러 가지 재료를 섞어서 먹이지 말고, 느긋한 마음으로 이유식 단계를 제대로 거치는 것이 중요하다.

무엇을 먹일까?

- 쌀미음부터 시작한다.
- 여러 식품을 섞지 말고 한 가지씩 시작한다.
- 엄마 혹은 아빠가 직접 만든 이유식을 먹인다.
- 신선한 재료를 사용하여 간을 하지 않고 조리하여 먹인다.
- 알레르기 위험이 있는지 확인한다.

꼼꼼 check! 특정 음식을 먹었을 때 토하거나 두드러기가 생기는 등 이상 증상이 나타나는 경우를 음식 알레르기라고 한다. 구토, 복통, 설사 등 위장 질환 뿐 아니라 두드러기, 피부 발진, 천식 등 증상도 다양하다. 잘못 먹이면 알레르기를 일으킬 수 있는 식품들을 충분히 숙지하고 이유식 재료를 준비할 때 주의를 기울여야 한다. 해당 식품을 재료로 사용한 가공식품 역시 섭취에 주의한다.

어떻게 먹일까?

- 처음부터 숟가락으로 떠먹인다.
- 체온 정도로 데워서 먹인다.
- 한 숟가락씩 서서히 양을 늘린다.
- 일정한 시간에 주는 것이 좋다.

꼼꼼 check! P.308의 단계별 이유식 레시피를 참고하여 아빠표 이유식을 준비하세요.

아빠들이 궁금해하는 이유식 대표 궁금증

시판 이유식을 사 먹이면 안 되나?

시판 레토르트 이유식이나 인스턴트 이유식은 씹는 훈련이 안 될 정도로 입자가 작거나 묽은 경우가 대부분이다. 또한 여러 가지 재료가 섞여 있어서 알레르기 반응을 꼼꼼히 살펴보기 힘들다. 엄마 혹은 아빠가 신선한 제철 재료로 정성껏 만든 이유식을 먹이도록 하자.

간을 하면 잘 먹을 텐데 꼭 맛없는 이유식을 먹여야 하나?

돌 이전에는 이유식에 소금이나 간장, 설탕 등을 이용해 간을 하지 않는 것이 원칙이다. 아직 아기의 신장 기능이 약하기 때문이다. 또한 처음부터 강한 맛에 길들여진 아기는 싱겁고 담백한 음식을 먹으려 하지 않고, 점차 자극적인 것만 찾는 입맛으로 변하기 때문. 아기가 새로운 음식을 맛보는 것만으로도 충분하므로 돌 이전에는 자연식품을 이용하고 재료 그대로의 맛을 살려서 만들어주는 것이 중요하다. 멸치나 다시마 등 염분이 많이 포함된 재료를 이유식에 사용하는 것도 돌 이후로 미루는 것이 좋다.

꼼꼼 check! **천연감미료도 사용하면 안 되나요?**

소금이나 설탕을 과다 섭취할 경우 나쁜 점들이 알려지면서 소금이나 설탕을 대신하는 양념들이 주목받고 있다. 단맛을 내면서도 인체에는 무해한 감미료가 아기를 둔 엄마들 사이에 입소문이 난 것도 이런 이유에서다. 뿐만 아니라 천연감미료라는 이름을 달고 시중에 출시되는 제품들도 많다. 어떤 제품을 사용해야 할까 망설인다면 과감히 사용하지 말 것을 권한다. 처음 이유식을 시작할 때부터 과일과 채소의 단맛, 고기의 감칠맛, 해조류나 생선의 짠맛 등 식재료 고유의 맛만 접하고 자란 아기들은 천연감미료를 넣지 않아도 음식을 잘 먹는다. 어차피 아기가 성장해가면서 사용할 수밖에 없는 소금이나 설탕도 질보다는 양의 문제가 우선시되어야 한다. 아무리 신안 천일염, 유기농 설탕이라 해도 많이 먹으면 점점 아기의 입맛은 자극적인 것만 쫓게 된다. 양념은 되도록 천천히 조금씩 주는 것이 건강한 입맛의 아기로 키우는 비결이다.

이건 되고 저건 안 된다? 왜 유별나게 가려 먹여야 하나?

아기에게 음식을 가려 먹여야 하는 이유는 크게 두 가지다. 첫째, 아직 아기의 소화 기능이 미숙하기 때문에 소화가 잘되는 음식부터 단계적으로 먹여야 한다. 처음에는 쌀미음부터 시작하고 이유식 초기에는 곡류와 채소류 위주로, 중기에는 소고기나 닭고기, 후기에는 흰살 생선과 밀가루 등을 시도한다. 둘째, 우리 주변에는 알레르기를 일으키기 쉬운 음식이 의외로 많다. 생우유, 달걀흰자 등의 단백질 식품군, 고등어나 꽁치 등 등푸른 생선, 조개류와 갑각류는 알레르기 발병 위험이 높다. 복숭아, 키위, 딸기, 토마토 등 과일 중에도 털과 씨가 알레르기를 일으키기 쉬워 조심해야 하는 경우가 있다. 이런 음식들은 돌 이후로 미루는 것이 좋으며, 아토피가 있거나 알레르기 체질인 아기는 두 돌 이후부터 먹이도록 한다.

아기가 밥을 먹을 수 있다면 그냥 먹여도 되지 않나?

일찍부터 밥을 먹이면 아기가 처음에는 밥알을 씹는 느낌이 좋아 잘 먹지만, 후기 · 완료기 이유식을 실패할 확률이 높아진다. 특히 진밥을 먹게 되면 어른이 먹는 밥을 먹을 수

단계별 이유식 원칙

- **이유식 초기(생후 4~6개월)**
  하루에 한 번 먹인다. 미음부터 시작해 걸쭉하게 만든다. 곡물과 채소 중심으로 식단을 짜고 단백질 식품은 피한다.

- **이유식 중기(생후 7~9개월)**
  하루에 두 번 이유식을 먹이고 중간에 간식을 한 번 먹인다. 으깨서 먹도록 조리한다. 양질의 단백질 공급이 필요하며 6개월부터 반드시 고기를 먹인다.

- **이유식 후기(생후 10~12개월)**
  하루에 세 번, 어른 식사 시간에 같이 먹인다. 된죽을 먹인다.
  건더기 있는 이유식으로 씹는 훈련을 시킨다. 5가지 영양소를 고루 섭취하게 한다.

- **이유식 완료기(생후 13~15개월)**
  하루 세끼 진밥 수준으로 먹인다. 고위험군 식품도 주의를 기울여 시도한다. 분유나 모유 대신 생우유를 먹인다. 하루 두 번 간식을 꼭 먹인다.

- **유아식(생후 16~36개월)**
  어른과 같은 정식 차림으로 만들어준다. 씹는 반찬, 아기 전용 김치를 준비한다. 모든 음식은 싱겁고 담백하게 만들어준다.

있다고 생각해서 어른이 먹는 국에 밥을 말아 먹이거나 밥을 김에 싸서 먹이는 경우가 많다. 하지만 이렇게 먹이면 염분을 지나치게 섭취하게 되므로 삼간다. 아기가 어른이 먹는 음식들에 관심을 보이는 것은 당연하다. 그래도 차근차근 이유식 단계를 밟아가는 것이 아기의 건강과 식습관 길들이기에 좋다는 것을 잊지 말자.

아빠가 시작하는 밥상머리 교육

저녁 식사만큼은 온 가족이 함께 먹을 것

아기와 함께 밥을 먹으면 흘리면서 먹는 아기를 챙기느라 정신없지만, 어릴 때부터 한 밥상에 온 가족이 모여 식사를 하는 습관을 들여야 한다. 옛 우리 선조들은 밥상머리 교육을 매우 중요시 했고 자녀 교육은 밥상에서부터 시작되었다. 반드시 지켜야 할 식사 예절도 자연스럽게 가르칠 수 있고, 아기와 하루 동안 있었던 일들에 대해 대화를 나누며 가족 간의 유대감도 돈독하게 쌓을 수 있다.

어릴 때부터 식사 예절을 가르칠 것

식사 예절 등 기본 생활 습관은 어릴 때 제대로 길들여지지 않으면 성인이 되어서도 쉽게 고쳐지지 않는다. 아직 아기가 어리다고 미루지만 말고 식사 예절을 하나씩 차근차근 가르치자. 제자리에 앉아서 먹기, 먹는 음식으로 장난치지 않기, 수저 제대로 잡기, 어른이 수저를 든 후에 식사하기, 마시거나 씹는 소리가 나지 않도록 하기, 음식물을 입에 넣은 채로 말하지 않기, 먹고 난 후에 자기 그릇은 설거지통에 넣기, 자리 깨끗이 정리하기 등 알려줘야 할 식사 예절이 많다.

장난은 야단치되 실수는 꾸짖지 말 것

식사 시간에 먹는 것으로 장난치거나 딴짓을 하는 것은 야단쳐야 하지만, 실수로 물을 쏟거나 음식을 흘리는 것에 대해선 꾸짖으면 안 된다. 오히려 혼자 떠먹으려고 노력하는 모습을 칭찬하고 다음에 더 잘 할 수 있다고 격려해주자.

일정한 시간, 일정한 장소에서 먹일 것

아기에게 식사의 시작과 끝을 확실하게 알게 하는 것이 중요하므로, 매일 정해진 시간에 정해진 자리에서 식사를 하도록 한다. 당연히 TV는 꺼야 하고, 아기의 관심이 갈 만한 장난감들도 안 보이는 곳으로 치운다. 아기가 밥을 먹다가 자꾸 돌아다니려고 할 때 "한 숟가락만 먹고 가라"고 하기보다 몇 번 주의를 준 다음 단호하게 밥상을 치워버려야 한다.

아빠! 어디 가? 완벽한 외출 준비

아기와 어떻게 놀아줘야 할지 고민이라면, 간단한 용품을 챙겨 집 밖으로 나가보자.
공원, 놀이터 등 매일 접하는 공간도 아빠와 함께 한다는 자체만으로 아기에게는 큰 행복이다.
점차 익숙해지다 보면 엄마 없이 2박 3일도 거뜬한 슈퍼맨 아빠가 될 수 있지 않을까.

월령별 나들이 노하우

생후 0~2개월

이 시기에는 아기의 면역력이 약하기 때문에 병원에 가는 것 외에는 외출을 되도록 삼간
다. 아기의 체온 조절을 위해 속싸개에 싸서 안는다. 추운 계절에는 겉싸개로 싸고 최대
한 찬바람을 맞지 않도록 주의한다.

생후 3~6개월

하루에 2~3번 낮잠을 자는 시기이므로 외출 중에 아기가 잠들 것을 대비해 아기띠나 유
모차를 준비해야 한다. 1~2시간 정도 집 가까운 곳을 산책하거나 마트에 다녀올 수 있다.
고개를 이리저리 돌리며 주변을 관찰하는 때이므로 아기에게 많은 것을 보여주고 말을
걸어주는 등 다양한 자극을 주자. 아직은 직사광선을 바로 쬐면 좋지 않기 때문에 모자를
씌운다.

생후 7~12개월

3~4시간 정도의 외출이 가능하다. 낮잠 자는 시간도 규칙적이기 때문에 시간만 잘 조절
하면 컨디션을 좋게 유지할 수 있다. 자동차를 타고 근거리 여행도 할 수 있다. 물을 자주
먹이고 조용한 곳에서 충분히 휴식을 취할 수 있게 한다. 안고 다니는 시간이 많기 때문
에 기저귀를 자주 갈아주어 엉덩이가 짓무르지 않도록 신경 쓴다.

생후 13~24개월

아기가 혼자서 걸어 다닐 수 있기 때문에 밖에 나가자고 엄마를 조르기 시작하는 시기.
잠깐 한눈을 팔면 안전사고가 생길 수 있으므로 늘 주의가 필요하다. 공원이나 동물원 등
아기가 좋아할 만한 장소로 외출이 가능하고 2~3시간 자동차로 이동하는 것도 무리가
없다. 아기를 너무 걷게 하지 말고 중간 중간 유모차를 태워 피로하지 않도록 한다.

아기와 외출 시 기억할 점

자외선을 차단한다

적당한 햇빛은 아기를 건강하게 한다. 아기 몸에 필요한 비타민 D를 생성시키고 연약한 피부를 튼튼하게 해주기 때문. 하지만 강한 햇빛이나 자외선을 오래 쬐면 아기 피부가 메마르고 손상을 입는다. 따라서 아기와 외출할 때 자외선 차단제를 발라주는 것이 좋다. 자외선 차단제는 생후 6개월 이후부터 사용한다. 자외선 차단제를 꼼꼼히 바르고 모자를 씌우거나 긴소매 옷을 입힌다. 일상생활을 할 때는 SPF10~30/PA+ 정도의 차단 지수로 자극이 없으면서 보습력이 뛰어난 자외선 차단제를 자주 덧발라주도록 한다. 놀이공원이나 수영장 등 장시간 야외 활동을 할 때는 강한 자외선이 오랜 시간 피부를 공격하므로 SPF50/PA+++ 정도의 제품을 사용하는 것이 좋다.

옷은 얇은 것으로 여러 겹 입힌다

실내와 실외, 차 안과 밖의 온도는 차이가 나기 때문에 얇은 옷으로 여러 겹 입혀야 상황에 맞게 옷 두께를 조절할 수 있다. 너무 두꺼운 옷을 입으면 아기의 움직임이 둔해지고 불편함을 느끼며, 땀을 흘릴 경우 갑자기 한기를 느낄 수도 있다. 여름철에도 얇은 긴팔 카디건이나 점퍼를 가지고 다닌다.

아기가 좋아하는 간식을 준비한다

나들이가 잦아지는 6개월 이후의 월령이라면 아기와의 외출 시 보채는 아기를 달래기 위해 간식을 챙기는 것은 필수. 간식은 성장기 아기들에게 꼭 필요하다. 부족한 영양을 채워줄 뿐 아니라 먹는 즐거움을 느끼게 해주는 역할도 한다. 감자, 고구마, 떡 등과 우유, 두유, 치즈 등을 챙긴다. 비타민과 무기질이 풍부한 신선한 채소와 과일도 좋다. 시판 과자를 먹인다면 우리 농산물로 만들거나 식품첨가물이 들어 있지 않은 유기농 과자를 구입한다.

흔들림을 방지하는 머리받침 쿠션을 장착한다

흔들린 아기 증후군은 가볍게 흔드는 정도로는 발생하지 않지만, 평소 머리가 흔들리는 것을 예방할 필요는 있다. 차에 태울 경우 반드시 카시트에 앉히고 되도록 조심히 운전한다. 0~4세는 두개골과 척추가 발육하는 시기로 유모차, 카시트, 바운서 등을 이용할 때 안정된 자세를 갖는 것이 중요하다. 유모차나 카시트에 태워 외출할 때는 아기의 척추와 목을 일직선으로 편안하게 만들어주는 머리받침 쿠션을 사용한다.

아빠표 구급 키트를 챙긴다

아기와의 나들이에서 빠질 수 없는 것이 바로 구급약이다. 걸음마를 시작하는 돌 전후 아기와의 외출이라면 상처를 빨리 아물게 하고 흉터를 예방하는 간단한 구급약품을 챙겨 가지고 다니면 좋다. 낱개 포장된 소독 티슈, 상처 치료 연고, 모기 기피제, 습윤밴드, 가위 등을 챙기면 된다.

꼼꼼 check! 아빠 혼자 아기 병원에 데려가기

아기들은 갑자기 토하거나 열이 나기도 하고, 넘어져서 다치는 등 병원에 갈 일이 많다. 갑작스럽게 병원에 가야 할 경우를 대비해, 평소 아기의 키와 몸무게를 정확히 알고 있는 것이 좋다. 구토, 설사 등의 증상으로 응급실을 찾는 경우에는 토사물이나 변이 묻은 기저귀 등을 챙겨 가면 원인을 파악하는 데 도움이 된다. 예방접종 기록을 확인할 수 있는 예방접종 기록 수첩도 가져간다.

미아 방지 예방 수칙

사전등록을 신청해둔다

미아 방지 경찰청 아동·여성·장애인 경찰지원센터에서 미아 방지 사전등록제를 시행하고 있다. 아기가 실종되었을 때를 대비해 미리 지문과 사진, 보호자 인적 사항 등을 등록해두는 것. 실종되었을 때 등록된 자료를 활용해 신속히 발견할 수 있다.

꼼꼼 check! 미아 방지 사전등록제

경찰에 미리 아기의 얼굴 사진과 지문, 신체 특징 등을 등록하고 실종 시 등록된 자료를 토대로 신속하게 찾기 위한 제도. 만 18세 미만 아동은 물론 지적, 자폐성, 정신장애인과 치매 환자도 등록 가능하다. 사전등록은 2가지 방법으로 신청이 가능하다. 가까운 경찰서 여성청소년계, 지구대 파출소에 찾아가 등록하는 방법으로 사전등록 신청서 작성부터 지문등록까지 할 수 있다. 인터넷으로 자가등록하는 방법도 있다. 안전Dream 홈페이지(www.safe182.go.kr) 또는 모바일 앱 '안전Dream'을 이용하는 방법으로 정보 업데이트가 편리한 것이 장점. 단, 추가로 지문등록까지 하려면 지구대 등 경찰서에 직접 방문해야 한다. 아기를 잃어버렸을 경우 등록한 이름과 번호 등을 조회해 신고를 접수한다.

미아 방지용 가방 등 예방용품을 활용한다

아기가 어리거나 장애로 말을 못하는 경우에는 미아 방지용 끈이 달린 가방이나 이름표 등 실종 아동 예방용품을 착용시킨다. 아기들의 이름과 연락처 등을 적을 때는 밖으로 쉽게 드러나지 않는 옷 안쪽이나 신발 밑창 등에 새겨주는 것이 좋다.

아기에 관한 정보를 기억한다

아기의 키, 몸무게, 신체 특징, 버릇 등 상세한 정보를 알아두면 실종 아동 예방 및 실종 아동 발생 시 유용하게 활용된다. 매일 아기가 어떤 옷을 입었는지 기억해두고, 아기의 인적 사항을 적어둔 카드를 집에 비치해두는 것도 방법.

정기적으로 아기 사진을 찍어둔다

실종 아동이 발생했을 때 가장 중요한 정보는 바로 아기의 사진. 특히 영유아기에는 성장이 빠르므로 너무 오래된 사진은 실종 아동을 찾을 때 도움이 되지 않는다. 가능한 정기적으로 아기 사진을 찍어 보관하도록 한다.

나들이에 꼭 필요한 용품

- **기본적인 용품**
  기저귀 3~6장, 여벌 옷 1벌, 가제 수건 5장, 휴대용 물티슈, 장난감 1~2개, 물, 간식, 비닐팩 2~3장, 모자, 유모차나 아기띠
- **분유수유를 하는 경우**
  분유 케이스, 우유병과 우유병 꼭지 2~3개, 보온병
- **이유식을 먹는 경우**
  이유식 1회 분량, 이유식 숟가락, 턱받이 1~2개

아빠 놀라게 하는 단골 아기병

아기들은 면역력이 약하기 때문에 계절이 바뀔 때마다 감기에 걸리기 쉽고,
어린이집이나 유치원에서 유행하는 질병에도 쉽게 감염된다. 아기들이 자주 걸리는 질병의 증상과
기본 관리법을 알고 있으면, 당황하지 않고 아기를 돌볼 수 있다.

아기에게 흔한 증상별 관리

열이 날 때

- 38.5℃ 전후로 열이 날 때는 얇은 옷 한 장만 입힌다.
- 39℃ 이상의 고열이 날 때는 옷은 물론 기저귀까지 모두 벗기고 미지근한 물수건으로 몸을 닦아주면 열이 빨리 떨어진다.
- 열이 38.5℃ 이상으로 몸이 축 늘어져 있으며 식욕이 없고 제대로 먹고 자지도 못할 경우에는 병원에 가서 진료를 받도록 한다.
- 수분을 충분히 섭취시킨다.
- 신생아가 열이 날 때는 빨리 병원으로 간다.

기침을 할 때

- 수분 섭취를 충분히 시킨다.
- 실내 습도를 40~60% 정도로 유지한다.
- 아기의 등을 두드려 가래를 배출시킨다.
- 우유와 이유식은 조금씩 자주 준다.
- 입술이나 손톱 밑이 파랗게 변한 경우, 기침을 하면서 침을 많이 흘리는 경우, 가래에 피가 섞여 나오는 경우, 심한 고열을 동반한 경우 빨리 병원으로 간다.

발진이 생겼을 때

- 열이 나는지 체크한다.
- 전신의 발진 상태를 체크한다.
- 몇 시간 안에 가라앉는 단순 발진이라면 상태를 지켜본다.
- 수포가 생겼을 때, 피부에서 진물이 많이 날 때, 자줏빛 반점이 있을 때, 눈이 충혈되어 있을 때, 자주 긁어 염증이 생겼을 때는 병원에 가야 한다.

구토 · 설사할 때

- 고개를 옆으로 돌려준다.
- 수분을 충분히 보충한다.
- 묽은 쌀미음을 만들어 먹인다.
- 모유는 계속 먹인다.
- 심한 탈수증상이 있을 때, 토사물이 녹색을 띠거나 피가 섞여 있을 때, 머리를 부딪친 후 구토를 할 때, 분수처럼 토할 때는 빨리 병원에 가야 한다.

경련을 할 때

- 고개를 옆으로 돌린다.
- 옷을 느슨하게 풀어준다.
- 아무것도 먹이지 않는다.
- 손가락이나 숟가락을 입안에 넣지 않는다.
- 손발을 주무르거나 손을 따지 않는다.
- 경련을 멈추려고 하지 말고 아기 상태를 관찰하며 병원 응급실로 데리고 간다.

빨리 찾아야 할 아기 질병

선천적 근육성 사경

목에 응어리가 생겨 머리가 한쪽으로 기울어지는 증상. 원인은 정확히 알 수 없으나 목의 한쪽 근육이 짧아져 머리가 한쪽으로만 기울게 된다. 조기에 발견하면 물리 치료만으로 호전되므로 목을 가누기 시작한 후 아기가 머리를 한쪽으로 기울이는 모습이 계속되면 병원에 가야 한다.

정류고환

잠복고환이라고도 하며 고환이 음낭 안에 있지 않거나 음낭까지 내려오지 않은 상태를 의미한다. 돌이 가까워지는 나이에도 남자아기의 음낭에 고환이 만져지지 않으면 병원에 가봐야 한다.

서혜부 탈장

복강 안에 있어야 할 장기가 복벽의 약한 부분을 통해 복강 밖으로 빠져 나오는 것을 탈장이라고 하며, 특히 서혜부(사타구니) 주위를 빠져 나온 경우를 서혜부 탈장이라고 한다. 아기의 사타구니 부분이 불룩해지는 경우에는 탈장을 의심할 수 있으므로 병원에 가서 진찰을 받도록 한다.

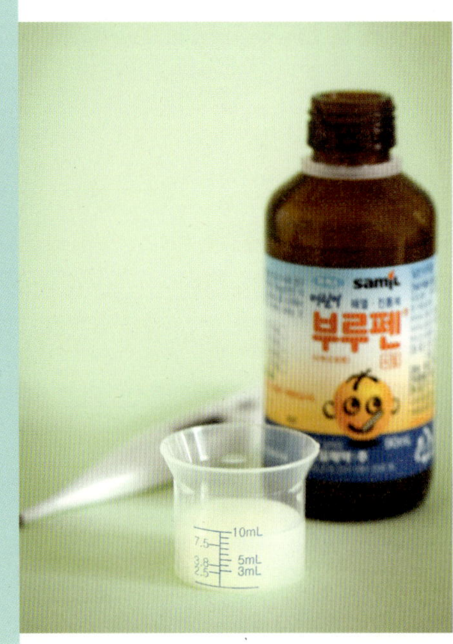

선천성 고관절 탈구

아기를 눕혔을 때 다리의 주름이 비대칭이고, 똑바로 눕혀 무릎을 세웠을 때 높이가 다르다면 고관절 탈구를 의심해봐야 한다. 양쪽 다리의 길이가 같은지, 발목이 안쪽 혹은 바깥쪽으로 휘어지지는 않았는지 살펴본다. 생후 6개월 이전에 발견하면 수술 없이 교정만으로도 완치 가능하다.

꼭 응급실을 찾아야 하는 상황

- 화상을 입어 피부가 빨갛게 부어오르고 물집이 생겼을 때
- 경련 증상이 5분 이상 멈추지 않을 때
- 연속해서 3~4회 정도 토하고 탈수증상이 심할 때
- 아기가 이물질을 기도로 삼켰을 때
- 머리를 바닥에 심하게 부딪혔을 때
- 6개월 이전 아기가 체온이 38℃ 이상일 때

약 먹이는 기본 원칙

- 의사 처방에 따라 정해진 용법과 용량을 반드시 지킨다.
- 열이 떨어지지 않는다고 해열제를 자주 반복해서 먹이면 안 된다. 5~6시간 정도 간격을 두고 먹이도록 한다.
- 집에 있는 아무 연고나 바르지 않는다.
- 비슷한 증상으로 보인다고 예전에 처방받았던 남은 약을 사용하지 않는다.
- 항생제는 증상이 나아져도 다 먹여야 한다.
- 시럽제는 아기가 마시지 않도록 아기 손이 닿지 않는 곳에 보관한다.

우리 집 응급치료 매뉴얼 만들기

가까운 병원의 위치와 전화번호를 정리해둔다

집에서 가까운 소아청소년과, 응급실 위치와 전화번호를 정리해 눈에 잘 띄는 곳에 붙여두자. 야간이나 주말에도 진료하는 소아청소년과와 약국도 미리 알아둔다.

언제든지 사용할 수 있도록 구급약을 준비해둔다

만약의 경우를 대비해 일회용 밴드, 상처 연고, 해열제, 소화제, 거즈, 알코올 솜, 화상 연고, 진통제, 체온계 등을 구비해둬야 한다. 자주 열어보고 유통기한이 지났거나 개봉 후

시일이 오래 지나 변질된 제품은 새것으로 교체해야 한다. 구입 시기, 개봉 시기 등을 겉 포장지에 메모해두면 편리하다.

자주 앓는 질병과 대처 방법을 메모해둔다

아기가 자주 앓는 질병과 증세, 케어 방법을 메모해두면 당황하지 않고 빠르게 대처할 수 있다. 특히 조부모 등 부모가 아닌 다른 사람이 아기를 돌보는 경우 메모가 꼭 필요하다.

소아청소년과 주치의 만들기

단골 소아청소년과를 정하는 것이 좋다

아기들은 잔병치레가 많기 때문에 자주 병원에 갈 일이 생긴다. 그때마다 이 병원 저 병원을 전전하기보다는 단골 소아청소년과를 만들어두는 것이 좋다. 아기를 예전부터 꾸준히 봐온 의사라면 아기에게 이상 증세가 나타났을 때 좀 더 빨리, 세심하게 진단을 내릴 수 있다. 엄마 입장에서도 의사에게 이것저것 편하게 물어볼 수 있다. 아기도 같은 병원, 같은 의사에게 익숙해져서 진료를 잘 볼 수 있다.

엄마가 아기와 둘이서 다닐 수 있도록 집에서 가까워야 한다

아무리 규모가 크고 유명한 병원이라고 해도 집에서 멀다면 곤란하다. 매번 아빠가 동행해줄 수 없으므로 엄마와 아기 둘이서도 다닐 수 있도록 집에서 도보로 10분 이내에 있는 병원을 선택한다. 유모차를 태우고 갈 경우를 대비해 엘리베이터가 있는 병원이 좋다.

소아청소년과만을 진료하는 병원이 좋다

내과나 가정의학과, 산부인과 등을 겸하고 있는 병원보다는 소아청소년과만을 진료하는 병원을 선택한다. 아기들에게 주로 생기는 병은 아기 몸의 생리를 잘 아는 소아청소년과 전문의에게 보이고 적절한 치료를 받는 것이 원칙이다.

진찰과 설명이 친절하고 상세한 곳이 좋다

엄마 아빠의 질문에 이해가 쉽도록 잘 설명해주는지 살핀다. 병에 관련된 것뿐만 아니라 엄마나 아빠가 궁금해하는 시시콜콜한 것까지도 친절하게 조언해주는 의사라면 내 아기의 주치의로 손색이 없다. 엄마 아빠와 의사소통이 잘되고 의사의 진료나 설명 방식이 엄마 아빠의 성향에 맞으며, 아기도 친근해하는 병원이라면 믿어도 될 것이다.

사람이 붐비는 요일과 시간대를 파악해두면 편리하다

매주 월요일과 금요일, 토요일은 어느 병원이나 환자로 붐비게 마련. 비교적 한산한 요일과 시간대를 미리 파악해두면 오랜 시간 기다리지 않고 진료를 볼 수 있다.

<hr>

예방접종의 종류

● **필수 예방접종**
BCG, A형 간염, B형 간염, DTaP, 폴리오(소아마비), MMR, 수두, 일본뇌염, Hib(b형 헤모필루스 인플루엔자, 일명 뇌수막염 주사라고 불리고 있음), 폐구균

● **선택 예방접종**
로타바이러스, 독감(인플루엔자)

예방접종 시 주의사항

● 오전 시간에 접종한다.
● 육아수첩에 꼼꼼히 기록한다.
● 열이 있으면 접종을 미룬다.
● 접종 30분 전에 식사를 마친다.
● 접종 당일은 목욕시키지 않는다.
● 접종 후 병원에서 30분 정도 머물며 아기 상태를 체크한다.
● 정해진 시기에 맞히는 것이 좋다.
● 접종 후 아기를 엎어 재우지 않는다.
● 이상 반응이 나타날 땐 즉시 소아청소년과에 간다.
● 조산아는 태어난 날을 기준으로 접종한다.

아빠가 책임지는 아기의 안전

영유아의 안전사고 대부분은 집 안과 집 주변에서 일어난다. 안전하다고 생각하는 집 안도
아기의 눈높이에서 둘러보면 여기저기 위험 요소가 많으므로 세심하게 살펴 사고를 예방하자.
자동차로 이동할 때 기본적으로 알아야 하는 안전 수칙들도 숙지해둔다.

안전한 우리집 만들기

거실

- 가구나 벽의 모서리마다 모서리 보호대를 붙인다.
- 전화기 선이나, 각종 전선, 블라인드의 줄 등이 늘어져 있어 아기가 걸리지 않도록 깔끔하게 정리한다.
- 서랍이나 장식장에 손가락을 끼지 않도록 잠금장치를 설치한다.
- 소파 앞에 1m가량 매트를 깔아둔다. 뒷면에 미끄럼방지가 되어 있는 제품을 사용한다.
- 카펫이나 러그를 깔 때도 반드시 뒷면에 미끄럼방지가 되어 있는 제품을 사용한다.
- 콘센트는 최대한 아기 눈에 띄지 않게 감추고 항상 안전 덮개를 씌워둔다.

침실

- 침대에서 굴러 떨어지는 일이 많으므로 안전가드를 설치해 추락 사고를 예방한다.
- 문 모서리에 보호대를 부착하거나 문 고정 장치를 끼워둔다.
- 서랍장 손잡이가 앞으로 튀어나와 있거나 금속 재질로 만들어져 있다면 손잡이를 빼둔다.
- 아기의 잠자리는 침대보다는 바닥이 안전하며 지나치게 푹신한 침구는 피한다.
- 자다가 가구나 다른 물건에 부딪히는 일이 없도록 베개나 쿠션으로 둘러싼다.

욕실

- 욕실과 욕조 바닥에 미끄럼방지 스티커를 붙인다.
- 최대한 욕실 바닥에 물기가 남아 있지 않도록 유지한다.
- 아기가 혼자 욕실에 들어가는 일이 없게 한다.
- 샴푸와 비누, 세제 등은 반드시 제 용기에 넣어 아기 손이 닿지 않는 높은 곳에 보관한다. 이중 안전 마개가 있는 용기를 사용하면 더욱 좋다.
- 수도꼭지 손잡이는 항상 찬물 쪽으로 돌려놓고 욕조에는 물을 빼둔다.

- 욕실용 스툴을 사용할 때는 바닥에 미끄럼방지가 잘 되어 있는 제품을 고른다.

현관

- 신발과 우산은 신발장에 보관한다.
- 유모차나 자전거 등 덩치가 큰 물건은 다른 곳으로 치우거나 쓰러지지 않도록 한쪽 벽에 잘 붙여 보관한다.
- 현관 자물쇠와 손잡이는 아기 손이 닿지 않는 높이에 설치한다.
- 현관에 계단이 있는 경우 계단 위아래에 안전문을 설치한다.
- 보행기나 승용 장난감을 타고 현관 계단까지 나가는 일이 없게 조심한다.

주방

- 칼, 가위, 포크 등은 아기 손이 닿지 않는 높은 곳에 보관하거나 잠금장치를 단다.
- 음식을 조리할 때는 가스레인지 근처에 오지 못하게 한다.
- 냄비나 프라이팬의 손잡이는 안쪽을 향하게 돌려놓는다.
- 가스 누설 차단 장치를 하거나 평소에 밸브를 꼭 잠그도록 한다.
- 식탁보는 아기가 잡아당길 수 있으므로 길게 늘어지지 않도록 한다.
- 깡통이나 이쑤시개 등 위험한 쓰레기는 바깥에 버리도록 한다.
- 갑자기 뜨거운 김이 나오는 압력 밥솥과 무선 주전자, 뜨거운 물이 나오는 정수기 등도 아기의 손이 닿지 않는 높은 곳에 둔다.

베란다

- 창가에 책상, 의자, 상자 등 아기가 딛고 올라설 만한 물건을 두지 않는다.
- 에어컨 실외기는 베란다 안에 두지 말고 옥외에 설치한다.
- 절대로 아기 혼자 나가는 일이 없도록 평소에 잘 일러두고 살펴본다.
- 거실과 베란다 사이에 안전문을 설치한다.
- 창문에는 안전창살을 설치하고, 환기 시킬 때를 제외하고는 가능한 잠근다.

아빠가 점검해야 할 집 안의 위험 요소

안전사고가 가장 많이 일어나는 곳은 바로 집 안!

영유아 안전사고의 절반 이상이 집 안에서 발생한다. 특히 만 3세 이하 아기의 사고 빈도가 높다. 이 시기 아기가 집 안에서 머무는 시간이 많고, 집은 안전하다고 생각해 미처 신경 쓰지 못하는 경우가 많기 때문이다. 하지만 잘 살펴보면 집 안 여기저기 아기에게 위험 요소가 될 만한 것들이 많이 있다. 아기의 눈높이에서 집 안을 둘러보고 미리 사고를 예방하는 준비가 필요하다.

영유아 안전에 대한 온라인 강의

한국생활안전연합(www.safehome.or.kr)에서는 '전문가와 함께하는 아동 안전사고 예방'이라는 주제로 온라인 강의를 하고 있다. 간단한 회원 가입 후 누구나 수강할 수 있는데, 특히 만 5세 이하 영유아를 둔 아빠에게 유용한 강좌다. 내용은 가정 안전, 놀이터 안전, 교통 안전, 물놀이 안전, 심폐소생술 등의 응급처치 등으로 이뤄져 있다.

아기 성장에 따라 가구 배치를 과감히 바꿔야 한다

아기가 잡고 일어서고 걸어 다니기 시작하면 집 안 가구들의 위치를 과감히 바꿔야 한다. 거실 한복판에 버티고 있는 소파 테이블을 치워야 하고, 식탁도 벽 쪽으로 붙여야 한다. 서재 책상이 방 가운데 배치되어 있다면 벽을 향하도록 바꾼다. 아기가 움직일 수 있는 공간을 최대한 확보해 집 안 여기저기를 뛰어다녀도 모서리에 부딪히지 않도록 사전에 예방하는 것이다. 바퀴가 달린 가구는 잠금장치를 해두거나 벽 쪽에 붙여놔야 한다. 창가에 아기가 딛고 올라갈 만한 가구는 두지 않는다.

베란다 창틀, 방충망 등 기본 안전장치들을 점검한다

방충망은 안전망이 아니다. 우리가 기대하는 것만큼 튼튼하지 못할 뿐 아니라 어린아기의 체중도 버티지 못할 만큼 약하다. 방충망이 있다고 해서 안전하다고 생각지 말고 바깥에 추락방지용 창살을 함께 설치하는 것이 좋다. 손으로 잡고 흔들어보아서 창틀이 느슨해 빠질 우려는 없는지 살펴본다. 창문이나 베란다 문에 잠금장치를 해 아기 혼자 문을 열 수 없도록 하는 것이 좋다.

위험한 물건을 사용한 후엔 바로 정리한다

물건을 사용한 후 별생각 없이 아무 곳에나 올려두면, 아기는 낯선 물건에 호기심을 보이고 눈 깜짝할 사이 손을 뻗친다. 아기가 만지면 위험한 물건은 늘 아기 손이 닿지 않는 곳으로 치우는 습관이 필요하다. 특히 집에서 공구를 사용할 때 아기가 옆에서 만지지 않도록 주의해야 한다. 전동 드릴이나 글루건, 다리미나 드라이어 등 전기를 연결해서 사용하는 제품은 사용 즉시 콘센트에서 플러그를 뽑아 치워두어야 한다.

액자나 시계는 콘크리트 못으로 고정한다

액자나 시계 등 높은 곳에 걸려 있는 물건들이 떨어질 위험 없이 안전하게 달려 있는지 확인한다. 되도록 벽에 물건을 걸지 않는 것이 좋다. 접착식 고리는 떨어질 위험이 크므로 콘크리트 못을 이용해 단단히 고정한다.

아빠가 챙겨야 할 자동차 안전

아기는 뒷좌석에 카시트를 이용해 앉힌다

카시트를 사용하는 것만으로도 교통사고 시 영유아의 사망률을 90%나 줄일 수 있다고 한다. 카시트는 신생아부터 사용해야 아기의 거부반응을 줄일 수 있다. 뒷좌석에 고정하는 것이 가장 안전하며 사이드 에어백이 설치된 경우라면 너무 창가에 가깝지 않게 장착하는 것이 좋다.

카시트는 아기 나이와 몸무게에 따라 후방 혹은 전방 장착한다

2세 미만 아기는 카시트를 차량 진행 방향의 반대인 뒤보기로 누운 자세로 고정하고, 두 돌이 넘었거나 10㎏ 이상은 앞을 보게 고정한다. 월령이 어린 아기의 경우 앞보기로 장착 하면 경추에 큰 충격이 올 수 있다.

불가피하게 앞좌석에 설치하는 경우 좌석을 뒤로 밀어야 한다

피치 못한 사정으로 앞좌석에 카시트를 설치해야만 한다면 조수석을 최대한 뒤로 빼서 앞의 공간을 넓힌 후 카시트를 설치해야 한다. 앞좌석에 설치된 에어백으로 인해 충격을 받을 수 있기 때문이다.

아기의 성장에 따라 카시트를 바꿔준다

아기의 연령과 신체에 맞는 카시트를 사용해야 한다. 만 4세 이후 기존에 사용하던 카시 트가 작아졌다면 부스터 시트를 사용해야 한다. 앉은키가 작은데도 불구하고 차량 안전 벨트를 그대로 착용하면 교통사고 시 목이 졸릴 위험이 크다.

운행 중 창문과 차문은 반드시 잠근다

차에 아기를 태울 때는 안에서 창문과 차문을 열지 못하도록 안전 잠금장치를 작동한다. 아기들의 장난에 의한 사고를 줄일 수 있다.

잠시라도 차 안에 아기 혼자 두지 않는다

잠시라도 차 안에 아기를 혼자 두고 자리를 비워서는 안 된다. 특히 한낮에는 복사열로 인해 차 안의 온도가 급격히 상승하여 아기가 질식할 수 있다. 그리고 호기심이 많은 아 기가 차 안의 장치를 잘못 건드려 사고가 생길 수도 있으므로 아기만 차 안에 두고 자리 를 비우는 일은 절대 삼간다.

아기를 차 밖에 두고 주차하지 않는다

아기를 차 밖에 두고 차를 움직이는 것은 아주 위험한 행동이다. "꼼짝 말고 여기 서 있 어"라고 당부해도 아기는 언제 어느 방향으로 뛰어갈지 모른다. 아기를 먼저 내리게 하고 주차를 하는 것도 위험천만한 일. 불가피하게 먼저 내려야 한다면 아기가 안전한 곳으로 이동한 것을 확인한 후 차를 움직인다.

초보 아빠의 시시콜콜 궁금증 Q&A

Q 아빠가 안으면 아기가 불편해하는 것 같아요. 어떻게 안아야 아기가 편할까요?

아빠는 엄마에 비해 상체와 팔 근육이 딱딱해 아기가 불편해하는 것이 당연합니다. 엄마처럼 포근하지 않기 때문이지요. 그렇다고 아빠부터 아기 안는 것을 불편해하고 두려워한다면 아기는 더욱 불편해합니다. 아기는 안정감을 느끼고 싶어 하므로 최대한 몸 쪽으로 당겨 깊숙이 안아주고, 허리를 가눌 수 있는 월령이 되면 세워 안아주거나 외출했을 때는 정면을 보고 갈 수 있도록 앞을 향해 안아주면 좋아합니다.

Q 아기를 잘 재우는 비법이 없을까요?

재울 때 아기를 안고 살살 흔들어주면 좋습니다. 이때 아기가 편안함을 느끼는 반동과 박자가 필요합니다. 군대에서 부르던 반동군가를 떠올리면 이해가 쉽습니다. 단, 군가를 부를 때보다 훨씬 부드럽고 천천히 흔들어줍니다. 같은 박자와 리듬으로 꾸준히 흔들어주는 것이 중요합니다. 아기가 잠든 것 같다고 바로 눕히지 말고 살짝 건드려서 깨는지 확인한 뒤 조심스럽게 눕힙니다.

Q 잠든 아기를 깨지 않게 눕히는 방법이 있을까요?

간혹 아기를 옆으로 눕히거나 엎어 재우면 깨지 않는다고 해서 그렇게 재우는 경우가 있는데, 영아 돌연사 증후군의 위험이 있으므로 삼가야 합니다. 잠든 아기는 반듯이 눕히되 품이 허전하면 잠이 깨버릴 수 있으므로 팔과 가슴 부분에 작은 인형이나 쿠션, 이불 등을 올려 안정감을 주면 좋습니다.

Q 아내가 퇴근길에 이유식 재료를 사다 달라고 하는데 어떤 걸 골라야 좋을까요?

아기에게 좋은 음식을 먹이기 위해서는 재료 선택이 중요합니다. 유기농 식품 매장에서 구입하면 좋지만 가격이 부담된다면, 일반 마트에서 구입하되 조금 더 신경 써서 고르도록 합니다. 채소는 껍질을 까놓거나 세척해둔 것이 손질하기 쉬워 보이지만 흙이 묻어 있는 자연 그대로가 더 신선합니다. 한우는 15일 이내에 도축한 것을 고르고 이유식용이라고 미리 말해 연하고 기름기가 없는 부분을 구입해야 합니다. 쌀이나 잡곡은 되도록 유기농을 선택합니다.

Q 카시트만 태우면 우는 아기, 어떻게 해야 하나요?

카시트에 잘 태우려면 신생아 때부터 카시트에 앉히는 것이 중요합니다. 신생아는 어른이 안고 타는 것이 더 안전하다고 생각하기 쉬운데, 작은 충돌 사고에도 아기와 어른 모두 크게 다칠 수 있습니다. 신생아 때부터 카시트에 태운 아기는 차를 타면 당연히 카시트에 타야 한다고 생각하기 때문에 거부감이 덜합니다. 아무리 짧은 거리라도 반드시 카시트에 태우고, 아기가 보채거나 발버둥 친다고 해서 안타까운 마음에 카시트에서 내려줘선 안 됩니다. 카시트에서 내려오면 바로 차를 멈추고, 다시 카시트에 타기 전까지는 출발하지 않겠다고 단호하게 말하는 것도 필요합니다. 대신 좋아하는 음악을 틀어주고 간식을 주는 식으로 아기의 기분을 맞춰주는 것이 좋습니다. 아기가 많이 힘들어할 때는 중간에 쉬어가도록 합니다.

친구 같은 아빠의 즐거운 육아

요즘은 딸바보, 아들바보란 말이 유행어가 될 정도로 아빠들도 육아에 많이 참여하고 있다.

아빠 육아의 중요성이 널리 알려지면서 아빠가 아기를 키우는 것에 대한 인식이 달라진 것도 사실이다.

아빠가 양육에 참여하는 것은 단지 엄마의 수고를 덜어주기 위한 차원이 아니라,

아기의 성장에 아빠가 중요한 역할을 담당하기 때문이다.

엄마도 모르는 아빠 육아의 힘

많은 연구 결과들이 아빠의 양육 참여가 아기의 성장에 미치는 영향이 부모들이 예상하는 것보다
훨씬 크며, 특히 0~3세 아기의 두뇌 성장에 결정적인 영향을 미친다고 밝히고 있다.
관심이 날로 높아지고 있는 아빠 육아 효과에 대해 알아보자.

연구 결과로 입증된 아빠 육아 효과

아빠가 양육에 적극 참여하면 아이의 사회성이 높아진다

미국 발달심리학자 칼 데라의 연구 결과에 의하면 아빠가 양육에 많이 참여할수록 아기의 지적 능력, 자존감, 사회성이 높아진다고 한다. 아빠는 아기가 엄마를 벗어나 처음 접하는 타인이다. 아빠와 교감을 충분히 나눈 아기는 자신과 엄마 둘만의 세상에서 더 넓은 세상으로 넘어가는 과정이 자연스럽다. 친구 관계를 맺는 데 더 수월하고 자신감이 넘치며 도덕적이고 공정한 룰을 알게 된다.

아빠와 밀접한 관계를 맺은 아이가 성적이 우수하다

영국 뉴캐슬대학에서 영국인 남녀 1만 1천여 명을 대상으로 조사한 결과 어린 시절 아빠와 독서, 여행 등 재미있고 가치 있는 시간을 많이 보낸 사람들이 그렇지 않은 경우보다 지능 지수가 높고, 학업·예술 등 각 방면에 두각을 나타내며, 학교 성적이 우수하고 사회적인 신분 상승 능력이 더 큰 것으로 나타났다. 심리학자 헤리스, 블란차드와 빌러 역시 아빠와 밀접한 관계를 맺은 아이가 학업 성취도가 높고 좋은 직업을 가질 확률이 높다는 사실을 확인했다.

언어 발달에 아빠가 더 큰 영향을 미친다

미국 노스캐롤라이나주립대 린 버논 피건스 박사 연구진에 따르면 어릴 때일수록 엄마보다 아빠 말을 많이 들어야 문장 구성력 등 언어 발달이 더 빨라진다고 한다. 특히 만 3세 미만 아기는 아빠가 어떤 말을 쓰느냐에 민감하게 반응하며, 아빠의 말을 잘 기억한다고 한다. 2세 아기를 둔 맞벌이 부부를 대상으로 아빠의 자극이 자녀 두뇌 성장을 어떻게 자극하는지를 연구한 결과, 아기와 놀 때 더 다양한 단어를 사용한 아빠를 둔 아기들이 3세가 됐을 때 언어 능력이 훨씬 발달한 것으로 나타났다. 반면 엄마의 단어 사용은 아기의 언어 발달에 크게 영향을 미치지 못했다.

아빠와 신체 활동을 많이 하면 스트레스를 잘 견디게 된다

어릴 때부터 아빠와 신체 활동 놀이를 많이 한 아이는 놀면서 흥분을 하거나 스트레스를 받아 아드레날린이 분비되는 신체 변화에 익숙해져 나중에 커서 스트레스를 잘 견딘다는 연구 결과도 있다.

아빠를 위한 0~3세 육아 제안

아빠의 본능을 믿자

'아기를 안으면 떨어뜨릴 것 같은데…', '똥 기저귀를 가는 건 끔찍해', '혼자 아기를 볼 때 갑자기 울면 어떡하지?' 많은 아빠들이 이런 걱정이 앞서 선뜻 아기 돌보기에 나서지 않거나 엄마에게 넘겨버리기 일쑤다. 하지만 자신의 타고난 '아빠 본능'을 믿어보자. 물론 열 달 동안 아기를 뱃속에 품고 출산 과정을 겪으면서 자연스럽게 모성애를 갖게 되는 엄마에 비해 아빠는 아기와 유대감을 쌓기까지 좀 더 시간이 필요하다. 하지만 아빠의 뇌에도 자녀를 보살피는 본능이 저장되어 있다고 한다. 대표적인 근거가 아내의 임신 전후 남편의 호르몬 변화다. 아내의 임신 기간과 출산 직후 남편의 남성호르몬인 테스토스테론 수치가 떨어지고 양육과 젖샘을 자극하는 호르몬인 프로락틴 수치가 올라간다. 남자에서 아빠로 다시 태어나 태어날 아기를 양육할 수 있는 환경을 만드는 것이다. 뇌가 먼저 아빠가 됨을 인식하고 자녀를 키울 준비를 한다는 사실이 정말 신비롭고 놀랍다. 아빠로서 자신감을 갖고 육아에 대한 두려움을 없애면, 어느새 능숙하게 기저귀를 갈고 우는 아기를 달래는 자신을 발견할 수 있을 것이다.

아기의 애칭을 만들어 불러주자

옛날 어릴 적에 할머니가 "에구~ 우리 예쁜 강아지 왔구나" 하며 꼭 껴안아주시던 그 느낌을 기억할 것이다. 이렇듯 애칭은 아기의 정서 발달을 돕는다. 아기에게 예쁘고 달콤한 애칭을 선물해주자. 애교만점 딸에게는 '여우 공주님', 잠꾸러기 아들에게는 '쿨쿨이' 등 아기의 특성을 살려 지어준다. 아기는 아빠가 불러주는 애칭에서 아빠의 깊은 사랑을 느끼게 될 것이다. 아기에게도 아빠의 애칭을 직접 짓게 해 서로 불러보는 것도 재미있다.

아빠와 아기만의 신호를 만들자

아무리 아빠라도 같이 있는 시간이 적고 함께 나누는 감정이 없다면 아기는 아빠를 낯설어하게 된다. 하루 종일 모든 시간을 함께하는 엄마와 달리, 아빠는 특별한 공감대를 만들어줄 필요가 있다. 아기와 아빠 사이에만 통하는 은어를 만들어보자. 밖에 나가서 놀고 싶을 때는 코를 잡고 찡그리기, 아이스크림을 먹고 싶을 때는 혀 내밀고 메롱 하기, 아빠가 출근할 때는 양 볼에 뽀뽀하고 악수하기 등 재미있는 행동도 좋고, '사랑해'라는 말 대신 '뽀숑뽀숑'처럼 새로운 표현법을 만드는 것도 좋다. 은어로 의사소통을 하다보면 아기는 아빠에게 동지감과 함께 신뢰감을 쌓아가게 될 것이다.

엄마와 아빠의 양육 방식이 다른 것은 개인의 차이가 아니라 여자의 뇌와 남자의 뇌 차이에서 비롯된다. 아빠의 뇌, 즉 남성의 뇌는 조직적이고 체계적인 자극을, 엄마의 뇌 즉 여성의 뇌는 감성적이고 공감적인 자극을 아기에게 준다. 엄마가 아기의 내면과 정서를 다룬다면 아빠는 사회성과 규범을 바로 잡아주는 것. 따라서 엄마의 양육과 아빠의 양육이 조화를 이룰 때 아기의 전뇌가 골고루 발달할 수 있다.

회사에서 아기에게 전화하자

아기와 오랜 시간을 함께 보내지 못해 늘 안타까운 아빠. 그렇다면 점심 식사를 마친 후 아기에게 전화를 걸어보자. "우리 현서, 지금 뭐 하고 있니? 맘마는 먹었니?"라고 아기가 오전 시간을 어떻게 보냈는지 물어보고, 퇴근 후 어떤 놀이를 하면서 놀아줄 것인지 이야기해주자. 아기가 어려서 말을 알아듣지 못한다 하더라도 아내에게 수화기를 아기 귀에 대라고 하고 아기에게 말을 건네자. 아빠가 회사에 있는 동안에도 늘 아기를 생각하고 있다는 사실을 아기도 가슴으로 느낄 수 있을 것이다.

아기와 둘이서만 저녁 산책을 나가자

저녁 식사를 마친 후 아내가 설거지와 뒷정리를 하는 동안 아기와 둘이서만 저녁 산책을 나가보자. 선선한 저녁 바람을 맞으며 동네 한 바퀴를 돌고, 공원 벤치에 앉아 붉게 물든 저녁 하늘을 구경하며 아기와 달콤한 후식을 나눠 먹어보자. 평소 엄마와 떨어지려하지 않던 아기도 아빠와의 저녁 산책 시간을 기다리게 될 것이다.

그림책만 읽어주지 말고 이야기를 들려주자

그림책을 읽어주는 것도 좋지만, 가끔은 아빠가 어렸을 때 들었던 이야기나 지어낸 이야기를 들려주자. 그림책을 읽어주면 이미지가 제한되지만 눈을 감고 이야기를 들으면 아기는 이야기의 내용을 자유롭게 머릿속에 그리며 이미지를 점점 부풀려나갈 수 있다. 매일 밤 아빠의 이야기를 들으며 잠든 아기는 상상력이 풍부한 아이로 자랄 것이다. '매일 밤 들려줄 수 있을 만큼 여러 가지 이야기가 떠오르지 않는다'라고 말할지도 모르지만, 아기가 다른 이야기를 듣고 싶다고 조르지 않는 이상 매일 밤 같은 이야기를 반복해주어도 상관없다. 그림책을 미리 읽고 아기에게 새롭게 이야기를 꾸며 들려주는 것도 좋은 방법이다.

아기의 탐색을 지지해주자

아기는 늘 새로운 것을 탐색하고 도전하는 것을 즐긴다. 아기가 세상을 맘껏 탐색할 수 있도록 아빠가 지지해주자. 아기에게 집 밖의 모든 것은 새로운 경험이다. 난생 처음 보는 나무, 난생 처음 보는 신호등, 난생 처음 보는 신문 가판대…. 산책을 가다가 아기가 쪼그리고 앉아 한참 동안 개미를 들여다보고 있어도, 높은 곳에 올라가고 싶어 해도, 구멍가게의 오락 기계나 옆집 강아지 앞에서 오랫동안 정신을 팔고 있더라도 재촉하지 말고 기다려주자. 아기는 든든한 아빠를 믿고 마음껏 세상을 구경할 것이다.

아기를 호들갑스럽게 다루자

장난삼아 아기를 공중에 던져 올렸다가 받거나 아기 발목을 잡고 거꾸로 들어 올릴 때면 엄마는 걱정스런 눈빛으로 바라보거나 소리를 지를지도 모른다. 하지만 아기에게는 아빠와 함께 지내는 시간이 적은 만큼 아빠만의 호들갑스럽고 동작이 큰 몸 놀이가 필요하다. 아기가 좋아서 깔깔거리는 소리에 아빠의 바닥 난 에너지도 다시 충전된다. 다만 아기가 잠자리에 들 시간이 다가오면 아기를 내려놓고 흥분을 가라앉혀야 아기가 일찍 잠들 수 있다.

일요일 오후 아기를 위해 간식을 만들어주자

일요일 오후 아기를 위해 아빠표 간식을 만들어보자. 엄마가 만들어주는 것보다 맛도 없고 영양도 덜할지 모르지만 아기에게 그 이상의 선물이 될 수 있다. 아빠가 앞치마를 두르고 주방에서 뚝딱뚝딱 요리를 하는 모습을 아기에게 보여주는 것, 그리고 엄마 요리와는 다른 맛을 가진 독특한 별미를 선보이는 것 모두가 아기에게는 좋은 추억이 된다. 요리 시간에 아기가 직접 참여하게 해준다면 더 특별한 시간이 될 것이다.

아기가 하는 말에 적극적으로 반응해주자

말문이 트인 아기라면 하루 종일 쉴 새 없이 재잘거릴 것이다. 아빠가 너무 피곤하다는 이유로 혹은 대답할 필요가 없다고 생각해 무시하거나 건성으로 대답하면 아기는 실망한다. 아기가 말을 건넬 때 되도록 눈을 마주치고 귀 기울여 들어주자. 말이 서툴고 앞뒤 말이 맞지 않더라도 아기는 분명 아빠에게 하고 싶은 말이 있는 것. 최소한 아빠와 소통을 하고 싶은 것이다. 아기가 하는 말에 적극적으로 반응해준다면 아기는 아빠에게 존중받고 있다고 느끼며 아빠에게 자신의 이야기를 더 많이 들려줄 것이다.

아빠가 어릴 적 좋아하던 것들을 아기에게 이야기하자

비눗물을 담아 빨대로 후후 불어 거품 만들기, 동네 친구들과 옹기종기 모여 함께 하던 뽑기, 몰래 사 먹던 불량 식품, 소독차 꽁무니 따라다니기…. 아빠가 어릴 적 좋아했던 것들을 아기와 공유해보자. 추억을 떠올려 오랜만에 함께 해봐도 좋고 이야기를 들려줘도 좋다. 아빠도 어린 시절이 있었고, 장난기 많은 꼬마였다는 사실에 아기는 매우 흥미로워할 것이다.

아기와 함께 하고 싶은 일의 목록을 작성하자

아이와 함께 유니폼 맞춰 입고 야구 경기 관람하기, 단둘이 캠핑 떠나기, 아이와 함께 시골 마당에 돗자리 깔고 누워 별똥별 구경하기 등 아기와 함께 해보고 싶은 일들을 생각해보고 목록을 만들어보자. 그리고 그 꿈을 잊지 않도록 방문 앞에 붙여두자. 아기와 둘만의 추억을 하나씩 만들어가다 보면 계획에 없던 소소한 즐거움도 따라올 것이다.

매일 육아 일기를 쓰자

매일 아빠표 육아 일기를 써보자. 거창한 일기가 아니라 그때그때의 상황을 간단히 메모하는 정도여도 좋다. 그런 메모가 없으면 아기가 처음으로 일어섰을 때 본인이 어디 있었는지, 아기가 처음으로 아빠라고 불렀을 때 어떤 느낌이었는지 나중에 기억할 수 없다. 몇 번 일기를 빠뜨렸다고 해도 절대 포기하지 말자. 아기와 숨바꼭질 놀이를 해준 것을 적어두지 않았다고 탓할 사람은 아무도 없다. 며칠 못 썼다면 그 기간은 무시하고 그냥 이어서 쓰자. 일기장은 언제든 틈날 때 바로 적을 수 있도록 거실 탁자 위나 침실 머리맡에 둔다. 혹은 스마트폰으로 일기를 기록해도 좋다.

아빠와의 월령별 발달 놀이

퇴근 후 집에 들어서기 무섭게 아기는 아빠 팔에 매달리며 놀아달라고 성화지만 아빠는 난처하다.
피곤해서 쉬고 싶기도 하고, 또 어떻게 놀아주어야 할지 막막하기 때문. 아빠와의 놀이가 아기에게 미치는
긍정적인 영향에 대해 알아보고, 어떻게 놀아주면 좋은지 월령별 놀이법을 소개한다.

아빠와의 놀이가 중요한 이유

활발한 신체 놀이로 다양한 경험을 선물한다

엄마는 아기와 놀 때 장난감이나 교구를 많이 활용하지만 힘이 좋은 아빠는 온몸으로 에
너지를 발산하며 놀아준다. 또한 아빠들은 사소한 걱정이 덜하기 때문에 옷에 흙이 묻을
까, 혹시 위험하진 않을까 하는 염려 따윈 접어두고 아기가 다양한 경험을 많이 하게 도
와준다. 때문에 아기는 놀이에 흠뻑 빠져들며 즐거움을 느낄 수 있고, 이 과정에서 창의
력과 호기심을 키워나가고 적극성과 도전 정신을 갖게 된다.

정서 발달을 돕는다

아기는 신체 놀이를 통해 기본적으로 '나'라는 존재를 인식하게 되고 자기 공격성을 조절
하는 법을 익히게 된다. 엄마들은 아기의 공격성과 에너지를 감당하기 어려워 눌러놓거
나 가둬놓거나 혼을 낸다. 하지만 아빠는 아기의 돌출 행동을 몸으로 방어할 수 있기 때
문에 아기에게 발산의 기회를 더 많이 제공해준다. 아빠와 놀 때 아기는 자신이 가진 모
든 힘을 쓰며 논다. 아빠와 아기가 신체 놀이에 몰입할 때 아기의 뇌는 행동을 조절하는
방법과 감정을 통제하는 방법을 배운다. 또한 아빠와의 놀이를 통해 아기들은 자기보다
'거대한' 상대를 물리쳤다는 큰 성취감을 맛본다. 승부에서 지더라도 아기는 '승리하기 위
해서는 더 큰 노력이 필요하다'고 깨닫게 된다. 이런 과정 자체가 영유아기의 정서 발달에
매우 효과적이다.

사회성이 발달해 친구 사귀기가 수월해진다

아빠와 놀이나 상호작용을 많이 한 아기는 사회성이 발달해 친구 관계를 잘 맺고 자신감
도 넘친다. 이는 여러 연구에 의해 입증된 바 있다. 아빠와 몸으로 부대끼며 놀이한 아기
는 주도권을 뺏고 뺏기는 과정을 통해 공정한 룰을 배우고 다른 사람의 감정을 이해하는
능력, 긍정적 사고 능력, 인내력, 집단 내에서 조화를 유지하고 다른 사람들과 협력하는
사회적 능력을 자연스럽게 익힌다.

아빠와의 유대감이 돈독해진다

요즘 '권위적인' 아빠가 아닌 '친구 같은' 아빠가 되길 원하는 사람들이 늘고 있다. 프렌드 (friend)와 대디(daddy)의 합성어로 프렌디(friendy)라는 신조어도 생겨났다. 아빠와 아기의 관계가 친밀해지는 데는 몸을 부대끼며 놀이하는 시간만큼 좋은 것은 없다. 이벤트 처럼 어쩌다 한 번이 아니라 조금씩이라도 매일 놀아주는 노력을 기울이다 보면 아빠와 아기 사이에는 엄마도 모르는 끈끈한 무언가가 생길 것이다. 놀이를 통해 아기와 유대감이 쌓이면 육아에 대한 자신감도 함께 올라갈 것이다.

아내에게 휴식 시간을 줄 수 있다

퇴근 후 10~30분 아기와 놀아주면 아내에게는 짧더라도 달콤한 휴식 시간을 줄 수 있다. 아기와의 놀이에 자신감이 생기고 제법 긴 시간을 놀아줄 수 있다면, 주말에는 아기와 둘이 서만 외출을 해보자. 아내는 모처럼 친구를 만나거나 영화를 보면서 육아 스트레스를 풀 수 있을 것이다.

놀이 대장 아빠가 되기 위한 원칙

TV를 끄자

'텔레비전에 빠진 아기'도 문제지만, '텔레비전에 빠진 아빠'도 문제다. 주어진 시간을 최대한 활용하기 위해서는 아기와 있는 동안만이라도 텔레비전을 꺼야 한다. 야구 중계 시청은 아빠 혼자 즐겁지만, 아이와 같이 야구를 하면 둘이 즐거울 것이다. 오락 프로그램 시청은 잠깐의 즐거움이지만, 아기와의 신나는 놀이는 오랜 시간 아빠와 아기 마음속에 즐거운 추억으로 남을 것이다. 텔레비전이 꺼진 거실에는 잠시 동안 공허함이 감돌 수 있지만, 조금만 지나면 텔레비전과는 비교할 수 없는 생기가 들어찬다.

목표를 낮게 잡고 매일 놀이를 약속하자

아기에게 놀이는 이벤트가 아니라 일상이어야 한다. 아빠 컨디션이 좋고 기분 내킬 때 어쩌다 한 번 놀아주는 이벤트로는 아기와 제대로 교감할 수 없다. 처음에는 목표를 낮게 잡고 아기와 매일 10분씩 놀아주겠다는 약속을 하자. 그러다 재미가 붙거나 여유가 있는 날에는 더 놀아주면 된다. 매일 규칙적으로 아기와 놀아주면 아빠에게 신뢰가 생겨서 무조건 놀아달라고 떼를 쓰거나 불평을 하지 않는다.

아기만의 특별한 공간을 만들자

아기와 놀기 위해서는 먼저 충분한 공간을 만드는 것이 필요하다. 한창 뛰어놀아야 하는 아기를 위해 집 안의 공간을 최대한 넓혀주자. 침대와 식탁 등 자리를 많이 차지하는 가구를 치우면 3~4평의 공간은 너끈히 생긴다. 그리고 아기에게 편안한 놀이 동선을 만들어주자. 한 예로 아기 그네를 아기 방 방문에 잘 달아주는데, 이는 아기 입장을 전혀 고려

하지 않은 것. 아기가 가장 많이 오가는 곳이 거실과 아기 방이므로 이곳에 그네가 있으면 거치적거릴 수밖에 없다. 부모가 아기 입장이 되어 실내 자전거를 타보고, 장난감 자동차를 굴려봐야 아기에게 동선이 편한지 불편한지 알 수 있다.

최고의 이야기꾼이 되자

옛날이야기는 비디오나 테이프로 들려주는 것보다 직접 책으로 읽어주는 것이 좋고, 책으로 읽어주는 것보다 아기와 잠자리에 누워 들려주는 것이 더 좋다. 처음 며칠은 이야기 주제 찾기가 어렵지 않다. '토끼와 거북이' 등 우리가 익히 알고 있는 레퍼토리가 어느 정도 있기 때문이다. 그러다가 차츰 이야기 밑천이 떨어지면 아빠는 아기에게 들려줄 만한 이야기를 찾아야 한다. 책을 그대로 달달 외워 읊어주는 것은 아기도 아빠도 재미없다. 줄거리 골자만 살린 채 적절히 상황을 지어내기도 하고 중간중간에 재미 난 의성어나 문장을 끼워넣어 이야기를 들려주자.

격렬하게 놀아주자

"귤이 열 번 구르는 것보다 수박이 한 번 구르는 것이 낫다"는 속담이 있다. 은근한 미소를 열 번 짓는 것보다 모든 안면 근육이 요동치도록 쾌활하게 한 번 웃는 것이 낫다. 아기와 놀 때는 30분이라도 집중해서 정말 즐겁고 유쾌하게 놀려고 노력해야 한다. 잠자리에 누워 아기와 도란도란 얘기할 때, "오늘 무엇이 가장 재미있었어?"라는 물음에 아기가 한 가지라도 확실히 기억할 수 있도록 놀아주자.

내 아기의 성향을 파악하자

아기는 공을 던지고 차며 신나게 뛰어놀아야 즐거운데, 미술관에 데리고 가서 그림을 보라고 한다면 아기에게는 너무 힘든 시간이 될 것이다. 매사 조심스럽고 겁이 많은 아기인데 격렬하고 아슬아슬 스릴 넘치는 놀이만을 제안한다면 아기는 더 위축될 수 있다. 아기와 어떻게 놀아줄 것인지 고민하기 전에 내 아기의 성향을 먼저 파악하자. 아기가 좋아하는 놀이, 하고 싶어 하는 놀이를 함께 해주는 것이 우선이다. 아기가 원하는 방식으로 충분히 즐긴 다음, 놀이에 변화를 주거나 색다른 놀이를 제안한다면 아기도 한결 편하게 받아들일 것이다.

아빠 놀이법에 대한 책을 참고하자

무엇을 하고 놀아야 할지 모르겠다면 놀이에 관한 책 한두 권쯤 가까이 두고 참고해도 좋다. 서점에 가보면 아빠가 활용할 만한 놀이 책이 많이 나와 있다. 놀이 책을 고를 때는 몇 가지 기준을 갖고 고르자. 전래 놀이에 기반을 둔 놀이를 소개한 책, 도구를 쉽게 구하거나 쉽게 적용할 수 있는 놀이를 소개한 책, 창의적으로 적용할 수 있도록 고민하게 해주는 책이 좋다. 많은 놀이법을 수록한 책도 좋지만 그보다는 우리 정서와 문화에 잘 맞으며 주변 환경에 따라 변형이 가능하고 활용하기 쉬운 놀이를 많이 소개한 책을 고르도록 하자.

오감을 자극하는 월령별 아빠 놀이

0~6개월

아기 안고 돌아다니기
누워 있는 아기를 일으켜 세워 안는 것만으로도 아기는 좋아한다. 평면의 천장 대신 입체적인 세상이 시야에 들어오기 때문. 아기가 아빠 어깨에 고개를 편하게 기댈 수 있도록 안고, 집 안 곳곳을 돌아다닌다. 꽃이나 창문 밖 하늘, 벽에 걸린 사진 등을 보여주며 말을 걸어보자.

온몸을 쭉쭉 마사지해주기
스스로 몸을 움직일 능력이 없는 아기에게 마사지는 가장 좋은 운동이다. 근육의 힘이 아직 발달하지 않은 아기는 몸을 움직여주면 좋아한다. 사지를 쭉쭉 펴주거나 손바닥이나 발바닥에 자극을 준다. 기저귀를 갈거나 목욕을 시킨 후에 아기를 눕혀 팔과 다리를 주물러준다. 이때 아빠가 "다리를 쭉쭉 펴줄게. 시원하지?"라는 등 말을 걸어주는 것도 중요하다.

소리가 나는 곳은 어디?
누워 있는 아기의 양옆에 작은 방울이나 딸랑이 등 소리 나는 장난감을 두고 오른쪽과 왼쪽을 번갈아가면서 소리를 낸다. 아기가 소리가 나는 쪽으로 고개를 잘 돌린다면, 청각이 제대로 발달되었다는 신호. 아기가 손을 흔들면 장난감을 손에 쥐여주어도 좋다. 아기 귀에 너무 가까이 대고 흔들면 아기가 놀라거나 청각이 손상될 수 있으니 주의한다.

6~12개월

흔들흔들 그네 놀이
작은 담요나 이불을 바닥에 펼치고 그 위에 아기를 눕힌다. 아빠가 담요의 양 끝을 잡고 살짝 위로 올려 부드럽게 흔들며 '아빠표 그네'를 만들어준다. 부드러운 흔들림은 아기에게 기분 좋은 자극이 된다. 단 버둥거리거나 울음을 터뜨리는 등 아기가 그만하고 싶어 하는 듯한 행동을 하면 바로 멈춘다. 흔들리는 그네 속에서 아기는 균형감을 키우고 정서적으로 안정감을 찾는다.

신나는 춤추기 놀이
아기를 눕혀놓거나 아빠가 아기를 무릎에 앉힌 상태에서 신나는 동요나 음악을 틀어놓고 아기와 함께 춤을 춘다. 아기를 안고 서서 추는 것도 좋다. 아기가 누워 있다면 노래의 리듬에 맞춰 아기의 다리나 엉덩이를 토닥여주거나 팔이나 다리를 잡고 흔들어준다. 전래 동요는 리듬이 단순하면서, 가사가 반복되기 때문에 몸으로 박자를 느끼기에 적당하다. 아기를 안고 춤을 출 때는 좀 더 빠른 리듬의 동요에 맞춰 춤을 출 수 있다.

축구 놀이
이 시기에 다리에 힘을 길러줘야 서고 걷는 데 무리가 없다. 아기가 앞을 볼 수 있도록 안고, 아빠가 아기의 엉덩이를 한 손으로 받쳐준다. 나머지 한 손으로 아기의 다리를 들어서 골을 차는 시늉을 한다. 실제 공이나 모빌을 차면서 안고 있는 아기의 다리가 움직일 때 "슛!", "공을 찼습니다"라는 등의 추임새를 넣어주면 더 재미있어한다. 아기의 다리를 접었다 폈다 하는 운동도 다리 운동에 좋다. 먼저 아기를 편평한 바닥에 눕히고 아기의 다리를 아기의 얼굴까지 올려 코끝에 닿게 해준다. 팔도 구부렸다 폈다 하거나 안팎으로 엇갈려 움직인다. 아빠가 아기의 몸을 잡고 움직이면서 하는 놀이를 통해, 아기는 팔과 다리가 자신의 신체의 일부라는 것을 알게 된다.

12~24개월

페트병 깔때기로 그림 그리기
아기들은 플라스틱 장난감보다 숟가락, 밥그릇 하나라도 실제 물건을 갖고 노는 것을 더 좋아한다. 아기와 놀 때 유용한 생활용품 중 하나가 바로 깔때기. 페트병으로 간단하게 만들어주면 다양한 놀이에 활용 가능하다. 만드는 방법은 간단하다. 페트병 바닥을 잘라내면 깔때기가 되는 것. 뚜껑을 열고 닫으면서 깔때기를 이용해서 떨어지는 모래의 양을 조절할 수 있다. 깔때기를 가지고 모래로 그림 그리기를 하며 놀 수도 있다. 페트병을 자른 면에 아기의 손이 다칠 수 있으니, 반드시 테이프로 감싸준다.

풍선 배구
풍선은 공과 달리 위로 쳐 올리면 천천히 내려오므로 어린아기와 놀이하기 좋다. 풍선을 천장으로 띄운 다음 아빠와 아기가 번갈아가며 한 번씩 쳐 올리기를 한다. 체력이 금방 소모되는 놀이로, 아기들은 피곤하면 짜증을 내므로 중간중간 쉬어가며 놀이한다. 놀이 시간은 30분이 넘지 않도록 한다. 풍선만 보며 뛰어다니다가 넘어지기 쉬우므로 주변에 위험한 물건이나 가구는 치워두고 바닥에도 미끄러질 만한 종이나 이불, 옷가지가 없도록 치운다.

이불 놀이
아기들은 이불 속을 좋아한다. 이불로 천막을 만들어 놀면, 이불 천막 속에서 아늑함을 느껴 아빠와 좋은 추억을 만들 수 있다. 이불 천막 속에서 손전등을 켜놓고 책을 읽으면, 좀 더 차분한 분위기에서 상상의 날개를 펼 수 있다. 또한 작은 장난감을 가지고 와서 굴속에 있는 것처럼 상상하며 놀이를 할 수도 있다. 이불로 터널을 만들어 아기가 기어서 통과하는 놀이도 좋다. 이불 터널 높이를 다양하게 해 아기가 기어갈 수도, 걸어갈 수도 있게 해본다. 운동 능력과 신체 조절 능력을 발달시킬 수 있다.

아빠가 알려주는 올바른 생활 습관

의사소통이 가능해지는 생후 18개월 이후부터는 본격적인 훈육이 시작된다.
아기가 아직 어리다는 이유로 미루지 말고 스스로 해야 할 일이나 사회에서 지켜야 할 규범을
일찍부터 가르치자. 아빠는 아기에게 사회성과 규범을 바로잡아주는 역할을 수행해야 한다.

상황별 올바른 훈육법

엄마에게 야단맞고 울 때

엄마가 아기를 야단칠 때 그 자리에서 바로 아기를 두둔하고 엄마를 비난해서는 안 된다. 반대로 아빠도 옆에서 거들어 함께 야단친다면 아기는 자기편이 아무도 없다고 생각하고 서러워할 수 있다. 엄마가 야단칠 때 일단은 지켜보고 나중에 아기를 따로 불러 "엄마에게 야단맞아서 속상하겠구나" 마음을 읽어주고 "어떻게 하면 우리 딸 기분이 좋아질까? 아빠랑 산책 다녀올까?" 하고 얘기를 건네보자. 아기의 기분이 어느 정도 가라앉고 나면 엄마가 왜 야단을 쳤는지, 앞으로 어떻게 해야 하는지 다시 조곤조곤 설명해준다.

고집 피우고 떼쓸 때

아빠가 가장 견디기 힘들어하는 때가 바로 아기가 고집 피우고 울며 떼쓸 때다. 특히 사람이 많은 곳에서 아기가 이런 행동을 보인다면 아빠는 그 자리에서 도망가고 싶을 것이다. 우선 아기가 원하는 것이 정말 안 되는지 생각해보고 허용해줄 수 있는 것이라면 그 범위를 정한 다음 허용해주자. 도저히 허용할 수 없는 일이라면 아기에게 "안 돼!"라고 단호하게 말하고 안 되는 이유를 짧고 분명하게 전달한다. "계속 울면 너 혼자 두고 가버릴 거야" 식의 과격하고 극단적인 표현은 금물. "집에 장난감이 너무 많아서 또 사는 건 안 돼. 대신 아빠랑 물고기 구경하러 갈까?"처럼 아기가 좋아할 만한 다른 것으로 관심을 돌리는 것도 한 방법이다.

아빠를 거부하고 엄마만 찾을 때

아빠와 함께하는 시간이 적은 아기일수록 엄마만 찾는 것은 어쩌면 당연하다. 이럴 때 '애가 나한테 오지 않으니 어쩔 수 없어'라며 포기하지 말고 아기에게 끊임없이 다가가려는 노력이 필요하다. "아빠는 우리 아들과 더 친해지고 싶은데 아빠가 한 번만 안아봐도 될까?"라고 말하며 아기에게 친해지고 싶다는 표현을 한다. 그렇다고 "아빠한테 오면 아기스크림 사줄게" 식의 유혹의 말은 일시적인 효과는 있을지 몰라도 근본적인 해결책은 되지 못한다.

"싫어", "안 해"라는 말을 달고 살 때

돌이 지나면 아기는 자기중심이 되어 "싫어"를 반복한다. 순하던 아기가 갑자기 욕심쟁이가 된 것도, 이유 없는 반항을 하는 것도 아니다. 아기가 자아를 형성하기 시작한 것이다. 이 시기에는 부모에게 인내심이 필요하다. 부모가 명령하는 어투를 많이 사용한다면 아기도 "싫어", "안 해"라는 말을 더 많이 하게 된다. 특히 아빠들은 규범을 강조하는 경향이 많아 규칙이나 약속을 어겼을 때 더 엄격해진다. 아기에게 부정적인 표현, 금지의 표현을 많이 쓰기보다 "~해볼까?", "~해보자", "~하면 어떨까?" 등 권유의 표현을 쓰도록 노력하자.

화를 내고 짜증낼 때

아기는 뜻대로 되지 않을 때 화를 내고 짜증 낸다. 욕구 불만이 계속 쌓이다 보면 장난감을 부수거나 물건을 던지는 등 공격적인 표현도 한다. 아기에게 감정을 어떻게 표현해야 하는지 가르쳐줄 필요가 있다. 먼저 아기가 화가 났음을 인정해주고 "왜 화가 났을까? 뭐가 우리 아들을 화나게 한 거니?" 하고 물어본 다음 "힘들면 아빠가 도와줄게. 언제든지 이야기해"라고 말하자. 실제로 아기가 도움을 요청해올 때 귀찮다는 이유로 무시하지 말고 아빠도 약속을 지켜야 한다.

동생과 다툴 때

동생과 다툴 때 부모가 하지 말아야 하는 말은 "네가 형이니까 양보해"라는 말이다. 형이어서 늘 양보해야 한다면 아이는 너무 억울하다. 막무가내인 동생 때문에 피해보는 큰 아이의 마음을 먼저 읽어줄 필요가 있다. "네가 먼저 갖고 놀고 있었는데 동생이 방해해서 화가 났겠구나"라고 말하며 아이에게 다가가고 "하지만 동생을 밀어버린 건 나쁜 행동이야. 다음엔 말로 설명하자" 하고 잘못된 부분은 지적하자. 큰 아이가 보는 앞에서 막무가내인 동생에게도 따끔하게 주의를 주자. 아빠가 공정한 모습을 보이는 것이 중요하다.

생활 습관 교육이 중요한 이유

세 살 버릇, 커서 고치기는 힘들다

많은 부모들이 유아기 때는 아직 어리다고 생각해 자신이 스스로 해야 할 일이나 사회에서 지켜야 할 규칙이나 규율을 가르치는 데 크게 신경을 쓰지 않는다. 습관은 생활 속에서 반복하면서 형성되고, 한번 형성된 습관은 쉽게 변화하지 않는다. 다른 사람에게 항상 반갑게 인사하는 습관을 지닌 아이는 성장한 후에도 언제나 다른 사람을 보면 먼저 반갑게 인사하는 예의 바른 사람이 된다. 그러나 이런 행동들은 누가 가르쳐주지 않아도 저절로 형성되는 것이 아니다. 유아기 때 형성된 좋은 생활 습관이 성인이 되어서도 계속 이어진다.

**자신감을 불어넣어줄
아빠 육아서 추천**

- 아빠도 때론 어부바가 힘들다
  (정석현/낭만북스)
- 불안한 엄마 무관심한 아빠
  (오은영/웅진리빙하우스)
- 아빠의 탄생 (마크 우즈/큰솔)
- 엄마가 모르는 아빠 효과
  (김영훈&EBS/베가북스)
- 0~3세, 아빠 육아가 아기 미래를 결정한다 (리처드 플레처/글담)
- 아빠 양육 2
  (강현식/유어북퍼블리케이션즈)

좋은 습관을 가진 아기는 충동적이지 않다

일정한 시간에 맞춰 밥을 먹는 아기는 잠드는 시간도 일정하기 마련. 규칙적인 생활이 몸에 배면 아기는 자연스럽게 구체화된 시간 개념을 갖게 된다. 또한 좋은 습관을 가진 아기는 자신의 충동을 스스로 조절하는 능력이 생기는데 장난감을 가지고 놀다가도 밥 먹을 시간에는 망설임 없이 자리를 박차고 일어나고, 텔레비전에 빠져 있다가도 잠잘 시간이 되면 침대로 향한다.

생활 습관을 잘 익힌 아기는 다른 규범도 잘 습득한다

올바른 생활 습관이 갖춰지면 질서 감각이 생긴다. 질서 감각이 생긴 아기는 성장하는 과정에서 부모나 선생님이 가르치는 도덕이나 예의범절을 더 쉽게 습득한다.

생활 습관 교육의 원칙

생활 습관마다 교육의 적기가 있다

어릴 때부터 좋은 습관을 들여야 한다는 의견에는 대부분 동의할 것이다. 그런데 습관마다 교육의 적기가 있다. 아기의 발달 단계와 심리 상태를 고려하지 않고 습관 교육을 할 수는 없다. 수면 습관 교육은 돌 무렵부터, 식사 습관 교육은 흘리더라도 스스로 먹을 수 있을 때부터, 인사 교육 습관은 말을 하기 시작하고 모방성이 발달하는 18~20개월에 시작하면 좋다.

아빠는 규율과 경계를 지어주는 사람

엄마가 아기의 내면과 정서를 다룬다면 아빠는 사회성과 규범을 바로잡아주는 역할을 수행한다. 대개 아빠들은 규범을 중요시하고 이를 지키지 않으면 바로잡으려고 하기 때문. 어릴 때부터 '해도 되는 것'과 '하면 안 되는 것'을 분명히 구분 짓고 아기에게 끊임없이 되새겨주는 역할은 엄마가 아닌 아빠가 하는 것이 더 효과적이다. 그러기 위해서는 아기와 아빠 간에 기본적인 신뢰가 있어야 한다. 아빠는 나를 사랑해주는 존재라는 믿음이 없다면 훈육은 힘든 과정이 될 것이다.

일관성 있는 훈육이 필요하다

아빠가 일정한 기준 없이 행동하거나 갑자기 화를 내는 등 일관성 없이 아기를 대하면 아빠의 권위가 떨어지고 아빠와 아기의 관계도 가까워질 수 없다. 일관성 있는 기준을 갖고 훈육하는 것이 중요하며 이 기준은 아빠와 엄마뿐만 아니라 모든 가족이 공유하고 지켜 나가야 한다.

생활 습관 교육에서 가장 중요한 것은 모범

무엇보다 엄마 아빠가 생활에서 모범을 보여야 한다. 아빠는 밤늦게까지 텔레비전을 보면

서 아기에게 일찍 자라고 강요하고, 엘리베이터에서 동네 할아버지나 할머니를 만나도 모른 척하면서 아기에게는 인사를 안 한다고 야단친다면 아기는 부모의 말을 따르지 않게 된다. 따로 잔소리하거나 교육하지 않더라도 엄마 아빠가 먼저 모범을 보이고 올바른 생활 습관을 유지한다면 아기는 자연스럽게 따르게 된다.

아빠부터 실천하는 올바른 생활 습관

잠자는 습관 – 퇴근 시간을 최대한 앞당겨라

아빠의 퇴근 시간이 늦은 집은 대개 아기의 취침 시간도 늦다. 아빠가 퇴근하길 기다렸다가 잠시라도 놀고 자려고 하다 보니 잠자리에 드는 시간이 늦어지는 것. 퇴근 시간을 최대한 앞당기고 시간을 군더더기 없이 사용해 아기와 빨리 놀아주고 하루 일과를 마무리해야 한다. 불가피하게 퇴근이 늦을 때는 아기 먼저 잠자리에 들도록 미리 연락을 주고, 잠드는 시간을 피해서 들어가자.

인사하는 습관 – 먼저 인사하는 모습을 많이 보여라

인사는 상대방을 존중한다는 가장 기본적 표현이다. 아기에게 인사를 잘하는 습관을 만들어주기 위해서는 먼저 부모가 인사를 잘 해야 한다. 특히 생후 18~20개월 전후에는 모방성이 발달하므로 밖에서 이웃이나 아는 사람을 만났을 때 엄마 아빠가 먼저 인사를 하며 아기에게 본을 보여주자. 집 안에서 가족끼리도 인사를 많이 주고받자. 아침에 일어나서 "우리 아들, 잘 잤어?"라고 인사를 반복하다 보면 아기도 똑같이 인사를 할 것이다. 아기가 인사를 잘할 때는 항상 머리를 쓰다듬어주고 충분히 칭찬하자.

식습관 – 되도록 저녁 식사를 함께하라

아기만 따로 밥을 먹이지 말고 온 가족이 함께 모여 식사를 하자. 그러면 아기는 식사 시간을 즐겁게 여기게 되고 저절로 식사 시간이 정해져 있음도 깨닫게 된다. 제자리에 앉아서 먹기, 밥을 먹으면서 이리저리 돌아다니거나 장난을 쳐서 옆 사람에게 불편을 주지 않기, 수저 제대로 잡기, 어른이 수저를 든 후에 식사하기, 마시거나 씹는 소리가 나지 않도록 하기, 음식물을 입에 넣은 채로 말하지 않기, 먹고 난 후에 자기 그릇은 개수통에 넣고 자리는 깨끗이 정리하기 등 식사 예절도 밥상머리에서 자연스럽게 가르칠 수 있다.

정리하는 습관 – 정리도 놀이처럼 아기와 함께 하라

장난감을 가지고 논 다음에는 스스로 정리하는 습관을 들여야 하는데, 어린아기일수록 정리가 어려운 것이 사실. 어떻게 정리해야 하는지도 잘 모르고, 정리하는 작업 자체가 아기에겐 힘들다. 이럴 땐 "우리 윤서가 좋아하는 노래가 뭐더라? 그 노래 한번 불러볼까? 노래 끝나기 전까지 우리 거실에 있는 장난감을 모두 정리해보자"라며 신나는 놀이처럼 정리를 제안해보자. 어질러진 장난감을 나눠 시합하듯이 정리하는 것도 좋은 방법.

초보 아빠의 시시콜콜 궁금증 Q&A

Q 딸도 아빠가 씻기는 것이 좋은가요? 언제까지 씻길 수 있나요?

아기가 만 2~3세가 되면 남자와 여자, 아기와 어른 간의 신체 차이를 자연스럽게 깨닫도록 부모가 아기와 함께 목욕을 하는 것이 좋습니다. 물론 아기가 이성 부모의 성기를 뚫어져라 바라보거나 "이건 뭐야?" 하고 물어볼 가능성이 있으므로 미리 설명해둘 말을 준비해놓아야 합니다. 하지만 만 4~5세가 되어 성적 수치심을 느낄 만한 시기가 되면 아빠가 딸을 씻기는 것은 그만두는 것이 바람직합니다.

Q 낮에는 아빠와 잘 노는데, 밤만 되면 엄마만 찾고 엄마하고만 자려는 아기, 어떻게 다가가야 할까요?

아빠가 아무리 잘해주고 신나게 놀아줘도 아기의 마음속에는 엄마의 자리가 더 크게 마련입니다. 낮에는 아빠와 잘 놀지만 밤이 되어 졸릴 때 엄마만 찾고 엄마하고만 자려고 한다면 굳이 떼어놓으려 하지 않는 것이 좋습니다. 물론 아빠를 엄마보다 좋아하지 않는다고 해서 실망하지 않아도 됩니다. 대신 함께 누워 아빠가 얼마나 사랑하는지 충분히 얘기해주고, 더 친해지고 싶다는 의사도 분명히 전달해주세요. 엄마만 찾는 성향은 아기가 커가면서 자연스럽게 줄어들게 되므로 언젠가는 아빠에게도 기회가 온다는 것, 잊지 마세요.

Q 친구가 장난감을 빼앗아도 참기만 하는데, 아빠로서 어떻게 해줘야 할까요?

친구에게 매번 갖고 놀던 장난감을 뺏겨도 저항하지 않는 아기. 양보를 잘한다고 칭찬만 할 일은 아닙니다. 어떤 아기도 자신이 좋아하는 장난감을 빼앗기고 싶어 하지 않습니다. 이럴 땐 올바른 방법으로 자기 감정을 표현할 줄 알아야 합니다. 다른 친구가 장난감을 빼앗으려 하면 장난감을 꽉 쥐고 "내거야, 건드리지 마"라고 말할 수 있도록 가르쳐야 합니다. 친구가 괴롭히면 "그러지마, 나 화낼 거야"라고 큰 소리로 이야기하는 방법도 가르쳐야 합니다. 그렇지 못한 아기는 속으로 억울함과 화를 눌러 나중에 부적절한 방법으로 스트레스가 표출될 수 있습니다.

Q 친구 장난감도 전부 자기 것이라며 웁니다. 어떻게 대처해야 할까요?

만 3세 이하 아기는 자기중심적인 사고를 하기 때문에 친구 장난감도 자기 것이라며 떼쓰는 일이 잦습니다. '네 것'이 아니라 '친구의 장난감'이라는 사실을 반복해서 알려주고 "나 한 번 만져도 돼?", "잠깐 가지고 놀아도 돼?"라고 친구에게 말하는 법을 가르쳐주세요. 자신의 장난감과 친구의 장난감을 바꿔서 갖고 놀게 하는 것도 좋은 방법입니다. 여러 친구들과 다양한 상황을 겪어볼 수 있게 놀이 기회를 많이 가지는 것이 좋으며, 어떤 경우에도 친구를 밀치거나 때리는 것은 안 된다고 가르쳐야 합니다.

소아청소년 표준성장도표

연령	남자아기				우리 아기		여자아기			
	체질량 (kg/m²)	머리둘레 (cm)	몸무게 (kg)	키 (cm)	키 (cm)	몸무게 (kg)	몸무게 (kg)	키 (cm)	머리둘레 (cm)	체질량 (kg/m²)
출생시		34.70	3.41	50.12			3.29	49.35	34.05	
1~2개월		38.30	5.68	57.70			5.37	56.65	37.52	
2~3개월		39.85	6.45	60.90			6.08	59.76	39.02	
3~4개월		41.05	7.04	63.47			6.64	62.28	40.18	
4~5개월		42.02	7.54	65.65			7.10	64.42	41.12	
5~6개월		42.83	7.97	67.56			7.51	66.31	41.90	
6~7개월		43.51	8.36	69.27			7.88	68.01	42.57	
7~8개월		44.11	8.71	70.83			8.21	69.56	43.15	
8~9개월		44.63	9.04	72.26			8.52	70.99	43.66	
9~10개월		45.09	9.34	73.60			8.81	72.33	44.12	
10~11개월		45.51	9.63	74.85			9.09	73.58	44.53	
11~12개월		45.88	9.90	76.03			9.35	74.76	44.89	
12~15개월		46.53	10.41	78.22			9.84	76.96	45.54	
15~18개월		47.32	11.10	81.15			10.51	79.91	46.32	
18~21개월		47.94	11.74	83.77			11.13	82.55	46.95	
21~24개월		48.45	12.33	86.15			11.70	84.97	47.46	
2~2.5세	16.71	49.06	13.14	89.38			12.50	88.21	48.08	16.34
2.5~3세	16.29	49.66	14.04	93.13			13.42	91.93	48.71	16.01
3~3.5세	15.97	50.10	14.92	96.70			14.32	95.56	49.18	15.76
3.5~4세	15.75	50.43	15.91	100.30			15.28	99.20	49.54	15.59
4~4.5세	15.63	50.68	16.97	103.80			16.30	102.73	49.82	15.48
4.5~5세	15.59	50.86	18.07	107.20			17.35	106.14	50.04	15.43
5~5.5세	15.63	51.00	19.22	110.47			18.44	109.40	50.21	15.44
5.5~6세	15.72	51.10	20.39	113.62			19.57	112.51	50.34	15.50
6~6.5세	15.87	51.71	21.60	116.64			20.73	115.47	50.44	15.61
6.5~7세	16.06	51.21	22.85	119.54			21.95	118.31	50.51	15.75
7~8세	16.41		24.84	123.71			23.92	122.39		16.04
8~9세	16.97		27.81	129.05			26.93	127.76		16.51
9~10세	17.58		31.32	134.21			30.52	133.49		17.06
10~11세	18.22		35.50	139.43			34.69	139.90		17.65
11~12세	18.86		40.30	145.26			39.24	146.71		18.27
12~13세	19.45		45.48	151.81			43.79	152.67		18.88
13~14세	20.00		50.66	159.03			47.84	156.60		19.45
14~15세	20.49		55.42	165.48			50.93	158.52		19.97
15~16세	20.90		59.40	169.69			52.82	159.42		20.42
16~17세	21.26		62.41	171.81			53.64	159.98		20.77
17~18세	21.55		64.46	172.80			53.87	160.42		21.01
18~19세	21.81		65.76	173.35			54.12	160.74		21.13

출처 : 질병관리본부

월령별 표준 몸무게

단위 : kg

성별 / 월령	하위 3%		중간		상위 3%	
	남자아기	여자아기	남자아기	여자아기	남자아기	여자아기
출생시	2.58	2.52	3.41	3.29	4.64	4.47
1~2개월	4.46	4.19	5.68	5.37	7.11	6.67
3~4개월	5.59	5.23	7.04	6.64	8.68	8.12
5~6개월	6.36	5.95	7.97	7.51	9.76	9.17
7~8개월	6.98	6.54	8.71	8.21	10.65	10.03
9~10개월	7.51	7.04	9.34	8.81	11.43	10.79
11~12개월	7.98	7.49	9.90	9.35	12.12	11.48
13~14개월	8.41	7.91	10.41	9.84	12.76	12.11
15~16개월	8.80	8.29	10.88	10.30	13.35	12.71
17~18개월	9.17	8.65	11.32	10.72	13.91	13.28
19~20개월	9.52	9.00	11.74	11.13	14.45	13.81
21~22개월	9.86	9.32	12.13	11.51	14.95	14.33
23~24개월	10.18	9.64	12.51	11.88	15.44	14.83
25~26개월	10.49	9.94	12.88	12.25	15.92	15.32
27~28개월	10.78	10.22	13.22	12.58	16.36	15.78
29~30개월	11.04	10.49	13.53	12.90	16.76	16.22
31~32개월	11.28	10.74	13.82	13.20	17.15	16.62
33~34개월	11.52	10.99	14.11	13.50	17.52	17.01
35~36개월	11.74	11.24	14.38	13.79	17.89	17.38

월령별 표준 키

단위 : cm

성별 / 월령	하위 3%		중간		상위 3%	
	남자아기	여자아기	남자아기	여자아기	남자아기	여자아기
출생시	44.66	44.54	50.12	49.35	55.59	54.37
1~2개월	52.79	51.58	57.70	56.65	62.50	61.33
3~4개월	58.62	57.36	63.47	62.28	68.16	67.02
5~6개월	62.60	61.25	67.56	66.31	72.38	71.24
7~8개월	65.70	64.35	70.83	69.56	75.85	74.71
9~10개월	68.27	66.98	73.60	72.33	78.85	77.72
11~12개월	70.49	69.27	76.03	74.76	81.53	80.39
13~14개월	72.46	71.33	78.22	76.96	83.97	82.82
15~16개월	74.24	73.21	80.21	78.96	86.22	85.07
17~18개월	75.86	74.94	82.05	80.82	88.32	87.16
19~20개월	77.36	76.55	83.77	82.55	90.29	89.12
21~22개월	78.76	78.06	85.38	84.18	92.15	90.97
23~24개월	80.07	79.48	86.90	85.73	93.92	92.74
25~26개월	81.31	80.74	88.34	87.19	95.62	94.43
27~28개월	82.45	81.89	89.72	88.54	97.30	95.99
29~30개월	83.60	82.95	91.01	89.81	98.80	97.42
31~32개월	84.73	83.99	92.24	91.03	100.24	98.77
33~34개월	85.90	85.03	93.42	92.23	101.58	100.04
35~36개월	87.18	86.10	94.59	93.42	102.81	101.26

NEW
임신 출산 육아 대백과

펴낸날 초판 1쇄 2015년 1월 5일 ㅣ 개정판 2쇄 2018년 9월 10일

지은이 제일병원

펴낸이 임호준
본부장 김소중

책임 편집 김은정 ㅣ **편집 3팀** 김민정 이민주 현유민 ㅣ **디자인** 왕윤경 김효숙 정윤경
마케팅 정영주 길보민 김혜민 ㅣ **경영지원** 나은혜 박석호 ㅣ **IT 운영팀** 표형원 이용직 김준홍 권지선

진행 정재로 이은영 홍지은 ㅣ **사진** 추경미 이주현 ㅣ **교정** 나정애 ㅣ **일러스트** 김한나 영수 ㅣ **조판** 권원영
인쇄 (주)웰컴피앤피

펴낸곳 비타북스 ㅣ **발행처** (주)헬스조선 ㅣ **출판등록** 제2-4324호 2006년 1월 12일
주소 서울특별시 중구 세종대로 21길 30 ㅣ **전화** (02) 724-7636 ㅣ **팩스** (02) 722-9339
포스트 post.naver.com/vita_books ㅣ **블로그** blog.naver.com/vita_books ㅣ **인스타그램** @vitabooks_official

ISBN 979-11-85020-63-1 13590

비타북스는 건강한 몸과 아름다운 삶을 생각하는 (주)헬스조선의 출판 브랜드입니다.

이 도서의 국립중앙도서관 출판예정도서목록(CIP)은 서지정보유통지원시스템 홈페이지(http://seoji.nl.go.kr)와
국가자료공동목록시스템(http://www.nl.go.kr/kolisnet)에서 이용하실 수 있습니다. (CIP제어번호: CIP2014036050)

모델
곽현미, 김미영, 김유미, 김채윤, 이명주, 이재용, 한진희, 홍주완

아기 모델
김단아, 김리엘, 김리우, 나예겸, 박률, 박재이, 박준서, 손연우, 심혜연, 에린 수지, 이승원, 이승혁, 이윤우
이지안, 장동혁, 조시은, 탁채율, 한윤재, 황원, 황지오

제품 협찬
보령메디앙스 02-708-8300 www.medience.co.kr ㅣ 룸포키즈 02-766-1217 www.roomforkids.kr
숲소리 02-335-4482 www.soopsori.co.kr ㅣ 스튜디오 스킹키 031-348-3943 www.studioskinky.co.kr
텐바이텐 02-741-9010 www.10x10.co.kr

의상 협찬
맘누리 1661-5260 www.momnuri.com

헤어·메이크업
바이라 02-511-3373 www.vairabeauty.com ㅣ 오프레플러스 02-516-1194

· SINCE 1995 ·
Bebesup
BABY SKIN LAB

베베숲, 아기피부를 연구하다.

1995년 부터 시작된 건강한 아기 피부를 위한 고민,
물보다 자극이 없는 아기물티슈, 베베숲

INTERTEK TEST
SENSITIVE
80 PIECES
PREMIUM EMBOSSING

· SINCE 1995 ·
Bebesup
SENSITIVE
BABY SKIN LAB
ccm
80 PIECES

임산부 선호도 1위
2년 연속 아이원맘 1위

Intertek

물보다 자극없는 물티슈
전 세계 최대 시험, 검사기관(100여 개 국가, 1,000여 개 지역에서 시험소 운영)인
인터텍 영국 본사로부터 '물보다 자극이 없다.' 라는 시험 결과를 받은 안전한 물티슈입니다.

BABY SKIN LAB | BEBESUP